实用工程技术丛书

FPGA/CPLD
应用设计 200 例

(下册)

主　编　张洪润　张亚凡
副主编　孙　悦　邓洪敏　金美华

北京航空航天大学出版社

内容简介

本书是《实用工程技术丛书》之一,是应广大科学研究人员、工程技术人员的迫切需求,参照国内外 1 000 余项 FPGA/CPLD 应用设计成果,从实用角度出发编写的。其特点是所编内容新颖、齐全,分类规范,使用方便、快捷,是一本具有实用性、启发性、信息性的综合工具书。

全书分上、下两册。上册主要介绍 FPGA/CPLD 可编程控制器在网络通信、仪器仪表、工业控制、遥感遥测、汽车工业、航天军工及家用电器等领域的典型应用设计实例;下册主要介绍产品设计开发技巧、方法与秘诀、常用设计、开发工具及软件特性、常用芯片的结构特点等内容。全书共计典型应用设计实例 287 个。

本书适用于科学研究人员、工程技术人员、维护修理人员及大专院校师生。

图书在版编目(CIP)数据

FPGA/CPLD 应用设计 200 例. 下册/张洪润,张亚凡主编. —北京:北京航空航天大学出版社,2009.1
(实用工程技术丛书)
ISBN 978-7-81124-316-1

Ⅰ. F… Ⅱ. ①张…②张… Ⅲ. 可编程序逻辑器件 Ⅳ. TP332.1

中国版本图书馆 CIP 数据核字(2008)第 062916 号

©2009,北京航空航天大学出版社,版权所有。
未经本书出版者书面许可,任何单位和个人不得以任何形式或手段复制本书内容。
侵权必究。

FPGA/CPLD 应用设计 200 例(下册)

主　编　张洪润　张亚凡
副主编　孙　悦　邓洪敏　金美华
责任编辑　刘晓明

北京航空航天大学出版社出版发行

北京市海淀区学院路 37 号(100083)　发行部电话:010-82317024　传真:010-82328026
http://www.buaapress.com.cn　　E-mail:bhpress@263.net
涿州市新华印刷有限公司印装　各地书店经销
*
开本:787×1 092　1/16　印张:42.25　字数:1 082 千字
2009 年 1 月第 1 版　2009 年 1 月第 1 次印刷　印数:4 000 册
ISBN 978-7-81124-316-1　定价:72.00 元

《实用工程技术丛书》编委会

主　编　张洪润
副主编　傅瑾新　吕　泉　张亚凡　刘秀英

编　委

张洪润	傅瑾新	吕　泉	张亚凡	周肇飞	林大全
曾兼权	李德宽	吉世印	肖戈达	刘国衡	王广照
金伟萍	林焦贤	傅松如	蓝清华	周立锋	赵荣生
金有仙	张洪凯	傅琅新	傅琲新	傅伟新	龙太昌
易佑华	文登明	杨指南	张洪载	程新路	张　宇
吴国仪	吴守辉	孙　悦	王恩宏	张洪南	张素华
傅　强	隋福金	隋　毅	傅泊如	傅　涛	范述和
刘秀英	马平安	马　昊	王　川	田维北	陈德斌
李正光	李正路	张　红	程雅荣	袁　平	梁德富
高开俊	盛余康	汪明义	冉　鸣	王德超	张晓东
胡淑群	吴佳惠	邓洪敏	毛光灿	金美华	

序 言

随着科学技术的不断发展,世界正面临一场规模宏大的新工业革命(又称信息革命)。特别是我国加入 WTO(世界贸易组织)后,各行各业也都正经历着深刻的变革,此种形势下人们对信息资源的需求就显得尤其迫切。而在信息技术领域被誉为"电子技术的五官"的传感器技术和被称为"电子技术的脑"的计算机技术,又是信息采集和处理两个关键环节的基本技术,所以显得尤其重要。

目前,电子技术、传感技术、计算机技术(包括单片机、计算机技术)已成为 21 世纪最常用、最基础、最实用的技术,而在我国信息技术领域,传感器和单片机应用技术担任了重要角色。从某种意义上来说,这也是衡量一个国家科学技术进步的一个基准。放眼现阶段信息技术类工具书市场,能满足广大科技人员迫切需要的工程技术类书籍相当缺乏,并且很多已有书籍也很难谈得上系统、全面与实用兼具,而这恰恰是广大科研与工程技术人员最迫切需要的。

为此,我们特地组织了大量有丰富教学经验与科研经验的专家、教授,参照国内外 1 000 余项研究成果、数千种传感器及应用技术,基于"能够解决科研难题、实际工程问题"的思想,耗时 13 年精心编写了一套《实用工程技术丛书》,希望能够为广大信息技术类从业人员提供一套全面、实用、权威的专业丛书。

目前该丛书包括以下 5 本:
- 《传感器技术大全》;
- 《传感器应用电路 200 例》;
- 《单片机应用设计 200 例》;
- 《传感器应用设计 300 例》;
- 《FPGA/CPLD 应用设计 200 例》。

《传感器技术大全》一书,是根据现代电子技术、信息技术、计算机技术发展的最新趋势以及广大科学研究人员、工程技术人员的迫切需要,参考国内外 1 000 余项传感器及其技术成果,从实用角度出发编写的具有实用性、启发性、信息性的大型工具书。书中介绍了传感器常用术语、材料、信号分析、精确评定和检验标定方法,以及光电、光纤、光栅、CCD、红外、颜色、激光、码盘、压电、压磁、压阻、电化学、生物、气敏、湿敏、热敏、核辐射、陀螺、超声、电容、电感、变压器、同步器、逆电、霍尔、磁敏、磁栅、涡流、谐振、电位器、电阻应变、半导体、新型特种传感器等数百种实物外形、特性、工作原理、选用方法和使用技巧。本书适用于各个领域从事自动控制的选件人员以及科研、生产、设计、开发、计算机应用、管理、维修等部门的有关工程技术人员,也可作为高等院校师生的教学参考书。

《传感器应用电路 200 例》一书,在参照了国内外 1 000 余种现代传感器电路的基础上,为使用方便,从实用角度归纳为传感器常用电桥电路(15 种)、放大电路(20 种)、功率驱动电路、二极管及相敏电路、调制解调电路、检波器电路、限幅器电路、继电器电路、可控硅开关电路、电源电路(10 种)、滤波器电路(10 种)、信号转换电路(10 种)、专用集成电路(10 种)、接口电路

(18种)、抗干扰电路(20种)、特种信号检测电路(10种)、非线性化电路(18种)以及其他电路等200余例。本书特别适合于科学研究人员、工程技术人员在工程设计开发时选择、使用。

《单片机应用设计200例》一书,也参照了国内外1 000余项研究成果,基于使用方便与实用的思想,归纳为单片机在网络通信、家用电器、工业控制、仪器仪表方面的应用设计实例,以及单片机程序设计技巧、产品开发技巧与秘诀等240余个实例。本书特别适合于科学研究人员、工程技术人员、维护修理人员以及大专院校师生在设计、开发、应用单片机以解决现代科研和生产中的许多实际问题时参考、借鉴。

《传感器应用设计300例》一书,主要介绍了近300个传感器的应用实例,以及传感器在机器人、飞行器、遥感技术、汽车工业、过程工业控制、信息系统、环境污染和公害检测、医学领域、节能系统中的应用;为方便使用,还介绍了传感器与计算机的接口、传感器选用指南(含传感器型号、性能参数、生产厂家)以及厂商名录。本书特别适合于科学研究人员、工程技术人员、维护修理人员以及大专院校师生在设计、开发、应用传感器,解决现代科研和生产中的许多实际问题时参考、借鉴。

《FPGA/CPLD应用设计200例》一书,是应广大科学研究人员、工程技术人员的迫切需求,参照国内外1 000余项FPGA/CPLD应用设计成果,从实用角度出发编写的。其特点是所编内容新颖、齐全,分类规范,使用方便、快捷,是一本具有实用性、启发性、信息性的综合工具书。其内容包括FPGA/CPLD可编程控制器在网络通信、仪器仪表、工业控制、遥感遥测、汽车工业、航天军工、家用电器等领域的典型应用设计实例,以及产品设计开发技巧、方法与秘诀,常用设计、开发工具及软件特性,常用芯片的结构特点等。全书共计典型应用设计实例287个,可供科学研究人员、工程技术人员、维护修理人员及大专院校师生在解决现代科研和生产中的许多实际问题时参考、借鉴。

本套《实用工程技术丛书》具有以下特点:
- 内容新颖,分类规范,使用方便、快捷;
- 结构严谨,系统全面,语言精炼;
- 深入浅出,通俗易懂,图文并茂,注重理论与实践的紧密结合;
- 详尽介绍了其他书籍中涉及不到的技术细节、技术关键,实用性强。

鉴于此,本套丛书的应用范围相当广泛,不仅可供科学研究人员、工程技术人员在解决现代生产和科研中的实际问题时参考与借鉴,还可以作为维护修理人员以及大专院校高年级本科生、研究生、再教育培训班中相关专业(电子技术、电子信息、仪器仪表、应用物理、机械制造、测控计量、工业自动化、自动控制、生物医学、微电子、机电一体化和计算机应用等专业)的教学参考书,同时也可以充当信息技术爱好者自学时的重要工具书。

本套丛书在编写过程中,得到了众多高等院校、科学研究单位、厂矿企业和公司的鼎力支持;特别是北京航空航天大学出版社,对本套图书的出版给予了大力支持和帮助,我们借此一并表示最衷心的感谢!

鉴于本套丛书涉及的知识面相当广,而编者水平有限,书中难免存在不足和失误之处,敬请广大读者批评、斧正。

《实用工程技术丛书》编委会
2007年12月

前 言

21世纪,电子技术迅猛发展,高新技术日新月异。传统的设计方法正逐步退出历史舞台,取而代之的是基于EDA技术的芯片设计技术,它正在成为电子系统设计的主流。大规模可编程器件现场可编程门阵列FPGA(Field Programmable Gate Array)和复杂可编程逻辑器件CPLD(Complex Programmable Logic Device)是当今应用最广泛的两类可编程专用集成电路(ASIC)。其性能好、可靠性高、容量大、体积小,微功耗、速度快、使用灵活、设计周期短、开发成本低,静态可重复编程、动态在系统重构、硬件功能可以像软件一样通过编程来修改,所以极大地提高了电子系统设计的灵活性和通用性。电子工程师和科学研究人员利用该类器件可以在办公室或实验室设计出所需要的专用集成电路,大大缩短产品的研发周期和降低成本。近年来,可编程逻辑器件的开发生产和销售规模以惊人的速度增长,且广泛地应用于航空航天、网络通信、军用雷达、仪器仪表、工业控制、医用CT、家用电器、手机和计算机等各个领域。它的广泛应用,使传统的设计方法正在进行一场巨大的变革。

随着FPGA/CPLD的空前发展和广泛应用,人们渴望掌握这方面的知识,特别是掌握应用设计方面知识的要求愈来愈迫切。虽然目前已有不少FPGA、CPLD方面的书籍,但系统、全面地介绍FPGA/CPLD应用设计方面的书籍比较少见。为此,我们组织了多名在教学、科研、生产实践方面有丰富经验的教授、专家,适应现代电子技术、信息技术、计算机技术的最新发展趋势,根据广大科学研究人员、工程技术人员、维护修理人员和高等院校师生的要求,参照国内外1 000余项应用设计成果以及大量文献资料,从实用角度出发,编写了这本《FPGA/CPLD应用设计200例》。

全书共4篇,分上、下册。上册包括1篇。第1篇介绍FPGA/CPLD在快速傅里叶变换、数字式存储示波器、汽车灯控、数字钟、信号发生器、秒表、密码锁、电压表、交通灯控制、无线电通信、频率计、流水灯、步进电机、抢答器、电压检测、序列检测、异步通信、键盘、倍频、分频、门电路、译码器、计数器、放大器、滤波器、比较器、移位寄存器、环形编码器、乘法器、加法器、ADC、DAC、3DES、洗衣机、电梯控制、音乐演奏、电子游戏、光通信、雷达、遥测和全球定位收发通信等122个典型应用设计实例。下册包括3篇。第2篇介绍FPGA/CPLD产品设计、开发中常遇到的一些特殊问题。主要内容有选件、方案确立、系统设计、开发系统(实验板)、EDA技术、低功耗设计、重构、多级逻辑、程序综合、消除毛刺、阻塞赋值、信号分类、同步、状态机、存储器、比较器、选择器、总线、滤波器、门电路、时序逻辑、组合逻辑、译码器、优化、扩展变换、调用、调试、仿真、下载、配置以及应用设计经验(23点)等107个实际问题的处理技巧与方法。第3篇介绍FPGA/CPLD常用工具及软件的特点、使用方法与技巧。主要内容有FPGA开发环境、EDA设计工具、实验、平台、输入管理软件、逻辑综合软件、仿真软件、Verilog HDL语言、VHDL语言以及常用电路描述技巧(29种)等40余个实例。第4篇介绍FPGA/CPLD常用芯片的结构原理、特性参数、使用方法及注意事项。主要内容包括Xilinx系列CPLD、Altera系列CPLD、FPSC器件、ispXPGA器件、ispXPLD器件、ispGDS器件、ispGDX/V器件、ispLSI系列以及FPGA/CPLD器件的配置、编程与通用下载等18个实例(即产品品类特点)。全书共计287个实例供读者参考、借鉴。

  本书内容新颖、全面，分类规范，使用方便、快捷，融实用性、启发性、信息性于一体，除可供科学研究人员、工程技术人员在设计开发解决现代生产和科研中的许多实际问题时参考、借鉴外，还可作为维护修理人员的参考用书，也可作为相关专业的大学本科高年级学生、研究生、再教育培训班等的辅助教材或信息技术爱好者的自学用书。

  在本书编写过程中，曾得到美国人工智能学会(AAAI)成员、中国人工智能学会理事、四川大学刘国衡教授，原成都科技大学副校长、中国高等院校校办产业协会副理事长、四川省生产力促进会副秘书长、西南地区高校应用物理协会主任、近代光学专家李德宽教授，应用物理系唐臻宇、耿海翔老师，以及众多高等院校、科学研究单位、厂矿企业、集团公司等的大力支持和帮助，特别是北京航空航天大学出版社的大力支持和帮助，在此一并表示衷心的感谢。

  本书由张洪润、张亚凡任主编，孙悦、邓洪敏、金美华任副主编，并负责全书的统稿和审校。参加编写的人员有：张洪润、邓洪敏、张亚凡、傅瑾新、金美华、李德宽、林大全、刘国衡、傅松如、蓝清华、文登明、龙太昌、杨指南、刘秀英、陈晨、马昊、傅昱强、吕泉、隋福金、隋毅、田维北、孙悦、金伟萍、吴佳惠、张晓东、胡淑群、张恒汝、易涛、刘艳、张洪凯和程雅荣等。

  由于编者的水平和经验有限，书中难免存在不足和差错之处，敬请广大读者批评指正。

主编 张洪润
2008年1月

上 册

第 1 篇　FPGA/CPLD 典型应用设计实例

1.1　FFT(快速傅里叶变换)的 FPGA 设计与实现 …………………………………… 2
1.2　数字式存储示波器 …………………………………………………………………… 8
1.3　汽车尾灯控制电路设计 ……………………………………………………………… 23
1.4　数字钟电路设计 ……………………………………………………………………… 33
1.5　数字调制(FSK)信号发生器 ………………………………………………………… 42
1.6　电子数字闹钟 ………………………………………………………………………… 45
1.7　函数发生器设计 ……………………………………………………………………… 52
1.8　伪随机序列发生器 …………………………………………………………………… 55
1.9　多功能点阵牌电路设计 ……………………………………………………………… 57
1.10　光通信 PDH 的标准伪随机图案发生器设计 …………………………………… 62
1.11　数字秒表 …………………………………………………………………………… 81
1.12　电子密码锁 ………………………………………………………………………… 89
1.13　数字电压表 ………………………………………………………………………… 95
1.14　自动交通控制系统 ………………………………………………………………… 101
1.15　交通信号灯控制器 ………………………………………………………………… 109
1.16　交通控制灯逻辑电路系统设计 …………………………………………………… 114
1.17　十字路口交通管理信号灯系统设计 ……………………………………………… 118
1.18　交通灯控制程序设计 ……………………………………………………………… 122
1.19　交通灯电路设计 …………………………………………………………………… 127
1.20　无线通信中的全数字调制器设计 ………………………………………………… 132
1.21　无线通信中的全数字解调器设计 ………………………………………………… 154
1.22　采用 VHDL 语言设计的数字频率计 …………………………………………… 175
1.23　数字显示频率计 …………………………………………………………………… 179
1.24　简易数字频率计设计 ……………………………………………………………… 185
1.25　4 位数字频率计 …………………………………………………………………… 192
1.26　采用 Verilog HDL 语言设计的频率计 ………………………………………… 198
1.27　简易频率计电路设计 ……………………………………………………………… 202
1.28　简易频率计设计 …………………………………………………………………… 207
1.29　电子数字钟 ………………………………………………………………………… 212
1.30　采用 Verilog HDL 语言设计的电子数字钟 …………………………………… 217
1.31　采用 VHDL 语言设计的电子数字钟 …………………………………………… 222
1.32　电子时钟电路设计 ………………………………………………………………… 227
1.33　计时器 ……………………………………………………………………………… 230
1.34　波形发生器电路设计 ……………………………………………………………… 236
1.35　LED 数码管动态显示设计 ……………………………………………………… 242

目 录

1.36 流水灯电路设计 …………………………………………………………… 244
1.37 直流步进电机控制电路设计 ………………………………………………… 249
1.38 ADC 电压测量电路设计 ……………………………………………………… 252
1.39 简易电子钟设计 ……………………………………………………………… 256
1.40 数字抢答器 …………………………………………………………………… 259
1.41 序列检测器 …………………………………………………………………… 262
1.42 UART 通用异步串行口设计 ………………………………………………… 267
1.43 简易周期信号测试仪 ………………………………………………………… 290
1.44 序列信号发生器 ……………………………………………………………… 293
1.45 通信、雷达和遥测用序列检测器的设计 …………………………………… 296
1.46 数字密码锁 …………………………………………………………………… 300
1.47 伪随机序列信号发生器设计 ………………………………………………… 302
1.48 FIFO 存储器的 VHDL 描述 ………………………………………………… 304
1.49 采用 Verilog HDL 语言设计的 UART 通用异步收发器 …………………… 306
1.50 倍频电路 ……………………………………………………………………… 319
1.51 双向数据转换器 ……………………………………………………………… 323
1.52 键盘电路 ……………………………………………………………………… 325
1.53 数码 LED 显示器 …………………………………………………………… 329
1.54 多位加法器电路 ……………………………………………………………… 338
1.55 6 位数码管动态扫描及译码电路 …………………………………………… 340
1.56 非 2 的幂次分频电路 ………………………………………………………… 343
1.57 非整数分频电路 ……………………………………………………………… 354
1.58 常用电路的 VHDL 描述 …………………………………………………… 357
1.59 同步一百进制计数器的设计 ………………………………………………… 359
1.60 门电路设计 …………………………………………………………………… 362
1.61 时序电路设计 ………………………………………………………………… 365
1.62 组合逻辑电路设计 …………………………………………………………… 369
1.63 频率合成技术——基于 FPGA 的直接数字合成器(DDS)设计 …………… 374
1.64 串行通信 MAX232 接口电路设计 ………………………………………… 382
1.65 2 的幂次分频电路 …………………………………………………………… 391
1.66 环形计数器与扭环形计数器 ………………………………………………… 395
1.67 8 位可逆计数器和三角波发生器 …………………………………………… 398
1.68 并/串转换器 ………………………………………………………………… 401
1.69 4 选 1 数据选择器 …………………………………………………………… 404
1.70 4 位二进制数/8421BCD 码 ………………………………………………… 406
1.71 移位寄存器设计 ……………………………………………………………… 408
1.72 三进制计数器设计 …………………………………………………………… 411
1.73 移位型控制器的设计与实现 ………………………………………………… 413
1.74 存储器接口电路设计 ………………………………………………………… 416
1.75 4 位加法器设计 ……………………………………………………………… 418

1.76	乘法器设计	420
1.77	译码器设计	422
1.78	可变模计数器设计	425
1.79	整数增益放大器设计与测试	428
1.80	滤波器的设计与测试	430
1.81	比较器的设计与测试	432
1.82	带阻有源滤波器设计	433
1.83	线性反馈移位寄存器 LFSR 的 FPGA 设计与实现	435
1.84	线性分析、循环码编码译码器的 FPGA 设计与实现	441
1.85	数据传输与 I/O 接口标准	447
1.86	异步收发器	450
1.87	有限脉冲响应(FIR)数字滤波器的 FPGA 设计与实现	456
1.88	逐次逼近型 ADC	462
1.89	乘法器的 FPGA 设计与实现	466
1.90	总线仲裁电路的设计	471
1.91	ALU(算术逻辑部件)设计	475
1.92	脉冲分配器设计	478
1.93	二进制码/格雷码的转换	480
1.94	直接序列扩频通信系统设计	485
1.95	并/串转换模块设计	515
1.96	移位相加模块设计	517
1.97	时延环节模块设计	519
1.98	多波形发生器设计	521
1.99	三位乘法器设计	523
1.100	小信号测量系统	525
1.101	单片电路设计	532
1.102	简易数字锁	537
1.103	交通灯控制器	541
1.104	闪烁灯和流水灯设计与仿真	546
1.105	3DES 算法的 FPGA 实现及其在 3DES-PCI 安全卡中的应用	550
1.106	边界扫描测试	578
1.107	交通信号灯	595
1.108	交通灯监视电路设计	598
1.109	汉字显示	600
1.110	汉字显示电路设计	603
1.111	洗衣机控制电路设计	606
1.112	篮球 30 s 可控计时器设计	613
1.113	悦耳的音响设计	615
1.114	乐曲演奏电路设计	620
1.115	多音阶电子琴电路设计	626

目 录

1.116 《友谊地久天长》乐曲演奏电路设计 ········ 629
1.117 软件无线电内插滤波器设计 ········ 634
1.118 量程自动转换的数字式频率计 ········ 647
1.119 游戏电路设计 ········ 648
1.120 全自动电梯控制电路 ········ 650
1.121 8位二进制乘法电路 ········ 651
1.122 自动售邮票机 ········ 653

参考文献 ········ 655

下 册

第2篇 FPGA/CPLD产品设计、开发技巧与秘诀

2.1 如何根据项目选择器件 ········ 2
2.2 可编程器件的选择原则 ········ 3
2.3 确定初步方案的方法与技巧 ········ 6
2.4 基于可编程逻辑器件的数字系统的设计流程 ········ 9
2.5 掌握常用FPGA/CPLD ········ 11
2.6 EDA技术的基本设计方法 ········ 16
2.7 数字系统设计中的低功耗设计方法 ········ 19
2.8 动态可编程重构技术 ········ 21
2.9 多级逻辑的设计技巧 ········ 25
2.10 Verilog HDL设计方法与技巧 ········ 29
2.11 FPGA设计的稳定性探讨 ········ 41
2.12 同步电路设计技巧 ········ 50
2.13 图形设计法的实用技术 ········ 58
2.14 状态机设计技巧 ········ 64
2.15 存储器的VHDL实现方法与技巧 ········ 94
2.16 存储器设计典型实例 ········ 103
2.17 只读存储器 ········ 109
2.18 比较器 ········ 111
2.19 多路选择器 ········ 113
2.20 三态总线 ········ 116
2.21 m序列的产生和性质 ········ 117
2.22 对具体某一信号的连续存储 ········ 120
2.23 典型的时序逻辑电路分析与描述 ········ 121
2.24 用Verilog HDL的时序逻辑电路设计 ········ 131
2.25 时序逻辑电路的设计方法与技巧 ········ 136
2.26 FPGA/CPLD的设计和优化 ········ 151
2.27 CPLD典型器件ispPAC20的扩展应用技巧 ········ 166

2.28	CPLD 典型器件 ispPAC 的基本应用技巧	173
2.29	Verilog HDL 设计组合逻辑电路技巧	188
2.30	VHDL 设计组合逻辑电路技巧	193
2.31	LED 七段译码器的分析与设计	198
2.32	电路的仿真技巧	200
2.33	宏器件及其调用	213
2.34	ispPAC 的增益调整方法	215
2.35	数字系统的描述方法	219
2.36	FPGA 系统设计与调试技巧	224
2.37	典型的下载/配置方式	239
2.38	Xilinx 器件的下载	259
2.39	ByteBlaster 并口下载电缆	265
2.40	单个 FLEX 系列器件的 PS 配置(下载电缆连接与下载操作)	268
2.41	多个 FLEX 器件的 PS 配置(下载电路连接与下载操作)	270
2.42	单个 MAX 器件的 JTAG 方式编程(POF 文件连接与编程)	271
2.43	单个 FLEX 器件的 JTAG 方式配置(SOF 文件连接与编程)	272
2.44	多个 MAX/FLEX 器件的 JTAG 方式编程/配置(连接与编程)	273
2.45	主动串行与被动串行配置模式	274
2.46	门禁系统设计技巧	279
2.47	两种实际应用的计数器电路设计	282
2.48	常用触发器及其应用设计技巧	285
2.49	加法器设计	294
2.50	ispPAC 的接口电路设计	297
2.51	编程接口和编程——ISP 方式和 JTAG 方式	301
2.52	利用 Verilog HDL 设计状态机的技巧	304
2.53	系统级层次式设计	310
2.54	边界扫描测试技术	311
2.55	在系统下载电缆与评估板	314
2.56	用 CPLD 和单片机设计电子系统	316
2.57	怎样优化程序	318
2.58	怎样才能避免潜在的危险	327
2.59	毛刺的产生及其消除技巧	330
2.60	计数器设计与 FPGA 资源	332
2.61	组合逻辑电路的竞争冒险及其消除技巧	333
2.62	选择器设计和 FPGA 资源	338
2.63	基于 FPGA/CPLD 应用设计的 23 点经验总结	339

第 3 篇　FPGA/CPLD 常用工具及软件特性

3.1	常用的 FPGA 开发工具	348
3.2	常用 EDA 设计工具	351

目 录

3.3 FPGA/CPLD 数字逻辑实验平台 ……………………………………… 355
3.4 软件资源 ………………………………………………………………… 357
3.5 典型常用的 Verilog HDL 语言（应用设计举例）……………………… 360
3.6 Verilog HDL 的一般结构 ……………………………………………… 400
3.7 19 种常用电路的 Verilog HDL 描述 ………………………………… 406
3.8 典型常用的 VHDL 语言（应用设计举例）…………………………… 467
3.9 10 种常用电路的 VHDL 描述 ………………………………………… 486

第 4 篇　FPGA/CPLD 常用芯片结构及特点

4.1 FPGA 和 CPLD 的结构性能对照 ……………………………………… 498
4.2 FPGA/CPLD 的基本结构和原理 ……………………………………… 500
4.3 Xilinx 系列 CPLD ……………………………………………………… 515
4.4 Altera 系列 CPLD ……………………………………………………… 522
4.5 现场可编程系统芯片 FPSC …………………………………………… 529
4.6 无限可重构可编程门阵列 ispXPGA …………………………………… 535
4.7 ispXPLD 器件 …………………………………………………………… 538
4.8 在系统可编程通用数字开关 ispGDS 和互连器件 ispGDX/V ……… 541
4.9 在系统可编程模拟器件的原理 ………………………………………… 546
4.10 各种在系统可编程模拟器件的结构 …………………………………… 552
4.11 ispLSI 系列器件的性能参数 …………………………………………… 560
4.12 ispLSI 系列器件的主要技术特性 ……………………………………… 562
4.13 ispLSI 系列器件的编程方法 …………………………………………… 564
4.14 成熟器件与新型器件 …………………………………………………… 570
4.15 FPGA/CPLD 器件的编程 ……………………………………………… 571

附录 1　现场可编程逻辑器件主流产品一览 ……………………………………… 591
附录 2　各种器件的下载电路（在系统可编程 ispJTAG™ 芯片设计指导）…… 604
附录 3　Lattice 系统宏（器件库）………………………………………………… 608
附录 4　国内外常用二进制逻辑元件图形符号对照表 …………………………… 628
附录 5　世界著名的 FPGA 厂商及商标符号 ……………………………………… 630
附录 6　实验开发板电路原理图 …………………………………………………… 632
附录 7　常用 FPGA 的端口资源 …………………………………………………… 636
附录 8　两种 CPLD 实验仪器面板图及电路图 …………………………………… 641
附录 9　CPLD 主要器件引脚图 …………………………………………………… 647
附录 10　缩略语词汇表 …………………………………………………………… 655
参考文献 …………………………………………………………………………… 658

第2篇
FPGA/CPLD 产品设计、开发技巧与秘诀

- 图 形
- 程 序
- 设计技巧
- 方 法

　　本篇介绍 FPGA/CPLD 产品设计、开发中常遇到的一些特殊问题。其内容包括：选件、方案确立、系统设计、开发系统（实验板）、EDA 技术、低功耗设计、重构、多级逻辑、程序综合、消除毛刺、阻塞赋值、信号分类、同步、状态机、存储器、比较器、选择器、总线、滤波器、门电路、时序逻辑、组合逻辑、译码器、优化、扩展变换、调用、调试、仿真、下载、配置以及应用设计经验（23点）等107个实际问题的处理技巧与方法，供读者借鉴参考。

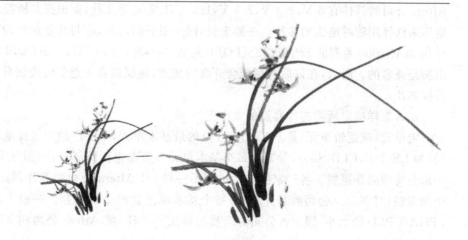

2.1 如何根据项目选择器件

在开发产品的时候到底应该选择 FPGA 还是 CPLD 呢？下面对二者进行总结对比。

① FPGA 适合完成时序逻辑，CPLD 适合完成各种算法和组合逻辑。换句话说，FPGA 更适合于时序逻辑，而 CPLD 更适合于组合逻辑。

② CPLD 的时序延迟是均匀的和可预测的，而 FPGA 的布线结构决定了其延迟的不可预测性。

③ 在编程上，FPGA 比 CPLD 具有更大的灵活性。CPLD 通过修改具有固定内连电路的逻辑功能来编程，FPGA 主要通过改变内部连线的布线来编程。

④ FPGA 的集成度比 CPLD 高，具有更复杂的布线结构和逻辑实现。

⑤ CPLD 比 FPGA 使用起来更方便。CPLD 无需外部存储器芯片，使用简单；而 FPGA 的编程信息需存放在外部存储器上，使用方法复杂。

⑥ 在编程方式上，CPLD 编程次数可达数千次，系统断电时编程信息也不丢失；FPGA 大部分是基于 SRAM 编程，编程信息在系统断电时丢失，每次上电时，需从器件外部将编程数据重新写入 SRAM 中。

⑦ CPLD 保密性比 FPGA 强。

⑧ 一般情况下，CPLD 的功耗要比 FPGA 大，且集成度越高越明显。

⑨ CPLD 拥有上电即可工作的特性，而大部分 FPGA 需要一个加载过程，所以如果系统要求可编程逻辑器件上电就工作，那么就应该选择 CPLD。

在根据自己的系统选择了使用哪种编程器件之后，接下来的工作就是确定器件的型号。Altera 公司的器件有 5 V、3.3 V、2.5 V、1.8 V、1.2 V 等几种，要根据其所接的外电路的工作电压来选择用哪种电压的芯片。一般来说，同一系列的芯片，在封装相同时，其引脚是兼容的，比如 MAX7000 系列的 EPM7128S(PQFP 封装、160 脚)与 EPM7160S(PQFP 封装、160 脚)的引脚是兼容的。所以，在以后有可能会升级的地方，建议读者在选型时应该看看是否有兼容的升级芯片。

那么怎样确定所需芯片容量的大小呢？

宏单元(或逻辑单元)是 FPGA/CPLD 的最基本单元，不同产品对这种基本单元的叫法不同(如 LE、MC、CLB、Slices 等)，但每个基本单元一般都包括两部分：一部分实现组合逻辑，另一部分实现时序逻辑。各厂家的定义可能不一样：对 Altera 公司的芯片，每个基本单元含一个触发器；对 Xilinx 公司的部分芯片，每个基本单元含两个触发器。一般不用门的数量衡量 FPGA/CPLD 的大小，因为各公司对门数的算法不一样，像 Altera 公司和 Xilinx 公司对门的计算结果就差了1倍,所以推荐用触发器的多少来衡量芯片的大小。如10万门的Xilinx公司的XC2S100有1 200个Slice,即含2 400个触发器;5万门的Altera公司的1K50则含2 880个LE,即2 880个触发器。

还有就是要尽可能选用速度等级最低的芯片,尽可能选用电压比较低的芯片(性价比较好),尽可能选用贴片封装的芯片。如果是超过256个宏单元的设计,应尽量选用FPGA。如果设计中需要较大的存储器和比较简单的外围逻辑电路,并且对速度、总线宽度和PCB的面积无特殊要求,应尽量选用一片MAX3000系列的芯片和外接存储器。在速度较高的双向总线上,应尽量采用MAX3000系列的芯片。如需要3 000个以上的逻辑单元而且需要较快的运行速度,或者需要PLL等功能,则可以考虑选择Cyclone。如果需要硬件乘法累加单元或者性能要求非常高,则可以选用Stratix系列芯片。为保证及时供货和性价比,建议新设计应优先选择以下型号的芯片:EPM3032ALC44-10,EPM3064ATC100-10,EPM3128ATC144-10,EP1C3T144C8,EP1C6QC240C8等。最好是先和代理商沟通一下,再确认所需型号。

一般可以先用综合工具实现所需要的功能,然后根据其提示所需要宏单元的数量来确定所需芯片的容量。

2.2 可编程器件的选择原则

在实际的数字系统设计中,可编程器件的选择方案对系统实现的性能具有重要的影响。因为不同厂商的可编程器件结构不尽相同,延时特性不同,开发软件也不同;同时,这些可编程器件也没有像通用逻辑器件那样采用相同的引脚标准,所以,不同厂商的可编程器件不能完全兼容,不能相互替换。因此,设计者在可编程器件的选择上需要谨慎。归纳起来,基本的选择原则有如下几个。

2.2.1 从系统设计角度的目标器件选择原则

这一选择原则包括:

① 电磁兼容设计的原则,即对于中低速电路的系统设计,尽量不要采用高速器件。因为高速器件不仅价格高,而且由于其速度高,反而会引发或增加电磁干扰,使系统工作难以稳定。

② 主流芯片原则。应选用公开推出的各种型号的芯片。但要注意由于生产或推广策略的原因,器件的价格往往并不是完全与器件的容量、速度成比例关系,而是与该器件是否是目前的主流推广器件有关。

③ 多片系统原则。对于有的应用设计,不要一味追求单片化。如果系统的局部适用于

CPLD，另一局部适用于FPGA，则完全可采用多器件的复合系统结构，这样既有利于降低成本，又能加快设计进程，提供系统的稳定性。

器件的选择标准如下：

第一，尽可能选择同一家厂商的可编程器件，以便对同一个研发团队的设计者进行开发软件操作的培训，在开发过程中吸取教训，交流经验，提高设计水平。

第二，对于经验不足的设计者，先尽可能减小大规模可编程器件的选择，采用多片中小规模的FPGA和CPLD结合使用的方案，即多片FPGA/CPLD方案，实现各个子系统的功能验证。待功能验证完成后，再提高集成度，采用大规模的FPGA芯片，即单片FPGA方案。

第三，利用FPGA芯片资源丰富的特点，完成各种算法、运算、控制、时序逻辑等功能，提高集成度；利用CPLD芯片速度快、保密性好的特点，完成快速译码、控制、加密等逻辑功能。

在一个复杂系统确定总体方案时，总体设计者就应该根据系统复杂度、参研人员的研发能力、对系统电路要求理解的准确程度、对FPGA/CPLD开发工具的掌握程度、FPGA/CPLD器件的性能价格比、产品研制进度以及经费等诸多因素，确定采用单片FPGA/CPLD方案，还是多片FPGA/CPLD方案。

2.2.2 从器件资源角度的目标器件选择原则

当进行任一个数字系统的FPGA设计与实现时，也可以根据系统的要求，从器件资源角度来考虑进行器件的选择。往往可从以下3个方面来考虑。

1. 器件的逻辑资源和目标系统的逻辑需求相匹配

所谓器件的逻辑资源，是指器件内陈列排布的触发器资源、组合逻辑资源、内嵌存储单元资源和三态缓冲器资源等，当然也包括各种布线资源。但是，由于器件内布线资源的限制和逻辑单元内可编程选择开关的限制，很难使器件内的逻辑资源实现100％的利用。因此，根据系统的逻辑资源需求评估器件的选择，是衡量设计者设计经验的重要指标，是降低成本的主要条件。

通常，在目标器件的选择上采用特征单元评估法。所谓特征单元评估法，其要点在于要消化和理解所设计的数字系统，整理出特征逻辑单元的数目要求。而特征逻辑单元，根据数字系统的功能特征，可以是触发器，也可以是组合门、RAM存储单元或三态缓冲器。总之，应根据设计要求来分析：在必须集成入芯片的逻辑单元之中，哪一种逻辑单元是受到芯片资源限制的主要因素。如果该电路所使用的触发器数目较多，则可将触发器作为特征单元来选择相应的器件；如果三态缓冲器的总线结构是电路的主要特征，则要以三态缓冲器作为特征单元来分析选择目标器件。

选定特征单元，并分析特征单元的总数后，再查找相应的FPGA器件数据手册，选择能满足其特征单元的数量要求、速度性能要求的器件作为数字系统的目标载体。

由于数字系统还会受到布线资源和系统速度要求的限制，故选择器件时，要留有逻辑资源冗余量。一般根据其他附属逻辑资源和要求的苛求程度，选择能提供特性逻辑单元数为系统所需的该逻辑单元数的1.1～1.3倍的器件为宜。

2. 器件的 I/O 脚的数目需满足目标系统的要求

所选择的目标器件,仅在逻辑单元的资源上符合系统要求还是不够的。器件 I/O 脚的数目能否满足系统输入/输出的数目要求,是器件选择上的另一个基本要求。

对于一个 FPGA 器件,其引脚的组成主要分为 3 类。

① 专用功能脚,主要用于电源(V_{CC})、接地(V_{SS})、编程模式定义(M0,M1,M2)等非用户功能。这些引脚是提供器件正常工作的基本配置,不能用于器件用户功能的定义。

② 用户功能脚,专门用于目标数字系统的输入/输出接口定义。对于不同的器件,其引脚特征的参数可编程定义的范围也不一样。一般可提供 CMOS 电平或 TTL 电平接口;有的可定义为直接输入/输出或寄存输入/输出,有的有上拉电阻、下拉电阻定义等。

③ 用户功能/专用功能双功能脚。这类引脚可定义为用户接口。主要注意两点:第一,在器件加电的短时间内,器件处于内部功能的下载定义、重构状态时,该引脚属专用功能脚,处于专用功能所需的逻辑状态;第二,用户系统数据下载完成后,该引脚才转为用户功能。因此,为了使两种不同的逻辑功能状态需求互不干扰,该引脚需要加接上拉电阻或下拉电阻。

3. 系统的时钟频率要满足器件元胞、布线的时延限制要求

当系统的时钟频率决定以后,考虑到采用 FPGA 来实现系统逻辑时,如果其内部逻辑单元级联深度和布线时延(见 2.9.1 小节举例)接近、等于或大于系统时钟的周期,则采用该 FPGA 来实现的系统就很难保证有效地实现原系统规定的逻辑功能。解决的方法如下:

① 选择具有更高速度的器件替代原器件,以满足器件内部逻辑单元级联深度和布线所产生的时延小于系统时钟周期的要求。

② 采用流水线等技术措施,以满足系统的时序和时延要求。

2.2.3 从器件引脚来确定方案

在 FPGA 的设计实现中,是否需要限定系统的 I/O 脚,是设计中值得探究的问题。原则上来讲,如果设计者对用户系统的各输入/输出端的 FPGA 脚均给予限定,那么,在系统进行 FPGA 实现的布局布线时,无形中就受到了较多的约束,就有可能对系统的时延特性和系统的芯片面积的有效利用构成负面影响。所以,在用户系统的 FPGA 设计实现中,一般的规则是:

① 尽量避免人为固定 I/O 脚,除非是多次实现过程中可能重复存在的不固定 I/O 脚。设计实现的工具在布局布线时,可根据系统需求和器件逻辑资源来实现最大自由度的规划。

② 应尽量避免将相关的 I/O 脚集中固定于相互靠近的位置。因为这不利于 FPGA 内部布线资源的均衡使用。所以,实际中应该尝试适当调整 I/O 脚,以利于资源利用。

③ 根据需要,适当考虑使用或禁止双功能配置脚。如果系统要求较多的 I/O 接口,则应采用双功能配置脚,并注意对引脚加接上拉或下拉电阻。

例如:在 Xilinx 公司的 SRAM FPGA 器件中,其 M2 脚是一个双功能脚。在编程时,M2 脚是器件配置模式定义脚,和 M0,M1 配合使用,定义器件编程时的配置模式。当器件配置数据下载完成后，M2 是一个用户脚。因此，该脚为了在硬件连接上同时满足配置模式和用户 I/O 功能的逻辑需求，必须加接一上拉或下拉电阻，如图 2-1 所示。当器件为串行主动模式时，M2 处需加一上拉电阻 R_{up}；同样，当器件为串行主动模式时，M2 处需加一下拉电阻 R_{down}。试想，如果不加上拉或下拉电阻，为了满足配置模式的电平需求，则必须将 M2 脚上接 +5 V 电源或接地，这样会将该脚锁定在高电平或低电平，于是，该脚的用户 I/O 功能将无法实现。

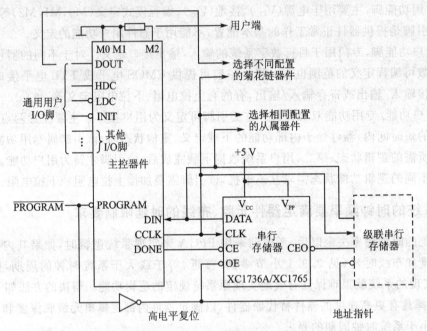

图 2-1　FPGA 为串行主动模式时，M2 的连接方式

④ 在 FPGA 设计实现中，应该注意到 I/O 脚的固定一般有先从左到右，再从上到下的设定习惯，并且应根据逻辑容量的限制，来决定输入和输出引脚相互分隔的距离。

2.3　确定初步方案的方法与技巧

承接一个数字系统的课题后，不要急于动手设计，而应对课题作充分的调研：一方面对课题的任务、要求、原理和使用环境作详细的了解；另一方面对同一课题或相近课题，目前有哪些解决方法，这些方法的优越性如何等也应作一番调查，然后再确定初步的方案。

下面举一实例。假定要求设计的是一只保险箱（见图 2-2）的数字锁控制电路。首先要了解对数字锁的基本要求是什么。对于一只保险箱而言，最主要的问题是安全，也就是开锁的密码被破译的可能性要尽可能小；其次是操作方便，开锁的程序不能过于复杂。此外还有一些特殊要求，例如密码可以更换，遇到不正常情况应启动报警系统，而使用者在拨错号码时可将原拨号码清除重拨等。

图 2-2 保险箱结构

先看安全性问题。普通机械密码锁保险箱采用 3 位十进制码，破译的可能性为千分之一，除了密码外还有一个锁孔，需钥匙投对才能开锁。钥匙投对的可能性经常也在百分之一到千分之一，因此总的开锁率约为 10^{-6}。现改用全数字锁，如采用二进制码，要达到这样高的安全性能，就要采用 20 位码，这将是一个难以记熟的密码，操作也极麻烦，故宜采用十进制或十六进制密码。但即使如此，所使用的密码的位数仍然较多(5～6 位)。

其次，密码锁解锁的基本方法是"符合"，即当所送入的密码与预置的密码相同时解锁。密码输入的方式有并行和串行。显然，并行方案需要的输入太多，相应的系统硬件多、成本高，而用串行输入方式，所用器件可以减少，而且还有另一个优点，串行输入必须用时序电路实现，对结果的判别与操作程序有关。例如，对一个 3 位密码而言，多拨一位、少拨一位皆属错误，这无疑大大加强了系统的可靠性，因而使用串行方法，码的位数可以减少。故设计宜采用串行数字锁并对操作过程有所规定。

既然采用串行数字输入，就得有个起始标志和结束标志。起始标志可采用复位信号，将电路恢复到起始状态。设复位信号由 START 键产生，然后开始接受数码输入，当接受确定的几个数码(例如 3 个十进制数)后，应送入结束标志。大多数保险箱上，都有个门把手，必须扭动这个把手才可以打开箱门，因此可以将结束信号和门把手的操作结合起来。当输入密码后，便去扭动把手(相当于向控制电路发一信号 OPEN)，若前面输入的 3 个号码正确，便可开门，否则就向保安系统发出警报。OPEN 便是输入码结束的标志，该信号在输入码未达 3 个时送入或多于 4 个时送入，皆判错码，发出报警信号。若使用者不慎拨错号码，并在扭动把手前发现，可以按 START 键使电路复位到初始状态，重新输入密码。

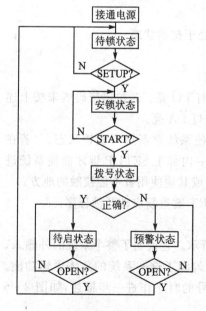

图 2-3 数字锁基本操作流程图

系统刚接通电源或保险箱门被打开时，数字锁系统还未工作，处于待锁状态，须按一下 SETUP 键才能使数字锁锁上，进入安锁状态。同样，系统在报警时也需经保安人员处理后，按 SETUP 键，系统才恢复工作。

通过以上分析，可以确定系统的基本操作流程如图 2-3 所示。但整个系统结构还需对几个具体问题研究后才能确定。

首先是输入电路。开始(START)、建立(SETUP)等控制信号可用按键开关实现，门把手转动产生开门信号(OPEN)的原理同按键开关相似，也可以用一个 OPEN 键代替。密码输入方式有多种，每种方式送入的信号和所用的器件及送入的程序都不相同。一种方式是用拨盘，拨盘有 10 个位置，每个位置对应一个 BCD 码，输入的码可以直接与预置的密码去比对。但每拨一个码，必须再用另一个按键输入一个 DATA 信号，否则系统将无法区别两个连续的相同码。另一种方式是只用一个按键，每送一个数码 n，

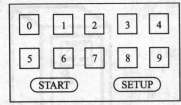

图 2-4 密码锁面板安排

就将按键连续按动 n 次。显然,适应这种输入方式的是计数器,而为了明确相邻两个码之间的界限,也应再加一个 DATA 键。第三种方式是用 10 个按键开关,不同的数码用不同的键,如图 2-4 所示,与此相适配的内部电路应是编码器。目前,这种方法使用较多。

其次是输出。数字锁的输出:一是开门信号,当拨号正确又按动 OPEN 键后,应发出信号,打开数字锁(若是自动装置,按下 OPEN 键将启动电机,使保险箱门缓缓打开),此时可用一只绿色信号灯 LO 表示开门状态;二是报警信号,如密码或开锁程序不对,按动 OPEN 键时,发出报警信号。报警信号可以用一种单频率的方波振荡(约 500 Hz),驱动扬声器发声;或者是两个频率的振荡,产生一高一低交替出现的声音。此外还可以用红色信号灯或红、黄交替出现的信号灯表示。以上开门信号、报警信号一旦出现,就一直保持下去,直至使用者或保安人员按动 SETUP 键为止。

再次是预置数问题。预置数就是设定系统的密码,为了提高安全性,密码宜每隔一段时间更换一次,因此应有置数装置。每次置入 3 位十进制数的置数方法有以下几种:一是安排 12 个输入端,每个输入端通过一只双列直插式组件(DIP)开关,将其输入切至 V_{cc} 或 GND;二是在系统内安排 3 个 BCD 码存储器,各存放一位十进制数,但 3 个数的置入,需在控制器控制下按一定程序完成;三是在系统内安排一个 ROM,容量为 3×4,这种方法简单易行,但每换一次密码,就得换一块 ROM。显然,若使用在系统编程技术,只要用软件重构一次逻辑,就能更换密码。此处为分析方便,暂取第一种方法。

综合上述讨论,确定保险箱密码锁的基本方案如下:

(1) 采用 3 位十进制数密码,密码用 DIP 开关确定,必要时可以更换。

(2) 系统通电后须关上门并按动 SETUP 键后方投入运行,运行时标志开门的灯或警报灯(警铃)皆不工作,系统处于安锁状态。

(3) 开锁过程如下:

① 按 START 键启动开锁程序,此时系统内各部分应处于初始状态。

② 依次输入 3 个十进制码。

③ 转动门把手或按 OPEN 键(此处取按 OPEN 键方案)。

若按上述程序执行且拨号正确,则开门继电器动作,绿灯 LO 亮。若按错密码或未按上述程序执行,则按动开门键 OPEN 后警报装置鸣叫(单频),红灯 LA 亮。

④ 开锁处理事务完毕后,应将门关上,按 SETUP 键,使系统重新进入安锁状态。(若在报警状态,按 SETUP 键或 START 键应不起作用,需另用一内部 I_SETUP 键才能使系统进入安锁状态,此内部 I_SETUP 键应放置在保安人员值班室或其他使用者不能接触的地方。)

(4) 使用者如按错号码,可在按 OPEN 键以前按 START 键重新启动开锁程序。

(5) 号码 0~9,START,OPEN 均用按键产生。

根据上述考虑,可以画出系统的简单框图,如图 2-5 所示。它说明了整个系统的外输入、外输出情况,加上图 2-3 描述整个系统行为的流程图,就勾画了这一系统的总体逻辑功能。当然,还可以画出一张简单的工作波形图,对输入、输出信号的时序作进一步描述,如图 2-6 所示。

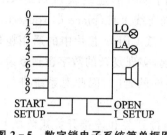

图 2-5 数字锁电子系统简单框图

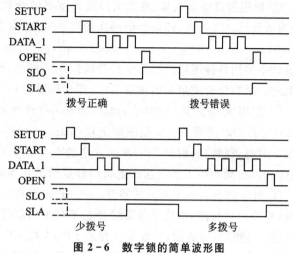

图 2-6 数字锁的简单波形图

2.4 基于可编程逻辑器件的数字系统的设计流程

随着计算机与微电子技术的发展,电子设计自动化 EDA(Electronic Design Automation)和可编程逻辑器件的发展都非常迅速,熟练地利用 EDA 软件进行 PLD 器件开发已成为电子工程师必须掌握的基本技能。先进的 EDA 工具已经从传统的自下而上的设计方法改变为自顶向下的设计方法,以硬件描述语言来描述系统级设计,并支持系统仿真和高层综合。ASIC 的设计与制造,电子工程师在实验室就可以完成,这都得益于 PLD 器件的出现及功能强大的 EDA 软件的支持。

使用 FPGA 或 CPLD 芯片设计电子系统时,一般都需要借助 FPGA 或 CPLD 制造公司所提供的开发系统来完成。例如,Altera 公司提供的 MAX+plus Ⅱ 和 Quartus 开发系统,Lattice 公司提供的 ispDesign Expert 开发系统,Xilinx 公司提供的 Foundation 和 ISE 开发系统。

FPGA/CPLD 设计越来越复杂,使用硬件描述语言设计可编程逻辑电路已经成为大势所趋,目前最主要的硬件描述语言是 VHDL 和 Verilog HDL。这两种语言已被确定为 IEEE 标准。

完成整个设计需要以下几个步骤:

① 用硬件描述语言 VHDL 或 Verilog HDL 或电路原理图的方式输入需要完成的逻辑电路。

② 使用逻辑综合工具，将源文件调入逻辑综合软件进行逻辑分析处理，即将高层次描述（行为或数据流级描述）转化为低层次的网表输出（寄存器与门级描述），逻辑综合软件会生成 EDIF(Electronic Design Interchange Format)格式的 EDA 工业标准文件。这些文件是用户在设计中使用各种逻辑门以及这些逻辑门之间的连接的描述。这一步在 PLD 开发过程中最为关键。影响综合质量的因素有两个，即代码质量和综合软件性能。

③ 使用实现工具(implementation tools)将这些逻辑门和内部连线映射到 FPGA 或 CPLD 芯片中。实现工具包括映射工具(mapping tool)和布局布线工具(place & route tool)。映射工具把逻辑门映射到 FPGA 芯片中的查找表单元(LUT)或 CPLD 芯片中的通用逻辑单元(GLB)，布局布线工具将这些逻辑门和逻辑单元连接在一起，实现复杂的数字逻辑系统。

④ 时序仿真。由于不同的器件、不同的布局布线造成不同的延时，因此对系统进行时序仿真，检验设计性能，消除竞争冒险是必不可少的步骤。

⑤ 上述过程完成后，开发系统提取 FPGA 或 CPLD 的连接开关和连接开关矩阵的状态，并且生成对应于连接开关断开和接通的 1 和 0 的熔丝图或 BIT 流文件。

⑥ 将 BIT 流文件或熔丝图文件下载到 FPGA 或 CPLD 芯片中，在硬件上实现设计者用电路原理图或硬件描述语言描述的设计。

整个设计的步骤如图 2-7 所示。

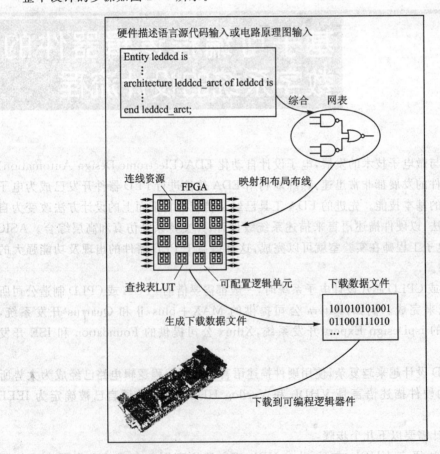

图 2-7　基于可编程逻辑器件的数字系统的设计流程

上面提到的综合（synthesis）定义为"设计描述的一种形式向另一种描述形式的转换"。综合工具就是帮助设计者进行这种转换的软件工具。

用于 FPGA 和 CPLD 的综合工具有 Cadence 公司的 synplify、Synopsys 公司的 FPGA express 和 FPGA compiler、Mentor 公司的 leonardo spectrum 等。一般来说，不同的 FPGA 厂商提供了适用于自己的 FPGA 电路的专用仿真综合工具。

使用 FPGA 或 CPLD 芯片设计电子系统时，要综合考虑面积和速度的平衡。这里，面积指一个电路设计所消耗 FPGA/CPLD 的逻辑资源的数量，对于 FPGA 可以用所消耗的触发器（FF）和查找表（LUT）的数量来衡量。更一般的衡量方式可以用设计所占用的等价逻辑门数来衡量。而速度指设计在芯片上稳定运行时，所能够达到的最高频率，这个频率由设计的时序、时钟周期、芯片引脚到引脚的延迟时间等众多时序参数决定。面积和速度这两个指标贯穿于 FPGA/CPLD 设计的始终，是设计质量的评价标准。

同时具备设计面积最小，运行频率又最高是不现实的。设计目标应该是在满足设计时序要求（包含对设计频率的要求）的前提下，占用最小的芯片面积；或者在所规定的面积下，使设计的时序余量更大，频率更高。这两种目标充分体现了面积和速度平衡的思想。一方面，如果设计的时序余量比较大，运行的频率比较高，则意味着设计的健壮性更强，整个系统的质量更有保证；另一方面，设计所消耗的面积更小，则意味着在单位芯片上实现的功能模块更多，需要的芯片数量更少，整个系统的成本也随之大幅度削减。

作为矛盾的两个组成部分，面积和速度的地位是不一样的。相比之下，满足时序、工作频率的要求更重要一些；当两者冲突时，采用速度优先的准则。

2.5 掌握常用 FPGA/CPLD

2.5.1 实验开发板原理

CPLD-A 型数字系统实验开发板的核心芯片是 FPGA 或 CPLD，整个实验开发板由两块印刷电路板组成。

一块含有 FPGA 或 CPLD 芯片，当需要使用不同型号的 FPGA 或 CPLD 芯片时，只需要更换这块印刷电路板即可。

另一块设置了以下几种电路：
① LED 数码管和显示驱动电路，可以显示 6 位有效数字。
② LED 点阵 8×8 显示电路，用于汉字或其他图案显示。

③ 数/模转换电路,把输入的数字信号通过 T 形电阻网络转换成模拟输出。如果与比较器相结合,则可以构成模/数转换电路。

④ 单片机控制电路,单片机通过与 FPGA 或 CPLD 芯片连接的数据传输线和地址选通信号线对其进行控制。

⑤ RS232 串行接口电路,实验开发板可以与计算机的串行接口进行通信。

⑥ 标准时钟产生电路输出 2 MHz,2 048 Hz 和 8 Hz 的时钟信号。

⑦ 蜂鸣器及其驱动电路。

⑧ 电平测试电路,可以通过发光二极管的亮灭直接判断被测信号电平的高低。

⑨ 5 V 稳压电源电路、防止外接电源极性接反的控制电路,只要能够提供 7.5 V 电压和 500 mA 电流的直流电源,均可作为该实验开发板的电源。

该实验开发板的原理框图如图 2-8 所示。

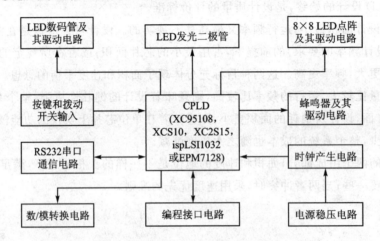

图 2-8 实验开发板的原理框图

当采用 Xilinx 公司的 Spartan Ⅱ 系列 FPGA 芯片时,其供电电源电压为 2.5 V,为了能够与其他电源为 5 V 的芯片引脚相连接,XC2S15 芯片的 I/O 供电电源电压接 3.3 V。XC2S15 芯片的电源连接如图 2-9 所示。

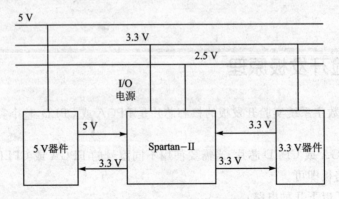

图 2-9 XC2S15 芯片的电源连接

2.5.2 XC2S15-5VQ100C 的引脚连接

1. 按键的连接

XC2S15-5VQ100C 的 10 个引脚分别与 10 个按键相连。按下按键 Ki 时,Ki 为低电平,否则 Ki 为高电平。引脚与按键的连接如表 2-1 所列。

表 2-1 引脚与按键的连接

按 键	K1	K2	K3	K4	K5	K6	K7	K8	K9	K10
XC2S15 引脚号	22	21	20	19	18	17	16	15	65	66

2. LED 点阵的连接

XC2S15-5VQ100C 的引脚与 LED 点阵(采用行共阳极,列共阴极的 LED 点阵)连接。XC2S15-5VQ100C 的 3 个引脚分别控制 3 个行控制信号 ROW0,ROW1 和 ROW2。当 ROW0,ROW1 和 ROW2 均为低电平时,选中 LED 点阵的第一行;XC2S15-5VQ100C 的 8 个引脚分别控制 8 个列控制信号,其中 COL1 为低电平时,选中第一列。LED 点阵的连接如表 2-2 所列。

表 2-2 LED 点阵的连接

行控制信号	ROW0	ROW1	ROW2					
XC2S15 引脚号	47	46	45					
列控制信号	COL1	COL2	COL3	COL4	COL5	COL6	COL7	COL8
XC2S15 引脚号	44	43	41	40	34	32	31	30

3. LED 发光二极管的连接

XC2S15-5VQ100C 的 8 个引脚分别与 8 个红、黄、绿 LED 发光二极管的阳极相连,例如,当 COL8 为高电平时,最右边的一个发光二极管发光。LED 发光二极管的连接如表 2-3 所列。

表 2-3 LED 发光二极管的连接

列控制信号	COL1	COL2	COL3	COL4	COL5	COL6	COL7	COL8
XC2S15 引脚号	44	43	41	40	34	32	31	30

4. LED 数码管的连接

LED 数码管是共阴极数码管,XC2S15-5VQ100C 的 3 个引脚分别控制 3 个位选择控制信号 ROW0,ROW1 和 ROW2,决定哪一个 LED 数码管显示数字;XC2S15-5VQ100C 的 8 个引脚分别控制8个LED数码管的段码a1,…,g1,dp1。例如,当需要实验开发板上左边第一个LED数码管显示数字1时,控制信号ROW0,ROW1和ROW2都置0,段码控制信号a1和b1都置1。如果要显示多个数字时,采用动态扫描的方式,位选控制信号和段码控制信号相配合,显示正确的数字。LED数码管的连接如表2-4所列。

表2-4 LED数码管的连接

控制信号	ROW0	ROW1	ROW2					
XC2S15引脚号	47	46	45					
段码控制信号	a1	b1	c1	d1	e1	f1	g1	dp1
XC2S15引脚号	60	59	58	57	56	55	54	53

5. T形电阻网络的连接

XC2S15-5VQ100C的8个引脚分别与T形电阻网络中的8个电阻相连,XC2S15输出数字信号,通过T形电阻网络转换成模拟信号。其中DA7是最高位,DA0是最低位,完成数/模转换。被测模拟信号与数/模转换后的信号相比较,产生CMP信号,XC2S15的第84引脚接收比较CMP信号,用于实现逐次比较式模/数转换器。T形电阻网络的连接如表2-5所列。

表2-5 T形电阻网络的连接

信 号	DA0	DA1	DA2	DA3	DA4	DA5	DA6	DA7	CMP
XC2S15引脚号	67	68	69	70	71	72	82	83	84

6. 单片机的连接

XC2S15的引脚与单片机的连接如表2-6所列。

表2-6 单片机的连接

信 号	DD0	DD1	DD2	DD3	DD4	DD5	DD6	DD7
XC2S15引脚号	87	93	95	96	97	98	3	4
信 号	$\overline{RD}$	$\overline{WR}$	$\overline{CS}$	AA0	AA1			
XC2S15引脚号	5	6	7	8	9			

7. 时钟信号的连接

时钟信号CLK1的输入频率为2 048 Hz,CLK2的输入频率为8 Hz,CLK3的输入频率为2 MHz。时钟信号的连接如表2-7所列。

表 2-7 时钟信号的连接

时钟信号	CLK1	CLK2	CLK3
XC2S15 引脚号	88	91	36

8. 其 他

BUZZER 为蜂鸣器控制信号,做串行口实验时,TXD 作为发送信号,RXD 作为接收信号。其连接如表 2-8 所列。

表 2-8 其他信号的连接

信 号	BUZZER	TXD	RXD
XC2S15 引脚号	86	10	13

根据 CPLD-A 型实验板提供的硬件资源,利用在线可编程逻辑器件所配套的开发工具和设计项目,首先在计算机上输入数字逻辑系统的设计方案,然后进行仿真和形成 FPGA 或 CPLD 芯片的编程数据文件,通过编程接口电路输入到实验板的在线可编程逻辑器件中,可以实现不同的数字逻辑电路和电子系统。

2.5.3 编程接口

编译并且通过后的熔丝图(*.jed)或 bit 流(*.bit)文件的编程信息经过编程接口和下载电缆传送到 FPGA 或 CPLD 芯片。

在 CPLD-A 型实验板与计算机的并行接口(DB25)之间的通信是由一个编程接口电路和一根扁平电缆来完成的,其连接方法如图 2-10 所示。

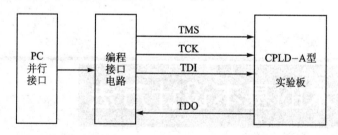

图 2-10 CPLD-A 型实验板与计算机的连接

采用 JTAG 命令执行编程和校验。其中:信号 TMS 是模式选择控制信号;信号 TCK 是时钟信号;信号 TDI 与时钟信号相配合,将编程数据和指令送到在线可编程逻辑芯片;信号 TDO 是从在线可编程逻辑芯片中读出数据。

下载电缆也可以自己制作,编程接口电路原理图如图 2-11 所示。

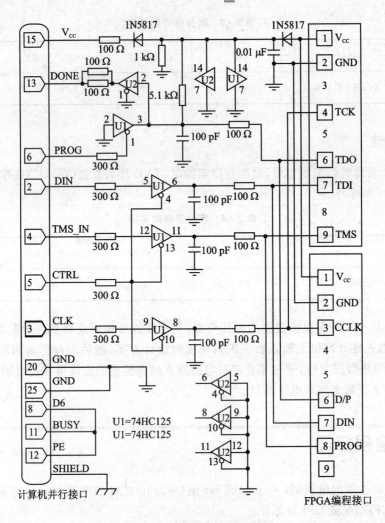

图 2-11 编程接口电路原理图

2.6 EDA 技术的基本设计方法

2.6.1 数字电路设计的基本方法

在数字电子技术基础课程中,数字电路设计的数学基础是布尔函数,并利用卡诺图进行化简。卡诺图只适用于输入比较少的逻辑函数的化简。下面是数字电路的设计方法。

组合电路设计:提出问题→确定逻辑关系→列真值表→逻辑化简→画逻辑电路图。

时序电路设计:列原始状态转移图和表→状态优化→状态分配→触发器选型→求解方程式→画逻辑电路图。

在实际应用中,数字电路设计的基本思路是先选择标准的通用集成电路,然后,再利用这些芯片加上其他元件"自底向上"(bottom-up)地构成电路或电子系统。这种传统的"搭积木"的设计方法,主要使用中、小规模器件设计电路(74、CMOS 系列),如编码器、译码器、比较器、计数器和移位寄存器等,而且设计方法也有很大的局限性。

采用"搭积木"的方法进行设计,必须熟悉各种中小规模芯片的使用方法,从中挑选最合适的器件,因而缺乏灵活性,而且设计完成的电路板面积很大,芯片数量很多,功耗很大,可靠性低。由于设计系统所需要的芯片种类多,且数量很大,所以设计比较困难,电路的修改也非常麻烦。

2.6.2 现代数字系统的设计方法

PLD 器件的出现和计算机技术的发展,使 EDA 技术得到了广泛应用,设计方法也因此发生了根本性的变化,由传统的"自底向上"的设计方法转变为一种新的"自顶向下"的设计方法。"自顶向下"的设计方法的设计流程如下:

第一步进行行为设计,确定该电子系统或 ASIC 芯片的功能、性能及允许的芯片面积和成本等。

第二步进行结构设计,根据电子系统或芯片的特点,将其分解为接口清晰、相互关系明确、尽可能简单的子系统,得到一个总体结构。

第三步是把结构转化成逻辑图,即进行逻辑设计。在这一步中,希望尽可能采用规则的逻辑结构或采用已经经过验证的逻辑单元或模块。

第四步是进行电路设计,将逻辑图进一步转换成电路图。

最后一步是进行 ASIC 的版图设计,即将电路转换成版图,或者用可编程 ASIC 实现(FPGA/CPLD)。

图 2-12 是"自底向上"和"自顶向下"两种设计方法的设计步骤。

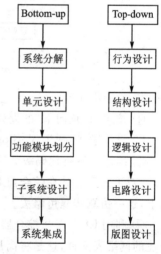

图 2-12 "自底向上"和"自顶向下"设计步骤

2.6.3 FPGA/CPLD 设计流程

只要有数字电路的基础,还是能较容易和快速地学会利用 FPGA/CPLD 设计数字系统的。数字系统的基本部件比较简单,它们是一些与门、或门、非门、触发器和多路选择器等;宏器件是一些加法器、乘法器等。设计数字系统的 EDA 工具也比较容易免费得到,一些简单的 IP 核也可以在网上免费得到,利用 EDA 工具和 FPGA/CPLD 芯片就可以设计数字电路或数字系统。如果需要投片即制成真正的 ASIC,也可以与集成电路制造厂家协商。在投片制造之前,还可以用 FPGA 来验证所设计的复杂数字系统的电路结构是否正确。

FPGA/CPLD 器件的设计一般分为设计输入、设计实现和编程三个主要设计步骤。基本设计的工作流程如图 2-13 所示。

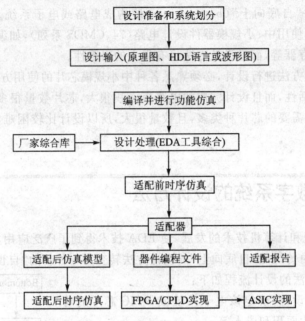

图 2-13 FPGA/CPLD 基本设计工作流程

具体说明如下:

① 按照"自顶向下"的设计方法进行系统划分和设计分析。

② 设计输入:利用 Verilog HDL 或 VHDL 代码,或采用图形输入方式。

③ 编译并进行代码级的功能仿真,主要检验系统功能设计的正确性。这一步骤适用大型设计,对于大型设计在综合前对源代码仿真,可以大大减少设计重复的次数和时间。但一般情况下,这一仿真步骤可略去。

④ 利用 EDA 工具综合器对 Verilog HDL 或 VHDL 源代码进行综合优化处理,生成门级描述的网络表文件,这是将高层次描述转化为硬件电路的关键步骤。综合优化是针对 ASIC 芯片供应商的某一产品系列进行的,所以综合的过程要在相应的厂家综合库支持下才能完成。

⑤ 利用产生的网络表文件进行适配前的时序仿真,仿真过程不涉及具体器件的硬件特性,是较为粗略的。一般的设计,这一仿真步骤也可略去。

⑥ 利用 EDA 工具适配器将综合后的网络表文件针对某一具体的目标器件进行逻辑映射操作,包括底层器件配置、逻辑分割、逻辑优化和布局布线。

⑦ 在适配完成后,产生多项设计结果:
- 适配报告,包括芯片内部资源利用情况、设计的布尔方程描述情况等;
- 适配后的仿真模型;
- 器件编程文件。

根据适配后的仿真模型,可以进行适配后的时序仿真,因为已经得到器件的实际硬件特性

（如时延特性），所以仿真结果能比较精确地预期未来芯片的实际性能。如果仿真结果达不到设计要求，就需要修改 Verilog HDL 或 VHDL 源代码，或选择不同速度和品质的器件，直至满足设计要求。

⑧ 将适配器产生的器件编程文件通过编程器或下载电缆下载到目标芯片 FPGA 或 CPLD 中。如果是大批量产品开发，则可通过更换相应的厂家综合库，轻易地转由 ASIC 的方式实现。

2.7 数字系统设计中的低功耗设计方法

低功耗设计就像低的芯片操作温度、低的芯片封装价格一样，能给芯片带来很多额外的益处。为了使可编程逻辑的现场集成设计的产品更具竞争力，设计者往往需要对产品的性能、功耗等进行综合考虑。

可编程芯片的功耗包括静态功耗和动态功耗两部分。

静态功耗主要是可编程芯片在非激活状态下由漏电流引起的。

动态功耗主要是由于可编程芯片在激活状态下由芯片内部节点或输入、输出引脚上的电平转换引起的。

可编程器件的功耗主要由以下因素决定：芯片的供电电压、器件的结构、资源的利用率（互连线、逻辑单元和 I/O 单元使用的数量）、时钟频率、信号翻转速率、输出引脚的数量以及输出驱动负载的大小等。

现场集成设计中功耗优化的方法和技巧多种多样，基本可以概括为两种思路：

一种是降低电源电压。由于功耗与电压的二次方成正比，因此，这样做能够显著降低功耗。该方法虽然直观，实现却很复杂，尤其是对于需要兼容老机型的升级产品，采用新的电压标准，同时必须兼容现有电子系统的电压标准是一件很困难的事情。但是，对于一种全新的产品研制，应该尽可能根据系统性能指标要求，选择较低的电压标准，实现低功耗设计。

另一种是利用数字集成电路常用的低功耗设计原理，在电路设计过程中，通过减小节点的电平转换次数和节点的负载电容之积，即减小节点的有效转换电容来达到降低功耗的目的。这种思路在具体运用中可以通过各种方法来实现。例如，在行为级上选择合适的算法，在结构级上选择合适的结构和划分，在门级上选择合适的逻辑结构。

以下是几种常用的方法。

（1）优化操作

对于一个给定的功能，通过选择合适的算法以减小操作的次数，可以有效地减小节点的电平转换次数。例如,对于与常数相乘的操作,采用变换操作的方法,将乘法操作变换为加法操作和移位操作。同时,尽量减少常数中1的个数,这样可以减少加法操作和移位操作的次数。公因式提取法也可以减少操作次数,在这里,具有相同公因式的那部分操作将被共享。还可以利用数据之间的相关性,采用重新安排操作顺序的方法减少数据通道的电平转换次数。

(2) 优化控制

从状态转换图 STG 向逻辑结构综合的过程中,常采用变换的手段优化出一个结构。这里的变换包括重新安排控制信号,将一个大的 STG 结构分解成若干个小的 STG,减少 STG 中的状态数以及对 STG 状态的重新分配。例如,根据 STG 中状态转移概率的描述,对于那些相互之间转移概率大的状态,编码时尽量减小它们之间的布尔距离。这样,就可以减少状态转移时状态线上的电平转换,从而减少有效转换电容。

(3) 优化编码

选择恰当的编码也是一种行之有效的方法。例如,对于数据通道,可以采用符号编码代替补码。符号编码采用一位代表变量的符号,其余各位代表变量的大小。补码对于 0~-1 的变化是所有位都翻转,而符号编码只有符号位翻转。对于地址线的编码方法,可以采用格雷码等做地址编码。这里所要注意的一个问题是,译码电路的功耗不能超过这些方法节省的功耗。

(4) 优化结构

采用平行结构和流水线结构降低电路延时。由于电路存在延时,将使某些节点出现毛刺,从而使这些节点增加了额外的电平转换,这就是所谓的毛刺功耗。为了减少毛刺功耗,必须平衡各通路。树形结构的电路比链形结构的电路毛刺功耗小。但是,树形结构的电路所需寄存器的数目多,寄存器的功耗增加。因此,在实际运用中,必须对双方权衡考虑,采用一种最优结构,使总功耗最小。为了优化面积和节约资源,常用的一种方法是复用某些模块,但这样会使有效转换电容增加。因此可采用对称结构,以面积为代价,达到优化功耗的目的。

(5) 优化逻辑

在不改变电路功能的前提下,变换寄存器在电路中的位置,使得变换后的电路结构有利于阻止毛刺的蔓延。当电路的某一部分逻辑在一段时间内不起作用的时候,就可以关闭这部分电路以降低功耗。为了节省由触发器输出翻转增加的功耗,应尽可能采用时钟端带有使能信号 CE 的触发器。当 CE 信号无效时,所有时钟沿的变化都不引起触发器输出的翻转;当 CE 信号有效时,触发器才正常输出操作。

(6) 优化时钟

动态功耗的很大部分是时钟频率引起的。让时钟运行在高出所需的频率上就是浪费功率。节省功耗就不要让时钟运行在高出所需的频率上。可采用附加逻辑电路控制时钟,或者从原来电路内就存在的信号中选择控制时钟电路关闭的信号,而不必增加额外的控制逻辑。

(7) 优化 I/O

如果设计允许,可编程器件的输入/输出引脚尽可能避免接上拉或下拉电阻,以节省由电阻消耗电能引起的功耗。输入引脚的信号尽可能多地保持 GND 或 V_{cc}。要减小输出引脚的负载,减小其他 IC 或 PCB 布线造成的容性负载,尽可能使得其他容性负载最小化,减小电容引起的负载。

对于规模较大、结构复杂的可编程器件的功耗估算,如果用手工去算有时是很麻烦的。因此,Xilinx 公司给出了 Virtex 系列器件的功耗估算工具,可以在 Xilinx 公司的网上查询,其

URL 是：http://www.xilinx.com/support/techsup/powerest/index.htm。

工程师借助 EDA 工具进行功耗估算很方便。该功耗估算软件工具有两个版本，一个是基于微软 Office 软件中 Excel 的版本，另一个是基于 Web 浏览器的 CGI 版本。两个版本软件中数据项和估算的项目都完全一致。工程师在完成 Virtex 的应用设计和经功能仿真验证正确之后，就可以使用功耗估算软件分析功耗。这里只是估算功耗，不是实际线路板上的功耗，仅为工程师计算系统功耗和调整芯片功耗提供便利。

2.8 动态可编程重构技术

在系统可编程模拟器件 ispPAC30 具有动态可编程特性。电路设计者既能用 JTAG 模式通过编程电缆将电路设计方案下载至 ispPAC30 中去，也可以通过微机、微控制器、数字信号处理器(DSP)对 ispPAC30 进行实时动态重构。

ispPAC30 提供可编程、多个单端和差分输入方式。器件内含 4 个输入仪表放大器、2 个可配置的输出放大器、2 个 MDAC、2 个参考电源。MDAC 用做外部输入信号的可调衰减器，提供分数增益、精确增益设置能力。器件可配置成各种放大器、滤波器、比较器和积分电路；能精确设置电路的各种特性，具有补偿调整等功能。与数字可编程器件相同，对在系统可编程模拟器件可反复编程，用开发软件在计算机上进行电路设计及仿真，最后将设计方案通过编程电缆下载到芯片中，这是过去所说的 ISP 技术和 JTAG 下载模式。这里叙述的是全新的方法——动态在系统可编程技术，即通过 ispPAC30 的串行外设接口(SPI)引脚与微机、微控制器、数字信号处理器相连接，由微机对 ispPAC30 进行实时动态重构。设计者可以改变和重构 ispPAC30 无数次，用于放大器增益控制或其他需要动态改变电路参数的应用。

2.8.1 器件接口及动态可编程原理

图 2-14 为 ispPAC30 的 SPI 引脚与微机、微控制器、数字信号处理器的接口框图。图中的 ispPAC30 由嵌入式系统的 I/O 端口配置。ispPAC30 的一个输出用于过程控制，另一个接至 ADC。注意器件的 ENSPI 引脚可以用 I/O 端口控制，或者连接至+5 V。

SPI 接口有 5 个信号：ENSPI、TDI、TDO、TCK、$\overline{CS}$。ENSPI 为高电平时 ispPAC30 处于 SPI 模式；从微机、微控制器、数字信号处理器送入的数据或指令从 TDI 引脚串行移入，再从 TDO 串行移出。TCK 为时钟输入引脚。这些 SPI 引脚是标准的数字 I/O 引脚，可用 3.3 V 或 5 V 信号驱动。这些信号可以用任何微机、微控制器或数字信号处理器来控制。

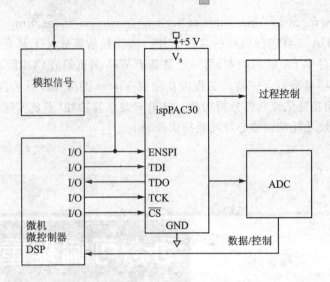

图 2-14　ispPAC30 的 SPI 与微机、微控制器、DSP 的接口框图

在系统可编程模拟电路的参数,诸如布线、增益、补偿、MDAC 设置以及参考电压,可以用两种模式来编程:SRAM 模式和非易失模式。器件内有多个寄存器,用于保持内部结构的配置位。器件的功能取决于这些寄存器的内容。器件未加电压时,EECMOS 位保存着配置的内容。器件加电时,配置位自动地从 EECMOS 复制到 SRAM。SRAM 的输出直接控制着 ispPAC30 中的各种电路。寄存器的状态或值可以用移入指令或数据进行动态改变。ispPAC30 能译码 32 条指令,用 SPI 模式来配置器件时,要用到其中的 17 条指令。所有的指令均为 8 位长,因此指令寄存器的宽度也是 8 位,如图 2-15 所示。

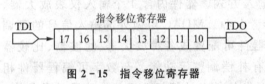

图 2-15　指令移位寄存器

8 位指令移入 TDI 引脚时,在时钟引脚 TCK 的时钟上升沿,最低有效位首先移入。最后两位移入时,器件内部的状态机对指令译码和执行指令。图 2-16 为对器件读或写时配置(CFG)移位寄存器的结构。CFG 寄存器是可寻址的,有短模式和长模式两种。采用短模式,即快速模式时,40 位用来控制或读增益或 MDAC 设置。40 位从 CFG 寄存器的 CFGQ 段移入或移出。对于长模式,112(即 40+72)位整体移入、移出。这种模式允许配置器件内的所有内部结构。ADDCFGQ 指令为寻址 CFGQ 寄存器,移入串行的数据,并从 ispPAC30 的 TDO 引脚移出数据。ADDCFG 为寻址完全的 CFG 配置寄存器。处于 SPI 模式时,TDI 和 TDO 引脚直接连接到 ispPAC30 的几个内部寄存器。

图 2-17 所示为执行 ADDCFG 指令时在内部存储器和寄存器中的 CFG 数据流程。从图中可知主要有 3 个寄存器:CFG 数据移位寄存器、CFG SRAM 寄存器和 CFG EECMOS 寄存器。对于 CFG 数据移位寄存器,数据从 TDI 引脚进入,从 TDO 引脚流出。数据流入时,不影响器件的功能,直到数据移入 SRAM 配置寄存器。根据相关的指令,寄存器传送数据至 SRAM,EECMOS,或接收来自 EECMOS 的数据。SRAM 寄存器由 112 位组成。执行 LATCHCFG 指令时,数据移位寄存器向它写入数据;使用 RELOADCFG 指令时,它的内容可以用存储在 EECMOS 中的内容更新。这些指令都会改变 EECMOS 的内容来配置模拟电

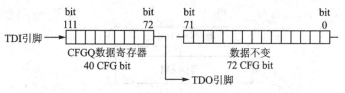

(a) 用ADDCFGQ指令时的短模式

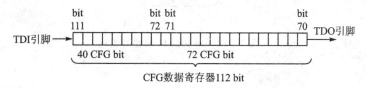

(b) 用ADDCFGQ指令时的长模式

图 2-16 两种模式

路和参数。CFGEECMOS 寄存器是非易失寄存器。可用 PROGCFG 指令对它写,或用 READCFG指令读出它的内容。可以用 RELOADCFG 指令把它的内容传送至 SRAM。器件加电时,器件中的内部硬件模仿 RELOADCFG 指令,于是模拟电路加电至已知的安全状态而无需外界的干预。

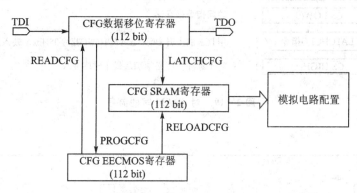

图 2-17 执行 ADDCFG 指令时的数据流程图

2.8.2 SRAM 编程方法

对 ispPAC30 的编程由一系列常规所组成,它包括有序的读、写、验证或传送各种寄存器的配置位。从以上叙述可知:模拟电路是由 SRAM 的内容来配置和控制的。对 SRAM 编程是经常的事。图 2-18 为 SRAM 的编程流程图,注意它的内容是不能被读出的。

一旦 EECMOS 配置后,装入新的 CFG 数据至 SRAM 就可以很方便地改变 ispPAC30 的功能。其基本流程如图 2-19所示。整个过程为选通器件,移入 ADDCFG 指令,紧随其后的是配置数据,共 112 位。然后用 LATCHCFG 指令将配置数据锁存至 SRAM。倘若要再次改变数据,只要把器件置于 SPI 模式,重复上述流程即可。图 2-20 为对 SRAM 写的时序图。

图 2-18 对 SRAM 编程的流程

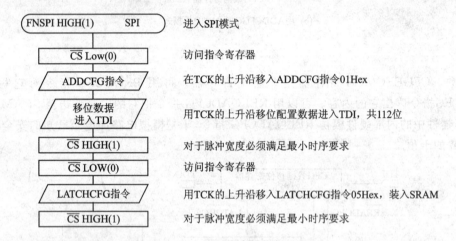

图 2-19 对 SRAM 写的流程

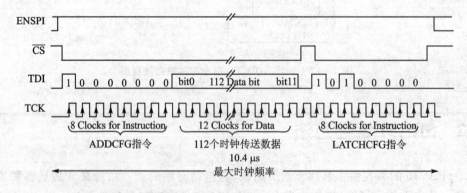

图 2-20 对 SRAM 写的时序图

112 个配置位对应于不同的功能,诸如增益、极性、布线、MDAC、参考电压等。例如第 103 至第 88 位对应 IA1,IA2,IA3,IA4 的增益控制。第 111 至第 104 位对应 MDAC1,第 79 至第 72 位对应 MDAC2。图 2-21 列出了 MDAC 的相关位及设置编码。

			MDAC1								MDAC2			
111	110	109	108	107	106	105	104	79	78	77	76	75	74	73	72
b_7	b_6	b_5	b_4	b_3	b_2	b_1	b_0	b_7	b_6	b_5	b_4	b_3	b_2	b_1	b_0

b_7	b_6	b_5	b_4	b_3	b_2	b_1	b_0	十进制	MDAC电压增益
0	0	0	0	0	0	0	0	0	-1.0000
0	0	0	0	0	0	0	1	1	-0.9922
0	0	0	0	0	0	1	0	2	-0.9844
⋮	⋮	⋮	⋮	⋮	⋮	⋮	⋮	⋮	⋮
0	1	1	1	1	1	1	1	127	-0.0078
1	0	0	0	0	0	0	0	128	0.0000
1	0	0	0	0	0	0	1	129	$+0.0078$
⋮	⋮	⋮	⋮	⋮	⋮	⋮	⋮	⋮	⋮
1	1	1	1	1	1	0	1	253	$+0.9766$
1	1	1	1	1	1	1	0	254	$+0.9844$
1	1	1	1	1	1	1	1	255	$+0.9922$

图 2-21 MDAC 的相关位及设置编码

2.9 多级逻辑的设计技巧

FPGA 主要由可编程逻辑单元模块(CLB)、可编程输入/输出模块(IOB)和可编程内连线(PI)3 种基本资源构成。因此,在采用 FPGA 来实现电路逻辑时,其基本的时延来源于这 3 种基本资源。其中,CLB 和 IOB 内的逻辑资源虽会随不同的逻辑需求而实现不同的重构,但其单元时延的离散性不大。而 PI 则根据不同的逻辑需求及不同的连线要求,使各处连线的延时差异会非常大。因此,对 FPGA 实现中的延时分析,需要根据具体情况,具体地由这些基本时延的叠加来加以分析。

2.9.1 FPGA 实现中的基本时延

实际上,在采用 FPGA 来实现同步逻辑电路时,可以利用器件内部资源的某些特征参数来预测电路设计的性能指标或评估电路性能是否优化。例如:可以采用内部单元模块的时延作为评估网络时延的基本依据;也可以反过来,采用预期的时钟频率来决定电路设计中允许使用的 CLB 的串级数。通过功能需求比较和设计修正,来使设计达到所需求的指标。

例如:如果需要在 XC4000XL-3 的芯片中实现 50 MHz 时钟频率,由于系统时钟周期为 20 ns,

如图 2-22 所示，故 1 级 CLB 的延时约 8 ns（包括 $t_{CO}+t_{NET}+t_{SU}$），还有时延冗余量 12 ns。

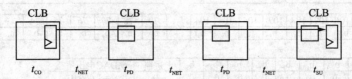

图 2-22　多级 CLB 的时延模型

考虑中间每个附加 CLB 的组合逻辑延时为 6 ns（$t_{PD}+t_{NET}$），则该系统中可串联两级内嵌附加 CLB 组合逻辑。那么，如图 2-23 所示的三级串联逻辑，其中总的延时为多少？最高能实现多高的系统频率呢？

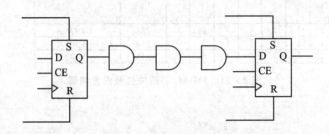

图 2-23　内嵌三级串联逻辑的时延模型

稍作分析，其总的延时是由串联于其中的布线延时 t_{NET} 和单级 CLB 组合延时 t_{CLB1}，t_{CLB2}，t_{CLB3}，以及前后两个触发器的延时 t_{CK0} 和 t_{SU} 相叠加而成的，即

$$t_{TOTAL} = t_{CK0} + t_{NET} + t_{CLB1} + t_{NET1} + t_{CLB2} + t_{NET2} + t_{CLB3} + t_{NET3} + t_{SU}$$

考虑目标器件采用 XC4000XL-09，根据器件数据手册查寻，可知

$$t_{TOTAL} = 1.5 \text{ ns} + 1.2 \text{ ns} + 1.2 \text{ ns} + 1.2 \text{ ns} + 1.2 \text{ ns} +$$
$$1.2 \text{ ns} + 1.2 \text{ ns} + 1.2 \text{ ns} + 0.8 \text{ ns} = 10.7 \text{ ns}$$

所以，总的串联延时为 10.7 ns，换算成系统频率约为 93 MHz。

2.9.2　流水线的基本概念

为了提高多级逻辑的系统速度，在 FPGA 的逻辑实现中，同样可引入"流水线"的概念。流水线设计的概念是把在一个时钟周期内执行的逻辑操作分成几步较小的操作，并在多个较高速的时钟内完成。

图 2-24 的数据通路中的逻辑被分为 3 小部分。如果它的 t_{PD} 为 x，则该电路的最高时钟频率为 $1/x$。而在图 2-24(b) 中，假设在理想情况下每部分的 t_{PD} 为 $x/3$，则它的时钟频率可提高到原来的 3 倍。当然，在计算中并没有包括电路中寄存器的时钟——输出时延和信号建立时间，因此实际的延时应比 $x/3$ 稍大。在忽略它们的情况下，可以看到，流水线技术可以用来提高系统的数据流量，也就是在单位时间内所处理的数据量。但是，采用这种方法的代价是输出信号将相对于输入滞后 3 个时钟周期。因此必须根据这种情况对设计进行修改。

总之，流水线技术在提高系统处理速度的同时也造成了输出滞后，并且还需要额外的寄存

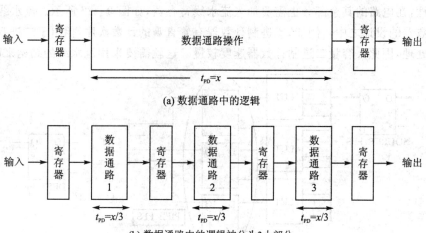

图 2-24 流水线技术的概念

器资源。由于大多数 FPGA 器件的每个元胞中都有寄存器,因此便于采用流水线设计;相比之下,在 CPLD 中每个寄存器对应的组合逻辑资源较多,因此其一级逻辑的规模要比 FPGA 大得多,而这意味着在相同的时钟周期内,相对 FPGA 的元胞,可以实现更复杂的逻辑。所以实际上往往没有必要在 CPLD 中应用流水线技术。

2.9.3 应用流水线的设计

采用流水线技术,是实现多级逻辑的系统时钟提升的有效途径。其实际的状态是,采用了流水线结构,该逻辑的第 1 个输出有效将被延时,这样延时的时间取决于流水线的级数。因为流水线的每一级都将附加一个时钟的延时。

图 2-25 所示是一个原型电路实例,在触发器 SOURCE_FFS 和 DEST_FF 之间存在两个组合逻辑级,实际的系统工作频率为 30 MHz。

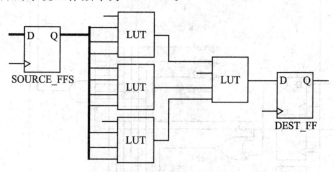

图 2-25 串联两级组合逻辑的原型电路

将图 2-25 所示电路改为流水线的结构,如图 2-26 所示,即在两级串行组合逻辑之间嵌入触发器 PIPE_FFS。由此,系统的最大工作频率可增至 60 MHz。

利用流水线技术,可以进一步提高大型比较器的速度。例如在加入了前面讲的中间与门之后,再将其输出到一个寄存器,然后利用该寄存器的输出进行低位信号的比较。为了保持逻辑的一致性,在电路的其余部分也需要加入流水线寄存器,如图2-27所示。流水线技术也经常用于计数器的设计之中。例如,二进制计数器有着直观的计数次序,但由于二进制译码需要宽位门来处理,因此大容量二进制计数器速度较慢。这就需要采用流水线的结构来改进。

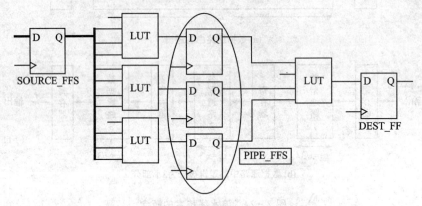

图2-26 采用流水线技术的改进电路

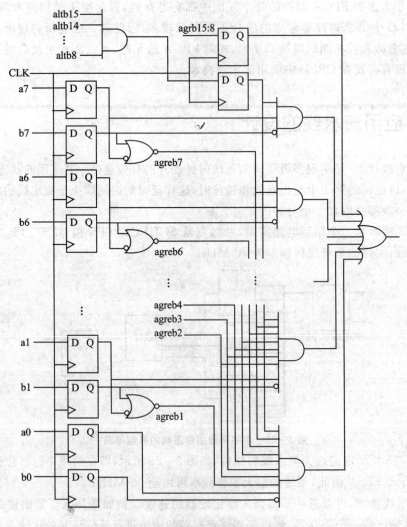

图2-27 流水线式的数值比较器

2.10 Verilog HDL 设计方法与技巧

2.10.1 程序综合的一般原则

Verilog HDL 开始是作为一种仿真语言开发的,开发的时候并没有考虑到综合,所以综合工具出现后,有些 Verilog HDL 的语句没法被综合,而且各种综合工具对语句的支持程度也不同。不过只要遵守综合的一般原则,写出来的程序是可以被综合工具综合的。

① 不使用初始化语句。

② 不使用延时语句。

③ 不使用循环次数不确定的语句,如 forever,while 等。

④ 尽量采用同步方式设计电路,用 Verilog HDL 描述的异步状态机是不能综合的,如果一定要用异步方式设计电路,则可用电路图的方法来设计。

⑤ 尽量采用行为语句完成设计。

⑥ always 过程块描述组合逻辑,应在敏感信号表中列出所有的输入信号。

⑦ 所有的内部寄存器都应该可以复位。

⑧ 用户自定义原语(UDP 元件)是不能被综合的。

⑨ 综合之前,一定要进行仿真。

⑩ 如果要为电平敏感的锁存器建模,使用连续赋值语句是最简单的方法。

2.10.2 HDL 编码指导

1. 复　位

作用:复位使初始状态可预测,防止出现禁用状态。

① FPGA 和 CPLD 的复位信号采用异步低电平有效信号连接到其全局复位输入端,使用专用路径通道。FPGA 和 CPLD 有固定时间延迟线,连接到所有资源上。应避免使用模块内部产生的条件复位信号,模块内部产生的条件复位信号可以转换为同步输入的使能信号处理;芯片内部信号、软件写寄存器提供的全局复位信号和针对某些功能的局部模块复位信号都应该采用同步复位策略;所有的时钟信号和复位信号在芯片的最顶层都必须是可控制和可观测的。

② 若目标器件为 ASIC 的核,则异步时钟只能局部使用,在顶层设计上要与时钟同步,这样可以防止过长的延时。

③ 复位时,所有双向端口要处于输入状态。

复位信号必须连接到 FPGA 和 CPLD 的全局复位引脚。这是由于这些引脚提供较低的抖动。

2. 时 钟

良好的时钟设计十分关键。

① 采用简单的时钟结构。

② 采用单一的全局时钟信号。

③ 同一模块中所有的寄存器都在时钟的上升沿触发。

④ 不要用时钟或复位信号作为数据或使能信号,也不能用数据信号作为时钟或复位信号。

⑤ 避免使用组合逻辑时钟门控时钟。门控时钟其时序往往依赖于具体的实现工艺,时序紧张的门控时钟电路会引发电路的操作错误。

⑥ 时钟信号一般要求连接到全局时钟引脚上。

3. 总 线

① 总线要从 0 位开始,因为有些工具不支持不从 0 位开始的总线。

② 应从高位到低位,这样可以避免在不同设计层上产生误解。

4. 三态门

不要使用内部三态信号,否则增加功耗,而且使后端的调整更困难。

5. 设计通则

① 只使用同步设计,这样可以避免在综合、时序验证和仿真中出现的一些问题。

② 不要使用延时单元。

③ 所有块的外部 I/O 必须声明,这样可以避免较长的路径延时。块内部 I/O 要例化。

④ 避免使用锁存器,因为这样会产生综合和时序验证问题。

⑤ 在时钟驱动的同步进程中不要使用 block 结构,block 结构应用于异步进程中。

⑥ 尽量使用无路径的 include 命令行;HDL 应当与环境无关。

⑦ 避免使用 ifdef 命令,尽量用一个全局定义文件做所有的定义,否则容易产生版本和编辑问题。

⑧ 尽量在一个文件中只用一个模块,文件名要和模块名相同。

⑨ 尽量在例化中使用名称符号,不要用位置符号,这样有利于调试和增加代码的易读性。

⑩ 在不同的层级上使用统一的信号名,这样容易跟踪信号,网表调试也容易。

⑪ 比较总线时要有相同的宽度,否则其他位的值不可预测。

⑫ always 块内的敏感信号表达式又称事件表达式或敏感表。当表达式的值改变时,就会执行一遍块内的语句。带有 posedge 或 negedge 关键字的事件表达式表示沿触发的时序逻

辑,没有 posedge 或 negedge 关键字的表示组合或电平敏感的锁存器,或两者都表示。在表示时序和组合逻辑的事件控制表达式中,如有多个沿和多个电平,其间必须用关键字"or"连接。

⑬ 每个表示时序的 always 块只能由一个时钟跳变沿触发,置位或复位最好也由该时钟跳变沿触发。

⑭ 每个在 always 块内赋值的信号都必须定义成寄存器型(reg)或整型(integer)。

⑮ 表示异步清零的敏感信号的表达式为 always@(posedge clk or negedge clr),其中,clk 为时钟信号,clr 为清零信号。

⑯ 对一个寄存器型和整型变量给定位的赋值,只允许在一个 always 块内进行。如在另一 always 块中也对其赋值,则是非法的。

⑰ 把某一信号值赋为'bx,综合器把它解释成无关状态,因而综合器为其生成的硬件电路最简单。

2.10.3 如何消除毛刺

建立时间(setup time)是指在触发器的时钟信号上升沿到来以前,数据稳定不变的时间,如果建立时间不够,数据将不能在这个时钟上升沿打入触发器;保持时间(hold time)是指在触发器的时钟信号上升沿到来以后,数据稳定不变的时间,如果保持时间不够,数据同样不能打入触发器,如图 2-28 所示。数据稳定传输必须满足建立和保持时间的要求;当然在一些情况下,建立时间和保持时间的值可以为零。

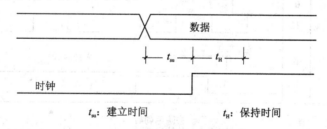

t_{su}:建立时间 t_H:保持时间

图 2-28 保持时间不够

1. PLD 内部毛刺产生的原因

使用分立元件设计数字系统时,由于 PCB 走线时存在分布电感和电容,所以几纳秒的毛刺将被自然滤除,而在 PLD 内部决无分布电感和电容,所以在 PLD/FPGA 设计中,竞争和冒险问题将变得较为突出。

2. PLD 内部毛刺的消除

一种更常见的方法是利用 D 触发器的 D 输入端对毛刺信号不敏感的特点,在输出信号的保持时间内,用触发器读取组合逻辑的输出信号,这种方法类似于将异步电路转化为同步电路。图 2-29 给出了这种方法的示范电路。

在仿真时(见图 2-30),也可能会发现在 FPGA 器件对外输出引脚上有输出毛刺,但由于毛刺很短,加上 PCB 本身的寄生参数,大多数情况下,毛刺通过 PCB 走线,基本可以自然滤除,不用再外加阻容滤波。

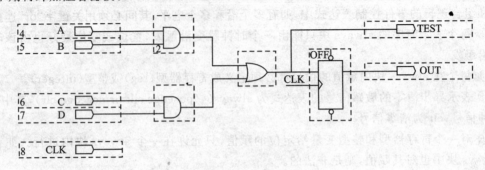

图 2-29 消除毛刺信号的方法

优秀的设计方案,如采用格雷码计数器、同步电路等,可以大大减少毛刺,但它并不能完全消除毛刺。毛刺并不是对所有输入都有危害,如 D 触发器的 D 输入端,只要毛刺不出现在时钟的上升沿并且满足数据的建立和保持时间,就不会对系统造成危害。因此可以说 D 触发器的 D 输入端对毛刺不敏感。但 D 触发器的时钟端、置位端、清零端,则都是对毛刺敏感的输入端,任何一点毛刺就会使系统出错,但只要认真处理,就可以把危害降到最低直至消除。

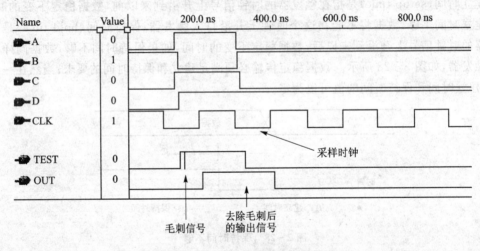

图 2-30 图 2-29 所示电路的仿真波形

2.10.4 阻塞赋值与非阻塞赋值的区别

对于阻塞赋值与非阻塞赋值,在前面的章节中已经介绍了它们之间在语法上的区别以及综合后所得到的电路结构上的区别。在 always 块中,阻塞赋值可以理解为赋值语句是顺序执行的,而非阻塞赋值可以理解为赋值语句是并发执行的。实际的时序逻辑设计中,一般情况下非阻塞赋值语句被更多地使用,有时为了在同一周期实现相互关联的操作,也使用了阻塞赋值语句。注意:在实现组合逻辑的 assign 结构中,无一例外地都必须采用阻塞赋值语句。因此,要避免 Verilog 仿真时出现冒险与竞争现象,应遵守以下两个要点:

① 在描述组合逻辑的 always 块中用阻塞赋值,则综合成组合逻辑的电路结构。

② 在描述时序逻辑的 always 块中用非阻塞赋值,则综合成时序逻辑的电路结构。

所谓阻塞的概念是指在同一个 alwaly 块中,其后面的赋值语句从概念上是在前一句赋值语句结束后再开始赋值的。

如果在一个过程块中阻塞赋值的右边变量正好是另一个过程块中的左边变量,这两个过程块又用同一个时钟沿触发,则这时阻塞赋值操作会出现问题,即如果阻塞赋值的顺序安排不好,就会出现竞争;若这两个阻塞赋值操作用同一个时钟沿触发,则执行的顺序是无法确定的,如例 1 所示。

【例 1】
```
module fbosc1 (y1, y2,clk,rst);
    output y1,y2;
    input clk,rst;
    reg y1,y2;
    always @(posedge clk or posedge rst)
        if (rst)y1=0;              //复位
            else y1=y2;
    always @ (posedge clk or posedge rst )
        if (rst) y2=1;             //置位
            else y2 = y1;
endmodule
```

例 1 中的两个 always 块是并行执行的,与前后顺序无关。如果前一个 always 块复位信号先到 0 时刻,则 y1 和 y2 都会取 1;而如果后一个 always 块复位信号先到 0 时刻,则 y1 和 y2 都会取 0。由此可知,该模块是不稳定的,必定会产生冒险和竞争的情况。

非阻塞赋值是操作时刻开始时计算非阻塞赋值符右边的表达式,赋值操作时刻结束时更新左边的值。在计算非阻塞赋值符右边的表达式和更新左边的值期间,其他的 Verilog 语句,包括其他的 Verilog 非阻塞赋值语句都能同时计算非阻塞赋值符右边的表达式和更新左边的值;非阻塞赋值允许其他的 Verilog 语句同时进行操作。

非阻塞赋值操作只能用于对寄存器类型变量进行赋值,不允许用于连续赋值,如例 2 所示。

【例 2】
```
module fbosc2 (y1, y2, clk, rst);
    output y1,y2;
    input clk,rst
    reg y1,y2;
    always @ (posedge clk or posedge rst)
        if (rst) y1=0;             //复位
            else y1<=y2;
    always @ (posedge elk or posedge rst)
        if (rst) y2<= 1;           //置位
            else y2<=y1;
endmodule
```

例 2 中的两个 always 块是并行执行的,与前后顺序无关。无论哪一个 always 块复位信号先到,两个always块中的非阻塞赋值都在赋值操作开始时刻计算非阻塞赋值符右边的表达式,而在赋值操作结束时刻更新左边的值。所以,这两个always块在复位信号到来后,在always块结束时,使y1为0及y2为1是确定的。

Verilog模块的编程要点如下:
① 时序电路建模时,用非阻塞赋值。
② 锁存器电路建模时,用非阻塞赋值。
③ 用always块建立组合逻辑模型时,用阻塞赋值。
④ 在同一个always块中建立时序和组合逻辑模型时,用非阻塞赋值。
⑤ 在同一个always块中不要既用非阻塞赋值,又用阻塞赋值。
⑥ 不要在一个以上的always块中为同一变量赋值。
⑦ 用$strobe系统任务来显示用非阻塞赋值的变量值。
⑧ 在赋值时不要使用#0延时。

要掌握可综合风格的Verilog模块编程的8个要点,在编写程序时牢记这8个要点。这样,在绝大多数情况下,可以避免在综合后仿真出现的冒险问题,初学者按照这几点来编写Verilog模块程序,可以省去很多麻烦。

例3通过分别采用阻塞赋值语句和非阻塞赋值语句的看上去非常相似的两个模块blocking.v和non_blocking.v来阐明两者之间的区别。

【例3】

```
module lab1 (clk,ntd ,state);
            input clk;
         output [1:0] state;
         output ntd;
         reg [1:0] 03 state;
         reg ntd;
      always @ (posedge clk)
        begin
        if (ntd == 1 )
                    state<  == 2'b11;
             if(state == 2'b00)
                      ntd<=1
             if(state == 2'b11 )
                     begin
                     ntd<=0;
                     state<= 2'b00;
                     end
         end
endmodule
```

仿真波形如图2-31所示。

若将代码中赋值语句全部替换为阻塞型赋值,则综合后仿真波形如图2-32所示。可见,无阻塞型赋值语句对于数据流的描述较简便,通常使用这种方式。

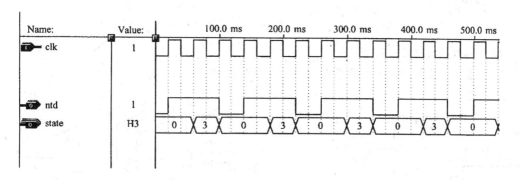

图 2-31 仿真波形

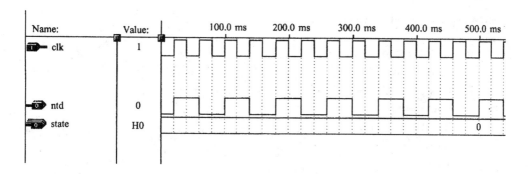

图 2-32 综合后仿真波形

2.10.5 代码对综合的影响

在用 Verilog 对逻辑硬件进行建模和模拟的同时,必须理解代码与硬件实现的联系。

1. 代码对综合的影响

【例 4】 下面的求和电路,编写的格式不一样,综合出的电路也不一样。
① 程序如下:

out1<=in1+in2+in3+in4

综合的电路如图 2-33 所示。

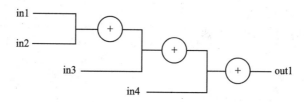

图 2-33 综合的电路之一

② 程序如下：

out1<=(in1+in2)+(in3+in4)

综合的电路如图 2-34 所示。

【例 5】 下面描述的是多路数据选择器，它综合的电路如图 2-35 所示。

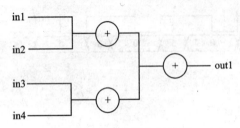

图 2-34　综合的电路之二

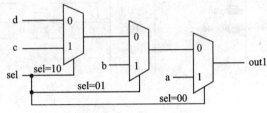

图 2-35　if-else 实现的电路

```
always @ (sel or a or b or c or d)
begin
    if (sel == 2'b00)
        out1<=a;
    else if (sel == 2'b01)
        out1<=b;
    else if (sel == 2'b10)
        out1<=c;
    else
        out1<=d;
end
```

2. 避免在综合时引入锁存器

避免在综合时引入锁存器的方法如下：

① 组合函数的输出必须在每个可能的控制路径中被赋值。

② 每次执行 always 块时，在生成组合逻辑的 always 块中赋值的所有信号都必须有明确的值。

③ 组合电路的每一个 if 描述语句都对应一个 else 语句。

④ 每一个 case 语句都对应一个 default 语句（在没有优先级的情况下优先使用。设计路径延时要小于 if-else）。在使用条件语句时，要注意列出所有条件分支，否则，编译器认为条件不满足时，会引进一个触发器保持原值。在组合电路设计中，应避免这种隐含触发器的存在。但一般设计不可能列出所有分支；为包含所有分支，可在 if 语句的最后加上 else 语句，在 case 语句的最后加上 default 语句。

【例 6】 下面描述的是隐含触发器。

```
module ff(c, b, a);
    input b,a;
    output c;
        reg c;
always @ (a or b)
```

```
      begin
         if(a == 1) && (b == 1) c=1;
      end
endmodule
```

设计原意是设计一个二输入与门,因为 if 语句中无 else 语句,在对此语句进行综合时会认为 else 语句中为"c=c;",即保持不变。因此可能形成的电路如图 2-36 所示。

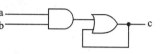

图 2-36 隐含触发器电路

应尽量避免在综合时引入锁存器。

【例 7】 下面是综合时引入锁存器和避免引入锁存器的例子:

① 引入了锁存器。　　　　　　② 无锁存器。

```
always @ (ld)                always @ (ld)
begin                        begin
    if (a) q<=d;                 if (a) q<=d;
    end                          else q<=0;
begin                        end
```

上面左边程序中,在 always 块中,if 语句保证了只有当 a=1 时,q 才取 d 的值,但没有写出 a=0 时,q 取何值。如果在给定的条件下变量没有赋值,这个变量将保持原值,也就是说生成一个锁存器。

如果设计希望当 a=0 时,q=0,则 else 项必不可少,见上面右边的程序。

③ 引入了锁存器。　　　　　　④ 无锁存器。

```
always @ (sel or a or b)      always @ (sel or a or b)
    case (sel)                    case (sel)
      2'b00: q<=a;                  2'b00: q<=a;
      2'b11: q<=b;                  2'b11: q<=b;
    endcase                        default: q<=1'b0;
                                  endcase
```

上面左边程序中,在 always 块中,当 sel=00 时,q 取 a 值,当 sel=11 时,q 取 b 值,但没有写出 sel=01 和 sel=10 时,q 分别取何值。如果在给定的条件下变量没有赋值,则这个变量将保持原值,这就会自动生成一个锁存器。

上面右边的程序中的 case 语句有 default 项,指明了如果 sel 不取 00 和 11 时,q=0。

【例 8】 在本例中,因为 d 没有在敏感电平列表中,所以 d 变化时,f 不能立刻发生变化,要等 a 或 b 或 c 变化时才能体现出来。也就是说实际上相当于存在一个电平敏感的透明锁存器,它在起作用,把 d 信号的变化锁存其中。

```
input a, b, c;
    reg f,d;
    always @ (c or a or b)
    begin
        f=d&b&a;
        d=f|c;
    end
```

2.10.6 用 always 块实现较复杂的组合逻辑电路

使用 assign 结构实现组合逻辑电路,在设计中会发现很多地方会显得冗长且效率低下。而适当地采用 always 来设计组合逻辑,往往会更具实效。

【例 9】 设计一个简单的指令译码电路。

要求:电路通过对指令的判断,对输入数据执行相应的操作,包括加、减、与、或和求反,并且无论是指令作用的数据还是指令本身发生变化,结果都要作出及时的反应。

分析:显然,这是一个较为复杂的组合逻辑电路,如果采用 assign 语句,表达起来非常复杂。如果使用电平敏感的 always 块,并且运用 case 结构来进行分支判断,不但设计思想得到直观的体现,而且代码看起来也非常整齐、便于理解。程序如下:

```
`define plus 3'd0
`define minus 3'd1
`define band 3'd2
`define bor 3'd3
`define unegate 3'd4
module alu (out ,opcode ,a ,b);
    output[7:0] out;
    reg [7:0]out;
    input[2:0]opcode;
    input[7:0] a,b;                         //操作数

always @ (opcode or a or b)                 //电平敏感的 always
    begin
        case (opcode)
            `plus: out = a+b;               //加操作
            `minus: out = a-b;              //减操作
            `band: out = a&b;               //求与
            `bor: out = a|b;                //求或
            `unegate: out=~a;               //求反
            default:out = 8'hx;             //未收到指令时,输出任意态
        endcase
    end
endmodule
```

同一组合逻辑电路用 always 块和连续赋值语句 assign 描述时,它们的代码形式是完全不同的。在 always 中,虽然被赋值的变量一定要定义为 reg 型,但是适当运用 default(在 case 结构中)和 else(在 if...else 结构中),通常可以综合为纯组合逻辑。值得注意的是如果不使用 default 或 else 对默认项进行说明,则易生成意想不到的锁存器。

2.10.7 Verilog HDL 中函数的使用

Veirlog HDL 可使用函数以适应对不同变量采取同一运算的操作。Veirlog HDL 函数在综合时被理解成具有独立运算功能的电路，每调用一次函数相当于改变这部分电路的输入，以得到相应的计算结果。

【例10】 要求采用同步时钟触发运算的执行，每个 clk 时钟周期都会执行一次运算，并且在测试模块中，通过调用系统任务 $display 在时钟的下降沿显示每次计算的结果。模块源代码如下：

```verilog
// ........tryfunct. v............
module tryfunct (clk ,n ,result ,reset);
    output[31:0] result;
    input[3:0]n;
    input reset,clk;
    reg[31:0]result;
    always @ (posedge clk)             //clk 的上升沿触发同步运算
        begin
            if(!reset)                 //reset 为低时复位
                result<=0;
            else
                begin
                    result<= n * factorial(n)/((n* 2)+1);
                end
        end

    function [31:0] factorial;         //函数定义
        input [3:0] operand;
        reg [3:0]index;
        begin
            factorial = operand ? 1:0;
            for(index = 2; index <= operand; index = index + 1)
                factorial = index * factorial;
        end
    endfunction
endmodule
```

本例中函数 factorial(n)实际上就是阶乘运算。在实际的设计中，不希望设计中的运算过于复杂，以免在综合后带来不可预测的后果。具体做法是把复杂的运算分成几个步骤，分别在不同的时钟周期完成。

2.10.8　Verilog HDL 中任务的使用

只有函数并不能完全满足 Verilog HDL 中的运算需求。当希望能够将一些信号进行运算并输出多个结果时,采用函数结构就显得非常不方便,而任务结构在这方面的优势则十分突出。任务本身并不返回计算值,但是它通过类似 C 语言中形参与实参的数据交换,可以非常快捷地实现运算结果的调用;此外,还常常利用任务来帮助实现结构化的模块设计,将批量的操作以任务的形式独立出来。这样的设计简洁明了。

【例 11】　利用电平敏感的 always 块,比较两变量的大小并排序,设计出 4 个 4 位并行输入数的高速排序组合逻辑。

利用 task 可以非常方便地实现数据之间的交换,如果要用函数实现相同的功能是非常复杂的;另外,task 也避免了直接用一般语句来描述所引起的不易理解和综合时产生冗余逻辑等问题。模块源代码如下:

```
//—————————sort4,v—————————
module sort4 (ra,rb,rc,rd,a,b,c,d);
    output[3:0] ra,rb,rc,rd;
    input[3:0] a,b,c,d;
    reg[3:0] ra,rb,rc,rd;
    reg[3:0] va,vb,vc,vd;

    always @ (a or b or c or d)
        begin
            {va,vb,vc,vd}= {a,b,c,d};
            sort2(va,vc);              //va 与 vc 互换
            sort2(vb,vd);              //vb 与 vd 互换
            sort2(va,vb);              //va 与 vb 互换
            sort2(vc,vd);              //vc 与 vd 互换
            sort2(vb,vc);              //vb 与 vc 互换
            {ra,rb,rc,rd} = {va,vb,vc,vd};
        end
    task sort2;
        inout[3:0]x,y;
        reg[3:0]tmp;
        if(x>y)
            begin
                tmp=x;       //x 与 y 变量的内容互换,要求顺序执行,所以采用阻塞赋值方式
                x=y;
                y=tmp;
            end
    endtask
endmodule
```

值得注意的是，task 中的变量定义与模块中的变量定义不尽相同，它们并不受输入、输出类型的限制。如此例，x 与 y 对于 task sort2 来说虽然是 inout 型，但实际上它们对应的是 always 块中的变量，都是 reg 型变量。

2.11 FPGA 设计的稳定性探讨

一个由分立元件构成的电路，如果不做任何改动而移用到 FPGA 设计中，很有可能出现性能降低、工作不稳定的现象。这是因为 FPGA 设计与分立元件设计有很多不同之处。本节要探讨的问题是关于 FPGA 设计稳定性的一般要求。

2.11.1 FPGA 的设计特点

FPGA 设计与传统的通用 IC 设计在很多方面存在差别，表 2-9 对此做了归纳。在采用微处理器的通用 IC 设计中，电路的整体性能受到处理器性能的限制，但此时，各种不同功能元件之间的互连通常不成问题。然而，在 FPGA 设计中，连线可能占用了 70% 的芯片面积，并且这些过多的连线有可能影响到门的利用率。

表 2-9 FPGA/CPLD 与通用 IC 设计比较

方法 项目	通用 IC 设计	FPGA/CPLD 设计
设计方向	从片子到系统	从系统到片子
成本限制	元件数量	设计工作量及芯片价格
性能限制	功能单元设计	设计及开发工具性能
设计方案选择	主要元件（如处理器）	FPGA 芯片
可测试性要求	可连到 PCB 上	*
验证	制作印刷电路板	模拟
样机制作	通常在实验室内完成	可在实验室完成
后期更改设计	不方便	方便
设计方法	不灵活	有很大的灵活性
工具	可不依赖于 CAE	强烈依赖于 CAE

* 对于大规模集成电路，测试分为功能测试和制造后测试。功能测试的目的在于验证设计是否能正确地按照技术条件实现其功能；而制造后测试的目的在于检查生产的每一片芯片是否合格，也称为结构测试。很显然，对于 FPGA 器件只需要功能测试，因为每一片芯片在出厂前都已做过结构测试。

2.11.2　FPGA 设计的基本单元

在 FPGA 设计中可将所有的设计元素抽象成 5 类基本单元。这些基本单元用于组成分层结构设计。它们是：

① 布尔单元，包括反相器以及与、或、非、与非、或非、异或门等；
② 开关单元，包括传输门、多路选择器和三态缓冲器；
③ 存储单元，包括边缘敏感器件；
④ 控制单元，包括译码器和比较器；
⑤ 数据调整单元，包括加法器、乘法器、筒型移位器和编码器。

在设计中明确定义所用基本单元的类别就可以避免所谓"无结构的逻辑设计"，并且只花费较短的设计时间即可得到清晰的、结构完善的 FPGA 设计。

2.11.3　信号的分类

FPGA 中的所有信号都可分为时钟、控制信号和数据三种。

简单的时钟信号用于控制所有的边缘敏感触发器，别无它用，而且也不受任何其他信号的限制。控制信号，如"允许"和"复位"信号，它们用于使电路元件初始化，使信号保持在当前状态；用于在几个输入信号间做出选择以及控制使信号通往另外的输出端。若干控制信号可以来自同一个允许产生器，但会受到状态计数器的控制。数据信号中含有数据，它可以是一些单独的位，也可以是总线中的并行数据。

2.11.4　FPGA 中的同步设计技术

首先应明确同步的概念，因为它是形成同步设计的基础。如果说一个系统是同步的，则它需要满足：

① 每个边缘敏感部件的时钟输入都是一次时钟输入的某个函数，并且它还保持了像一次时钟那样的时钟信号；
② 所有存储元件（包括计数器）都是边缘敏感的，在系统中没有电平敏感存储元件，也就是要求存储元件仅在有效时钟边缘处存在状态变化。

在 FPGA 设计中，异步逻辑设计存在很多弊端，这也是由 FPGA 内部结构决定的。利用 FPGA 的逻辑块结构来实现异步设计不仅可能会造成逻辑和互联资源的浪费，而且还会产生电路中的竞争和冒险。因为 FPGA 的逻辑块结构一般是由馈入到可配置触发器的大规模 AND 阵列和 OR 阵列组成的，并且该逻辑块中的所有寄存器都必须由同一信号提供时钟，因此若一个逻辑电路中存在多个时钟信号，则必须将它们划分成与逻辑块相同的个数，并分配给具有不同时钟信号的逻辑电路使用。这样做使得本来不复杂的电路逻辑分散到了多个逻辑块中。由于所使用逻辑块的时钟信号已被占用，而具有其他时钟的信号不能再添加进去，故可造成逻辑块中大量门阵列的浪费。

图 2-37 是一种典型的异步计数器电路,图 2-38 是等效的利用同一时钟的计数器电路。在 FPGA 设计中,图 2-38 是更有效的一种设计方法。

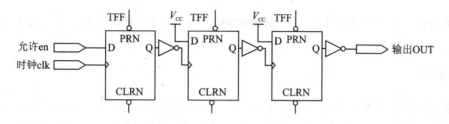

图 2-37 异步计数器(级联时钟)

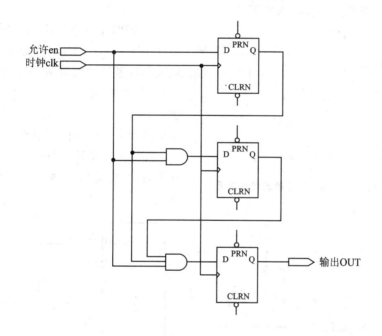

图 2-38 同步计数器(全局时钟)

在传统数字逻辑设计中,由异步电路所带来的冒险一般可以采用三种方法消除,即在逻辑表达式中增加冗余项、增加惯性延迟环节以及使用选通法。前两种方法是给经过较少门延时的信号人为地插入延时,使其在时间上与经过较多门延时的信号保持一致。第三种方法是利用选通脉冲对信号的作用时间加以控制,避开产生冒险的尖峰。但 FPGA 逻辑电路的设计有别于分立元件的电路设计。在分立元件的设计中,可以精确设计出每个信号在相互作用前所经过的门延时时间,从而可以估计冒险是否发生以及如何消除。而在 FPGA 设计中,由于系统自动完成布线,为了均衡逻辑块的资源,信号在整个 FPGA 内部所经过的门数可能并非是在逻辑表达式中期望的那样,这就导致有时无法正确估计某个信号的延时,而且增加冗余项也会增大逻辑块的开销。因此,第三种方法是最适合于 FPGA 逻辑设计的方法。

2.11.5 FPGA 设计的稳定性

以下内容是在 FPGA 设计中经常遇到的问题,同时,设计异步软件工具也依据这些规则来检查电路设计的稳定性。

1. 异步输入

许多设计要求各异步系统之间进行同步通信,或者同步系统需要异步输入(asynchronous inputs)控制。如果异步输入不满足时钟建立和保持时间的限制,将会导致受控的同步系统出现逻辑混乱。在如图 2-39 所示的二进制计数器中,异步输入信号作为使能信号控制计数器的工作就是一个典型的异步输入的例子。

在 FPGA 设计中,图 2-39 所示的情况可以用图 2-40 所示的方法解决,即在异步输入和计数器之间插入一个 D 触发器(flip-flop),从而解决异步输入的不稳定性问题。注意,一个异步信号只能驱动一个触发器,否则电路就会出现不稳定现象。

图 2-41 是另一种解决方法。它适用于异步输入使能信号宽度小于时钟周期的情况。

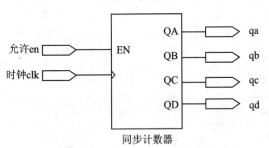

图 2-39 异步输入作为计数器的使能信号

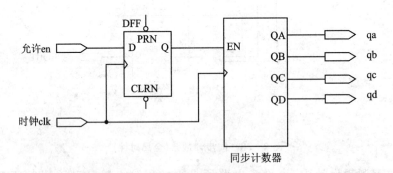

图 2-40 用一个触发器检测异步输入信号

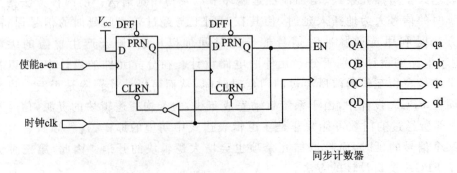

图 2-41 用两个触发器检测异步输入信号

2. 时钟电路

在 FPGA 设计中,稳定的时钟电路是良好设计的基础。若时钟电路设计不当,在环境因素(如电压、温度等)变化时,就会导致电路严重逻辑混乱。在设计时,建议尽可能使用全局时钟,并且 Altera 公司的 FPGA 器件都有一根全局时钟的引脚。全局时钟可以以最短路径连接片内的所有触发器,从而使输出延迟降到最小。在无法使用全局时钟时,可以使用门控时钟,而多级时钟、级联时钟和多时钟网络将导致电路不稳定。

(1) 门控时钟

门控时钟(gated clocks)以一个与门或者一个或门的输出作为时钟信号。门控时钟若达到具有全局时钟同样的稳定性,则必须满足两个条件:

① 门的输入信号中只能有一个信号作为时钟信号;

② 门控时钟只能由单个的与门或者或门构成。

图 2-42 是与门时钟的例子,图 2-43 是或门时钟的例子。这些都是稳定的时钟电路设计实例。

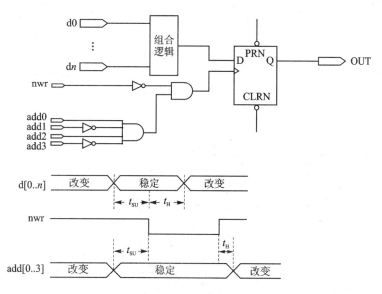

图 2-42 与门门控时钟电路及信号波形

在图 2-42 和图 2-43 中,nwr 是时钟信号(下降沿有效)。该电路常常作为微处理器与外部设备的接口。但在 FPGA 设计中,可以将与门及或门门控时钟转化为全局时钟。与门时钟转化为全局时钟的电路及信号波形如图 2-44 所示。或门时钟转化原理与此类似,不再赘述。

(2) 多级时钟

多级时钟(multi-level clocks)就是将多于一个门的组合电路的输出作为时钟信号。这种情况下极易出现静态冒险,如图 2-45 所示。

多级时钟可以转换为如图 2-46 所示的全局时钟。

(3) 级联时钟

在异步计数器设计中,级联时钟(ripple clocks)的应用较多。级联时钟即指以一个触发器

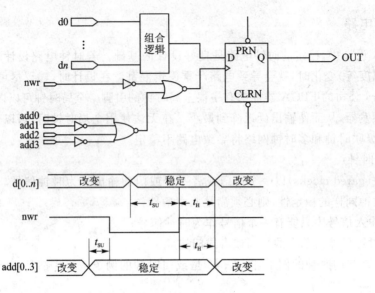

图 2-43 或门门控时钟电路及信号波形

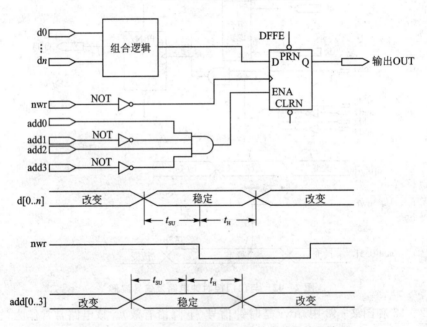

图 2-44 与门时钟转换为全局时钟的电路及信号波形

的输出（Q）作为另一触发器的时钟。在 FPGA 设计中，级联时钟最易造成时钟歪斜，以及导致系统工作极不稳定，如图 2-37 所示。改进后的设计如图 2-38 所示。

（4）多时钟网络

由于时钟建立及保持时间的限制，FPGA 设计中不宜采用多时钟网络（multi-clock network）。多时钟网络电路及信号波形如图 2-47 所示。加入同步触发器后改进的电路如图 2-48 所示。

以上 4 种时钟电路，只有门控时钟电路可应用于 FPGA 设计，其他类型均不符合 FPGA 稳定性的设计规则，应尽量避免使用。在图 2-42～图 2-44 以及图 2-47 中，t_{SU}

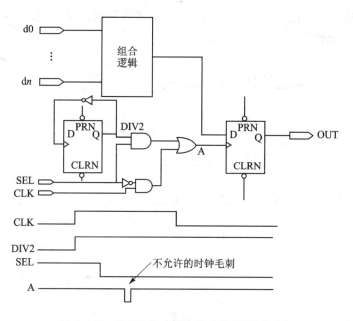

图 2-45 多级时钟电路及信号波形(不稳定)

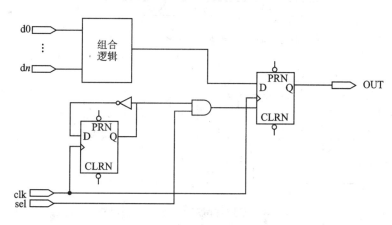

图 2-46 多级时钟转换为全局时钟电路

为建立时间,t_H 为保持时间。由以上的改进措施可以看出,它们的共同特点是使用全局时钟,并将控制信号转换为触发器的使能信号。这是 FPGA 同步电路设计中常用的设计方法。

3. 延时链(delay chains)

利用 MAX+plusⅡ中的 LCELL 或 EXP 可以形成内部延时或产生脉冲。但当环境温度、电压等变化时,这种设计的性能变化很大,极不稳定,而且还易造成竞争(race)现象。图 2-49 是通过采用一系列 EXP 产生一个异步脉冲的电路设计图。

4. 全局复位信号(master reset)

尽管 Altera 公司的 EPLDs 器件和 FLEX8000 器件都具有内置的加电复位电路,但在

FPGA设计中仍应尽量保证有一个全局复位信号,或者保证触发器、计数器在使用之前已经正确清零以及状态机已经处于确知的状态。

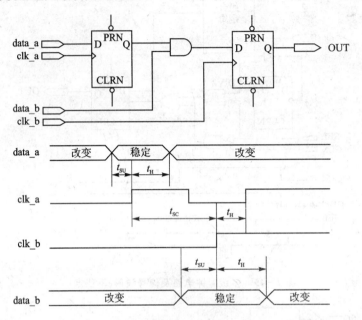

图 2-47　多时钟网络电路及信号波形

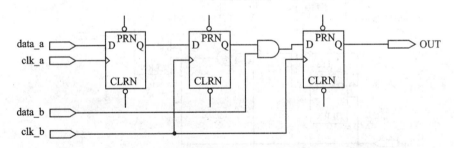

图 2-48　多时钟网络加同步触发器电路

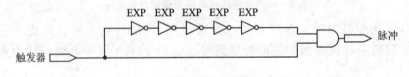

图 2-49　用 EXP 产生异步脉冲

5. 静态冒险(static hazards)

在一个电路中,若有多个输入变量同时变化,且变化前后的电路输出相同,这时可能出现瞬时错误输出,导致输出端出现毛刺,这种现象称为静态冒险。在 FPGA 设计中,消除静态冒险最有效的办法是加入选通脉冲。具体电路如图 2-45 和图 2-46 所示。

6. 竞争(race conditions)

竞争现象在一个信号经过两条或多条线路后到达并控制同一个单元时出现,一个信号不可能同时到达该单元,也即每条线路的延时不同。竞争现象会导致输出振荡或使输出无法预测。图 2-50 是异步电路设计中经常遇到的竞争问题,相应的解决办法如图 2-51 所示。

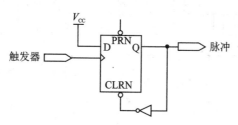

图 2-50　用异步电路产生异步脉冲(存在竞争现象)

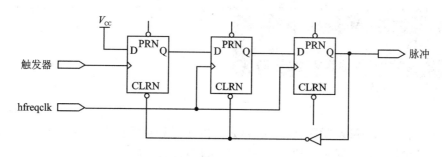

图 2-51　用同步电路产生同步脉冲

7. 置位与清零电路(preset & clear configurations)

与时钟一样,置位与清零信号对竞争条件和静态冒险非常敏感,所以在设计中必须小心对待它们。最好的置位与清零电路是由器件上的引脚作为全局信号直接驱动的。图 2-52～图 2-57 示出几种清零电路供读者参考。

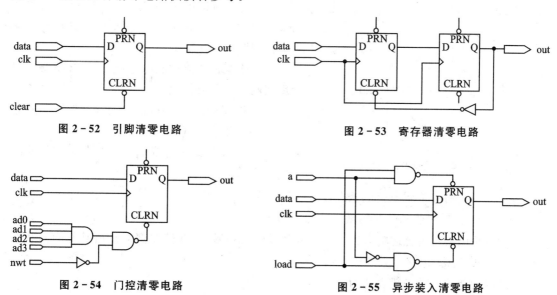

图 2-52　引脚清零电路　　　　　　　　图 2-53　寄存器清零电路

图 2-54　门控清零电路　　　　　　　　图 2-55　异步装入清零电路

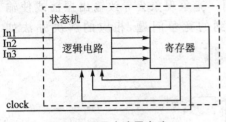

图 2-56 异步清零电路一

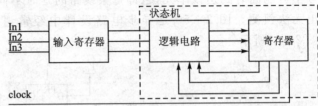

图 2-57 异步清零电路二

2.12 同步电路设计技巧

FPGA 具有丰富的触发器资源,灵活、低延时的多时钟资源和三态的总线结构资源,有利于同步电路的设计实现。同时,FPGA 也存在极大的弱点:由内部逻辑实现中的布局布线的不确定性所带来的系统时延的不确定性。因此,特别是对时延关系要求苛刻的异步电路,用 FPGA 实现起来相对较困难。

2.12.1 同步电路与异步电路的基本概念

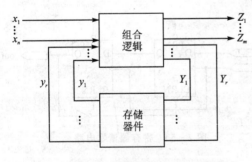

图 2-58 时序逻辑电路的结构框图

数字系统的电路通常由组合逻辑、时序逻辑或者两者混合构成。对于时序逻辑电路,其基本结构如图 2-58 所示。

时序逻辑电路一般由组合逻辑、存储器件和反馈网络三部分组成。

图 2-58 中,$x_1,\cdots,x_n$ 为时序逻辑电路的输入或称外部输入;

$Z_1,\cdots,Z_m$ 为时序逻辑电路的输出或称外部输出;

$y_1,\cdots,y_r$ 为时序逻辑电路的状态或称内部输入;

$Y_1,\cdots,Y_r$ 为时序逻辑电路的激励或称内部输出。

时序逻辑电路的组合逻辑只用来产生电路的输出和激励,存储器部分是由其不同的状态 $(y_1,\cdots,y_r)$ 来"记忆"电路过去的输入情况的。

其逻辑功能的函数一般表达为

$$Z_i = g_i(x_1,\cdots,x_n,y_1,\cdots,y_r) \qquad (i=1,\cdots,m) \qquad (2-1)$$

$$Y_j = h_j(x_1,\cdots,x_n,y_1,\cdots,y_r) \qquad (j=1,\cdots,r) \qquad (2-2)$$

时序逻辑电路按其工作方式可分为同步时序逻辑和异步时序逻辑,其结构如图 2-59 所示。

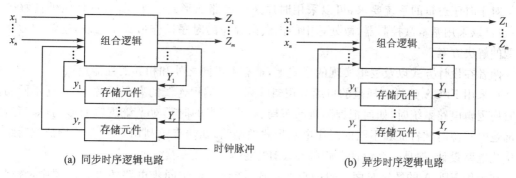

图 2-59 时序电路结构框图

其中,同步时序逻辑电路中的存储元件为触发器,而异步时序逻辑电路中的存储元件往往是延迟元件。

从图 2-59(a)中可见,同步时序电路的存储元件由钟控触发器组成,时钟脉冲信号加在每个触发器的时钟输入端。只有当时钟信号到来时,电路状态($y_1,\cdots,y_r$)才能发生变化,而且只改变 1 次。如果时钟信号非有效,即使输入发生变化,电路的状态也不会改变。

通常将时钟到达之前的电路状态称为现态,记作 $y^{(n)}$;将时钟到达之后的电路状态称为次态,记为 $y^{(n+1)}$。由于始终是时钟信号起着同步作用,故称此电路为同步时序逻辑电路。

从图 2-59(b)中可见,异步时序电路的存储元件主要由延迟元件组成,电路中不需要统一的时钟信号,输入的变化有时将直接导致电路状态的变化。

时序逻辑电路的输入信号有脉冲形式和电平形式两种,如图 2-60 所示。按照输入信号形式的不同,时序逻辑电路又可分为脉冲型和电平型。

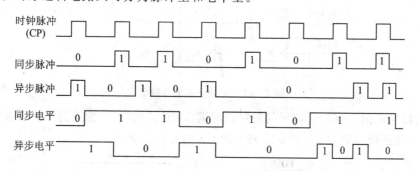

图 2-60 时序逻辑电路的输入信号波形

同步时序逻辑电路的行为虽然可以由式(2-1)和式(2-2)描述,但从这些表达式中并不能清楚地了解其输入、输出、现态、次态之间的转移关系。在实际的电路设计和分析中,通常采用所谓的状态表和状态图的方式表示。

最流行的两类时序逻辑电路模型是 Mealy 模型和 Moore 模型。当电路的输出是输入和现态的函数,即 $Z_i = F_i(x_1,\cdots,x_n,y_1,\cdots,y_r)(i=1,\cdots,m)$ 时,称作 Mealy 型电路;当电路的输出信号是现态的函数,$Z_i = F_i(x,y_1,\cdots,y_r)(i=1,\cdots,m)$ 时,则称该电路为 Moore 型电路。

2.12.2　FPGA 现场集成中常见的问题

对于时序逻辑的系统要求,可以采用时序逻辑电路的形式去实现,这可称做硬件解决方案;也可以采用基本微控制器、微处理中的内嵌微程序的时序操作形式来实现,这常称做计算机型的解决方案。

两者在设计方式以及逻辑实现的形式上,都有着不同之处和相异的性能特点。

在采用 FPGA 这样已规范的可编程逻辑阵列和可编程连线的有限资源,去实现不同功能的时序逻辑电路系统时,如何把握随机的布局、布线带来的时延对系统逻辑的影响,如何避免局部逻辑资源时延特征和不同的时序电路形式的制约,如何有效利用 FPGA 的特征逻辑结构去优化电路设计,都是一个设计工程师在设计中必须考虑的问题。

在采用 FPGA 的数字时序逻辑的现场集成,特别是对于同步电路的设计实现中,常遇到的主要问题有以下几种。

1. 在同步电路设计中,如何使用时钟使能信号的问题

所谓同步电路,就是指电路在时钟信号有效时,捕捉电路的输入信号和输出信号,规范电路的状态变化。

因此,在同步电路设计中,时钟信号是至关重要的。但是,直接用门控时钟来控制电路的状态变化,由于各种原因造成的时钟信号的毛刺将直接影响电路的正常工作,特别对于高速 FPGA 的结构,会影响电路逻辑的正常响应。因此,在电路结构中,增加时钟使能信号,无论对于防止时钟信号受随机毛刺的影响,还是严格规范电路逻辑的时序对应,都是非常重要的。

图 2-61 所示为时钟使能信号 CE 的电路实现。

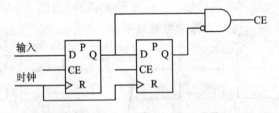

图 2-61　时钟使能信号电路

有的电路采用图 2-62(a)所示的对触发器增添 CE 脚的形式,而有的设计则采用图 2-62(b)所示的附加逻辑控制端 CE 的方式来实现 CE 的控制功能。

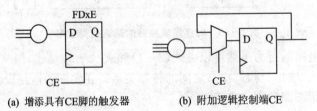

(a) 增添具有CE脚的触发器　　　(b) 附加逻辑控制端CE

图 2-62　在电路中加入 CE 信号的形式

不管采用何种形式,如果在电路中不使用 CE 信号,则要将 CE 端接至高电平。

同样,当在设计中需要多重时钟时,时钟使能也可用来维护电路状态变化的同步性。有时,时钟使能信号可由图 2-61 的电路来实现。

2. 在同步电路设计中,如何合理布置时钟分配的问题

同步电路中的多时钟产生,往往采用时钟分配电路来实现。这时,首先要关注的是如何降低分配时钟之间的时钟偏移问题。

对于如图 2-63 所示的时钟分配电路,为了减少 CLK1 和 CLK2 之间的时钟偏移,可采用额外的缓冲器 BUFG 来降低 CLK2 的时钟偏移。

但是,这样的电路并不能完全抑制时钟波形的变形。若需完全抑制 CLK1 和 CLK2_CE 之间的时钟偏移,可尝试用如图 2-64 所示的电路。该电路中的 BUFG 为可选缓冲器。当 CLK2_CE 信号是高扇出时,可省略 BUFG 缓冲器。

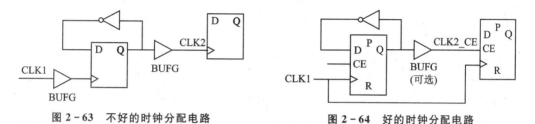

图 2-63 不好的时钟分配电路   图 2-64 好的时钟分配电路

3. 在同步电路设计中应严格避免时钟信号、置位/复位信号的毛刺

由于亚微米技术的成熟,目前 FPGA 中触发器的响应速度越来越快,可以响应非常窄的时钟脉冲。因此,往往触发器会响应时钟信号中的毛刺,导致逻辑发生误动作。

为了避免时钟等信号的毛刺,在设计中应严格注意不能采用所谓的"门控时钟",即由组合逻辑输出直接作为时钟。如图 2-65 所示,如果与门的 MSB 输入连线较短,则在计数器输出信号 0111→1000 的瞬间,在与门输入端就可以瞬间出现 0111→1111→1000 的过程。这个 1111 的出现,将在触发器 FF 的时钟输入端形成毛刺。

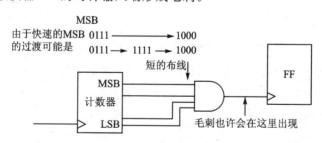

图 2-65 门控时钟的毛刺产生原理

为了防止这类情况的发生,建议采用如图 2-66 所示的电路,这样就可以实现相同的逻辑功能,而不会导致时钟产生毛刺。也可以有意识地对与门输入端引入一个 CLB 时延,如图 2-67 所示,同样可以将门控时钟毛刺形成的可能性降低。

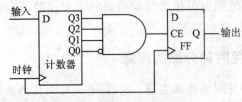
图2-66 避免时钟毛刺的电路

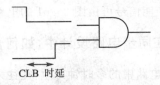
图2-67 对与门引入CLB的时延

在同步电路中,异步清除或预置输入信号的毛刺,同样会导致电路逻辑出错。如图2-68所示中的Reset信号,虽然可执行一个异步的清除,但由于其信号源于一个组合逻辑与门,其中可能的毛刺会使电路出错。

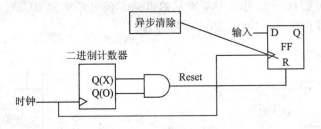
图2-68 异步清除电路

解决该问题的原则和上述克服时钟信号毛刺的原则一样,如图2-69所示。可以采用方法A,即采用同步化的Reset控制的触发器FF;也可采用方法B,即在电路中将Reset信号改为时钟使能信号来控制电路逻辑,从而避免Reset信号中的毛刺。

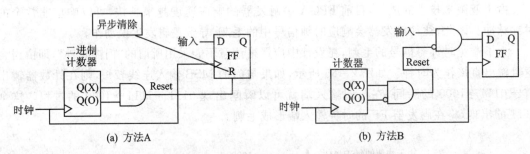
图2-69 "清除"信号的同步化解决方案

图2-70所示是对于具有异步复位的计数器,如何避免复位信号中的毛刺影响的不同设计。其中,图2-70(a)的设计不能克服异步复位信号中毛刺的影响,而图2-70(b)的设计则可有效地克服异步复位信号中毛刺的影响。

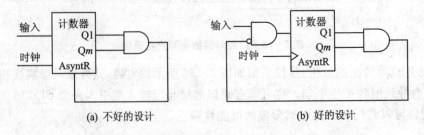
图2-70 避免Set/Reset信号中毛刺的影响的分析

4. 在同步电路设计中，时钟偏移及不确定信号电平的影响

时序电路在 FPGA 中实现时，由于各部分连线长短不一致，导致其虽然多个触发器共用一个时钟信号，但触发器时钟端的信号时延并不相同，信号会发生不同的畸变，构成时钟信号偏移。

如图 2-71 所示，图 2-71(a)中标出时钟信号的不同时延，对照图 2-71(c)的信号波形，可以分析，由于时钟信号到达触发器的端口处的信号发生畸变和不同的时延，该移位寄存器将不能正常工作。

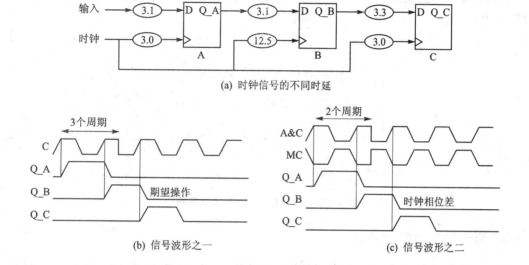

图 2-71 同步电路中时钟偏移的影响

在同步电路的设计实现中，还应注意信号建立和保持时间的需要，特别是触发器输入信号的变化不能距离时钟信号边缘太近，如图 2-72 所示。

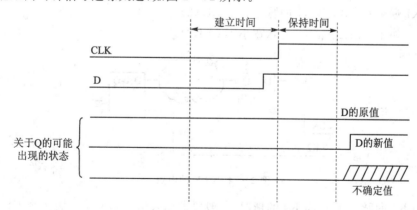

图 2-72 时钟信号建立与保持时间的影响

如果两者太接近，触发器输出将会形成如下 3 种情况：

① 维护输入 D 的原值；

② 改变成输入 D 的新值；
③ 输出是不确定的。

2.12.3 同步逻辑电路设计中的基本技巧

1. 对于输入信号是异步的情况

在同步逻辑电路设计中,对于异步的输入信号,首先要做的工作是同步异步信号。图 2-73 所示为异步输入信号同步化的电路举例。

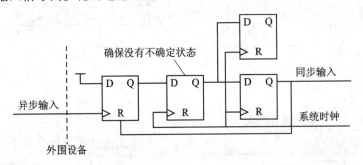

图 2-73 异步输入信号同步化电路

2. 两个独立时钟的情况

在同步逻辑电路的系统中,如果存在两个时钟信号,且对包容于 CLK1 和 CLK2 之间的信号,需要和 CLK2 信号同步。

对于如图 2-74 所示电路,前后两个触发器之间为某一逻辑功能,CLK1 和 CLK2 分别是前后两个触发器的时钟信号。这时需要分两种情况考虑：
- CLK1 慢于 CLK2(CLK1 的脉宽大于 CLK2)；
- CLK1 快于 CLK2(CLK1 的脉宽小于 CLK2)。

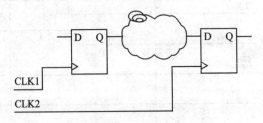

图 2-74 CLK 的电路

对于 CLK1 的脉宽大于 CLK2 的情况,一般要求输入信号脉冲至少为 1 个 CLK2 周期以上(慢于 CLK2);同时,在电路中需要附加一个触发器,以防止出现不确定态,如图 2-75(a)所示。FF1 是一个用于防止不确定态出现的触发器,FF2 输出被同步于 CLK2。图 2-75(b)为该电路各信号的波形示意。

对于 CLK1 的脉宽小于 CLK2 的情况,输入脉冲宽度也许会小于 1 个时钟周期宽度。同样,如图 2-76 所示,需要再增加一个触发器,以防止出现不确定状态,且输出信号仍需同步于 CLK2。

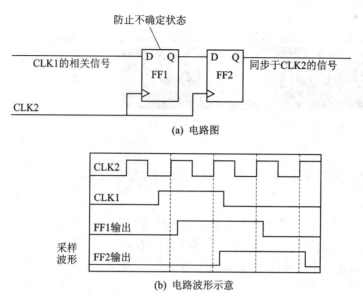

图 2-75　附加触发器以防止出现不确定态

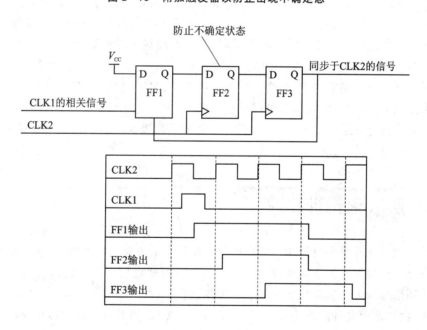

图 2-76　电路原理和波形示意

双时钟电路可用于异步输入信号的同步化实现中。当输入脉冲宽于 1 个时钟周期时,可使用 CLK1 慢于 CLK2 的信号同步化电路,如图 2-76 所示。同样,当输入脉冲宽度小于 1 个时钟周期时,需要使用 CLK1 快于 CLK2 的信号同步化电路。

2.13 图形设计法的实用技术

2.13.1 为当前设计创建一个默认的电路符号

如果设计的不是顶层文件或者将来也可能被作为"子电路"来应用,那么就有必要把目前设计成功的这个电路创建成一个对应的"元件"符号,存入库中,将来在顶层文件嵌入绘制该模块图形时,可以用这个符号来代替,正如在绘制 cntm12 电路时用 74161 符号代替一个具有置数、清零和计数控制的十六进制计数器电路一样。这正是层次设计的技巧和基础,即通过创建代表底层设计文件的符号,使得顶层设计文件能够包含所有子设计文件,并且设计结构清晰简明。选菜单项 File→Create Default Symbol。如果 File 菜单中没有这一选项,说明当前窗口不是 cntm12 所在的图形编辑器窗口。也就是说,该菜单项只有在编辑器(不仅仅包括图形)窗口下才有效。生成默认符号只需很短的时间,屏幕也没有任何变化,但此时在文件管理器中可以看到目录:d:\stud1\下生成了一个新文件 cntm12.sym。如果再重复上述步骤,系统将提示"符号文件已经存在,要覆盖否?",选 OK 按钮可对其作覆盖操作。在未来的某一顶层文件设计时如果用到十二进制计数器,就可以直接调用 cntm12 这个元件了。不难理解,这个元件的逻辑图一定是具有 en,clear 和 clk 三个输入信号端子以及从 q3~q0 的 4 个输入信号端子的单元元件。读者不妨一试。

2.13.2 层次化设计

数字系统设计通常采用自顶向下与自底向上相结合的方法。在 MAX+plusⅡ中,可以利用层次化设计方法来实现数字系统的设计。一般是先组建底层设计,然后设计顶层。下面介绍单纯采用图形编辑方法实现层次化设计的工作过程。

设计题目:以前面设计的模为 12 的计数器为一个模块,设计一个应用该模块(从而简化设计、显现层次),并能计时、分和秒的时钟。

(1) 先完成模为 12 计数器的设计,如前面的 cntm12 设计结果,并将其编译成用户库中的一个元件(创建为一个默认的符号)。

(2) 建立另一个图形设计文件 cntm60.gdf,实现模为 60 的计数器,如图 2-77 所示。先将此文件设为新的项目,对其进行编译、仿真来确保设计方案的正确性。

在对连线命名时,请注意,相同名字的导线代表它们在电气上是相连的。给导线命名(如

CLK),可单击被命名的连线,连线会变为红色,并有闪烁的黑点,此时键入文字即可。

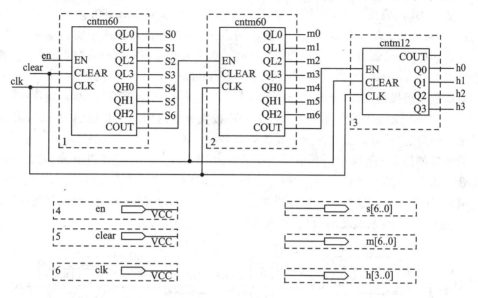

图 2-77 名为 clock 项目的图形设计

(3) 完成模为 60 的计数器设计后,采用上述方法(1),生成系统默认的符号 cntm60。

(4) 建立顶层设计文件 clock.gdf。

① 建立一个新的图形文件,保存为 clock.gdf。

② 将其指定为当前项目文件(在 File 菜单下选 Project→Set project to Current File 项)。

③ 在 clock.gdf 编辑区的空白处双击可打开 Enter symbol 对话框。这时可以看到在它的(左下半画面)Symple Files 区域内已经有编程生成的两个元件 cntm12 和 cntm60。

④ 调入 cntm12 一次、cntm60 两次(或者调入后复制)。经适当链接构成顶层设计文件,如图 2-77 所示。在图中,双击元件 cntm60 或 cntm12,可打开底层设计文件 cntm60.gdf 或 cntm12.gdf。

对顶层设计文件 clock.gdf 构成的项目 clock 进行编译、仿真,最后配置完成此设计。

⑤ 至此,整个设计已完成,此时,可通过工具条中的相应按钮(快捷键的定义和使用,请读者自学)或菜单 MAX+plusⅡ下的 Hierarchy Display 选项,打开一个窗口。在其中可看到最顶层 clock·gdf 调用了一个 cntm12 和两个 cntm60,而 cntm12 和 cntm60 又各自调用了一个74161、两个 74160。双击任何一个小图标,可打开相应文件。其中 rpt 文件,即 clock.rpt 为报告文件,从此文件中可获得关于设计引脚的锁定信息、逻辑单元内连情况、资源消耗及设计方程等其他信息。

2.13.3 总线的应用

在图 2-77 中可以看到秒输出信号有 7 个,分信号也有 7 个,小时信号还有 4 个。对于这种有规律的一组名字,MAX+plusⅡ允许使用形如 s[6..0]的组命名表示。这种"组"相对应的硬件就是总线。所谓总线(BUS),泛指多个信号线的组合。采用 BUS 技术可使设计清晰、简化。应用 BUS 还可以方便地在波形编辑窗口观测仿真结果。

为了学习 BUS 应用技术,可以先重新回到底层设计文件 cntm60.gdf 中,并将 QL0~QH2 这 7 个输出端子改造成如图 2-77 所示的组命名端子的形式(两个输出端子元件,分别命名为 ql[3..0]和 qh[2..0])。然后重新将 cntm60 生成符号,替换掉原来的符号。接着回到顶层设计文件 clock.gdf 中,执行菜单命令 symbol/update symbol,会出现"更新符号"的对话框。该对话框要求操作者在"全部被选择的符号"和"文件内的全部符号"两者间作唯一选择。通常,选择第二项"文件内的全部符号",按下 OK 按钮确认返回。更新后的 clock.gdf 文件会破坏原来的图形连线,需人工整理连线并重新命名。

最后结果如图 2-78 所示。其中粗线所示即为 BUS,如 s[3..0]代表由 s3,s2,s1,s0 四条线的组合。画 BUS 的方法有两种:一种方法是从含有 BUS 的器件直接引出,则该线自然为粗线;另一种方法是在引向某器件总线输出端的单线上右击,在 Line Style 中选择粗线,即可生成 BUS。然后单击此线,线变为红色,输入文字即可为此 BUS 命名。

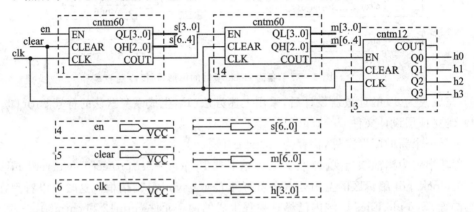

图 2-78　使用总线设计的 clock.gdf 文件

2.13.4　使用 LPM(可调参数单元)

为了增加元件库的灵活性,MAX+plusⅡ给操作者提供了很多实现常用功能的参数化元件。这些元件的规模和具体功能可由用户设定不同的参数而改变,类同于"可编程元件"。这类元件的使用方法和其他元件的使用没有大的差异,仅要求用户必须按照当前设计的需要设置具体的参数。例如,采用可调参数元件 lpm_counter 直接构成一个模为 12、具有异步清零和计数使能控制功能的计数器。

① 调入参数元件 lpm_counter。首先建立一个图形输入文件 counter12.gdf,在图形编辑器中双击空白处,打开元件输入对话框。在可变参数库 mega_lpm 中选择 lpm_counter 符号元件。可调参数元件 lpm_counter 是一个二进制计数器,可以实现加、减计数或加/减可逆计数,可以选择同步或异步清零/置数功能。用它实现模为 12,具有异步清零、计数使能功能的计数器。

② 按需要设置 lpm_counter 的具体参数。在选择了 lpm_counter 元件并单击 OK 按钮后,将出现设置具体参数的对话框,因为本设计只是需要计数器具有异步清零、计数使能功能,

因此在 Ports 区中选择使用 aclr,cnt_en,clock q[LPM_WIDTH_1..0],其他信号选择不用,即 Unused。为实现这一步,只要在 Ports 区的 Name 下单击某信号,然后在 Ports Status 区选择 Used 或 Unused 即可。

在 Parameters 区的 Name 下面选中一具体参数,如 LPM_MODULUS,其代表计数器的模值。这时 LPM_MODULUS 会出现在 Parameters Name 旁的编辑行中,然后在 Parameters Value 旁的编辑区添上 12。单击 Change 按钮即可完成此参数设置。按同样步骤将 LPM_WIDTH 设为 4,代表 4 位计数器。

单击 Help on LPM_COUNTER 按钮,可获得所有关于 lpm_counter 的信息,以及每个参数的含义、取值等。

参数设置后单击 OK 按钮确定,这时在图形编辑区出现刚才所定制的计数器符号,如图 2-79 所示。

③ 加上具体输入/输出引脚,并进行编译、器件选择、引脚锁定、仿真、配置,最后完成设计。图 2-79 中 q[]的宽度为 4,因此输出信号宽度也要为 4,如 qcnt[3..0]和 qout[3..0]相等。

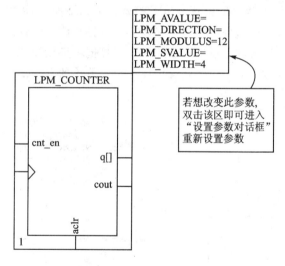

图 2-79　确定参数后的元件

2.13.5　FLEX10K 中的 RAM 应用

Altera 公司 FLEX10K 系列的器件含有 RAM。在 FLEX10KA 中共有 3 块 RAM,每块大小为 2 Kbit,可构成 2 048×1 bit,1 024×2 bit,512×4 bit,256×8 bit 这 4 种类型 RAM/ROM 中的任意一种。下面演示一下其内部 RAM 的使用方法。通过使用 LPM_ROM 元件,利用内部一块 RAM 构成一个 $2^8 \times 8$ 的 ROM,用于存放九九乘法表,利用查表方法完成一位 BCD 码乘法器功能。

首先在图形编辑器中双击空白处,弹出元件符号输入对话框。在可变参数库 mega_lpm 中选择符号 lpm_rom,这时,要熟悉与存储功能相关的几个 lpm 元件。它们是:

lpm_ram_dp——双口 RAM；
lpm_ram_dq——数据输入和数据输出分开的 RAM；
lpm_ram_io——数据输入和数据输出在一个 I/O 口的 RAM；
lpm_rom——只读存储器(ROM)。

单击 OK 按钮后，出现 LPM 元件参数设置对话框。具体设置为
Used：address[LPM_WIDTHad_1..0]；q[LPM_WIDTH_1..0]
Unused：其他参数
参数值：
LPM_ADDRESS_CONTROL："UNREGISTERED"
LPM_FILE："MULTI4.MIF"
LPM_NUMWORDS：256 （存储单元数）
LPM_WIDTH：8 （数据线的宽度）
LPM_WIDTHAD：8 （地址线的宽度）

其中，LPM_FILE 的值 MULTI4.MIF 是个预先设计好的文件，它保存了九九乘法表。它的作用是初始化 ROM 各存储单元的内容。MIF 格式是 MAX+plusⅡ确认的，初学者不必探求该文件的格式和语法，可以用另外的方法建立该文件。将来读者打开这个文件阅读，就会对它的格式、语法有所了解。在文件名设置时必须加双引号把名字括起来。

单击 OK 按钮确认后，图形编辑区就会出现这个参数化的 ROM 存储器。添加上输入、输出引脚，如图 2-80 所示。

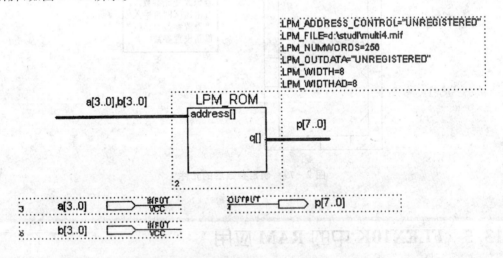

图 2-80 以 ROM 实现的具有九九乘法表计算功能的电路

对这个电路进行初步编译（使用 Save & Check 功能即可），就会在窗口下方看到警告信息：

Warning：I/O error_Can't read initial memory content File d:\stud1\mult:4.mil - Setting all initial values to 0

这表明，目前声明初始化 ROM 的文件找不到（或者格式错），只好将所有的 ROM 单元初始化为 0。下面来解决这个问题，也就是用另外的方法建立正确的 ROM 初始化文件。

直接在下拉菜单 MAX+plusⅡ下选择 Simulator 功能。这时当然做不了仿真,但我们的目的不在于做仿真。可以看到,这时菜单栏多了 Initialize 项。拉下这个菜单,找到"Initialize memory…"项,单击它,激活该功能,就能看到初始化 ROM 的操作界面。原来它就是一个存储单元内容的编辑表格。它的左侧是单元地址或者是一系列单元的首字节地址,右侧表格内是单元的内容或者一系列单元内容的依次列写。熟悉微机原理和 Debug 操作的读者一定十分熟悉这种界面的操作。鼠标选中的单元即可任意编辑其内容,本例是要填写九九乘法表,请实践体会。在填写完 ROM 全部内容以后,单击"Export File…"按钮,在弹出的对话框内输入(选择)正确的路径和文件名,确认之。重新编译,就会发现后面的工作轻而易举。

为便于初学者学习 ROM 的设计、仿真技术,下面来实践本例的后续工作。

① 编译 multi4.gdf 文件,直到没有错误为止;否则修改设计内容。

② 编辑 multi4.scl 文件,准备测试 ROM 的功能,如图 2-81 所示。

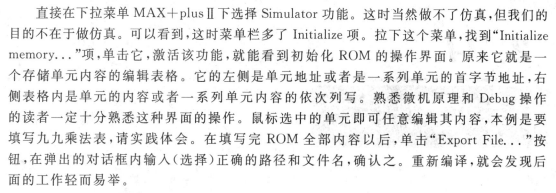

图 2-81 编辑测试 ROM 的 multi4.scf 文件

③ 进行仿真模拟分析,应该获得如图 2-82 所示的结果。

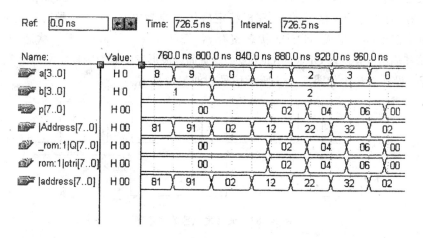

图 2-82 应用 ROM 实现的九九乘法表功能仿真结果

④ 作进一步的时序分析。

2.14 状态机设计技巧

状态机可以分为有限状态机和无限状态机,在此只讨论有限状态机。

数字电路中可以通过状态图来清晰地描述电路的状态转换过程。同样,在 VHDL 中,也可以通过有限状态机的方法来直观表现状态转换过程。有限状态机是为数字系统控制单元建模的基础。

大多数数字系统都可以划分为控制单元和受控单元两部分。受控部分通常是设计者所熟悉的功能模块,设计较为容易;而主要任务是控制部分的设计,控制模块的设计通常选择有限状态机(FSM)或 CPU 来实现。对于使用 CPU 来讲,执行的速度与具体的编码风格有关;使用有限状态机实现时,执行的速度主要受计算机新状态所需时间的限制。实践证明,在执行耗费时间和执行时间的确定性方面,状态机要优于 CPU。

2.14.1 什么是状态机

数字电路中的状态机,主要是用来解决一般时序逻辑电路的问题。一般时序逻辑电路又可以分为同步时序逻辑电路和异步时序逻辑电路,这些内容在前面已经做了详细介绍。

状态机是由状态寄存器和组合逻辑电路构成的,能够根据控制信号按照预先设定的状态进行状态转移,是协调相关信号动作、完成特定操作的控制中心,属于一种时序逻辑电路。常用的状态机由三个部分组成,即当前状态寄存器 CS(Current State)、下一状态组合逻辑 NS(Next State)和输出组合逻辑 OL(Output Logic)。下面以波形发生器为例具体说明什么是状态机。

【例1】 设计能产生如图 2-83 所示信号的波形发生器。

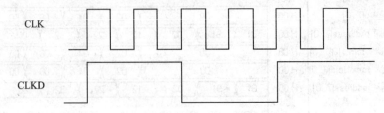

图 2-83 波形发生器的时序图

图 2-83 中,CLKD 的频率为 CLK 时钟频率的 4 分频,占空比为 1:2。产生波形 CLKD 的状态转移图如图 2-84 所示。

例 1 波形发生器的 VHDL 代码如例程 1 所示。

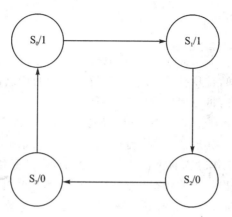

图 2-84 产生波形 CLKD 的状态转移图

【例程 1】

```
LIBRARY IEEE;
USE IEEE.STD_LOGIC_1164.ALL;
ENTITY A_EXAMPLE IS
    PORT( CLK,RESET:IN STD_LOGIC;
        OUTPUT:OUT STD_LOGIC);
END A_EXAMPLE;
ARCHITECTURE_1 OF A_EXAMPLE IS
    TYPE STATE_TYPE IS( S0,S1,S2,S3);
    SIGNAL STATE: TATE_TYPE;
    BEGIN
        REG: PROCESS (RESET, CLK)
        BEGIN
            IF RESET='1' THEN
                STATE <= S0;
            ELSIF CLK'EVENT AND CLK= '1' THEN
                CASE STATE IS
                    WHEN S0 => STATE <= S1;
                    WHEN S1 => STATE <= S2;
                    WHEN S2 => STATE <= S3;
                    WHEN S3 => STATE <= S0;
                END CASE;
            END IF;
        END PROCESS;
        COM: PROCESS ( STATE )
        BEGIN
            CASE STATE IS
                WHEN S0 => OUTPUT <= '1';
                WHEN S1 => OUTPUT <= '1';
                WHEN S2 => OUTPUT <= '0';
                WHEN S3 => OUTPUT <= '0';
            END CASE;
```

END PROCESS；
END_1；

从这个例子可以看出，VHDL 的结构非常适合编写状态机，采用 VHDL 设计状态机，可大大降低设计的难度和时间，且具有易于建立、理解和维护的特点，特别是针对大型或复杂状态转移和输出的状态机设计，将更加显示出其优势。

值得注意的是：状态机可以分为有限状态机和无限状态机，本处只对有限状态机进行阐述。

根据时序输出信号产生机理的不同，时序电路可以分成两类：摩尔（Moore）型和米勒（Mealy）型。因此，描述其工作过程的状态机也分为两类：摩尔型和米勒型。前者的输出仅是当前状态的函数，后者的输出是当前状态和输入信号的函数。另外，米勒型状态机输出的变化先于摩尔型，确切地说，米勒型状态机的输出是在输入变化后立即发生变化的；而摩尔型状态机在输入发生变化后，还必须等待时钟的到来，然后才发生变化，因此摩尔型比米勒型状态机多等待一个时钟周期。

当然这并不是唯一的分类方法，如根据状态机的状态迁移是否受时钟控制，又可分为同步状态机和异步状态机。对不同的状态机有不同的 VHDL 描述方式，从而使得综合出来的门级网表也不同，因此，必须根据数字电路的特性和可综合性选择相应的状态机描述方式。

2.14.2 摩尔型状态机

如图 2-85 所示，摩尔型状态机的输出只与当前的状态有关，而与当前输入信号无关。

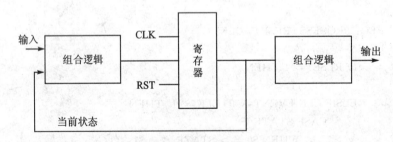

图 2-85 摩尔型状态机结构图

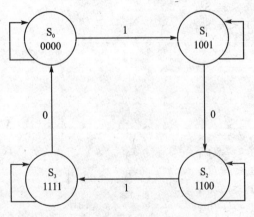

图 2-86 摩尔型状态机状态图

实现摩尔型状态机的 VHDL 代码如例程 2 所示，其状态图如图 2-86 所示。

【例程 2】
ENTITY MOORE IS
    PORT (CLK,IN1,RESET：INSTDLOGIC；
        OUT1：OUT STD_LOGIC_VECTOR (3DOWNTO0))
END MOORE；
ARCHITECTURE_2 OF MOORE IS
TYPE STATE_TYPE IS (S0, S1, S2, S3)；
        ——状态说明
SIGNAL STATE：STATE_TYPE；

```
BEGIN
    FUN 1：PROCESS (CLK，RESET)
    BEGIN
——时钟同步的进程
        IF RESET = '1' THEN
            STATE <= S0;
        ELSIF CLK' EVENT AND CLK = '1'THEN
            CASE STATE IS
                WHEN S0 => IF IN1 = '1' THEN
                    STATE <= S1;
                ENDIF;
                WHEN S1 => IF IN1 = '0' THEN
                    STATE <= S2;
                ENDIF;
                WHEN S2 => IF IN1 = '1' THEN
                    STATE <= S3;
                ENDIF;
                WHEN S3 => IF IN1 = '0' THEN
                    STATE <= S0;
                ENDIF;
            ENDCASE;
        ENDIF;
    END PROCESS;

    FUN2：PROCESS(STATE)
——组合进程
    BEGIN
        CASE STATE IS
            WHEN S0 => OUT1 <= "0000";
            WHEN S1 => OUT1 <= "1001";
            WHEN S2 => OUT1 <= "1100";
            WHEN S3 => OUT1 <= "1111";
        ENDCASE;
    END PROCESS;
END_2;
```

上述程序的结构体由三部分组成：说明部分、时钟同步的进程和组合进程。在时钟进程中，状态机的时钟信号为敏感信号；当时钟发生有效跳变时，状态机的状态发生变化。状态机的下一状态取决于当前状态和当前输入信号的值。在组合进程中，摩尔型状态机的输出仅与当前状态有关。

2.14.3 米勒型状态机

如图 2-87 和图 2-88 所示，米勒型状态机的输出不仅与当前状态有关，还与当前输入信号有关。

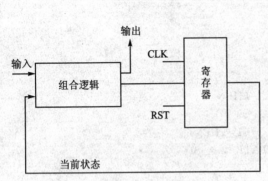

图 2-87 米勒型状态机结构图

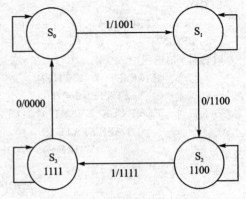

图 2-88 米勒型状态机状态图

米勒型状态机的结构体也由三部分组成：说明部分、时钟同步的进程和组合进程。说明部分和时钟进程完全类似于摩尔型状态机,不同的部分是组合进程。实现米勒型状态机组合进程的 VHDL 代码如例程 3 所示。

【例程 3】

```
FUN2:PROCESS(STATE,IN1)              ——组合进程
BEGIN
    CASE STATE IS
        WHEN S0 => IF IN1 = '1' THEN
                OUT1 <= "1001"
            ELSE
                OUT1 <= "0000";
            END IF;
        WHEN S1 => IF IN1 = '0' THEN
                OUT1 <= "1100";
            ELSE
                OUT1 <= "1001"
            END IF;
        WHEN S2 => IF IN1 = '1' THEN
                OUT1 <= "1111";
            ELSE
                OUT1 <= "1001";
            END IF;
        WHEN S3 => IF IN1 = '0' THEN
                OUT1 <= "0000";
            ELSE
                OUT1 <= "1111";
            END IF;
    END CASE;
END PROCESS;
```

用 VHDL 描述的摩尔型状态机和米勒型状态机不仅很好地解决了系统的控制问题,而且性能灵活。但是,这两种状态机的输出信号都来自逻辑组合,因此有产生毛刺的可能。在同步

电路中,毛刺现象一般不会产生重大影响,因为毛刺仅发生在时钟有效边沿之后的一小段时间内,只要在下一个时钟有效边沿到来之前毛刺消失即可。

2.14.4 有限状态机的编码

在数字电路设计中,状态机的设计方法是最常用的设计方法之一,而状态机设计的优劣,很大程度上取决于状态机编码的优劣。因此,通过怎样的编码形式才能达到最好的设计要求,成为设计所要解决的一个很重要的问题。在状态机的编码方式中,最常用的是顺序编码和one_hot 编码方式。这两种编码方式各有优缺点,下面将分别对这两种编码方式加以介绍。

1. 状态机的编码方式

一般来说,状态机编码主要有顺序编码和 one_hot 编码两种方式。

(1) 顺序编码

顺序编码就是用二进制数来表示所有状态,这种编码方式最为简单,且使用的触发器数量最少,剩余的非法状态最少,容错技术最为简单。比如状态机共有 12 个状态,则只需要 4 个触发器就够了,剩余的非法状态数为 4 个。顺序编码方式如表 2-10 所列。

表 2-10 两种编码方式比较

状 态	顺序编码	one_hot 编码	状 态	顺序编码	one_hot 编码
0	0000	000000000001	6	0110	000001000000
1	0001	000000000010	7	0111	000010000000
2	0010	000000000100	8	1000	000100000000
3	0011	000000001000	9	1001	001000000000
4	0100	000000010000	10	1010	010000000000
5	0101	000000100000	11	1011	100000000000

以 12 个状态顺序编码为例,顺序编码的 VHDL 定义方法如下所示:

```
SIGNAL CSTATE, NSTATE: STD _ LOGIC _ VECTOR (3 DOWNTO 0);
CONSTANT STATE0: STD _ LOGIC _ VECTOR(3 DOWNTO 0): = "0000";
CONSTANT STATE1: STD _ LOGIC _ VECTOR(3 DOWNTO 0): = "0001";
CONSTANT STATE2: STD _ LOGIC _ VECTOR(3 DOWNTO 0): = "0010";
CONSTANT STATE3: STD _ LOGIC _ VECTOR(3 DOWNTO 0): = "0011";
CONSTANT STATE4: STD _ LOGIC _ VECTOR(3 DOWNTO 0): = "0100";
CONSTANT STATE5: STD _ LOGIC _ VECTOR(3 DOWNTO 0): = "0101";
CONSTANT STATE6: STD _ LOGIC _ VECTOR(3 DOWNTO 0): = "0110";
CONSTANT STATE7: STD _ LOGIC _ VECTOR(3 DOWNTO 0): = "0111";
CONSTANT STATE8: STD _ LOGIC _ VECTOR(3 DOWNTO 0): = "1000";
CONSTANT STATE9: STD _ LOGIC _ VECTOR(3 DOWNTO 0): = "1001";
CONSTANT STATE10: STD _ LOGIC _ VECTOR(3 DOWNTO 0): = "1010";
CONSTANT STATE11: STD _ LOGIC _ VECTOR(3 DOWNTO 0): = "1011";
```

顺序编码方式虽然节省了触发器的数目,但却增加了从一种状态向另一种状态转换的译码组合逻辑,这对于在触发器资源丰富而组合逻辑资源相对较少的 FPGA 器件的实现是不利的。

（2）one_hot 编码

one_hot 编码方式就是用 n 个触发器来实现具有 n 个状态的状态机,状态机中的每一个状态都由相对应的一个触发器的状态表示。比如状态机共有 12 个状态,则需要 12 个触发器,且剩余的非法状态较多。当状态机处于某状态时,对应的触发器为 1,其余的触发器都置 0。

one_hot 编码方式尽管用了较多的触发器,但其简单的编码方式大大简化了状态译码逻辑,提高了状态转换速度,这对于含有较多的时序逻辑资源、较少的组合逻辑资源的 FPGA 器件是好的解决方案。此外,许多面向 FPGA/CPLD 设计的 VHDL 综合器都有将符号化状态机自动优化设置成为一位热码编码状态的功能。

2. 状态方程和输出方程

（1）状态方程

以 12 个状态的状态机为例,顺序编码用 4 位二进制数表示 12 个状态,4 位二进制数分别用 S_3,S_2,S_1,S_0 表示。图 2-89 所示为状态转换流程图,图 2-90 所示为状态转换电路图。

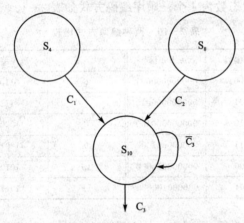

图 2-89　状态转换流程图

由图 2-89 可知,S_{10} 的状态方程如下:

$$S_{10} = \overline{S_3}\,S_2\,\overline{S_1}\,\overline{S_0}\,C_1 + C_3\,\overline{S_2}\,\overline{S_1}\,\overline{S_0}\,C_2 + S_3\,\overline{S_2}\,S_1\,\overline{S_0}\,C_3$$

one_hot 编码方式的每一个状态分别用 1 位二进制数表示,因此,根据图 2-89,S_{10} 的状态方程可以用下式表示,即

$$S_{10} = S_4 C_1 + S_8 C_2 + S_{10} C_3$$

所以,从两种编码方式的状态方程可以看出,one_hot 编码方程用简单的次状态方程驱动,减少了状态寄存器之间的逻辑级数,因此也提高了运行速度。一般情况下,系统速度的提高是以牺牲资源面积、提高成本为代价的。one_hot 编码比顺序编码方式占用资源多,这种方法在某些情况下不是最佳设计方案。但在目标器件具有较多寄存器资源而且寄存器之间组合逻辑较少时,one_hot 编码方式是一个较合适的方法。

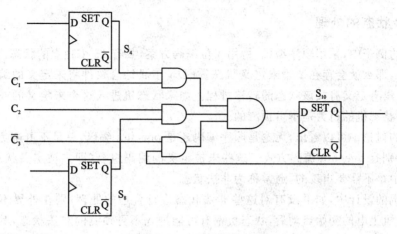

图 2-90 状态转换电路图

(2) 输出方程

还是以 12 个状态的状态机为例。如图 2-91 所示,以顺序编码方式表示输出时,OUT_1,OUT_2 可以用下面的方程表示,即

$$OUT_1 = \overline{S_3} S_2 S_1 S_0 + \overline{S_3} S_2 \overline{S_1} S_0 + S_3 \overline{S_2} S_1 \overline{S_0} + \overline{S_3} \overline{S_2} S_1 \overline{S_0}$$

$$OUT_2 = S_3 \overline{S_2} S_1 \overline{S_0} + \overline{S_3} \overline{S_2} S_1 \overline{S_0} + S_3 \overline{S_2} \overline{S_1} \overline{S_0}$$

以 one_hot 编码方式表示输出时,OUT_1,OUT_2 可以用下面的方程表示,即

$$OUT_1 = S_7 + S_5 + S_{10} + S_2$$

$$OUT_2 = S_{10} + S_2 + S_8$$

从以上方程可以看出,one_hot 编码方式下的状态机输出比顺序编码输出更为简单。

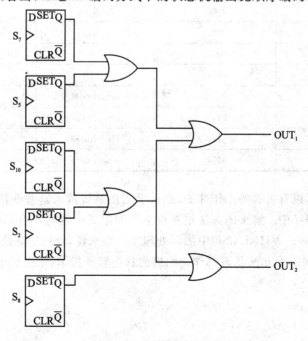

图 2-91 输出电路图

3. 剩余状态的处理

在上面的例子中,采用顺序编码时,用4位编码方案,共有16个独立的状态。如果只定义了12个状态,那么就会存在2个未定义状态。EDA工具综合软件将未定义的编码情况作为无关项处理,没有定义有关该状态的转移过程。如果状态机进入这个未定义的或称为非法的状态,那么其状态机的行为是不可预测的。

从上面的讨论中可以看出,无论是顺序编码还是one_hot编码,总是不可避免地出现大量剩余状态,特别是one_hot编码方式。这些未被定义的编码组合(即未被定义状态)在状态机的正常运行中是不需要出现的,通常称为非法状态。

在状态机的设计中,如果没有对这些非法状态进行合理的处理,则在外界不确定的干扰下,或是在随机上电的初始启动后,状态机都有可能进入不可预测的非法状态,其后果或是对外界出现短暂失控,或是完全无法摆脱非法状态而失去正常的功能,除非使用复位控制信号。因此,状态机剩余状态的处理,即状态机系统容错技术的应用是设计者必须慎重考虑的问题。

另一方面,剩余状态的处理要不同程度地耗用逻辑资源,这就要求设计者在选用状态机结构、状态编码方式、容错技术及系统的工作速度与资源利用率方面作权衡比较,作出适合设计要求的最佳设计方案。

如果状态机需要12个有效状态,使用顺序编码方式指定各状态,则最少需要4个触发器,这样最多有16种可能的状态。此时将出现4个非法状态,最后4个未定义编码都是非法状态,如表2-11所列。

表2-11 非法状态

状 态	顺序编码	状 态	顺序编码
0	0000	8	1000
1	0001	9	1001
2	0010	10	1010
3	0011	11	1011
4	0100	Undefined1	1100
5	0101	Undefined2	1101
6	0110	Undefined3	1110
7	0111	Undefined4	1111

如果要使此状态机有可靠的工作性能,必须设法使系统落入这些非法状态后还能迅速返回正常的状态转移路径中。解决的方法是在枚举类型定义中就将所有的状态,包括多余状态都作出定义,并在以后的VHDL语句中加以处理。一般来说,处理的方法主要有以下两种:

① 在语句中对每一个非法状态都作出明确的状态转换指示,如在原来的CASE语句中增加诸如以下语句:

```
WHEN UNDEFINED1 => NSTATE <= STATE0;
WHEN UNDEFINED2 => NSTATE <= STATE0;
WHEN UNDEFINED3 => NSTATE <= STATE0;
WHEN UNDEFINED4 => NSTATE <= STATE0;
```

② 还可以利用 OTHERS 语句对未提到的状态作统一处理。可以分别处理每一个剩余状态的转向，而且剩余状态的转向不一定都指向初始态 STATE0，也可以被导向专门用于处理出错恢复的状态中。但需要提醒的是，对于不同的综合器，OTHERS 语句的功能也并非一致，不少综合器并不会如 OTHERS 语句指示的那样，将所有剩余状态都转向初始态。其 VHDL 描述语句如下：

```
TYPE STATES IS(STATE0, STATE1, STATE2, STATE3,
               STATE4, STATE5, STATE6, STATE7,
               STATE8, STATE9, STATE10, STATE11,
               UNDEFINED1, UNDEFINED2,
               UNDEFINED3, UNDEFINED4);
SIGNAL CSTATE, NSTATE: STATES;

PROCESS ( CSTATE, INSTATE )
BEGIN
      CASE CSTATE IS
           …
           WHEN OTHERS => NSTATE <= STATE0;
      ENDCASE;
END PROCESS;
```

需要强调的是，有的综合器对于符号化定义状态的编码方式并不是固定的，有的是自动设置的，有的是可控的，但为了安全起见，可以直接使用常量来定义合法状态和剩余状态。

如果采用 one_hot 编码方式来设计状态机，则其剩余状态数将随有效状态数的增加呈指数方式剧增。例如，对于 12 个状态的状态机来说，总状态数达 4 096 个，剩余状态数达到了 4 084 个，即对于有 N 个合法状态的状态机，其合法与非法状态之和的最大可能状态数有 $M=2^N$ 个。

如前所述，选用 one_hot 编码方式的重要目的之一，就是要减少状态转换间的译码组合逻辑资源。但如果使用以上介绍的剩余状态处理方法，势必导致耗用更多的逻辑资源。所以，必须用其他的方法对付 one_hot 编码方式产生过多的剩余状态的问题。

· 根据 one_hot 编码方式的特点，正常的状态只可能有一个触发器的状态为 1，其余所有的触发器的状态皆为 0，即任何多于一个触发器为 1 的状态都属于非法状态。因此，可以在状态机设计程序中加入对状态编码中 1 的个数是否大于 1 的判断逻辑，当该判断结果为真时，产生一个告警信号，系统可根据此信号是否有效来决定是否调整状态转向或复位。

2.14.5 有限状态机的设计流程

状态机的传统设计方法十分繁杂，而利用 VHDL 设计状态机，不需要进行繁琐的状态化简、状态分配、状态编码，不需要求输出和激励函数，也不需要画原理图，只需直接利用状态转移图进行状态机的描述，所有的状态均可表达为 CASE_WHEN 结构中的一条 CASE 语句，而状态的转移则通过 IF_THEN_ELSE 语句实现。此外，与 VHDL 的其他描述方式相比，状态机的VHDL表述丰富多样，程序层次分明，结构清晰，易读易懂，在排错、修改和模块移植方面也有其独到的特点。应用VHDL设计有限状态机的流程如图2-92所示。

这是一个相对简单的流程图，但它已经包含了整体的设计框架。每一个状态机都可以按照这样的流程来进行设计。当然，设计时的具体问题要根据不同的情况作不同的处理。下面详细介绍状态机设计的具体步骤。

1. 选择状态机类型

根据具体的状态机设计要求，选择利用摩尔型状态机或者是米勒型状态机完成设计。有关摩尔型状态机和米勒型状态机的不同，前面已经作了详细的介绍，为方便理解，此处再进一步说明。

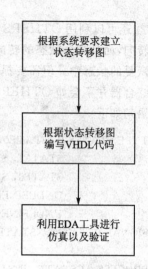

图2-92 有限状态机设计流程图

摩尔型状态机的输出值与当前状态有关，与当前输入无关，这是摩尔型状态机的重要特点。摩尔型状态机的输出在时钟信号的有效沿（比如上升沿）后的有限个门延时之后达到稳定，并在一个周期内保持这个稳定值，当前输入对输出的影响要到下一个时钟周期才能体现出来。

米勒型状态机的输出值不仅与当前状态有关，还与当前输入有关。输入值的变化可能发生在时钟周期的任何时刻，并且即时反映在输出上，因此米勒型状态机输出对输入的响应比摩尔型状态机早一个时钟周期。

另外还要指出的是，在实现相同功能的情况下，米勒型状态机所需的状态数比摩尔型状态机要少。

2. 建立状态表或者画出状态图

同样一个状态机设计问题，可能有很多不同的状态图构造结果，这是设计者的设计经验不同的结果。在状态不是很多的情况下，状态转换图可以直观地给出设计中各个状态的转换关系以及转换条件。好的状态图可以清楚地将状态机的工作原理和方式表示出来，让人一目了然。在状态比较多的情况下，状态图会显得比较零乱，这时利用状态转换表可以清楚地列出状态转换条件，克服状态图的不足。

3. 根据状态表或状态图，构建状态机的VHDL模型

在这个过程中要注意对进程中敏感信号的选择，以及选择合适的VHDL描述语句。

4. 利用EDA工具进行仿真、验证

利用VHDL设计完一个状态机，即使语法上没有错误，也无法保证其能够按照设计要求正确工作，这时就需要仿真工具来完成这项确认工作。关于仿真的问题将在后面的章节作详细介绍。

2.14.6 有限状态机的复位

有限状态机的复位方式可以分为同步复位和异步复位两种,下面分别加以阐述。

1. 同步复位

在时钟信号有效沿到来时,如果同步复位信号有效,则对有限状态机进行复位操作,并且将复位值赋给输出信号,有限状态机回到初始状态。在描述同步复位信号时,通常在状态转移进程的开始部分使用一个 IF 语句对复位信号进行判断,如果复位信号有效,则执行复位操作,否则执行这个 IF 语句后面的状态转移进程。

例程 4 所示是一个同步复位状态机的 VHDL 描述。

【例程 4】

```
LIBRARY IEEE;
USE IEEE.STD_LOGIC_1164.ALL;
ENTITY COUNTER IS
    PORT (CLK: IN BIT;
          INPUT: IN BIT;
          RESET: IN BIT;
          OUTPUT: OUT BIT);
END COUNTER;

ARCHITECTURE_4 OF COUNTER IS
    TYPE STATE_TYPE IS(S0,S1);
    SIGNAL STATE :STATE_TYPE;
BEGIN
    PROCESS(CLK)
    BEGIN
        IF RESET = '1' THEN
            STATE <= S0;
        ELSIF (CLK'EVENT AND CLK = '1') THEN
            CASE STATE IS
                WHEN S0 =>
                    STATE <= S1;
                WHEN S1 =>
                    IF INPUT = '1' THEN
                        STATE <= S0;
                    ELSE
                        STATE <= S1;
                    END IF;
            END CASE;
        END IF;
    END PROCESS;
```

```
        OUTPUT <= '1' WHEN STATE = S1 ELSE '0';
END _4;
```

2. 异步复位

异步复位相对于同步复位要简单一些。在用 VHDL 编程中，要实现异步复位只需要在描述状态寄存器进程的敏感电平中加入异步复位信号就可以了。一旦异步复位信号有效，则对电路进行复位操作。对有限状态机的异步复位信号不需要在同步时钟信号触发沿触发。

例程 5 所示是一个异步复位状态机的 VHDL 描述。

【例程 5】

```
LIBRARY IEEE;
USE  IEEE. STD _ LOGIC _ 1164. ALL;
ENTITY STMCH IS
    PORT( CLK, RST,INDATA: IN STD  LOGIC
        OUTDATA :OUT STD _ LOGIC);
END STMCH;

ARCHITECTURE _5 OF STMCH IS
TYPE STATE _ VALUES IS(S,S0,S1 );
SIGNAL STATE, NEXT _ STATE: STATE _ VALUES;
BEGIN
    FUN1: PROCESS ( CLK, RST)
    BEGIN
        IF RST = '1' THEN
            STATE <= S0;
        ELSIF CLK' EVENT AND CLK = '1'THEN
            STATE <= NEXT _ STATE;
        END IF;
    END PROCESS;
    FUN2: PROCESS (STATE,INDATA)
    BEGIN
        OUTDATA <= '0';
        NEXT _ STATE <= S;
        CASE STATE IS
            WHEN S0 =>
                IF INDATA = '0' THEN
                    OUTDATA <= '1';
                    NEXT _ STATE <= S1;
                ELSE
                    OUTDATA <= '0';
                    NEXT _ STATE <= S0;
                END IF;
            WHEN S1 =>
                IF INDATA = '0' THEN
```

```
                    OUTDATA <= '0';
                    NEXT_STATE <= S0;
            ELSE
                    OUTDATA <= '1';
                    NEXT_STATE <= S1;
            END iF;
        WHEN S =>
            NEXT_STATE <= S;
    END CASE;

    END PROCESS;
END _5;
```

2.14.7 状态机与时序逻辑电路

状态机本身就是时序逻辑电路的一部分,而且是十分重要的一部分。下面将通过一些具体的状态机实例来说明时序逻辑电路中状态机的作用。

【例2】 主干道与辅干道交叉口交通灯控制器。

本例要求在主干道和辅干道的十字路口处实现交通无人自动管理。由于主干道车流量大,为了保证道路的畅通,平时处于主干道绿灯、辅干道红灯的状态。为此,在辅干道两边安装探测器来监测汽车的情况,控制辅干道的交通灯。具体要求如下:

① 只有在辅干道上发现汽车时,主干道上的交通灯才可能转为红灯,并周期性地变化;同时辅干道上的交通灯也周期性地变化,并且在红灯和绿灯变化之间,黄灯要亮一定的时间。

② 当辅干道上的探测器探测到无车时,主干道交通灯保持绿灯,辅干道保持红灯。

这个交通灯状态机问题共有4种稳定状态,分别是:

① 主干道绿灯,辅干道红灯;

② 主干道黄灯;

③ 主干道红灯,辅干道绿灯;

④ 辅干道黄灯。

交通灯控制器状态机的状态转移图如图2-93所示,从图中可以看到各个状态的转移方式和转移条件,根据状态转移图则很容易用VHDL将它描述出来。

根据状态转移图具体分析交通灯的工作方式:当主干道上的交通灯为绿色、辅干道交通灯为红灯时,为MAINROAD_GREEN状态;当辅干道上有车且交通灯转变的时刻到来时,即CAR_ON_GENEROAD=TURE AND TIME_OUT_LONG=TURE状态,主干道上的交通灯变为黄色,状态转变为MAINROAD_YELLOW状态;当主干道上黄灯持续时间结束,即TIME_OUT_SHORT=TURE时,主干道上交通灯变为红灯,辅干道上交通灯变为绿灯,此时状态转变为GENEROAD_GREEN状态;当辅干道上没有车辆或者绿灯持续时间结束时,即CAR_ON_GENEROAD=FALSE OR TIME_OUT_LONG=TURE时,辅干道上交通灯变为黄灯,此时状态转变为GENEROAD_YELLOW状态;当黄灯持续时间结束时,即TIME_

第2篇 FPGA/CPLD 产品设计、开发技巧与秘诀

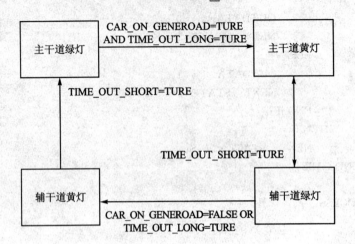

图 2-93 交通灯状态转移图

OUT_SHORT=TURE 时,主干道上的交通灯变为绿色,辅干道上的交通灯变为红灯,状态转变为 MAINROAD GREEN 状态。

为了计算一个状态持续时间,状态机要有一个计时器,并且有三个信号作为计时器的输入和输出,分别是 START_TIMER,TIME_OUT_LONG 及 TIME_OUT_SHORT。每进入一个新的状态,计时开始,状态机会判断 TIME_LONG 和 TIME_SHORT 是否到达。

表 2-12 为交通灯控制器状态机状态转换表。

表 2-12 交通灯控制器状态转换表

现在的状态	输 入	下一状态	主干道	辅干道
MAINROAD_GREEN	CAR_ON_GENEROAD;TURE 或 TIME_OUT_LONG=TURE	MAINROAD_YELLOW	GREEN	RED
MAINROAD_YELLOW	TIME_OUT_SHORT=TURE	GENEROAD_GREEN	YELLOW	RED
GENEROAD_GREEN	CAR_ON_GENEROAD=FALSE 或 TIME_OUT_LONG;TURE	GENEROAD_YELLOW	RED	GREEN
GENEROAD_YELLOW	TIME_OUT_SHORT=TURE	MAINROAD_GREEN	RED	YELLOW

例程 6 所示为交通灯控制器的 VHDL 描述程序。

【例程 6】

```
LIBRARY IEEE;
USE IEEE. STD _ LOGIC _ 1164. ALL;
PACKAGE TRAFFIC   LIGHT IS
    TYPE   COLOR IS( GREEN ,RED, YELLOW, UNKNOWN);
    TYPE STATE   IS ( MAINROAD _ GREEN,
                    MAINROAD _ YELLOW,
                    GENEROAD _ GREEN,
                    CENEROAD _ YELLOW);
END TRAFFIC _ LIGHT;

LIBRARY IEEE;
```

```vhdl
USE IEEE. STD_LOGIC_1164. ALL;
USE WORK. TRAFFIC. ALL;

ENTITY TRAFFIC_LIGHT_CTL IS
    GENERIC ( TIME_LONG: TIME;
              TIME_SHORT:TIME);
    PORT ( CAR_ON_GENEROAD: IN BOOLEAN;
           MAINROAD_LIGHT :OUT COLOR;
           GENEROAD_LIGHT :OUT COLOR);
END TRAFFIC_LIGHT_CTL;

ARCHITECTURE _6 OF TRAFFIC LIGHT CTL IS
SIGNAL PRESENT_STATE :STATE: = MAINROAD_GREEN;
SIGNAL TIME_OUT_LONG: BOOLEAN: = FALSE;
SIGNAL TIME_OUT_SHORT: BOOLEAN: = FALSE;
SIGANL START_TIMER: BOOLEAN: = FALSE;
BEGIN
  FUN1: PROCESS( CAR_ON_GENEROAD, TIME_OUT_LONG, TIME_OUT_SHORT)
        BEGIN
            CASE PRESENT_STATE IS
                WHEN MAINROAD GREEN =>
                    IF CAR_ON_GENEROAD AND TIME_OUT_LONG THEN
                        START_TIMER <= NOT START_TIMER;
                        PRESENT_STATE <= MAINROAD_YELLOW;
                    END IF;
                WHEN MAINROAD YELLOW =>
                    IF TIME_OUT_SHORT THEN
                        START_TIMER <= NOT START_TIMER;
                        PRESENT_STATE <= GENEROAD_GREEN;
                    END IF;
                WHEN GENEROAD GREEN =>
                IF NOT CAR ON GENEROAD OR TIME OUT LONG THEN
                    START_TIMER <= NOT START_TIMER;
                    PRESENT_STATE <= GENEROAD_YELLOW;
                END IF;
                WHEN GENEROAD YELLOW =>
                    IF TIME OUT SHORT THEN
                        START_TIMER <= NOT START_TIMER;
                        PRESENT STATE <= MAINROAD_GREEN;
                    END IF;
            END CASE;
END PROCESS;
FUN2: PROCESS( START_TIMER)
      BEGIN
          TIME_OUT_LONG <= FALSE;
```

```
                TIME _ OUT _ LONG <= TURE AFTER TIMT _ LONG;
                TIME _ OUT _ SHORT <= FALSE;
                TIME _ OUT _ SHORT <= TURE AFTER TIME _ SHORT;
    END PROCESS;
    WITH PRESENT STATE SELECT
        MAINROAD _ LIGHT <= GREEN WHEN MAINROAD _ GREEN,
                    YELLOW WHEN MAINROAD _ YELLOW,
                    RED WHEN GENEROAD_ GREEN,
                    RED WHEN GENEROAD _ YELLOW;
    WITH PRESENT   STATE SELECT
        GENEROAD _ LIGHT <= GREEN WHEN GENEROAD _ GREEN,
                    YELLOW WHEN GENEROAD _ YELLOW,
                    RED WHEN MAINROAD _ GREEN,
                    RED WHEN MAINROAD _ YELLOW;
    END _6;
```

2.14.8　典型状态机电路的 VHDL 描述

例程 7 所示是一个典型的状态机描述的例子。程序中共有两个进程：一个进程用来在复位信号和时钟信号下更新当前状态；另一个进程用来计算下一个状态，并且用 CASE 语句给出输出。

【例程 7】

```
    LIBRARY IEEE;
    USE IEEE. STD _ LOGIC _ 1164. ALL;

    ENTITY TRAFFIC IS
        PORT( CLK, SENSOR1, SENSOR2, RST ;IN STD _ LOGIC;
        RED1, YELLOW1, GREEN1, RED2, YELLOW2, GREEN2 ;OUT STD_LOGIC);
    END;

    ARCHITECTURE _7 OF TRAFFIC IS
        TYPE STATE _ T IS( ST0, ST1, ST2, ST3, ST4, ST5, ST6, ST7);
        SIGNAL STATE, NXSTATE ;STATE _ T;
    BEGIN

    UPDATE _ STATE;
        PROCESS( RST, CLK)
        BEGIN
            IF ( RST= '1' )THEN
                STATE <= ST0;
            ELSIF CLK'EVENT AND CLK = '1' THEN
                STATE <= NXSTATE;
```

```vhdl
        END IF;
    END PROCESS;

TRANSITIONS:
    PROCESS(STATE, SENSOR1, SENSOR2)
    BEGIN
        RED1 <= '0'; YELLOW1 <= '0'; GREEN1 <= '0';
        RED2 <= '0'; YELLOW2 <= '0'; GREEN2 <= '0';
    CASE STATE IS
        WHEN ST0 =>
            GREEN1 <= '1';
            RED2 <= '1';
            IF SENSOR2 = SENSOR1 THEN
            NXSTATE <= ST1;
            ELSIF( SENSOR1 = '0' AND SENSOR2 = '1' )THEN
            NXSTATE <= ST2;
            ELSE
            NXSTATE <= ST0;
            END IF;
        WHEN ST1 =>
            GREEN1 <= '1';
            RED2 <= '1';
            NXSTATE <= ST2;
        WHEN ST2 =>
            GREEN1 <= '1';
            RED2 <= '1';
            NXSTATE <= ST3;
        WHEN ST3 =>
            YELLOW1 <= '1';
            RED2 <= '1';
            NXSTATE <= ST4;
        WHEN ST4 =>
            RED1 <= '1';
            GREEN2 <= '1';
            IF(SENSOR1 = '0' AND SENSOR2 = '0') THEN
            NXSTATE <= ST5;
            ELSIF(SENSOR1 = '1' AND SENSOR2 = '0')THEN
            NXSTATE <= ST6;
            ELSE
            NXSTATE <= ST4;
            END IF;
        WHEN ST5 =>
            RED1 <= '1';
            GREEN2 <= '1';
            NXSTATE <= ST6;
```

```
            WHEN ST6 =>
                RED1 <= '1';
                GREEN2 <= '1';

                NXSTATE <= ST7;
            WHEN ST7 =>
                RED1 <= '1';

                YELLOW2 <= '1';
                NXSTATE <= ST0;
        END CASE;
        END PROCESS;
END _7;
```

前面已经分别对摩尔型状态机和米勒型状态机作了详细分析，比较了它们在结构和工作方式上的不同点，并且都给出了 VHDL 描述。下面看到的例程 8 是一个比较特殊的例子，程序中同时具有摩尔输出和米勒输出，请认真阅读体会。

【例程 8】

```
LIBRARY IEEE;
USE IEEE.STD_LOGIC_1164.ALL;

ENTITY MOANDME IS PORT( CLK, RST :IN STD_LOGIC;
                INDATA :IN STD_LOGIC_VECTOR ( 3 DOWNTO 0);
                OUTME :OUT STD_LOGIC;
                OUTMO :OUT STD_LOGIC_VECTOR ( 1 DOWNTO 0));
END MOANDME;

ARCHITECTUR_8 OF MOANDME IS
        TYPE STATES IS(STATE0, STATE1, STATE2, STATE3, STATE4);
        SIGNAL STATE: STATES;
BEGIN
    PROCESS( CLK, RST)
      BEGIN
            IF RST = '1' THEN
                STATE <= STATE0;
            ELSIF( CLK, EVENT AND CLK = '1' )THEN
                CASE STATE IS
                    WHEN STATE0 =>
                        IF INDATA = X"3" THEN
                            STATE <= STATE1;
                        ELSE
                            STATE <= STATE0;
                        END IF;
                    WHEN STATE1 =>
                        STATE <= STATE2;
```

```
                WHEN STATE2 =>
                    IF INDATA = X"7" THEN
                        STATE <= STATE3;
                    ELSE
                        STATE <= STATE2;
                    END IF;
                WHEN STATE3 =>
                    IF INDATA < X"7" THEN
                        STATE <= STATE0;
                    ELSIF INDATA = X"9" THEN
                        STATE <= STATE4;
                    ELSE
                        STATE <= STATE3;
                    END IF;
                WHEN STATE4 =>
                    IF INDATA = X"8" THEN
                        STATE <= STATE0;
                    ELSE
                        STATE <= STATE4;
                    END IF;
            END CASE;
        END IF;
    END PROCESS;

OUTMO <= "00" WHEN ( STATE = STATE0 ) ELSE
    "10"  WHEN( STATE = STATE1  OR STATE = STATE3) ELSE
    "11";
OUTME <= '0' WHEN(STATE = STATE3 AND INDATA < X"7" ) ELSE
    '11';
END _ 8;
```

例程 9 所示是一个具有明确状态编码的摩尔型状态机的 VHDL 描述。

【例程 9】

```
LIBRARY IEEE;
USE IEEE. STD _ LOGIC _ 1164. ALL;
ENTITY MOORE IS PORT(
            CLK, RST :IN STD _ LOGIC;
            INDATA: IN STD _ LOGIC _ VECTOR ( 3 DOWNTO 0);
            OUTMO: OUT STD _ LOGIC _ VECTOR ( 1 DOWNTO 0);
END MOORE;

ARCHITECTURE_9 OF MOORE IS
    SIGNAL STATE: STD _ LOGIC _ VECTOR (2 DOWNTO 0);
CONSTANT STATE0 :STD _ LOGIC _ VECTOR (2 DOWNTO 0); = "000";
CONSTANT STATE1 :STD _ LOGIC _ VECTOR (2 DOWNTO 0); ="010";
```

```vhdl
        CONSTANT STATE2: STD _ LOGIC _ VECTOR (2 DOWNTO 0): = "011";
        CONSTANT STATE3 :STD _ LOGIC _ VECTOR (2 DOWNTO 0): = "110";
        CONSTANT STATE4: STD _ LOGIC _ VECTOR (2 DOWNTO 0): = "111";
    BEGIN
        PROCESS ( CLK, RST)
            BEGIN
                IF RST = '1' THEN
                    STATE <= STATE0;
                ELSIF ( CLK' EVENT AND CLK='1') THEN
                    CASE STATE IS
                        WHEN STATE0 =>
                            IF INDATA = X"3" THEN
                                STATE <= STATE1;
                            ELSE
                                STATE <= STATE0;
                            END IF;
                        WHEN STATE1 =>
                            STATE <= STATE2;
                        WHEN STATE2 =>
                            IF INDATA = X"7" THEN
                                STATE <= STATE3;
                            ELSE
                                STATE <= STATE2;
                            END IF;
                        WHEN STATE3 =>
                            IF INDATA < X"7" THEN
                                STATE <= STATE0;
                            ELSIF INDATA = X"9" THEN
                                STATE <= STATE4;
                            ELSE
                                STATE <= STATE3;
                            END IF;
                        WHEN STATE4 =>
                            IF INDATA = X"8" THEN
                                STATE <= STATE0;
                            ELSE
                                STATE <= STATE4;
                            END IF;
                        WHEN OTHERS =>
                            STATE <= STATE0;
                    END CASE;
                END IF;
        END PROCESS;
    OUTMO <= STATE( 1 DOWNTO 0);
    END_9;
```

前面介绍了一种用状态机实现交通灯控制系统的方法,例程 10 为另外一种用状态机实现交通灯的 VHDL 描述,请认真阅读并加以比较。

【例程 10】

```
LIBRARY IEEE;
USE IEEE. STD _ LOGIC _ 1164. ALL;
USE IEEE. STD _ LOGIC _ ARITH. ALL;
USE IEEE. STD _ LOGIC _ UNSIGNED. ALL;

ENTITY TRAFFIC IS
    PORT( RST:IN STD _ LOGIC;
          CLK:IN STD _ LOGIC;
          ENA _ SCAN ;IN STD _ LOGIC;
          ENA _ 1 HZ: IN STD _ LOGIC;
          FLASH _ 1 HZ: IN STD _ LOGIC;
          A _ M ;IN STD _ LOGIC;
          ST _ BUTT:IN STD _ LOGIC;
          NEXT _ STATE ;IN STD _ LOGIC;
          RECOUNT: OUT STD _ LOGIC;
          SIGN _ STATE: OUT STD _ LOGIC _ VECTOR ( 1 DOWNTO 0);
          RED: OUT STD _ LOGIC _ VECTOR ( 1 DDWNTO 0);
          GREEN ;OUT STD _ LOGIC _ VECTOR ( 1 DOWNTO 0);
          YELLOW: OUT STD _ LOGIC _ VECTOR ( 1 DOWNTO 0) );
END TRAFFIC;

ARCHITECTURE_10 OF TRAFFIC IS
TYPE SREG0_TYPE IS(ROG1, ROY1, GOR1, YOR1, YOY1, YOG1, GOY1, ROR1);
SIGNAL STATE: SREG0 _ TYPE;
SIGNAL ST _ TRANSFER ;STD _ LOGIC;
SIGNAL LIGHT: STD _ LOGIC _ VECTOR (5 DOWNTO 0);
BEGIN
  PROCESS( RST, CLK, ENA _ SCAN ,ST_ BUTF)
  VARIABLE REBN _ FF: STD _ LOGIC _ VECTOR (5 DOWNTO 0);
  BEGIN
    IF( ST _ BUTT = '1' OR RST = '1') THEN
        REBN_ FF: = "111111";
        ST _ TRANSFER <= '0';
    ELSIF( CLK' EVENT AND CLK = '1' ) THEN
      IF(ENA _ SCAN = '1' ) THEN
        IF( REBN _ FF > = 3 ) THEN
          REBN _ FF: = REBN _ FF-1;
          ST _ TRANSFER < = '0';
        ELSIF( REBN _ FF - 2 ) THEN
          REBN _ FF: = REBN _ FF-1;
          ST _ TRANSFER <= '1';
```

```vhdl
            ELSE
                REBN_FF: = REBN_FF;
                ST_TRANSFER <= '0';
            END IF;
        END IF;
    END IF;
END PROCESS;
PROCESS ( CLK, ENA_1 HZ, RST)
BEGIN
    IF( RST='1' ) THEN
        STATE <= ROG1;
        SIGN  STATE <= "01"
        RECOUNT <= '1';
    ELSE
      IF( CLK' EVENT AND CLK='1' ) THEN
        CASE STATE IS
            WHEN ROG1 =>
              IF( A_M='1' AND ENA_1 HZ ='1') THEN
                IF ( NEXT_STATE = '1' ) THEN
                    RECOUNT <= '1';
                    STATE <= ROY1;
                    SIGN_STATE <= "01";
                ELSE
                    RECOUNT <= '0';
                    STATE <= ROG1;
                END IF;
              ELSIF( A_M='0' AND ENA_SCAN='1') THEN
                IF ( ST_TRANSFER = '0' ) THEN
                    RECOUNT <= '1';
                    STATE <= ROG1;
                ELSE
                    RECOUNT <= '1';
                    STATE <= ROY1;
                    SIGN_STATE <= "01";
                END IF;
              END IF;
            WHEN ROY1 =>
              IF ( A_M='1'  AND  ENA_1 HZ='1' ) THEN
                IF( NEXT_STATE='1' ) THEN
                    RECOUNT <= '1';
                    STATE <= GOR1;
                    SIGN_STATE <= "10";
                ELSE
                    RECOUNT<= '0';
                    STATE <= ROY1;
```

```
            END IF;
         ELSIF(A_M = '0' AND ENA_SCAN= '1') THEN
            IF ( ST_TRANSFER = '0' ) THEN
                  RECOUNT <= '1';
                  STATE <= ROY1;
            ELSE
                  RECOUNT <= '1';
                  STATE <= GOR1;
                  SIGN_STATE <= "10";
            END IF;
         END IF;
WHEN GOR1 =>
   IF( A_M= '1' AND ENA_1 HZ= '1') THEN
      IF( NEXT_STATE = '1' ) THEN
            RECOUNT <='1';
            STATE <= YOR1;
            SIGN_STATE <= "11";
         ELSE
            RECOUNT <= '0';
            STATE <= GOR1;
         END IF;
      ELSIF(A_M; '0' AND ENA SCAN= '1' ) THEN
         IF( ST_TRANSFER= '0' ) THEN
            RECOUNT <= '1';
            STATE <= GOR1;
         ELSE
            RECOUNT <= '1';
            STATE <= YOR1;
            SIGN_STATE <= "11";
         END IF;
      END IF;
WHEN YOR1 =>
   IF( A_M= '1' AND ENA_1HZ='1') THEN
      IF( NEXT_STATE ='1') THEN
            RECOUNT <='1';
            STATE <= ROG1;
            SIGN_STATE <= "00" ;
         ELSE
                  RECOUNT <= '0';
                  STATE <= YOR1;
               END IF;
            ELSIF ( A_M = '0' AND ENA_SCAN ='1') THEN
               IF(ST_TRANSFER = '0' )THEN
                  RECOUNT <= '1';
                  STATE <= YOR1;
```

```
                          ELSE
                               RECOUNT <= '1';
                               STATE <= ROG1;
                               SIGN_STATE <= "00";
                          END IF;
                   END IF;
              WHEN OTHERS =>
                   STATE <= ROG1;
                   RECOUNT <= '0';
                   SIGN STATE <= "00";
         END CASE;
      END IF;
    END IF;
END PROCESS;
LIGHT <= "010010" WHEN ( STATE = ROG1 ) ELSE
         "011000" WHEN ( STATE = ROY1 ) ELSE
         "100001" WHEN ( STATE = GOR1 ) ELSE
         "100100" WHEN ( STATE = YOR1 ) ELSE
         "110000";
RED <= LIGHT(5 DOWNTO 4);
YELLOW <= LIGHT(3 DOWNTO 2)AND(FLASH 1HZ& FLASH_1HZ);
GREEN <= LIGHT( 1 DOWNTO 0);
END_10;
```

例程 11 所示是一个楼梯照明灯的 VHDL 描述。当有人经过楼梯时,声控器收到信号并立即向照明灯发送开灯信号,照明灯亮;当楼梯一段时间没人时,开灯信号无效,照明灯灭。

【例程 11】

```
LIBRARY IEEE;
USE IEEE. STD_LOGIC_1164. ALL;

ENTITY LIGHT IS
    PORT ( RST, CLK: IN STD_LOGIC;
           SIG1 ,SIG2 ,SIG3 :IN STD_LOGIC;
           LIGHT1, LIGHT2, LIGHT3: IN STD_LOGIC );
END LIGHT;

ARCHITECTURE_11 OF LIGHT IS
TYPE STATES IS ( S0, S1, S2);
SIGNAL Q: STD_LOGIC_VECTOR (2 DOWNTO 0);
SIGNAL STATE :STATES;
BEGIN
    FUN1: PROCESS( RST, CLK)
         BEGIN
              IF( RST = '0' ) THEN
                   STATE <= S0;
```

```vhdl
        ELSIF( CLK' EVENT AND CLK = '1' )THEN
            CASE STATE IS
                WHEN S0 => STATE <= S1;
                WHEN S1 => STATE <= S2;
                WHEN S2 => STATE <= S0;
            END CASE;
        END IF;
    END PROCESS FUN1;

FUN2 :PROCESS( SIG1 ,SIG2 ,SIG3 )
    BEGIN
        IF( RST = '0' ) THEN
            LIGHT1 <= '0';
            LIGHT2 <= '0';
            LIGHT3 <= '0';
        ELSE
            CASE STATE IS
                WHEN S0 =>
                    IF(SIG1 = '1' ) THEN
                        LIGHT1 <= '1';
                        LIGHT2 <= '0';
                        LIGHT3 <= '0';
                    ELSE
                        LIGHT1 <= '0';
                        LIGHT2 <= '0';
                        LIGHT3 <= '0';
                    END IF;
                WHEN S1 =>
                    IF(SIG2 = '1') THEN
                        LIGHT1 <= '0';
                        LIGHT2 <= '1';
                        LIGHT3 <= '0';
                    ELSE
                        LIGHT1 <= '0';
                        LIGHT2 <= '0';
                        LIGHT3 <= '0';
                    END IF;
                WHEN S2 =>
                    IF( SIG3 = '1') THEN
                        LIGHT1 <= '0';
                        HGHT2 <= '0';
                        LIGHT3 <= '1';
                    ELSE
                        LIGHT1 <= '0';
                        LIGHT2 <= '0';
```

```
                            LIGHT3 <= '0';
                    END IF;
                END CASE;
            END IF;
        END PROCSEE FUN2;
END_11;
```

例程 12 所示为一个节日彩灯控制器的 VHDL 描述,彩灯共有红、绿、黄三种颜色的发光灯循环发光。红灯发光持续 3 个时钟,绿灯发光持续 2 个时钟,黄灯发光持续 1 个时钟。

【例程 12】

```
LIBRARY IEEE;
USE IEEE.STD_LOGIC_1164.ALL;

ENTITY LED IS
    PORT( RST, CLK: IN STD_LOGIC;
          RED, YELLOW, GREEN: OUT STD_LOGIC );
END LED;

ARCHITECTURE_12 OF LED IS
TYPE STATE IS(S0, S1, S2, S3, S4, S5);
SIGNAL Q: STD_LOGIC_VECTOR (2 DOWNTO 0);
SIGNAL STATE: STATES;
BEGIN
    FUN1: PROCESS( RST, CLK)
                BEGIN
                IF( RST = '0' ) THEN
                    STATE <= S0;
                ELSIF( CLK' EVENT AND CLK= '1' ) THEN
                    CASE STATE IS
                        WHEN S0 => STATE <= S1;
                        WHEN S1 => STATE <= S2;
                        WHEN S2 => STATE <= S3;
                        WHEN S3 => STATE <= S4;
                        WHEN S4 => STATE <= S5;
                        WHEN S5 => STATE <= S0;
                    END CASE;
                END IF;
            END PROCESS FUN1;
    FUN2: PROCESS( RST, CLK)
                BEGIN
                IF( RST = '0' ) THEN
                    RED <= '0'; YELLOW <= '0'; GREEN <= '0';
                ELSE
                    CASE STATE IS
                        WHEN S0 => RED <= '1';
```

```
                        YELLOW <= '0';
                        GREEN <= '0';
            WHEN S1 => RED <= '1';
                        YELLOW <= '0';
                        GREEN <= '0';
            WHEN S2 => RED <= '1';
                        YELLOW <= '0';
                        GREEN <= '0';
            WHEN S3 => RED <= '0';
                        YELLOW <= '1';
                        GREEN <= '0';
            WHEN S4 => RED <= '0';
                        YELLOW <= '0';
                        GREEN <= '1';
            WHEN S5 => RED <= '0';
                        YELLOW <= '0';
                        GREEN <= '1';
        END CASE;
    EDN IF;
END PROCESS FUN2;
END_12;
```

值得注意的是：前面已经详细介绍了状态机的定义、分类、设计方法以及工作方式。有限状态机及其设计技术是实用数字系统设计中的重要组成部分，是实现高效可靠逻辑控制的重要途径。大部分数字系统都可以划分为控制单元和数据单元两个组成部分。通常，控制单元的主体是一个状态机，它接受外部信号以及数据单元产生的状态信息，产生控制信号序列。而用 FPGA/CPLD 来对一些高速 A/D 器件进行采样控制已成为一种广泛的使用方法。

状态机设计的优化可以包括速度、面积和容错性等，这些性能的优化可以通过状态的分配、状态编码、VHDL 的描述风格和电路结构的修改等措施实现。下面，将作者的经验作一介绍，供读者借鉴参考。

2.14.9 状态机速度的优化

图 2-94 所示是一种典型的摩尔型状态机，它的输出必须由状态位经译码得到，在这种方式下的组合译码需增加一级逻辑，因此加大了从状态位到输出的延时。在不改变物理实现的前提下，要达到更高的系统运行速度，必须适当地修改代码。

1. 由并行输出寄存器输出

为了减小输出的延时，一种有效的方法是在锁存状态位之前，先进行输出译码，并将其锁存到专用的寄存器中，图 2-95 所示为其原理框图。在这种方式下，输出译码必须定义在状态转移进程之外，而且输出信号在下一周期的取值不是由现态值确定的，而是由次态值确定的。可以用单独一个进程来描述，也可以用并行语句描述。这种设计在逻辑资源的使用上相对于典型方式增加了输出寄存器。同时，由于输出信号经时钟同步以后输出，正好消除了典型方式中输出信号的毛刺。

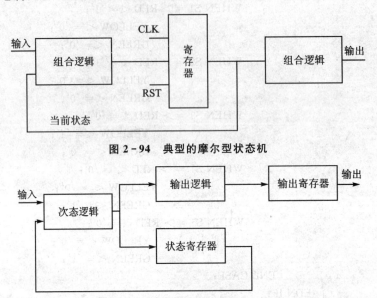

图 2-94　典型的摩尔型状态机

图 2-95　输出译码到并行输出寄存器的摩尔型状态机

2. 在状态位编码输出

为了更进一步地提高系统速度，另一种可行的方法是将状态位本身作为输出信号，其框图如图 2-96 所示。这种方法省略了输出译码逻辑，但是需要仔细地进行状态编码工作。这种方式的缺点是削弱了设计的可读性和可维护性。

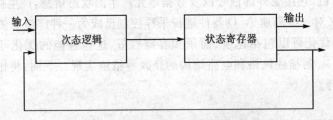

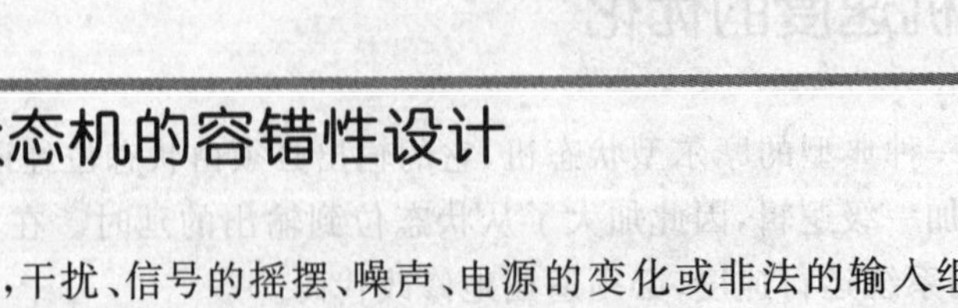

图 2-96　在状态位编码输出的摩尔型状态机

2.14.10　状态机的容错性设计

在硬件系统中，干扰、信号的摇摆、噪声、电源的变化或非法的输入组合，都有可能使某个触发器翻转，并因此进入非法状态。在实际中出现这种情况，将无法预测系统的反应。系统可能在进入后保持在非法状态，也可能会给出非法的输出等。因此，在状态机的设计中有必要考虑系统的容错性。

通过加入从非法状态转移到定义状态的代码，可以加强系统的容错性。首先，确定系统中非法状态的数目，它应该为状态位数目的二次方减去已定义的状态数；其次，必须在定义状态的枚举类型时包括对非法状态名称的定义。

如果状态机需要 10 个有效状态,使用顺序编码方式指定各状态,则最少需 4 个触发器,这样最多有 16 种可能的状态,此时将出现 6 个非法状态。如表 2-13 所列,最后 6 个未定义编码都是未定义非法状态。

表 2-13 非法状态

状 态	顺序编码	状 态	顺序编码
0	0000	8	1000
1	0001	9	1001
2	0010	Undefined1	1010
3	0011	Undefined2	1011
4	0100	Undefined3	1100
5	0101	Undefined4	1101
6	0110	Undefined5	1110
7	0111	Undefined6	1111

要使状态机有可靠的工作性能,需要采取的措施是在枚举类型定义中就将所有的状态(包括多余状态)都作出定义,并在 VHDL 语句中加以处理。首先可以在 CASE 语句中加入所有未定义状态的处理语句。

```
TYPE  STATES  IS(STATE0,STATE1,STATE2,STATE3,
                STATE4,STATE5,STATE6,STATE7,
                STATE8,STATE9,
                UNDEFINED1,UNDEFINED2,
                UNDEFINED3,UNDEFINED4,
                UNDEFINED5,UNDEFINED6);
CASE PRESENT  STATE IS

    WHEN UNDEFINED1 => NEXT _ STATE <= S0;
    WHEN UNDEFINED2 => NEXT _ STATE <= S0;
    WHEN UNDEFINED3 => NEXT _ STATE <= S0;

END CASE;
```

其次,还可以利用 OTHERS 语句对未提到的状态作统一处理。

```
PROCESS (CSTATE, INSTATE)
BEGIN
    CASE  CSTATE  IS
        ……
        WHEN OTHERS => NSTATE <= STATE0;
    ENDCASE;
END PROCESS;
```

需要指出的是,转移出非法状态后,可以进入空闲状态或指定的状态,也可以进入预定义的专门用来处理错误的错误状态。很显然,这些代码将增加额外的逻辑资源,因此怎样节省逻辑资源也是在设计状态机时需要好好考虑的问题。

2.15 存储器的 VHDL 实现方法与技巧

2.15.1 ROM 和 RAM

存储器按类型分可以分为只读存储器 ROM 和随机存储器 RAM,它们的功能有较大的区别,因此在描述上也有较大的区别,但更多的是共同之处。

从应用的角度出发,各个公司的编译器都提供了或多或少的库文件,可以帮助减轻编程难度,并加快编程进度。这些模块符合工业标准,有伸缩性,应用非常方便。可调参数元件 LPM (Library Parameterized Megafunction)是 Altera 公司功能强大、性能良好的类似于 IPCore 的兆功能块 LPM 库。调用 LPM 部件 lpm_rom 和 lpm_ram_dq,也是编程者可以思考的一条途径,其目的是充分利用现有资源,更快更好地编制程序。

如图 2-97 所示,嵌入式阵列块 EAB 是在输入、输出口上带有寄存器的 RAM 块,由一系列的嵌入式 RAM 单元构成。

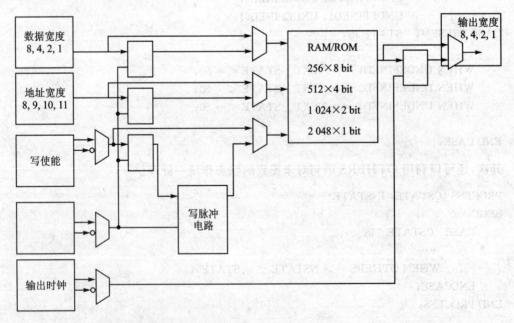

图 2-97 EAB 构成不同结构的 RAM 和 ROM

1. ROM(只读存储器)

在 Altera 公司的编译软件中提供了 LPM 库文件,其中包括了很多常用元器件的 VHDL 程序包,编程者可以直接调用元件,从而减轻编程强度。

lpm_rom 是 LPM 库中一个标准程序包文件,它的端口定义如下:

```
COMPONENT lpm_rom
GENERIC(LPM_WIDTH: POSITIVE;                              ——q 宽度
        LPM_TYPE: STRING: = "LPM_ROM";
        LPM_NUMWORDS: NATURAL: = 0;                       ——存储字的数量
        LPM_FILE: STRING;                                 ——初始化文件.mif/.hex
        LPM_ADDRESS_CONTROL: STRING: = "REGISTERED";
                                                          ——地址端口是否注册
        LPM_OUTDATA: STRING: = "REGISTERED";
                                                          ——q 端口是否注册
        LPM_HINT: STRING: = "UNUSED");
PORT   (address: IN STD_LOGIC_VECTOR (LPM_WIDTHAD-1 DOWNTO 0);
                                                          ——输入到存储器的地址
        inclock: IN STD_LOGIC: = '0';
        outclock: IN STD_LOGIC: = '0';
                                                          ——输入/输出寄存器时钟
        memenab: IN STD_LOGIC: = '1';
```

端口各信号描述如表 2-14 所列。

表 2-14 lpm_rom 端口信号说明

端口名	描述
address[]	地址输入,宽度为 LPM_WIDTHAD
inclock	输入时钟,用于地址锁存,此信号可不用
outclock	输出时钟,用于输出数据锁存,此信号可不用
memenab	芯片使能,0 使能,1 高阻
q[]	输出数据,宽度 LPM_WIDTH

端口各参数描述如表 2-15 所示。

表 2-15 lpm_rom 端口参数说明

参数名	描述
LPM_WIDTH	输出数据 q[] 宽度
LPM_WIDTHAD	输入地址 address[] 宽度
LPM_NUMWORDS	Rom 容量,$2^{(LPM\_WIDTHAD-1)}$
LPM_HLE	初始化文件
LPM_ADDRESS_CONTROL	地址锁存
LPM_OUTDATA	数据锁存
LPM_HINT	特定的文件参数,默认为 unused
LPM_YPE	Lpm 实体名

对于该模块引用的 VHDL 语句如下：

```vhdl
library ieee;
use ieee.std_logic_1164.all;
use ieee.std_logic_arith.all;
use ieee.std_logic_unsigned.all;
LIBRARY lpm;
USE lpm.tpm_components.ALL;
LIBRARY work;
USE work.ram_constants.ALL;
ENTITY rom256x8 IS
    PORT (memenab: IN STD_LOGIC;
          address: IN STD_LOGIC_VECTOR (7 DOWNTO 0);
       data: OUT STD_LOGIC VECTOR (7 DOWNTO 0));
          we, inclock, outclock: IN STD_LOGIC;
          q: OUT STD_LOGIC_VECTOR (DATA_WIDTH-1 DOWNTO 0));
END rom256x8;
ARCHITECTURE example OF rom256x8 IS
signal inclock,outclock:std_logic;
COMPONENT lpm_rom                                         ——声明 rom
    GENERIC (LPM_WIDTH: POSITIVE;
          LPM_TYPE: STRING:= "LPM_ROM";
          LPM WIDTHAD: POSITIVE;
          LPM_NUMWORDS: NATURAL:= 0;
          LPM_FILE: STRING;
          LPM_ADDRESS_CONTROL: STRING:= "REGISTERED";
          LPM_OUTDATA: STRING:= "REGISTERED";
          LPM_HINT: STRING:= "UNUSED");
    PORT (address: IN STD_LOGIC_VECTOR (LPM_WIDTHAD-1 DOWNTO 0);
          inclock: IN STD_LOGIC:= '0';
          outclock: IN STD_LOGIC:= '0';
          memenab: IN STD LOGIC:= '1';
          q: OUT STD_LOGIC_VECTOR (LPM_WIDTH-1 DOWNTO 0));
END COMPONENT;
BEGIN
    inclock<='0';
    outclock<='0';
inst_1: lpm_rom
    GENERIC                                                ——256×8 bit
MAP (8,"LPM_ROM",8,256,"inst_1 mif","UNUSED","UNUSED" "UNUSED")
        PORT MAP(address,memenab, inclock,outclock,data );
END example;
```

这个例子中不用时钟锁存和地址锁存，所以输入时钟和输出时钟都接到 0。程序中要注意初始化文件的书写，初始化文件可以有两种类型，*.mif 文件和 *.hex 文件。本例用到了

*.mif 文件。初始化文件名为 inst_1.mif,内容如下:

```
DEPTH = 256;
WIDTH = 8;
ADDRESS_RADIX = HEX;
DATA_RADIX = HEX;
CONTENT
    BEGIN
    [0..FF]: 00;
        1: 4B 49 4D 4A 49 4E 53 54 55 44 49 4F;
        F: 4E 41 4E 4B 41 49 45 45;
END;
```

此文件定义了 rom 初始化数据为全零,其中一部分空间存储了 asc2 码数据。调入 ROM 元件时(可用 LPM_ROM 或用 MegaWizard Plug-In Manager 调入)软件会问初始化文件的名字,如还没有做好这个文件,可以先输入一个文件名,如 test.mif 或 test.hex(test 这个文件现在并不存在),完成设计后编译,再建立波形文件,初始化该 Project 中 ROM 内容的表格。

2. RAM(随机存储器)

lpm_ram_dq 是 LPM 库中的一个标准包文件,它的端口定义如下:

```
COMPONENT lpm_ram_dq
    GENERIC (LPM_WIDTH: POSITIVE;
        LPM_TYPE: STRING:= "LPM_RAM_DQ";
        LPM_WIDTHAD: POSITIVE;      ——address 宽度
        LPM_NUMWORDS: NATURAL:= 0;
        LPM_FILE: STRING:= "UNUSED";
        LPM_INDATA: STRING:= "REGISTERED";
        LPM_ADDRESS_CONTROL: STRING:= "REGISTERED";
        LPM_OUTDATA: STRING:= "REGISTERED";
        LPM_HINT: STRING:= "UNUSED");
    PORT (data: IN STD_LOGIC_VECTOR (LPM_WIDTH-1 DOWNTO 0);
        address: IN STD_LOGIC_VECTOR (LPM_WIDTHAD-1 DOWNTO 0);
        we: IN STD_LOGIC;
        inclock: IN STD_LOGIC:= '0';
        outclock: IN STD_LOGIC:= '0';
        q: OUT STD_LOGIC_VECTOR (LPM_WIDTH-1 DOWNTO 0));
END COMPONENT;
```

各端口信号说明如表 2-16 所列。

表 2-16 lpm_ram_dq 端口信号说明

端口名	描述
data[]	数据输入,宽度为 LPM_WIDTH
address[]	地址输入,宽度为 LPM_WIDTHAD
inclock	输入时钟,用于地址锁存,此信号可不用

续表 2-16

端口名	描 述
outclock	输出时钟,用于输出数据锁存,此信号可不用
memenab	芯片写使能,高电平有效
q[]	输出数据,宽度 LPM_WIDTH

各端口参数说明如表 2-17 所列。

表 2-17 lpm_ram_dq 端口参数说明

参数名	描 述
LPM_WIDTH	输入数据 data[]输出数据 q[]宽度
LPM_WIDTHAD	输入地址 address[]宽度
LPM_NUMWORDS	Rom 容量,2^(LPM_WIDTHAD-1)
LPM_FILE	初始化文件
LPM_INDATA	输入数据锁存
LPM_ADDRESSCONTROL	地址锁存
LPM_OUTDATA	数据锁存
LPM_HINT	特定的文件参数,默认为 unused
LPM_TYPE	Lpm 实体名
USE_EAB	是否使用 EAB

对于该模块调用的 VHDL 程序如下:

```
library ieee;
use ieee.std_logic_1164.all;
use ieee.std_logic_arith.all;
use ieee.std_logic_unsigned.all;
PACKAGE ram_constants IS
    constant DATA_WIDTH: INTEGER: = 8;        ——数据总线宽度
    constant ADDR_WIDTH: INTEGER: = 8;        ——地址总线宽度
END ram_constants;
LIBRARY ieee;
USE ieee.std_logic_1164.ALL;
LIBRARY lpm;
USE lpm.tpm_components.ALL;
LIBRARY work;
USE work.ram_constants.ALL;
ENTITY ram256x8 IS
    PORT (data: IN STD_LOGIC_VECTOR (DATA_WIDTH-1 DOWNTO 0)
          address: IN STD_LOGIC_VECTOR (ADDR_WIDTH-1 DOWNTO 0)
          we, inclock, outclock: IN STD_LOGIC;
          q: OUT STD_LOGIC_VECTOR (DATA_WIDTH-1 DOWNTO 0))
END ram256x8;
```

```
ARCHITECTURE example OF ram256x8 IS
BEGIN
    inst_1：lpm_ram_dq
        GENERIC MAP (lpm_width => ADDR_WIDTH,
                    lpm_width => DATA WIDTH)
        PORT MAP (data => data,  address => address, we => we,
                  inclock => inclock,  outclock => outclock,  q => q) ;
END example;
```

2.15.2 FIFO

一个 512×8 bit 的 FIFO，电路结构如图 2-98 所示。

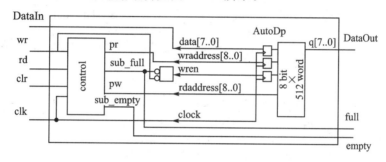

图 2-98 FIFO 电路结构

FIFO 的原理及实现如下：

① FIFO 是先进先出堆栈。程序中分配 512(0～511)个单元，记为 stack。有读/写指针 pr 和 pw，DataOut 端口显示 pr 指向的内容，即 stack(pr)。当时钟上升沿到来时，若 rd=0 并且堆栈不空，则 pr=pr+1；如果 wr=0 并且堆栈不满，则 stack(pw)=DataIn,pw=pw+1。这里 511 加 1 是 0，程序中不用特别地处理，让其自动溢出即可。

② 堆栈空 empty 和堆栈满 full(高电平有效)的设置方法。

下面介绍 full 的设置方法。

full 变 0 的条件：pw=pr and wr='0' and rd='1'；full 变 1 的条件：full='0' and Wr='1' and wr='0'。

empty 的设置方法与实际的电路有关，可以分为两类：rdaddress 输入端（即 pr)有寄存器的和没有寄存器的，如图 2-99 所示。

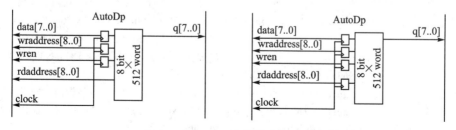

图 2-99 empty 的设置方法分类

没寄存器的：empty 变 0 的条件是 pr+2=pw and rd='0' and wr='1'；变 1 的条件是 empty=0 and rd='1' and Wr='0'。

有寄存器的：empty 变 0 的条件是 pr+1=pw and rd='0' and wr='1'；变 1 的条件是 empty=0 and rd='1' and Wr='0'。

FIFO 的 VHDL 实现如下：

```
library ieee;
use ieee.std_logic_1164.all;
use ieee.std_logic_unsigned.all;
entity fifo is
        port (DataIn :in std_logic_vector (7 downto 0);
              DataOut :out std_logic_vector (7 downto 0);
              clk    :in std_logic;     ——rising is valid
              clr    :in std_logic;     ——clear '0' is valid
              wr,rd  :in std_logic;     ——write '0' is valid, read '0' is valid
              empty  :out std_logic;    ——stack is empty,'1' is valid
              full   :out std_logic);   ——stack is full, '1' is valid
end fifo;
architecture beh of fifo is
        COMPONENT altdpram     ——MagaWizard Plug—in Manager
        GENERIC (WIDTH: NATURAL;
                 WIDTHAD: NATURAL;
                 INDATA_REG: STRING;
                 WRADDRESS_REG: STRING;
                 WRCONTROL_REG: STRING;
                 RDADDRESS_REG: STRING;
                 RDCONTROL_REG: STRING;
                 OUTDATA_REG: STRING;
                 INDATA_ACLR: STRING;
                 WRADDRESS_ACLR: STRING;
                 WRCONTROL_ACLR: STRING;
                 RDADDRESS_ACLR: STRING;
                 RDCONTROL_ACLR: STRING;
                 OUTDATA_ACLR: STRING;
                 LPM_HINT: STRING);
        PORT (wren: IN STD_LOGIC;
              inclock: IN STD_LOGIC;
              q: OUT STD_LOGIC_VECTOR (7 DOWNTO 0);
              data: IN STD_LOGIC_VECTOR (7 DOWNTO 0);
              rdaddress: IN STD_LOGIC_VECTOR (8 DOWNTO 0);
              wraddress: IN STD_LOGIC_VECTOR (8 DOWNTO 0));
        END COMPONENT;
        signal pw :std_logic_vector (9-1 downto 0);    ——指向下一个写单元
        signal pr :std_logic_vector (9-1 downto 0);    ——指向当前读单元
        signal sub_full,sub_empty :std_logic;
        signal wren :std_logic;
```

```vhdl
begin
    altdpram_component: altdpram
    GENERIC MAP (                                          ——调用 MagaWizard 模块
        WIDTH => 8,
        WIDTHAD => 9,
        INDATA_REG => "INCLOCK",
        WRADDRESS_REG => "INCLOCK",
        WRCONTROL_REG => "INCLOCK",
        RDADDRESS_REG => "UNREGISTERED",
        RDCONTROL_REG => "UNREGISTERED",
        OUTDATA_REG => "UNREGISTERED",
        INDATA_ACLR => "OFF",
        WRADDRESS_ACLR => "OFF",
        WRCONTROL_ACLR => "OFF",
        RDADDRESS_ACLR => "OFF",
        RDCONTROL_ACLR => "OFF",
        OUTDATA_ACLR => "OFF",
        LPM_HINT => "USE_EAB=ON")
    PORT MAP (wren => wren,
        inclock => clk,
        data => DataIn,
        rdaddress => pr,
        wraddress => pw,
        q => DataOut);
wren <= (not sub_full) and (not wr);

full <= sub_full;
empty <= sub_empty;

----------读/写过程----------------
process (clk, clr)
begin
    if (clr = '0') then
        pw <= "000000000";
        pr <= "111111111";
    elsif (clk'event and clk='1') then
        if (sub_full='0' and wr='0') then          ——写过程
            pw <= pw + "000000001";
        end if;
        if (sub_empty='0' and rd='0') then         ——读过程
            pr <= pr + "000000001";
        end if;
    end if;
end process;
--------------处理堆栈空、满--------------
```

```vhdl
process (clk,clr)
variable Nextpr:std logic_vector (9-1 downto 0) ;
begin
            if (clr='0') then
               sub empty<='0';
            elsif (clk'event and clk='1') then
            if (rd='0' and wr='1') then

                    Nextpr:=pr+"000000010";
                    if (Nextpr=pw) then
                         sub_empty<='1';
                    end if;
                elsif (wr='0' and rd='1' and
                   sub empty='1') then
                         sub_empty<='0';
                  end if;
               end if;
end process;
process (clk,clr)
begin
                if (clr='0') then
                  sub_full<='0';
                elsif (clk'event and clk='1') then
                    if (rd='1' and wr='0') then
                       if (pr=pw) then
                           sub_full<='1';
                       end if;
                    elsif (wr='1' and rd='0' and
                                 sub_full='2') then
                                sub_full<='0';
                       end if;
                    end if;
                end process;
end beh;
```

最后可以使用器件 EPF10K30ETC144-1,查看.rpt 资源的使用情况。

Total dedicated input pins used:	2/6	(33%)
Total I/O pins used:	20/96	(20%)
Total logic cells used:	66/1728	(3%)
Total embedded cells used:	8/96	(8%)
Total EABs used:	1/6	(16%)
Average fan—in:	2.77/4	(69%)
Total fan—in:	183/6912	(2%)

2.16 存储器设计典型实例

存储器是数字系统的重要组成部分,数据处理单元的处理结果需要存储,许多处理单元的初始化数据也需要存放在存储器中。存储器还可以完成一些特殊的功能,如多路复用、速率变换、数值计算、脉冲成形、特殊序列产生以及数字频率合成等。

基本的存储器类型有 RAM,FIFO,ROM 这 3 种。由于通常的设计软件提供相应的宏单元,设计者可以通过手工编程和利用宏模块这 2 种方式来设计各种类型的存储器。

2.16.1 RAM

RAM 可以随时在任一指定地址写入或读取数据,它的最大优点是可以方便地读/写数据,但存在易失性的缺点,掉电后所存数据会丢失。

1. 512 KB RAM 的 VHDL 实现

程序如下:

```
library IEEE;
use IEEE.Std_logic_ 1164.all;
use IEEE.Std logic_arith.all;
entity DRAM8 is
generic(R DEL,W_DEL,RAS_DEL,CAS_DEL,DIS_DEL :TIME);
    port( A: in Std_logic_vector(9 downto 0);
         D: inout Std_logic_vector(7 downto o):=(others=>'Z');
         RAS,CAS,WE:Std_logic);
end DRAM8;
architecture Behavior of DRAM8 I
signal ADDRESS:Std_logic_vector(9 downto 0);
begin
RAS_entry:process(RAS)
Begin
If RAS'Event and RAS='0' then
    ADRESS<=A after RAS_DEL;
end if;
end process;
Data_IO:process(CAS,WE)
```

```
subtype MEMORY_DATA is Integer range 0 to 255;
type MEMORY_ARRAY is array(0 to 524287) of MEMORY_DATA;
variable INT_ADDR:integer;
variable ADRESS_ALL:Std_logic_vector(18 downto 0);
variable DRAM_ARRAY:MEMORY_ARRAY;
begin
if CAS'Event and CAS='0' then
ADRESS_ALL:=ADRESS& A(8 downto 0) after CAS_DEL;
end if;
INT_ADDR:=CONV_INTEGER(UNSIGNED(ADRESS_ALL));
If WE='0' and CAS='0' and RAS='0' then
DRAM_ARRA Y(INT:ADDR) :=CONV_INTEGER(UNSIGNED(D))after W_DEL;
elsif  WE='1' and CAS='0' and RAS='0' then
D<=Std_logic_VECTOR(CONV_UNSIGNED(DRAM_ARRAY(INT_ADDR),8))
after R_DEL;
elsif CAS'Event and CAS='1' then
D<="ZZZZZZZZ" after DIS_DEL;
end if;
end process Data_IO;
end Behavior;
```

2. 用软件中 RAM 宏模块实现存储量为 2^8 B 的 RAM

例如 quartus 中的 lpm_ram_dq 是参数化 RAM 模块,其宏模块的基本逻辑参数如表 2-18 所列。

表 2-18 lpm_ram_dq 宏模块的基本逻辑参数

	端口名称	功能描述
输入端口	data[]	输入数据
	address[]	地址端口
	we	写使能端口,高电平时向 RAM 写入数据
	inclock	同步写入时钟
	outclock	同步读取时钟
输出端口	q[]	数据输出端口
参数设置	LPM_WIDTH	data[]和 q[]端口的数据线宽度
	LPM_WIDTHAD	address[]端口宽度
	LPM_NUMWORDS	RAM 中存储单元的数目
	USE_EAB	选择使用 EAB 或逻辑单元实现 RAM 功能,ON 为使用 EAB,OFF 为使用逻辑单元

参数设置为
LPM WIDTH=8；
LPM WIDTHAD=8。
数据线和地址线的宽度都是 8 bit，RAM 存储容量 LPM_NUMWORDS 为 2^8 B。

2.16.2　FIFO

FIFO 是一种特殊功能的存储器，数据以到达 FIFO 输入端口的先后顺序依次存储在存储器中，并以相同的顺序从 FIFO 的输出端口送出，所以 FIFO 内数据的写入和读取只受读/写请求信号的控制，而不需要读/写地址线。

FIFO 分为同步 FIFO 和异步 FIFO。同步 FIFO 是指数据输入/输出的时钟频率相同，异步 FIFO 是指数据输入/输出的时钟频率可以不相同。

FIFO 在数字系统中有着十分广泛的应用，可以用做并行数据延迟线、数据缓冲存储器以及速率变换器等。

1. 一种先进先出 FIFO 的 VHDL 设计

程序如下：

```
entity Stack is
generic(N:Positive;K:Positive);
    port( RST, CLK :in Std_logic；
    PUSH, POP:in Std_logic；
    EMPTY, FULL: out Std_logic；
    DIN' in Std_logic_vector(N－1 downto 0)；
    DOUT: out Std_logic_vector(N－1 downto 0))；
end Stack；
architecture ALG of Stack is
signal NUM:Integer Range 0 to K－1；
function TO_BIT (B:in Boolean)return Std_logic is
begin
case B is
when true =＞return'1'；
when false= return'0'；
end case；
end To_Bit；
begin
EMPTY<＝To_Bit(C＝0)；
FULL<＝To_Bit(C＝K－1)；
Access_Stack:process
Type TYPE_Stack is array (Natural range K－1 downto 0) of
Std_logic_vector(N－1 downto 0)；
Variable S:TYPE_Stack；
begin
```

```
wait until CLK'Event and CLK='1';
    if RST='1' then
        C<=0;
    elsif PUSH='1' then
        S(K-1 downto 1):=S(K-2 downto 0);
        S(0):=DIN;
        C<=C+1;
    elsif POP='1' then
        DOUT<=S(0);
        S(K-2 downto 0):=S(K-1 downto 1);
        C<=C-1;
end if;
end Access_Stack;
end ALG;
```

2. 用软件中 FIFO 宏模块实现存储量为 2^{10} B 的 FIFO

例如 quartus 中的 lpm_fifo_dc 是参数化 FIFO 模块，其宏模块的基本逻辑参数如表 2-19 所列。

表 2-19　lpm_fifo_dc 宏模块的基本逻辑参数

	端口名称	功能描述
输入端口	data[ ]	输入数据
	rdclock	同步读取时钟，上升沿触发
	wrclock	同步写入时钟，上升沿触发
	wrreq	写请求控制，wrfull=1 时，写禁止
	rdreq	读请求控制，rdempty=1 时，读禁止
输出端口	q[ ]	数据输出
参数设置	LPM_WIDTH	data[ ]和 q[ ]端口的数据线宽度
	LPM_WIDTHU	Rdusedw[ ]和 wrusedw[ ]端口宽度，取值一般为 CEIL(LOG2(LPM_NUMWORDS))
	LPM_NUMWORDS	FIFO 中存储单元的数目
	USE_EAB	选择使用 EAB 或逻辑单元实现 RAM 功能，ON 为使用 EAB，OFF 为使用逻辑单元

对其参数进行相应设置可方便地实现数据速率变换功能。
参数设置为
LPM_WIDTH=8;
LPM_NUMWORDS=1 024;
USE_EAB=ON。
数据线宽度是 8 bit，FIFO 存储容量为 1 024 B。
输入数据流以突发形式进入到 FIFO 中，每个突发包含 8 B 的数据，数据峰值速率为

50 Mbit/s。在突发时间内，WRREQ 为高电平，允许向 FIFO 写入数据；而在其他时间里，WRREQ 保持低电平，禁止向 FIFO 写入数据。

当 RDREQ 为高电平时，在读时钟 RDCLOCK 的控制下，数据以连续比特流方式从 FIFO 的 q[]端口输出，数据速率为 25 Mbit/s。

2.16.3 ROM

ROM 是存储器中结构最简单的一种，它的存储信息需要事先写入，在使用时只能读取，不能写入。ROM 具有不挥发性，即在掉电后，ROM 内的信息不会丢失。

1. 一种 32 B×8 bit ROM 的 VHDL 设计

程序如下：

```
package ROMS is
——declare a 5×8 ROM called ROM
constant ROM_WIDTH:Integer:=8;
subtype ROM_WORD is Std_logic_vector(Rom_Width-1 downto 0);
subtype ROM_RANGE is Integer range 0 to 31;
type ROM_TABLE is array (0 to 31) of ROM_WORD;
constant ROM:ROM TABLE:=ROM_TABLE'(
("00000001"),("00000001"),("00000001"),("00000001"),
("00000001"),("00000001"),("00000001"),("00000001"),
("00000001"),("00000001"),("00000001"),("00000001"),
("00000001"),("00000001"),("00000001"),("00000001"),
("00000001"),("00000001"),("00000001"),("00000001"),
("00000001"),("00000001"),("00000001"),("00000001"),
("00000001"),("00000001"),("00000001"),("00000001"),
("00000001"),("00000001"),("00000001"),("00000001"),
end ROMS;
use work. PRIMS.all;
use work. ROMS.all;
entity ROM_32 8 is
generic(R_DEL,DIS_DEL:TIME);
   port( ADDR:in Std_logic_vector(4 downto 0);
         CLK  :in Std_logic;
         RD   :in Std_logic;
         DATA:out Std_logic vector(7 downto 0));
end ROM 32 8;
architecture BEHAVIOR of ROM 32 8 is
begin
Output:process
begin
eait until CLK' Event and CLK='1';
```

```
If RD='1' then
  DATA<=ROM(INTVAL(ADDR)) after R_DEL;
else
  DATA<=(others=>'Z')after DIS_DEL;
end if;
end process Output;
end BEHAVIOR;
```

2. 用软件中 ROM 宏模块实现 4 bit×4 bit 位无符号数乘法器

例如 MAX+plus Ⅱ 中的 lpm_rom 是参数化 ROM 模块,其宏模块的基本逻辑参数如表 2-20 所列。

表 2-20 lpm_rom 宏模块的基本逻辑参数

端口名称		功能描述
输入端口	address[]	读地址
	inclock	输入数据时钟
	outclock	输出数据时钟
	memenab	存储器输出全能端
输出端口	q[]	数据输出
参数设置	LPMWIDTH	q[]端口的数据线宽度
	LPMWIDTHAD	address[]端口的地址线宽度
	LPMFILE	.mif 或.hex 文件名,包含 ROM 的初始化数据

参数设置为

　　LPM_WIDTH=8;

　　LPM_WIDTHAD=8;

　　LPM_FILE=rom.mif。

.mif 文件的编写规则在 MAX+plus Ⅱ 的帮助中有详细说明。rom.mif 的内容如下:

```
WIDTH=8;
DEPTH=256;
ADDRESS_RADIX=DEC;
DATA_RADIX=DEC;
CONTENT BEGIN
0:0    0  0  0  0  0  0  0  0  0  0  0  0  0  0  0;
16:0   1  2  3  4  5  6  7  8  9  10 11 12 13 14 15;
32:0   2  4  6  8  10 12 14 16 18 20 22 24 26 28 30;
48:0   3  6  9  12 15 18 21 24 27 30 33 36 39 42 45;
64:0   4  8  12 16 20 24 28 32 36 40 44 48 52 56 60;
80:0   5  10 15 20 25 30 35 40 45 50 55 60 65 70 75;
96:0   6  12 18 24 30 36 42 48 54 60 66 72 78 84 90;
112:0  7  14 21 28 35 42 49 56 63 70 77 84 91 98 105;
```

```
128:0    8    16   24   32   40   48   56   64   72   80   88   96   104  112  120;
144:0    9    19   27   36   45   54   63   72   81   90   99   108  117  126  135;
160:0    10   20   30   40   50   60   70   80   90   100  110  120  130  140  150;
176:0    11   22   33   44   55   66   77   88   99   110  121  132  143  154  165;
192:0    12   24   36   48   60   72   84   96   108  120  132  144  156  168  180;
208:0    13   26   39   52   65   78   91   104  117  130  143  156  169  182  195;
224:0    14   28   42   56   70   84   98   112  126  140  154  168  182  196  210;
240:0    15   30   45   60   75   90   105  120  135  150  165  180  195  210  225
END；
```

2.16.4 应注意的问题

RAM,FIFO 和 ROM 等存储器在许多电路中是不可或缺的关键部件,特别是在一些多输入组合逻辑运算,如按组合逻辑设计、电路复杂、时延大、使关键路径变长、降低系统工作速度时,设计人员可利用 ROM 构造出各种各样的查找表,以简化电路的设计,提高电路的处理速度和稳定性。

芯片的存储单元是十分有限的。如果一个设计中使用了过多的存储单元,设计人员就必须选用更大规模的器件,而此时往往导致大量的逻辑单元未被利用,这无疑会使得成本大大增加,给开发和调试工作带来不利的影响。

在很多情况下,一个功能单元可以有多种不同的设计思路和实现方法,逻辑单元可以完成一定的存储功能,而存储单元也可以执行逻辑操作。一个好的设计应该是速度、资源利用率和可靠性三者的最佳结合。

2.17 只读存储器

常见的存储器有两种,分别是随机存储器 RAM(Random Access Memory)和只读存储器 ROM(Read Only Memory)。随机存储器的存储单元中的内容可随机存取,且存取时间与存储单元的物理位置无关,断电后存储的信息丢失(即为易失性)。只读存储器的存储单元的内容只能读出而不能写入,断电后数据不丢失。下面将对只读存储器结构和逻辑功能作出分析,图 2-100 所示为只读存储器的逻辑电路图。

只读存储器(ROM)有一个使能输入信号 EN,EN 为低电平有效。当 EN 值为 1 时,ROM 不工作;当 EN 值为 0 时,

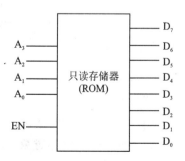

图 2-100　只读存储器逻辑电路图

ROM 根据输入的地址数据,将 ROM 内部的数据送到 8 位数据总线输出。这就是 ROM 工作过程的简单描述,其 VHDL 代码如例程 1 所示。

【例程 1】

```vhdl
LIBRARY IEEE;
USE IEEE. STD _ LOGIC _ 1164. ALL;

ENTITY ROM IS
    PORT ( ADDR: IN STD _ LOGIC _ VECTOR ( 3 DOWNTO 0);
           EN: IN STD _ LOGIC;
           DATAOUT: OUT STD _ LOGIC _ VECTOR (7 DOWNTO 0));
END ROM;

ARCHITECTURE_1 OF ROM IS
BEGIN
    PROCESS(ADDER,EN)
        BEGIN
            IF(EN='1') THEN
                OUT <= "00000000"
            ELSE
                CASE ADDER IS
                    WHEN" 0000" >= DATAOUT <= "1000000";
                    WHEN" 0001" >= DATAOUT <= "1111001";
                    WHEN "0010" >= DATAOUT <= "0100100";
                    WHEN "0011" >= DATAOUT <= "0110000";
                    WHEN "0100" >= DATAOUT <= "0011100";
                    WHEN "0101" >= DATAOUT <= "0010010";
                    WHEN "0110" >= DATAOUT <= "0000011";
                    WHEN "0111" >= DATAOUT <= "1111000";
                    WHEN "1000" >= DATAOUT <= "0000000";
                    WHEN "1001" >= DATAOUT <= "0011000";
                    WHEN "1010" >= DATAOUT <= "0100111";
                    WHEN "1011" >= DATAOUT <= "0110011";
                    WHEN "1100" >= DATAOUT <= "0011101";
                    WHEN "1101" >= DATAOUT <= "0010110";
                    WHEN "1110" >= DATAOUT <= "0000111";
                    WHEN "1111" >= DATAOUT <= "1111111";
                END CASE;
            END IF;
        END PROCESS;
END_1;
```

从程序中可以看到,通过 4 位的地址线可以控制 ROM 内部的 16 组数据,根据不同的地址输入,不同的数据将通过数据输出总线输出。可以想到,根据 ROM 内部存储数据的多少,可以增加地址输入线的位数,来控制更多内部数据的输出。

2.18 比较器

在许多数字电路中,经常需要把两个一位或多位二进制数据进行比较,然后将结果输出,这就需要比较器来完成这个功能。

比较的结果不外乎大于、小于和等于这三种。每次比较的结果只会有其中的一种结果,输出为真。比较器的应用十分广泛,在计算机和电子系统中都有很多应用,如温度控制、湿度控制、火警预报器和电梯超载控制器等。

图 2-101 所示为 8 位比较器的逻辑电路图,表 2-21 所列为 8 位比较器真值表。

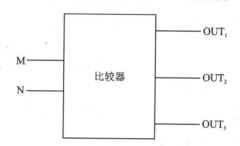

图 2-101 8 位比较器逻辑电路图

表 2-21 8 位比较器真值表

输 入	输 出		
M 和 N	OUT_1	OUT_2	OUT_3
M>N	1	0	0
M=N	0	1	0
M<N	0	0	1

如图 2-101 所示,8 位比较器有两个 8 位比较数据输入端 M 和 N,三个比较结果输出端 OUT_1、OUT_2、OUT_3。另外,为了避免前一次的比较结果影响当前的比较结果,比较器输入端还加入了复位清零输入以及相应的时钟信号输入端。在每一次比较之后,都要通过 RST 的高电平来复位清零一次。

由电路图和真值表可以看出,将两个 8 位比较器输入数据进行比较,当 M>N 时,比较器输出 OUT_1 为 1,其他都为 0;当 M=N 时,OUT_2 输出为 1,其他都为 0;当 M<N 时,OUT_3 输出为 1,其他都为 0。根据以上分析,可以得到 8 位比较的 VHDL 代码如例程 1 所示。

【例程 1】

```vhdl
LIBRARY IEEE;
USE IEEE.STD_LOGIC_1164.ALL;
USE IEEE.STD_LOGIC_ARITH.ALL;
USE IEEE.STD_LOGIC_UNSIGNED.ALL;
ENTITY COMP IS
    PORT ( M: IN STD_LOGIC_VECTOR (7 DOWNTO 0);
           N: IN STD_LOGIC_VECTOR (7 DOWNTO 0);
           RST: IN STD_LOGIC;
           CLK: IN STD_LOGIC;
           OUT1: OUT STD_LOGIC;
           OUT2: OUT STD_LOGIC;
           OUT3: OUT STD_LOGIC);
END COMP;

ARCHITECTURE_1 OF COMP IS
BEGIN
    PROCESS( RST, CLK)
    BEGIN
        IF( RST='1') THEN
            OUT1 <= '0';
            OUT2 <= '0';
            OUT3 <= '0';
        ELSIF( CLK'EVENT AND CLK = '1') THEN
            IF(M>N) THEN
                OUT1 <= '1';
                OUT2 <= '0';
                OUT3 <= '0';
            ELSIF (M = N) THEN
                OUT1 <= '0';
                OUT2 <= '1';
                OUT3 <= '0';
            ELSE
                OUT1 <= '0';
                OUT2 <= '0';
                OUT3 <= '1';
            END IF;
        END IF;
    END PROCESS;
END_1
```

从程序中可以看出，首先判断复位清零输入信号 RST 是否为高电平，如果结果为真，则执行复位操作；如果结果为假，则当时钟信号 CLK 上升沿到来时，比较 M 和 N 的大小，并将比较结果输出。

2.19 多路选择器

多路选择器是根据输入的选择信号将多路输入信号中的一个信号送到输出端,也就是说,每一时刻将有多路信号输入到选择器,在这一时刻只有其中一个信号被送到输出端,这一个信号的选择则是通过信号选择输出来决定的。

多路选择器中最常见的是4选1多路选择器,它有4个输入信号。用多个4选1多路选择器可以构成更大容量的多路选择器,这就要根据设计者的设计要求来决定。

图2-102所列为4选1多路选择器的逻辑电路图,表2-22所列为4选1多路选择器真值表。

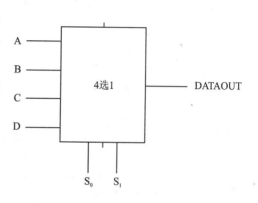

图2-102 4选1多路选择器逻辑电路图

表2-22 4选1多路选择器真值表

输 入		输 出
S_1	S_0	DATAOUT
0	0	A
0	1	B
1	0	C
1	1	D

在用VHDL对4选1多路选择器进行逻辑功能描述时,可以采用IF-ELSE语句、CASE语句、SELECT语句和WHEN-ELSE语句等多种描述方式,例程1~例程4分别采用了这4种语句形式对4选1多路选择器进行描述,请读者认真比较体会。

【例程1】
```
LIBRARY IEEE;
USE IEEE.STD_LOGIC_1164.ALL;
ENTITY MUX IS
    PORT( A: IN STD_LOGIC_VECTOR(7 DOWNTO 0);
          B: IN STD_LOGIC_VECTOR (7 DOWNTO 0);
          C: IN STD_LOGIC_VECTOR (7 DOWNTO 0);
```

```
            D: IN STD _ LOGIC _ VECTOR (7 DOWNTO 0);
            S1: IN STD _ LOGIC;
            S0: IN STD _ LOGIC;
            DATAOUT: OUT STD _ LOGIC _ VECTOR (7 DOWNTO 0));
END MUX;

ARCHITECTURE_1 OF MUX IS
SIGNAL S: STD _ LOGIC _ VECTOR ( 1 DOWNTO 0);
BEGIN
    PROCESS(A, B, C, D)
        BEGIN
            S <= S1 & S0;
            IF S = "00" THEN
                DATAOUT <= A;
            ELSIF S = "01" THEN
                DATAOUT <= B;
            ELSIF S = "10" THEN
                DATAOUT <= C;
            ELSE
                DATAOUT <= D;
            END IF;
    END PROCESS;
END_1;
```

【例程 2】

```
LIBRARY IEEE;
USE IEEE. STD_LOGIC_1164. ALL;
ENTITY MUX IS
  PORT( A: IN STD _ LOGIC _ VECTOR (7 DOWNTO 0);
        B: IN STD _ LOGIC _ VECTOR (7 DOWNTO 0);
        C: IN STD _ LOGIC _ VECTOR (7 DOWNTO 0);
        D: IN STD _ LOGIC _ VECTOR (7 DOWNTO 0);
        S1: IN STD _ LOGIC;
        S0: IN STD _ LOGIC;
        DATAOUT: OUT STD _ LOGIC _ VECTOR (7 DOWNTO 0));
END MUX;

ARCHITECTURE_2 OF MUX IS
SIGNAL S: STD _ LOGIC _ VECTOR (1 DOWNTO 0);
BEGIN
    PROCESS(A, B, C, D)
        BEGIN
            S <= S1 & S0;
            CASE S IS
                WHEN "00" >= DATAOUT <= A;
```

```
                WHEN"01" >= DATAOUT <= B;
                WHEN"10" >= DATAOUT <= C;
                WHEN"11" >= DATAOUT <= D;
            END CASE;
    END PROCESS;
END_2
```

【例程 3】

```
LIBRARY IEEE;
USE IEEE.STD_LOGIC_1164.ALL;
ENTITY MUX IS
    PORT ( A: IN STD_LOGIC_VECTOR (7 DOWNTO 0);
           B: IN STD_LOGIC_VECTOR (7 DOWNTO 0);
           C: IN STD_LOGIC_VECTOR (7 DOWNTO 0);
           D: IN STD_LOGIC_VECTOR (7 DOWNTO 0);
           S1: IN STD_LOGIC;
           S0: IN STD_LOGIC;
           DATAOUT: OUT STD_LOGIC_VECTOR (7 DOWNTO 0) );
END MUX;

ARCHITECTURE_3 OF MUX IS
SIGNAL S: STD_LOGIC_VECTOR(1 DOWNTO 0);
BEGIN
    PROCESS(A, B, C, D)
        BEGIN
            S <= S1&S0;
            WITH S SELECT
                DATAOUT <= A WHEN "00";
                DATAOUT <= B WHEN "01";
                DATAOUT <= C WHEN "10";
                DATAOUT <= D WHEN "11";
    END PROCESS;
END_3
```

【例程 4】

```
LIBRARY IEEE;
USE IEEE.STD_LOGIC_1164.ALL;

ENTITY MUX IS
    PORT (A: IN STD_LOGIC_VECTOR (7 DOWNTO 0);
          B: IN STD_LOGIC_VECTOR (7 DOWNTO 0);
          C: IN STD_LOGIC_VECTOR (7 DOWNTO 0);
          D: IN STD_LOGIC_VECTOR (7 DOWNTO 0);
          S1: IN STD_LOGIC;
          S0: IN STD_LOGIC;
```

```
                    DATAOUT: OUT STD _ LOGIC _ VECTOR (7 DOWNTO 0));
END MUX;

ARCHITECTURE_4 OF MUX IS
SIGNAL S: STD _ LOGIC _ VECTOR ( 1 DOWNTO 0);
BEGIN
    PROCESS (A, B, C, D)
        BEGIN
            S <= S1 & S0;
            DATA'OUT <= A WHEN ( S: "00" ) ELSE;
                        B WHEN ( S: "01" ) ELSE;
                        C WHEN ( S: "10" ) ELSE;
                        D;
    END PROCESS;

END_4;
```

值得说明的是,以上4个例程虽然使用的描述语句不同,但是它们仿真综合的结果都是相同的。

2.20 三态总线

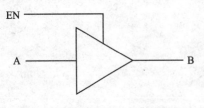

图2-103 三态门电路图

三态门是总线驱动电路经常用到的。所谓三态,是指在输出端既可以输出高电平1和低电平0,还有一种输出状态即高阻抗输出Z。图2-103所示为三态门电路图,除了一个输入端A和一个输出端B外,还有一个使能信号EN,用来控制三态门的输出状态。当EN为低电平时,输入端信号送到输出端;当EN为高电平时,输出为高阻抗状态。

例程1为使用IF-ELSE语句来描述三态门的逻辑功能。

【例程1】
```
LIBRARY IEEE;
USE IEEE. STD _ LOGIC _ 1164. ALL;

ENTITY TRI _ GATE IS
    PORT(A:IN STD _ LOGIC _ VECTOR(7 DOWNTO 0);
```

```
        EN:IN STD _ LOGIC;
        B:OUT STD _ LOGIC _ VECTOR (7 DOWNTO 0));
END TRI _ GATE;

ARCHITECTURE_1 OF TRI GATE IS
BEGIN
    PROCESS(A,EN)
    BEGIN
        IF(EN: '0' ) THEN
            B<=A;
        ELSE
            B <= "ZZZZZZZZ";
        END IF;
    END PROCESS;
END_1;
```

2.21 m 序列的产生和性质

　　m 序列是最常用的一种伪随机序列,它是最长线性反馈移位寄存器序列的简称,是由带线性反馈的移位寄存器产生的序列,并且具有最长周期。

　　带线性反馈逻辑的移位寄存器设定各级寄存器的初始状态后,在时钟触发下,每次移位后各级寄存器状态会发生变化。其中一级寄存器(通常为末级)的输出,随着移位时钟节拍的推移会产生一个序列,称为移位寄存器序列。它是一种周期序列,其周期不但与移位寄存器的级数有关,而且与线性反馈逻辑有关。在相同级数情况下,采用不同的线性反馈逻辑所得到的周期长度不同。此外,周期还与移位寄存器的初始状态有关。

　　以 4 级移位寄存器为例,线性反馈逻辑遵从如下递归关系式:

$$a_4 = a_1 \oplus a_0$$

即第 1 级与第 2 级输出的模 2 运算结果反馈到第 4 级去。图 2-104 所示为遵从式的 4 级 m 序列发生器。

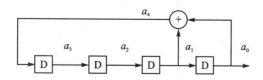

图 2-104　遵从式的 4 级 m 序列发生器

假设这4级移位寄存器的初始状态为0001,即第1级为1,其余3级为0,那么随着移位时钟节拍,这个移位寄存器各级相继出现的状态如表2-23所列。

表2-23 m序列发生器状态转移举例

移位脉冲节拍	第1级 a_0	第2级 a_1	第3级 a_2	第4级 a_3	反馈值 a_4
0	1	0	0	0	1
1	0	0	0	1	0
2	0	0	1	0	0
3	0	1	0	0	1
4	1	0	0	1	1
5	0	0	1	1	1
6	0	1	1	0	1
7	1	1	0	1	0
8	1	0	1	0	1
9	0	1	0	1	1
10	1	0	1	1	1
11	0	1	1	1	1
12	1	1	1	0	0
13	1	1	1	0	0
14	1	1	0	0	0
15	1	0	0	0	1

由表2-23可知,在第15个时钟节拍时,移位寄存器的状态与第0个状态相同,因而从第16拍开始必定重复第1～15拍的过程。这说明该移位寄存器的状态具有周期性,其周期长度为15。反馈移位寄存器序列是禁止全0状态出现的,因为一旦出现全0,则以后的序列将恒为0。

m序列的VHDL程序实现如下:

——File:xxx.vhd
——Created In MAX+plusⅡ Version:MAX+plusⅡ 10.1/win2000
——Simulation environment:MAX+plusⅡ 10.1/win2000
——Synthesis environment:MAX+plusⅡ 10.1/win2000
——Author:xx,xxx

——Description:

——Hierarchy:
——This file represents the XX block in X.sch.

```vhdl
——
——History:
——Date Author Version
——mm/dd/yyyy designer 1.0
——Header reorganized to conform to coding standard.
——————————————————————————————
LIBRARY IEEE;
USE IEEE.STD_LOGIC_1164.ALL;

ENTITY m IS
    PORT (clr, clk, toad: IN STD_LOGIC;
          din: IN STD_LOGIC_VECTOR(3 downto 0);
          dout: OUT STD_LOGIC
         )
END m;

ARCHITECTURE bhv OF m IS
    SIGNAL rfsr: STD_LOGIC_VECTOR(3 downto 0);
    SIGNAL tmp: STD_LOGIC;
    BEGIN
        PROCESS( clr, clk, load, din )
            BEGIN
                IF( clr= '1') THEN
                    rfsr <= (OTHERS => '0'),
                ELSIF(clk'EVENT AND clk= '1') THEN
                    IF(load = '1') THEN
                        rfsr <= din;
                    ELSE
                        dout <= rfsr(0);
                        rfsr(3) <= rfsr(0) XOR rfsr(1);
                        rfsr(2 downto 0) <= rfsr(3 downto 1);
                    END IF;
                END IF;
        END PROCESS;
END bhv;
```

仿真波形如图 2-105 所示。

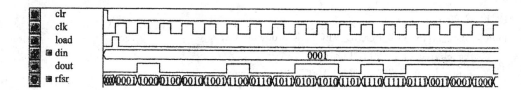

图 2-105 m 序列发生器的仿真波形

从图 2-105 中可知,dout 输出的序列为 1000100110101111,与 a_0 输出一致。

2.22 对具体某一信号的连续存储

在实际设计中,如密码门、ATM 提款机等需要手动输入信息的地方,需要将某一具体信号进行连续存储,常会使用到这种移位寄存器。

设计要求:具有异步清零位;输入 4 位数据信号,全是 F 时为无效数据,否则将其存入寄存器;连续存入 3 个有效数据后自动输出。

实际操作中,只有当有效键按下时,才能发出有效的数据信号;键位抬起时,发出的是无效信号。就是说,在连续的有效信号之间是一些无效信号,此设计就是要过滤掉无效部分,留下有用信号。

实现程序如下:

```
----------------------------------
----File: xxx. vhd
----Created In MAX+plusⅡ Version:MAX+plusⅡ 10.1/win2000
----Simulation environment:MAX+plusⅡ 10.1/win2000
----Synthesis environment:MAX+plusⅡ 10.1/win2000
----Author:xx,xxx
----Description:
----Hierarchy:
----This file represents the XX block in X. sch.
----History:
----Date Author Version
----mm/dd/yyyy designer 1.0
----          —Header reorganized to conform to coding standard.
----------------------------------
LIBRARY IEEE;
USE IEEE. STD_LOGIC_1164. ALL;

ENTITY digit_register IS
PORT (data_in:IN STD_LOGIC_VECTOR(3 downto 0);
      reg_clr,reg_ld:IN STD_LOGIC;
      data_out:OUT STD_LOGIC_VECTOR(11 downto 0)
      );
END digit_register;

ARCHITECTURE  bhv OF digit_register IS
```

```
SIGNAL    m:STD_LOGIC_VECTOR(11 downto 0);
BEGIN
    data_out <= m;
    PROCESS(reg_ld, reg_clr)
        BEGIN
            IF( reg_clr ='1') THEN
                m<="111111111111";
            ELSIF( reg_ld'EVENT and reg_ld = '1') THEN
                m(3 downto 0 ) <= data_in;
                m(7 downto 4 ) <= m(3 downto 0);
                m(11 downto 8) <= m(7 downto 4);
            END IF;
        END PROCESS;
END bhv;
```

在程序设计中,加入必要的注释,包括写程序之前和在程序之中,是程序员必须培养的一种好的习惯。在本例中,data_in 是 4 位数据输入,可能是有效信号,也可能是无效信号;reg_clr 是异步清零信号;reg_ld 是有效数据输入信号;data_out 是连续 3 个有效信号输出。移位寄存器在 reg_ld 信号由 0 变为 1 时动作,将新的有效数据存入低 4 位,同时依次向前移动 4 位。

仿真波形如图 2-106 所示。

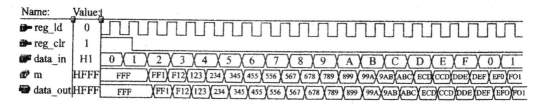

图 2-106　信号连续存储移位寄存器的仿真波形

图 2-106 中有效数据是连续输入的,在实际中是不可能达到这种理想状态的。

2.23 典型的时序逻辑电路分析与描述

典型的时序逻辑电路包括分频器、计数器、移位寄存器、存储器等功能电路,下面将通过它们以及时序逻辑电路的一些进阶电路来深入地分析和介绍时序逻辑在数字电路中的重要作用。

2.23.1 分频器

分频器主要用来产生不同频率的时钟信号,虽然电路结构十分简单,但在数字电路中有着极其重要的作用。电路中的晶振可以产生一个高频的时钟信号,作为系统时钟。但是电路中不同模块的工作时钟频率一般是不同的,这就需要分频器来将晶振产生的高频信号分成不同频率的时钟信号。例程1为一个8分频器的VHDL描述。

【例程1】

```
LIBRARY IEEE;
USE IEEE.STD_LOGIC_1164.ALL;
USE IEEE.STD_LOGIC_UNSIGNED.ALL;

ENTITY FDIVIDE IS
    PORT(CLK :IN STD_LOGIC;
         RST:IN STD_LOGIC;
         SIGNAL CLK_8D: OUT STD_LOGIC);
END FDIVIDE;

ARCHITECTURE_1 OF FDIVIDE IS
SIGNAL COUNT: STD_LOGIC_VECTOR (1 DOWNTO 0);
BEGIN
    PROCESS( RST,CLK)
    BEGIN
        IF(RST = '0') THEN
            CLK_8D <= '0';
            COUNT(1 DOWNTO 0) <= '0';
        ELSE
            IF(CLK' EVENT AND CLK='1')THEN
                COUNT(1 DOWNTO 0) <= COUNT(1 DOWNTO 0) + 1;
                IF(COUNT(1 DOWNTO 0) = "11") THEN
                    CLK_8D <= NOT CLK_8D;
                ELSE
                    NULL;
                END IF;
            END IF;
        END IF;
    END PROCESS;
END_1;
```

例程2为产生4分频器和8分频器的另一种VHDL描述方法,请读者阅读比较并且认真体会。

【例程2】

```
LIBRARY IEEE;
USE IEEE.STD_LOGIC_1164.ALL;
USE IEEE.STD_LOGIC_UNSIGNED.ALL;
ENTITY FDIVIDE1 IS
```

```
        PORT ( RST: IN STD _ LOGIC;
               CLK: IN STD _ LOGIC;
               SIGNAL CLK _ 4D: OUT STD _ LOGIC;
               SIGNAL CLK _ 8D: OUT STD _ LOGIC );
END FDIVIDE1;

ARCHITECTURE_2 OF FDIVIDE1 IS
SIGNAL COUNT: STD _ LOGIC _ VECTOR (2 DOWNTO 0);
BEGIN
    PROCESS( RST, CLK)
    BEGIN
        IF(RST = '0') THEN
            COUNT(2 DOWNTO 0) <= "000";
        ELSE
            IF(CLK' EVENT AND CLK = '1')THEN
                COUNT(2 DOWNTO 0) <= COUNT(2 DOWNTO 0) + 1;
            ELSE
                NULL;
            END IF;
        END IF;
    END PROCESS;
CLK _ 4D <= COUNT(1);
CLK _ 8D <= COUNT(2);
END_2;
```

2.23.2 计数器

计数器也是数字电路中的一种基本逻辑单元,可以用来计算时钟脉冲数目。通常计数器所能计算的脉冲最大数目 N 称为计数器的模,显然计数器的计数范围是 $0 \sim N-1$。计数器还可以用来进行时钟分频、数字运算以及按要求产生触发脉冲和充当地址发生器等,应用起来灵活多变。计数器可以分为同步计数器和异步计数器,下面分别加以介绍。

1. 同步计数器

计数器由数个触发器构成,所谓同步计数器就是构成计数器的各个触发器在同一时钟信号触发下发生状态变化。下面通过一个 4 位二进制计数器具体介绍计数器的工作方式。图 2-107 所示为 4 位二进制计数器电路符号,RST 为置位清零端,S 为同步预制控制端,EN 为使能信号控制端,CLK 为时钟信号输入端,Q_0、Q_1、Q_2、Q_3 为输出端,C_0 为进位输出端。表 2-24 所列为 4 位二进制计数器真值表。

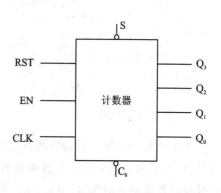

图 2-107　4 位二进制计数器电路符号

表 2-24 4位二进制计数器真值表

RST	EN	CLK	Q_3	Q_2	Q_1	Q_0
1	X	X	0	0	0	0
0	X	上升沿	0000			
0	1	上升沿	计数器加1			
0	0	X	保持			

例程3为4位二进制计数器的VHDL描述。

【例程3】

```
LIBRARY IEEE;
USE IEEE. STD_LOGIC_1164. ALL;
USE. IEEE. STD_LOGIC_ARITH. ALL;
USE IEEE. STD_LOGIC_UNSIGNED. ALL;

ENTITY COUNTER IS
    PORT (CLK, RST: IN STD_LOGIC;
          EN: IN STD_LOGIC;
          Q: BUFFER STD_LOGIC_VECTOR (3 DOWNTO 0));
END COUNTER;

ARCHITECTURE_3 OF COUNTER IS
BEGIN
    PROCESS(CLK, RST)
    BEGIN
        IF(RST = '0') THEN
            Q <= (OTHERS => '0');
        ELSIF( CLK' EVENT AND CLK='1') THEN
            IF(EN='1') THEN
                Q <= Q+1;
            ELSE
                Q <= Q;
            END IF;
        END IF;
    END PROCESS;
END_3;
```

2. 异步计数器

异步计数器的触发器输出的状态变化有先后顺序,并不是在同一时钟信号触发下同时发生的,具体来说就是低位触发器的输出作为下一级触发器的触发信号。由于这种连接方式,使得异步计数器的延时增加,其应用范围不如同步计数器广泛。

例程4为8位异步计数器的VHDL描述。

【例程 4】
```
LIBRARY IEEE;
USE IEEE. STD _ LOGIC _ 1164. ALL;

ENTITY RDFF IS
    PORT ( CLK, RST: IN STD _ LOGIC;
            D:IN STD _ LOGIC;
            Q, QB:STD _ LOGIC);
END RDFF;

ARCHITECTURE_4 OF RDFF IS
BEGIN
    PROCESS( CLK, RST)
    BEGIN
        IF( RST: '0' ) THEN
            Q <= '0';
            QB <= '1';
        ELSIF( CLK' EVENT AND CLK = '1' ) THEN
            Q <= D;
            QB <= NOT D;
        END IF;
    END PROCESS;
END_4;


LIBRARY IEEE;
USE IEEE. STD _ LOGIC _ 1164. ALL;
ENTITY COUNTER1 IS
    PORT ( CLK, RST: IN STD _ LOGIC;
            Q: OUT STD _ LOGIC _ VECTOR ( 3 DOWNTO 0));

END CUONTER1;
ARCHITECTURE_4 OF COUNTER1 IS
    COMPONENT RDFF
        PORT ( CLK, RST: IN STD _ LOGIC;
                Q, QB:OUT STD _ LOGIC);
    END COMPONENT;
SIGNAL Q _ TEMP: STD _ LOGIC _ VECTOR ( 4 DOWNTO 0)
BEGIN
    Q _ TEMP (0) <= CLK;
    G1:FOR I IN 0 TO 3 GENERATE
        RDFFF: RDFF
            PORT MAP( CLK => Q _ TEMP(I)),
                    RST => RST;
                    D => Q _ TEMP(I+1);
                    Q => Q(I);
```

```
                    QB_TEMP => Q_TEMP(I+1));
        END GENERATE G1;
END_4;
```

2.23.3 移位寄存器

移位寄存器是数字电路中十分常用也是十分重要的一种逻辑电路模块,它由一组 D 触发器构成,触发器中存储的二进制数可以在时钟信号的作用下进行左移或者右移。移位寄存器经常用于数据的串/并转换、并/串转换以及乘法移位运算等。

通常移位寄存器按照它的工作方式来分类,可以分为串入/串出移位寄存器、串入/并出移位寄存器和循环移位寄存器等。下面通过两个具体实例详细介绍移位寄存器的工作方式。

1. 串入/串出 4 位移位寄存器

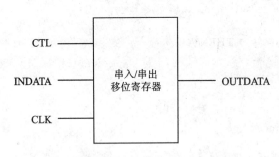

图 2-108 串入/串出 4 位移位寄存器

图 2-108 所示为串入/串出 4 位移位寄存器的结构图,它由 4 个 D 触发器连接而成,输入数据由第一个触发器的输入端给入,前三个触发器的输出端分别连接下一级触发器的输入端,第 4 个触发器的输出端作为移位寄存器的输出端。4 个 D 触发器由同一时钟信号触发。

例程 5 为串入/串出 4 位移位寄存器的 VHDL 描述。

【例程 5】

```
LIBRARY IEEE;
USE IEEE.STD_LOGIC_1164.ALL;
USE IEEE.STD_LOGIC_ARITH.ALL;
USE IEEE.STD_LOGIC_UNSIGNED.ALL;

ENTITY SHIFTER IS
    PORT ( CLK :IN STD_LOGIC;
           INDATA: IN STD_LOGIC;
           CTL: IN STD_LOGIC;
           OUTDATA :OUT STD_LOGIC);
END SHIFTER;

ARCHITECTURE_5 OF SHIFTER IS
SIGNAL TEMP: STD_LOGIC_VECTOR ( 3 DOWNTO 0);
BEGIN
    PROCESS(CLK)
    BEGIN
```

```
                IF ( CLK' EVENT AND CLK = '1' ) THEN
                    IF( CTL: '0' )THEN
                        TEMP(0) <= INDATA;
                        FOR I IN 1 TO 3 LOOP
                            TEMP(I) <= TEMP( I-1 );
                        END LOOP;
                    ELSE
                        TEMP(3) <= INDATA;
                        FOR I IN 3 DOWNTO 1 LOOP
                            TEMP(I-1) <= TEMP(I);
                        END LOOP;
                    END IF;
                END IF;
            END PROCESS;
            OUTDATA <= TEMP(3) WHEN CTL= '0'
                    ELSE TEMP(0);
END_5;
```

从例程 5 中可以看出,程序中加入了一个控制输入信号 CTL 来控制移位寄存器左移或者右移。当 CTL 为低电平时,寄存器左移,否则寄存器右移。

2. 循环移位寄存器

循环移位寄存器也是一种很常用的移位寄存器,在数字通信系统中有着广泛的应用。循环移位寄存器在时钟信号的触发下,根据控制端输入的移动位数,进行相应的循环左移或循环右移。下面通过一个 4 位循环移位寄存器来详细介绍这类寄存器。

图 2-109 所示为 4 位循环移位寄存器的电路符号,$D_0 \sim D_3$ 为 4 个数据输入端,CLK 为时钟信号,EN 为工作控制输入端,CTL 为移位位数控制端,$Q_0 \sim Q_3$ 为 4 个数据输出端。当 EN 为高电平时,移位寄存器根据移位位数控制 CTL 端左移相应位数,否则输入数据直接输出到输出端。

例程 6 为循环移位寄存器的 VHDL 描述。

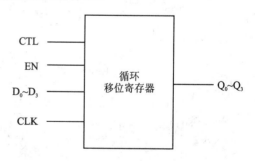

图 2-109 4 位循环移位寄存器电路符号

【例程 6】
```
LIBRARY IEEE;
USE IEEE. STD_ LOGIC _ 1164. ALL;
USE IEEE. STD _ LOGIC _ ARITH. ALL;
USE IEEE. STD _ LOGIC _ UNSIGNED. ALL;
PACKAGE CPAC IS
    PORCEDUTE REGI ( D, CTL: IN STD _ LOGIC _ VECTOR;
                SIGNAL Q: OUT STD _ LOGIC _ VECTOR) IS
        VARIABLE SC: INTEGER;
    BEGIN
```

```
                SC:CONV _ INTEGER'(CTL);
                FOR I IN D'RANGE LOOP
                    IF ( SC + I <= D'LEFT) THEN
                        Q( SC+I) <= D(I);
                    ELSE
                        Q( SC+I−D'LEFT)THEN
                    END IF;
                END LOOP;
            END REGI;
        END CPAC;

        LIBRARY IEEE;
        USE IEEE. STD _ LOGIC _ 1164. ALL;
        USE WORK. CPAC. ALL;
        ENTITY SHIFTER1 IS
            PORT ( D: IN STD _ LOGIC _ VECTOR ( 3 DOWNTO 0);
                   CTL: IN STD _ LOGIC _ VECTOR ( 1 DOWNTO 0);
                   CLK, EN: IN STD _ LOGIC;
                   Q:OUT STD _ LOGIC _ VECTOR ( 3 DOWNTO 0));
        END SHIFTER1;

        ARCHITECTURE_6 OF SHIFTER1 IS
        BEGIN
            PROCESS(CLK)
            BEGIN
                IF( CLK'EVENT AND CLK = '1' ) THEN
                    IF(EN = '0' ) THEN
                        Q<=D;
                    ELSE
                        REGI(D,Q);
                    END IF;
                END IF;
            END PROCESS;
        END_6;
```

2.23.4 存储器

存储器是数字电路中不可缺少的数据存储模块,它能够存储大量的二进制数据。存储器中一般有一定数量的存储单元,每个存储单元可以存储一定位数的二进制数据。每个存储单元都有自己的地址,每次读/写存储器里的数据都要通过地址来完成。

一般来说,存储器分为只读存储器(ROM)和随机存储器(RAM)两种。只读存储器显然只能进行读数据的操作;而随机存储器可以有读和写两种操作,应用起来灵活性更高,也更广泛,是一种十分重要的时序逻辑单元。

下面将分别对只读存储器和随机存储器这两种重要的逻辑单元进行介绍。

1. 只读存储器

由于只能对只读存储器进行读操作,不能写入或修改存储数据,因此只读存储器通常用来存放静态数据,如指令数据或者常系数等。

图 2-110 所示的是容量为 64×8 bit 的只读存储器,CTL 为控制输入端。当 CTL 为高电平时,只读存储器将根据地址选择输入端的信号将相应数据送到输出端;当 CTL 为低电平时,输出端为高阻状态。$AD_5 \sim AD_0$ 为地址选择输入端,$OUTD_7 \sim OUTD_0$ 为数据输出端。

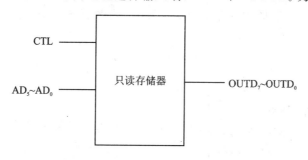

图 2-110　64×8 bit 的只读存储器(ROM)

例程 7 所示为 64×8 bit 的只读存储器的 VHDL 描述。

【例程 7】

```
LIBRARY IEEE;
USE IEEE. STD _ LOGIC _ 1164. ALL;
USE IEEE. STD _ LOGIC _ UNSIGNED. ALL;

ENTITY ROM IS
    PORT ( AD: IN STD _ LOGIC _ VECTOR (5 DOWNTO 0);
           CTL:IN STD _ LOGIC;
           OUTD :OUT STD _ LOGIC _ VECTOR (7 DOWNTO 0));
END ROM;

ARCHITECTURE_7 OF ROM IS
SUBTYPE ROM _ WORD IS STD _ LOGIC _ VECTOR (7 DOWNTO 0);
TYPE MEM IS ARRAY(0 TO 63 ) OF ROM _ WORD;
SIGNAL ROM:MEM: = (初始化存储器,数据较多,省略);
SIGNAL AD _ D :INTEGER RANGE 0 TO 63;
BEGIN
    PROCESS( CTL, AD)
    BEGIN
        AD _ D <= CONV _ INTEGER (AD)
        IF(CTL = '1') THEN
            OUTD <= ROM (AD _ D);
        ELSE
            OUTD <= (OTHER => 'Z');
```

        END IF;
    END PROCESS;
END_7;

2. 随机存储器

正如前面介绍的,随机存储器可以进行读和写两种操作,通常用来存储动态数据。

如图 2-111 所示为 64×8 bit 的随机存储器,CTL 为输出控制信号。当 CTL 为高电平时,随机存储器将进行正常的读或者写的操作;当 CTL 为低电平时,输出端为高阻状态。$AD_5 \sim AD_0$ 为数据选择输入端,$IND_7 \sim IND_0$ 为数据输入端,$OUTD_7 \sim OUTD_0$ 为数据输出端。

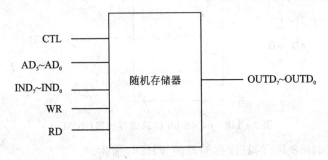

图 2-111 64×8 bit 的随机存储器(RAM)

例程 8 为 64×8 bit 随机存储器的 VHDL 描述。

【例程 8】

LIBRARY IEEE;
USE IEEE. STD _ LOGIC _ 1164. ALL;
USE IEEE. STD _ LOGIC _ UNSIGNED. ALL;

ENTITY RAM IS
    PORT (CTL: IN STD _ LOGIC;
        WR, RD: IN STD _ LOGIC;
        AD: IN STD _ LOGIC _ VECTOR (5 DOWNTO 0);
        IND: IN STD _ LOGIC _ VECTOR (7 DOWNTO 0);
        OUTD: IN STD _ LOGIC _ VECTOR (7 DOWNTO 0));
END RAM;

ARCHITECTURE_8 OF RAM IS
SUBTYPE RAM _ WORD IS STD _ LOGIC _ VECTOR (7 DOWNTO 0);
TYPE MEM IS ARRAY (0 TO 63) OF RAM _ WORD;
SIGNAL RAM: M—EM;
SIGNAL AD _ D: INTEGER RANGE 0 TO 63;
BEGIN
    AD _ D <= CONV _ INTEGER (AD);
    PROCESS(CTL, WR, RD)

```
        BEGIN
            IF( WR'EVENT AND WR = '1') THEN
                IF (CTL= '1' AND WR = '1') THEN
                    RAM ( AD _ D) <= IND;
                END IF;
            ELSIF ( RD'EVENT AND RD = '1') THEN
                IF( CTL = '1' AND RD= '1' ) THEN
                    OUTD <= RAM ( AD _ D);
                END IF;
            ELSIF( CTL= '0' )THEN
                OUTD <= ( OTHERS => 'Z' );
            END IF;
        END PROCESS;
    END_8;
```

2.24 用 Verilog HDL 的时序逻辑电路设计

在 Verilog HDL 中,相对于组合逻辑电路,时序逻辑电路也有规定的表述方式。在可综合的 Verilog HDL 模型中,通常使用 always 块和@(posedge clk)或@(negedge clk)的结构来表述时序逻辑。

实际的时序逻辑设计中,一般的情况下使用非阻塞赋值语句;有时为了在同一周期实现相互关联的操作,也使用阻塞赋值语句。在 always 块中,阻塞赋值可以理解为赋值语句是顺序执行的,而非阻塞语句可以理解为赋值语句是并发执行的。

2.24.1 触发器设计

【例 1】 设计一个具有异步置 1 逻辑功能的触发器。

由于为异步置 1 逻辑功能的触发器,所以在 always 后面括号内的敏感事件列表中,将置 1 和触发时钟的条件一并列出,其中的 or 表示两个条件中的任何一个成立时,都会执行后面的过程语句。在 Verilog HDL 中规定,异步置 1 的条件必须写成 negedge preset 或 posedge preset 才能进行综合,否则不能综合。

```verilog
module dff _ async _ pre(q,preset,data,clk);
    input clk,data ,preset;
    output q;
    reg q;
    always @ (posedge clk or negedge preset)
    if(~preset)                         //当 preset=0 时,触发器置 1
        q<=1'b1;
        else q<=data;                   //在 clk 的上升沿,锁存输入端的数据
endmodule
```

【例 2】 设计一个具有同步置 1 逻辑功能的触发器。

```verilog
module dff_ sync _ pre(q,preset,data,clk);
    input clk,data,preset
    output q
    reg q;
    always @ (posedge clk)
        if(! preset)                    //在 clk 的上沿到来后,如果 preset=0,触发器置 1
            q<=1'b1;
            else q<=data
endmodule
```

【例 3】 设计一个具有异步清零、异步置 1 逻辑功能的 D 触发器。

```verilog
module dff(q,qn,d,set,reset,clk)
    input clk,d,reset,set
    output q,qn
    reg q,qn
    always @ (posedge clk or negedge reset or negedge set)
        if(! reset)
            begin
                q=0;                    //异步清零,低电平有效
                qn=1;
            end
            else if (! set)
                begin
                    q=1;                //异步置 1,低电平有效
                    qn=0;
                end
                else
                    begin
                        q=d;            //异步置 1,低电平有效
                        qn=~d;
                    end
        end
endmodule
```

2.24.2 数据锁存器设计

【例 4】 设计一个一位电平敏感型锁存器。

```
module latch(enable,data,q);
    input enable,data;
    output q;
    assign q=enable?data:q;          //在 enable 为高电平时,将输入数据锁存
endmodule
```

【例 5】 设计一个 8 位电平敏感型锁存器。

```
module latch(enable,data,q)
    input enable
    input [7:0]data;
    output [7:0]q;
    reg [7:0]q;
    always @ (enable or data)
        begin
            if (enable)
                q <= data;
        end
endmodule
```

2.24.3 数据寄存器设计

【例 6】 设计一个具有异步清零、高电平有效的 8 位数据寄存器。

寄存器一般由同步时钟信号控制,而锁存器一般是由电平信号来控制。若数据有效滞后于控制信号有效,则只能使用锁存器;若数据有效提前于控制信号,并要求同步操作,则只能使用寄存器。

```
module reg(data_out,data_in,clk,clr);
    input clk,clr;
    input [7:0]data_in;
    output [7:0]data_out;
    reg [7:0] data_out;
    always @ (posedge clk or posedge clr)
        begin
            if (clr)
                data_out = 0;
            else data_out = data_in;
        end
endmodule
```

2.24.4 移位寄存器设计

【例7】 设计一个具有异步清零、高电平有效的 8 位数据寄存器。

```
module shifer (din,clk,clr,dout);
input din ,clk,clr;
output [7:0] dout;
reg [7:0] dout;
always @ (posedge clk)
    begin
        if (clr)                                //清零
            dout<= 8'b0;
        else data _ out: data _ in;
            begin
                dout<=dout<<1;                  //左移一位
                dout[0]<=din;                   //把输入信号放入寄存器的最低位
            end
        end
endmodule
```

2.24.5 计数器设计

【例8】 设计一个可加/可减计数器,具有异步清零、低电平有效、同步预置数的 8 位计数器。

```
module counter(din, clk, clr, load, up _ down, qout);
    input [7:0] din;
    input clk, clr, load;
    input up _ down;
    output [7:0] qout;
    reg [7:0] count;
    assign qout=count;
    always @ (posedge clk or negedge clr)
        begin
            if (! clr)                              //异步清零,低电平有效
                count=8'h00;
            else if (load) count=din;               //同步置数
            else if(up _ down) count=count + 1;     //加法计数
                else count=count-1;                 //减法计数
        end
endmodule
```

【例9】 设计一个 1/2 分频器的可综合模型。

```
module half_clk (reset, clk_in, clk_out);
input clk_in, reset;
    output clk_out;
    reg clk_out;
    always @ (posedge clk_in)
      begin
        if (! reset) clk_out=0;
        else clk_out=~clk_out;
      end
endmodule
```

在always块中,被赋值的信号都必须定义为reg型,这是由时序逻辑电路的特点所决定的。对于reg型数据,如果未对它进行赋值,仿真工具会认为它是不定态。为了能正确地观察到仿真结果,在可综合风格的模块中通常定义一个复位信号reset。当reset为低电平时,对电路中的寄存器进行复位。

【例10】 设计一个将10 MHz的时钟分频为500 kHz的时钟。基本原理与1/2分频器一样,但需要定义一个计数器,以便准确获得1/20分频。

为了描述较为复杂的时序关系,Verilog HDL提供了条件语句供分支判断时使用。在可综合风格的Verilog HDL模型中常用的条件语句有if...else和case...endcase两种结构,用法和C程序语言中类似。两者相比较,if...else用于不很复杂的分支关系,实际编写可综合风格的模块,特别是用状态机构成的模块时,更常用的是case...endcase风格的代码。

```
module fdivision (RESET,F10M,F500K);
    input F10M, RESET
    output F500K;
    reg F500K;
    reg [7:0]j;
always @ (posedge F10M)
        if(! RESET)              //低电平复位
          begin
             F500K <= 0;
            j<=0,
              end
      else
        begin
          if(j == 19)              //对计数进行判断,以确定F500K信号是否翻转
            begin
              j <= 0;
              F500K <= ~F500K;
            end
          else
            j <= j+1;
          end
endmodule
```

2.25 时序逻辑电路的设计方法与技巧

2.25.1 时序逻辑电路的定义

在数字电路中,电路任何时刻的稳态输出不仅取决于当前的输入,还与前一时刻输入形成的状态有关的逻辑电路称为时序逻辑电路。

时序逻辑电路包括触发器、移位寄存器、计数器、分频器等很多基本电路。图2-112所示是时序逻辑电路的简单框图,从中可以看到时序逻辑电路和组合逻辑电路的关系和不同。

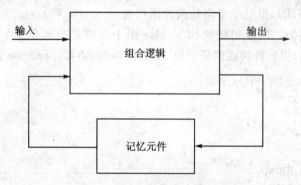

图2-112 时序逻辑电路框图

2.25.2 时序逻辑电路的分类

根据存储电路中存储单元状态变化的特点,时序电路可分为同步时序电路和异步时序电路。

① 同步时序电路:所有存储单元状态的翻转是在同一时钟信号的作用下同时发生的,即同步时序电路有公共的时钟信号。

② 异步时序电路:存储单元状态的翻转不是同时发生的。异步时序电路可能有公共的时钟信号,也可能没有。

时序电路根据输出信号的特点可分为米勒型和摩尔型两种。

① 米勒型:电路的输出信号不仅取决于存储电路的状态,而且还取决于电路的输入信号。

② 摩尔型:电路的输出信号仅仅取决于存储电路的状态。

2.25.3 时序逻辑电路的分析

1. 同步时序电路的分析

时序逻辑电路的分析方法比前面所述组合逻辑电路的分析方法稍微复杂一些,但也遵循一定的步骤。下面是同步时序电路的分析方法。

① 根据给定的时序逻辑电路图,写出各个触发器的时钟方程、驱动方程和整个电路的输出方程。

② 求状态方程。将各触发器的驱动方程分别代入响应类型触发器的特性方程,便可求得各触发器的次态方程。

③ 列状态转换真值表(或画状态转换图)。可给电路先任意设定一个初态,代入方程,计算出次态及输出,然后以计算出的次态作为初态,再次代入状态方程,计算出另一次态。

④ 确定电路的逻辑功能。

⑤ 检查电路是否具有自启动能力。

下面通过例 1 具体介绍同步时序逻辑电路的分析方法。

【例 1】 电路如图 2-113 所示,画出在 CLK 作用下 D_0,D_1,D_2,D_3 的波形。

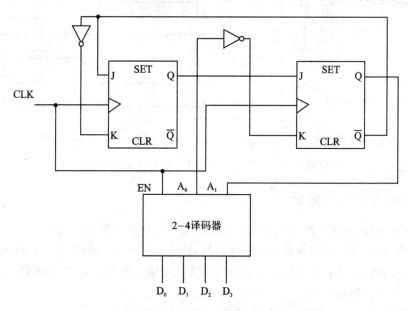

图 2-113 简单的时序逻辑电路

(1) 根据图 2-113 写出驱动方程和输出方程。

① 驱动方程。

$$J_0=\overline{Q_1}, \quad K_0=Q_1, \quad J_1=Q_0, \quad K_1=\overline{Q_0}$$

② 输出方程。

$$D_0=\overline{A_1}\cdot\overline{A_0}\cdot\overline{EN}=\overline{Q_1}\cdot\overline{Q_0}\cdot EN, \quad D_1=\overline{\overline{A_1}\cdot A_0\cdot \overline{EN}}=\overline{\overline{Q_1}\cdot Q_0}+EN$$

$$D_2=\overline{A_1\cdot\overline{A_0}\cdot\overline{EN}}=\overline{Q_1\cdot\overline{Q_0}}+EN, \quad D_3=\overline{A_1\cdot A_0\cdot\overline{EN}}=\overline{Q_1\cdot Q_0}+EN$$

(2) 写出状态方程。

① $Q_0^{n+1} = J_0 \overline{Q_0^n} + \overline{K_0} Q_0^n = \overline{Q_1 Q_0} + \overline{Q_1} \, Q_0 = \overline{Q_1}$；

② $Q_0^{n+1} = J_1 \overline{Q_1^n} + \overline{K_1} Q_1^n = \overline{Q_1} \, Q_0 + Q_1 Q_0 = Q_0$。

(3) 状态转换表和状态转换图分别如表 2-25 所列和图 2-114 所示。

表 2-25 状态转换表

CP	Q_1^n	Q_0^n	Q_1^{n+1}	Q_0^{n+1}
↑	0	0	0	1
↑	0	1	1	1
↑	1	1	1	0
↑	1	0	0	0

(4) 时序图如图 2-115 所示。

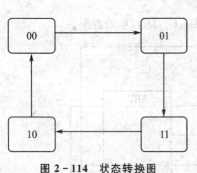

图 2-114 状态转换图

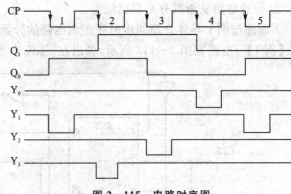

图 2-115 电路时序图

(5) 功能分析。从输出波形看出，D_0，D_1，D_2，D_3 构成了顺序脉冲发生器。

2. 异步时序电路的分析

异步时序电路的分析方法和同步时序电路的分析方法基本相同。但是异步时序电路没有统一的时钟信号，各触发器只有在它的时钟信号，特别是时钟信号的有效边沿到来时，状态才会发生变化。因此，时钟脉冲在异步电路中应作为一个输入变量来处理，但不能与其他变量一起运算，而是作为控制条件。

下面通过例 2 具体介绍异步时序电路的分析方法。

【例 2】 分析图 2-116 所示的电路。

(1) 根据图 2-116 写出驱动方程和时钟表达式。

① 驱动方程。

$CP_0 = CP_a$, $\quad$ $CP_1 = CP_b$, $\quad$ $CP_2 = Q_1$, $\quad$ $CP_3 = CP_b$

② 时钟表达式。

$J_0 = K_0 = 1$, $\quad$ $J_1 = \overline{Q_3}$, $\quad$ $K_1 = 1$

$J_2 = K_2 = 1$, $\quad$ $J_3 = Q_1 \cdot Q_2$, $\quad$ $K_3 = 1$

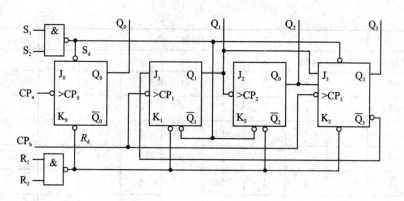

图 2-116 简单的时序逻辑电路

(2) 输入信号 R_1,R_2,S_1,S_2 作用。

① $R_1 \cdot R_2 = 0$ 时,$Q_3Q_2Q_1Q_0 = 0000$,R_1,R_2 是清零信号;

② $S_1 \cdot S_2 = 0$ 时,$Q_3Q_2Q_1Q_0 = 1001$,S_1,S_2 是置 9 信号。

(3) CP_a 作时钟,Q_0 输出,此时电路是一个 1 位二进制计数器;CP_b 作时钟,Q_3,Q_2,Q_1 输出,状态转换表如表 2-26 所列。

表 2-26 状态转换表

CP_b	↓	↓	↓	↓	↓
Q_3	0	0	0	0	1
Q_2	0	0	1	1	0
Q_1	0	1	0	1	0

如果 CP_b 接 Q_0,则其状态转换表如表 2-27 所列。

表 2-27 CP_b 接 Q_0 时状态转换表

序号	原态 $Q_3Q_2Q_1Q_0$	次态/时钟								输出 Z
		Q_3	CP_3	Q_2	CP_2	Q_1	CP_1	Q_0	CP_0	
0	0000	0	↑	0	0	0	↑	1	↓	0
1	0001	0	↓	0	↑	1	↓	0	↓	0
2	0010	0	↓	0	1	1	↑	1	↓	0
3	0011	0	↓	1	↓	0	↓	0	↓	0
4	0100	0	↑	1	0	0	↑	1	↓	0
5	0101	0	↓	1	↑	1	↓	0	↓	0
6	0110	0	↓	1	1	1	↑	1	↓	0
7	0111	1	↓	0	↓	0	↓	0	↓	0
8	1000	1	↑	0	0	0	↑	1	↓	0
9	1001	0	↓	0	0	0	↓	0	↓	1

续表 2-27

序号	原态 Q₃Q₂Q₁Q₀	次态/时钟 Q₃	CP₃	Q₂	CP₂	Q₁	CP₁	Q₀	CP₀	输出 Z
0	1010	1	↑	0	↑	1	↑	1	↓	0
1	1011	0	↓	1	↓	0	↓	0	↓	1
0	1100	1	↑	1	↑	0	↑	1	↓	0
1	1101	1	↓	0	↓	0	↓	0	↓	1
0	1110	1	↑	1	↑	1	↑	1	↓	0
1	1111	0	↓	0	↓	0	↓	0	↓	1

（4）其时序图如图 2-117 所示。

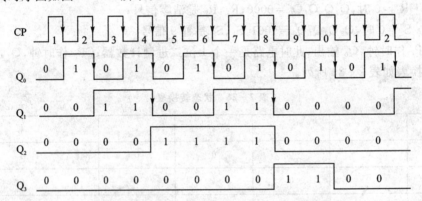

图 2-117　电路时序图

（5）其状态转换图如图 2-118 所示。

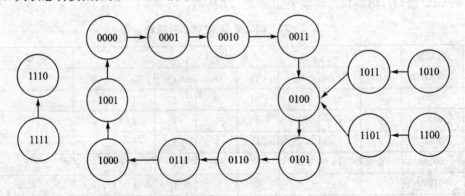

图 2-118　状态转换图

（6）电路功能分析。根据状态转换图，电路的状态在 0000～1001 之间循环，且每来一个时钟信号状态递增 1。如果初始状态不在循环中，经过有限个时钟脉冲后电路状态总能回到循环中，所以该电路是一个异步十进制计数器。由于 Q_3 信号周期是 CP 的 10 倍，故在 Q_3 端可得到 CP 的 10 分频输出。

2.25.4 时序逻辑电路的设计

前面着重介绍了时序逻辑电路的分析方法,并且对同步时序和异步时序都举例进行了分析。下面将重点介绍时序逻辑电路的设计方法。

时序逻辑电路的设计方法可以用图 2-119 所示的流程图来表示。

下面通过例 3 具体介绍时序逻辑电路的设计方法。

【例 3】 设计用来检测二进制输入序列的检测电路,当输入序列中连续输入 4 位数码均为 1 时,电路输出 1。

1. 建立原始状态图和状态表

该检测电路必须记忆 3 位连续输入序列,一共有 8 种情况,即 000(A),100(B),010(C),110(D),001(E),101(F),011(G),111(H);每次输入的二进制数码 X 只有 2 种情况,0 或 1;输出信号也只有 2 种可能,即 0 或 1。

假设电路已记忆前 3 位输入为 010(C),若 X=0,则电路的次态为 001(E);若 X=1,则电路的次态为 101(F),输出都为 0,其余类推。

原始状态图如图 2-120 所示,原始状态表如表 2-28 所列。

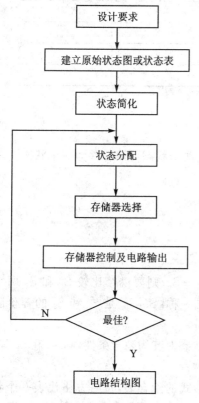

图 2-119 时序逻辑电路设计流程

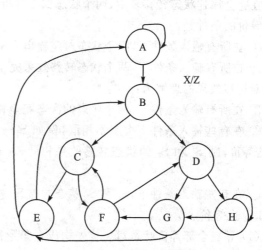

图 2-120 原始状态图

表 2-28 原始状态表

S(t)	N(t)		Z(t)	
	X=0	X=1	X=0	X=1
A	A	B	0	0
B	C	D	0	0
C	E	F	0	0
D	G	H	0	0
E	A	B	0	0
F	C	D	0	0
G	E	F	0	0
H	G	H	0	1

在所有的输入条件下，都有确定的状态转移和输出，这种状态转移表称为完全描述状态转移表，否则称为非完全描述状态转移表。对应本状态图的非完全描述状态表如表 2-29 所列。

表 2-29 非完全描述状态表

S(t)	N(t)		Z(t)	
	X=0	X=1	X=0	X=1
A	A	B	X	0
B	C	X		
C	B	A	1	0

2. 状态简化

在完全描述状态转移表中，两个状态如果等价，则这两个状态可以合并为一个状态。两个状态等价的条件是：

① 在所有输入条件下，两个状态对应输出完全相同；
② 在所有输入条件下，两个状态转移效果完全相同。

对转移效果的理解为：

① 在所有输入条件下，两个状态的次态完全相同。
② 在有些输入条件下次态不相同，例如 $S_1 \rightarrow S_3$，$S_2 \rightarrow S_4$，则要继续比较 S_3 和 S_4 两个状态，若等价，则 S_1 和 S_2 的状态转移效果相同，否则不同。称 $[S_3, S_4]$ 是 S_1 和 S_2 的等价隐含条件。
③ 在有些输入条件下，S_1 和 S_2 状态对与 S_3 和 S_4 状态对互为隐含条件，则 S_1 和 S_2 等价，S_3 和 S_4 也等价。

（1）寻找全部等价状态对。首先构成直角形网络形式的隐含表，每一方格代表一个状态对，如表 2-30 所列。

表 2-30 状态隐含表

B	AB/BD					
C	AE/BF	CE/DF				
D	AG/BH	CH/DH	EG/FH			
E	T	CA/DB	EA/FB	GA/HB		
F	AC/BD	T	EG/FD	GC/HD	AC/BD	
G	AE/BF	CE/DF	T	GE/HF	AE/BF	CE/DF
H	F	F	F	F	F	F
	A	B	C	D	E	F

(a)

B	AC/BD					
C	AE/BF	CE/DF				
D	F	F	F			
E	T	CA/DB	EA/FB	F		
F	AC/BD	T	EG/FD	F	AC/BD	
G	AE/BF	CE/DF	T	F	AE/BF	CE/DF
H	F	F	F	F	F	F
	A	B	C	D	E	F

(b)

B	F					
C	AE/BF	F				
D	F	F	F			
E	T	F	EA/FB	F		
F	F	T	F	F	F	
G	AE/BF	CE/DF	T	F	AE/BF	F
H	F	F	F	F	F	F
	A	B	C	D	E	F

(c)

① 若两个状态的输出不相同,则不等价,在相应的方格中填 F。

② 若两个状态满足等价的两个条件,则在相应的方格中填 T。

③ 若两个状态在任何输入条件下的输出都相同,但在有些输入条件下的次态不同,则将这些不相同的次态对填入到方格中,表示这些次状态对都是这两个状态等价的隐含条件。

④ 反复判断隐含条件的状态对是否满足等价条件,直至将所有不等价的状态对都排除为止。最终得到的等价状态对为(AC),(AE),(AG),(BF),(CE),(CG),(EG)。

(2)寻找最大等价类。等价类是多个等价状态组的集合,在等价集合中任意两个状态都是等价的。如果一个等价类不包含在别的等价类中,则称为最大等价类。

在上述 7 组等价对中,A,C,E,G 这 4 个状态两两等价,所以组成等价类(ACEG)和(BF)也是等价类。两个等价类都不包含在别的等价类中,所以是最大等价类。

用作图法可以寻找最大等价类。图中若干个顶点之间两两都有连线的最大多边形的顶点构成一个最大等价类,如图 2-121 所示。

(3) 选择最大等价类组成等价类集。等价类集应满足的3个条件如下：

① 等价类集中包括了原始状态表中的所有状态,称为覆盖。

② 等价类集中任一等价类的隐含条件都包含在该等价类集中,是某一等价类或某等价类的部分,称为等价类集具有闭的性质。

③ 具有闭覆盖的等价类集中所包含等价类的种类数最少。

满足上述3个条件的等价类集称为具有最小闭覆盖的等价类集。在本例中,由(ACEG),(BF),D,H组成具有最小闭覆盖性质的等价类集。

(4) 将等价类集中各等价类的状态合并,最后得到原始状态表的简化状态表。

令(ACEG)合并为状态a,(BF)合并为状态b,(D)改写为d,(H)改写为h,则可得到简化的状态转移表和状态转移图,分别如表2-31所列和图2-122所示。

表 2-31 简化状态表

S(t)	N(t)		Z(t)	
	X=0	X=1	X=0	X=1
a	a	b	0	0
b	a	d	0	0
d	a	h	0	0
h	a	h	0	1

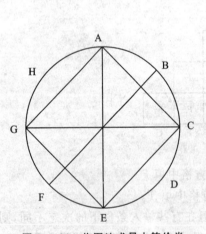

图 2-121 作图法求最大等价类

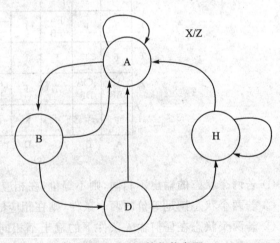

图 2-122 简化状态图

3. 状态分配

状态分配是指将简化后的状态表中各个状态赋予二进制代码,又称为状态编码。需要分配的状态数 M 与代码位数 n 间的关系为: $n \geqslant \text{lb}\, M$。

编码方案的选择,应遵循以下原则:

① 当两个以上状态具有相同的下一状态时,它们的代码应尽可能地安排为相邻代码。

② 当两个以上状态属于同一状态的次态时,它们的代码应尽可能地安排为相邻代码。

③ 为了使输出电路结构简单,要尽可能使输出相同的状态代码相邻。

根据上述原则,本例的状态分配情况为

$$a=>00, \quad b=>01, \quad d=>11, \quad h=>10$$

根据简化状态表及状态分配情况,得出状态转移表,如表2-32所列。

表2-32 状态转移表

S(t)		N(t)				Z(t)	
Q_2^n	Q_1^n	X=0		X=1		X=0	X=1
		Q_2^{n+1}	Q_1^{n+1}	Q_2^{n+1}	Q_1^{n+1}		
0	0	0	0	0	1	0	0
0	1	0	0	1	1	0	0
1	1	0	0	1	0	0	0
1	0	0	0	1	0	0	1

4. 选择触发器类型,确定触发器的输入方程和电路的输出方程

由状态转移表,通过卡诺图求状态转移方程和输出方程,求解触发器的输入(驱动)方程,如图2-123所示。

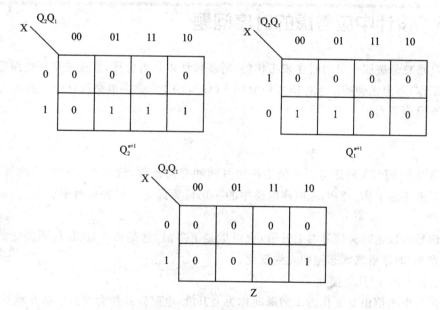

图2-123 次态卡诺图和输出卡诺图

状态转移方程:
$$\begin{cases} Q_2^{n+1} = XQ_1^n + XQ_2^n \\ Q_1^{n+1} = X\overline{Q_2^n} \end{cases}$$

输出方程:
$$Z = XQ_2^n \overline{Q_1^n}$$

若采用D触发器,则对照D触发器特征方程 $Q^{n+1}=D$,可直接得出驱动方程为

$$\begin{cases} D_2 = XQ_1^n + XQ_2^n = X\overline{\overline{Q_1^n}\ \overline{Q_2^n}} \\ D_1 = X\overline{Q_2^n} \end{cases}$$

5. 画出逻辑图

电路逻辑图如图 2-124 所示。

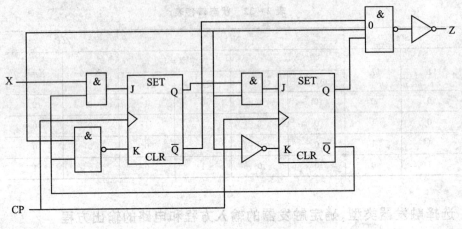

图 2-124 电路逻辑图

2.25.5 设计中应考虑的时序问题

数字电路总是按照一定的时序来工作的,时序设计得是否合理,直接关系到电路能否按照要求正常工作,得出正确的结果。下面将介绍 FPGA/CPLD 数字电路设计中一些有关时序的概念和基本模型单元。

1. 时钟信号

时钟信号是 FPGA 时序电路系统工作的基础和必需条件,没有正确的时钟信号,任何时序电路都不能正常工作。FPGA 时序电路中的一切行为都是由时钟信号来触发的,其重要性可见一斑。

触发信号可以是时钟信号的上升沿,也可以是下降沿,这是由 VHDL 代码决定的。一旦触发信号到来,时序电路状态随即发生变化。

(1) 上升沿的 VHDL 描述

时钟信号电平值由 0 变化为 1 的瞬间称为上升沿,电路以此作为判断依据并触发电路,改变状态。下面是对上升沿的三种描述方式。

1) 方式一

程序如下:

```
PROCESS(CLK)
    BEGIN
        IF RESET = '1' THEN
            STATE <= S0;
        ELSIF ( CLK' EVENT AND CLK = '1' ) THEN
```

```
CASE STATE IS
    WHEN S0 =>
        STATE <= S1;
    WHEN S1 =>
        IF INPUT = '1' THEN
            STATE <= S0;
        ELSE
            STATE <= S1;
        END IF;
    END CASE;
END IF;
END PROCESS;
```

2）方式二

程序如下：

```
PROCESS
    BEGIN
        WAIT UNTIL CLK = '1';
        CASE STATE IS
            WHEN S0 =>
                STATE <= S1;
            WHEN S1 =>
                IF INPUT = '1' THEN
                    STATE <= S0;
                ELSE
                    STATE <= S1;
                END IF;
        END CASE;
END PROCESS;
```

3）方式三

程序如下：

```
PROCESS(CLK)
    BEGIN
        IF RESET = '1' THEN
            STATE <= S0;
        ELSIF(CLK'LAST_VALUE = '0' AND CLK'EVENT AND CLK = '1') THEN
            CASE STATE IS
                WHEN S0 =>
                    STATE <= S1;
                WHEN S1 =>
                    IF INPUT = '1' THEN
                        STATE <= S0;
                    ELSE
                        STATE <= S1;
```

```
                    END IF;
                END CASE;
            END IF;
    END PROCESS;
```

(2) 下降沿的 VHDL 描述

相对应于上升沿的描述,下降沿的 VHDL 描述也有三种形式。

1) 方式一

程序如下:

```
PROCESS (CLK)
    BEGIN
        IF RESET = '1' THEN
            STATE <= S0;
        ELSIF( CLK' EVENT AND CLK = '0' )THEN
            CASE STATE IS
                WHEN S0 =>
                    STATE <= S1;
                WHEN S1 =>
                    IF INPUT = '1' THEN
                        STATE <= S0;
                    ELSE
                        STATE <= S1;
                    END IF;
            END CASE;
        END IF;
    END PROCESS;
```

2) 方式二

程序如下:

```
PROCESS
    BEGIN
        WAIT UNTIL CLK = '0';
        CASE STATE IS
            WHEN S0 =>
                STATE <= S1;
            WHEN S1 =>
                IF INPUT = '1'THEN
                    STATE <= S0;
                ELSE
                    STATE <= S1;
                END IF;
        END CASE;
    END PROCESS;
```

3）方式三

程序如下：

```vhdl
PROCESS(CLK)
    BEGIN
        IF RESET = '1' THEN
            STATE <= S0;
        ELSIF( CLK'LAST_VALUE = '1' AND CLK'EVENT AND CLK = '0' )THEN
            CASE STATE IS
                WHEN S0 =>
                    STATE <= S1;
                WHEN S1 =>
                    IF INPUT = '1'THEN
                        STATE <= S0;
                    ELSE
                        STATE <= S1;
                    END IF;
            END CASE;
        END IF;
END PROCESS;
```

2. 清零信号和置位信号

时序电路的初始状态由清零信号和置位信号来设置。与时钟信号一样，这也是时序电路中很基本的信号。

在 FPGA/CPLD 的设计中，全局的清零信号和置位信号必须经过全局的清零和置位引脚输入，因为它们也属于全局资源，其扇出能力大，而且在 FPGA 内部是直接连接到所有触发器的置位和清零端的。这样的做法会使芯片的工作可靠，性能稳定；而使用普通的 I/O 引脚则不能保证该性能。在 FPGA 的设计中，除了从外部引脚引入的全局清除和置位信号外，在 FPGA 内部逻辑的处理中也经常需要产生一些内部的清除和置位信号，也要求像对待时钟信号那样小心地考虑清除和置位信号，因为这些信号对毛刺也是非常敏感的。

（1）同步置位

当时钟信号触发沿到来时，如果置位信号有效，则时序电路执行清零置位，否则不执行。这种置位方式叫做同步置位。同步置位信号和时钟信号是同步的。

例程 1 所示是同步置位的 VHDL 描述。

【例程 1】

```vhdl
PROCESS
    BEGIN
        WAIT UNTIL CLK' EVENT AND CLK = '1';
            IF RESET = '1' THEN
                COUNT <= ( OTHERS => '0' );
            ELSE
                COUNT <= COUNT + 1;
```

```
        END IF;
END PROCESS;
```

(2) 异步置位

当异步置位信号有效时,时序电路就执行清零置位,这种置位方式叫做异步置位。异步置位信号和时钟信号不一定同步。

在描述异步置位时,在进程的敏感信号列表中,除了时钟信号外,还要加上置位信号RESET。

例程 2 所示是异步置位的 VHDL 描述。

【例程 2】
```
PROCESS( RESET, CLK)
    BEGIN
        IF RST = '1'THEN
            COUNT <= (OTHERS => '0');
        ELSIF CLK' EVENT AND CLK = '1' THEN
            COUNT <= COUNT + 1;
        END IF;
END PROCESS;
```

3. 建立时间和保持时间

建立时间(setup time)是指在触发器的时钟信号上升沿到来以前,数据稳定不变的时间。如果建立时间不够,数据将不能在这个时钟上升沿被打入触发器。

保持时间(hold time)是指在触发器的时钟信号上升沿到来以后,数据稳定不变的时间。如果保持时间不够,数据同样不能被打入触发器。

如图 2-125 所示,数据稳定传输必须满足建立时间和保持时间的要求。当然在一些情况下,建立时间和保持时间的值可以为零。FPGA/CPLD 开发软件可以自动计算两个相关输入的建立时间和保持时间。

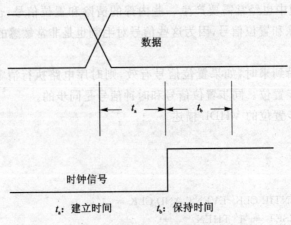

t_a:建立时间 t_b:保持时间

图 2-125 建立时间和保持时间

在考虑建立保持时间时,应该考虑时钟树向后偏斜的情况;在考虑建立时间时,应该考虑时钟树向前偏斜的情况。在进行后仿真时,最大延时用来检查建立时间,最小延时用来检查保持时间。

建立时间的约束与时钟周期有关。当系统在高频时钟下无法工作时,降低时钟频率就可以使系统完成工作。保持时间是一个与时钟周期无关的参数,如果设计不合理,使得布局布线工具无法布出高质量的时钟树,将导致设计效率大大降低。如果无论怎样调整时钟频率也无法达到要求,那么只有对所设计系统作较大改动才有可能正常工作。因此合理设计系统的时序是提高设计质量的关键。在可编程器件中,时钟树的偏斜几乎可以不考虑,因此保持时间通常都是满足的。

2.26 FPGA/CPLD 的设计和优化

FPGA/CPLD 属于高密度可编程逻辑器件。FPGA 采用了逻辑单元阵列 LCA(Logic Cell Array)这样一个新概念,内部包括可配置逻辑模块、输入/输出模块和内部连线三个部分。CPLD 主要是由可编程逻辑宏单元围绕中心的可编程互联矩阵单元组成,其中 LMC 逻辑结构较复杂,并具有复杂的 I/O 单元互联结构,可由用户根据需要生成特定的电路结构,完成一定的功能。CPLD 不仅具有电擦除特性,而且出现了边缘扫描及在线可编程等高级特性。

2.26.1 哪些因素影响电路结构的复杂程度

对于同一逻辑电路功能,不同的 VHDL 描述最终综合出来的电路结构的复杂程度可能差别很大。影响电路结构复杂程度的因素主要有以下三个方面:描述方法、设计规划和逻辑设计。

1. 描述方法对电路结构的影响

用 VHDL 进行设计,其最终综合出的电路的复杂程度除取决于设计要求实现功能的难度外,还受设计工程师对电路的描述方法和对设计的规划水平的影响。最常见的使电路复杂化的原因之一是设计中存在许多本不必要的类似 LATCH 的结构。由于这些结构通常都由大量的触发器组成,不仅使电路更复杂,工作速度降低,而且还会由于时序配合的原因而导致不可预料的结果。例程 1 说明了对于同一译码电路可以有不同的 VHDL 描述。

【例程 1】

ONE: IF INDEX = "00000" THEN
　　　STEPSIZE <= "0000111";

```vhdl
        ELSIF INDEX = "00001" THEN
            STEPSIZE <= "0001000"
        ELSIF INDEX = "00010" THEN
            STEPSIZE <= "0001001";
        ELSE
            STEPSIZE <= "0000000";
        END IF;
TWO: STEPSIZE <= "0000111" WHEN INDEX = "00000" ELSE
                 "0001000" WHEN INDEX = "00001" ELSE
                 "0001001" WHEN INDEX = "00010" ELSE
                 ……
                 "0000000";
```

以上两段程序描述了同一个译码电路。第二段程序由于 WHEN_ELSE 的语句不能生成锁存器的结构且 ELSE 后一定要有结果,所以不会有问题。而第一个程序如果不加 ELSE STEPSIZE<="0000000"这句,则会生成一个含有 7 位寄存器的结构,虽然都能实现相同的译码功能,但是电路复杂度会大增。而由于每个工程师的写作习惯不同,有的喜欢用 IF_ELSE 的语句,有的喜欢用 WHEN_ELSE 的语句。而用 IF_ELSE 时,如稍不注意,在描述不需要寄存器的电路时没加 ELSE,则会引起电路不必要的开销。所以在 VHDL 设计中要慎用 IF_ELSE 这类能描述自身值代入的语句。

2. 设计规划的优劣直接影响电路结构

另一主要引起电路复杂化的原因是设计规划的不合理。虽然 VHDL 能从行为描述生成电路,但一个完整的设计一般来说都不可能由直接描述设计的目标功能来实现,总要把设计分成若干部分,每一部分再分别描述其行为。这就涉及如何划分功能模块的问题,要求对设计有深入的了解,才能使划分更有效,并降低电路的复杂程度。例如设计一个时钟源为 1 kHz,每 32 s 发出一组信号(共 8 组)的简单控制器。有下面两种实现方法:

① 用 15 位的计数器实现把输入 1 kHz 的时钟分频为 (1/32) Hz,然后用它作为时钟,驱动一个 3 位的计数器,这个计数器的 8 个状态分别通过一个 3-8 译码器发出所要求的信号。

② 直接用 18 位的计数器对输入的 1 kHz 时钟进行分频,再利用计数器的 8 个相距 32 s 的状态来推动一个 12-8 译码器来实现。

对于如此的设计要求,VHDL 程序分别如例程 2 和例程 3 所示。

【例程 2】

```vhdl
PROCESS( CLK, CCLK, COUNT2)
BEGIN
    IF ( CLK = '1' AND CLK'EVENT) THEN
        COUNT2 <= COUNT2 + 1;
        IF ( COUNT2 = "000000000000000" ) THEN
            CCLK <= '1';
        ELSE
            CCLK <= '0';
        END IF;
```

END IF;
END PROCESS;
PROCESS(CCLK, COUNT3, CTEMP)
BEGIN
IF (CCLK = '1' AND CCLK'EVENT) THEN
  COUNT3 <= COUNT3 + 1;
 IF(COUNT3 = " 000") THEN
  CTEMP <= "00000001";
 ELSIF(COUNT3 = "001") THEN
  CTEMP <= "00000010";
 ELSIF (COUNT3= "010") THEN
  CTEMP <= "00000100";
 ELSIF (COUNT3= "011") THEN
  CTEMP <= "00001000";
 ELSIF(COUNT3 = "100") THEN
  CTEMP <= "00010000";
 ELSIF(COUNT3 = "101") THEN
  CTEMP <= "00100000"
 ELSIF (COUNT3 =" 110") THEN
  CTEMP <= "01000000";
 ELSIF(COUNT3 =" 111") THEN
  CTEMP <= "10000000"
 ELSE
  CTEMP <= "00000000";
 END IF;
END IF;
END PROCESS;

【例程 3】

PROCESS (CLK, CTEMP, COUNT)
BEGIN
IF (CLK = '1' AND CLK'EVENT) THEN
 COUNT <= COUNT + 1;
 IF (COUNT ="0000000000000000") THEN
  CTEMP <="00000001";
 ELSIF (COUNT="0010000000000000") THEN
  CTEMP <="00000010";
 ELSIF (COUNT = "0100000000000000") THEN
  CTEMP <= "00000100";
 ELSIF (COUNT = "0110000000000000") THEN
  CTEMP <= "00001000";
 ELSIF (COUNT = "1000000000000000") THEN
  CTEMP <= "00010000";
 ELSIF (COUNT = "1010000000000000") THEN
  CTEMP <= "00100000";

```
        ELSIF ( COUNT = "110000000000000000" ) THEN
            CTEMP <= "01000000" ;
        ELSIF ( COUNT = "111000000000000000" ) THEN
            CTEMP <= "10000000";
        END IF;
    END IF;
    END PEOCESS;
```

对于第一种程序,可以综合出的电路如图 2-126 所示。该电路用一个 15 位的加法器和寄存器组成一个 15 位的计数器。在计数器计完一周回到 000000000000000 时,通过后面 15 输入的与非门和一位的触发器就可以实现同步地进行 215 次分频,同步输出 32 Hz 的时钟 CCLK。CCLK 再驱动一个 8 位的移位寄存器,便可实现每 32 s 输出一信号。

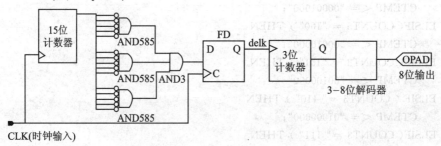

图 2-126　例程 2 综合出来的电路

例程 3 综合出的电路如图 2-127 所示。

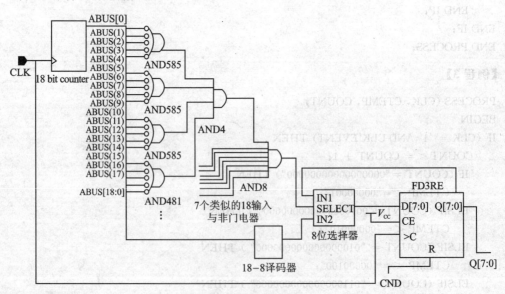

图 2-127　例程 3 综合出来的电路

图 2-127 所示的电路用一个 18 位的加法器和寄存器组成一个 18 位的计数器,后接了 8 个 18 输入的逻辑门和 8 输入的或门。输入的 1 kHz 时钟经过计数器被分频,其中有 8 个相隔 32 Hz 的计数状态,逻辑门就负责把这 8 种状态译码成所需的 8 组信号。译码后的数据通

过选择器输出到 8 位的触发器,以实现同步输出。还有一个锁存器,用来保持输出信号不变,在 8 个状态中从一个状态变到下一个之前,保持前一个状态的数值。选择器当逻辑门输出新的数据时让其输出数据通过,在新数据到来之前输出锁存器的数据。

以上两种方法都能实现相同的逻辑功能,但图 2-127 所示的方法由于运用了较少位数的计数器,所用的逻辑门也较简单,而且还少用了多路选择器和锁存器资源,所以综合出来的电路较简单,以 Xilinx Spartan S05-3 芯片为例,占用资源如表 2-33 所列。

表 2-33 综合占用资源比较

类 别	占用 CLB/(%)	占用 FMAPS/(%)	最高频率/Hz
第一种方法	12	9	82
第二种方法	15	15	69.9

第一种方法占用芯片 CLB 的 12%,其中 FMAPS 为 9%,最高工作频率为 82 Hz。而第二种方法占用了 CLB 的 15%,占用了 FMAPS 的 15%,最高工作频率只有 69.9 Hz。在这一个简单的设计之中就能节省 20% 的电路,提高 12.1 Hz 的工作频率,由此可见科学地划分设计对降低电路复杂程度的重要意义。

3. 逻辑设计对电路结构的影响

用 VHDL 进行电路设计的过程中,若逻辑电路的输入项过多,综合后电路的面积就比较大,这也是导致电路复杂化的一个容易被忽视的因素。由逻辑代数可以知道,逻辑功能相同的电路,经过逻辑函数等效变换可以用不同的电路结构来实现,所以在构造逻辑函数时,要考虑采用逻辑函数等效变换的方法,来减少逻辑电路输入项的个数。

第三种使电路复杂化的原因是逻辑电路的输入项太多以致需占用过多的面积。图 2-128 和图 2-129 所示是两个相同功能的逻辑电路。比较两图可知,图 2-128 是两级逻辑门,每个输入信号与不止一个逻辑门相连;图 2-129 是三级逻辑门,每个输入信号只与一个逻辑门相连。由于级数少,延时也较少,因此图 2-128 的速度要比图 2-129 快。然而,由于图 2-128 的输入项要比图 2-129 大很多(10∶5),因此,占用的面积必然也比图 2-128 大。图 2-129 是图 2-128 通过提取公因数(例中是 B 和 C)得来的,这是把附加的中间项加到结构描述中去的一种过程,它使输入到输出中的逻辑级数增加,以牺牲速度换来电路占用面积的减少。在对延时要求不高的情况下,采用这种方法分解逻辑电路以达到减少电路复杂度的目的。

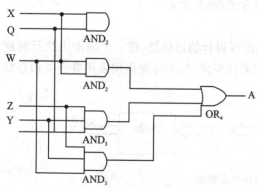

图 2-128 采用两级逻辑门的逻辑电路

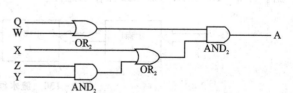

图 2-129 采用三级逻辑门的逻辑电路

功能强大的 EDA 开发软件和专业综合工具的不断发展，使应用 VHDL 进行设计变得更简单、更快捷，但决不应忽视 VHDL 的使用。以下是在简化和优化电路设计中值得注意的几个方面：

① 在用 VHDL 进行设计中要避免不必要的寄存器描述，尽量使用综合质量高的编码方式。

② 在编写程序前要先对整个设计进行较深入的了解和科学的划分，多设想几种方案进行比较，用多个较少位数的单元取代较多位数的单元，有时为了更高的综合，可考虑压缩电路层次。

③ 当电路对延时要求不高时，可提取逻辑电路公因子，把它分解成含有中间变量的多级电路。这样分解逻辑电路可以达到减少占用面积的目的，从而降低电路的复杂程度。

2.26.2　速度和面积的优化

实际设计电路的过程中，面向速度还是面向面积实施优化，是综合工具提出的优化参数之一。大多数情况下，这两种选择是相斥的。

不同的 VHDL 结构对器件速度和面积的影响非常大。对速度进行优化设计，不可避免地需要较多的逻辑资源，需要增大面积；而如果要对面积进行优化设计，则会导致延时的增大，降低系统的处理速度。因此，选择速度优化还是面积优化，要由具体的工程环境来决定。可以说，在 FPGA/CPLD 设计中，速度和面积是矛盾的两个方面，优秀的设计就是要在这两者之间均衡折中，最终使两个方面在条件允许的情况下都达到最优。

优化的目标理所当然地就是速度和面积。电路结构分为逻辑电路和时序电路。逻辑电路的优化包括布尔表达式的优化等，时序电路包括通常的时序电路和状态机。状态机的优化包括选择合适的状态和编码等，比如合理地归并以及减少状态的数量等都能大大简化电路。

1. 怎样通过 VHDL 设计优化系统速度

选用基于 VHDL 设计的 FPGA/CPLD 器件往往首先是为了满足高速运行的需要，如通信系统。系统运行速度与电路节点之间的延时直接相关，因此减少冗余逻辑、缩短节点延时是提高系统速度的关键。速度优化与电路结构设计（如器件结构特性、系统电路构成和 PCB 制板情况）和软件使用（如综合器性能和 VHDL 描述方式）都有关系。

(1) 电路结构方面的速度优化

① 流水线设计是最常用的速度优化技术。流水线设计的思想是：把一个周期内执行的逻辑操作分成几步较小的操作，并在多个高速时钟周期内完成，每个时钟周期采用寄存器锁存数据。图 2-130 所示为流水线操作示意图。

图 2-130　流水线操作示意图

流水线设计的基本结构为将适当划分的 n 个操作步骤单流向串联起来。流水线操作的最大特点和要求是：数据流在各个步骤的处理从时间上看是连续的。如果将每个操作步骤简化假设为通过一个 D 触发器（就是用寄存器打一个节拍），那么流水线操作就类似一个移位寄存器组，数据流依次流经 D 触发器，完成每个步骤的操作。

流水线设计的关键在于整个设计时序的合理安排，要求每个操作步骤的划分合理。如果前级的操作时间恰好等于后级的操作时间，设计最为简单，前级的输出直接汇入后级的输入即可；如果前级的操作时间大于后级的操作时间，则需要对前级的输出数据适当缓存才能汇入到后级输入端；如果前级的操作时间恰好小于后级的操作时间，则必须通过复制逻辑，将数据流分流，或者在前级对数据采用存储、后处理方式，否则会造成后级数据溢出。

由于大多数 FPGA 器件的每个逻辑单元中都有寄存器，因此便于采用流水设计。而相比之下，CPLD 中每个寄存器所对应的组合逻辑资源较多，因此其一级逻辑的规模要比 FPGA 大得多，而这意味着在相同的时钟周期内，相对 FPGA 的逻辑单元，它可以实现更复杂的逻辑，所以实际上没有必要在 CPLD 中应用流水线技术。一般而言，随着 FPGA 容量不断成倍地增加，而生产成本和销售价格却不断降低，所以带来对面积的限制不如过去那么苛刻了。尤其是 FPGA 的应用方向向着宽带领域发展，因此大多数情况下还是应当首先满足速度的要求。

设计中一般只会在一些瓶颈部分出现速度受限。最终影响器件工作速度的原因是电路中存在一些诸如乘法器这样的大型组合电路，正是这些组合电路的工作比较费时，最终导致了整个系统不能提速。为解决此症结，流水线设计的概念应运而生。

流水线处理是高速设计中的一个常用设计手段。如果某个设计的处理流程分为若干步骤，而且整个数据处理是单流向的，即没有反馈和迭代运算，前一个步骤的输出是下一个步骤的输入，则可以考虑采用流水线设计方法来提高系统的工作频率。

如图 2-130 所示，当系统设计工作频率要求较高时，必须避免出现过长的组合路径。解决的方法之一是采用流水线设计技术，在组合逻辑路径上插入触发器，新加入的触发器和原触发器使用同一时钟。引入时序电路触发器，相当于使用了寄存器，原设计速度受限部分为一个时钟周期实现。当采用流水线技术后，在原速度受限电路中插入触发器，时间上分成 n 段操作，使用 n 个时钟周期实现。假设原受限系统时钟周期为 T，使用流水线技术后时钟周期为 T'。显然，流水线技术可以保证 $T'<T$，因此系统的工作速度显然可以加快，吞吐量加大。注意，流水线设计会在原数据通路上引入延时。原电路只需一个时钟周期实现，使用流水线技术后，分成 n 步操作，一般 $nT'>T$，即带来一定的处理延时。另外由于引入新的寄存器，一般硬件面积也会稍有增加。因此流水线技术是牺牲了部分器件面积和引入一些处理延时，来换取整个系统有更高的运行速度和更大的数据吞吐量。

② 乒乓操作。乒乓操作是一个常常应用于数据流控制的处理技巧，典型的乒乓操作方法如图 2-131 所示。

乒乓操作的处理流程为：输入数据流通过输入数据选择单元将数据流等时分配到两个数据缓冲区，数据缓冲模块可以为任何存储模块，比较常用的存储单元为双口 RAM(DPRAM)、单口 RAM(SPRAM) 和 FIFO 等。在第 1 个缓冲周期，将输入的数据流缓存到数据缓冲模块 1；在第 2 个缓冲周期，通过输入数据选择单元的切换，将输入的数据流缓存到数据缓冲模块 2，同时将数据缓冲模块 1 缓存的第 1 个周期数据通过输入数据选择单元的选择，送到数据流

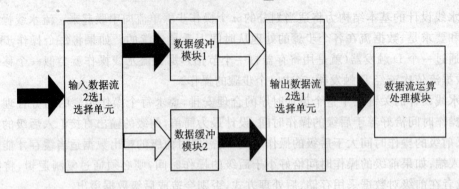

图 2-131 乒乓操作

运算处理模块进行运算处理;在第 3 个缓冲周期,通过输入数据选择单元的再次切换,将输入的数据流缓存到数据缓冲模块 1,同时将数据缓冲模块 2 缓存的第 2 个周期的数据通过输入数据选择单元切换,送到数据流运算处理模块进行运算处理,如此循环。

乒乓操作的最大特点是通过输入数据选择单元和输出数据选择单元按节拍、相互配合的切换,将经过缓冲的数据流不停地送到数据流运算处理模块进行运算和处理。把乒乓操作模块当做一个整体,站在这个模块的两端看数据,输入数据流和输出数据流都是连续不断的,没有任何停顿,因此非常适合对数据流进行流水线式处理。所以乒乓操作常常应用于流水线式算法,完成数据的无缝缓冲与处理。

乒乓操作的第二个优点是可以节约缓冲区空间。比如在 WCDMA(宽带码分多地接入)基带应用中,1 个帧是由 15 个时隙组成的,有时需要将 1 整帧的数据延时一个时隙后处理。比较直接的办法是将这帧数据缓存起来,然后延时 1 个时隙进行处理。这时缓冲区的长度是 1 整帧数据长,假设数据速率是 3.84 Mbit/s,1 帧长为 10 ms,则此时需要的缓冲区长度是 38 400 bit。如果采用乒乓操作,只需定义两个能缓冲 1 个时隙数据的 RAM(单口 RAM 即可)。当向一块 RAM 写数据时,从另一块 RAM 读数据,然后送到处理单元处理,此时每块 RAM 的容量仅需 2 560 bit 即可,2 块 RAM 加起来也只有 5 120 bit 的容量。

另外,巧妙运用乒乓操作还可以达到用低速模块处理高速数据流的效果。如图 2-132 所示,数据缓冲模块采用了双口 RAM,并在 DPRAM 后引入了一级数据预处理模块,这个数据预处理可以根据需要进行各种数据运算,比如在 WCDMA 设计中,对输入数据流解扩、解扰、去旋转等。假设端口 A 输入数据流的速率为 100 Mbit/s,乒乓操作的缓冲周期是 10 ms,分析各个节点端口的数据速率。

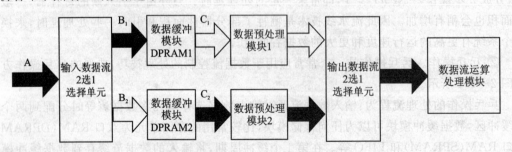

图 2-132 低速模块处理高速数据流

A 端口处输入数据流速率为 100 Mbit/s，在第 1 个缓冲周期 10 ms 内，通过输入数据选择单元，从 B_1 到达 $DPRAM_1$。B_1 的数据速率也是 100 Mbit/s，$DPRAM_1$ 要在 10 ms 内写入 1 Mbit 数据。同理，在第 2 个 10 ms，数据流被切换到 $DPRAM_2$，端口 B_2 的数据速率也是 100 Mbit/s，$DPRAM_2$ 在第 2 个 10 ms 被写入 1 Mbit 数据。在第 3 个 10 ms，数据流又切换到 $DPRAM_1$，$DPRAM_1$ 被写入 1 Mbit 数据。

仔细分析就会发现，到第 3 个缓冲周期时，留给 $DPRAM_1$ 读取数据并送到数据预处理模块 1 的时间一共是 20 ms。这个时间是这样得来的：首先，在第 2 个缓冲周期向 $DPRAM_2$ 写数据的 10 ms 内，$DPRAM_1$ 可以进行读操作；另外，在第 1 个缓冲周期的第 5 ms 起（绝对时间为 5 ms），$DPRAM_1$ 就可以一边向 500 Kbit 以后的地址写数据，一边从地址 0 读数，到达 10 ms 时，$DPRAM_1$ 刚好写完了 1 Mbit 数据，并且读了 500 Kbit 数据，这个缓冲时间内 $DPRAM_1$ 读了 5 ms。在第 3 个缓冲周期的第 5 ms 起（绝对时间为 35 ms），同理可以一边向 500 Kbit 以后的地址写数据，一边从地址 0 读数，又读取了 5 ms，所以截至 $DPRAM_1$ 第 1 个周期存入的数据被完全覆盖以前，$DPRAM_1$ 最多可以读取 20 ms，而所需读取的数据为 1 Mbit，所以端口 C_1 的数据速率为 1 Mbit/20 ms＝50 Mbit/s。因此，数据预处理模块 1 的最低数据吞吐能力也仅仅要求为 50 Mbit/s。同理，数据预处理模块 2 的最低数据吞吐能力也仅仅要求为 50 Mbit/s。换言之，通过乒乓操作，数据预处理模块的时序压力减轻了，所要求的数据处理速率仅仅为输入数据速率的 1/2。

通过乒乓操作实现低速模块处理高速数据的实质，是通过 DPRAM 这种缓存单元实现了数据流的串/并转换，并行用数据预处理模块 1 和数据预处理模块 2 处理分流的数据，是面积与速度互换原则的体现。

③ 串/并转换。串/并转换是 FPGA 设计的一个重要技巧，是数据流处理的常用手段，也是面积与速度互换思想的直接体现。串/并转换的实现方法多种多样，根据数据的排序和数量的要求，可以选用寄存器、RAM 等实现。前面在乒乓操作的图例中，就是通过 DPRAM 实现了数据流的串/并转换，而且由于使用了 DPRAM，数据的缓冲区可以开得很大；对于数量比较小的设计可以采用寄存器完成串/并转换。如无特殊需求，应该用同步时序设计完成串/并之间的转换。比如数据从串行到并行，数据排列顺序是高位在前，可以用下面的编码实现：

prl_temp<={prl_temp,srl_in};

其中，prl_temp 是并行输出缓存寄存器，srl_in 是串行数据输入。对于排列顺序有规定的串/并转换，可以用 case 语句判断实现。对于复杂的串/并转换，还可以用状态机实现。

④ 预进位加法器。预进位方式可以用来减少加法器中进位信号的传输延迟。一个 xn 位进位加法器，其实现结果的速度和面积主要取决于信号分组中的每组位数 n。例如，对于 16 位的加法器，如果与每组 4 位的划分相比较，则由于每组 2 位的划分需要较多的进位项，而使其占用资源（可能还包括传输延时）较多。最优的分组方案应由加法器的位数和目标器件的结构决定。

⑤ 合理使用嵌入式阵列块（EAB）资源和 LPM 宏单元库。在 DSP、图像处理等领域，乘法器是应用最广泛、最基本的模块，其速度往往制约着整个系统的性能。而 EAB 是 PLD 中非常有效的高速资源，利用 EAB 单元和参数化模块 LPM，可以设计出乘法器等高速电路。

⑥ 关键路径优化。所谓关键路径，是指从输入到输出延时最长的逻辑通道。关键路径优

化是保证系统速度优化的有效方法。

(2) 软件使用方面的速度优化

一般的 EDA 软件尤其是综合器,均会提供一些针对具体器件和设计的优化选项。设计者在使用软件时应注意根据优化目标的要求,适当修改软件设置。在 MAX＋plusⅡ中,可以使用 Assign/Device 命令选择不同速度等级的芯片。

2. 怎样通过 VHDL 设计优化面积

面积优化是提高芯片资源利用率的另一种方法,通过面积优化可以使用规模更小的芯片,从而降低成本和功耗,为以后技术升级预留更多资源。面积优化最常用的方法是资源共享和逻辑优化。

(1) 资源共享方法

为使器件的资源得到有效利用,并降低系统功耗,提高电路工作速度,在设计中考虑资源共享是很重要的。在单片机和 FPGA/CPLD 结合使用的系统中,可能需要将 FPGA/CPLD 提供的双向端口与单片机的 P_0 口相连。如果 FPGA/CPLD 内需要 2 个或 2 个以上的 8 位三态缓冲器与 P_0 口相连,可以有 2 种方法:一是将每个 8 位三态缓冲器设计为底层模块,作为顶层模块的元件使用;二是在顶层设计中用 VHDL 的行为描述,直接描述总线行为。实践证明,后者的优化程度比前者要高,即所占用的硬件资源少。造成上述差别的原因主要是直接描述总线行为时,可使某些硬件资源共享,有效利用 FPGA/CPLD 所提供的硬件资源。

资源共享的主要思想是通过数据缓冲或多路选择的方法来共享数据通道中占用资源较多的模块(如乘法器、多位加法器等算术模块)。

【例程 4】

```
PROCESS( A0, A1, B, SEL)
BEGIN
    IF( SEL = '0' )THEN
        RESULT <= A0 * B;
    ELSE
        RESULT <= A1 * B;
    END IF;
END PROCESS;
```

【例程 5】

```
PROCESS (A0, A1, B, SEL)
BEGIN
    IF (SEL = '0' ) THEN
        TEMP <= A0;
    ELSE
        TEMP <= A1;
    END IF;
    RESULT <= TEMP * B;
END PROCESS;
```

例程 4 的设计可用图 2-133 描述,例程 5 的设计可用图 2-134 描述。可见例程 5 节省了一个代价高昂的乘法器,整个设计占用的面积比例程4几乎减少了一半。

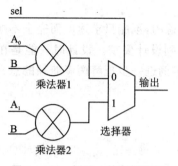

图2-133 例程4的逻辑结构

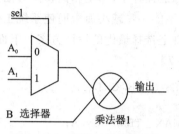

图2-134 例程5的逻辑结构

再看例程6。例程6①中的描述需要2个加法器来完成逻辑功能,在完成同样的逻辑功能的前提下,对①略做修改,②中的描述只需要1个加法器,有效地减少了资源的使用面积。有时适当地利用圆括号进行重新组合,也可以实现资源的共享,这样使得电路结构得到优化。比较例程6中的③、④段,④中将输入信号b和c组合起来,即可实现加法器的共享。

【例程6】

① PROCESS(A, B, C, TEST)BEGIN
　　　IF(TEST＝TRUE) THEN
　　　　　P＜＝A＋B;
　　　ELSE
　　　　　P＜＝A＋C;
　　　END IF;
　　END PROCESS;

② PROCESS(A, B, C, TEST)
　　VARIABLE TEMP:INTEGER RANGE 0 TO 255;
　　BEGIN
　　　IF(TEST － TRUE) THEN
　　　　　TEMP:＝B;
　　　ELSE
　　　　　TEMP:＝C;
　　　END IF;
　　　P ＜＝ A＋TEMP;
　　END PROCESS;

③ P1＜＝A＋B＋C;
　 P2＜＝B＋C＋D;

④ P1＜＝A＋(B ＋C);
　 P2＜＝(B＋C)＋D;

(2) 逻辑优化方法

通过逻辑优化以减少资源利用,也是常用的面积优化方法(如常数乘法器的应用、并行逻辑串行化处理等),但其代价往往是速度的牺牲。在延时要求不高的情况下,采用这种方法可以达到减少电路复杂度、实现面积优化的目的。

3. 速度与面积的兼顾

在实际的设计中,速度和面积两方面是要综合考虑的,不能只求速度而完全不顾占用面积的大小,也不能一味减小面积而使系统工作速度达不到设计要求。设计时只能是在权衡两者关系的基础上选择最优的设计方案。下面通过一些实例进一步理解两者兼顾的意义。

【例程 7】

```
PROCESS(A, B, C, D)
BEGIN
    MAX _ TEMP <= A;
    IF(B > MAX _ TEMP) THEN
        MAX _ TEMP <= B;
    ELSIF ( C > MAX _ TEMP) THEN
        MAX _ TEMP <= C;
    ELSIF (D > MAX _ TEMP) THEN
        MAX _ TEMP <= D;
    ELSE MAX _ TEMP <= A;
    END IF;
    MAX <= MAX _ TEMP;
END PROCESS;
```

例程 7 描述的电路结构如图 2-135 所示。

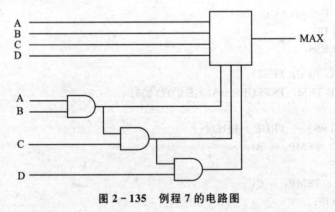

图 2-135 例程 7 的电路图

【例程 8】

```
PROCESS(A, B, C, D)
BEGIN
    MAX1 _ TEMP <= A;
    IF(B > A) THEN
        MAX1 _ TEMP <= B;
    END IF;
    MAX2 _ TEMP <= C;
    IF(B > C) THEN
        MAX2 _ TEMP <= D;
    END IF;
```

```
    IF (MAX1_TEMP > MAX2_TEMP) THEN
        MAX <= MAX1_TEMP;
    ELSE MAX <= MAX2_TEMP;
    END IF;
END PROCESS;
```

例程 8 描述的电路结构如图 2-136 所示。

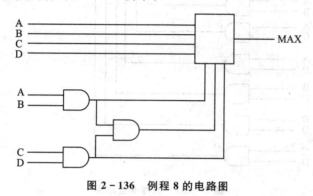

图 2-136　例程 8 的电路图

【例程 9】
```
PROCESS (A, B, C, D)
BEGIN
    GATE_AB = (A > B);
    GATE_AC = (A > C);
    GATE_AD = (A > D);
    GATE_BC = (B > C);
    GATE_BD = (B > D);
    GATE_CD = (C > D);
    MAX <= D;
    IF(GATE_AB AND GATE_AC AND GATE_AD) = '1' THEN
        MAX <= A;
    ELSIF(GATE_BC AND GATE_BD) = '1' THEN
        MAX <= B;
    ELSIF (GATE_CD = '1') THEN
        MAX <= C;
    END IF;
END PROCESS;
```

例程 9 描述的电路结构如图 2-137 所示。

比较并分析以上三个程序以及它们对应的电路图可知，三个电路图中，就面积而言，图 2-135 和图 2-136 所示电路占用面积较小，图 2-137 所示电路占用面积较大；就速度而言，图 2-137 所示电路延时较小，速度较快，图 2-135 和图 2-136 所示电路延时较大，速度较慢。

例程 10 和例程 11 是对同一逻辑电路的不同 VHDL 描述，比较它们以及它们的综合结果：例程 10 综合出来的电路图门数多、规模大，且延时较长，原因是单个个体的规模较小，实体总数过多，在用 VHDL 进行描述时，元件互连关系的语句较多；相比之下，例程 11 的综合结果更为简化。由此可见，在进行 VHDL 编程时，应尽量把可归并的逻辑放入同一结构体中，这样可以有效地优化电路结构。

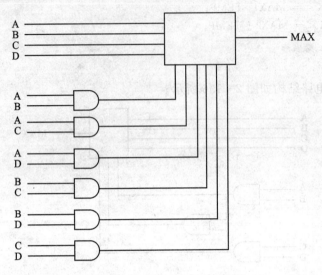

图 2-137 例程 9 电路图

【例程 10】

```
ENTITY GATES IS
    PORT ( D0, D1, D2 :IN BIT;
           Q:OUT BIT);
END MIX;

ARCHITECTURE_2 OF GATES IS
COMPONENT AND_GATE
    PORT( A,B:IN BIT;
           C:OUT BIT);
END COMPONENT;
COMPONENT OR_GATE
    PORT( A,B:IN BIT;
           C:OUT BIT);
END COMPONENT;
COMPONENT NOT_GATE
    PORT(A:IN BIT;
           C:OUT BIT);
END COMPONENT;
SIGNAL M1, M2, M3: BIT;
FOR G1, G4 :AND _ GATE USE ENTITY WORK. AND _GATE(AND _ BEHAVE);
FOR G2: NOT_GATE USE ENTITY WORK. NOT _ GATE ( NOT _ BEHAVE);
FOR G3: OR_GATE USE ENTITY WORK. OR_ GATE(OR_ BEHAVE);
BEGIN
    G1: AND _ GATE PORT MAP(D0,D1,M1);
    G2: NOT _ GATE PORT MAP(D1,M2);
    G3: OR _ GATE   PORT MAP(M2,D2,M3);
```

G4：AND _ GATE PORT MAP(M1,M3,Q);
END_10;

【例程 11】

```
ENTITY GATES IS
    PORT ( D0, D1, D2: IN BIT;
           Q: OUT BIT);
END GATES;
ARCHITECTURE_3 OF GATES IS
BEGIN
    Q <= (D0 AND D1 ) AND (NOT D1 OR D2);
END_11;
```

图 2-138 所示为例程 10 的综合结果,图 2-139 所示为例程 11 的综合结果。

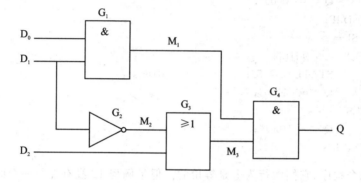

图 2-138　例程 10 的综合结果

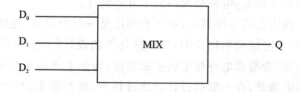

图 2-139　例程 11 的综合结果

另一方面,在设计状态机时,对所有输出信号在每一时钟周期的取值作出明确的定义将有助于电路结构的简化,如例程 12 和例程 13 所示。

【例程 12】

```
……
CASE STATE IS
    WHEN S0 =>
        IF A = '1' THEN
            STATE <= S1;
            Q <= "1001";
        END IF;
    WHEN S1 =>
        IF A = '0' THEN
```

```
            STATE <= S2;
            Q <= "1100";
        END IF;
……
```

【例程 13】

```
……
CASE STATE IS
    WHEN S0 =>
        IF A = '1' THEN
            STATE <= S1;
            Q <= "1001";
        ELSE
            Q <= "0000";
        END IF;
    WHEN S1 =>
        IF A = '0' THEN
            STATE <= S2;
            Q <= "1100";
        ELSE
            Q <= "1001";
        END IF;
```

比较以上两个程序，它们在行为上是等价的。但是例程 12 没有在每一个时钟周期都给输出信号赋值，因而需要有硬件来维持原来的输出信号值保持不变；例程 13 因为增加了 ELSE 语句，就不需要附加多路选择器，电路结构得到了有效简化。

一般而言，作为电路优化的主要目标，面积和速度是一对矛盾体，速度条件越苛刻，所需规模就越大。因此在优化电路结构的过程中，应根据具体的设计环境，综合考虑各方面因素，选择最优化的设计方案。随着集成电路技术的不断发展，如今生产出来的 FPGA/CPLD 资源面积越来越大，成本也越来越低，在一般的设计优化过程中，面积带来的约束已经变得不那么棘手了，在大多数情况下还是首先考虑优化系统的速度。

2.27 CPLD 典型器件 ispPAC20 的扩展应用技巧

经过多年的发展，传统运放应用电路种类繁多，功能也日趋完善，但是普遍存在着外接元件多,调整过程比较复杂的缺点。而使用 ispPAC20 构成的应用电路则不需要或仅需要很少的外接元件,而且具有编程灵活等优点,既使与一些专用集成电路比较,例如有源滤波器等,PAC 器件也表现出独特的优良性能。ispPAC20 芯片上包含电压比较器、D/A 转换器,放大模块的输入端具有多路选通开关和极性控制功能。ispPAC20 芯片上同时含有模拟电路和逻辑电路,它们之间的巧妙组合能够形成相对完整或功能完善的单元电路,例如压控振荡器、波形变换器等。

2.27.1 精密检波电路

检波是将具有正负极性变化的交流信号转换成单极性脉动信号的过程。

半导体二极管具有单向导电特性,是常用的检波元件。由于二极管存在正向导通死区和正向特性曲线的非线性,所以会引起二极管检波误差。在大信号检波时,由于死区电压数值相对比较小,故可以忽略;当电路处理的电压信号幅值较小或要求电路具有比较高的精度时,必须设法减小检波误差。

图 2-140(a) 为运放精密检波电路。图 2-140(b) 为电压传输特性。当输入电压为负半周时,$V_{IN}<0$,运放输出电压 $V'_{OUT}>0$,二极管 D 导通。运放构成反相比例放大器,输出电压为

$$V_{OUT} = -\frac{R_F}{R_1}V_{IN}$$

电路将输入电压负半周反相后输出。当输入电压为正半周时,$V_{IN}>0$,则 $V_{OUT}<0$,D 承受反向电压而截止,$V_{OUT}≈0$,电路只输出交流信号半个周期的信号,将输入的交流电压信号转换成脉动直流电压信号输出。

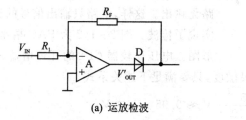
(a) 运放检波

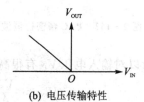
(b) 电压传输特性

图 2-140 运放精密检波电路

由二极管 D 正向压降 V_D 引起的输出电压误差为

$$\frac{V_D}{1+A_d F}$$

其中,A_d 为运放的开环增益,$F=\dfrac{R_1}{R_1+R_F}$。

只要 A_d 足够大,该电路就有很高的精度。

图 2-141 为采用 ispPAC20 构成的精密检波电路。输入电压 V_{IN} 经过交流耦合同时送至 Block1 的输入放大器 IA1 的 b 端和电压比较器 CP1 的同相输入端(如果 V_{IN} 的频率很低,则应该采用直流偏置耦合电路)。CP1 设置成电压过零比较器,它的输出端 CP1$_{OUT}$ 外接至 IA1 的输入选通端 MSEL。

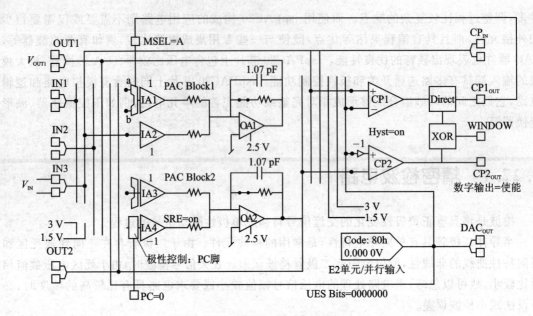

图 2-141 PAC 精密检波电路

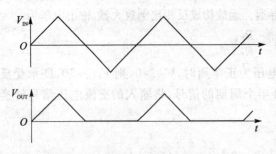

图 2-142 PAC 精密检波波形图

当输入电压正半周，$V_{IN} > 0$ 时，过零比较器输出 $CP1_{OUT} = 1$，从而 MSEL=1，IA1 的 b 输入端被选通，V_{IN} 输入至 Block1 放大后输出。当 $V_{IN} < 0$ 时，$CP1_{OUT} = 0$，IA1 的 a 端被选通，由于 a 端输入为零（PAC 器件对于悬空的输入端自动连接到 V_{REFOUT} 端），电路无输出。这样，电路只输出信号的正半周，实现了检波。图 2-142 为 PAC 精密检波波形图。电压比较器 CP1 的开环增益 A_V 高达 108 dB，所以对输入电压 V_{IN} 有很高的鉴别灵敏度，只要满足下述关系式

$$V_{IN} > \frac{V_S}{2A_V} = \frac{5}{2 \times 10^{5.4}} \text{ V} \approx 9.95 \times 10^{-6} \text{ V}$$

比较器就有输出，因而使电路具有很高的检波精度。从上述分析比较容易看出，ispPAC20 精密检波电路的精度与运放精密检波电路的精度为同一数量级。ispPAC20 检波电路的直流增益由模块直流增益 K 值决定。

2.27.2 绝对值电路

绝对值电路的输出信号与输入信号的绝对值成比例。

运放绝对值电路常见结构为由精密检波电路与加法电路构成，电路一般由两级运放组成。PAC 构成的绝对值电路如图 2-143 所示。

输入交流信号 V_{IN} 同时送到模块的 IA4 放大器和电压比较器 CP1 的输入端。片内 DAC 的输入数据为 80h，产生 0.000 0 V 输出模拟电压作为电压比较器 CP1 的参考电压。CP1 作

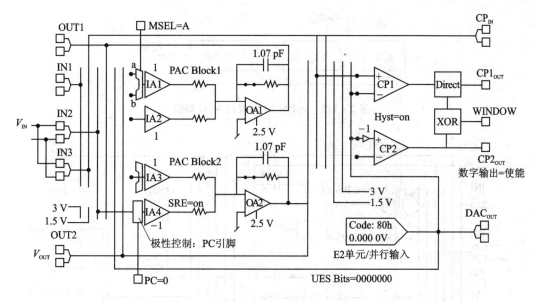

图 2-143 PAC 绝对值电路

为同相过零比较器。比较器输出设置成 Direct。放大器 IA4 的输入极性控制端控制方式设置成 $CP1_{OUT}$,如图 2-143 所示,其功能就是 IA4 的极性控制端 PC 直接内连至电压比较器的输出端,IA4 的输入极性受 $CP1_{OUT}$ 的逻辑输出控制。

当输入交流信号 V_{IN} 为正半周时,比较器 CP1 输出 1,使放大器 IA4 的增益 K_4 为正值,放大器 OA2 输出信号的正半周;当 V_{IN} 为负半周时,比较器 CP1 输出 0,使放大器 IA4 的增益 K_4 为负值,放大器 OA2 输出信号是经过反相后的负半周电压信号。图 2-144 为 PAC 绝对值电路的波形图。

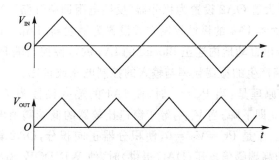

图 2-144 PAC 绝对值电路波形图

2.27.3 压控振荡器

压控振荡器 VCO(Voltage Controlled Oscillator)产生的振荡信号频率受外加电压信号的控制,振荡频率与控制电压成正比。按振荡原理分类,可将 VCO 分为调谐振荡器和张弛振荡器两类,采用 ispPAC 构成的 VCO 属于后者。

图 2-145 为 ispPAC20 构成的 VCO 框图,图 2-146 为电路图。

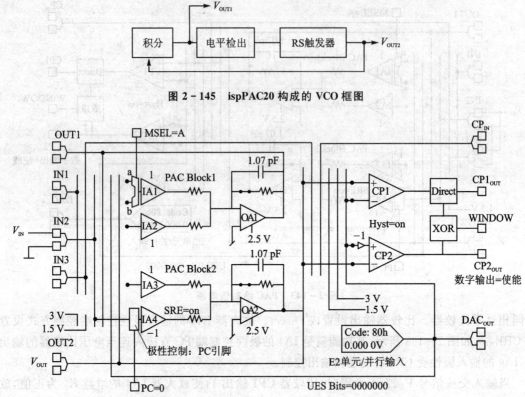

图 2-145 ispPAC20 构成的 VCO 框图

图 2-146 VOC 电路图

电路构成：电压比较器 CP1 与 CP2 连接成窗口比较器，DAC 电路向窗口比较器提供参考电压。Block2 的输出放大器 OA2 设置为积分器（反馈电阻回路开路），WINDOW 输出端设置为触发器模式（FF），放大器 IA4 的极性控制方式设置为触发器（Flip-Flopmode）。完成以上设置后，WINDOW 的输出自动地内连至 Block2 的 IA4 的极性控制端 PC。IA4 是压控振荡器的控制信号输入端，电路产生的振荡频率与输入的控制电压成正比。

压控振荡器的工作原理是：当 PC=1 时，使 IA4 的输入极性为负值，积分器反向积分，OA2 端输出电压 V_{OTU2} 立即下降；当 V_{OUT2} 等于窗口比较器的低端阈值电压（DAC 提供）时，使 WINDOW 输出 $V_W=0$。于是 PC=V_W=0，使积分器正向积分，OA2 输出电压立即上升，当 V_{OUT2} 等于窗口比较器的高端阈值电压（DAC 提供）时，使 WINDOW 输出 1，积分器反向积分。

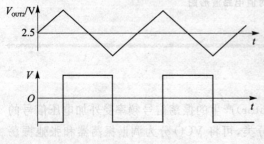

图 2-147 VCO 波形图

如此周而复始，WINDOW 端的状态不断翻转，形成多谐振荡，在 WINDOW 端输出方波电压，同时在 OA2 端输出三角波电压，波形如图 2-147 所示。电路的振荡频率与控制电压、反馈电容的容量以及窗口比较器的阈值电压有关。电路的振荡频率与控制电压有良好的线性度。限于篇幅，不再详细讨论。

2.27.4 脉冲平衡调制电路

图 2-148 为脉冲平衡调制电路。它包含脉冲振荡电路和调制电路两个部分。

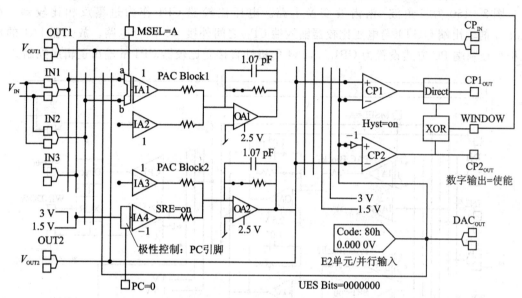

图 2-148 脉冲平衡调制电路

脉冲振荡电路实际上是压控振荡器,压控振荡器的工作原理见 2.27.3 小节所述,此时振荡频率控制电压取自芯片内部的 1.5 V 固定电压,以产生固定的振荡频率 f_0。脉冲振荡电路产生的脉冲载波如图 2-149 所示。振荡信号 V_W 为方波,从 WINDOW 端输出,本例中,V_W 的频率为 783.1 kHz。

调制电路由 Block1 组成。输入信号 V_{IN} 通过输入端 IN1 与 IN2 分别连接至 IA1 的 a,b 输入端。从 WINDOW 输出频率为 f_0 的方波脉冲电压 V_W,连接到 IA1 的输入选通开关 MSEL 端。

当 $V_W=1$ 时,IA1 的 b 端被选通,Block1 的增益 $K=-1$,则 OA1 输出的电压 $V_{OUT}=-(-V_{IN})=V_{IN}$;当 $V_W=0$

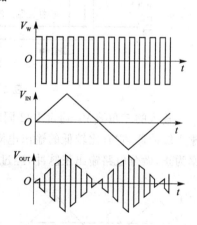

图 2-149 脉冲平衡调制

时,IA1 的 a 端被选通,Block1 输出的电压 $V'_{OUT}=-V_{IN}$。于是 Block1 的输入两端受脉冲控制而交替选通,使输入 Block1 的信号 V_{IN} 的极性以频率 f_0 交替持续变换,在其输出端 OUT1 得到频率为 f_0 而幅值受输入信号 V_{IN} 的幅值调制的脉冲平衡调制波 V_{OUT}。电路的工作波形如图 2-149 所示。

从本例看出,采用 ispPAC 来实现脉冲平衡调制,载波的产生和信号的调制都在一片芯片中完成,而且不必外接元件;如果要改变载波频率,则通过软件设置电路参数即可,其优点是显而易见的。利用 ispPAC20 还可以实现脉冲平衡调制波的解调电路,此问题留给读者思考。

2.27.5 三角波-锯齿波变换电路

图 2-150 为三角波-锯齿波变换电路。电压比较器 CP1 作为过零反相比较器。在 Block1 的输出端 OUT1 与电压比较器输入端 CP_{IN} 之间外接 RC 微分电路。放大器 IA4 的输入极性控制端 PC 方式设置为 $CP1_{OUT}$，IA4 的极性直接受比较器 CP1 的输出逻辑所控制。

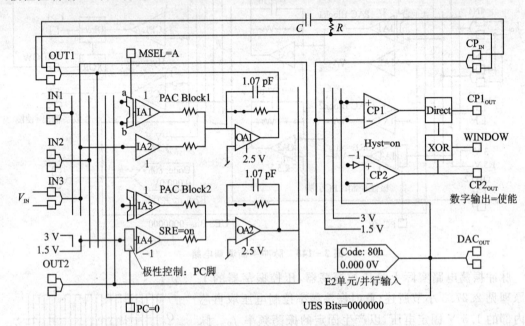

图 2-150 三角波-锯齿波变换电路

输入的三角波 V_{IN} 通过 IN2 同时输入到放大器 IA2 与 IA4。放大器 IA2 的增益为 1，作为输入缓冲器，它有比较低的输出电阻，从而使微分电路能正常工作。在 $t=0 \sim t_1$ 区间，V_{IN} 的斜率为正，微分电路输出正脉冲，经过零反相比较器 CP1 鉴别，输出逻辑低电平。CP1 输出的逻辑低电平送到 PC 端，使 IA4 的输入极性反向，IA4 的增益 $K_4=+1$，放大器 OA2 输出电压 V_{OUT} 与 V_{IN} 一致。

在 $t_1<t<t_2$ 区间，输入三角波电压 V_{IN} 的斜率为负，微分电路输出负脉冲。经过零反相比较器 CP1 鉴别输出逻辑高电平。CP1 输出的逻辑高电平送到 PC 端，IA4 的输入极性不反向，于是增益 $K_4=-1$，放大器 OA2 输出电压 V_{OUT} 与 V_{IN} 反相。变换波形如图 2-151 所示，电路将输入的三角波变换为锯齿波。

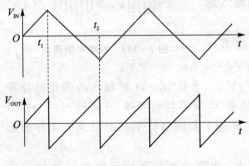

图 2-151 三角波-锯齿波变换波形图

2.28 CPLD 典型器件 ispPAC 的基本应用技巧

2.28.1 输入/输出的一般常见问题(4 种)

1. 共模参考电压 V_{REFOUT} 的使用

V_{REFOUT} 为高阻抗输出,其输出驱动电流小于 50 μA,只能作为高阻抗负载的参考电压。为了提高输出参考电压的驱动能力,将 ispPAC 模块作为 V_{REFOUT} 缓冲电路,则输出电流达到 ispPAC 的输出容量,为 10 mA,比 V_{REFOUT} 的输出容量要大得多。

ispPAC 模块 V_{REFOUT} 缓冲电路如图 2-152 所示。缓冲电路的结构很简单:模块的输入端悬空,电阻反馈环闭合,模块的电压增益为 1,其输入放大器输入端被自动地钳位至 V_{REFOUT},因而输出也是相同的电压,即 2.5 V。显然,缓冲电路的输出容量等于模块的输出容量 (10 mA)。缓冲电路的两个差分输出端都可以作为 V_{REFOUT} 电压源输出。事实上,两输出端电压存在微小的差别,使用中不能短接,以免引起内部环流而增加功耗。

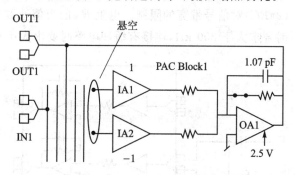

图 2-152 ispPAC 模块 V_{REFOUT} 缓冲电路

2. 接口电路

ispPAC 的输入级为差分电路,必须考虑输入信号中共模成分的影响。根据输入共模成分的大小,在器件外部配置接口电路,以保证电路正常工作,有以下 3 种情形:

① 输入信号中的共模电压值接近 $V_S/2$,则输入信号可直接连至 ispPAC 输入端。

② 输入信号中的共模电压值与 $V_S/2$ 差别较大,则需要外接直流偏置电路。图 2-153 为

直流偏置电路,它只表示了一个差分输入端的偏置电路。利用电阻分压原理使模块输入端共模电压接近 $V_S/2 = 2.5\text{ V}$。偏置直流电源取自 V_{REFOUT},这是最方便的直流偏置电源。

模块输入电压按下式计算,即

$$V_{IN} = \frac{V_S R_2}{R_1 + R_2} + \frac{V_{REFOUT} R_1}{R_1 + R_2}$$

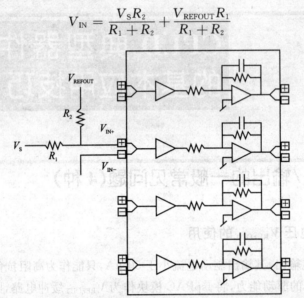

图 2 - 153 直流偏置电路

通常,信号源为差分信号,则 V_{IN-} 端需配上与 V_{IN+} 端相同的偏置电路。如果模块采用单端输入,则 V_{IN-} 端接 V_{REFOUT}。

③ 交流耦合输入。偏置电路如图 2 - 154 所示,输入 C_{IN} 为耦合输入电容,R_{IN} 为偏置电阻,R_{IN} 的作用是使电路输入端直流电平等于 $V_S/2$。耦合电容与偏置电阻构成 RC 高通滤电路,注意其截止频率 $1/(2\pi RC)$ 对信号带宽的限制。电阻 R_{IN} 的阻值选取与参考电源的负载能力有关,直接连 V_{REFOUT} 时要求大于 200 kΩ,连接有缓冲电路时要求大于 600 Ω。

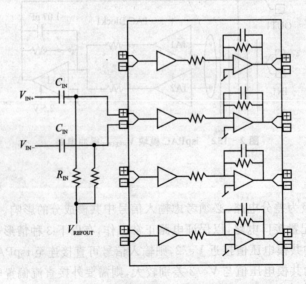

图 2 - 154 交流耦合输入的直流偏置电路

3. 单端应用

尽管差分输入/输出电路有许多优点，但有时仍需要处理单端信号，ispPAC 电路可以满足这种需要。

① 单端输入。单端输入信号通过直流耦合或交流耦合连接到模块的一个差分输入端，另一个差分输入端连接 V_{REFOUT}。

② 单端输出。负载连接在一个差分输出端与地之间，另一个差分输出端空置。由于输出端的直流电位为 2.5 V，所以如果不采用交流输出耦合，则将有恒定直流电压加到负载。单端输出有其不足之处，一是单端输出的信号幅度是双端输出幅度的一半，二是共模误差将会增大。图 2-155 是单端输出电路的改进方案，它采用传统运放差动电路实现双端-单端转换，能较好地克服 ispPAC 直接单端输出的缺点。

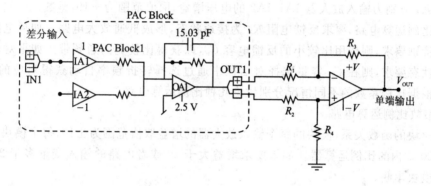

图 2-155 双端-单端转换电路

4. 输入共模电压范围

PAC 器件的允许最大输入信号和最大共模电压是所设置增益的函数。最大输入电压与 PAC 模块增益的乘积不能超过输出电压范围，否则将会出现饱和失真。对于 5 V 电源电压而言，PAC 器件的最大有效输入范围为 1~4 V，甚至可以扩展到 0.7~4.3 V。

输入共模电压为

$$V_{CM} = (V_{CM+} + V_{CM-})/2$$

当输入共模电压 $V_{CM}=2.5$ V 时，除了要考虑输出饱和外，对输入没有太多的限制，特别是当输入是关于 2.5 V 的全差分信号时，很好处理。

当 V_{CM} 不等于 2.5 V 并且放大器的增益 G 大于 1 时，如果输入达到极限值时，有可能出现失真。对于给定的增益值，最低输入共模电压为

$$V_{CM-} = 0.675 \text{ V} + 0.584 G V_{IN}$$

其中，V_{IN} 为输入差分电压的峰值。最高输入共模电压为

$$V_{CM+} = 5 \text{ V} - V_{CM-}$$

利用以上公式，如果知道最大输入电压 V_{IN} 和增益，则可以计算出输入允许最大共模电压 V_{CM} 的范围；或者当知道输入共模电压 V_{CM} 的范围时，则可以计算出最大允许输入电压 V_{IN} 的峰值。这样做的目的是避免信号失真。

2.28.2 运算电路

模拟信号运算是 ispPAC 电路的基本功能。下面介绍由 ispPAC 构成的比例运算电路和积分电路。

1. 比例运算电路

比例运算电路实现对输入电压信号的比例运算,其输出电压 U_{OUT} 与输入电压 U_{IN} 存在比例关系,即 $U_{OUT}=KU_{IN}$,K 为比例系数或增益。

关于 ispPAC 模块的函数关系:对于直流信号,电路的输出与输入的函数关系为

$$V_{OUT} = K_1 V_{IN1} + K_2 V_{IN2}$$

其中,K_1,K_2 分别为输入放大器 IA1,IA2 的电压增益,取值范围为 ± 10,整数。

作为比例运算电路,要求反馈电阻 R_F 为接通状态,形成低通放大电路。如果电路对频率特性没有特别要求,则选用比较小的反馈电容 C_F,以获得比较宽的通频带。如果对电路的低通滤波特性有要求,则在 C_F 容量选择对话框中通过选择转折频率自动获得对应的 C_F 容量值。下面根据比例系数的不同情况分别讨论几种比例运算电路。

(1) 整数比例运算电路

根据模块的函数关系,模块的每个输入放大器的增益取值范围为 ± 10,每个模块可以构成增益在 ± 20 之内的比例运算器。如果要求增益大于 20 或者电路的输入变量多于 2 个时,可以用多级模块串联。

【例 1】 用 ispPAC 构成的比例运算电路,实现如下运算:$U_{OUT}=5U_{IN}$。

解:用一个 ispPAC 模块即可实现题目要求的运算。采用 ispPAC10,用 Block1 构成电路。将 Block1 的 IA1 输入端连接 IN1,将 IA1 的增益 K_1 设置成 5 即可。得到的电路如图 2-156 所示。

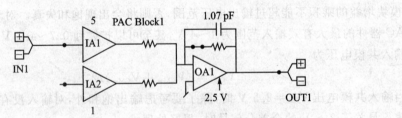

图 2-156 比例运算电路

【例 2】 用 ispPAC 构成 47 倍的比例电路。

解:题目要求的增益值大于 20,所以用两个模块构成电路,函数关系如下:

$$V_{OUT1} = 4V_{IN}$$

$$V_{OUT2} = 10V_{OUT} + 7V_{IN} = (10 \times 4)V_{IN} + 7V_{IN} = 47V_{IN}$$

构成的电路如图 2-157 所示。

(2) 非整数比例运算电路

ispPAC 模块的可编程增益值只有整数,当需要非整数比例的运算电路时,可以采用附加外部电路或改变模块反馈电阻连接的方法来实现。

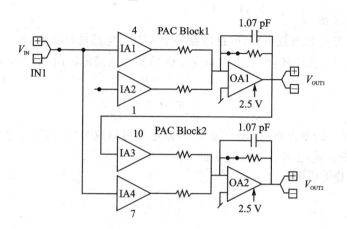

图 2-157 47 倍比例电路

1）电阻分压法

电路如图 2-158 所示。外接电阻分压电路向 Block2 提供输入电压的分压，该电压经放大形成输出电压的小数部分。放大器 Block1 则作为整数增益放大器与加法器。输出电压与输入电压的函数关系为

$$V_{OUT} = (K_1 \cdot V_{IN}) + (K_2 \cdot K_3 \cdot K \cdot V_{IN}) \tag{2-3}$$

其中，K_i 为放大器 IAi 的增益，K 为分压电路的分压比。

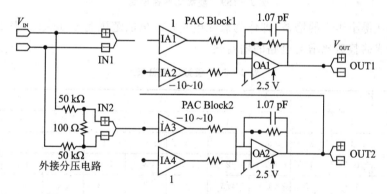

图 2-158 电阻分压小数增益比例电路

计算分压比

$$K = \frac{100}{100\ 100} \approx 0.001 \tag{2-4}$$

将具体数值代入式(2-3)，则

$$V_{OUT} = V_{IN} + (K_2 \cdot K_3 \cdot V_{IN})/1\ 000 \tag{2-5}$$

Block2 与 IA3 串联构成两级放大电路，每级增益范围值为 ±10，两级串联增益范围为 ±100，或者说增益微调步长范围为 ±100。

这类电路的微调步长值等于分压比，调整范围等于 $K_2 \cdot K_3 \cdot K$。本例中，微调步长 = 1/1 000，调整范围等于 ±10%。图 2-158 为使用单个模块的小数增益比例电路。电路的微调步长等于 1/1 000，调整范围等于 ±1%。如果将 100 Ω 的电阻换成 1.01 kΩ，则电路的调整范围为 ±10%。

2) 整数比增益法

图 2-159 为整数比增益电路,电路增益等于 7/10。电路的特点是,输出放大器 OA1 与输入放大器 IA2 连接成反馈环,而且 IA2 的增益为负值。电路的输出/输入函数关系为

$$\frac{V_{OUT}}{V_{IN}} = -\frac{K_1}{K_2 + 1 + \dfrac{j\omega C_F}{2g_m}}$$

其中,K_1,K_2 是 1~10 的整数,由用户设置,所以电路可以成为放大器,也可以成为衰减电路。当反馈电阻 R_F 开路时,去掉上式分母中的 1。

电路的直流放大倍数为

$$A_V = -\frac{V_{OUT}}{V_{IN}} = -\frac{K_1}{K_2}$$

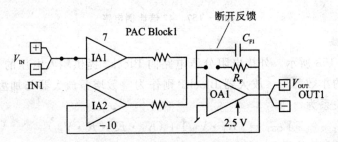

图 2-159 整数比增益电路

现在需要获得小于 1 的增益,即作为衰减电路,A_V 值的范围为 0.1~1。表 2-34 为利用 IA1 与 IA2 构成的整数比增益电路的增益表。

表 2-34 整数比增益表

IA2	IA1									
	1	2	3	4	5	6	7	8	9	10
−1	1	2	3	4	5	6	7	8	9	10
−2	0.5	1	1.5	2	2.5	3	3.5	4	4.5	5
−3	1/3	2/3	1	4/3	5/3	2	7/3	8/3	3	10/3
−4	0.25	0.5	0.75	1	0.25	0.5	0.75	2	2.25	2.5
−5	0.2	0.4	0.6	0.8	1	0.2	1.4	1.6	1.8	2
−6	1/6	1/3	0.5	2/3	5/6	1	7/6	4/3	1.5	5/3
−7	1/7	2/7	3/7	4/7	5/7	6/7	1	8/7	9/7	10/7
−8	0.125	0.25	0.375	0.5	0.625	0.75	0.875	1	1.125	1.25
−9	1/9	2/9	1/3	4/9	5/9	2/3	7/9	8/9	1	10/9
−10	0.1	0.2	0.3	0.4	0.5	0.6	0.7	0.8	0.9	1

2. 积分运算电路

将 ispPAC 模块的反馈电阻 R_F 断开就构成了积分器电路,如图 2-160 所示。电路输出电压与输入电压的函数关系为

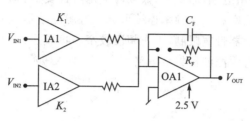

$$V_{OUT} = -\frac{2g_m}{C_F}\int (K_1 V_{IN1} + K_2 V_{IN2})\mathrm{d}t$$

图 2-160　PAC 积分电路

在 ispPAC 模块的输出放大器 OA 中,除了能对反馈电容的容量进行选择外,积分电路的连接不能编程,所以积分电路不能作为独立的电路单元使用,它主要用于有源滤波器。

2.28.3　有源滤波器

1. 概　述

滤波器是指这样一类电路,即具有选频效应,允许某一频率范围的信号通过,而该频率范围以外的信号则被明显衰减。能通过的频率范围称为滤波器的频率通带,被衰减的频率范围称为频率阻带,通带与阻带的交点称为截止频率。

滤波器按其通带特性分为以下几种类型。

① 低通(LPF):通带为低频段,允许低频信号通过,抑制高频信号。幅频特性如图 2-161(a)所示。

② 高通(HPF):通带为高频段,允许高频信号通过,抑制低频信号,幅频特性如图 2-161(b)所示。

③ 带通(BPF):允许某中频段信号通过。幅频特性如图 2-161(c)所示。

④ 带阻(BEF):抑制某中频段信号通过。幅频特性如图 2-161(d)所示。

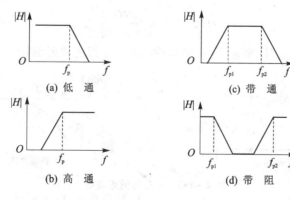

图 2-161　滤波器幅频特性

任何一种实际滤波器的特性都不是理想的。由电阻、电容和电感等无源元件组成的滤波器为无源滤波器。无源滤波器电路简单,动态范围大,无需工作电源。其缺点是 Q 值低,带负载能力差,低频应用时体积大。由放大电路与电阻和电容组成的滤波电路为有源滤波器。有源滤波器的主要优点是不用电感,体积小,低频段应用特性良好,输入阻抗高,输出阻抗低,容易实现高阶滤波器,中心频率和截止频率连续可调。有源滤波器也有缺点,需要工作电源,增加了电路的复杂性,受放大器带宽限制,工作频段较窄。集成运放问世后,有源滤波器有了很大的发展,出现了专用的有源滤波器集成电路。

2. 常用滤波器

(1) 无源一阶低通滤波器

电路如图 2-162(a)所示,由一个电阻和一个电容构成,又称 RC 滤波器。电路的频响函数为

$$H(\mathrm{j}\omega) = \frac{1}{1+\mathrm{j}\omega RC} = \frac{1}{1+\dfrac{\mathrm{j}\omega}{\omega_0}} = \frac{1}{1+\dfrac{f}{f_0}}$$

其中,$\omega_0 = 1/RC$,称为截止角频率或极点角频率;$f_0 = \omega_0/(2\pi)$,称为截止频率或极点频率。

电路的频率特性如图 2-162(b)所示。在截止频率点,$|H(\mathrm{j}\omega)| = \dfrac{1}{\sqrt{2}}$ 这一点的 $|H|$ 值比曲线最高点下降 3 dB。频率从 $0 \sim f_0$ 的范围为通带,通带特性平坦。当 $f > f_0$ 时,幅频特性曲线以 -20 dB/十倍频斜率下降,这是低通特性。

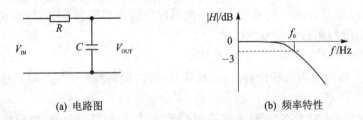

图 2-162 无源一阶低通滤波器

(2) 一阶高通滤波器

电路如图 2-163(a)所示。电路结构与 RC 低通电路的差别是 R 与 C 互换位置。电路的频响函数为

$$H(\mathrm{j}\omega) = \frac{\mathrm{j}\omega RC}{1+\mathrm{j}\omega RC}$$

幅频特性如图 2-163(b)所示,是高通特性。$f > f_0$ 为通带范围。

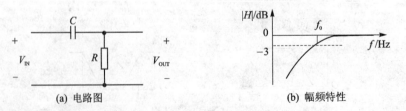

图 2-163 一阶高通滤波器

(3) 带通滤波器

将低通滤波器与高通滤波器相串联,当前者的截止频率 f_{01} 与后者的截止频率 f_{02} 满足 $f_{01} > f_{02}$ 时,则构成带通滤波器。

（4）一阶有源低通滤波器

利用集成运放与 RC 电路组成有源滤波器，如图 2-164(a)所示。电路的反馈回路是 RC 并联高通网络。

电路的频率响应函数为

$$H = -\frac{R_F}{R} \cdot \frac{1}{1+j\omega R_F C} = H_0 \frac{1}{1+\dfrac{j\omega}{\omega_0}}$$

$H_0 = -\dfrac{R_F}{R}$ 为电路的通带增益，它的值可连续调节，这是有源滤波器的优点。电路与 RC 无源低通滤波器有相同的电路函数形式，所以也具有低通特性，图 2-164(b)为其幅频特性。

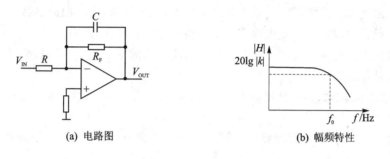

(a) 电路图　　(b) 幅频特性

图 2-164　一阶有源低通滤波器

（5）双二阶滤波器

分子、分母都是二阶传递函数称为双二阶传递函数，形如下式

$$H(s) = \frac{ms^2 + cs + d}{s^2 + as + b}$$

其中，如果 $m=c=0$，则为低通函数；如果 $m=d=0$，则为高通函数。

能实现上述二阶传递函数的电路是双二阶电路(Biquad)。双二阶电路有多种类型，图 2-165 为其中一种。电路由三级运放组成，放大器 OA1 与 OA2 都有积分运算功能，OA1 同时有求和运算功能。电路的输入电压为 V_{IN}，输出可引自不同的端口。

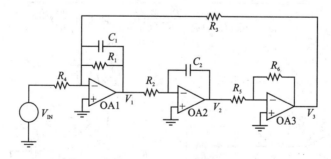

图 2-165　三运放 Biquad 滤波器

电压 V_2 作为输出信号时，传递函数

$$H_{LP}(s) = \frac{H_0 \omega_0}{s^2 + \left(\dfrac{\omega_0}{Q}\right)s + \omega_0^2}$$

是低通传递函数。式中 H_0 为通带增益。

电压 V_1 作为输出信号时,传递函数

$$H_{BP} = \frac{(-H_0 Q)\left(\frac{\omega_0}{Q}\right)s}{s^2 + \left(\frac{\omega_0}{Q}\right)s + \omega_0^2} = \frac{H'\left(\frac{\omega_0}{Q}\right)s}{s^2 + \left(\frac{\omega_0}{Q}\right)s + \omega_0^2}$$

为带通传递函数。式中 $H'_0 = -H_0 Q$,为带通增益。

从电路不同端引出输出信号,便得到不同类型的滤波器,所以该电路又称做状态变量滤波器。双二阶滤波器的中心角频率 ω_0 与通带增益 H_0 可分别独立调节,因而容易调整。

(6)滤波器幅频特性的逼近

前面已指出实际的滤波器特性总不是理想特性,也就是说,实际滤波器特性与理想特性之间存在误差。设计滤波器通常是先确定所要获得的滤波器特性,然后寻找一个合适、合理的滤波器传递函数使之符合设计要求。这个过程称为滤波器的逼近,现在可用计算机来完成逼近。目前主要有两种逼近方式:

① 最平幅度法。滤波器的幅频特性在通带内有最平坦特性,称为巴特沃斯(Butterworth)型滤波器。

② 等波纹法。滤波器的幅频特性在通带内增益有起伏,在通带边界下降最陡直,称为切比雪夫(Chebyshev)型滤波器。

3. 双二阶滤波器

上节简要讨论了 Biquad 滤波器的特点以及如何用通用运放来实现,本节将开始介绍如何用 ispPAC 器件实现 Biquad 滤波器。

图 2-166 为 ispPAC10 构成的 Biquad 滤波器。将图 2-166 与图 2-165 比较,可以看出两者的电路结构是相似的。在图 2-166 中,前面的模块实现积分与求和功能,后面的模块为积分器,(OA2 反馈电阻开路)当信号从 OA2 输出时,传递函数

$$\frac{V_{OUT2}}{V_{IN1}} = \frac{\dfrac{K_{11}K_{12}}{(C_{F1}R)(C_{F2}R)}}{s^2 + \dfrac{s}{C_{F1}R} - \dfrac{K_{12}K_{21}}{(C_{F1}R)(C_{F2}R)}} = \frac{A_{VDC}\omega_0^2}{s^2 + \dfrac{\omega_0}{Q}s + \omega_0^2}$$

为低通传递函数,其中

$$\omega_0 = \sqrt{\frac{K_{12}K_n}{(C_{F1}R)(C_{F2}R)}}, \quad K = |K_{21}|, \quad Q = \sqrt{\frac{C_{F1}}{C_{F2}}K_{12}K_n}, \quad A_{VDC} = \frac{K_{11}}{K_n} = -\frac{K_{11}}{K_{21}}$$

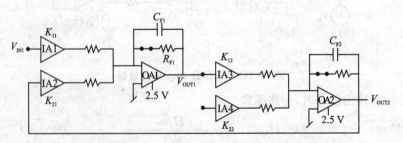

图 2-166 ispPAC10 构成的 Biquad 滤波器

当信号从 OA1 输出时,传递函数

$$\frac{V_{OUT1}}{V_{IN1}} = \frac{\dfrac{-K_{11}S}{C_{F1}R}}{s^2 + \dfrac{s}{C_{F1}R} - \dfrac{K_{11}K_{21}}{(C_{F1}R)(C_{F2}R)}} = \frac{A_{VBP} + \dfrac{\omega_0}{Q}s}{s^2 + \left(\dfrac{\omega_0}{Q}\right)s + \omega_0^2}, \quad A_{VBP} = |K_{11}|$$

为带通传递函数。其中 $R=250$ kΩ,为输入放大器的单端电阻。

用 ispPAC 来实现 Biquad 滤波器,器件内的电容阵列能提供不少于 120 个极点,典型精度为 $\pm 1\%$,f_0 的范围为 $10\sim100$ kHz。受 ispPAC 模块最大增益的限制,Q 的值不大于 10。PAC-Designer 中宏器件库提供有源滤波器,所以用 ispPAC 设计有源滤波器并不需要复杂的计算。

选择 Tools→Run Macro,出现对话框。从对话框中看出,共有 Biquad 与 Ladder 两种类型的宏,其中 ispPAC10 与 ispPAC20 都能构成 Biquad 滤波器。选择与器件对应的 Biquad,例如选择 ispPAC10_Biquad.exe,单击 OK 按钮,屏幕出现选择对话框。

由于 ispPAC 模块的增益为整数值以及电容容量是一系列离散数值,因此有可能得不到十分精确的 f_0 与 Q 值。为此,宏提供了"参数优化"方法。这种方法是由用户选择 f_0 和 Q 之一作为优先参数,则 PAC-Design 保证所选的优先参数有比较高的精度,并自动匹配另一参数。例如选择 $f_0(Q)$ 优先,则宏将使 $f_0(Q)$ 的误差最小,而 $Q(f_0)$ 的精度则作为其次。

当使用 ispPAC10 作 Biquad 滤波器时,只用到其中的两个模块;在对话框中还提供了 PAC Block 选择,可由用户来确定使用哪两个模块来构成滤波器。滤波器未使用的模块可作他用。

选择好上述所需的参数,单击 Generate Schematic 则自动生成 Biquad 电路,单击 Quit 则返回电路图窗口。图 2-167 是 ispPAC10 生成的 Biquad 电路。

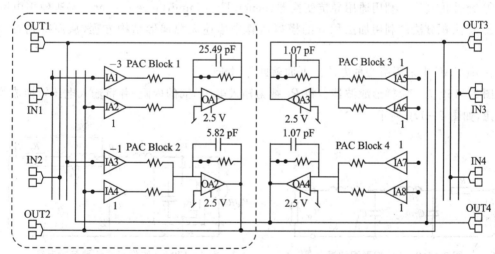

图 2-167 ispPAC10 生成的 Biquad 电路图

如果要验证以上自动生成的电路特性是否满足设计需要,可以调用仿真功能显示电路的频率特性。

按 Options→Simulate 菜单命令或点击工具条的快捷键。图 2-168 是频率特性仿真结果。

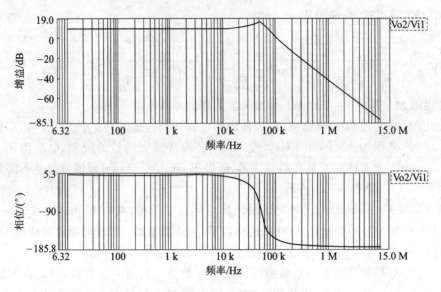

图 2-168 频率特性仿真曲线

4. 梯形滤波器

(1) 梯形滤波器基础

双终接电阻负载无源 LC 梯形滤波电路具有通带衰减、对元件变化低灵敏特性的优点。用等效的 RC 有源网络来模拟无源 LC 梯形滤波电路,是低灵敏度有源滤波器的重要类型。实现这种模拟通常有两种方法:

① 元件仿真法。利用通用导抗变换器(generalized immittance converters)来模拟电感。

② 加法积分法。利用加法积分的模拟运算来描述无源梯形结构方程,从而得到有源滤波器。

在 ispPAC 中采用第②种方法。下面就此作讨论。

图 2-169 为 4 阶梯形滤波器。将 R_1 视为输入电压 V_{IN} 的内阻,并将输入电压转换成等效电流源,如图 2-170 所示。

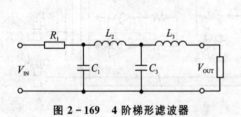

图 2-169 4 阶梯形滤波器　　　　图 2-170 4 阶梯形滤波器等效电路

由图 2-170 可列出方程

$$-V_1 = -Z_1\left(\frac{V_{IN}}{R_1} - I_2\right), \quad -I_2 = Y_2(U_3 - U_1), \quad V_3 = -Z_3(I_4 - I_2)$$

上述方程可以用图 2-171 的方框图来表示。图 2-171 可等效为图 2-172 的形式。为了便于观察,将图 2-172 进一步等效,画成图 2-173 的形式。

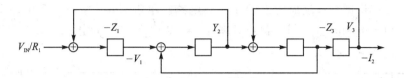

图 2-171　方框图(1)

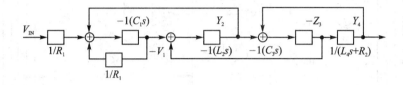

图 2-172　方框图(2)

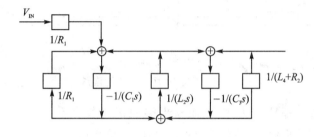

图 2-173　方框图(3)

图 2-173 所示的方框可以由图 2-174 所示的 RC 放大器网络来实现,条件是

$$C = C_1, \quad R_2 = R_3 = \sqrt{\frac{L_2}{C_2}}, \quad R_4 = R_5 = \frac{\sqrt{C_1 L_4}}{C_1}, \quad R_8 = \frac{L_4}{C_1 R_2}$$

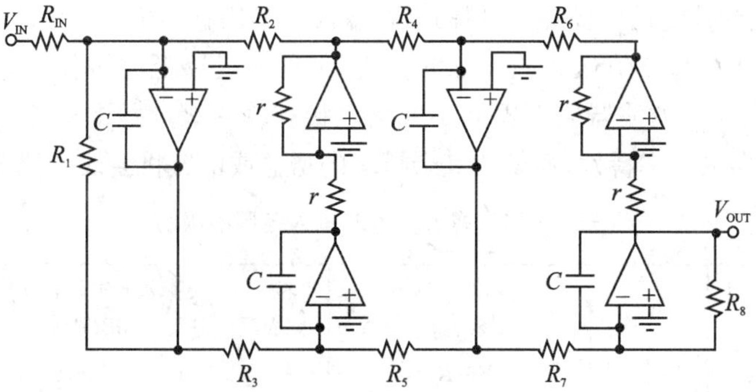

图 2-174　四阶梯形有源滤波器

(2) ispPAC10 梯形滤波器

本处讨论用 ispPAC10 来实现梯形滤波器。ispPAC 模块具有求和、比例和积分运算功能,所以 ispPAC10 能够实现如图 2-174 所示的梯形滤波器。PAC-Designer 的宏器件库有 ispPAC10 梯形低通滤波器。

调用梯形宏器件,执行 Tools→Run Macro 菜单命令,弹出相应的对话框。

选择 ispPAC10 Laddre.exe,单击 OK 按钮,弹出梯形滤波器对话框。图中显示出梯形滤波器的类型。在对话框中选择所需的梯形滤波器类型和截止频率(cutoff frequency),然后选

Generate Schematic 即自动生成所需的滤波器电路。单击 Close 按钮回到电路图设计窗口。例如选类型为 Chebyshev_0.2 dB,截止频率为 52.52 kHz,产生的电路如图 2-175 所示。

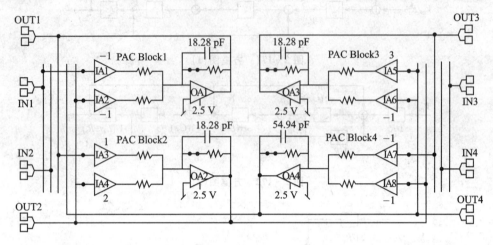

UES Bit=00000000

图 2-175　isp PAC10 切比雪夫滤波器示意图

梯形滤波器的输入都规定为 IN1,而输出端的情况各有不同,4 阶巴特沃斯滤波器从 OUT3 输出,3 阶巴特沃斯滤波器从 OUT4 输出,Blook3 未用到。

上述 3 阶和 4 阶巴特沃斯滤波器插入损耗通常为 6 dB。前面已指出切比雪夫滤波器的特点是:响应在通带内具有幅度相等的纹波,通带外幅度单调下降。单位增益滤波器具有等纹波低通特性,与 0.5 dB 波动量的 4 阶切比雪夫滤波器相似,其直流插入损耗通常为 0 dB。也就是说,各种滤波器的插入损耗通常是不相同的。用 ispPAC10 来构成上述滤波器只能通过 PAC 输入模块独立地控制插入损耗。具体地说,滤波器的增益与 PAC Block 的输入级 IA1 的增益成比例。提高 IA1 的增益值虽能减少插入损耗,但同时会降低滤波器的输入动态范围,详见表 2-35。上述各种类型滤波器插入损耗的变化直接与输入级增益的变化成比例,改变输入级的增益不影响滤波器的频率特性,而修改其余模块的增益或电容将会改变滤波器的频率特性。

表 2-35　滤波类型对输入范围的限制

滤波器类型	K_1	最大输入范围 (V_{PP})	最大输入/V	额定直流插入损耗/dB(V/V)	滤波器输出模块
Butterworth - 3 Pole	1	FS/K_1	6	-6.02(1/2)	4
Butterworth - 4 Pole	1	FS/K_1	6	-6.02(1/2)	3
Chebyshev - 0.1 dB	1	Minimum ($FS/1.3, FS/G1$)	4.6	-1.32(6/7)	3
Chebyshev - 0.2 dB	1	FS/K_1	6	-4.42(3/5)	3
Chebyshev - 0.5 dB	2	Minimum ($FS/2.1, FS/K_1$)	2.9	-3.52(2/3)	3
Unity Gain - 0.5 dB	2	Minimum ($FS/1.7, FS/K_1$)	3	0(1)	3

注:K_1 为 PAC Block 的 IA1 的增益。FS=6 V(峰峰值)。

ispPAC10典型极点频率精度为1.0%,而传统运放应用电路的外围元件R,L与C的误差在5%~20%之间,显然前者的精度高得多。高精度带来的效益主要有两点:一是滤波器过渡带误差小,从而可以减少所需的阶数;二是通带边缘变化小,故可获得较大的系统带宽和信噪比。ispPAC10有源滤波器除了高精度之外,另一突出的优点是利用开发软件的仿真功能可以十分容易地检验滤波器的频率特性,简化设计调试过程。图2-176是关于图2-175滤波器频率特性的仿真结果。

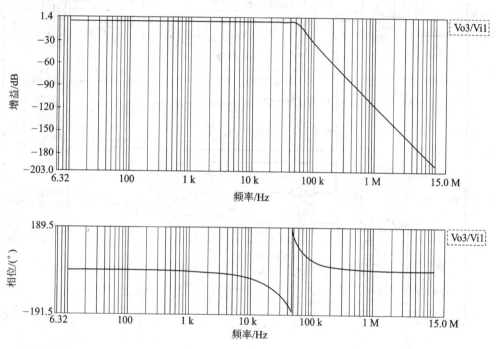

图2-176 切比雪夫滤波器频率特性

2.28.4 滤波器的综合应用

下例为ispPAC10作为12位A/D转换器的模拟前端电路。

电路图如图2-177所示。这是从电桥传感器至12位A/D转换器之间的接口电路,ispPAC10作为放大滤波环节并为电桥和A/D转换器提供激励电源和参考电压。

PAC Block向外输出的2.5 V为中心的3 V差分电压,作为电桥的激励源和ADC的参考电压。电桥输入阻抗为5 kΩ,3 V激励满度输出电压为60 mV。PAC Block的输出容量为10 mA,足以驱动电桥。电阻R_1,R_2分压电路产生0.3 V差分电压,该电压经PAC Block4放大10倍,输出3 V差分电压。电桥激励源与A/D转换器参考电压共用同一电源,可减小温度变化对测量的干扰。电桥输出信号经ADC的多路开关送至PAC Block1。多路开关的其余输入端口可接其余传感器,以构成多路测量系统。

PAC Block1与PAC Block2构成Biquad低通滤波器,转折频率为10 kHz,通带增益为

20 dB，Q 值等于 1.0。Block3 将信号放大 5 倍，输出 3 V 满度信号，从而充分地利用了 A/D 转换器的输入范围。ADC 的最低有效位为 732 μV，可以检测到电桥输入 14.6 μV 的变化。

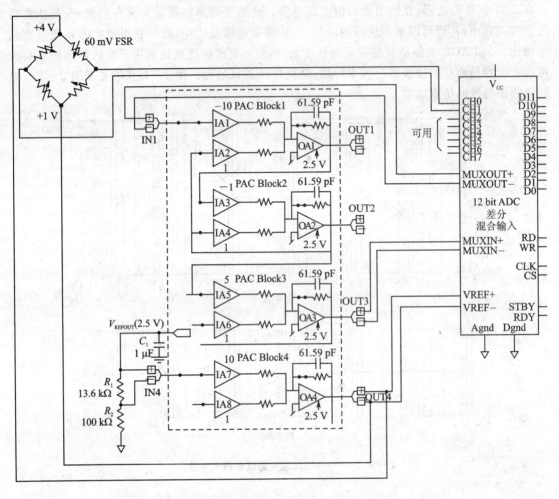

图 2-177　ADC 模拟前端

2.29 Verilog HDL 设计组合逻辑电路技巧

本处介绍几种常用的组合逻辑电路设计，供读者参考。

2.29.1 基本的门电路(4种)

【例1】 常用门电路的描述。

module gate1 (a, b, c, d, x, y);
  input a, b, c, d;
  output x, y;
  and and1 (x, a, b, c);
  not not1 (y, d);
endmodule

【例2】 逻辑电路如图2-178所示,利用 Verilog HDL 语言描述。

① 利用门原语描述。

module gate2(F, A, B, C);
  input A, B, C;
  output F;
  and and1 (F1, A, B);
  and and2 (F2, B, C);
  and and2 (F2, A, B, C);
  or or1 (F, F1, F2, F3);
endmodule

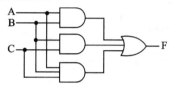

图2-178 门电路

② 利用连续赋值语句(assign)描述。

module gate2(F, A, B, C);
  input A, B, C;
  output F;
  assign F=(A&B)|(B&C)|(A&B&C);
endmodule

③ 利用过程赋值语句(always)描述。

module gate2(F, A, B, C);
  input A, B, C;
  output F;
  reg F
  always @ (A or B or C)
  begin
    F = (A&B)|(B&C) | (A&B&C);
  end
endmodule

常用的门有:and(与门)、nand(与非门)、nor(或非门)、or(或门)、xor(异或门)、xnor(异或非门)、buf(缓冲器)、not(非门)。

【例3】 利用 Verilog HDL 语言描述三态门电路。

① 利用连续赋值语句(assign)描述。

```
module tri1 (out, in, en);
    input in, en;
    output out;
    assign out=en? in:1'bz;
endmodule
```

② 利用过程赋值语句(always)描述。

```
module tri2(out,in, en);
    input in, on;
    output out;
    reg out;
    always @ (in or en)
      begin
        if (! en)
            out = 1'bz;
        else
            out = in;
      end
endmodule
```

③ 利用门级原语(bufifl)描述。

```
module tri3(out, in, en);
    input in, en;
    output out;
    bufifl u1(out, in, en); //
endmodule
```

【例4】 利用 Verilog HDL 语言描述三态双向驱动电路。

```
module bitri1 (tri_inout, out, in, en, b);
    inout tri_inout;
    input in, en, b;
    output out;
    assign tri_inout = en? in:1'bz;
    assign out=tri_inout^b;
endmodule
```

2.29.2 数据比较器

【例5】 设计一个数据比较器,比较数据 a 与数据 b,如果两个数据相同,则给出结果 1,否则给出结果 0。

```
module compare(equal, a, b);
input a,b;
output equal;
```

```
    assign equal=(a==b)?1:0;    //a 等于 b 时,equal 输出为 1;a 不等于 b 时,equal 输出为 0
endmodule
```

2.29.3 编码器和译码器设计

编码器的逻辑功能是:将具有特定含义的输入信号,编成不同代码输出的组合逻辑电路。译码是编码的逆过程,把二进制码按其特定含义翻译成相应的输出信号,实现这一功能的电路称为译码器。由于在 1.77 节中介绍了 3-8 线译码器的设计,故在此只给出优先编码器的设计。

【例 6】 设计一个带使能的 8-3 线优先编码器(功能同 74LS148,如表 2-36 所列)。

表 2-36 优先编码 74LS148 功能表

输 入									输 出				
en	in0	in1	in2	in3	in4	in5	in6	in7	out2	out1	out0	G2	G1
1	x	x	x	x	x	x	x	x	1	1	1	1	1
0	1	1	1	1	1	1	1	1	1	1	1	1	0
0	x	x	x	x	x	x	x	0	0	0	0	0	1
0	x	x	x	x	x	x	0	1	0	0	1	0	1
0	x	x	x	x	x	0	1	1	0	1	0	0	1
0	x	x	x	x	0	1	1	1	0	1	1	0	1
0	x	x	x	0	1	1	1	1	1	0	0	0	1
0	x	x	0	1	1	1	1	1	1	0	1	0	1
0	x	0	1	1	1	1	1	1	1	1	0	0	1
0	0	1	1	1	1	1	1	1	1	1	1	0	1

优先编码器允许同时输入两个以上的输入信号,当 n 个输入信号同时出现时,只对其中优先权最高的一个进行编码。8 位输入 in,en 为使能输入,3 位输出 out,输出使能 G1,群编码选择输出 G2。

由功能表可知,当 en=1 时,编码器不工作,输出都为 1;当 en=0 时,编码器工作,若输入无信号,即输入都为 1,则无信号输出,即 out2,out1,out0 都为 1,同时输出 G1=0,G2=1,表示器件无输出。若输入有信号,则 out2,out1,out0 输出相应的二进制码,其优先次序为 in7~in0,并且是反码输出,此时,输出 G2=0 和 G1=1,表示器件有输出,而受 G1 控制的低位器件停止工作。

下面是该模块的源程序:

```
module coder_148(in, out, en, G1, G2);
output[2:0]out;
output G1, G2;
input[7:0]in;
input en;
```

```verilog
    reg[2:0]out;
    reg G1,G2;
    always @ (in or en)
      case (en)
        1'b1:
          begin
            out[2:0]= 3'b111;
            G1 = 1'b1;
            G2 = 1'b1;
              end
        1'b0:
          begin
            if(!in[7]) out = 3'b000;
            else if(!in[6])    out=3'b001;
            else if(!in[5])    out=3'b010;
            else if(!in[4])    out=3'b011;
            else if(!in[3])    out=3'b100;
            else if(!in[2])    out=3'b101;
            else if(!in[1])    out=3'b110;
            else if(!in[0])    out=3'b111;
            else out[2:0]=3'b111;
            G1 = !(&in);
            G2 = !G1;
            end
        default:4display("invalid enable signals");
      endcase
endmodule
```

【例7】 设计一个七段LED数码管译码电路。

```verilog
module decode (a, b, c, d, e, f, g, D3, D2, D1, D0)
    output a,b,c,d,e,f,g;
    input D3,D2,D1,D0;
    reg a,b,c,d,e,f,g;
always @ ( D3 or D2 or D1 or D0)
    begin
    case({D3,D2,D1,D0})
        4'd0: {a,b,c,d,e,f,g}=7'b1111110;
        4'd1: {a,b,c,d,e,f,g}=7'b0110000;
        4'd2: {a,b,c,d,e,f,g}=7'b1101101;
        4'd3: {a,b,c,d,e,f,g}=7'b1111001;
        4'd4: {a,b,c,d,e,f,g}=7'b0110011;
        4'd5: {a,b,c,d,e,f,g}=7'b1011011;
        4'd6: {a,b,c,d,e,f,g}=7'b1011111;
        4'd7: {a,b,c,d,e,f,g}=7'b1110000;
        4'd8: {a,b,c,d,e,f,g}=7'b1111111;
```

```
            4'd9:{a,b,c,d,e,f,g}=7'b1111011;
            default:{a,b,c,d,e,f,g}=7'bx;
        endcase
    end
endmodule
```

2.30 VHDL 设计组合逻辑电路技巧

组合逻辑电路的特点是输出信号只与该时刻输入信号的函数有关,换句话说就是只与该时刻输入的逻辑值有关,而与前时刻和后时刻的输入状态无关,它是无记忆功能的。另一类逻辑电路即时序逻辑电路,它的输出不仅与该时刻的输入逻辑值有关,而且还与电路原来的状态有关,它是具有记忆功能的。本处重点介绍组合逻辑电路。

2.30.1 组合逻辑电路的定义

在数字电路中,由与、或、非三种基本逻辑运算组合成的逻辑电路称为组合逻辑电路。任何时刻电路的输出逻辑值唯一地对应于该时刻的输入逻辑值,而与电路过去的输入状态无关。

组合逻辑电路有许多常用模块,包括编码器、译码器、奇偶电路、多路选择器、加法器、比较器、三态门等,它们都有专用电路可供选择。

2.30.2 组合逻辑电路的分析

分析组合逻辑电路的目的是找出电路的输出和输入之间的逻辑关系,从而了解电路的逻辑功能。其方法和步骤如下:
① 根据组合逻辑电路图,正确写出逻辑表达式;
② 合理变形逻辑表达式,正确写出真值表;
③ 根据真值表总结出逻辑电路的逻辑功能。
下面通过例1具体介绍组合逻辑电路的分析方法。

【例1】 图 2-179 是一个简单组合逻辑电路,现根据上述分析步骤对其进行逻辑功能分析。

根据电路图可知,输入变量为 A,B;输出变量为 F。为了方便分析,可以设置中间变量 S,P,W。

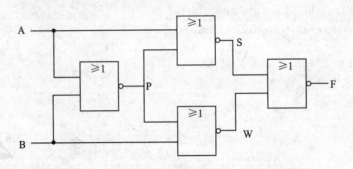

图 2-179 简单组合逻辑电路

① 写出逻辑表达式。这是一个比较简单的组合逻辑,逻辑函数为二值函数,因此从输入向输出分析或是从输出向输入分析都是可行的。本例中采用从输入向输出分析的办法,逻辑关系如下:

$$P = \overline{A+B}, \quad S = \overline{A+P}, \quad W = \overline{B+P}, \quad F = \overline{S+W}$$

经过适当变形整理,得

$$F = \overline{S+W} = AB + \overline{A}\,\overline{B}$$

② 写出真值表,如表 2-37 所列。

表 2-37 真值表

A	B	F
0	0	1
0	1	0
1	0	0
1	1	1

③ 通过对真值表的分析可知,这是一个实现同或功能的电路。当输入的两个逻辑变量相同时输出为 1,不同时输出为 0。本电路可以用一个同或门直接实现。

2.30.3 组合逻辑电路的设计

通过观察不难发现,组合逻辑电路的设计过程和电路的分析过程恰好相反,设计的任务就是根据电路的功能设计出符合要求的逻辑电路。相应步骤如下:

① 根据逻辑功能正确写出真值表,这一步要从以下几个方面考虑:用英文字母代表输入或输出,分清几个输入、输出,分清输入和输出之间的对应关系;

② 化简逻辑函数,化简的形式则应根据所选用的逻辑门来决定;

③ 根据化简结果和所选定的门电路,画出逻辑电路图。

下面通过例 2 具体介绍组合逻辑电路的设计方法。

【例 2】 设计一个三人表决器,其中 X 具有否决权。

根据逻辑电路设计步骤设计如下：

① 写出真值表，如表 2-38 所列。其中，X,Y,Z 分别代表参加表决的三个人，F 为表决结果。

规定：X,Y,Z 为 1 表示赞成，为 0 表示反对；F 为 1 表示通过，为 0 表示被否决。

② 选用与非逻辑来实现电路，化简逻辑函数得到 $F=\overline{\overline{XY}+\overline{XZ}}$。

③ 根据化简结果，画出逻辑电路图，如图 2-180 所示。

表 2-38 表决器真值表

输入			输出
X	Y	Z	F
0	0	0	0
0	0	1	0
0	1	0	0
0	1	1	1
1	0	0	0
1	0	1	1
1	1	0	1
1	1	1	1

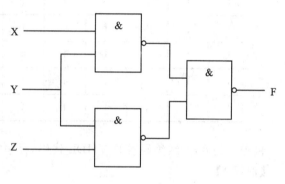

图 2-180 表决器逻辑电路图

2.30.4 在第 1 个项目中遇到的问题

例程 1 是在第一个项目中遇到的关于组合逻辑电路的问题，这是一个普通 8-3 线编码器程序。由于是刚刚入门，在编写程序的过程中有一些问题没有注意到，故直接导致仿真不通过。下面具体分析一下原因。

8-3 线编码器是最常用的普通编码器，8 个输入信号，输入信号为低电平有效，3 个输出信号。图 2-181 所示是 8-3 线编码器的逻辑电路图，表 2-39 是编码器的真值表。

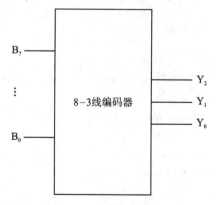

图 2-181 8-3 线编码器逻辑电路图

表 2-39 8-3 线编码器真值表

输入								输出		
B_7	B_6	B_5	B_4	B_3	B_2	B_1	B_0	Y_2	Y_1	Y_0
0	1	1	1	1	1	1	1	1	1	1
1	0	1	1	1	1	1	1	1	1	0
1	1	0	1	1	1	1	1	1	0	1
1	1	1	0	1	1	1	1	1	0	0
1	1	1	1	0	1	1	1	0	1	1
1	1	1	1	1	0	1	1	0	1	0
1	1	1	1	1	1	0	1	0	0	1
1	1	1	1	1	1	1	0	0	0	0

例程 1 是 8-3 线编码器的 VHDL 代码,程序中有一些小错误,随后将进行分析。

【例程 1】

LIBRARY IEEE;
USE IEEE. STD _ LOGIC _ 1164. ALL;

ENTITY ENCODER IS
  PORT (B: IN STD _ LOGIC (7 DOWNTO 0);
    Y: OUT STD _ LOGIC (2 DOWNTO 0))
END ENCODER;

ARCHITECTURE_1 OF ENCODER IS
BEGIN
  PROCESS
  BEGIN
  CASE B IS
    WHEN "01111111" => Y <= "111";
    WHEN "10111111" => Y <= "110";
    WHEN "11011111" => Y <= "101";
    WHEN "11101111" => Y <= "100";
    WHEN "11110111" => Y <= "011";
    WHEN "11111011" => Y <= "010";
    WHEN "11111101" => Y <= "001";
    WHEN "11111110" => Y <= "000";
    WHEN OTHERS => Y <= "XXX";
  END CASE;
END_ 1;

经过仔细阅读程序后,不难发现其中的几个小错误,现分析如下:

① 将 B 和 Y 的数据类型定义为标准逻辑位(STD_LOGIC)。显然,B 和 Y 分别是 8 位和 3 位的数据,应该把它们的数据类型定义为标准逻辑矢量(STD_LOGIC_VECTOR)。

② 进程 PROCESS 后面缺少敏感电平信号。PROCESS 后面要有一个或多个敏感电平信号来作为激励,任何一个或多个敏感电平信号发生变化,进程将从 PROCESS 中的第一条语句开始执行,直到最后一条语句执行完毕再返回到第一条语句,等待敏感电平信号的下一次变化。如果 PROCESS 后面没有敏感电平信号,在 PROCESS 结构里面也要有其他形式的激励信号。这里应该在 PROCESS 后面加上敏感电平信号 B,即一旦编码器输入发生变化,则进程启动,给出相应的编码输出。

③ 程序末段缺少进程结束语句 END PROCESS。PROCESS 是以 BEGIN 作为开始、以 END PROCESS 作为结束的,两者缺一不可。

经过上述的分析,现已对组合逻辑电路程序的编写有了整体的认识,修改后的程序如下。

【例程1(修改)】

```
LIBRARY IEEE;
USE IEEE. STD _ LOGIC _ 1164. ALL;

ENTITY ENCODER IS
    PORT (B: IN STD _ LOGIC _ VECTOR (7 DOWNTO 0);
          Y: OUT STD _ LOGIC _ VECTOR (2 DOWNTO 0) )
END ENCODER;

ARCHITECTURE_1 OF ENCODER IS
BEGIN
    PROCESS (B)
    BEGIN
    CASE B IS
        WHEN "01111111" =>Y<= "111";
        WHEN "10111111" =>Y<= "110";
        WHEN "11011111" =>Y<= "101";
        WHEN "11101111" =>Y<= "100";
        WHEN "11110111" =>Y<= "011";
        WHEN "11111011" =>Y<= "010";
        WHEN "11111101" =>Y<= "001";
        WHEN "11111110" =>Y<= "000";
        WHEN OTHERS => Y <= "XXX";
    END CASE;
    END PROCESS;
END_1;
```

2.31 LED 七段译码器的分析与设计

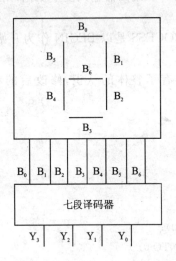

图 2-182 LED 七段译码器逻辑电路图

图 2-182 所示是 LED 七段译码器的逻辑电路图,该电路的特点是有一个由七段数码管组成的数字显示电路,通过它将数字量直观地显示出来,一方面供人们直接读取处理结果,另一方面用以监视数字系统的工作情况。七段显示译码器电路的输出为低电平有效,即输出为 0 时,对应字段点亮;输出为 1 时,对应字段熄灭。译码器能够驱动七段显示器显示 $0\sim15$ 共 16 个数字的字形。输入 Y_3,Y_2,Y_1,Y_0 接收 4 位二进制码,输出 $B_0,B_1,B_2,B_3,B_4,B_5,B_6$ 分别驱动七段显示器的 0,1,2,3,4,5,6 段数码管。图 2-183 给出了七段数码管显示和 $0\sim15$ 共 16 个数字之间的对应关系。

根据逻辑电路图和对应关系表,可以得到 LED 七段译码器的 VHDL 代码,如例程 1 所示。

0	1	2	3	4	5	6	7
8	9	10	11	12	13	14	15

图 2-183 数码管和数字的对应关系

【例程 1】

```
LIBRARY IEEE;
USE IEEE.STD_LOGIC_1164.ALL;

ENTITY DECODER IS
    PORT( Y:IN STD_LOGIC_VECTOR(3 DOWNTO 0);
          B: OUT STD_LOGIC_VECTOR (6 DOWNTO 0));
END DECODER;
```

```
ARCHITECTURE_1 OF DECODER IS
BEGIN
    PROCESS(Y)
      BEGIN
      CASE Y IS
          WHEN "0000" >= B <= "1000000";
          WHEN "0001" >= B <= "1111001";
          WHEN "0010" >= B <= "0100100";
          WHEN "0011" >= B <= "0110000";
          WHEN "0100" >= B <= "0011100";
          WHEN "0101" >= B <= "0010010";
          WHEN "0110" >= B <= "0000011";
          WHEN "0111" >= B <= "1111000";
          WHEN "1000" >= B <= "0000000";
          WHEN "1001" >= B <= "0011000";
          WHEN "1010" >= B <= "0100111";
          WHEN "1011" >= B <= "0110011";
          WHEN "1100" >= B <= "0011101";
          WHEN "1101" >= B <= "0010110";
          WHEN "1110" >= B <= "0000111";
          WHEN "1111" >= B <= "1111111";
    END CASE;
    END PROCESS;
END_1;
```

例程 1 中使用了 CASE 语句,使程序条理清楚,直白明了。七段译码器还可以用 SELECT 语句来实现,仿真结果是完全一样的,如例程 2 所示。

【例程 2】

```
LIBRARY IEEE;
USE IEEE. STD _ LOGIC _ 1164. ALL;

ENTITY DECODER IS
    PORT( Y:IN STD _ LOGIC _ VECTOR( 3 DOWNTO 0);
         B:OUT STD _ LOGIC _ VECTOR(6 DOWNTO 0));
END DECODER;
ARCHITECTURE_2 OF DECODER IS
BEGIN
    WITH Y SELECT
        B <= "1000000" WHEN "0000"
             "1111001" WHEN "0001"
             "0100100" WHEN "0010"
             "0110000" WHEN "0011"
             "0011100" WHEN "0100"
             "0010010" WHEN "0101"
```

```
            "0000011" WHEN "0110"
            "1111000" WHEN "0111"
            "0000000" WHEN "1000"
            "0011000" WHEN "1001"
            "0100111" WHEN "1010"
            "0110011" WHEN "1011"
            "0011101" WHEN "1100"
            "0010110" WHEN "1101"
            "0000111" WHEN "1110"
            "1111111" WHEN "1111"
    END_2;
```

2.32 电路的仿真技巧

即使弄清楚了电路的结构，并用 VHDL 将电路描述出来，也不能确保电路一定按照设想的功能去工作，因为电路实际工作的过程中会出现许多设计者意想不到的问题。为了验证电路设计正确与否并加以修改，就需要 EDA 仿真软件来仿真电路的工作，看看设计结果的逻辑功能是否符合原始规定的逻辑功能，检查设计结果是否含有违反设计规则的错误。电路的仿真是数字电路设计中不可缺少的，也是十分重要的一个步骤。

2.32.1 什么是电路的仿真

仿真是在 EDA 软件中计算对于给定的激励信号的响应，是检查硬件的功能、验证设计正确性的主要手段。

电路结构经过 VHDL 描述行为之后，在仿真过程中要进行初始化和进程重复执行两个步骤。进程重复执行的周期称为仿真周期。在每个仿真周期中，仿真测试输入信号发生了变化，输出值相应发生变化；与此同时，等待敏感信号发生变化，进入下一个进程执行周期，如此反复重复执行仿真周期。

仿真分为功能仿真和时序仿真。顾名思义，简单来说，功能仿真用于验证设计模块的逻辑功能，这也是进行时序仿真的前提，通过逻辑功能仿真确定设计的电路模块是否符合设计要求。如果符合，才继续进行时序仿真，否则也就没有时序仿真的必要了。时序仿真用于验证设计模块的时序关系。

无论是哪种仿真，都需要给模块输入激励信号。产生激励信号的方法有很多，最常用的是直接用 VHDL 写一个产生激励信号的测试模块，测试矢量可以直接用 VHDL 语句来编写，并且通过波形输出，或与测试基准中的设定输出矢量进行比较，验证仿真结果。另外，目前很多 EDA 工具软件中，能够对 VHDL 语句进行仿真的仿真器本身提供设置输入波形的命令，并允许在仿真运行期间对输入信号赋值，指定仿真执行时间，观察输出波形，经过多次反复后，在满足系统逻辑功能和时序关系的要求之后结束仿真。

2.32.2 ModelSim 功能介绍

常用的硬件描述语言（HDL）仿真工具有很多种，如 Affirima，Finsim，ModelSim，Ncsim，SpeedWave，VCS，Verilog - XL 等，其中有些是 VHDL 仿真器，有些是 Verilog HDL 仿真器。根据工作方式的不同，仿真器可以分为时钟驱动的仿真器和时间驱动的仿真器。仿真工具中，有些工具的功能侧重于集成电路（IC）设计，有些则侧重于 FPGA/CPLD 设计。其中 ModelSim 在 FPGA/CPLD 设计中使用比较广泛，因为 Model Technology 公司为各个 FPGA/CPLD 厂家都提供了 OEM 版本的 ModelSim 工具。

ModelSim 是基于事件驱动的，它不仅可以用来仿真 VHDL，还可以用来仿真 Verilog 语言，同时也支持两种语言的混合仿真。

图 2 - 184 所示为数字电路设计中典型的仿真流程。在整个设计中，完成 HDL 设计输入并且编译通过，只能说明设计符合相应的语法规范，并不能保证可以获得设计所要求的功能，这时就需要通过仿真对设计进行验证。数字电路设计一般分为源代码输入、综合和实现三个大的阶段，电路的仿真也是贯穿于这些阶段之中，与此相符合的。根据设计阶段的不同，仿真可以分为 RTL 行为级仿真、综合后门级仿真和时序仿真。

RTL 行为级仿真可以用来检查代码中的语法错误以及代码行为的正确性，其中不包括延时信息。如果没有实例化一些与器件相关的特殊底层元件，则 RTL 行为级仿真可以做到与器件无关。由此引出一个代码编写的经验，即在设计的初级阶段不使用特殊底层元件可以提高代码的可读性、可维护性和可重用性，还可以提高仿真效率。

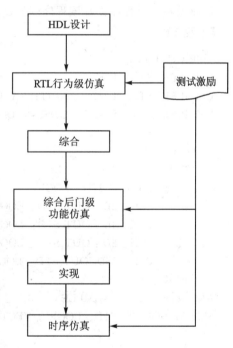

图 2 - 184 典型仿真流程

综合后门级仿真要用到综合工具给出的 VHDL 或者 Verilog 网表文件。很多综合工具都可以给出标准网表文件和 VHDL 或 Verilog 网表文件。标准网表文件是用来在各个工具之间传递设计数据的，不能用来做仿真；而 VHDL 或者 Verilog 网表文件是可以用来做仿真的。综合工具给出的仿真网表已经与生产厂家的器件的底层元件模型对应起来了，因此在做综合后仿真时必须在仿真过程中加入厂家的器件库，并对仿真器进行一些必要的配置。

在布局布线完成后可以提供一个时序仿真模型,其中包括了器件的信息,还会提供一个 SDF(Standard Delay Format)时序标注文件。在 FPGA/CPLD 设计中,时序标注文件都是器件厂家通过自己的开发工具提供给设计者的。需要说明的是,SDF 是在 Xilinx 公司中使用的时序标注文件扩展名,在 Altera 公司的设计中则使用 SDO 作为时序标注文件的扩展名。

2.32.3 怎样写 VHDL 测试基准

前面已经对仿真工具 ModelSim 的功能作了详细的介绍,并也提到,无论哪种仿真,都需要在输入端加入输入信号。产生输入信号的方法很多,最常用的就是用 VHDL 编写测试矢量,并将激励信号传递给设计模块的输入端口,从而在 ModelSim 中仿真。图 2-185 所示为 VHDL 测试基准原理图。下面将重点介绍 VHDL 测试基准的写法。

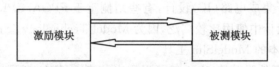

图 2-185 VHDL 测试基准原理图

下面先看一个程序以及该程序的测试基准,分别如例程 1 和例程 2 所示。

【例程 1】

```
LIBRARY IEEE;
USE IEEE. STD _ LOGIC _ 1164. ALL;
USE IEEE. STD _ LOGIC _ ARITH. ALL;
USE IEEE. STD _ LOGIC _ UNSIGNED. ALL;

ENTITY CLK_DIV IS
    PORT ( CLK: IN STD _ LOGIC;
           RST: IN STD _ LOGIC;
           CLK _ 2D: OUT STD _ LOGIC;
           CLK _ 4D: OUT STD _ LOGIC;
           CLK _ 8D: OUT STD _ LOGIC;
           CLK _ 16D: OUT STD _ LOGIC);
END CLK _ DIV;
ARCHITECTURE EXAMPLE OF CLK _ DIV IS
SIGNAL COUNT: STD _ LOGIC _ VECTOR (3 DOWNTO 0);
BEGIN
    PROCESS(CLK)
    BEGIN
        IF( RST = '1') THEN
            COUNT <= "0000";
        ELSIF ( CLK' EVENT AND CLK = '1') THEN
            IF ( COUNT = "1111") THEN
                COUNT <= (OTHERS=> '0');
```

```
            ELSE
                COUNT <= COUNT + '1'
            END IF;
        END IF;
    END PROCESS;
    CLK_2D <= COUNT(0);
    CLK_4D <= COUNT(1);
    CLK_8D <= COUNT(2);
    CLK_16D <= COUNT(3);
END EXAMPLE;
```

【例程 2】 测试基准。

```
LIBRARY IEEE;
USE IEEE.STD_LOGIC_1164.ALL;
USE IEEE.STD_LOGIC_ARITH.ALL;
USE IEEE.STD_LOGIC_UNSIGNED.ALL;

ENTITY TB_CLK_DIV IS
END TB_CLK_DIV;

ARCHITECTURE TESTBENCH OF TB_CLK_DIV IS
COMPONENT CLK_DIV
    PORT (
        CLK: IN STD_LOGIC;
        RST: IN STD_LOGIC;
        CLK_2D: OUT STD_LOGIC;
        CLK_4D: OUT STD_LOGIC;
        CLK_8D: OUT STD_LOGIC;
        CLK_16D: OUT STD_LOGIC);
END COMPONENT;

SIGNAL CLK:STD LOGIC: = '1';
SIGNAL RST:STD LOGIC: = '1';
SIGNAL CLK_2D: STD_LOGIC;
SIGNAL CLK_4D: STD_LOGIC;
SIGNAL CLK_8D: STD_LOGIC;
SIGNAL CLK_16D: STD_LOGIC;

BEGIN
PROCESS
    BEGIN
    WAIT FOR 50 NS; CLK <= NOT CLK;
END PROCESS;
RST <= '0' AFTER 200 NS;
    TEST: CLK_DIV
```

PORT MAP (CLK, RST, CLK_2D, CLK_4D, CLK _ 8D, CLK_16D);
END TESTBENCH;

1. 测试基准常用的 VHDL 语句

(1) PROCESS 语句

多个进程语句之间是并行执行的关系,而在每个进程语句内部,各个执行语句又是从上到下顺序执行的关系。进程语句的书写方式如下:

[进程标号]:PROCESS(敏感信号列表)
[信号说明]
BEGIN
……
执行语句
END PROCESS[进程标号];

在测试基准中使用的 PROCESS 语句一般不包括敏感信号列表,而是在进程内部有很多 WAIT 语句。敏感信号列表和 WAIT 语句不可以同时出现。不含有敏感信号列表的进程语句可以看成是一个无限循环,进程内部的语句顺序反复执行,除非碰到一个 WAIT 语句,否则始终不会停止。

(2) WAIT 语句

在仿真运行中,进程总是处在两种状态之一:执行或者挂起。进程状态的变化受 WAIT 语句的控制;当遇到 WAIT 语句时,进程暂时处于挂起状态,等 WAIT 语句执行结束后,进程继续执行。

① WAIT 语句。WAIT 语句是无限等待语句,经常可以在进程语句的最后看到它。如果一个不含有敏感信号列表的进程语句只希望执行一次,那么在进程内部所有顺序执行语句的最后加入 WAIT 语句,这样,进程在第一次执行到这个 WAIT 语句时将被挂起,并且无限制地等待下去。

② WAIT FOR 语句。WAIT FOR 语句的书写方式如下:

WAIT FOR 时间表达式;

例如:

WAIT FOR 100 NS;

当进程执行到 WAIT FOR 语句时,进程被挂起,直到指定的等待时间结束,进程继续执行等待语句后面的语句。

2. 测试基准分析

测试基准同样也是一个 VHDL 代码文件,其书写结构和设计单元 VHDL 描述基本相同,都包括顶部的库、程序包和配置说明、实体说明、结构体等。但测试基准毕竟还是以产生激励波形为目的的,因此有些地方和一般的设计单元 VHDL 描述略有区别。

(1) 实体说明

在一般设计单元的实体说明中,除了实体名外,还要有端口列表,也就是对外部引脚信号的名称、数据类型以及输入/输出方向的描述。而在测试基准中,由于被测单元端口已经在设计单元中定义过了,因此测试基准的实体说明就可以简单写成:

ENTITY 测试程序名 IS
END 测试程序名;

例如:

ENTITY TB_CLK_DIV IS
END TB_CLK_DIV;

这里的测试程序名以及接下来的结构体名都可以单独定义,不需要和设计单元中的实体名和结构名相同。

(2) 元件例化语句

从例程 2 中可以看出,在测试基准中出现了这样的语句结构:

① COMPONENT CLK_DIV
PORT(
　　CLK:IN STD_LOGIC;
　　RST:IN STD_LOGIC;
　　CLK_2D:OUT STD_LOGIC;
　　CLK_4D:OUT STD_LOGIC;
　　CLK_8D:OUT STD_LOGIC;
　　CLK_16D:OUT STD_LOGIC);
END COMPONENT;

② TEST:CLK_DIV
PORT MAP(CLK, RST, CLK_2D, CLK_4D, CLK_8D, CLK_16D);

这是元件例化语句的两个部分。在测试基准中,①部分中的 COMPONENT 语句将设计好的设计单元定义为一个元件,并且端口说明和设计单元中实体说明的端口说明相同,定义的元件名和实体名也相同。②部分中的功能是利用映射语句将定义的元件与当前设计单元中的指定端口相连,保证编写的激励信号可以传递给相应的输入端口。

元件例化语句的一般格式如下:

COMPONENT 元件名
　　GENERIC(类属表);
　　PORT(端口名);
END COMPONENT 元件名;
例化名:元件名 GENERIC MAP(参数表)
　　PORT MAP(信号表);

(3) 其他说明

在例程 2 中,测试时钟信号由一个进程给出:

PROCESS
　　BEGIN
　　WAIT FOR 50 NS;CLK<=NOT CLK;
　END PROCESS;

这是一个无限循环执行的进程,在前面已经给 CLK 信号赋初值为高电平,每次执行时,进程挂起 50 ns 后,CLK 信号取反,然后进行下一次挂起;也就是说每个电平值持续 50 ns,这样就形成了一个周期为 100 ns 的时钟信号。

复位信号由下面的语句给出:

RST<='0' AFTER 200ns;

前面已经给 RST 信号赋初值为高电平,高电平持续 200 ns 后 RST 信号变为低电平,在高电平时间段内对各信号进行复位操作。

(4) 测试基准实例(见例程 3 和例程 4)

【例程 3】

```
LIBRARY IEEE;
USE IEEE.STD_LOGIC_1164.ALL;
USE IEEE.STD_LOGIC_ARITH.ALL;
USE IEEE.STD_LOGIC_UNSIGNED.ALL;
ENTITY CLK_6D IS
    PORT ( CLK:IN STD_LOGIC;
           RST:IN STD_LOGIC;
           CLK_OUT:OUT STD_LOGIC);
END CLK_6D;

ARCHITECTURE EXAMPLE OF CLK_6D IS
SIGNAL TEMP :STD_LOGIC;
BEGIN
PROCESS(CLK)
        VARIABLE COUNT6D :INTEGER RANGE 0 TO 15;
        CONSTANT SIGN: INTEGER: = 2;
    BEGIN
        IF(RST = '1') THEN
                TEMP <= '0';
        ELSIF ( CLK'EVENT AND CLK = '1') THEN
            IF( COUNT6D = SIGN) THEN
                COUNT6D: = 0;
                TEMP <= NOT TEMP;
            ELSE
                COUNT6D: = COUNT6D + 1;
            END IF;
        END IF;
    END PROCESS;
    CLK_OUT <= TEMP;
END EXAMPLE;
```

测试基准:

```
LIBRARY IEEE;
USE IEEE.STD_LOGIC_1164.ALL;
```

```vhdl
USE IEEE.STD_LOGIC ARITH.ALL;
USE IEEE.STD_LOGIC UNSIGNED.ALL;

ENTITY TB_CLK_6D IS
END TB_CLK_6D;
ARCHITECTURE TESTBENCH OF TB_CLK 6D IS
COMPONENT CLK_6D
    PORT(
        CLK:IN STD_LOGIC;
        RST:IN STD_LOGIC;
        CLK_OUT:OUT STD_LOGIC);
END COMPONENT;

SIGNAL CLK:STD_LOGIC:='1';
SIGNAL RST:STD_LOGIC:='1';
SIGNAL CLK_OUT:STD_LOGIC;

BEGIN

PROCESS
    BEGIN
    WAIT FOR 50 NS; CLK <= NOT CLK;
END PROCESS;

RST <= '0' AFTER 200 NS;
    TEST:CLK_6D
    PORT MAP(CLK, RST, CLK_OUT);

END TESTBENCH;
```

【例程 4】

```vhdl
LIBRARY IEEE;
USE IEEE.STD_LOGIC_1164.ALL;
USE IEEE.STD_LOGIC_ARITH.ALL;
USE IEEE.STD_LOGIC_UNSIGNED.ALL;

ENTITY CLK_10D IS
    PORT ( CLK: IN STD_LOGIC;
           RST: IN STD_LOGIC;
           CLK_OUT: OUT STD_LOGIC);
END CLK_10D;

ARCHITECTURE EXAMPLE OF CLK_10D IS
SIGNAL TEMP: STD_LOGIC;
BEGIN
```

```vhdl
PROCESS (CLK)
     VARIABLE COUNT10D: INTEGER RANGE 0 TO 7;
     CONSTANT SIGN: INTEGER: =4;
  BEGIN
     IF (RST = '1' ) THEN
        TEMP <= '0';
     ELSIF ( CLK' EVENT AND CLK = '1') THEN
        IF (COUNT10D: SIGN) THEN
           COUNT10D: =0;
           TEMP <= NOT TEMP;
        ELSE
           COUNT10D: = COUNT10D + 1 ;
        END IF;
     END IF;
  END PROCESS;
  CLK _ OUT <= TEMP;
END EXAMPLE;
```

测试基准:
```vhdl
LIBRARY IEEE;
USE IEEE. STD _ LOGIC _ 1164. ALL;
USE IEEE. STD _ LOGIC _ ARITH. ALL;
USE IEEE. STD _ LOGIC_ UNSIGNED. ALL;

ENTITY TB CLK 10D IS
END TB _ CLK _ 10D;

ARCHITECTURE TESTBENCH OF TB CLK 10D IS
COMPONENT CLK 10D
PORT (
    CLK: IN STD _ LOGIC;
    RST: IN STD _ LOGIC;
    CLK _ OUT: OUT STD _ LOGIC);
END COMPONENT;

SIGNAl CLK: STD_LOGIC: ='1';
SIGNAL RST: STD_LOGIC: ='1';
SIGNAL CLK OUT: STD_LOGIC;
BEGIN
PROCESS
   BEGIN
     WAIT FOR 50 NS; CLK <= NOT CLK;
END PROCESS;
RST <= '0' AFTER 200 NS;
  TEST: CLK _ 10D
```

```
PORT MAP (CLK, RST, CLK_OUT );
END TESTBENCH;
```

2.32.4 一个功能仿真实例

前面已经对仿真工具软件 ModelSim 的功能以及测试基准的 VHDL 写法进行了介绍,下面将通过完整的仿真流程来说明 ModelSim 仿真的一般流程和具体方法。

ModelSim 是一个独立的仿真工具,仿真可以在 ModelSim 环境下直接进行。一般的仿真流程包括基本仿真流程和工程仿真流程两种。图 2-186 所示为两种仿真流程的一般流程图,可以很容易地看出两者的相同点和不同点。

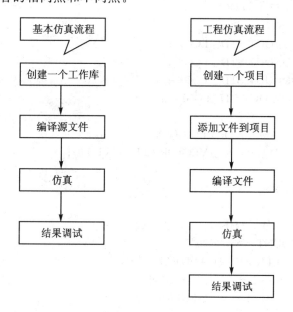

图 2-186 仿真流程

1. 基本仿真流程

(1) 什么是基本仿真流程

① 创建工作库。在仿真过程中,所有的设计文件(包括测试基准文件)都要编译到一个库中,因此在编译之前,首先要建立一个工作库。

② 编译。在所建立的工作库中编译所有的设计文件,如果设计文件有语法错误或者有不合规则的设计语句,编译结果将报错,显示在脚本区。需要修改设计文件后重新编译,直到编译通过。

③ 仿真。编译通过后,对工作库中编译后的测试文件运行仿真。如果设计在仿真器中加载成功,仿真时间将停留在 0 时刻,此时给出仿真时间指令,仿真将运行。

④ 结果调试。通过把仿真结果添加到波形窗口或其他窗口,可查看仿真结果。如果结果和设计要求相符,则仿真成功,否则就需要对设计文件进行修改。

(2) 一个基本仿真流程示例

① 将设计文件 CLK_DIV 和仿真文件 TB_CLK_DIV 放在同一目录下,设计文件具体内容如例程 5 所示。

【例程 5】

```vhdl
CLK_DIV
LIBRARY IEEE;
USE IEEE.STD_LOGIC_1164.ALL;
USE IEEE.STD_LOGIC_ARITH.ALL;
USE IEEE.STD_LOGIC_UNSIGNED.ALL;

ENTITY CLK_DIV IS
    PORT ( CLK: IN STD_LOGIC;
           RST: IN STD_LOGIC;
           CLK_2D: OUT STD_LOGIC;
           CLK_4D: OUT STD_LOGIC;
           CLK_8D: OUT STD_LOGIC;
           CLK_16D: OUT STD_LOGIC);
END CLK_DIV;
ARCHITECTURE EXAMPLE OF CLK_DIV IS
SIGNAL COUNT: STD_LOGIC_VECTOR (3 DOWNTO 0);
BEGIN
    PROCESS (CLK)
    BEGIN
        IF (RST = '1') THEN
            COUNT <= "0000";
        ELSIF ( CLK'EVENT AND CLK= '1') THEN
          IF ( COUNT = "1111" ) THEN
              COUNT <= (OTHERS => '0');
          ELSE
              COUNT <= COUNT + '1';
          END IF;
        END IF;
    END PROCESS;
    CLK_2D <= COUNT (0);
    CLK_4D <= COUNT (1);
    CLK_8D <= COUNT (2);
    CLK_16D  = COUNT (3);
```

测试基准 TB_CLK_DIV

```vhdl
END EXAMPLE;
LIBRARY IEEE;
USE IEEE.STD_LOGIC_1164.ALL;
USE IEEE.STD_LOGIC_ARITH.ALL;
```

```
USE IEEE.STD_LOGIC_UNSIGNED.ALL;

ENTITY TB_CLK_DIV IS
END TB_CLK_DIV;

ARCHITECTURE TESTBENCH OF TB_CLK_DIV IS
COMPONENT CLK_DIV
  PORT(
    CLK: IN STD_LOGIC;
    RST: IN STD_LOGIC;
    CLK_2D: OUT STD_LOGIC;
    CLK_4D: OUT STD_LOGIC;
    CLK_8D: OUT STD_LOGIC;
    CLK_16D: OUT STD_LOGIC);
END COMPONENT;

SIGNAL CLK: STD_LOGIC: = '1';
SIGNAL RST: STD_LOGIC: = '1';
SIGNAL CLK_2D: STD_LOGIC;
SIGNAL CLK_4D: STD_LOGIC;
SIGNAL CLK_8D: STD_LOGIC;
SIGNAL CLK_16D: STD_LOGIC;

BEGIN
PROCESS
  BEGIN
    WAIT FOR 50 NS; CLK <= NOT CLK;
END ROCESS;
RST <= '0' AFTER 200 NS;
  TEST: CLK_DIV
PORT MAP (CLK, RST, CLK_2D, CLK_4D, CLK_8D, CLK_16D);
END TESTBENCH;
```

② 更改路径。在 ModelSim 主窗口中选择 File→Change Directory 命令，改变默认目录到存放设计文件和仿真文件的目录。

③ 创建工作库。在主窗口中选择 File→New→Library 命令，打开创建工作库对话框，默认的库名为 work。单击 OK 按钮完成库的创建以及映射。ModelSim 将在当前目录下创建一个名为 work 的库文件夹，并在其中产生一个_info 的文件。在整个过程中，不要对这个文件进行编辑。

④ 编译源文件。在主窗口中选择 Compile→Compile 命令，或者在工具栏中单击 按钮打开编译文件对话框。选中所有设计文件，单击 Compile 按钮进行编译。在主窗口的脚本区将出现编译结果，如果有错误，将出现红色提示。单击 Done 按钮可以关闭对话框。编译成功后，在主窗口的工作区点击 work 库左边的"＋"号可以看到库中编译成功的两个设计单元 clk_div 和 tb_clk_div。

⑤ 运行仿真。双击测试设计单元 tb_clk_div 加载设计仿真，此时主窗口工作区会出现 sim 标签和 File 标签，列于 Library 标签右侧。单击 sim 标签显示设计的层次，File 标签中显示设计包含的文件。

⑥ 右击 sim 标签中的测试设计单元，选择 Add→Add to Wave 命令，将把设计中的信号添加到波形窗口中。然后在脚本区 VSIM 提示符后输入仿真运行时间命令，例如 run 10μs，波形窗口中将出现仿真波形，如图 2-187 所示。或者在主窗口工具栏单击 按钮，仿真将运行默认的 100 ns。单击 按钮，仿真将连续执行直到执行了一个中断或者遇到一个 $stop 命令。单击 按钮可以执行中断。

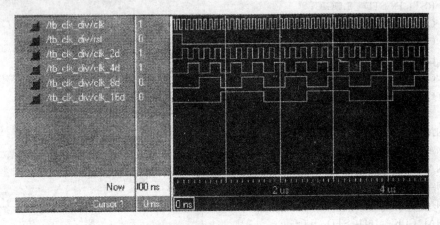

图 2-187　波形窗口仿真结果

2. 工程仿真流程

工程仿真流程是使用最多的一种仿真流程。在工程仿真流程中可以很方便地对工具进行各种设置，便于交互以及调试。工程仿真流程和基本仿真流程相比主要有以下区别：

① 每次启动仿真器总会打开上次运行的工程，除非工程已经关闭；

② 创建一个新工程时会自动生成一个 work 工作库，不需要单独创建。

工程仿真流程如下：

① 将设计文件 clk_div 和仿真文件 tb_clk_div 放在同一目录下。

② 更改路径。在 ModelSim 主窗口中选择 File→Change Directory 命令，改变默认目录到存放设计文件和仿真文件的目录。

③ 创建一个工程。在主窗口中选择 File→New→Project 命令，打开创建工程对话框。输入工程名，默认的工作库名为 work，单击 OK 按钮完成工程创建。

此时将会出现一个添加项目到工程的对话框。

单击 Add Existing File，将会出现添加文件到工程的对话框。单击 Browse 按钮，选中所有设计文件，单击 OK 按钮。

④ 此时在主窗口工作区的 Project 标签内显示所加入的文件，选择 Compile→Compile all 命令对文件编译，文件后面出现绿色的对号表示编译通过。Library 标签里将显示编译后的设计单元。

下面的步骤和基本仿真流程中的第⑥步完全相同，不再赘述。

2.33 宏器件及其调用

2.33.1 宏器件

ISP Synario System 有一个较为完善的宏器件库。宏器件（MACRO）在书中通常简称为宏，是一组预先编好并存放在库中的逻辑方程，每个宏器件代表一个逻辑模块，在设计时可作为逻辑器件调用。Lattice 系统库中的标准宏有 200 多个，其功能与 7400 系列 TTL 电路相似，表 2-40 列出了几个常用的例子。

表 2-40 常用 Lattice 系统宏举例

宏 名	等效 TTL	说 明	占用 GLB 数
C_2AND0	7408	2 输入与门	1/4
G_2XOR0	7486	2 输入异或门	1/4
FJK21	74112	具有异步清零端的 JK 触发器	1/4
CBU34	74161	有复位端的 4 位可预置二进制计数器	1+1/4
BIN27	74247	BCD/七段译码器	2
SRR38	74166	8 位并行置数串行输出移位寄存器	2
ADDF4	74283	有超前进位的 4 位全加器	4+1/4

在设计中使用宏可以节省设计输入时间，同时也避免了描述一个模块过程中因要输入许多行方程而容易造成错误的现象，因而在设计输入时宜尽量用宏。

图 2-188 是 Lattice 系统宏 CBD34 的样式。它是一个用 ABEL 语言编写的 4 位二进制减法计数器。其中，Q3～Q0 是计数器的 4 个触发器，CAO 是其级联输出，对减法计数器而言，CAO 是低位向高位的借位。当 Q3～Q0 处于全 0 状态，且 CAI=1 时，CAO=1；CAI 是级联输入，当 CAI=1 时，计数器方才执行计数功能。其他几个输入 CLK，CD，EN 和 PS 的功能分别为时钟、异步清除、计数使能和同步置 1（4 个触发器全部置 1）。LD 是并行置数控制端，当 LD=1 时，将 D3～D0 端送入的数据分别置入计数器 Q3～Q0（同步）。

节点 TMF3～TMP0，N3～N0，T3～T0 都是宏内的中间信号，其含义如图 2-188 中方程所述。

```
MODULE CBD34
CAI,CLK,CD,EN,PS        PIN;
D3..D0,LD               PIN;
CAO                     PIN   ISTYPE 'COM';
Q3..Q0                  PIN   ISTYPE 'REG,BUFFER';
TMP3..TMP0              NODE  ISTYPE 'COM,XOR';
N3..N0                  NODE  ISTYPE 'COM';
T3..T0                  NODE  ISTYPE 'COM';
PLSI PROPERTY           'LXOR2 TMP0';
PLSI PROPERTY           'LXOR2 TMP1';
PLSI PROPERTY           'LXOR2 TMP2';
PLSI PROPERTY           'LXOR2 TMP3';

EQUATIONS
[Q3..Q0].CLK = CLK;
[Q3..Q0].AR = CD;

T0 = (! LD & CAI & EN);
N0 = ((D0 & LD) # T0 # PS);
TMP0 = N0 $ (Q0.Q & ! LD & ! PS);
Q0.D = TMP0;

T1 = T0 & ! Q0.Q;
N1 = ((D1 & LD) # T1 # PS);
TMP1 = N1 $ (Q1.Q & ! LD & ! PS);
Q1.D = TMP1;

T2 = T1 & ! Q1.Q;
N2 = ((D2 & LD) # T2 # PS);
TMP2 = N2 $ (Q2.Q & ! LD & ! PS);
Q2.D = TMP2;

T3 = T2 & ! Q2.Q;
N3 = ((D3 & LD) # T3 # PS);
TMP3 = N3 $ (Q3.Q & ! LD & ! PS);
Q3.D = TMP3;

CAO = ! Q3.Q & ! Q2.Q & ! Q1.Q & ! Q0.Q & CAI & EN;

END
```

图 2-188 宏 CBD34 的样式

2.33.2 调 用

调用宏通常采用原理图输入方式,即将这些宏做成电路符号,然后像逻辑元件那样画在原理图中,并绘出它们之间的连线以及各个输入/输出缓冲电路。由于这些宏在原理图上只是一些方框形的符号,没有涉及其内部逻辑,因而把这样的原理图称为顶层原理图。而把单纯由门和触发器等基本逻辑器件构成的原理图称为底层原理图。(注:在 ISP Synario System 符号库中,各个宏的符号虽然具备,画原理图时可以调用,但每个宏的逻辑描述文件与符号间是相互独立的,需要另行定义或调用。)

在 ISP Synario System 中自建宏模块是十分方便的,无论用原理图输入方式还是用语言输入方式编写一个模块的源文件后,只要将其调入当前设计项目中,同时用顶层设计文本描述其端口连接关系,就能将自建宏模块的逻辑连接到顶层逻辑中去。凡是在顶层设计中用到的模块符号,ISP Synario System 都自动将它收入 LOCAL 宏库中,供当前设计项目中反复调用。

2.34 ispPAC 的增益调整方法

每片 ispPAC10 器件是由 4 个 PAC 块组成的,图 2-189 所示的是 PAC Block 的基本结构。

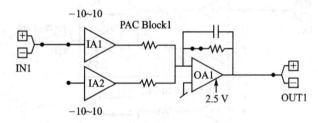

图 2-189　PAC Block 结构示意图

每个 PAC Block 由一个差分输出的求和放大器(OA1)和两个具有差分输入的、增益为 ±1~±10 以整数步长可调的仪用放大器组成。输出求和放大器的反馈回路由一个电阻和一个电容并联组成。其中,电阻回路有一个可编程的开关控制其开断;电容回路中提供了 120 多个可编程电容值,以便根据需要构成不同参数的有源滤波器电路。

2.34.1　通用增益设置

通常情况下,PAC Block 中单个输入仪用放大器的增益可在 ±1~±10 的范围内按整数步长进行调整。如图 2-190 所示,将 IA1 的增益设置为 4,则可得到输出 V_{OUT1} 相对于输入 V_{IN1} 为 4 的增益;将 IA1 的增益设置为 -4,则可得到输出 V_{OUT1} 相对于输入 V_{IN1} 为 -4 的增益。

设计中如果无需使用输入仪用放大器 IA2,则可在图 2-190 的基础上加以改进,得到最大增益为 ±20 的放大电路,如图 2-191 所示。

在图 2-191 中,输入放大器 IA1、IA2 的输入端直接接信号输入端 IN1,构成加法电路,整个电路的增益 OUT1/IN1 为 IA1 和 IA2 各自增益的和。

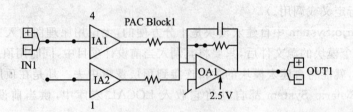

图 2-190 增益为 4 的 PAC 块配置图

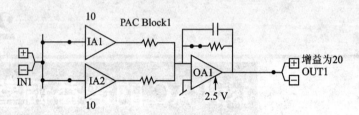

图 2-191 增益为 20 的 PAC 块配置图

如果要得到增益为 ±20 的放大电路,可以将多个 PAC Block 级联。图 2-192 所示的是增益为 40 的连接方法。

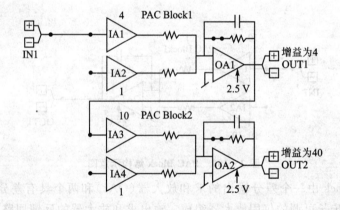

图 2-192 增益为 40 的 PAC Block 配置图

图 2-192 中使用了两个 PAC Block:IA1,IA2 和 OA1 为第一个 PAC Block 中的输入/输出放大器,IA3,IA4 和 OA2 为第二个 PAC Block 中的输入/输出放大器。第一个 PAC Block 的输出端 OUT1 接 IA3 的输入端。这样,第一个 PAC Block 的增益 $G_1=V_{OUT1}/V_{IN1}=4$,第二个 PAC Block 的增益 $G_2=V_{OUT2}/V_{OUT1}=10$。整个电路的增益 $G=V_{OUT2}/V_{IN1}=G_1 \times G_2=4 \times 10=40$。

如果将第二个 PAC 块中的输入放大器组成加法电路,那么可以用另一种方式构成增益为 40 的放大电路,如图 2-193 所示。

如果要得到非 10 的倍数的整数增益,例如增益 $G=47$,可使用如图 2-194 所示的配置方法。

在图 2-194 中,IA3 和 IA4 组成加法电路,因此有以下关系:

$$V_{OUT1} = 4 \times V_{IN1}, \quad V_{OUT2} = 10 \times V_{OUT1} + 7 \times V_{IN1}$$

整个电路增益为

$$G = V_{OUT2}/V_{IN1} = 47$$

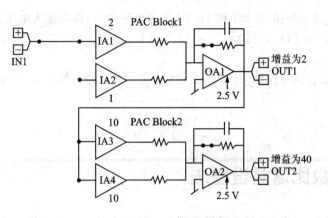

图 2-193 增益为 40 的另一种 PAC Block 配置图

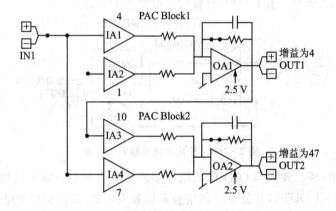

图 2-194 增益为 47 的 PAC Block 配置图

2.34.2 分数增益的设置法

除了各种整数倍增益外,配合适当的外接电阻,ispPAC 器件可以提供增益为任意分数倍的放大电路。例如,想得到一个 5.7 倍的放大电路,可按图 2-195 所示的电路设计。

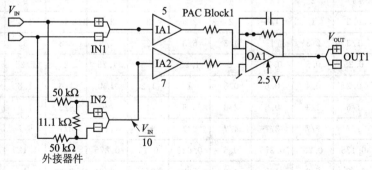

图 2-195 增益为 5.7 的 PAC Block 配置图

图 2-195 中，通过外接 50 kΩ 和 11.1 kΩ 的电阻分压，得到输入电压：

$$V_{IN2} = [11.1/(50+50+11.1)]V_{IN} = 0.099\,9V_{IN} \approx V_{IN}/10$$

而

$$V_{OUT1} = 5 \times V_{IN} + V_{IN2} = 5 \times V_{IN} + 7 \times (V_{IN}/10) = 5.7V_{IN}$$

因此

$$G = V_{OUT1}/V_{IN} = 5.7$$

2.34.3 整数比增益设置法

运用整数比技术，ispPAC 器件提供给用户一种无需外接电阻而获得某些整数比增益的电路，如增益为 1/10，7/9 等。图 2-196 是整数比增益技术示意图。

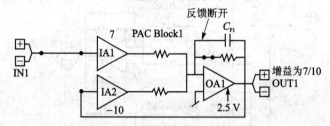

图 2-196 整数比增益技术示意图

在图 2-196 中，输出放大器 OA1 的电阻反馈回路必须开路。输入仪用放大器 IA2 的输入端接 OA1 的输出端 OUT1，并且 IA2 的增益需设置为负值，以保持整个电路的输入、输出同相。在整数比增益电路中，假定 IA1 的增益为 G_{IA1}，IA2 的增益为 G_{IA2}，整个电路的增益为 $G=-G_{IA1}/G_{IA2}$。若在图 2-196 中选取 $G_{IA1}=7$，$G_{IA2}=-10$，则整个电路增益为 $G=0.7$。在采用整数比增益电路时，若发现有小的高频毛刺影响测量精度，则需稍稍增大 C_{F1} 的电容值。为方便读者查询，表 2-41 列出了所有的整数比增益值。

表 2-41 IA2 作为反馈单元的整数比增益

IA2	IA1									
	1	2	3	4	5	6	7	8	9	10
−1	1	2	3	4	5	6	7	8	9	10
−2	0.5	1	1.5	2	2.5	3	3.5	4	4.5	5
−3	1/3	2/3	1	4/3	5/3	2	7/3	8/3	3	10/3
−4	0.25	0.5	0.75	1	1.25	1.5	1.75	2	2.25	2.5
−5	0.2	0.4	0.6	0.8	1	1.2	1.4	1.6	1.8	2
−6	1/6	1/3	0.5	2/3	5/6	1	7/6	4/3	1.5	5/3
−7	1/7	2/7	3/7	4/7	5/7	6/7	1	8/7	9/7	10/7
−8	0.125	0.25	0.375	0.5	0.625	0.75	0.875	1	1.125	1.25
−9	1/9	2/9	1/3	4/9	5/9	2/3	7/9	8/9	1	10/9
−10	0.1	0.2	0.3	0.4	0.5	0.6	0.7	0.8	0.9	1

2.35 数字系统的描述方法

2.35.1 寄存器传输语言

寄存器传输语言是把寄存器作为数字系统的基本单元,用一组表达式简明精确地描述寄存器之间的信息传递和处理过程。

在寄存器传输语言中,用大写英文字母表示寄存器,也可以用图形表示一个寄存器,如图 2-197 所示。下面介绍其基本语句。

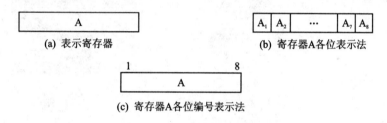

图 2-197 寄存器方框图表示法

传送语句:

$P: A \leftarrow B$

该语句表示在控制函数 P 的控制下,寄存器 B 的内容传输给寄存器 A。当在一个时钟周期内需完成多个传送操作时,可用多个并行传送语句,用","分隔,如

$P1: A \leftarrow B, P2: C \leftarrow D$

· 无条件转移语句:

$T1: A \leftarrow B, T1 \rightarrow T5$

该语句表示在时间变量 T1 的激励下,执行完 A ← B 后,无条件地转入执行 T5。

条件转移语句:

$T1S: A \leftarrow B, T1 \rightarrow T5$

$T1\overline{S}: T1 \rightarrow T5$

该语句表示若 S=1,则先执行 A ← B,再执行 T1 → T5;若 S≠1,则执行下一条语句,即 S=0,由 T1 直接转移到执行 T5 语句。

1. 算术操作

基本的算术操作是加减运算。

加法语句：

A ← A+B

减法语句：

A ← A−B

2. 逻辑操作

逻辑操作是两个寄存器对应位之间的逻辑运算。

与运算：

F ← A∨B

或运算：

F ← A∧B

非运算：

F ← $\bar{S}$

同或运算：

F ← A⊙B

异或运算：

F ← A⊕B

由于控制函数中不包括加、减运算，故在控制函数中，仍用"·"和"＋"表示与和或运算。

3. 移位操作

移位操作实际上是寄存器的传输操作，数据可通过每次移动一位来串行移入、移出寄存器。移位后，寄存器内容被更新。移位操作分为左移、右移两种。

左移语句：

A ← SLA

右移语句：

A ← SRA

2.35.2 算法状态机图

算法状态机图（ASM 图，Algorithmic State Machine Chart）是硬件算法的符号表示，可方

便地表示数字系统的时序操作。ASM图不同于算法流程,它是一种时钟驱动的流程图。ASM图不仅可以用来描述控制器的控制过程,还指明了在被控制器的控制过程中应该实现的操作。因此,可以说ASM图定义了整个数字系统。

1. ASM图符号

ASM图由3种基本符号组成:状态框、判断框和条件输出框。

(1) 状态框

ASM图状态框用一个矩形框表示,状态框内定义了此状态实现的寄存器传输操作和输出。状态框的左上角标明状态的名称,右上角标明分配给该状态的二进制代码,如图2-198(a)所示。

(2) 判断框

判断框又称为条件分支框,用一个菱形框表示,如图2-198(b)所示。框中内容是被检验的判断变量和判断条件。其中的判断变量可以是状态变量,也可以是外输入变量;变量的个数可以是一个,也可以是多个;变量的作用可以同等重要,也可以有优先级顺序。

(3) 条件输出框

条件输出框用一个圆角矩形框表示,如图2-198(c)所示。条件输出框的输入必须与判断框的某一分支的输出相连。条件输出框中所规定的操作必须在条件满足时才进行。

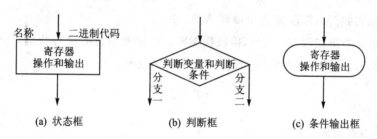

图 2-198 ASM图的基本符号

2. ASM块

ASM图具有时间序列,ASM图状态由现态转到次态,转移是在时钟信号的控制下实现的。一个ASM图可以由若干个ASM块组成。一个ASM块表示一个时钟周期内的系统状态。每个ASM块必定包含一个状态框,可能还有几个同它相连的判断框和条件框。整个ASM块有一个入口和几个判断模式构成的出口。图2-199中的虚线内就是由状态框T1组成的ASM块。仅包含一个状态框,而无任何判断框和条件框的ASM块是一个简单块。

ASM图类似于状态图。一个ASM块等效于状态图中的一个状态,图2-199的ASM块可转换成图2-200的状态图。

状态图中定义一个控制器,而ASM图除了定义一个控制器以外,还指明在被控制的数据处理器中应实现的操作。从这个意义理解,ASM图定义了整个数字系统。

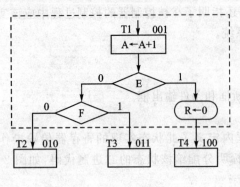

图 2-199 ASM 块

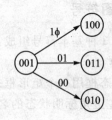

图 2-200 与图 2-199 等效的状态图

3. ASM 图的建立

算法流程图规定了为完成某项设计任务,系统应进行的判断和操作,以及判断和操作的顺序;ASM 图规定了为完成这些判断和操作所需的时间和控制器应输出的信号。由算法流程图导出 ASM 图的关键是安排状态。安排状态的原则有三点:在算法的起点安排一个状态;为不能同时实现的寄存器操作分配不同的状态;在受寄存器操作影响的判断处安排一个状态。

下面举例说明如何由算法流程图得到 ASM 图。

设计一个串行数据接收器(8 位),接收按 RS232C 标准编程的串行数据,并输出接收到的数据。奇偶检测信号指明接收到的信息是否存在奇偶误差。

输入:X;

输出:Z,C 和 P。

P=0:没检测到奇偶误差;

P=1:检测到奇偶误差;

C=0:输出 Z 无效;

C=1:输出 Z 有效。

数据处理器中应包含下列寄存器:为接收 8 位输入数据的寄存器 R;奇偶标志触发器 P;输出标志触发器 C;记录接收到几位数据的计数器 CNT。

设接收器与收到的信息同步工作。接收器观察来自数据传输通道的信息,当接收到起始位信号时,数据传输开始。首先将 CNT,P 和 C 清零,然后开始记录收到的信息。每当收到 1 位信号,计数器 CNT 加 1。接收到 8 位信号后,将输出标志 C 置 1。如果存在奇偶误差,则将奇偶标志 P 置 1。串行数据接收器算法流程图如图 2-201 所示。根据安排状态的原则,可将该算法流程图转换成如图 2-202 所示的 ASM 图。

在 ASM 图中,S1,S2 和 S3 分别与算法流程图条件框中的条件相对应。T0 状态框表示在算法的起点安排一个状态,S1 状态表示清零和比较操作在不同的状态完成。

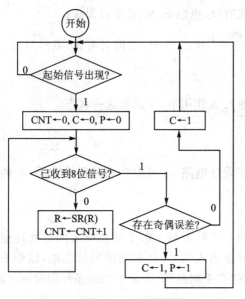

图 2-201　串行数据接收器算法流程图

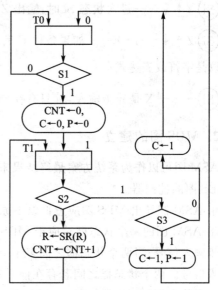

图 2-202　串行数据接收器 ASM 图

2.35.3　备有记忆文档的状态图

备有记忆文档的状态图（MDS 图，Mnemonic Document State Diagrams），又称助记状态图。MDS 图可以描述出整个数字系统的逻辑关系，并且与硬件有良好的对应关系。MDS 图可以清楚地反映出所要设计部分的电路应提供的状态数、各个状态之间转换必须符合的输入信号条件、何时产生输出信号以及输出信号的输出方式等，依照 MDS 图可以方便地设计出符合数字系统要求的逻辑电路。

MDS 图与一般的数字电路中时序电路的状态转换图极为相似，但状态转换图只能针对某一局部电路设计，而不能描述出整个数字系统的逻辑关系。

1. MDS 图说明

MDS 图用圆圈表示状态，用定向线表示状态转换方向，圆圈内的符号表示状态名称，圆圈外的符号或逻辑表达式表示输出，定向线旁的符号或逻辑表达式表示状态转换条件。状态的转换必须在系统时钟有效沿的作用下实现。

(Si)——状态 S_i；

(Si)→(Sj)——状态 S_i 无条件地转换到状态 S_j；

(Si)$\xrightarrow{X}$(Sj)——状态 S_i 转换到状态 S_j，X 为转换条件，可以是一个输入变量或表达式；

(Si) Z↑——进入状态 S_i 时，输出 Z 变为有效；

(Si) Z↓——进入状态 S_i 时，输出 Z 变为无效；

Ⓢi Z↑↓ ——进入状态 Si 时,输出 Z 变成有效,退出 Si 时,Z 变成无效;

Ⓢi Z↑↓=Si·E——如果条件 E 满足,则进入状态 Si 时,输出 Z 有效,退出时,Z 无效,E 可以是字符或表达式;

Ⓢi →X ——X 是异步输入,Si 只有在异步输入 X 作用下,才退出这一状态。

2. MDS 图的建立

ASM 图可以作为系统方案最终结果来直接设计电路,也可以作为阶段性成果,转换成设计 MDS 图的控制器。

由 ASM 图导出 MDS 图应遵循以下原则:

① ASM 图的一个状态框对应于 MDS 图的一个状态圆。两个状态框之间只允许存在一个异步输入信号;当两个状态框之间多于一个异步输入信号时,必须增加状态框,以免丢失异步输入信号。两个状态框之间若存在前后连续的多个判断框,则表示判断条件同时满足时,转入下一个状态框。

② ASM 图的判断框对应 MDS 图中的分支,其中判断变量是转换条件或分支条件的一部分或全部。两个状态圆之间只允许有一个分支。

③ ASM 图中的条件输出和 MDS 图中的条件输出相对应。条件输出信号标注在当前状态圆旁边。

④ ASM 图条件输出框中的信息就是 MDS 图中对应的状态输出。

2.36

FPGA 系统设计与调试技巧

包含 FPGA 器件的系统设计与通常的电子电路系统相比既有共同点,又有其特殊性。下面介绍含有 FPGA 器件的系统设计调试方法。

2.36.1 典型 FPGA 系统构成及设计流程

FPGA 系统设计时,需要确定电平接口、配置方式、供电方式和时钟分系统等设计问题。

1. 典型 FPGA 系统构成

典型 FPGA 系统包含电源分系统、配置分系统、接口和时钟分系统等组成部分。

① 一般而言，FPGA 器件出于芯片设计、多电平接口的需要，电源都分为两组：VCCINT 和 VCCIO，即内核电源和 I/O 电源。随着芯片内部连线尺度的逐渐减小，核心电源电压和接口电源电压也越来越低。典型的 Cyclone 器件其 VCCINT 为 1.5 V，VCCIO 随应用系统的要求而改变。

② FPGA 器件与 CPLD 器件的工艺不同，掉电后不能保留原来的设计，因此需要把设计内容存储在器件外部的 EEPROM 或者 FLASH 中，这就是配置分系统的来源。配置分系统首先要解决的是配置方式的选择问题。

③ 接口部分可以包括电平转换、标准 CPU 接口等。比如 FPGA 器件的 I/O 电压不能达到 TTL 电平，则需要添加必要的电平转换芯片，即通常指的 Transceiver。又如，驱动 LED 灯等功能的需要是很经常的，但 FPGA 器件的驱动能力不一定能够满足需要，因此提高驱动能力也是设计时需要考虑的问题之一。

④ 时钟设计是 FPGA 设计中的核心问题之一，时钟系统的不稳定和不合理，往往不能发挥器件的全部功能和潜力，严重时还会导致系统失败。对于多时钟、多速率系统，如何做到全局同步设计、保证时延特性和达到设计速率等，对系统成功与否都是极为关键的。

2. FPGA 系统设计流程

FPGA 系统设计流程包括硬件和软件设计流程。

首先确定系统功能，并对关键部分予以仿真。在确定系统功能并划分功能模块之后，根据不同的结构和算法，确定不同的资源消耗。由上述过程可以确定系统设计需要消耗的门数、存储器的大小。根据系统设计要求，对系统时序和时钟速率进行考察和估计，可以确定所需器件的速度级别。根据系统外部接口的要求，确定接口时序和芯片引脚资源消耗情况。在上述过程完成以后，应考虑系统功能和性能的可扩展性，确定器件型号。型号确定之后，需要确定配置方式，因为不同型号的器件，其配置方式是有很大差异的。硬件设计和软件设计可以同时进行。系统设计在经过设计、改进、查错、再设计、再改进、再查错的螺旋形过程后，即可完成系统所有的设计，进入产品生产。

如图 2-203 所示为 FPGA 系统设计流程。

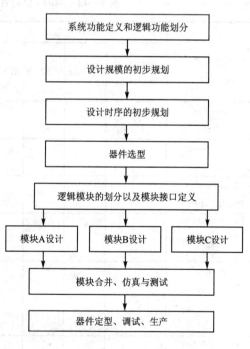

图 2-203 FPGA 系统设计流程

2.36.2 芯片配置方式详解与选择

FPGA 芯片的配置方式根据器件类型的不同而各不相同。一般来说，广义的配置包括直接使用下载电缆对 FPGA 器件进行编程、对外部 EEPROM 和 FLASH 进行编程、使用 MPU 对 FPGA 器件进行编程、外部 EEPROM 和 FLASH 对器件进行编程等。FPGA 器件配置分为三大类：主动配置方式、被动配置方式和 JTAG 配置方式。主动配置由 FPGA 器件引导配置操作过程，它控制着外部存储器和初始化过程。主动配置方式只能通过串行器件进行配置，目标 FPGA 产生控制和同步信号。当配置与被配置器件都准备好时，配置器件将数据送入被配置器件。而被动配置由计算机或控制器控制配置过程，控制器件或者主控器把存储在外部存储器（配置器件、硬盘、RAM 或其他存储器）中的数据送出来。在使用被动配置方式时，可以在 FPGA 正常工作时改变其功能。根据通信时数据线的宽度将被动配置分为并行配置和串行配置两类。JTAG 配置通过 IEEE Std. 1149.1(JTAG)引脚进行编程。

1. 芯片配置方式概述

下面以 Altera 公司的器件为例说明芯片配置的一般结构。Altera 公司的 Stratix，StratixGX，Cyclone，APEX Ⅱ，APEX20K（包括 APEX20KE 和 APEX20KC），Mercury，ACEX1K，FLEX10K（包括 FLEX10KE 和 FLEX10KA），FLEX6000 等系列的器件可以使用 7 种配置方案中的一种或者几种。表 2-42 列出了器件系列与配置方式的对应关系。

表 2-42 Altera 公司各种配置方式及其支持的器件

配置方式	器件系列							
	Stratix, StratixGX	Cyclone	APEX Ⅱ	APEX20K, APEX20KE, APEX20KC	Mercury	ACEX1K	FLEX10K, FLEX10KE, FLEX10KA	FLEX6000
Passive Serial (PS)	√	√	√	√	√	√	√	√
Active Serial (AS)		√						
Fast Passive Parallel (FPP)	√		√					
Passive Parallel Synchronous (PPS)				√	√	√	√	
Passive Parallel Asynchronous (PPA)	√		√	√	√		√	
Passive Serial Asynchronous (PSA)								√
Joint Test Action Group (JTAG)	√	√	√	√	√	√	√	

表 2-43 为各种配置方式的说明。

表 2-43 配置方式的说明

配置方式	典型应用
Passive Serial(PS)	通过加强型配置器件(EPC16,EPC8 和 EPC4)以及 EPC2,EPC1,EPC1441 等配置器件,支持串行同步微处理器接口,USB 口下载电缆 USB Blaster,MasterBlaster 通信电缆,ByteBlasterⅡ并口下载电缆或者 ByteBlasterMV 并口下载电缆
Active Serial(AS)	通过串行配置器件(EPCS1 和 EPCS4)进行配置
Passive Parallel Synchronous(PPS)	通过并行同步微处理器接口进行配置
Fast Passive Parallel(FPP)	通过加强型配置器件或者并行同步微处理器接口进行配置,每个时钟周期下载 8 bit 配置数据。比 PPS 方式快 8 倍
Passive Parallel Asynchronous(PPA)	通过并行异步微处理器接口进行配置。在此方式下,微处理器将目标器件视为存储器
Passive Serial Asynchronous(PSA)	通过串行异步微处理器接口进行配置
Joint Test Action Group(JTAG)	通过 IEEE 1149.1(JTAG)引脚进行配置

2. 配置方式详解

不同配置方式的硬件连接方式和下载电缆也有所不同,因此充分了解各种下载方案的硬件连接关系、下载时序等问题,是选择正确下载方案的基础。了解不同配置方式中各关键引脚的时序关系,有助于解决配置过程中出现的问题。

在被动配置方式下,FPGA 器件的配置数据存储在外部存储器中,上电之后数据被送入 FPGA 器件内,配置完成之后将对器件 I/O 和寄存器进行初始化;初始化完毕之后进入用户模式,即正常工作模式。

如图 2-204 所示为被动配置过程时序图。

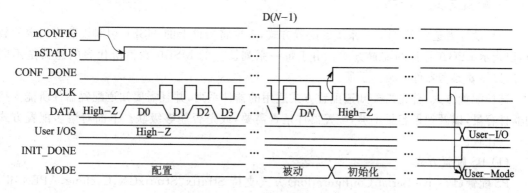

图 2-204 被动配置过程时序图

nCONFIG 信号从低电平转为高电平就开始了配置过程。配置过程分三个阶段:复位(reset)、配置(configuration)和初始化(initialization)。当 nCONFIG 为低电平时,器件处于复位状态。复位状态结束之后,nCONFIG 信号必须处于高电平,便于器件将 nSTATUS 引脚从三态释放出来。一旦 nSTATUS 被释放,即被上拉电阻拉高,FPGA 器件就可以接收配置数据了。在配置阶段,所有的用户 I/O 引脚均处于三态。Stratix,StratixGX,Cyclone,APEX Ⅱ,APEX20K,Mercury,ACEX1K 和 FLEX10KE 器件在 I/O 引脚上带有弱上拉电阻,在配置阶段前和配置阶段中都是有效的。

nCONFIG 和 nSTATUS 必须处于高电平以便配置阶段开始。器件通过其数据引脚接收配置数据，并通过其时钟引脚（DCLK）接收时钟源。在 FPGA 成功地接收完所有的配置数据后，则释放 CONF_DONE 引脚，使该引脚通过上拉电阻被拉高。CONF_DONE 信号从低到高的跃变表明配置阶段已经结束，器件的初始化阶段开始了。INIT_DONE 引脚是可选的，它指明初始化阶段结束，器件进入用户模式。在初始化阶段，内部逻辑、内部寄存器和 I/O 寄存器被初始化，并且 I/O 缓冲器被激活。初始化完成之后，INIT_DONE 信号被释放，立刻被外部上拉电阻拉高。一旦进入用户模式，用户 I/O 引脚的弱上拉电阻将不再有效，将按照用户设计正常工作。

DCLK 引脚、DATA 引脚（FLEX6000）和 DATA0 引脚（Stratix，StratixGX，Cyclone，APEX Ⅱ，APEX20K，Mercury，ACEX1K 和 FLEX10KE）在配置完成以后不能浮空；它们应当被拉高或者拉低，而这在电路板上是相当方便的。将 nCONFIG 信号从高变到低，再变高，就可以开始下一次配置过程。当 nCONFIG 信号被拉低时，nSTATUS 和 CONF_DONE 信号也被拉低，所有的 I/O 引脚处于三态。一旦 nCONFIG 和 nSTATUS 返回高电平，配置阶段就开始了。

上述过程可以从波形图了解，也可以通过下述状态流图来理解，如图 2-205 所示。

主动串行配置方式目前只支持 Cyclone 器件的配置。Altera 公司特别开发了 EPCS1 和 EPCS4 两种串行配置器件，以支持该配置方式。主动串行配置方式的时序关系如图 2-206 所示。

在加电过程中，Cyclone 器件检测到 nCONFIG 由低到高的跳变时，就开始准备配置。而 nSTATUS 引脚被释放，并由上拉电阻拉至高电平以使能 EPCS 器件。由此 Cyclone 器件就用其内部振荡器的时钟，将数据从 EPCS 器件输送到 Cyclone 器件。

3. 配置方式的选择

一旦设计者选定了 FPGA 系统的配置方式，需要将器件上的 MSEL 引脚设置为固定的数值，以指示 FPGA 器件的配置方式。由于每一系列器件的 MSEL 数值所代表的意义是不同的，所以需要参考器件的数据手册。

选择配置方式，首先需要知道配置方式适用的器件系列，并且需要知道配置器件所能支持的器件容量，以及如果容量不够，配置器件是否需要，或是否能够级联。下面对诸多配置方式作逐一比较。

(1) PS 配置方式

PS 配置（Passive Serial Configuration）方式支持 Stratix，StratixGX，Cyclone，APEX Ⅱ，APEX20K，Mercury，ACEX1K，FLEX10K 和 FLEX6000 系列器件。PS 配置可以通过 Altera 下载电缆、Altera 配置器件或者增强型配置器件（诸如微处理器之类的智能主控器）来完成。在 PS 配置期间，配置数据从外部存储器件（例如配置器件或者 FLASH 存储器），通过 DATA 引脚（FLEX6000）或者 DATA0 引脚（Stratix，StratixGX，Cyclone，APEX Ⅱ，APEX20K，Mercury，ACEX1K，FLEX10K）送入 FPGA。配置数据在 DCLK 的上升沿被锁存入 FPGA。1 个时钟周期传送 1 位数据。

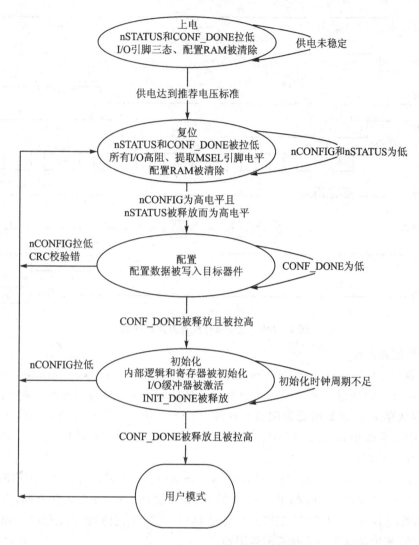

图 2-205 被动配置方式配置流程图

(2) AS 配置方式

AS 配置(Active Serial Configuration)方式目前仅适用于 Cyclone 器件。AS 配置使用 Altera 串行配置器件来完成。在 AS 配置期间，Cyclone 器件处于主动地位，而配置器件处于从属地位。配置数据通过 DATA0 引脚送入 FPGA。配置数据被同步在 DCLK 输入上。1 个时钟周期传送 1 位数据。

(3) PPS 配置方式

PPS 配置(Passive Parallel Synchronous Configuration)方式支持 APEX20K，Mercury，ACEX1K 和 FLEX10K 器件。PPS 配置通过主控器来进行。在 PPS 配置期间，配置数据从存储器件(例如 FLASH 存储器)，通过 DATA[7..0]引脚送入 FPGA 器件。配置数据被同步在 DCLK 输入上。在 DCLK 的第一个上升沿，1 字节的数据被锁存入 FPGA 内，接着的 8 个下降沿用于在 FPGA 内对数据进行串/并变换。

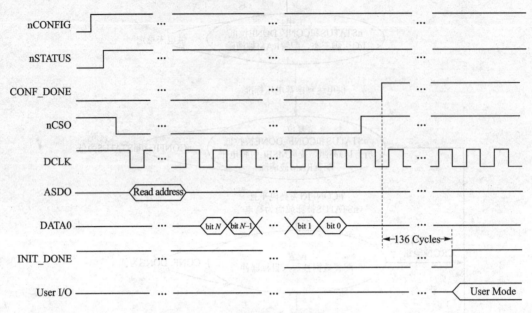

图 2-206 主动串行配置方式时序图

(4) FPP 配置方式

FPP 配置(Fast Passive Parallel Configuration)方式支持 Stratix,StratixGX 和 APEXⅡ器件。FPP 配置可以通过一个 Altera 增强型配置器件或一个主控器来完成。在 FPP 配置期间,配置数据从存储器(例如增强型配置器件或 FLASH 存储器),通过 DATA[7..0]引脚送入 FPGA。配置数据在 DCLK 的上升沿锁存到 FPGA 中。1 个时钟周期传送 1 个字节。

(5) PPA 配置方式

PPA 配置(Passive Parallel Asynchronous Configuration)方式支持 Stratix,StratixGX,APEXⅡ,APEX20K,Mercury,ACEX1K 和 FLEX10K 器件。在 PPA 配置期间,配置数据从存储器(例如配置器件或 FLASH 存储器),通过 DATA[7..0]引脚送入 FPGA。由于该配置方式是异步的,故控制信号用来规范配置周期。

(6) PSA 配置方式

PSA 配置(Passive Serial Asynchronous Configuration)方式支持 FLEX6000 系列器件。PSA 配置可以通过一个主控器来完成。在 PSA 配置期间,配置数据从存储器件(例如配置器件或者 FLASH 存储器),通过 DATA 引脚送入 FPGA。由于该配置方式是异步的,故控制信号用来规范配置周期。

(7) JTAG 配置方式

JTAG 配置(Joint Test Action Group Configuration)方式支持 Stratix,StratixGX,Cyclone,APEXⅡ,APEX20K,Mercury,ACEX1K 和 FLEX10K 器件。JTAG 配置使用 IEEE 1149.1 联合边界扫描接口引脚,支持 JAM STAPL 标准。JTAG 配置可以使用 Altera 下载电缆或主控器来完成。

如果系统中 FPGA 器件不止一个,那么器件级联配置就成为可能。与此同时,受配置器件容量的限制,单片配置器件可能不能配置系统中所有的 FPGA 器件,则配置器件的级联也需要考虑。如果需要在不断电的情况下改变 FPGA 器件的功能,就需要考虑采用主控器控制的配置方案。

2.36.3 系统引脚连接与电源设计要点

在 FPGA 系统中,硬件电路正确工作是一切功能完成的前提。为了保证器件工作的高性能以及高可靠性,必须考虑和遵守工作条件、引脚电压、输出负载、电源管理等要求。

1. 引脚连接

QartusⅡ软件在对一个工程进行编译的过程中,编译器会生成一个引脚资源占用报告(.pin),它提供了用户使用的信号引脚、V_{CC} 和 GND 引脚以及未曾使用的引脚。

V_{CC} 和 GND 引脚自然应该连接到印刷电路板上的 V_{CC} 和 GND 平面上。一个设计中的专用引脚配置成输入引脚时,应当由有源信号来驱动;而部分引脚配置成双向引脚,但这些引脚用做输入时,应当是由信号驱动的。

不用的专用输入和 I/O 引脚可以浮空,但根据设计经验,将此类引脚接入 GND 平面,并在设计文件中将其指定为输入是最为稳妥的;否则,这些引脚可能处在一个不确定的状态,可能增加器件的直流电流并向系统引入噪声。相当多的时候,需要使用额外的测试引脚对器件的内部信号进行测试,而且可以增加系统设计的灵活性。同样,在系统调试的初期,设计者为了减少工作量,对此时尚未用到的 I/O 引脚并不指定。这样做的后果是,在大部分情况下,系统都不会正常地工作。因此,设计者一开始就必须使器件所有用到、未用到的引脚均有确定的状态。

很显然,如果将 I/O 引脚定义为输出,而引脚外部接在 GND 平面上,就会产生冲突,从而损坏输出驱动器和缓冲器之类的结构。

2. 电源设计要点

虽然 FPGA 器件在设计时,已采取措施使产生的噪声和对外界的敏感度最小,但是它同所有 CMOS 器件一样,可能对电源电压的起伏和输入线上的起伏都很敏感,为使这些起伏效应减至最小,系统设计者应当特别注意以下几点。

(1) V_{CC} 和 GND 平面

系统设计者对每块印刷电路板都应尽量采用分开的 V_{CC} 和 GND 平面,从而保证几乎无限的电流吸收能力,起到防止噪声和在印刷电路板上为逻辑信号提供屏蔽的作用。如果不能提供整个平面,那么在整个板上应当使 GND 和 V_{CC} 的走线都尽可能最宽。逻辑信号走线宽度较窄,但窄的走线不适合输送电源电流。

(2) 去耦电容器

在印刷电路板上,每一个 V_{CC} 和 GND 引脚都应当直接连接到 V_{CC} 和 GND 平面上。每一对 V_{CC} 和 GND 引脚都应当接上一个电源去耦电容器,而且要尽可能靠近 FPGA 器件。对于具有很多 V_{CC} 和 GND 引脚的器件,则没有必要为每对引脚都接去耦电容器。而且随着器件封装向 BGA 的转变,电路板的空间越发紧张。去耦的需求与否主要取决于器件中使用的逻辑电路数量、工作频率和输出的开关要求,随着 I/O 数目和开关频率的增加,需要的去耦电容量也增加。

每块印刷电路板都应当具有通用的大容量电解电容器网络,以稳定电源电压。应当把大容量电解电容器安装在紧邻电源线进入印刷电路板的地方。

(3) V_{CC}上升时间

Altera器件内部具有上电复位逻辑。只有在一定的时间内V_{CC}达到推荐的工作范围时,上电复位才会发生。如果上升时间较慢,可能会造成器件初始化不正确和功能失效。因此电源去耦大电容的容量不能过大,以防止充电时间过长而导致上升时间达不到要求。

(4) 电压准确度和压降

在器件手册中,已经给出了器件所能承受的最大工作电压和最小工作电压。对通常使用的DC-DC变换器,电流越大则压降越大,有可能使输出电压超出器件正常工作的界限。特别是对器件的核心电压而言,其允许的范围较小,需要准确的电压基准。设计电路时,需要估计电路板消耗的电流,并估量DC-DC变换器的供电电流和压降能否胜任系统需求。因此在设计时,应当尽量使用大输出电流的稳压块,并选用低压降LDO(LOW DROP OUT)器件。

2.36.4 系统软件设计向导与设计

完整的系统设计包括硬件设计和软件设计。在硬件平台稳定之后,绝大部分的工作量均集中在软件设计上。下面主要通过一个简单的例子来说明软件设计的过程和要点。

1. Quartus Ⅱ 设计向导

Quartus Ⅱ 为 Altera DSP 开发包进行系统模型设计提供了集成设计环境。

Quartus Ⅱ 设计工具完全支持 VHDL,Verilog 的设计流程,其内部嵌有 VHDL,Verilog 逻辑综合器。第三方的综合工具,如 Leonardo Spectrum,Synplify Pro,FPGA Compiler Ⅱ 有着更好的综合效果,因此常常建议使用这些工具来完成 VHDL,Verilog 源程序的综合。Quartus Ⅱ 可以直接调用这些第三方工具。同样,Quartus Ⅱ 具备仿真功能,但也支持第三方的仿真工具,如 ModelSim。此外,Quartus Ⅱ 与 MATLAB 和 DSP Builder 结合可以进行基于 FPGA 的 DSP 系统开发,是 DSP 硬件系统实现的关键 EDA 工具。Quartus Ⅱ 还可与 SOPC Builder 结合,实现 SOPC 系统开发。

本处将以简单的示例详细介绍 Quartus Ⅱ 的使用方法,包括设计输入、综合与适配、仿真测试、优化设计和编程下载等方法。该示例将设计一个直接数字频率合成器(DDS)。

(1) 直接数字频率合成器的基本原理

DDS是指一种以全数字技术为基础,从相位概念出发,直接合成所需波形的一种新的频率合成原理。DDS技术是一种把一系列数字形式的信号,通过数/模转换变成模拟形式的信号合成技术,目前使用最广泛的一种DDS方式是利用高速存储器作查找表,然后通过高速DAC输出已经用数字形式存入的正弦波。

DDS 的主要优点是:相位连续,频率分辨率高,频率转换速度快,以及良好的可复制性能,它以有别于其他频率合成方法的优越性能和特点,成为现代频率合成技术中的佼佼者。DDS广泛用于接收机本振、信号发生器、仪器仪表、通信系统和雷达系统等,尤其适合于跳频无线通信系统。

图 2-207 是 DDS 的基本原理框图，频率控制字和相位控制字分别控制 DDS 输出正（余）弦波的频率和相位。DDS 系统的核心是相位累加器，它由一个累加器和一个 N 位相位寄存器组成。每到来一个时钟脉冲，相位寄存器就以步长 M 增加。相位寄存器的输出与相位控制字相加，其结果作为正（余）弦查找表的地址。图 2-207 中正（余）弦查找表由 ROM 构成，内部存有一个完整周期正（余）弦波的数字幅度信息，每个查找表的地址对应正弦波中 $0 \sim 2\pi$ 范围的一个相位点。查找表把输入的地址信息映射成正（余）弦波幅度信号，同时输出到数/模转换器（DAC）的输入端，DAC 输出的模拟信号经过低通滤波器（LPF），可得到一个频谱纯净的正（余）弦波。

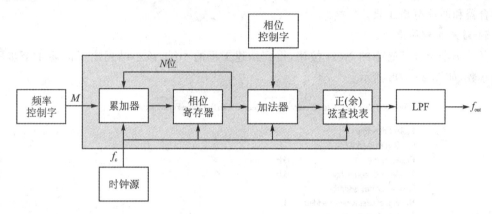

图 2-207 DDS 原理框图

相位寄存器每经过 $2^N/M$ 个 f_c 时钟周期后回到初始状态，相应地，正（余）弦查找表经过一个循环回到初始位置，DDS 输出一个正（余）弦波。输出的正（余）弦波周期为 $T_{out} = (2^N/M)T_c$，频率为 $f_{out} = (M/2N)/f_c$。DDS 的最小分辨率为 $\Delta f_{min} = f_c/2^N$，当 $M = 2^{N-1}$ 时，DDS 最高的基波合成频率为 $f_{out\,max} = f_c/2$。对一般商业应用的成熟 DDS 器件而言，合成的最高频率一般不应该超过系统时钟频率的 40%。

图 2-207 中阴影部分是 DDS 的核心单元，它即是本示例中用 FPGA 实现的部分。

(2) 创建工程和编辑设计文件

首先应该建立好工作库目录，以便于设计工程项目的存储。任何一项设计都被认为是一项工程（project），都必须首先为此工程建立一个放置与此工程相关的所有文件的文件夹，此文件夹将被 Quartus Ⅱ 默认为工作库（work library）。一般地，不同的设计项目最好放在不同的文件夹中。注意，一个设计项目可以包含很多个设计文件。

创建新的设计工程可以通过新工程向导来实现，其详细步骤如下。

1）打开建立新工程管理窗

选择 File→New Project Wizard，即弹出工程设置对话框。在对话框内输入设计者需要放置设计文件的文件夹，在这里设定为 D:\Xfpga\dds。对话框的第二栏可以设定工程名，设定为 dds；第三栏可设定该工程的顶层设计实体名，一般而言，该实体名应当与工程名一致，同样设定为 dds。

2）将设计文件加入工程

单击 Next 按钮，在弹出的对话框中单击 File 栏的按钮。该步骤的目的是将所有相关的设计文件都加入此工程。但一般而言，建立工程时并未建立任何设计文件，可直接单击 Next

按钮。

3) 选择目标芯片

单击 Next 按钮,这时弹出选择器件类型的窗口。在这里设计者可以通过指定器件系列、器件封装、引脚数和速度级别来确定目标芯片。这里选择的是 EP1C20F400C8。目标芯片也可以由软件自动选择,并不影响建立工程的过程。

4) 选择综合仿真和时序分析工具

在上述状态下,单击 Next 按钮,这时弹出选择仿真器、综合器和时序分析器类型的窗口。如果不使用其他第三方工具,选择默认的 None 即可,此时使用 Quartus Ⅱ 中自带的仿真器、编译综合器和时序分析工具。

5) 结束工程向导

最后单击上述状态下的 Next 按钮,得到新建工程的小结,该小结列出了前述 4 个步骤设定的参数,如图 2-208 所示。

图 2-208 工程向导小结

6) 输入源程序

打开 Quartus Ⅱ,选择 File→New,在 New 窗中的 Device Design Files 选项卡中选择设计文件的类型,这里选 Block diagram/Schematic files。然后在图形设计窗口中输入该设计程序。

7) 文件存盘

完成上述设计之后将文件存盘,选择 File→Save as,找到已设立的文件夹 D:\FPGA\DDS\,存盘文件名应该与工程名一致,即 dds.bdf,如图 2-209 所示。

(3) 编译及其设置

在对工程进行编译处理前,必须做好必要的设置。具体步骤如下。

1) 选择目标芯片

目标芯片可以在建立工程时选定,如果当时选择的是软件自动选用,则可以在此处进行指

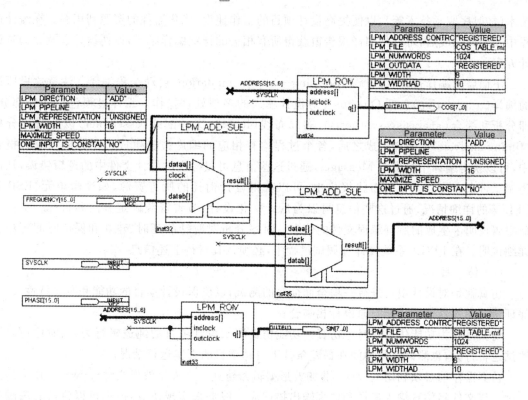

图 2-209 DDS 设计文件

定。选择 Assignments 菜单中的 Setting 项,在弹出的对话框中选 Compiler Settings 项下的 Device。指定芯片的过程与工程向导中一致。

2) 器件和引脚选项设置

单击上述对话框中的按钮 Device&Pin Options 进入选择窗。首先选择 Configuration 选项卡,在此框的下方有相应的说明。在此可选 AS 方式,使用的配置芯片为 EPCS4。选择 Programming Files 选项卡,可以选择若干种格式的下载文件,如.ttf、.rbf、.jbc、.svf 和.jam 文件。其他选项卡可以设置电压,设置未用引脚的工作方式、双用途引脚的工作方式等。

3) 引脚配置

选择 Assignment→Pins,启动引脚配置过程。该过程将设计中用到的所有引脚分配到 FPGA 的可用 I/O 引脚上。这一过程也可以在编译之后进行,此时引脚信息已经进入设计软件,只需根据引脚信号名称指定物理引脚序数即可。

4) 编译及了解编译结果

Quartus Ⅱ 编译器是由一系列处理模块构成的,这些模块负责对设计项目进行检错、逻辑综合和结构综合,即将设计项目适配进 FPGA/CPLD 目标器中,同时产生多种用途的输出文件,如功能和时序仿真文件、器件编程的目标文件等。

编译器首先从工程设计文件间的层次结构描述中提取信息,包括每个低层次文件中的错误信息,供设计者排除,然后将这些层次构建产生一个结构化的以网表文件表达的电路原理图文件,并把各层次中所有的文件结合成一个数据包,以便更有效地处理。

在编译前,设计者可以通过各种不同的设置方法,指导编译器使用各种不同的综合和适配技术(如时序驱动技术等),以便提高设计项目的工作速度,优化器件的资源利用率。在编译过程中及编译完成后,可以从编译报告窗获得所有相关的详细编译结果,以便设计者及时调整设计方案。

下面启动编译过程。选择 Processing→StartCompilation,启动全程编译。注意这里所谓的编译(compilation)包括 QuartusⅡ对设计输入的多项处理操作。编译过程包括 4 个部分,即分析和综合(analysis&synthesis)、布局布线(fitter)、文件配载(assembler)以及时序分析(timing analysis)。编译完成之后,各个过程均有相应的编译报告生成。在分析和综合报告中,可以获得编译中给出的 Messages,通过这些信息可以检查出设计文件中的逻辑错误,从而为调试带来方便。在布局布线报告中,可以获得设计消耗的所有资源,如逻辑单元、ESB 和 PLL 等的详细情况,通过这些信息可以为后续优化设计、节省资源确定方向和目标。文件配载报告说明了生成的所有编程文件的信息。时序分析对时钟的延时、建立和保持时间等作了详细说明。在 FPGA 系统设计和调试过程中,必须认真对待上述信息。

(4) 仿　真

仿真就是对设计项目进行一项全面彻底的测试,以确保设计项目的功能和时序特性,以及保证最后硬件器件的功能与原设计相吻合。

仿真可分为功能仿真和时序仿真。功能仿真测试设计项目的纯逻辑行为,而时序仿真则测试逻辑行为,也测试实际期间在最差条件下设计项目的真实运行情况。

仿真操作前必须利用 QuartusⅡ的波形编辑器建立一个矢量波形文件(.vwf)以作为仿真激励。该文件将仿真输入矢量和仿真输出描述成一波形来实现仿真,但也可以将仿真激励矢量用文本表示,即为文本方式的矢量文件(.vec),或者是列表文件(.tbl)。VWF 文件方式的仿真流程的详细步骤如下。

1) 打开波形编辑器

选择 File→New,在弹出的窗口中选择 Other Files 选项卡,选择其中的 Vector Waveform File,即可进入波形编辑器。

2) 设置仿真时间区域

为了使仿真时间轴设置在一个合理的时间区域上,在 Edit 菜单中选择 End Time 项,在弹出的 Time 窗中输入 100,单位选 μs,则整个仿真时间设定为 50 μs,单击 OK 按钮,设置即被激活。

3) 输入信号节点

将 DDS 的端口信号节点选入此波形编辑器中。方法是首先选择 View 菜单中的 Utility Windows 项下的 Node Finder 选项。也可以直接在波形编辑器中右击,在弹出的对话框中选择 Insert Node or Bus,弹出另一个对话框,选中其中的 Node Finder。

在上述对话框中的 Filter 框中选 Pins:all,然后单击 Start 按钮。于是在下方的 Nodes Found 窗口中出现了设计中的 DDS 工程的所有端口引脚名。用鼠标选中仿真中的关键节点,如 SYSCLK,FREQUENCY,PHASE,COSINE 和 SINE,单击≥按钮,将总线信号添加到右面窗口的列表中。最后单击 OK 按钮,关闭 Node Finder 窗口。此时端口信号就出现在波形编辑器窗口内。

4) 编辑输入波形

在波形仿真中,需要设定输入信号,如 SYSCLK,FREQUENCY 和 PHASE。在波形编辑器中选中时钟信号 SYSCLK,再单击左侧 Waveform Editor 工具栏上的时钟设置按钮,将时钟周期设定为 50 ns,占空比默认为 50%。最后保存波形文件。

5）总线数据设置

在 DDS 工作时,设定频率字 FREQUENCY 为 256,即累加器步进为 256。设置时,选中 FREQUENCY 信号,单击 Waveform Editor 中的"?"按钮,弹出相应的对话框。该对话框中 Radix 指示的是总线数据格式,可以选择二进制(binary)、八进制(octal)、无符号十进制(unsigned decimal)、有符号十进制(signed decimal)和十六进制(hexadeximal)。在本例中,FREQUENCY 的值被设定为无符号十进制数 256,而相位则设定为 0。

6）仿真参数设定

选择 Assignment 中的 Settings,在 Settings 列表中的 Category 下选择 Simulator Settings,在此项下分别选 General,观察仿真总体设置情况。仿真模式可以选择时序(timing)仿真,或者是功能(functional)仿真。需要特别注意的是,时序仿真前需要完全编译,而功能仿真只需要完成分析和综合(ananlysis & synthesis),然后通过 Processing→GenerateFunctional Simulation Netlist,产生功能仿真所需要的网表,即可开始仿真过程。DDS 波形功能仿真结果如图 2 – 210 所示。

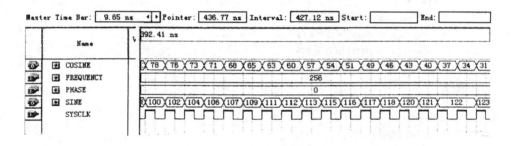

图 2 – 210　DDS 波形仿真结果

7）仿真结果分析

由于仿真结果并非直观的波形,所以需要将波形中的数值结果转换成直观的波形。将图 2 – 210 中的 dds.vwf 另存为 dds.tbl。将该文件放置在 MATLAB 程序的当前工作文件夹内,使用下面的 MATLAB 程序读取该文件,并提取其中的数值作图,可以得到图 2 – 211 所示的正弦波和余弦波。在仿真之前,给 FREQUENCY 选两个值,分别是 128 和 256,这样可以看到频率的变化,验证设计的正确性。

下面的程序将 quartus Ⅱ 产生的波形文件转换为直观的波形:

```
clc;
clear;
fid=fopen('dds.tbl','r');
data=fscanf(fid,'%s');
fclose(fid);
b=find(data=='=');
number=length(b)-1;
j=0;
for i=1:number
```

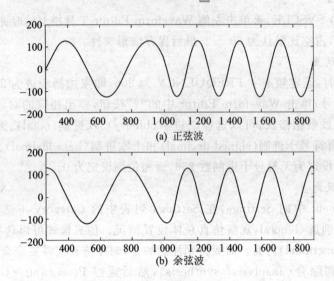

图 2-211 DDS 输出的正余弦波

```
            if data(b(i)-9)=='0'
                j=j+1;
                sin(j,1) = data(b(i)+1);
                sin(j,2) = data(b(i)+2);
                cos(j,1) = data(b(i)+3);
                cos(j,2) = data(b(i)+4);
            end;
    end;
    for i=1:length (sin)
            if hex2dec(sin(i,:)) > 127
                    sine(i) = hex2dec(sin(i,:)) - 256;
            else
                    sine(i) = hex2dec(sin(i, :));
            end;
    end;
    for i=1: length(cos)
            if hex2dec (cos (i,:)) > 127
                    cosine(i) = hex2dec(cos(i,:))-256;
            else
                    cosine(i) = hex2dec(cos(i,:));
            end;
    end;
    figure(i);
    subplot(2,1,1);
    plot (sine);
    subplot (2,1,2);
    plot (cosine);
```

(5) 编程下载

编程下载有多种方式，可以直接对 FPGA 进行编程，也可以对配置器件进行编程，然后通过配置器件对 FPGA 进行配置。FPGA 器件的配置步骤如下。

1) 直接对FPGA器件进行配置

选择Tools→Programmer，在弹出的窗口中，选择Add File，在工程所在文件夹中选择dds.sof，加入编程文件后出现一相应窗口。

在上述窗口中选择Hardware Setup，设置下载电缆的类型，最常用的就是并口下载电缆ByteBlasterMV。此时下载模式选择的是JTAG方式。单击上述窗口中的Start按钮，即可开始编程，编程完毕之后FPGA即已开始工作。

2) 对配置器件进行编程

对Cyclone器件而言，其配置器件只能是串行配置器件，根据FPGA器件的容量，这里选择EPCS4。此时选择的配置模式为AS，而配置文件将改为dds.pof。配置时同样单击Start按钮，而不需要修改硬件设置。但实际上，使用ByteBlasterMV下载电缆已经无法对EPCS4进行编程，而必须使用更新的下载电缆ByteblasterⅡ。该电缆向下兼容，即它可以完成ByteBlasterMV能完成的所有功能。在EPCS4配置完成之后，为了使FPGA器件稳定工作，需要重新上电，尽管理论上来说是不需要的。

2. DSP Builer设计

DSP Builder可以帮助设计者完成基于FPGA的DSP系统设计的整个流程。除了图形化的系统建模外，DSP Builder可以自动完成大部分的设计过程，直至把设计文件下载至基于FPGA的数字信号处理开发板上。本书就不进行详述了。

值得注意的是：本处详细讲述了含有FPGA器件的系统设计调试过程。典型的FPGA系统的结构包含电源分系统、配置分系统、接口、时钟分系统等组成部分，一般的FPGA系统的设计流程包含硬件和软件设计。包含FPGA器件的系统的硬件设计的特点是，必须考虑和遵守适合FPGA芯片的工作条件、引脚电压、输出负载、电源管理等要求。FPGA系统的软件设计是整个设计的核心部分，也是实现系统功能的关键步骤。QuartusⅡ是当前最流行的FPGA系统设计的工具，读者可使用QuartusⅡ软件实现自己的系统设计。

2.37 典型的下载/配置方式

2.37.1 配置方式分类及用到的引脚与配置文件

可编程逻辑器件的下载或者配置是非常简单方便的。对于CPLD如MAX7000S的编程，由于是掉电不丢失的,无论是调试还是最终产品,一般都是通过 JTAG 口进行编程(除非对于引脚非常少的器件(如 PLCC44)有时还需要专门的编程器(MPU)进行编程);对于 FPGA 如 FLEX10K 器件,由于每次上电都需要重新加载设计文件,故配置的方式有多种,可以通过 JTAG 口配置(一般用在调试过程),可以通过专用的 PROM 来配置,也可以通过 CPU 或者 CPLD 来进行配置。后两种方式可以用在最终的产品中。CPLD 的编程比较简单,而 FPGA 的配置在实际运用中比较灵活。下面主要讨论 FPGA 的配置方式,例如 FLFX 器件(包括 FIEX10K,FLEX6000 和 ACEX1K 系列)的配置。

1. 配置方式分类

FLEX 器件配置分为两大类:主动配置方式和被动配置方式。主动配置由 FLEX 器件引导配置操作过程,它控制着外部存储器和初始化过程,而被动配置由计算机或控制器控制配置过程。根据数据线的多少将器件配置分为并行配置和串行配置两类。

在 FLEX 器件正常工作时,它的配置数据储存在 SRAM 之中。由于 SRAM 的易失性,所以每次加电期间,配置数据都必须重新构造,将 I/O 引脚和寄存器初始化之后便进入了用户状态。FLEX 器件的工作状态如图 2-212 所示。

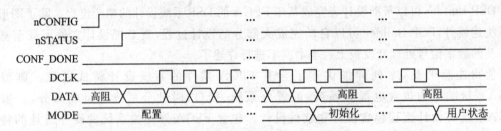

图 2-212 FLEX 器件的工作状态

可以将 FLEX 器件分为以下 4 种配置方式,如表 2-44 所列。

表 2-44 FLEX 器件配置方式

方 式	典型应用
主动串行(AS)	利用 EPC1(PROM)配置
被动串行(PS)	串行同步 CPU 接口,ByteBlasterMV 等
被动并行同步(PPS)	并行同步 CPU 接口
被动并行异步(PPA)	并行异步 CPU 接口

2. 配置中将用到的引脚

在介绍几种配置方式之前,有必要介绍一下在配置过程中要用到的一些引脚,如表 2-45 所列。这些引脚在不同器件上的引脚号可能不同,但功能却是相同的。

表 2-45 FLEX 器件配置中用到的引脚

引脚名	状态	配置方式	引脚类型	描 述
MSEL1 MSEL0	—	所有	输入	00:AS 或 PS 10:PPS 11:PPA
nSTATUS	—	所有	双向漏极开路	命令状态下器件的状态输出位,加电后,FLEX10K 立即驱动该引脚到低电平,然后在 100 ms 内释放它,nSTATUS 必须经过 1.0 Ω 电阻上拉到 V_{CC},如果配置中发生错误,FLEX10K 将其拉低
nCONEIG	—	所有	输入	配置控制输入。低电平使 FLEX10K 器件复位,在由低到高的跳变过程中启动配置
CONF_DONE	—	所有	双向漏极开路	状态输出。在配置期间,FLEX10K 将其驱动为低。所有配置数据无误差接收后,FLEX10K 将其置为三态。CONF_DONE 必须经由 1.0 kΩ 的上拉电阻至 V_{CC},而且可以将外电路驱动为低以延时 FLEX10K 初始化过程
DCLK	—	AS,PS,PPS	输入	为外部数据源提供时钟
nCE	—	所有	输入	FLEX10K 器件使用输入,nCE 为低时使能配置过程,而且为单片配置时 nCE 必须始终为低
nCEO	—	专用于多片器件	输出	FLEX10K 配置完成后,输出为低。在多片级联配置时,驱动下一片的 nCE 端
nWS	I/O	PPA	输入	写选通输入。由低到高的跳变时锁存 DATA[7..0]引脚上的字节数据
nRS	I/O	PPA	输入	读选通输入。低输入时引导 FLEX10K 将 RDYnBSY 信号置于 DATA7 引脚;当 nRS 不用时,必须将其置为高
RDYnBSY	I/O	PPA	输出	输出就绪信号。输出为高时,表示 FLEX10K 已经准备接收另一个字节数据;而输出为低时表示还没准备好,尚无法接收数据
nCS CS	I/O	PPA	输入	片选输入。当 nCS 输入为低且 CS 输入为高时,选择某一个 FLEX10K 配置。如果只用其中一个片选信号,那么另一个必须接到有效电平(例如当使用 CS 时,nCS 可以接地)
CLKUSR	I/O	所有	输入	可选的用户时钟输入。一个或多个 FLEX10K 器件的同步初始化过程
DATA[7..0]	I/O	PPS,PPA	输入	数据输入,8 个数据引脚上的 1 字节的配置数据
DATA0	—	AS,PS	输入	数据输入,在 DATA0 引脚上的一位配置数据
DATA7	I/O	PPA	输出	在 PPA 方式中,FLEX10K 收到 nRS 选通信号后,将 RDYnBSY 信号送到 DATA7。在微处理器中使用 DATA7 比 RDYnBSY 更方便
INF_DONE	I/O	所有	漏极开路输出	状态引脚。可以用来指示该器件已经初始化完成并且处于用户状态。在配置期间,INIT_DONE 输出为低,在配置之前或之后,它都由外接电阻上拉到 V_{CC}(由于 INIT_DONE 是三态输出的)。因此,对于监控电路检测由低到高的跳变是很重要的。它在 MAX+plusⅡ 软件内设置

续表 2-45

引脚名	状态	配置方式	引脚类型	描述
DEV_OE	I/O	所有	输入	可选引脚。当此脚为低时,FLEX10K 器件所有 I/O 引脚均为三态;当其为高时,所有 I/O 引脚可由用户设计。该引脚在 MAX+plus Ⅱ 软件内设置
DEV_CLRn	I/O	所有	输入	可选引脚。当该引脚为低时,FLEX10K 器件所有的寄存器都被清零;当其为高时,所有寄存器可由用户设计,该项也可在 MAX+plus Ⅱ 内设置

3. 配置文件

MAX+plus Ⅱ 可以产生一个或多个编程、配置文件。主要有下面几种:

① sof(SRAM Object File)。用于 PS 模式的配置文件,MAX+plus Ⅱ 自动产生。其他所有的配置文件全都来自此文件。

② pof(Programming Object File)。用于编程 EPC1 等 PROM 器件。(注意,MAX 器件产生的编程文件也是 pof 文件,但和这里的意义不同。)

③ hex(Hexadecimal(Intel Format)File)。用于用第 3 方的编程器编程 EPC1 等 PROM 器件。

④ ttf(Tabular Text File)。包含了 PPA,PPS 和 PS 配置数据的 ASCⅡ 文件。有时,存储配置数据的 PROM 并不直接和 FLEX 器件相连或者不仅仅被 FLEX 器件使用,比如,PROM 可能包含可执行的代码。这时,使用 ttf 可以通过微处理器包含到可执行文件中。

⑤ rbf(Raw Binary File)。包含配置数据的纯二进制文件。通常用于微处理器配置模式。

2.37.2 并口配置方式

使用并口电缆 ByteBlasterMV 不但可以对 FLEX 系列器件进行配置重构,而且可以对 MAX9000 以及 MAX7000S/MAX7000A 等器件进行编程。利用 ByteBlasterMV 将 PC 中的配置信息传送到 PCB 上的 PLD 器件。这给 PLD 的调试带来了极大的方便。并口下载线示意图如图 2-213 所示。

ByteBlasterMV 有两种配置模式。

① 被动串行模式(PS):常用来配置重构 FLEX10K,FLEX8000 和 FLEX6000 系统器件。

② 边界扫描模式(JTAG):具有边界扫描电路的配置重构或在线编程。

1. ByteBlasterMV 的连接及原理

ByteBlasterMV 下载电缆具有以下几部分:

① 与 PC 并口相连的 25 针插座头;

② 与 PCB 插座相连的 10 针插头;

③ 25 针到 10 针的变换电路。

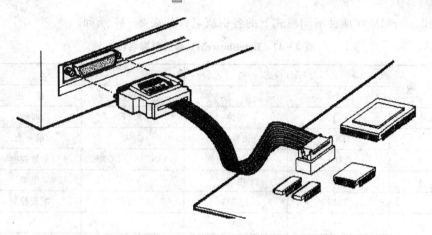

图 2-213 并口下载线示意图

(1) ByteBlasterMV25 针插头

ByteBlasterMV 与 PC 并口相连的是一个 25 针的插头,在 PS 和 JTAG 两种模式下具有不同的名称,ByteBlasterMV 的 25 针连接名称如表 2-46 所列。

表 2-46 ByteBlasterMV 的 25 针连接名称

引 脚	PS 模式下的信号名称	JTAG 模式下的信号名称
2	DCLX	TCK
3	nCONFIG	TMS
8	DATA0	TDI
11	CONF_DONE	TDO
13	nSTATUS	NC
15	GND	GND
18~25	GND	GND

(2) ByteBlasterMV10 针插头

ByteBlasterMV 的 10 针插头是与 PCB 上的 10 针插座连接的,其尺寸及示意图如图 2-214 所示。

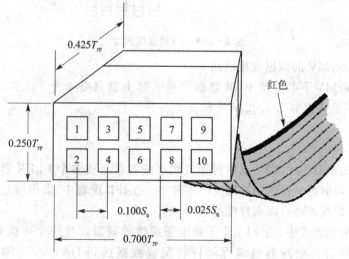

图 2-214 ByteBlasterMV10 针示意图

ByteBlasterMV 在两种不同模式下的各引脚名称如表 2-47 所列。

表 2-47 ByteBlasterMV 插头引脚名称

引脚	JTAG 模式		PS 模式	
	信号名	描述	信号名	描述
1	TCK	时钟	DCTK	时钟
2	GND	信号地	GND	信号地
3	TDO	器件输出数据	CONFIG_DONE	配置控制
4	V_{CC}	电源	V_{CC}	电源
5	TMS	JTAG	nCONFIG	配置控制
6	—	NC	—	NC
7	—	NC	nSTATUS	配置状态
8	—	NC	—	NC
9	TDI	发送到器件的数据	DATA0	配置的数据
10	GND	信号地	GND	信号地

需要指出的是，PCB 必须给下载电缆提供电源 V_{CC} 和信号地 GND。

(3) PCB 上的插座连接

ByteBlasterMV 的 10 针插头是与 PCB 上的 10 针插座相互连接在一起的，其尺寸及示意图如图 2-215 所示。

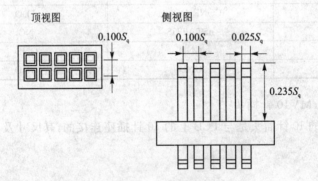

图 2-215 10 针插座尺寸

(4) ByteBlasterMV 的数据变换电路

在 ByteBlasterMV 下载电缆中，其数据交换实际上就只有 1 个 74LS244 和 N 个电阻，ByteBlasterMV 变换电路如图 2-216 所示。

2. PS 模式

PS(Passive Serial)模式，即被动串行模式用来配置单个或多个 FLEX 器件。在 PS 配置模式中，数据通过数据源串行送到被配置的器件中。在并口配置中，数据源是 ByteBlasterMV (或者说是 PC)。数据源也可以来自微处理器和 CPLD。

在被动串行配置方式中，由 FLEX 下载电缆或微处理器产生一个由低到高的跳变送到 nCONFIG 引脚，然后微处理器或编程硬件将配置数据送到 DATA0 引脚，该数据锁定至

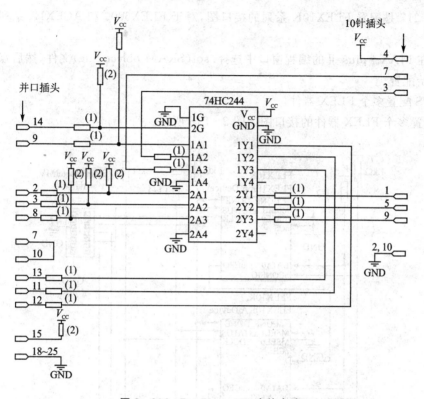

图 2-216 ByteBlasterMV 变换电路

CONF_DONE 变为高电平,它是先将每字节的最低位 LSB 送到 FLEX10K 器件。CONF_DONE 变成高电平后,DCLK 必须多等 10 个周期来初始化该器件,器件的初始化是由下载电缆自动执行的。在 PS 方式中没有握手信号,所以,配置时钟的工作频率必须低于 10 MHz。

(1) PS 配置单个 FLEX 器件

PS 配置单个 FLFX 器件的接口图如图 2-217 所示。

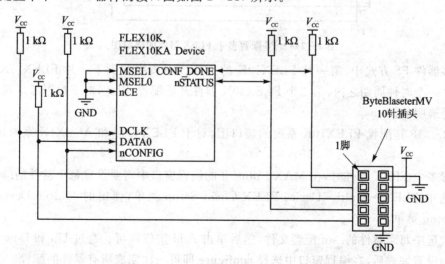

图 2-217 PS 配置单个 FLEX 器件的接口图

图2-217是配置FLEX10K系列的接口图,对于FLEX6000和ACEX1K系列接口图是类似的。

这时在MAX+plus Ⅱ的编程窗口中选择.sof(SRAM obiect File)文件,然后点击配置按钮即可开始配置。

(2) PS配置多个FLEX器件

PS配置多个FLEX器件的接口图如图2-218所示。

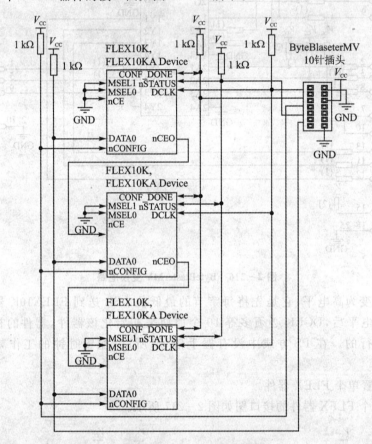

图2-218　PS配置多个FLEX器件的接口图

在多器件PS方式中,第一片FLEX10K的nCEO引脚级联到下一片FLEX10K的nCE引脚。在一个时钟周期之内,第二个FLEX10K器件开始配置,因此,对于数据源来说,要转移的数据是透明的。

图2-218是配置FLEX10K系列的接口图,对于FLEX6000和ACEX1K系列接口图是类似的。

配置多个FLEX器件时,在MAX+plus Ⅱ的编程窗口中需要设置每个器件的.sof文件,方法是选中FLEX→Multi-Device FLEX Chain Setup菜单,弹出的Multi-Device FLEX Chain Setup菜单。

依次选中每个器件的.sof配置文件,然后单击Add按钮即可。通过Up和Down可以调整顺序。设置完成后,在编程窗口中选择configure即可一次完成所有器件的配置。

3. JTAG 模式

JTAG 模式可以用来将 FLEX 器件、MAX 器件和多个器件(可以同时包括 FLEX 器件和 MAX 器件)一起配置。

(1) 用 JTAG 配置单个 FLEX 器件

和 PS 方式类似,用 JTAG 方式配置 FLEX 器件也是将 .sof 文件下载到器件中,不过接线不同。JTAG 配置单个 FLEX 器件的接口如图 2-219 所示。

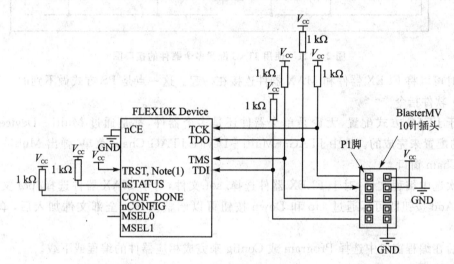

图 2-219　JTAG 配置单个 FLEX 器件

(2) JTAG 配置单个 MAX 器件

JTAG 配置 MAX 器件是将 .pof(Programmer Object File)下载到编程器件中。JTAG 配置 MAX 器件的接口图如图 2-220 所示。

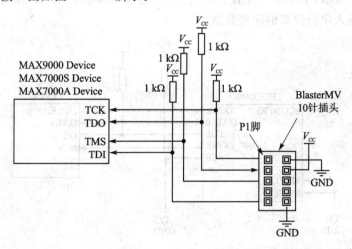

图 2-220　JTAG 配置 MAX 器件的接口图

(3) JTAC 配置多个器件

使用 JTAG 配置多个器件的接口图如图 2-221 所示。

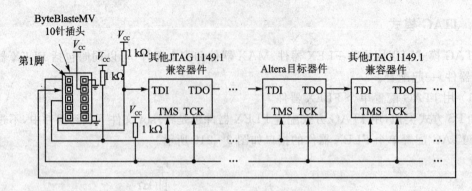

图 2-221 使用 JTAG 配置多个器件的接口图

这时可以将 FLEX 器件和 MAX 器件连接在一起。这一点是 PS 方式做不到的。

(4) 软件指令

对于 JTAG 方式配置,无论是单个器件还是多个器件,都是通过 Multi-Device JTAG Chain 的配置来完成的。选中 JTAG→Multi-Device JTAG Chain 菜单,弹出 Multi-Device JTAG Chain 窗口。

依次选中编程文件,对于 FLEX 器件选择 .sof 文件,对于 MAX 器件选择 .pof 文件。然后单击 Add 按钮即可。通过 Up 和 Down 按钮可以调整次序。全部文件加入后,单击 OK 按钮。

然后在编程窗口中选择 Program 或 Config 来完成相应器件的编程或下载。

2.37.3 主动串行配置

如图 2-222 所示,主动串行配置(AS 方式)是由 Altera 提供的 EPC1 等 PROM 器件为 FLEX10K 器件输入串行位流的配置数据。

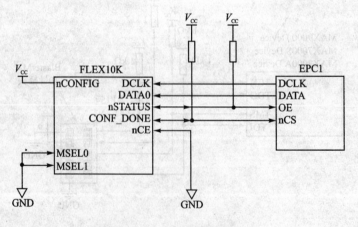

图 2-222 主动串行配置方式

主动串行配置方式,由 FLEX10K 控制着配置过程。如图 2-222 所示,nCONFIG 引脚为 V_{CC}。在加电过程中,FLEX10K 检测到 nCONFIG 由低到高的跳变时,就开始准备配置。

FLEX10K 将 CONF_DONE 拉低,驱动 EPC1 的 nCS 为低,而 nSTATUS 引脚释放并由上拉电阻拉至高电平以使能 EPC1。因此,EPC1 就用其内部振荡器的时钟将数据串行地从 EPC1(DATA)输送到 FLEX10K(DATA0)。

在配置过程中,如果发生错误,FLEX10K 将 nSTATUS 拉低,复位 EPC1 和 FLEX10K。如果在 MAX+plus Ⅱ 软件内,ASSIGN 菜单项的 Global Project Device Options 对话框中的 Auto-Restart Configuration on Frame Error 选项打开,FLEX10K 器件将在发生错误配置之后重新自动配置;如果该选项关闭,外部系统必须监视 nSTATUS 引脚以检测错误的发生,然后给 nCONFIG 一个脉冲重新配置。当配置完成后,FLEX10K 释放 CONF_DONE,将 EPC1 与系统隔离。多片 FLEX10K 器件的 AS 方式配置电路如图 2-223 所示。

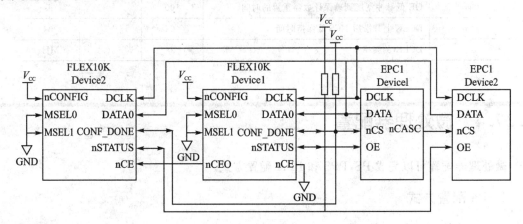

图 2-223　多片器件的 AS 方式配置电路图

将图 2-222 与图 2-223 比较可以看出,除了 FLEX10K 器件和 EPC1 级联外,其余的基本类似。

当第一片 FLEX10K 配置完成后,第一片上的 nCEO 引脚激活第二片上的 nCE 脚,促使第二片器件开始配置。由于所有 FLEX10K 器件的 CONF_DONE 连在一起,因此,所有的 FLEX10K 器件都是同时初始化并且同时进入用户状态的。另外,nSTATUS 引脚也连在一起,如果任何器件检测到错误,那么整个链就会多位以自动重配。

图中,EPC1 也同样级联。当第一片 EPC1 的数据全部送完后,该片 EPC1 使其 nCASC 为低,以使能下一片 EPC1。这个过程持续时间少于 1 个时钟周期。这种时间流是不间断的。

AS 方式的时序波形图如图 2-224 所示,时序参数如表 2-48 所列。

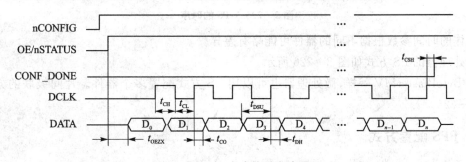

图 2-224　AS 方式的时序波形图

表 2-48 AS 方式中时序参数

符号	参数	最小值	最大值	单位
t_{OEZX}	OE 电平变高到 DATA 输出允许时间		160	ns
t_{CH}	DCLK 变高时间	50	250	ns
t_{CL}	DCLK 变低时间	50	250	ns
t_{DSU}	上升沿抵达 DCLK 电平前的数据设置时间	30		ns
t_{DH}	上升沿抵达 DCLK 电平后的数据保持时间	0		ns
t_{CO}	由 DCLK 到 DATA 的输出时间		30	ns
t_{OFW}	OE 低脉冲宽度到确保计数器重置的时间	100		ns
t_{CSH}	DCLK 上升沿后 NCS 低保持时间	0		ns
t_{MAX}	DCLK 的频率	2	10	MHz

2.37.4 微处理器配置

微处理器配置可以完成 PS,PPS 和 PPA 配置方式。

1. PS 配置方式

微处理器的 PS(被动串行同步)配置方式和 ByteBlasteMV 的 PS 方式是类似的,只是这里的数据源来自微处理器而已。也就是说,用微处理器产生如图 2-225 所示 PS 的时序。

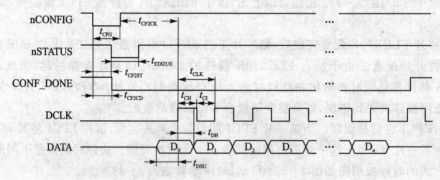

图 2-225 PS 的时序

具体的时间参数根据不同的器件可能略有差异。
微处理器的 PS 方式如图 2-226 所示。
和 ByteBlasterMV 一样,微处理器也可以用 PS 方式配置多个器件。片间级联的方法类似图 2-226。

2. PPS 配置方式

在 PPS(被动并行同步)配置方式中,nCONFIG 引脚被微处理器控制。为了启动配置,nCONFIG 引脚有一个由低到高的跳变过程,而且微处理器将一个 8 bit 的配置数据送到

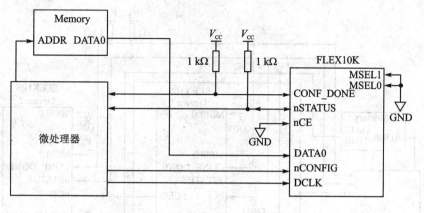

图 2-226 微处理器的 PS 方式

HLEX10K 器件的输入端。微处理器对 FLEX10K 提供时钟,在该时钟的第一个上升沿,一个字节的配置数据被锁存进 FLEX10K 器件,在随后的 8 个下降沿时钟将这些数据串行化,在第 9 个上升沿,下一字节的配置数据锁存同样被串行送进 FLEX10K 器件。如果在配置过程中发生错误,nSTATUS 引脚输出为低,微处理器敏感检测这一低信号,并且重配或输出这一错误信号。一旦 FLEX10K 器件配置成功,CONFDONE 引脚就被 FLEX10K 器件释放,以表明配置结果。PPS 配置方式如图 2-227 所示。

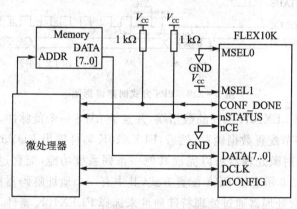

图 2-227 PPS 方式配置图

PPS 配置方式也可以用来配置多个 FLEX10K 器件。在多器件 PPS 方式中,FLEX10K 器件采用级联方式进行配置。一旦第一个 FLEX10K 器件配置完成,就会使 nCEO 输出为低,从而第二个器件的 nCE 为低,于是在一个周期之内,第二个 FLEX10K 器件开始配置。由于所有 FLEX10K 器件的 CONF_DONE 引脚是连在一起的,这样,所有的器件能同时初始化并且同时进入用户状态。另外,nSTATUS 引脚也连在一起,如果任何一个器件配置发生错误,整个配置链就会重新配置,如图 2-228 所示。

图 2-229 所示为 PPS 方式的时序波形图,其各项参数对于不同器件可能略有不同。

3. PPA 配置方式

同样,在 PPA(被动并行异步)配置方式中,nCONFIG 也是由微处理器控制。为了启动配置过程,微处理器驱动其变为高,然后主机将 nCS 和 CS 送到 FLEX10K 器件。微处理器将

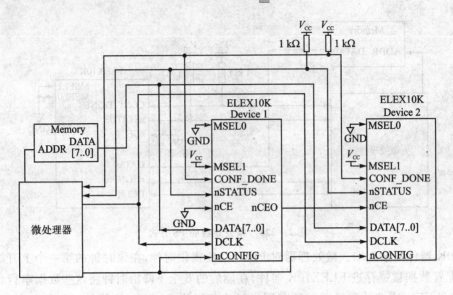

图 2-228 PPS 方式多器件配置图

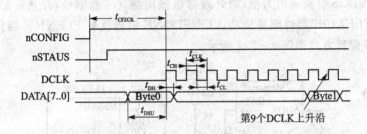

图 2-229 PPS 方式时序波形图

8 bit的配置数据放在 FLEX10K 器件的数据端,并且给 nWS 一个负脉冲。在 nWS 的上升沿,FLEX10K 器件将该字节配置数据锁存,然后,FLEX10K 器件输出 RDYnBSY 为低,表明它正在处理该字节信息,此时微处理器可以完成其他一系列系统功能,配置过程可以通过 nCS 或 CS 引脚暂停。图 2-230 示意了 PPA 配置方式,其中有一个地址解码器控制着 nCS 和 CS 引脚。该解码电路允许微处理器通过处理特殊地址来选择 FLEX10K 器件,以求简化配置过程。

FLEX10K 器件可以在其内部将每一个字节的配置数据串行化。当 FLEX10K 器件准备接收下一个配置数据时,就使 RDYnBSY 变高,而微处理器敏感检测该高电平信号,决定是否送出下一字节的配置数据。同样,nRS 信号决定了 RDYnBSY 信号出现在 DATA7 上;当 nRS 为低时,不允许数据输出到数据总线上,因为那样可能会在 DATA7 上引起竞争,如果 nRS 信号不用,就必须接为高电平。

PPA 方式同样可以用来配置多个 FLEX10K 器件。多器件 PPA 方式类似于单器件 PPA 方式,仅仅是级联方式有差别而已。当第一个 FLEX10K 器件配置完成之后,它使 nCEO 为低,从而使第二个 FLEX10K 器件的 nCE 为低,开始其配置过程;第二个 FLEX10K 器件在一个周期之内就会开始配置。数据的传送对于微处理器而言是透明的,所有的 FLEX10K 器件的 CONF_DONE 引脚被连在一起,于是它们可以同时初始化并且一起进入用户状态,如图 2-231、图 2-232 所示。

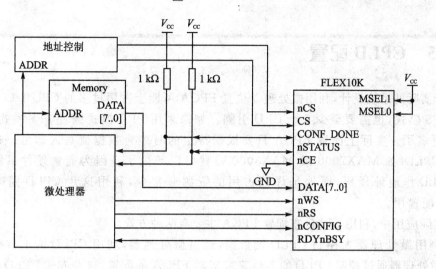

图 2-230　PPA 方式配置原理图

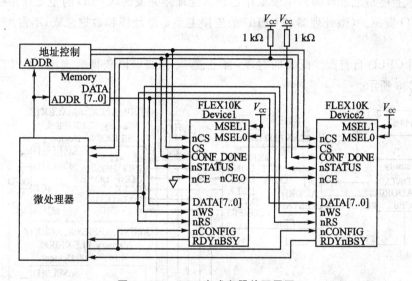

图 2-231　PPA 方式多器件配置图

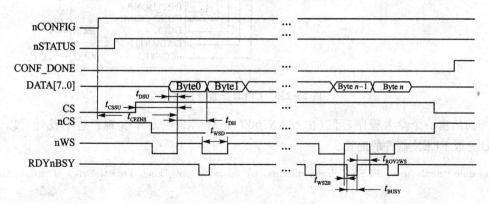

图 2-232　PPA 方式的时序波形图

2.37.5 CPLD 配置

对于实际的系统设计,利用微处理器位置 FPGA 可能会占用过多的 CPU I/O 资源。即使对于 PS 模式,也需要至少 6 个 CPU 引脚。如果采用 PPA 模式或者 PPS 模式,占用的资源就更多了。实际上配置 FPGA 只要根据特定的时序将数据流写入即可。这些时序用一片 CPLD(如 MAX7000 或 MAX3000A)就可以产生了。因为通常硬件系统中会有一片 CPLD 作地址译码,而地址译码占用的资源非常少,利用这片 CPLD 同时可以作 FPGA 的配置用。

在实际应用中,利用 CPLD 来配置 FPGA 主要有两种方式。

① 利用微处理器来控制 CPLD 读数据,通过微处理器,利用 CPLD 的 I/O 资源连接 FPGA,微处理器通过控制 CPLD 的 I/O 来完成对 FPGA 的配置,这种方式 CPLD 的程序非常简单(实际上还是地址译码),主要工作还是微处理器完成的,CPLD 的主要作用是节省了微处理器的 I/O 资源。(微处理器和 CPLD 的连接主要是地址线和数据总线,不占用其他的 I/O 资源。)

② 利用 CPLD 自身产生配置的时序,自己读/写存储器以获得数据流。CPLD 配置连接图如图 2-233 所示。

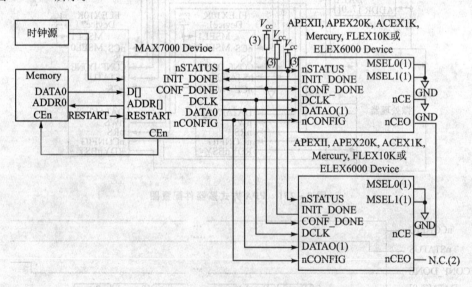

图 2-233　CPLD 配置连接图

下面给出一个参考程序,可以在 MAX7000 或 MAX3000A 中实现。这个设计可以通过 CPLD 完成 FLEX 器件的配置。

```
module PromLoader_ FLEX (clock, nStatus, o, restart, Conf_Done, Data0, Dclk, nConfig, ADDR, CEn);

    input clock;
    input nStatus;
```

```verilog
input [7:0] o;
input restart;
input Conf_Done;
output Data0;
output Dclk;
output nConfig;
output [15:0] ADDR;
output CEn;

parameter [2:0] start = 3'b000;
parameter [2:0] wait_nCfg_2us = 3'b100;
parameter [2:0] status = 3'b001;
parameter [2:0] wait5us = 3'b101;
parameter [2:0] config = 3'b011;
parameter [2:0] init = 3'b111;
reg [2:0] pp;
reg [2:0] count;
reg data0_iht;
wire dclk_iht;
reg [15:0] inc;
reg [2:0] div;
reg [5:0] waitd;

always @ (posedge clock or negedge restart)
    begin
        if (! restart)
            div <= 0;
        else
            div <= div + 1;
    end

always @ (posedge clock or negedge restart)
    begin
        if (! restart)
        begin
            pp <= start;
            count <= 0;
            inc <= 0;
            waitd <= 0;
        end
        else
        begin
            if (div == 7)
            begin
                case (pp)
                    start :
                        begin
                            count <= 0;
```

```
                        inc <= 0;
                        waitd <= 0;
                        pp <= wait_nCfg_2us;
                        end
            wait_nCfg_2us:
                        begin
                        count <= 0;
                        inc <= 0;
                        waitd <= waitd + 1;
                        if (waitd == 20)
                        begin
                        pp <= status;
                        end
                        end
            status:
                        begin
                        count <= 0;
                        inc <= 0;
                        waitd <= 0;
                        pp <= wait_5us;
                        end
            wait_5us:
                        begin
                        count <= 0;
                        inc <= 0;
                        waitd <= waitd + 1;
                        if (waitd == 50)
                        begin
                        pp <= config;
                        end
                        end
            config:
                        begin
                        count <= count + 1;
                        if (Conf_Done)
                        begin
                        waitd <= waitd + 1;
                        end
                        if (count == 7)
                        begin
                        inc <= inc + 1;
                        end
                        if (waitd == 60)
                         begin
                         pp <= init;
                         end
                        end
            init:
```

```
                    begin
                        count <= 0;
                        inc <= 0;
                        waitd <= 0;
                        if (! nStatus)
                        begin
                            pp <= start;
                        end
                        else
                        begin
                            pp <= init;
                        end
                    end
                default:
                    begin
                        pp <= start;
                    end
            endcase
        end
        else
        begin
            pp <= pp;
            inc <= inc;
            count <= count;
        end
    end
end
assign dclk_int = (pp == config) ? div[2] : 1'b0;

always @ (count or o or pp)
begin
    if (pp == config)
    begin
        case (count)
            3'b000:
                begin
                    data0_int <= o[0];
                end
            3'b001:
                begin
                    data0_int <= o[1];
                end
            3'b010:
                begin
                    data0_iht <= o[2];
                end
            3'b011:
                begin
```

```
                            data0_int <= o[3];
                    end
            3'b100:
                    begin
                            data0_int <= o[4];
                    end
            3'b101:
                    begin
                            data0_int <= o[5];
                    end
            3'b110:
                    begin
                            data0_int <= o[6];
                    end
            3'b111:
                    begin
                            data0_int <= o[7];
                    end
            endcase
        end
        else
            begn
                data0_int <= 1'b0;
    end
end
assign nConfig: pp[0];
assign CEn = ~nConfig;
assign Dclk = (!(pp[1])) ? 1'b0 : dclk_int;
assign Data0 = (!(pp[1])) ? 1'b0 : data0_int;
assign ADDR = inc;
endmodule
```

程序产生的配置时序如图 2-234 所示。

图 2-234 配置时序

2.38 Xilinx 器件的下载

2.38.1 Xilinx 器件的下载电缆

Xilinx 器件的下载分为两个方面：下载电缆和下载方式。对 Xilinx 的 FPGA/CPLD 进行编程，可使用 3 种下载电缆：

① Xchecker 硬件（串行电缆）；
② Parallel Cable（并行电缆）；
③ Multi LINX Cable（多连接电缆）。

串行电缆和多连接电缆的优点是可以直接连接到 PC 或工作站上使用。并行电缆的优点是驱动能力较强，在进行边界扫描的时候它可以驱动最多 10 个 XC9500/XL/XV 器件，而串行电缆却最多能够驱动 4 个。并行电缆的另外一个优点是工作速度快。

首先介绍串行电缆。它带有一个 DB9 或 DB25 的插头，可以连接到 PC 的 RS232 串口上；如果它与 PC 接口不兼容，就需要一个转接头进行转接。这种电缆既可以连接到一个 CPLD 来作为下载电缆，也可以连接到多个 CPLD 来作边界扫描。图 2-235 给出了 Xchecker 的电缆图。连接时只要将 DB9 或 DB25 连接到计算机上，将电缆的另一端连接到目标系统上即可。当连接好之后，JTAG 编程器软件会自动检测到下载电缆；若手动设置，则可以选择 Output→Cable Setup 来设置。图 2-236 显示了电缆如何连接到目标系统。

并行电缆在 PC 上使用的是并口，在设置的时候可以看到。当选择并行电缆时，端口只能选择 LPT1～LPT3，波特率只能选择 57 600 bit/s。如图 2-237 所示的并行电缆的连接较串行电缆简单，它的下载速率实际上只受限于 PC。

多连接电缆可以用做下载和校验，基于 USB 的多连接下载电缆速度最快可以达到 12 Mbit/s，基于 RS232 的下载电缆速度最快则可以达到 57 600 bit/s。多连接电缆不受 RAM 的限制，所以支持的器件较多，如支持较新的 VIRTEX 系列的芯片。Xilinx Alliance 系列和 Foundation 2.1 以上的版本都支持多连接电缆的下载。多连接电缆有以下的硬件优势：

① 快速下载，回读和调试使用 USB 口速度可以达到 12 Mbit/s；
② 较多的连接模式；
③ 支持 RS232 和 USB 两种接口；
④ 兼容较多的器件；
⑤ 工作在低电压模式。

多连接电缆有三种连接方式：从串连接、SelectMAP 连接和边界扫描连接。

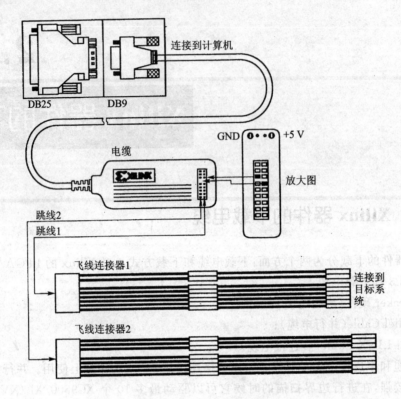

图 2-235 串行下载电缆

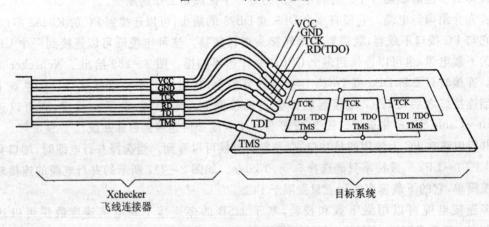

图 2-236 电缆连接到目标系统

1. 从串连接

从串连接对任何的 FPGA 都使用以下的引脚:PROG,CCLK,DONE,INIT 和 DIN。从串连接的原理图如图 2-238 所示。如果不进行校验,则 RT,RD(TDO),TRIG,System Clock(x)和 System Clock(y)都不用连接,只需要连接上述的 5 个引脚。

2. SelectMAP 连接

SelectMAP 连接使用以下的引脚:PROG,CCLK,DONE,INIT,D0~D7,RS(RDWR);如

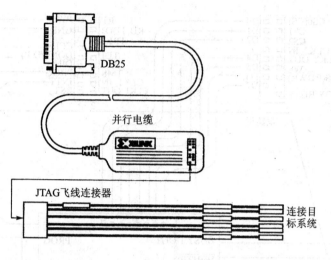

图 2-237 并行下载电缆及其附件

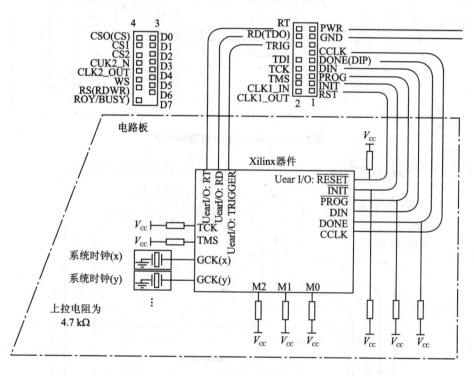

图 2-238 从串配置和校验

果支持校验,则还需要以下的引脚:WS,RT,RST,如图 2-239 所示。

3. 边界扫描连接

边界扫描连接只需要 4 个引脚:TMS,TDI,TDO,TCK;若重新编程,则还需要 PROG 引脚,如图 2-240 所示。

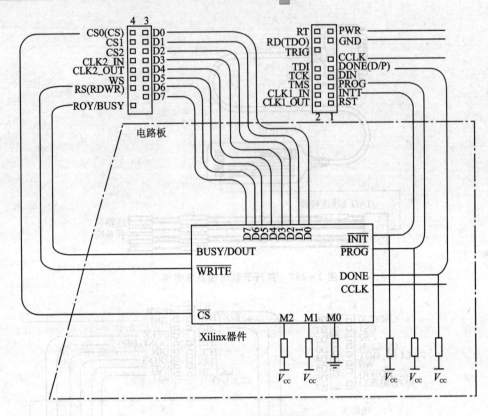

图 2-239　SelectMAP 配置和校验

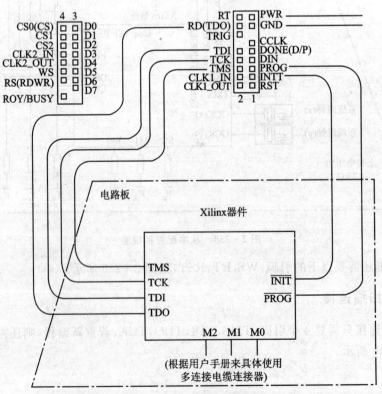

图 2-240　边界扫描连接

2.38.2 Xilinx 器件的下载方式

本处主要讲述 Xilinx 的 FPGA 器件的下载方式,而 CPLD 的下载因为方式较为简单,所以不再赘述。下面以 Xilinx 的 Spartan Ⅱ 的 XC2S300 来说明。

FPGA 结构使用 SRAM 存放配置数据。由于 SRAM 的不稳定性,每次设备上电时,都需要装载配置信息。物理上装载配置信息到 SRAM 的过程称为配置,也称为命令模式。配置完成后,设备进行初始化,复位寄存器,使能 I/O 引脚,进入用户模式。对 FPGA 可以进行实时重新配置,强制设备进入命令模式,装载不同的配置信息,重新初始化设备,再恢复用户模式。

XC2S300 支持以下 4 种配置模式:
① 串行从模式;
② 串行主模式;
③ 并行从模式;
④ 边界扫描模式。

配置模式引脚 M2,M1 和 M0 决定使用哪一种配置模式及 IOB(Input Output Block)引脚上拉还是浮空,其模式配置如表 2-49 所列。

表 2-49 配置模式说明

配置模式	配置前带上拉电阻	M0	M1	M2	时钟方向	数据宽度	Dout
串行主模式	否	0	0	0	输出	1	是
	是	0	0	1			
并行从模式	是	0	1	0	输入	8	否
	否	0	1	1			
边界扫描模式	是	1	0	0	N/A	1	否
	否	1	0	1			
串行从模式	是	1	1	0	输入	1	是
	否	1	1	1			

由此可见,在主模式下,时钟 CCLK 是 FPGA 输出的;而在从模式下,CCLK 是由外部输入的。采用串行模式时只需要 1 条数据线就可以了,并行模式下则需要 8 条数据线。

对 FPGA 的配置过程如下:
① 初始化配置;
② 清空配置内存;
③ 装载数据;
④ 开始。

开始初始化配置有 2 种:通过上电配置和用户置位 $\overline{program}$ 引脚配置。

当FPGA的VCCO电压达到1.0 V时或用户将program引脚下拉,FPGA自动开始配置,将$\overline{INIT}$引脚置位,清空配置内存,读取M0,M1和M2获得配置模式。根据不同的配置模式,按不同的方法装载数据。配置完毕,FPGA置位DONE引脚,激活I/O引脚。

1. 边界扫描模式,远程下载

在这种模式下,不需要其他的引脚,只需要一个符合IEEE 1049.1 JTAG的10针接口插座,使用专门的CFG_IN指令将数据下载到FPGA中。这个指令将从TDI输入的数据转化成内部配置总线的数据包。配置过程如下:

① 将CFG_IN指令装载到边界扫描指令寄存器;
② 进入Shift-DR状态;
③ 将一个标准的配置比特流移至TDI;
④ 返回至Run-Test-Idle(RTI);
⑤ 装载JSTART指令到IR;
⑥ 进入SDR状态;
⑦ TCK加时钟通过检测序列;
⑧ 返回至RTI。

2. 并行从模式

并行从模式是最快速的配置模式。XC2S300提供了8位并行的数据线,以及读/写、片选信号、CCLK,使用外部的CPU作为外设对其进行配置。BUSY信号用于控制CCLK超过50 MHz时的数据流;当CCLK小于50 MHz时,则不用考虑该信号。图2-241所示是一个有2个SpartanⅡ器件的并行从模式配置的原理图。这时模式引脚(M2,M1,M0)为100。

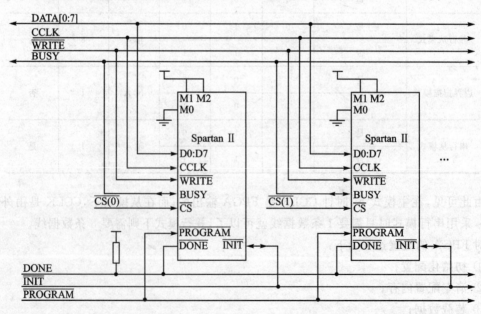

图2-241 从并模式配置原理图

可以采用一个处理器或CPU或一个CPLD来控制配置接口。当配置完成后,数据线

D0~D7可以作为用户I/O来使用。可以同时配置多个Spartan器件,再同时启动配置。为了做到这一点,可以让这若干个器件采用相同的DATA,CCLK,$\overline{WRITE}$,$\overline{BUSY}$,只需要用不同的$\overline{CS}$将它们分开就可以了。

3. 串行从模式

在串行从模式下,CCLK由外层设备供给。这种模式允许其他的逻辑器件(比如微处理器)来为FPGA进行配置,或在一个菊花链连接里进行配置。图2-242所示是串行主、串行从两种模式共有的原理图,主设备从一个SPROM中读取了数据来配置从设备。

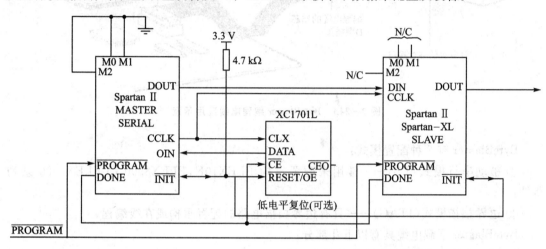

图2-242 串行主、串行从两种模式配置原理图

4. 串行主模式

如图2-242所示,在串行主模式下,CCLK从FPGA送出到串行PROM(SPROM),SPROM则送出数据到FPGA的DIN引脚。串行主模式下的引脚如同图2-242左边的器件连接,串行主模式引脚设为000,SPROM的复位引脚(RESET)由$\overline{INIT}$驱动,CE由DONE信号驱动。串行主模式和串行从模式的引脚连接基本是一样的,除了串行主模式要外接一个晶振来提供CCLK外,在4~60 Mbit/s的速率下都可以进行配置。

2.39 ByteBlaster 并口下载电缆

使用FLEX器件的一个特别突出的优点就是:FLEX器件可以通过在线配置的手段来调整电路结构、延时性能等,这给电路设计人员调试电路带来极大的方便。

并口下载电缆 ByteBlaster 正是将 PC 中的配置信息传送到 PCB FLEX 器件中必不可少的器件,参见图 2-243。ByteBlaster 不但可以用来对 FLEX 系列器件进行配置重构,而且可以用来对 MAX9000 以及 MAX7000S/MAX7000A 等器件进行编程。

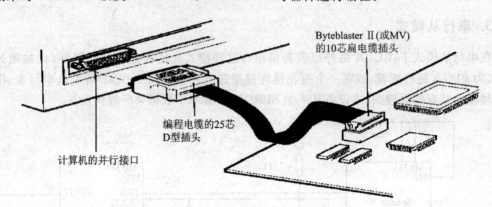

图 2-243　ByteBlaster 编程电缆应用示意

ByteBlaster 有 2 种配置模式:
① 被动串行模式(PS)——常用来配置重构 FLEX10K,FLEX8000 和 FLEX6000 系列器件。
② 边界扫描模式(JTAG)——具有边界扫描电路的配置重构或在线编程。

ByteBlaster 下载电缆具有以下几部分:
① 与 PC 并口相连的 25 针 D 型阳插座头。
② 与 PCB 插座相连的双列直插式扁电缆 10 针阴插头。
③ 25 针到 10 针的变换电路。

2.39.1　ByteBlaster 25 针插头

ByteBlaster 与 PC 并口相连的是一个 25 针的插头,在 PS 和 JTAG 两种模式下具有不同的名称,如表 2-50 所列。

表 2-50　ByteBlaster 下载电缆的 25 芯 D 型插座各引线定义

引线编号	PS 模式下的信号名称	JTAG 模式下的信号名称
2	DCLK	TCK
3	nCONFIG	TMS
8	DATA0	TDI
11	CONF_DONE	TDO
13	nSTATUS	NC
15	GND	GND
18~25	GND	GND

2.39.2 ByteBlaster 的 10 针插头

ByteBlaster 的 10 针插头是与电路板上的 10 针插座连接的。表 2-51 给出两种不同模式下各个引脚的名称。

表 2-51 ByteBlaster 下载电缆的 10 针扁电缆插头各引脚定义

引脚序号	PS 模式		JTAG 模式	
	信号名	描述	信号名	描述
1	DCLK	时钟	TCK	时钟
2	GND	信号地	GND	信号地
3	CONFIG_DONE	配置控制	TD0	器件输出数据
4	V_{CC}	电源	V_{CC}	电源
5	nCONFIG	配置控制	TMS	JTAG 状态机控制
6	—	—	—	—
7	nSTATUS	配置状态	—	—
8	—	—	—	—
9	DATA0	配置的数据	TDI	发送到器件的数据
10	GND	信号地	GND	信号地

2.39.3 ByteBlaster 的数据变换电路

电路如图 2-244 所示。其中 ByteBlaster 的额定工作条件和 Altera 的建议列于表 2-52、表 2-53 和表 2-54。

表 2-52 ByteBlaster 工作的最大值

信号	名称	最小值	最大值	单位
V_{cc}	PCB 提供的电源		7.0	V
V_I	直流输入电压		7.0	V

表 2-53 ByteBlaster 推荐工作条件

信号	名称	最小值	最大值	单位
V_{cc}	电源	4.75	5.25	V

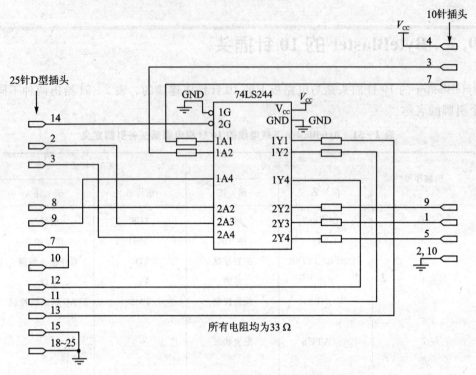

图 2-244 ByteBlaster 的变换电路

表 2-54 ByteBlaster 直流工作条件

信 号	名 称	工作条件	最小值	最大值	单 位
V_{IH}	输入高电平电压		2.0		V
V_{IL}	输入低电平电压			0.8	V
V_{OH}	输出高电平电压	$I_{OH}=3\ mA, V_{CC}=4.75\ V$	2.3		V
V_{OL}	输出低电平电压	$I_{OL}=4\ mA, V_{CC}=4.75\ V$			V
I_{CC}	电源提供的工作电流			50	mA

2.40 单个 FLEX 系列器件的 PS 配置（下载电缆连接与下载操作）

在 MAX+plusⅡ 开发环境下，可以直接对 FLEX 系列器件进行 PS(被动串行同步)配置。此种配置方式使用的配置文件为 SOF 文件，此文件在设计的综合过程中自动形成。

2.40.1 下载电缆连接

采用 ByteBlaster 方式,下载电缆的一端(25 针)直接与计算机并行口相连,另一端(10 针)与设计电路板上的编辑口相连。以 FLEX10K 器件为例,编程口与 FLEX 器件的连接如图 2-245 所示。图中 1 kΩ 电阻为上拉电阻。注意,nCE 端需要接地。

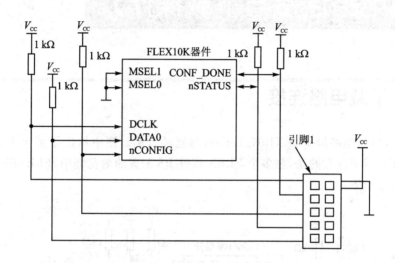

图 2-245 单个 FLEX10K 器件的 PS 连接

2.40.2 下载操作

下载操作包括以下几步:

① 在 MAX+plusⅡ开发环境下,选择 MAX+plusⅡ→Programmer 菜单项或点击相应的快捷按钮进入编程窗口。

② 如果当前的操作项目即为要下载的设计文件,则编程窗口中所显示的下载文件即为当前默认的项目下载文件(.sof)。此时,直接单击 Configure 按钮即可开始下载。

③ 如果需要下载配置的文件不是当前的工作项目文件,则应先选择要下载的 SOF 文件,再选择 File→Select Programming File 菜单项,在弹出的 Select Programming File 对话框中选择需要下载的 SOF 文件,单击 OK 按钮确认后,弹出对话框,询问是否把要选择下载的文件项目设为当前工作项目,单击 OK 按钮后返回到编程窗口。此时当前工作项目名为所选择的将要下载的文件所在的项目名。

④ 上述过程做好以后,即可单击 Configure 按钮开始下载项目文件并配置 FLEX 器件。

2.41 多个 FLEX 器件的 PS 配置（下载电路连接与下载操作）

2.41.1 下载电路连接

图 2-246 所示电路以 FLEX10K/16K 系列器件为例。图中给出了多个 FLEX 器件 PS 配置的连接图。需要注意的是，在多个 FLEX 器件 PS 配置的菊花链中，FLEX6K/8K/10K 器件不能混合连接配置。

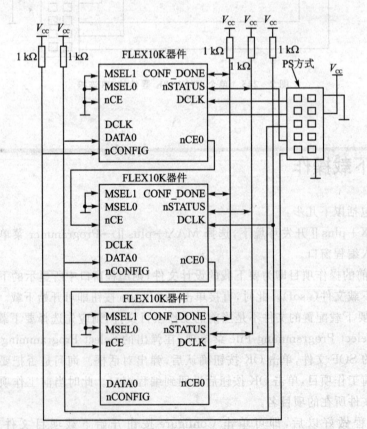

图 2-246 多个 FLEX10K 器件的 PS 配置

2.41.2 下载操作

下载操作的步骤是:
① 在 MAX+plusⅡ开发环境下,选择 MAX+plusⅡ→Programmer 菜单项进入编程窗口。
② 选择 FLEX→Multi-Device FLEX Chain 菜单项。
③ 选择 FLEX→Multi-Device FLEX Chain Setup 菜单项,出现多个 FLEX 器件设置对话框。按照下载电路中的器件连接次序,为每一个器件选好配置文件。
④ 单击 OK 按钮返回编程窗口,单击 Configure 按钮即开始配置。

2.42 单个 MAX 器件的 JTAG 方式编程(POF 文件连接与编程)

2.42.1 单个 MAX 器件的 JTAG 编程连接

MAX 器件编程使用的下载文件为 POF 文件(.pof)。图 2-247 给出了 MAX9000,MAX7000S 和 MAX7000A 系列器件的 JTAG 编程连接,图中的 1 kΩ 电阻为上拉电阻。

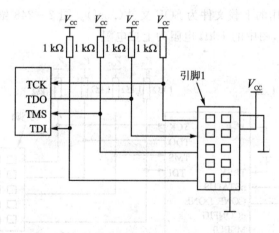

图 2-247 单个 MAX 器件 JTAG 编程连接

2.42.2 单个 MAX 器件的 JTAG 编程

对单个 MAX 器件的 JTAG 编程包括以下步骤：

① 关闭多个器件的 JTAG 编程选项(如果此选项已打开)。在编程窗口下，选择 JTAG→Multi-Device JTAG Chain 菜单项，取消其前面的"√"，使系统处于单个器件编程方式。

② 选择 File→Select Programming File 菜单项，出现 Select Programming File 对话框。在此对话框中选择需要编程下载的 POF 文件，单击 OK 按钮后回到编程窗口。最后再检查一下在编程窗口中所显示的下载文件(.pof)以及所显示的器件与所选择的器件是否相符，单击 Program 按钮即可编程下载。

2.43 单个 FLEX 器件的 JTAG 方式配置(SOF 文件连接与编程)

2.43.1 单个 FLEX 器件的 JTAG 配置连接

FLEX 器件配置使用的下载文件为 SOF 文件(.sof)。图 2-248 给出了 FLEX10K 系列器件的 JTAG 配置连接，图中的 1 kΩ 电阻为上拉电阻。

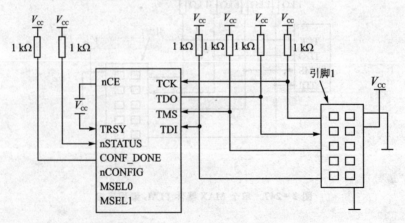

图 2-248 单个 FLEX 器件 JTAG 配置连接

2.43.2 单个 FLEX 器件的 JTAG 编程

对单个 FLEX 器件的 JTAG 编程包括以下步骤：
① 关闭多个器件的 JTAG 编程选项（如果此选项已打开）。
② 选择 File→Select Programming File 菜单项，出现 Select Programming File 对话框。在此对话框中选择需要配置的 SOF 文件，单击 OK 按钮后回到编程窗口。最后检查一下在编程窗口中所显示的下载文件（.sof）以及所显示的器件与所选择的器件是否相符，单击 Configure 按钮即可配置 FLEX 器件。

2.44 多个 MAX/FLEX 器件的 JTAG 方式编程/配置（连接与编程）

2.44.1 多个 MAX/FLEX 器件的 JTAG 编程/配置连接

多个 MAX/FLEX 器件编程/配置使用的下载文件分别为 POF(.pof) 和 SOF(.sof)。JTAG 编程/配置菊花链式连接如图 2-249 所示。当 JTAG 链中的器件多于 5 个时，建议对 TCK，TMS 和 TDI 信号进行缓冲处理。

注意：1 kΩ 的上拉电阻必须连接，否则编程/配置后会出现工作异常。

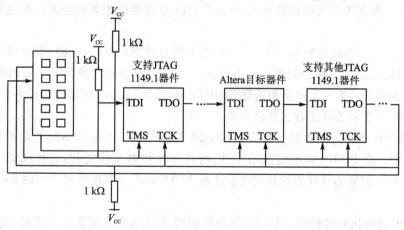

图 2-249 多个 MAX/FLEX 器件的编程/配置

2.44.2 多个 MAX/FLEX 器件的 JTAG 编程

对多个 MAX/FLEX 器件的 JTAG 编程步骤如下：

① 在 MAX+plusⅡ开发环境下，选择 MAX+plusⅡ→Programmer 菜单项进入编程窗口。

② 打开多个器件的 JTAG 编程选项（如果此选项已关闭）。在编程窗口下，选择 JTAG→Multi-Device JTAG Chain 菜单项，在其前面打一个"√"，使系统处于多个器件 JTAG 编程方式。

③ 选择 JTAG→Multi-Device JTAG Chain Setup 菜单项，出现 Multi-Device JTAG Chain Setup 对话框。单击 Select Programrning File 按钮，选择相应器件的下载文件（MAX 为 POF 文件，FLEX 为 SOF 文件）后再单击 Add 按钮，将所选的下载文件添入器件编程文件列表中。设置好后，确认所选择的下载文件类型及次序是否与硬件系统连接的顺序一致，单击 OK 按钮后回到编程窗口。

④ 单击 Programmer 或 Configure 按钮即可开始对 MAX/FLEX 器件进行编程/配置。

2.45 主动串行与被动串行配置模式

CPLD 器件配置分为两大类：主动配置方式和被动配置方式。主动配置由 CPLD 器件自身引导配置操作过程，它控制着外部存储器和初始化过程；而被动配置由外部计算机或控制器控制配置过程。根据数据流的传输形式，将这类 CPLD 器件的配置分为并行配置和串行配置两类。

CPLD 器件的工作状态分为三种：一种称之为用户状态（user mode），指电路中 CPLD 器件正常工作时的状态。一种是配置（configuration）状态，指将编程数据装入 CPLD 器件的过程，也可称之为构造。第三种就是初始化（initialization）状态，CPLD 器件复位各类寄存器，初始化 I/O 引脚，为逻辑器件正常工作做准备。

以 FLEX10K 器件为代表的一类基于 SRAM 工艺的 CPLD 或 FPGA，它的配置数据存储在 SRAM 之中。由于 SRAM 的信息易失性，所以每次加电工作之初，芯片都必须重新构造（配置），在将 I/O 引脚和寄存器初始化之后才进入用户状态。其配置时序如图 2-250 所示。

说明：

① 在上电初始化的过程中，CONF_DONE 引脚为低电平。配置完成之后，变为高电平。如果重新配置器件，CONF_DONE 在 nCONFIG 被拉低之后，变为低电平。

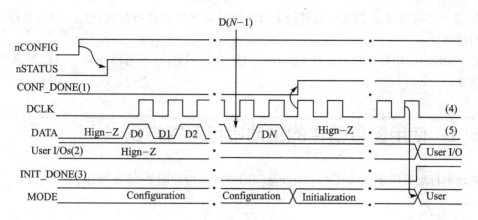

图 2-250　器件配置的时序和工作状态

② 在配置过程中，I/O 口为三态，APEX20K 和 ELEX10KE 器件在 I/O 口上有非常小的上拉电阻。

③ 当 INIT_DONE 信号使用时，在配置之前大约 40 个时钟周期的时候，nCONFIG 为低电平，INIT_DONE 为高电平。

④ DCLK 不能悬空，DATA(MAX6000) 和 DATA0(APEX 或者 FLEX 系列) 不能悬空，需要被拉高或者拉低。

APEX 系列、FLEX10K 系列和 MAX6000 系列器件可以使用 6 种模式进行配置。这对于多种形式的系统非常适合。表 2-55 列出了 Altera 系列器件的配置模式。

表 2-55　Altera 系列器件的配置模式

配置模式	器件系列	典型应用
AS：主动串行 （使用配置器件）	APEX20K FLEX10K FLEX6000	使用配置器件 EPC2，EPC1 和 EPC1441 对 PLD 进行配置
PS：被动串行	APEX20K FLEX10K FLEX6000	使用串行同步处理接口和 MasterBlaster 通信电缆进行配置((1),(2),(4))
PPS：被动并行同步	APEX20K FLEX10K	通过并行同步处理器接口进行配置
PPA：被动并行异步	APEX20K FLEX10K	使用并行异步处理器接口进行配置，在这种方式下，处理器将目标器件作为存储器来处理
PSA：被动串行异步	FLEX6000	通过串行异步处理器接口进行配置
JTAG	APEX20K FLEX10K	通过 IEEE Std. 1149.1 引脚进行配置((3))

电路说明：

① MasterBlaster 通信电缆使用计算机的串行口或者 USB 口传送配置数据。所支持的 V_{CC} 电压为 5.0 V，3.3 V 和 2.5 V，受 MAX+plus Ⅱ 及其以上版本支持，受 Quartus 软件支持。

② ByteBlaster 由 ByteBlasterMV 并行下载电缆替代。

③ 虽然不可以通过 JTAG 引脚给 FLEX6000 系列器件进行配置,但是,可以进行 JTAG 边界扫描测试。

④ BitBlaster 串行下载电缆在 Quartus 软件中不再支持,不可以用它为 APEX 系列器件进行配置。

2.45.1 使用配置器件的主动串行配置方式

主动串行配置(active-serial configuration)硬件结构如图 2-251 所示。

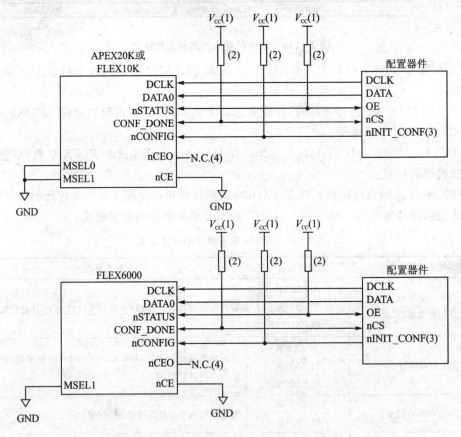

图 2-251 主动串行方式配置单个器件

以 FLEX10K 系列芯片的配置为例说明如下:

Altera 公司提供了为 FLEX10K 系列实现主动配置的串行 PROM 芯片(如 EPC1),在正确配接的条件下,系统上电。加电过程中 FLEX 芯片将检测到在 nCONFIG 引脚出现了由低到高的跳变,于是就开始准备配置。FLEX10K 将 CONF_DONE 拉低,驱动 EPC1 的 nCS 为低,而 nSTATUS 引脚释放并由上拉电阻拉至高电平以使能 EPC1。由此,EPC1 就开始用其内部振荡器的时钟将数据串行地从 EPC1(DATA)输送到 FLEX10K(DATA0)。

在配置过程中,如果发生错误,则 FLEX10K 将 nSTATUS 拉低,复位 EPC1 和 FLEX10K。如果在 MAX+plus Ⅱ 软件内,ASSIGN 菜单项的 Global Project Device Options

对话框中的 Auto Restart Configuration On Frame Error 选项打开，则 FLEX10K 器件将在发生错误配置之后重新自动配置。如果该选项关闭，外部系统必须监视 nSTATUS 引脚以检测错误的发生，然后给 nCONFIG 一个脉冲重新配置。当配置完成后，FLEX10K 释放 CONFIG_DONE，将 EPC1 与用户系统隔离。

多片 FLEX 芯片的配置电路如图 2-252 所示。可以看出，除了 FLEX10K 器件和 EPC1 级联外，电路的其余部分基本类似。当第一片 FLEX10K 配置完成后，第一片上的 nCEO 引脚激活第二片上的 nCE 引脚，控制第二片器件开始配置。由于所有 FLEX10K 器件的 CONF_DONE 都连在一起，因此，所有的 FLEX10K 器件都是同时初始化并且同时进入用户状态的。另外，nSTATUS 引脚也连在一起，如果任何器件检测到错误，那么整个配置链就会同时复位自动重配。图中，EPC1 也同样级联。当第一片 EPC1 的数据全部送完后，该片 EPC1 使其 nCASC 为低，以使能下一片 EPC1。这个过程持续时间少于 1 个时钟周期。这样数据流是不间断的。

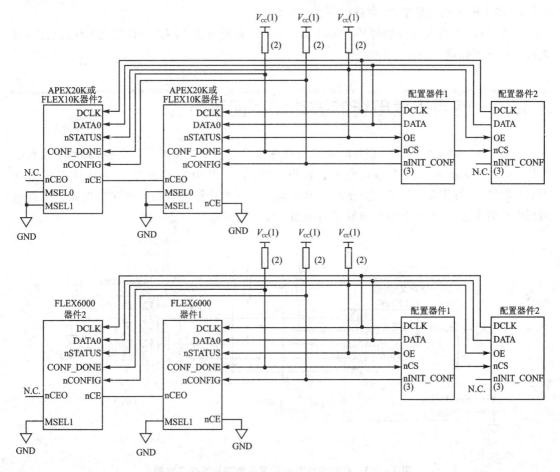

图 2-252 使用配置器件配置相同系列的多个芯片

电路说明之一：

① 上拉电阻需要接到与被编程器件相同电压的电源上。

② 所有的上拉电阻均为 1 kΩ（APEX20K 使用 10 kΩ），EPC2 器件的 OE，nCS 引脚内部

有用户可配置的 1 kΩ 上拉电阻。如果使用了内部的上拉电阻,则在这些引脚的外部就不要再连接上拉电阻。

③ nINIT_CONF 引脚仅仅在 EPC2 系列芯片中存在。如果这个引脚不存在或者没有使用,那么被编程芯片的 nCONFIG 引脚就必须接到 V_{CC} 或者通过 1 kΩ 上拉电阻接到 V_{CC}。

④ 引脚 nCEO 悬空。

电路说明之二:

① 当同时配置多个器件时,需要从每个项目的 .sof 文件形成 EPC1 和 EPC2 的编程目标文件 .pof,使用 MAX+plusⅡ 软件的 Combine Programming Files 对话框组合多个 SOF 文件。Quartus 软件提供了一个类似的选项。

② 上拉电阻需要接到与配置器件同样电压的电源上。

③ 当 INIT_DONE 信号使用时,配置之前或者大约配置的前 40 个时钟周期的时候,nCONFIG 为低电平,INIT_DONE 为高电平。

④ DCLK 不能被悬空,需要被拉高或者拉低。

⑤ DATA(FLEX6000 器件)和 DATA0(APEX 系列或者 FLEX10K 系列)不能悬空,需要被拉高或者拉低。

2.45.2 使用下载电缆的被动串行配置方式

图 2-253 和图 2-254 分别是配置单个器件和配置多个同类器件的电路,典型的编程电缆是 BitBlaster 或者 FLEX 编程电缆。该电缆使用 25 针阳性 D 型插头接计算机的标准 RS232 串口(往往需要使用 25 芯-9 芯转换接头),另一端接被编程器件的接口电路。接口电路与电缆的配接采用 10 芯双列直插式扁电缆插座。编程电缆则是阴座。

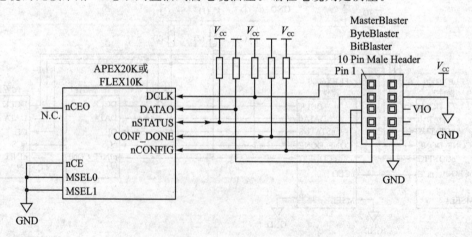

图 2-253 被动串行方式配置单个芯片的接口电路

在被动串行配置方式中,由 BitBlaster,FLEX 下载电缆或微处理器产生一个由低到高的跳变送到 nCONFIG 引脚,随后微处理器或编程硬件将配置数据送到 DATA0 引脚。数据格式为每字节的最低位(LSB)在先,高位在后,每字节为一帧,传送到 FLEX10 器件。CONF_DONE 变成高电平后,DCLK 必须用接下来的 10 个周期来初始化该器件。器件的初始化是

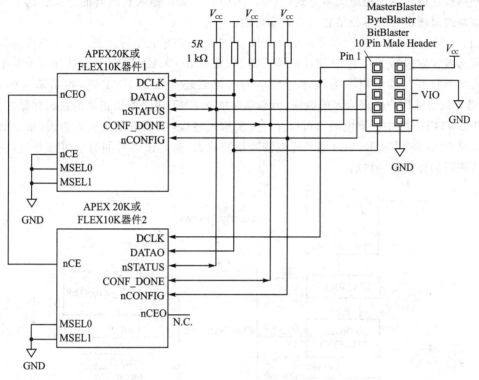

图 2-254 被动串行方式配置多个同类芯片的接口电路

由下载电缆自动执行的。在 PS 方式下没有握手信号,所以配置时钟的工作频率必须低于 10 MHz。

在多器件 PS 方式下,第一芯片(如 FLEX10K)的 nCEO 引脚级联到下一芯片的 nCE 引脚。在一个时钟周期之内,第二个 FLEX10K 器件开始配置,因此,对于微处理器来说,要转移的数据是透明的。

2.46 门禁系统设计技巧

有的数字系统比较复杂,一般可采用"自顶向下"的方法进行设计。首先把整个系统分为几个模块,每个模块再分为几个子模块,这样一直分下去,直到能够实现为止。

这种"自顶向下"的方法符合一般解决问题的思路,能够把复杂的设计分解为许多简单的设计来实现,同时也适合于多人进行合作开发,如同用 C 语言编写大型软件一样。

本处通过具体设计一个门禁系统来介绍怎样进行这种多层次结构电路的设计。多层次结构电路的描述既可以采用纯文本方式,也可以用图形和文本输入相结合的方式。这个具体的实例就是通过图形与文本相结合的方式实现的。

图 2-255 所示为一种门禁系统的原理图,其中的控制单元实际上是一个可以控制各个组件的状态机。它包括了一个 12 键位的输入键盘(数字 0~9,ENT,CLR),只有一个 3 个数字的组合才能打开门。用户在输入 3 个数字的密码后还要按下 ENT 键,指示输入的完成。CLR 键可以清除用户错误输入的数据,但必须在按下 ENT 键之前。正确的密码存储在 12 位的 DIP SWITHCH 中。系统最多可以允许 3 次输入错误,如果第 4 次输入错误,系统会自动报警。只有 MASTER_RESET 信号可以清除报警状态,而且该信号同时也可以开门,它和正确输入密码的作用是一样的。

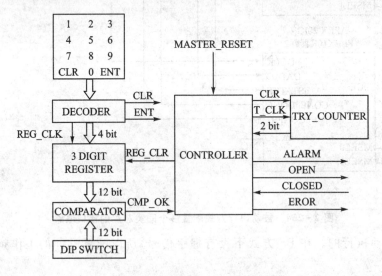

图 2-255 门禁系统的原理图

程序文件包括:control_model.vhd,decode.vhd,digit_register.vhd,comparator.vhd,counter.vhd 这 5 个 VHDL 文本源程序。在此基础上形成一个 watch_dog.gdf 文件进行整体方案的编译和仿真。

译码模块 DECODE 完成对应按键的编码工作,每 12 位的数字输入产生 4 位数字的输出并存入移位寄存器,为了方便仿真,也对 ENT 和 CLR 键进行了编码,但以后的程序并没有使用;译码模块的另一个功能是产生移位寄存器的时钟信号,对于每个有效数据 0~9,时钟信号 sigreg_clk 都置为 1。译码模块为控制模块产生 CLR 和 ENT 信号。

3 段移位寄存器 3 DIGIT REGISTER 接受译码模块的 4 位输入,在每个时钟(REG_CLK)的上升沿进行 1 次整体移 4 位的移位,产生 12 位的输出,同时受控制模块清零信号的控制。

比较器 COMPARATOR 将 3 段移位寄存器输出的 12 位数据与预先存入存储器的 12 位数据作比较,并将结果输出到控制模块。

计数器 TRY_COUNTER 在控制模块产生的时钟作用下进行 2 位的计数,并将结果返回到控制模块。

控制模块 CONTROLLER 有 6 个输入和 6 个输出,其中的输出信号 COUNTER_CLR 受输入信号 RESET 和开门状态控制;REG_CLR 受 RESET,CLR 键和开门状态控制;ALARM 受 COUNTER_ERROR_TIME 控制;OPENDOOR 受 RESET 和工作状态下正确输入数据的状态控制;ERR 和 COUNTER_CLK 都受工作状态下没有正确输入数据的状态控制。
Watch_dog.gdf 文件如图 2-256 所示。

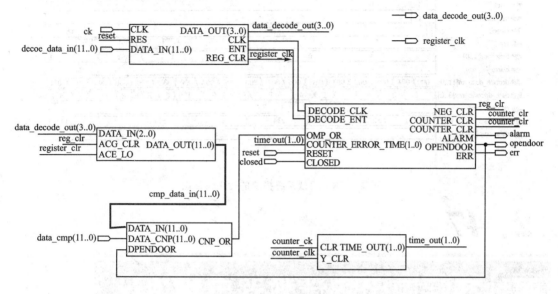

图 2-256 Watch_dog.gdf 文件

门禁系统模块的功能仿真如图 2-257 所示。

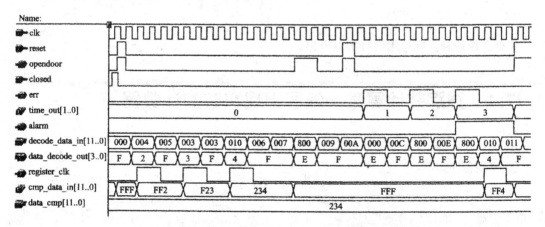

图 2-257 门禁系统模块的功能仿真图

门禁系统模块的时序仿真如图 2-258 所示。

值得注意的是:通过对经典实例的分析,可以了解硬件设计中的一些基本模块是如何通过 FPGA 得到实现的。但仅仅掌握上述模块的实现是远远不能满足电子设计需求的,更重要的是掌握设计方法;灵活运用 FPGA 设计流程开展设计,认清流程中各个部分的联系与区别;养成良好的硬件描述语言编码风格,了解硬件描述语言与电路的对应关系,提高设计的可维护性、可调试性;建立硬件意识,区分 FPGA 设计编码与软件设计编码,软件设计编码的目的是为了描述逻辑流程,FPGA 设计编码是描述电路结构。模块设计是 FPGA 设计的根本,熟练掌握模块设计,能够为进一步利用 FPGA 完成电子设计打下坚实的基础。

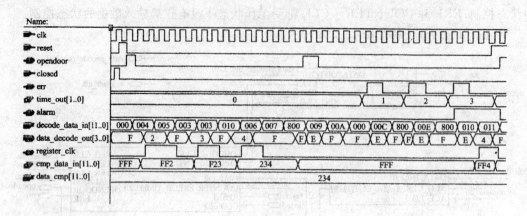

图 2-258　门禁系统模块的时序仿真图

2.47 两种实际应用的计数器电路设计

本处介绍两种实际应用的计数器电路。

2.47.1 跟踪并计算某一信号出现次数的计数器

① 设计要求：异步清零信号；具体跟踪信号；输出信号。
② 实现程序如下：

```
--------------------------------
-- File：xxx.vhd
-- Created In MAX+plus Ⅱ Version：MAX+plus Ⅱ 10.1/win2000
-- Simulation environment：MAX+plus Ⅱ 10.1/win2000
-- Synthesis environment：MAX+plus Ⅱ 10.1/win2000
-- Author：xx, xxx
--
-- Description：
--
-- Hierarchy：
-- This file represents the XX block in X.sch.
--
-- History：
--    Date         Author        Version
```

```
--        mm/dd/yyyy      designer        1.0
                -- Header reorganized to conform to coding standard.
--
-- ————————————————————————
LIBRARY IEEE;
USE IEEE.STD_LOGIC_1164.ALL;
USE IEEE.STD_LOGIC_UNSIGNED.ALL;

ENTITY counter IS
PORT (clr,t_clk:IN STD_LOGIC;
            time_out:OUT STD_LOGIC_VECTOR(1 downto 0)
      );
END counter;

ARCHITECTURE   bhv OF counter IS
SIGNAL    temp : STD LOGIC_VECTOR(1 downto 0);
BEGIN
      PROCESS( t_clk )
            BEGIN
                  IF( clr = '1') THEN;
                        temp <= ( OTHERS => '0');
                  ELSIF( t_clk'EVENT and t_clk = '1' ) THEN
                        temp <= temp + '1';
                  END IF;
      END PROCESS;
         time_out <= temp;
END bhv;
```

程序以具体跟踪信号 t_clk 由 0 变为 1 的时刻作为采样时刻,可保证计数的正确性。仿真波形如图 2-259 所示。

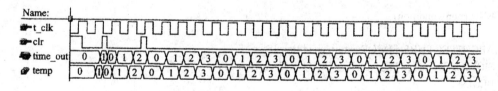

图 2-259 作为控制信号的条件

2.47.2 过渡性作用的计数器

有时某些控制信号会根据计数器某种状态的出现而发生改变,计数器负责跟踪另外一个信号,例如移位寄存器在先动作一拍的前提下才进行下一步的操作,或在动作几拍,或在另一个信号出现几次的情况下改变以前的动作状态等。计数器在这种情况下起到了过渡性作用。

① 设计要求:异步清零信号;输入信号 a0,输出信号 a1;a1 在 a0 出现的第 3 次后变为有

效;有效时间持续 a0 的有效时间;整个设计中 a1 只在 a0 第一次出现时才有效,即只有效 1 次。

② 实现程序如下:

```
----------------------------------
-- File: xxx.vhd
-- Created In MAX+plus II Version: MAX+plus II 10.1/win2000
-- Simulation environment: MAX+plus II 10.1/win2000
-- Synthesis environment: MAX+plus II 10.1/win2000
-- Author: xx, xxx

-- Description:
--
-- Hierarchy:
-- This file represents the XX block in X.sch.
--
-- History:
--   Date             Author         Version
-- mm/dd/yyyy        designer          1.0
--         - Header reorganized to conform to coding standard.
--
----------------------------------
LIBRARY IEEE;
USE IEEE.STD_LOGIC_1164.ALL;
USE IEEE.STD_LOGIC_UNSIGNED.ALL;

ENTITY count_condition IS
PORT(clr: IN STD_LOGIC;
     a0: IN STD_LOGIC;
     clk: IN STD_LOGIC;
     a1: OUT STD_LOGIC
    );
END countcondition;

ARCHITECTURE bhv OF count_condition IS
SIGNAL counter: STD_LOGIC_VECTOR(2 downto 0);
BEGIN
     PROCESS(clk, a0)                              --3 bit counter
          BEGIN
              IF(clr = '1') THEN
                 a1 <= '0';
                       counter <= (OTHERS => '0');
              ELSIF(clk'EVENT AND clk = '1') THEN
                 IF( counter = "100") THEN
                       counter <= "100";
                 ELSIF( a0 = '1' ) THEN
                       counter <= counter + '1';
                 END IF;
```

```
                    END IF;
            END PROCESS;
            PROCESS(clk, a0)                              ——output a1
                BEGIN
                    IF( clr = '1' ) THEN
                        a1<='0';
                    ELSIF( clk'EVENT AND clk = '1' ) THEN
                        IF( counter = "011" ) THEN
                            'a1 <= a0;
                        ELSE
                            a1 <= '0';
                        END IF;
                    END IF;
            END PROCESS;
        END bhv;
```

仿真波形如图 2 - 260 所示。

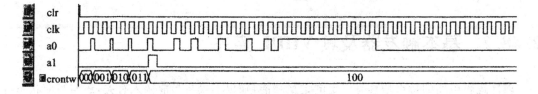

图 2 - 260 仿真波形图

由图 2 - 260 可知：a1 在 a0 信号出现 3 次后的时钟上升沿有效，有效时间持续 1 个时钟周期，计数器不回零，过程不循环，a0 信号在 a1 有效后不起作用，a1 信号在整个设计中只有效 1 次，设计符合要求。

2.48 常用触发器及其应用设计技巧

2.48.1 触发器和锁存器

在介绍触发器之前，先来比较一下触发器和锁存器，这是许多初学者感兴趣的问题。

触发器是在时钟的沿（上升沿或者下降沿）进行数据锁存的，而锁存器是用电平使能来锁存数据的，所以触发器的 Q 输出端在每一个时钟沿都会被更新，而锁存器只能在使能电平有效期间才会被更新。在 FPGA 设计中，建议如果不是必需，应该尽量使用触发器而不是锁存器。

触发器的 VHDL 描述如下：

```
PROCESS
    BEGIN
        WAIT UNTIL CLK' EVENT AND CLK = '1';
            Q<=D;
END PROCESS;
```

锁存器的 VHDL 描述如下：

```
PROCESS(EN,D)
    BEGIN
        IF EN = '1' THEN
            Q<=D;
        END IF;
END PROCESS;
```

2.48.2 基本触发器及其 VHDL 描述

时序逻辑电路的特点是具有一定的记忆功能，输出不仅与当前输入有关，还与当前状态有关，这种记忆功能就是由基本触发器来实现的。根据控制方式和状态关系，可以将数字电路中的基本触发器分为 D 触发器、T 触发器、JK 触发器和 RS 触发器等几种类型，这些都是构成复杂数字电路的基本单元。下面分别对这些基本触发器进行介绍。

(1) D 触发器

图 2-261 所示为一个上升沿触发的 D 触发器，D 触发器可以起到信号延时的作用。图中，D 为数据输入端口，CLK 为触发时钟信号输入端口，Q 为数据输出端口。只有在时钟信号上升沿到来时，输入端口的数据才送给输出端口。表 2-56 为上升沿触发的 D 触发器的真值表。

图 2-261 D 触发器

表 2-56 D 触发器真值表

D	CLK	Q
X	0	保持
X	1	保持
0	上升沿	0
1	上升沿	1

例程 1 所示为 D 触发器的 VHDL 描述。

【例程 1】

```
LIBRARY IEEE;
USE IEEE. STD _ LOGIC _ 1164. ALL;
ENTITY DFFI IS
    PORT (D: IN STD _ LOGIC;
          CLK: IN STD _ LOGIC;
          Q :OUT STD _ LOGIC);
END DFF1;

ARCHITECTURE_1 OF DFF1 IS
BEGIN
    PROCESS(CLK)
    BEGIN
        IF(CLK'EVENT AND CLK = '1')THEN
            Q<=D;
        END IF;
    END PROCESS;
END_1;
```

前面已经提到,触发器不仅可以用时钟信号上升沿触发,用下降沿同样可以触发。例程 2 就是利用时钟信号下降沿触发的 D 触发器的 VHDL 描述。

【例程 2】

```
LIBRARY IEEE;
USE IEEE. STD _ LOGIC _ 1164. ALL;

ENTITY DFF2 IS
    PORT(D:IN STD _LOGIC;
         CLK:IN STD _ LOGIC;
         Q:OUT STD _ LOGIC);
END DFF2;
ARCHITECTURE _2 OF DFF2 IS
BEGIN
    PROCESS(CLK)
    BEGIN
        IF( CLK'EVENT AND CLK= '0') THEN
            Q<=D;
        END IF;
    END PROCESS;
END_2;
```

除了上述描述 D 触发器的方法之外,还可以直接利用 STD_LOGIC_1164.ALL 程序包中定义的 RISING_EDGE 和 FALLING_EDGE 函数来描述 D 触发器。下面通过例程 3 来理解它们的含义。

【例程 3】

```
LIBRARY IEEE;
USE IEEE.STD_LOGIC_1164.ALL;
ENTITY DFF3 IS
    PORT(D:IN STD_LOGIC;
         CLK:IN STD_LOGIC;
         Q:OUT STD_LOGIC);
END DFF3;
ARCHITECTURE_3 OF DFF3 IS
BEGIN
    PROCESS(CLK)
    BEGIN
        IF ( RISING_EDGE (CLK) ) THEN
            Q<=D;
        END IF;
    END PROCESS;
END_3;
```

图 2-262 带复位的 D 触发器

例程 3 是用 RISING_EDGE 函数描述的上升沿触发的 D 触发器。如果想用下降沿触发,只需将程序中的 IF(RISING_EDGE(CLK))THEN 改为 IF(FALLING_EDGE(CLK))THEN 即可。

(2) 带复位信号的 D 触发器

图 2-262 所示为带复位信号的 D 触发器,除了具备上述 D 触发器的输入/输出端口外,还加入了一个复位信号输入端 RESET,并且是低电平有效。表 2-57 为带复位的 D 触发器真值表。

表 2-57 带复位的 D 触发器真值表

RESET	D	CLK	Q
0	X	X	X
1	X	0	保持
1	X	1	保持
1	0	上升沿	0
1	1	上升沿	1

例程 4 为带同步复位的 D 触发器的 VHDL 描述。

【例程 4】

```
LIBRARY IEEE;
USE IEEE.STD_LOGIC_1164.ALL;

ENTITY DFF4 IS
    PORT(D: IN STD_LOGIC;
```

```
        CLK:IN STD_LOGIC;
        RESET :IN STD_LOGIC;
        Q:OUT STD_LOGIC);
END DFF4;

ARCHITECTURE_4 OF DFF4 IS
BEGIN
    PROCESS (CLK)
    BEGIN
        IF( CLK'EVENT AND CLK:='1')THEN
            IF( RESET='0') THEN
                Q<='0'
            ELSE
                Q<=D;
            END IF;
        END IF;
    END PROCESS;
END_4;
```

例程 5 为带同步复位的 D 触发器的 VHDL 描述。

【例程 5】

```
LIBRARY IEEE;
USE IEEE. STD_LOGIC_1164. ALL;
ENTITY DFF5 IS
    PORT (D: IN STD_LOGIC;
          CLK: IN STD_LOGIC;
          RESET: IN STD_LOGIC;
          Q: OUT STD_LOGIC);
END DFF5;
ARCHITECTURE_5 OF DFF5 IS
BEGIN
    PROCESS(CLK, RESET)
    BEGIN
        IF(RESET = '0') THEN
            Q<= '0'
        ELSIF(CLK'EVENT AND CLK = '1')THEN
            Q<=D;
        END IF;
    END PROCESS;
END_5;
```

(3) T 触发器

图 2-263 所示为一个 T 触发器,且为上升沿触发。每当时钟信号上升沿到来,且输入信号为高电平时,输出信号翻转一次,否则输出保持不变。因此 T 触发器又称为翻转器。由此可以想到,如果输入信号始终保持高电平,则 T 触发器可以看成是一个 2 分频器,时钟信号上升沿到来

一次,输出信号翻转一次,因此输出信号周期是时钟信号的2倍。其信号关系如图2-264所示,表2-58为T触发器的真值表。

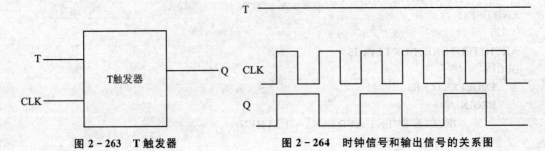

图 2-263 T触发器　　　　图 2-264 时钟信号和输出信号的关系图

表 2-58 T触发器真值表

T	CLK	Q	T	CLK	Q
0	X	保持	1	X	保持
0	上升沿	保持	1	上升沿	翻转

例程6为T触发器的VHDL描述。

【例程6】

```
LIBRARY IEEE;
USE IEEE. STD _ LOGIC _ 1164. ALL;
ENTITY TFF IS
    PORT (T: IN STD _ LOGIC;
        CLK: IN STD _ LOGIC;
        Q: OUT STD _ LOGIC);
END TFF;

ARCHITECTURE_6 OF TFF IS
BEGIN
    PROCESS(CLK)
    BEGIN
        IF( CLK' EVENT AND CLK = '1' ) THEN
            IF(T = '1') THEN
                Q <= NOT Q;
            ELSE
                Q <= Q;
            END IF;
        END IF;
    END PROCESS;
END_6;
```

(4) JK触发器

JK触发器也是应用非常广泛的一种基本触发器。图2-265所示为带有置位/复位的JK触发器结构图;J,K是两个输入信号端口;CLK是时钟信号端口;SET是置位信号端口;CLR

是复位信号端口；Q,QB 是两个输出端口。

表 2-59 为带有置位/复位的 JK 触发器的真值表。从真值表中可以看出，这是个异步置位/复位 JK 触发器。不管时钟上升沿到来与否，只要 SET 信号或者 CLR 信号低电平有效，该触发器就执行置位或者复位操作；当 SET 信号和 CLR 信号同时有效时，该触发器不工作，此处不予考虑。当 SET 信号和 CLR 信号都高电平无效时，如果时钟信号上升沿没到，则输出信号保持原电平；如果时钟信号上升沿到了，J,K 都为低电平，则输出信号同样保持原电平。当 SET 信号和 CLR 信号都高电平无效，且时钟信号上升沿到了，J,K 都为高电平时，输出端信号翻转为相反电平，否则按照 J,K 信号电平输出。

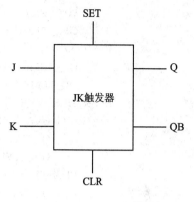

图 2-265　JK 触发器

表 2-59　J,K 触发器真值表

SET	CLR	CLK	J	K	Q	QB
0	1	X	X	X	0	1
1	0	X	X	X	1	0
0	0	X	X	X	不工作	不工作
1	1	0	X	X	保持	保持
1	1	上升沿	0	0	保持	保持
1	1	上升沿	0	1	0	1
1	1	上升沿	1	0	1	0
1	1	上升沿	1	1	翻转	翻转

例程 7 为异步置位/复位 JK 触发器的 VHDL 描述。

【例程 7】

```
LIBRARY IEEE;
USE IEEE. STD _ LOGIC _ 1164. ALL;
ENTITY JKFF IS
    PORT (J, K: IN STD _ LOGIC;
          CLK: IN STD _ LOGIC;
          SET, CLR: IN STD _ LOGIC;
          Q, QB :OUT STD _ LOGIC);
END JKFF;

ARCHITECTURE_7 OF JKFF IS
SIGNAL Q _ TEMP, QB _ TEMP :STD _ LOGIC;
BEGIN
    PROCESS(SET, CLR, CLK)
    BEGIN
        IF(SET = '0' AND CLR = '1') THEN
```

```
                Q_TEMP <= '1';
                QB_TEMP <= '0';
            ELSIF(SET = '1' AND CLR = '0') THEN
                Q_TEMP <= '0';
                QB_TEMP <= '1';
            ELSIF(CLK'EVENT AND CLK = '1') THEN
                IF(J = '0' AND K = '1') THEN
                    Q_TEMP <= '0';
                    QB_TEMP <= '1';
                ELSIF(J = '1' AND K = '0') THEN
                    Q_TEMP <= '1';
                    QB_TEMP <= '0';
                ELSIF(J = '1' AND K = '1') THEN
                    Q_TEMP <= NOT Q_TEMP;
                    QB_TEMP <= NOT QB_TEMP;
                END IF;
            END IF;
        END PROCESS
        Q <= Q_TEMP;
        QB <= QB_TEMP;
END_7
```

图 2-266　RS 触发器

注意,在例程 7 中定义了两个信号 Q_TEMP 和 QB_TEMP 来暂时存储输出值,并且利用它们来完成信号的翻转操作。

(5) RS 触发器

最后介绍一种基本触发器——RS 触发器,图 2-266 所示为 RS 触发器结构图。这类触发器和前面所讲的几种触发器有明显不同,前面所述的 D 触发器、T 触发器都是用时钟信号上升沿或者下降沿触发的,而 RS 触发器则是以输入信号值作触发的。表 2-60 为 RS 触发器真值表。

表 2-60　RS 触发器真值表

S	R	Q	QB
0	0	保持	保持
0	1	0	1
1	0	1	0
1	1	不定	不定

例程 8 为 RS 触发器的 VHDL 描述。

【例程 8】

```
LIBRARY IEEE;
USE IEEE.STD_LOGIC_1164.ALL;
```

```
ENTITY RSFF IS
    PORT ( S, R: IN STD _ LOGIC;
           Q, QB: OUT STD _ LOGIC );
END RSFF;

ARCHITECTURE_8 OF RSFF IS
SIGNAL Q _ TEMP, QB _ TEMP:STD _ LOGIC;
BEGIN
    Q _ TEMP <= R NOR QB _ TEMP;
    QB _ TEMP <= S NOR Q _ TEMP;
    Q <= Q _ TEMP;
    QB <= QB _ TEMP;
END_8;
```

2.48.3 触发器的应用

前面已经介绍了一些基本触发器的结构、工作方式和 VHDL 描述,这些触发器是构成数字电路的基本单元模块。下面通过一个简单的延时电路来介绍触发器的应用。

在介绍 D 触发器的时候提到,D 触发器可以起到延时的作用。图 2-267 所示为一个由 4 个 D 触发器连接构成的延时电路,输入信号 S 经过 4 级 D 触发器延时后由 Q_4 输出,电路中各个端口的信号波形如图 2-268 所示。

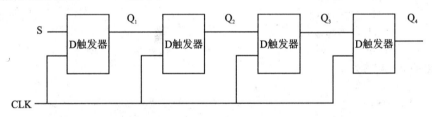

图 2-267 4 级 D 触发器延时电路

分析图 2-268 可以得到,除了第 1 级 D 触发器的同步作用大于延时外,后面 3 级触发器的延时作用非常明显。

例程 9 所示为 4 级 D 触发器延时电路的 VHDL 描述。

【例程 9】

```
LIBRARY IEEE;
USE IEEE. STD _ LOGIC _ 1164. ALL;
ENTITY DELAY IS

    PORT (S: IN STD _ LOGIC
          CLK:IN STD _ LOGIC
          Q1,Q2,Q3,Q4:BUFFER STD LOGIC)
END DELAY;
```

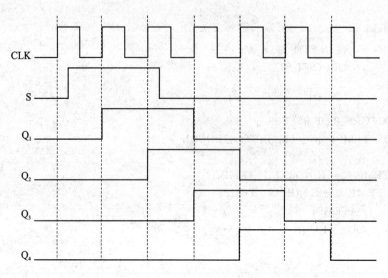

图 2－268　延时电路波形

```
ARCHITECTURE_9 OF DELAY IS
BEGIN
    PROCESS(CLK)
    BEGIN
        IF (CLK' EVENT AND CLK = '1') THEN
            Q4 <= Q3;
            Q3 <= Q2;
            Q2 <= Q1;
            Q1 <= S;
        END IF;
    END PROCESS;
END_9;
```

2.49 加法器设计

在数字电路中，无论是加减还是乘除的算术运算，都是通过若干步骤以加法运算来完成的，因此加法器是数字电路中基本而又重要的逻辑单元。加法器可以分为半加器和全加器，下面将对这两种加法器分别进行分析。

2.49.1 半加器

图 2-269 所示为半加器逻辑电路图,半加器有两个一位的输入端 A 和 B,一位的加和输出端 S,一位的进位输出端 C。表 2-61 为半加器真值表。

图 2-269 半加器逻辑电路图

表 2-61 半加器真值表

输	入	输	出
A	B	S	C
0	0	0	0
0	1	1	0
1	0	1	0
1	1	0	1

根据逻辑电路图和真值表可以写出半加器的 VHDL 代码,如例程 1 所示。

【例程 1】
```
LIBRARY IEEE;
USE IEEE.STD_LOGIC_1164.ALL;
ENTITY HALFADDER IS
    PORT( A,B:IN STD_LOGIC;
          S, C:OUT STD_LOGIC);
END HALFADDER;
ARCHITECTURE_1 OF HALFADDER IS
BEGIN
    S <= A XOR B;
    C <= A AND B;
END_1;
```

2.49.2 全加器

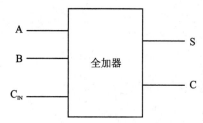

图 2-270 全加器逻辑电路图

图 2-270 所示为全加器的逻辑电路图,全加器有三个输入端,分别是两个一位的输入 A 和 B,一个一位进位输入 C_{IN};与半加器一样有两个输出端,分别是一位的加和输出端 S,一位的进位输出端 C。表 2-62 为全加器真值表。

表 2-62 全加器真值表

输入			输出	
C_{IN}	A	B	S	C
0	0	0	0	0
0	0	1	1	0
0	1	0	1	0
0	1	1	0	1
1	0	0	1	0
1	0	1	0	1
1	1	0	0	1
1	1	1	1	1

根据逻辑电路图和真值表可以写出全加器的 VHDL 代码,如例程 2 所示。

【例程 2】

```
LIBRARY IEEE;
USE IEEE.STD_LOGIC_1164.ALL;

ENTITY ADDER IS
    PORT(A,B,CIN :IN STD_LOGIC;
         S,C :OUT STD_LOGIC);
END ADDER;

ARCHITECTURE_2 OF ADDER IS
BEGIN
    PROCESS( A, B, CIN)
        VARIABLE N: INTEGER: = 0;
        CONSTANT TEMP_S: STD_LOGIC_VECTOR(3 DOWNTO 0): = "0101";
        CONSTANT TEMP_C: STD_LOGIC_VECTOR (3 DOWNTO 0): = "0011";
    BEGIN
        IF( A = '1') THEN
            N: = N+1;
        END IF;
        IF( B = '1') THEN
            N: = N+1;
        END IF;
        IF( CIN = '1') THEN
            N: = N+1;
        END IF;
        S <= TEMP_S(N);
        C <= TEMP_C(N);
    END PROCESS;
END_2;
```

例程 2 是使用行为描述方式来编写全加器 VHDL 代码的,这种方式完全是根据全加器真值表的描述,没有涉及任何电路结构和门电路。行为描述方式是逻辑电路描述方式中最基础也是最重要的描述方式。为了和这种描述方式作比较,例程 3 使用数据流描述方式也就是寄存器级描述来实现全加器,可以明显看出两者的区别。

【例程 3】

```
LIBRARY IEEE;
USE IEEE. STD _ LOGIC _ 1164. ALL;

ENTITY ADDER IS
    PORT( A, B, CIN ;IN STD _ LOGIC;
          S, C; OUT STD _ LOGIC);
END ADDER;

ARCHITECTURE_3 OF ADDER IS
SIGNAL TEMP;STD _ LOGIC;
BEGIN
    TEMP <= A XOR B;
    S <= TEMP XOR CIN;
    C <= (A AND B)OR(TEMP AND CIN);
END_3;
```

2.50 ispPAC 的接口电路设计

ispPAC 的差分输入提供了很大的灵活性。它能与多种信号源接口。这里主要介绍如何设计 ispPAC 接口电路。

2.50.1 输入信号范围

要掌握设计 ispPAC 的接口电路,首先就要知道在器件的输入端 $V_{IN}+$ 和 $V_{IN}-$ 之间输入信号的允许范围,见图 2-271(a)。

注意:ispPAC 系列中不同的型号有着不同的输入信号范围。除了在输入端的最小和最大允许电压之外,还有两个相关的电压:共模电压和差分电压。共模电压是指两个输入端电压的平均值。差分电压是指两个输入端电压的差值。信号的共模电压是非常重要的,因为它涉及可以精确测量的差分信号范围。例如ispPAC10,共模输入范围在+1~+4 V之间。最大差分输入范围是-3~+3 V,此时共模电压在两个极限电压的中间,即2.5 V。如果把共模电压(CMV)移至2 V,那么就导致差分信号的范围减少至±2 V。

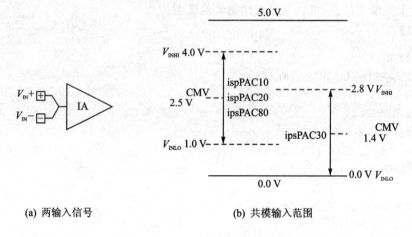

(a) 两输入信号　　　　　　　　　(b) 共模输入范围

图2-271　ispPAC共模输入范围

2.50.2　与差分信号源的接口电路

ispPAC的差分输入使得器件能与平衡输出传感器直接相接。与ispPAC输入接口的关键是保证传感器的共模值在器件的允许输入范围。图2-272(a)为平衡输出信号源与ispPAC的接口电路。在电桥中所有电阻的标称值都相等。共模电压是偏置电压的一半,即2.5 V。允许电桥的输出直接与ispPAC10相连。在图2-272(b)中,信号源是悬浮的,诸如动态扬声器、电感拾音器。在这个直流耦合例子中,信号源必须偏置在可接受的共模电压范围之内。通过由 $R_1 \sim R_4$ 的分压电路来设置偏置。$V_{BIAS}=(5\ V\times R_4)/(R_1+R_4)$。正负信号线通过 R_2 和 R_3 连至偏置电压。

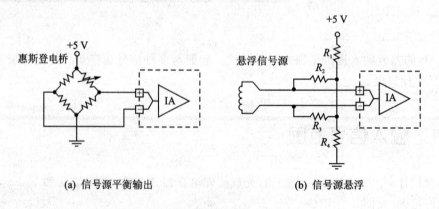

(a) 信号源平衡输出　　　　　　　　　(b) 信号源悬浮

图2-272　差分信号源与ispPAC的接口

图2-273所示的是电流传感器与ispPAC的接口电路。0~10 A的电流输入使得0.1 Ω检测电阻上的压降为0~1 V。这个应用显示了差分信号处理的优越性。尽管也可采用其他

的方法来进行处理,例如用单端放大器来检测在输入端电阻上的压降,假设电阻的接地端是真正的地。然而对于安培级的电流来说,这通常不能保证,以致可能会产生较大的测量误差。采用如图 2-273 所示的方法,通过检测两个电阻端的实际电压就能避免测量误差。当测量大电流时,电阻端的电压有可能超过 ispPAC30 能安全处理的范围。若输入电压低于 -0.6 V 或超过 $+5.6\text{ V}$,则器件内的输入保护二极管开始工作,分流电流至地或正电源。电阻 R_2 和 R_3 起保护作用,把大电流限制到毫安级。

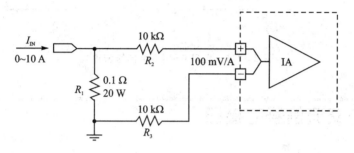

图 2-273 与电流传感器的接口电路

2.50.3 与单端信号源的接口

尽管差分信号在电路设计中有很多优越性,但仍然有许多模拟电路用了单端信号。ispPAC 的差分输入端提供了很大的灵活性,也适用于与单端输入信号接口。最简单的接口是单端信号落在 ispPAC 的共模范围之内。在这种情况下,直接把信号送入 ispPAC 差分输入端的一个端口,而另一个输入端接适当的参考电压。图 2-274(a)适用于 ispPAC10/20/80。输入信号范围在 $+1\sim+4\text{ V}$ 之间。

使用 ispPAC30 时,电路的连接方式如图 2-274(b)所示。因为对于 ispPAC30 来说,共模输入范围包括地,因此可以把一端接地。在这个电路中,输入信号范围在 $0\sim+2.8\text{ V}$ 之内。当系统由 +5 V 单电源供电时,经常要求电路能适应满摆幅信号,即 $0\sim+5\text{ V}$。图 2-275 所示的接口电路允许 ispPAC 输入接受 $0\sim+5\text{ V}$ 信号。图 2-275(a)允许 ispPAC10/20/80 接受 $0\sim+5\text{ V}$ 输入,通过接口电路后实际的电压输入范围是 $+1\sim+4\text{ V}$。图 2-275(b)用于 ispPAC30,通过接口电路实际的电压输入范围是 $0\sim2.5\text{ V}$。

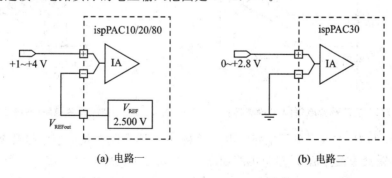

图 2-274 直流耦合单端信号

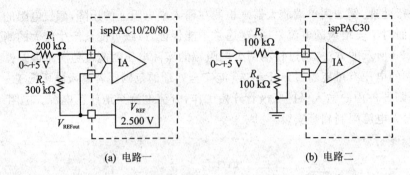

(a) 电路一　　　　　　　　　　　　(b) 电路二

图 2-275　接口 0～+5 V 的直流信号

2.50.4　与交流信号的接口

以上讨论的都是与直流信号的接口。设计模拟电路时,经常要处理时变的交流信号。典型的应用是用来驱动扬声器的音频功率放大器。在音频信号中有用的信息是在 20 Hz～20 kHz 之间。信号的直流偏置不影响信号的内容。图 2-276 为只有信号的交流分量可以通过的接口电路。这个电路是一阶无源高通滤波器。C_1 阻止信号的直流分量,R_1 用来把信号的平均值偏置到 2.5 V。由于器件的 V_{REF} 只有有限的电流驱动能力,因此 R_1 的取值必须大于 100 kΩ。R_L 起输入端保护的作用,以防电压迅速上升时产生的大输入电流。电阻的选取应考虑在电容的输入端可能出现的最大电压。这个电路是为 ispPAC10/20/80 而设计的。但是 ispPAC30 也可以使用此电路,只要把 R_1 连接到合适的参考电压源即可。电路中 0.1 μF 的电容用于提供低的交流阻抗。因为这个电路是高通滤波器,在整个通带内不具有均匀响应。截止频率为 $f_C = 1/2\pi R_1 C_1$,在接近直流处响应逐渐减小到零。

上面所述的电路允许输入信号的峰峰值限制在 ispPAC 的输入范围,还可以构建一个交流耦合电路以便其工作在更宽的范围。图 2-277 的交流耦合电路可使送入 ispPAC10/20/80 的输入信号峰峰值在 3～30 V 的范围。

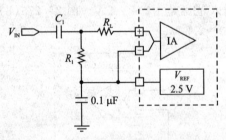　　　　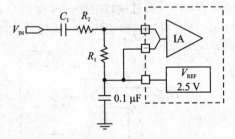

图 2-276　交流耦合电路(3 V 峰峰值)　　　图 2-277　交流耦合电路(高电压输入)

电路中 R_1 和 R_2 构成了分压电路。电压增益 $A_V = R_1/(R_1+R_2)$。R_2 起限流作用。

倘若输入是交流差分信号,接口电路如图 2-278 所示。此电路构成了一个高通滤波器,其截止频率为 $1/(2\pi RC)$,电路给信号加了一个直流偏置。电路中的 V_{REFout} 可以用两种方式给出。直接与器件的 V_{REFout} 引脚相连时,电阻最小取值为 200 kΩ;采用 V_{REFout} 缓冲电路,电阻最小取值为 600 Ω。

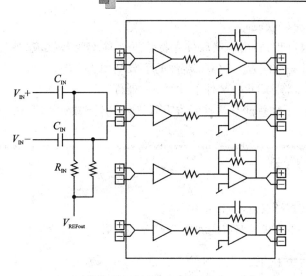

图 2-278　具有直流偏置的交流耦合输入（ispPAC10）

2.50.5　V_{REFout} 缓冲电路

V_{REFout} 输出为高阻抗，当作为参考电压输出时，要进行缓冲，如图 2-279 所示。

注意：PAC Block 的输入不连接，反馈连接端要闭合。此时输出放大器的输出为 V_{REFout} 或 2.5 V，这样每个输出成为 V_{REFout} 电压源，但不能将两个输出端短路。

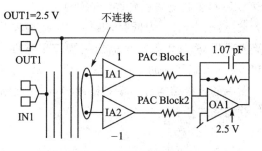

图 2-279　PAC Block 用做 V_{REFout}

2.51 编程接口和编程——ISP 方式和 JTAG 方式

当完成所有逻辑设计，并产生 JEDEC 文件后，就可以对在系统可编程器件进行编程，这个过程称之为下载(download)。

数据文件的下载过程是：由下载软件先将数据文件变为数据流，然后通过编程接口，将数据流串行送入器件并完成编程。对 isp 器件的下载利用 PC 进行，利用 PC 并行口和一条编程电缆(或称下载电缆)，将 JEDEC 文件下载至 isp 器件。

Lattice 公司器件下载目前有两种编程方式：① ISP 方式；② JTAG 方式。

2.51.1 ISP 方式

编程接口——菊花链(daisy chain)结构。
ISP 方式编程接口及其数据流向如图 2-280 所示。

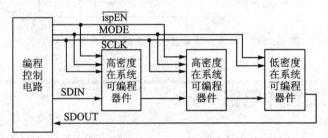

图 2-280 ISP 方式编程接口

编程电缆有 5 个编程控制端，分别为：串行数据输入(SDI)、串行数据输出(SDO)、编程模式(MODE)、串行时钟(SCLK)和在系统编程允许(ispEN)。

对器件的编程过程大致是：当 ispEN 为低时，器件工作在编程状态。向器件输入的编程数据流从串行输入引脚流入器件，而从串行数据输出引脚流出器件。串行时钟控制整个编程数据的移动，而 MODE 和 ispEN 控制器件的工作状态。图 2-281 表示在系统可编程器件的编程连接方法及数据流向。图中的连接结构称为菊花链结构，利用此结构，可以使多个系统可编程器件只用一个编程接口就能完成任务。

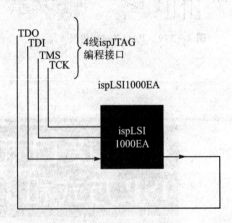

图 2-281 ispLSI1000EA 系列
连接方法及数据流向

2.51.2 JTAG 方式

JTAG 方式实际上是采用边界扫描设计技术对芯片进行下载。扫描设计技术极大地提高了集成电路芯片的可测试性。边界扫描设计接口标准 IEEE 1149.1,不仅为各 IC 制造商,同时也向 IC 的用户提出了统一的标准和测试规范。

1. 边界扫描芯片的结构

支持 IEEE 1149.1 标准的集成电路芯片的结构如图 2-281 所示。

2. JTAG 方式

这类芯片有 3 个输入信号引脚和 1 个输出信号引脚,即测试时钟输入引脚 TCK、测试方式选择输入引脚 TMS、测试用输入引脚 TDI 和输出信号引脚 TDO。对于既有 ISP 功能又有边界扫描功能的 PLD 芯片,如 ispLSI1000EA、ispLSI2000VE、ispLSI2000VL、ispLSI2000E、ispLSI5000V、ispLSI8000、ispLSI8000V、ispGDXV、ispGDX、ispMACH4A/B/C、isp-GAL22LV10 等芯片,这 4 条引脚是复用的。进行编程时,这 4 条引脚既可提供系统编程,又可提供边界扫描测试用。这种编程方程式称为 JTAG 方式。

对多个器件进行 JTAG 方式编程的电路如图 2-282 所示。

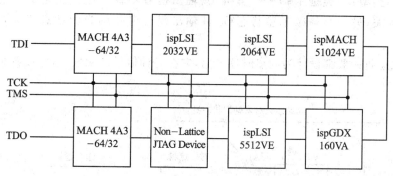

图 2-282 JTAG 方式编程电路

2.51.3 下　载

无论是 ISP 方式还是 JTAG 方式,均可用 ispVM 软件进行下载。
下载步骤如下:
① 点击图标 SCAN。
② 双击扫描到器件的行,即跳出 Device Information 对话框。
③ 在 Browse 栏中调入 *.jed 文件。
④ 按 OK 按钮。
⑤ 点击图标 GO。

2.52 利用 Verilog HDL 设计状态机的技巧

2.52.1 状态机的结构

有限状态机 FSM(Finite State Machine)是一类很重要的时序逻辑电路,尤其适合设计数字系统的控制模块,是许多数字电路的核心部件。有限状态机的标准模型如图 2-283 所示,主要由三部分组成:一是次态组合逻辑电路,二是由状态触发器构成的现态时序逻辑电路,三是输出组合逻辑电路。根据电路的输出信号是否与电路的输入有关,有限状态机可以分为两种类型:一类是米勒型状态机,其输出信号不仅与电路当前的状态有关,还与电路的输入有关;另一类是摩尔型状态机,其输出仅与电路的当前状态有关,与电路的输入无关。

实用的状态机一般都设计为同步时序电路,它在时钟信号的触发下,完成各个状态之间的转移。

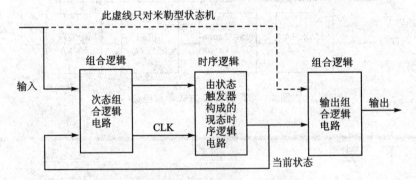

图 2-283 有限状态机的标准模型

2.52.2 利用 Verilog HDL 设计状态机

对于有限状态机的设计,首先根据所设计电路的功能画出其状态转移图,然后,就可以用 Verilog HDL 语言来描述了。最常用的方法是用 always 语句、case 语句和 if_else 语句等对状态机的转换进行描述。

下面通过设计一个序列检测器的过程,来说明利用 Verilog HDL 语言描述有限状态机的设计方法。

【例1】 设计一个序列检测器电路。其功能是检测出串行输入数据 data 中的 3 位二进制序列 110(自左至右输入),当检测到该序列时,电路输出 out=1;没有检测到该序列时,电路输出为 0。要求:

① 给出电路的状态编码,画出状态转换图。
② 用 Verilog HDL 语言对该电路进行描述。

设计:

① 给出电路的状态编码,画出状态转换图。

由设计要求可知,要设计的电路有一个输入信号 data 和一个输出信号 out,电路功能是对输入信号进行检测。

因为该电路在连续收到信号 110 时,输出为 1,其他情况下输出为 0,因此要求该电路能记忆收到的输入为 0、收到一个 1、连续收到两个 1 和连续收到 110 后的状态,由此可见该电路应有 4 个状态,用 S_0 表示输入 0 时的电路状态(或称初始状态),S_1、S_2、S_3 分别表示收到一个 1、连续收到两个 1 和连续收到 110 的状态。

先假设电路处于状态 S_0,在此状态下,电路可能的输入有 data=0 和 data=1 两种情况。若 data=0,则输出 out=0,且电路就保持在状态 S_0 不变;若 data=1,则 out=0,但电路将转向状态 S_1,表示电路收到一个 1。

现在以 S_1 为现态,若这时输入 data=0,则输出 out=0,电路应加到 S_0,重新开始检测;若 data=1,则 out=0,且应进入 S_2,表示已连续收到了两个 1。

又以 S_2 为现态,若输入 data=0,则输出 out=1,电路应进入 S_3 状态,表示已连续收到了 110;若 data=1,则 out=0,且电路应保持在状态 S_2 不变。

再以 S_3 为现态,若输入 data=0,则输出 out=0,电路应回到状态 S_0,重新开始检测;若 data=1,则 out=0,电路应转向状态 S_1,表示又重新收到了一个 1。根据上述分析,可以画出原始状态图,如图 2-284(a)所示。

该电路有 4 个状态,可以用两位二进制代码组合(00,01,10,11)表示,即令 S_0=00,S_1=01。于是得到编码形式的状态图如图 2-284(b)所示。

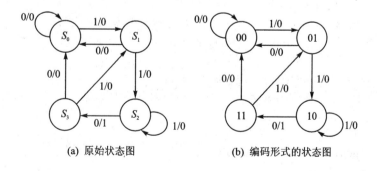

(a) 原始状态图　　　　(b) 编码形式的状态图

图 2-284　原始状态图和编码形式的状态图

② 用 Verilog HDL 语言对该电路进行描述。

在 Verilog HDL 中,可以用一个 always 块描述 FSM 电路,也可以根据时序电路的组成框图用两个 always 块描述 FSM。在时钟的有效沿到来之前,电路当前所处的状态、电路的输入所确定的输出和电路的次态可以用一个组合的 always 块进行描述;而在时钟的有效沿到来时,电路会由当前所处的状态转换到次态,这种转换可以用一个时序的 always 块进行描述。还可以对第二种描述方法进一步细化,用三个 always 块描述 FSM 电路:电路的输出用一个组合的 always 块描述,电路的次态用另一个组合的 always 块描述,电路状态的转换用一个时序的 always 进行描述。

一般来说,在仿真时一个 always 块描述的 FSM 电路,由于电路输入信号只需要在时钟的有效沿到来时才会进行检测,所以其仿真的效率会比其他两种描述方式高一些。但是这种描述方式所写的代码,修改和调试起来可能会困难一些,而且由于电路的输出信号放在 always 块内部,使得输出信号与时钟信号有关,所以在综合时,电路的输出不是组合电路,而是经过触发器之后才会将信号输出。而对于米勒型 FSM 电路来说,由于电路的输出除了与电路的现态有关外,还与电路的输入信号有关,如果输入信号的变化不能及时被检测,而要等到时钟的有效沿到来时才进行检测,则电路的输出很可能是错误的。所以在设计 FSM 电路时,建议采用两个 always 块或者三个 always 块的方法进行描述。

下面结合序列检测器电路的设计,给出这三种描述方式。

```verilog
/* 由于该电路属于米勒型,输出信号不能写在时序 always 块内,所以将电路的输出信号专门用一个always块进行描述 */
//------pulse-check1.v----------
module pulse-check1 (data, clk, nclr, out);
    input data, clk, nclr;
    output out;
    reg out;
    reg [2.0] state;
//The state labels and their assignments
    parameter [1:0] s0=0,s1=1, s2=2, s3=3;
always @ (posedge clk)
    begin
        if(! nclr)
            State = s0;
        else case (state)
            S0:state <= (data==1)? s1:s0;
            S1:state <= (data==1)? s2:s0;
            S2:state <= (data==1)? s2:s3;
            S3:state <= (data==1)? s1:s0;
        endcase
    end
//The combinational logic block for outputs
always @ (state or data)
    begin
        case (state)
            s0:out=0;
            s1:out=0;
```

```
            s2:if(data==1)out = 00;
                else out = 1;
            s3:out=0;
        endcase
    end
endmodule
/*用2个always块描述电路*/
//————————pulse—check2, v—————————
module pulse—check2 (data, clk, nclr, out);
    input data,clk,nclr;
    output out;
    reg out;
    reg [2:0]current—state, next—state;

//The state labels and their assignments
    parameter [1:0] s0=0,s1=1,s2=2,s3=3;
always@(posedge clk) //The state register
    begin
        if(! nclr)
            current—state <= s0;
        else
            current—state <= next state;
    end

//The combinational logic,assign the next state
always@(current state or data)
    begin
    case (current—state)
        s0: begin out = 0; next—state=(data == 1)? s1:s0;end
        s1: begin out = 0; next—state=(data == 1)? s2:s0;end
        s2: if(data == 1)
                begin out = 0; next—state = s2; end
            else
                begin out = 1 ;next—state = s3;end
        s3: begin out = 0;next—state= (data == 1)? s1:s0;end endcase
    end
endmodule

/*用3个always块描述电路*/
//————pulse check3, v—————
module pulse—check3 (data, clk, nclr, ort);
    input data ,clk ,nclr;
    output ort;
    rog out;
```

```verilog
        reg[2:0]current-state,next-state;

//The state labels and their assignments
        parameter [1:0]s0=0,s1=1,s2=2,s3=3;
always@(posedge clk)/The state register
        begin
          if(!nclr)
                current-state <= s0;
          else
                current-state <= next-state;
        end

//The combinational logic,assign the next state
always@(current state or data)
        begin
        case (current-state)
            s0:next-state=(data==1)? s1:s0;
            s1:next-state=(data==1)? s2:s0;
            s2:if(data==1)
                        next-state=s2;
                    else
                        next-state=s3;
            s3: next-state=(data==1)? s1:s0;
        endcase
end
//The combinational logic block for outputs
always@(current state or data)
        begin
            case (current-state)
            s0:out=0;
            s1:out=0;
            s2:if(data==1)out==0;
                    else out==1;
            s3:out=0;
            endcase
    end
endmodule
```

【例2】 基本时序逻辑电路设计(状态图法),程序如下：

```verilog
/*----六进制计数器---*/
module count6(QOUT, CO, CLR, CLK );
output[2:0] QOUT;
output CO;
input CLR,CLK;
reg [2:0] QOUT;
```

```verilog
wire CO.
reg [2:0] STATE,NEXT_STATE;
parameter STATE0 = 3'b000,STATE1 = 3'b001,
          STATE2 = 3'b010,STATE3 = 3'b011,
          STATE4 = 3'b100,STATE5 = 3'b101,
          STATE6 = 3'b110,STATE7 = 3'b111;

always@( posedge CLK or posedge CLR)
begin
        if (CLR)
                STATE <= STATE0;
                else STATE <= NEXT_STATE
        end
always@(STATE)
begin
   case (STATE)
       STATE0:begin NEXT_STATE <= STATE1; end
       STATE1:begin NEXT_STATE <= STATE2; end
       STATE2:begin NEXT_STATE <= STATE3; end
       STATE3:begin NEXT_STATE <= STATE4; end
       STATE4:begin NEXT_STATE <= STATE5; end
       STATE5:begin NEXT_STATE <= STATE6; end
       STATE6:begin NEXT_STATE <= STATE7; end
       STATE7:begin NEXT_STATE <= STATE0; end
   endcase
end
always@(STATE)
begin
   case (STATE)
       STATE0:QOUT <= 3'b000;
       STATE1:QOUT <= 3'b001;
       STATE2:QOUT <= 3'b010;
       STATE3:QOUT <= 3'b011;
       STATE4:QOUT <= 3'b100;
       STATE5:QOUT <= 3'b101;
       STATE6:QOUT <= 3'b110;
       STATE7:QOUT <= 3'b111;
       endcase
end
assign CO= (QOUT == 3'b101)? 1:0;
endmodule
```

2.53 系统级层次式设计

传统的硬件电路设计方法是自底而上(bottom-up)的设计方式,先将众多底层的模块设计出来,然后按照顶层系统要求将这些底层模块组合起来。这种设计方法的缺点是只能在整个系统建立起来之后才能进行功能验证,效率低,设计成本高。

如今一种新的系统级设计方法取代了这种传统的自底而上的设计方法,这就是自顶而下(top-down)的系统设计。图 2-285 所示为自顶而下的设计示意图。

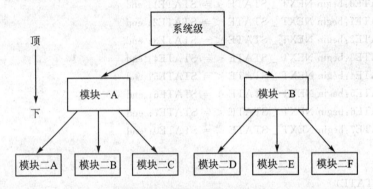

图 2-285 自顶而下的设计示意图

自顶而下的设计从系统级开始,把系统划分为若干个基本模块,每个模块再划分为下一层次基本模块,以此不断往下划分,直到基本模块可以利用 EDA 库中的基本元件来实现为止。

这种设计方法根据系统设计要求,首先分析确定整个系统的框架,画出功能框图,再利用 VHDL 对系统进行描述,然后利用强大的 EDA 工具进行编译、仿真、综合、后仿真和下载等,最后完成整个电路的设计。这种设计方法的优点在于可以在系统级上对电路进行调试,可以及早地发现设计中的问题,及时解决,节省了调试时间,降低了设计成本,提高了设计效率。

同样也可以利用电路图来进行功能仿真。根据设计要求,利用 EDA 工具搭出整个设计结构,并加入激励信号进行仿真,根据设计指标,对每一个模块的输入/输出信号进行分析和验证,及时调整设计结构以达到设计要求。图 2-286 所示为系统设计流程图。

从图 2-286 中可以看出,只有电路功能仿真通过以后才能进行布局布线,否则要返回去修改电路图。对于 VHDL 设计也是一样,功能仿真如果有问题,要对设计文件进行相应的修改,直到仿真通过后才能进行综合、布局布线。同样,如果后仿真结果与设计要求不符,则需要返回到设计最初去修改电路图或 VHDL 设计,然后再按照流程步骤往下进行。可见,每一步骤都是以前面所有步骤的正确性为基础的,因此从设计开始就要尽量保证设计的正确性,才能节省设计时间,提高效率。

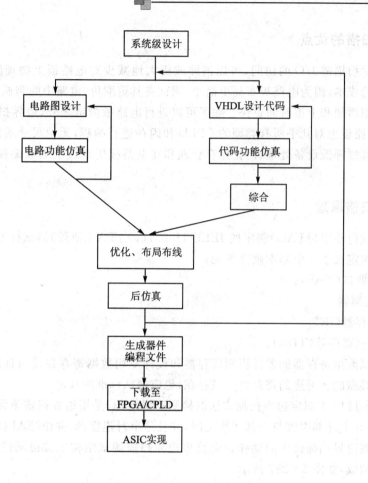

图 2-286 系统设计流程图

2.54 边界扫描测试技术

边界扫描测试是在 20 世纪 80 年代中期作为解决 PCB 物理访问问题的 JTAG 接口发展起来的,这样的问题是新的封装技术导致电路板装配日益拥挤所产生的。边界扫描在芯片级层次上嵌入测试电路,以形成全面的电路板级测试协议。利用边界扫描自 1990 年以来的行业标准 IEEE 1149.1,人们甚至能够对最复杂的装配进行测试、调试和在系统设备编程,并且诊断出硬件问题。

1. 边界扫描的优点

通过提供对扫描链 I/O 的访问,可以消除或极大地减少对电路板上物理测试点的需要,这就会显著节约成本,因为电路板布局更简单,测试夹具更廉价,电路中的测试系统耗时更少,标准接口的使用增加和上市时间更快。除了可以进行电路板测试之外,边界扫描允许在 PCB 贴片之后,在电路板上对几乎所有类型的 CPLD 和闪存进行编程,无论尺寸或封装类型如何。在系统编程可通过降低设备处理、简化库存管理和在电路板生产线上集成编程步骤来节约成本并提高产量。

2. 边界扫描原理

由联合测试行动组(JTAG)制定的 IEEE 1149.1(即 JTAG 协议)测试标准对测试存取口和边界扫描结构定义了 4 个基本硬件单元:

① 测试存取口(TAP);
② TAP 控制器;
③ 指令寄存器(IR);
④ 测试数据寄存器(TDR)。

除组成测试数据寄存器的器件识别寄存器和设计专用数据寄存器是可选的之外,所有的硬件单元都是必需的。可选的寄存器一旦存在,也应遵从标准的规定。

基于 IEEE 1149.1 制定边界扫描方法的检测逻辑结构,是用边界扫描单元组成的边界扫描链,每个单元介于外部引脚与内部逻辑之间,并且是串行连接的,并由 TAP(检测口控制器)来控制数据链在边界扫描链中的动作。电路板边界扫描测试结构主要由测试访问端口 TAP 和一些寄存器构成,如图 2-287 所示。

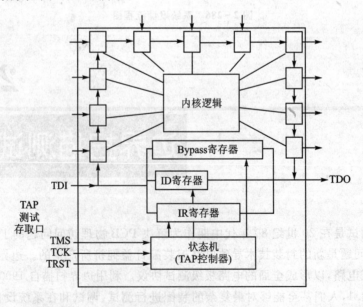

图 2-287 标准边界扫描的结构图

由图 2-287 可知,TAP 控制器由 TDI(测试数据输入)、TDO(测试数据输出)、TMS

（测试模式选择）、TCK（测试时钟）和 TRST（测试复位，可选）几个信号端口组成；寄存器包括指令寄存器（IR）、旁路（Bypass）寄存器、边界扫描寄存器（BSR）（图中未画）和器件标志（ID）寄存器。

在边界扫描测试中，TAP 控制器通过 TMS 和 TCK 控制测试状态，选择不同的寄存器，由 TDI 在 TCK 的上升沿输入所需的测试指令和测试矢量，由 TDO 在 TCK 的下降沿输出测试响应，通过对输入/输出数据的比较，分析故障类型，定位故障所在的位置。

在 TDI 引线上输入到芯片中的数据存储在指令寄存器中或一个数据寄存器中。串行数据从 TDO 引线上离开芯片。边界扫描逻辑由 TCK 上升沿的信号计时，而且 TMS 信号驱动 TAP 控制器的状态。

TRST 是可选项，而且可作为硬件重置信号。在 PCB 上可串行互联多个可兼容扫描功能的 IC，形成一个或多个边界扫描链，每一个链有其自己的 TAP。每一个扫描链提供电气访问，从串行 TAP 接口到作为链的一部分的每一个 IC 上的每一个引线。在正常操作过程中，IC 执行其预定功能，就好像边界扫描电路不存在。但是，当为了进行测试或在系统编程而激活设备的扫描逻辑时，数据可以传送到 IC 中，并且使用串行接口从 IC 中读取出来。这样的数据可以用来激活设备核心，将信号从设备引线发送到 PCB 上，读出 PCB 的输入引线并读出设备输出。

边界扫描测试由以下步骤组成：
① 移位输入和译码指令，即选择实际的数据寄存器。
② 移位输入测试数据。
③ 执行测试。
④ 输出结果。

JTAG 引脚功能如表 2-63 所列。

表 2-63　JTAG 引脚功能

引　脚	说　明	功　能
TDI	测试数据输入	测试指令和编程数据串行输入引脚，数据在 TCK 的上升沿输入
TDO	测试数据输出	测试指令和编程数据串行输出引脚，数据在 TCK 的下降沿输出。如果不从器件中输出数据，则该脚为三态
TMS	测试模式选择	控制信号输入引脚，提高控制信号以确定 TAP 控制器状态机的转换。状态机内的转换发生在 TCK 的上升沿，TMS 必须在 TCK 的上升沿前建立，TMS 在 TCK 的上升沿赋值
TCK	测试时钟输入	时钟输入到 BST 电路，一些操作发生在上升沿，另一些发生在下降沿
TRST	测试复位输入（可选）	低电平有效，异步复位边界扫描电路。该引脚为可选

目前，FPGA/CPLD 器件基本上都有符合 JTAG 标准的边界扫描特性，即可编程 ASIC 器件内增加了为测试用的移位寄存器等 JTAG 测试要求的硬件和引脚。它可以实现标准的 PCB 测试，也包括对器件的测试。

2.55 在系统下载电缆与评估板

在系统下载电缆与评估板是开发 ispPAC 器件的基本硬件工具,在 Lattice 公司出售的 ispPAC 器件系统设计套装件中包括这两件工具。

2.55.1 在系统下载电缆

在系统下载电缆用于连接 PC 与在系统可编程器件,提供计算机与器件的通信通道。

用户使用 PAC - Designer 开发软件在 PC 上完成了设计后,就可以将程序下载至电路板上的 ispPAC 器件。使用 Lattice 公司提供的在系统下载电缆,通过 PC 的并行口与连接器件后,PAC - Designer 软件自动产生时钟信号,通过 JTAG 接口送至 ispPAC 器件。下载过程不需要专门的编程器,ispPAC 器件也不必从用户的目标板上取下来。用户可以在必要的时候利用在系统下载电缆随时对器件进行编程、修改或升级。图 2 - 288 表示通过 PC 并口的在系统编程连接关系。下载电缆 6 in 长,一端为 25 针插头供连接 PC 并行口,另一端为 8 线插头供连接器件。在 25 针插头内部装有通信适配电路。

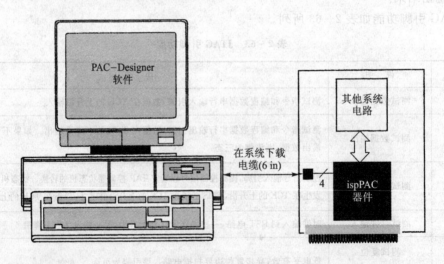

图 2 - 288 通过 PC 机并口连接在系统编程

如果一块电路板有多个 ISP 器件,不必每一个器件安装一个编程插口,可以共享一个接口。图 2 - 289 表示采用菊花链结构,分别独立地对各器件进行编程,这是一种十分高效便利的编程硬件结构。

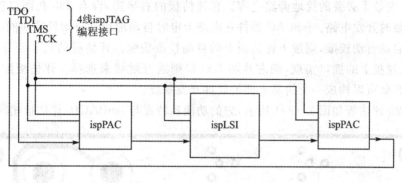

图 2-289 ispJTAG 编程接口示意图

2.55.2 评估板

评估板是用于开发 ispPAC 器件的电路板,可供用户设置、测量和调试 ispPAC 应用系统。ispPAC10 评估板如图 2-290 所示。

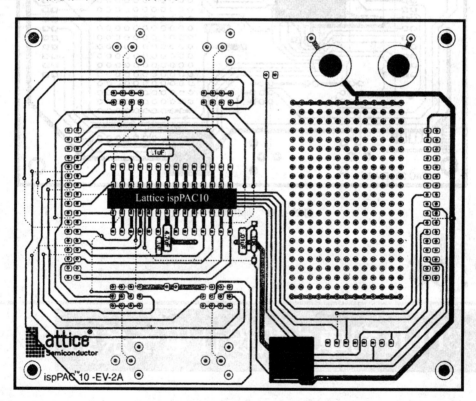

图 2-290 ispPAC10 评估板示意图

在评估板上有集成电路插座供插入 ispPAC 芯片,还安装有电源和地线插座、输入/输出香蕉插座、8 线 JTAG 编程连接器、Lattice 在系统编程连接电缆接口。根据 ispPAC 器件的使用要求,板上安装了必要的接地旁路电容。在评估板的右半边,设有286孔面包板,用户可以利用它插接临时开发电路。ispPAC器件在电路上电时自动地启动自动校准功能,在调试过程中如果需要启动自动校准,则按下评估板上的自动校准按键。评估板的信号与外部电路的输入/输出亦通过板上的插口实现,而芯片的I/O口则通过跳线来选择。评估板配上电源和必要的测量仪表就可以构成一个简易方便的硬件开发系统。

ispPAC20 评估板如图 2-291 所示,它的功能和特点与 ispPAC10 评估板相同。

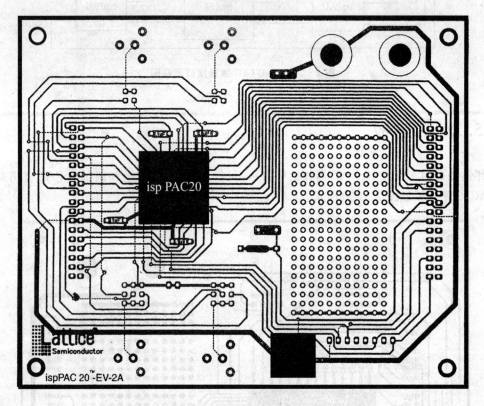

图 2-291　ispPAC20 评估板

2.56 用 CPLD 和单片机设计电子系统

单片机已经在通信、电子仪器、工业控制和家用电器等领域得到了广泛的应用。把单片机、CPLD 和 VHDL 结合在一起,电路设计者能够缩短设计和调试周期,提高工作效率。这里主要分析单片机和 CPLD 各自的特点,以及如何把它们结合在一起实现高性能的电子系统。

CPLD 和单片机各有所长,CPLD 适用于控制、接口电路,而单片机擅长数值运算及简单逻辑运算。CPLD 可以用于电路接口功能,而单片机注重于处理、运算功能。在某些情况下,CPLD 甚至可以代替单片机。然而,应该看到单片机与可编程器件有着很强的功能互补性。

1. 高速数据采集和控制

由于单片机的工作方式是逐条执行软件指令来完成各种运算和逻辑功能的,因而无论多高的时钟频率和多么好的指令系统,其工作速度总受到限制。许多需要高速数据采集的场合,单片机难以胜任,此时,CPLD 可以充分发挥其高速的特点。目前 CPLD 能以高于数百兆赫兹的频率进行工作,特别适合于高速数据采集和控制的场合。

2. 完成并行处理任务

单片机是以时序或中断驱动来处理外部事件的。单片机未收到中断信号时,顺序执行程序。当有中断信号请求时,单片机暂停当前的任务,响应中断请求。多个中断信号同时请求时,单片机根据中断信号的优先级,响应最高级的中断。前面已经谈到可用 VHDL 来描述并行的事件,然后把电路设计下载至 CPLD 中。因此 CPLD 可以配置成同时执行多个任务。

3. 灵活的配置方式

过去常用中、小规模集成电路加上单片机的模式组成电子系统。由于中、小规模集成电路的功能是固定的,且不能引入 EDA 技术,因此对电路修改、调试、升级都是很麻烦的。用 VHDL 设计的电子系统能以 JTAG 或 ISP 的方式将电路设计下载到 CPLD 中去,设计修改和升级非常方便。CPLD 加上单片机组成了可重构的电子系统。另外,最近出现的在系统动态可编程技术又进一步完善和发展了 ISP 技术。可以利用单片机通过串行外围接口(SPI)对模拟可编程器件进行动态重构,构成诸如程控放大器、动态截止频率可调滤波器等实时电路。

4. 提高电子系统的可靠性

在强干扰情况下,单片机可能越出正常的程序流程而跑飞已是不争的事实。由于 CPLD 是纯硬件结构,不会存在单片机的因外部干扰而使程序跑飞或死机等问题,因此,使用 CPLD 增强了系统的抗干扰能力。

目前 CPLD 的密度从 1 000 门至数万门,用户可根据实际的需要选择芯片。使用 CPLD 可以减少电子系统中使用芯片的数量,从而缩小整个电子系统的体积,提高系统的可靠性。

总的来说,把 CPLD 和单片机结合在一起能在设计的每个阶段节省时间和成本。把原来单片机执行的一部分任务交给 CPLD 来完成,简化程序的编制工作而使系统以更快的速度运行。

2.57 怎样优化程序

随着半导体集成电路技术和 EDA 技术的不断发展,集设计、模拟、综合和测试功能为一体的 VHDL,已作为 IEEE 标准化的硬件描述语言。由于其在语法和风格上类似于现代高级汇编语言,具有良好的可读性,描述能力强,设计方法灵活,易于修改,又具有可移植性,可重复利用他人的 IP 模块(具有知识产权的功能模块)等诸多优势,因而成为 EDA 设计方法的首选。

VHDL 设计是行为级设计,所带来的问题是设计者的设计思考与电路结构相脱节。设计者主要是根据 VHDL 的语法规则,对系统目标的逻辑行为进行描述,然后通过综合工具进行电路结构的综合、编译和优化,并通过仿真工具进行逻辑功能仿真和系统时延的仿真。

实际设计过程中,由于每个工程师对语言规则和电路行为的理解程度不同,每个人的编程风格各异,往往同样的系统功能,描述的方式不一,综合出来的电路结构更是大相径庭。即使最终综合出的电路都能实现相同的逻辑功能,但其电路的复杂程度和时延特性差别很大,甚至某些臃肿的电路还会产生难以预料的问题。因此,对 VHDL 设计中简化电路结构、优化电路设计的问题进行深入探讨,很有必要。

VHDL 电路设计的优化与 VHDL 描述语句、EDA 工具以及可编程器件(PLD)的选用都有着直接的关系。设计人员首先应注意到以下基本问题:

① PLD 器件的逻辑资源是有限的;
② 可编程器件具有特定的结构,应注意器件结构与实际系统的匹配,使系统性能达到最佳;
③ 不是所有的设计都能实现到任意选择的结构中去;
④ 电路优化的目标相当于求最优解的问题。

2.57.1 如何优化 VHDL 设计

在介绍如何优化 VHDL 之前,先介绍 VHDL 设计的一般步骤。

一个完整的设计流程是自上而下或自下而上,并逐步细化、逐步排除错误的过程。一般的电子系统设计可分两个阶段:第一阶段是系统的逻辑设计和仿真,得出的是门级电路的原理图或网表;第二阶段设计如 PCB 的布局布线、集成电路的版图设计等,得出的是最终的物理设计。图 2-292 所示是一个采用 VHDL 设计的典型设计流程。

设计工作首先以 VHDL 描述设计项目,用 VHDL 仿真与调试分析设计项目的行为,检查是否满足初始条件。这一部分的情形与普通编程语言(如 PASCAL,C 语言)的编译、运行、调试是类似的,这时的仿真速度大大快于门级仿真的速度。这种高层设计的验证、纠错,有利于早期发现设计方案中的错误,避免工作时间的浪费。设计项目验证后,把 VHDL 设计输入 VHDL 综合工具,VHDL 综合工具利用集成电路厂商或电子设计自动化厂商提供的被充分验证过的工艺库,以面积、功耗和速度等为目标进行优化,将电路映射为选定工艺的网表。得到门级电路后,还可以进行逻辑仿真来验证门级电路的行为和时序特性。接下来的是物理设计,得到最后可供生产的文件。物理设计完成后,一般还要进行延时分析、故障分析和热分析等,保证最终的系统确实能够稳定工作,满足设计指标。

VHDL 逻辑设计的一般步骤如下:

① 明确设计要求,画出原理框图。

② 利用 EDA 工具完成设计输入(VHDL 源代码输入),产生网表文件。

③ 设计编译和设计验证。主要任务是进行设计错误检查,综合逻辑,将设计与 FPGA 器件匹配以及测试逻辑。

功能仿真:以固定布线延时和单位器件延时的时序模型为基础。

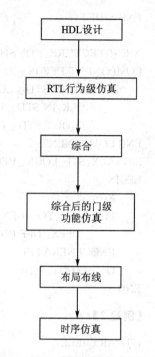

图 2-292 VHDL 典型设计流程

时序仿真:用于测试设计的逻辑功能和最差工作情况下的时序。

时序分析:可预测设计的性能,通过跟踪所有可能的信号路径来使设计者决定速度关键路径和要求赋予某些特性的路径,也可指出设计的系统级时序建立要求和保持要求。

④ 在 EDA 工具中生成芯片烧结文件,利用编程器完成芯片的烧结工作。

⑤ 在实际工作环境中完成芯片的调试工作。

1. VHDL 优化示例

对以同一种逻辑电路结构,用 VHDL 描述的结果可能差别很大。这主要是由于不同的设计者在经验、习惯和对电路的理解上有所不同。同一电路的不同 VHDL 描述,虽然都可以实现所需要的功能,但是综合后占用的资源面积以及系统速度会差别很大。如果是在资源面积比较紧张或者对系统速度要求比较高的情况下,优化 VHDL 设计就显得很重要了。

① 在对电路进行设计时,要充分利用 VHDL 所具有的丰富的描述语句,对同一个电路可用不同的语句实现,从中选择最优设计方案。例程 1 和例程 2 就是用不同的结构描述方式对简单的 4 位移位寄存器电路进行的设计。

【例程 1】

```
LIBRARY IEEE;
USE IEEE. STD _ LOGIC _ 1164. ALL;
ENTITY SHIFT4 IS
    PORT (D:IN STD _ LOGIC;
          CLK:IN STD _ LOGIC;
          Q:OUT STD _ LOGIC);
```

END SHIFT4；

ARCHITECTURE_1 OF SHIFT4 IS
COMPONENT DFF IS
    PORT (D：IN STD_LOGIC；
         CLK：IN STD_LOGIC；
         Q：OUT STD_LOGIC)；
END COMPONENT；
SIGNALX：STD_LOGIC_VECTOR(4 DOWNTO 0)；
BEGIN
    X(0) <= D；
    FOR I IN 0 TO 3 GENERATE
        DFFX：DFF PORT MAP (X(I)，CLK，X(I+1))；
    ENDGENERATE；
    Q<=X(4)；
END_1；

【例程 2】

LIBRARY IEEE；
USE IEEE. STD_LOGIC_1164. ALL；
ENTITY SHIFT4 IS
    PORT (D：IN STD_LOGIC；
         CLK：IN STD_LOGIC；
         QOUT：BUFFER STD_LOGIC_VECTOR (3 DOWNTO 0))；
END SHIFT4；
ARCHITECTURE_2 OF SHIFT4 IS
BEGIN
    PROCESS (CLK)
    BEGIN
        IF (CLK'EVENT AND CLK = '1') THEN
            QOUT <= D & QOUT (3 DOWNTO 1)；
        END IF；
    END PROCESS；
END_2；

例程 1 是采用行为描述方式设计的。从形式上看，该描述方式语句较简练，但是仿真延时较大；另外，采用行为描述方式还会给综合工具提供很大的冗余。例程 2 采用结构描述方式，虽所用语句比例程 1 要稍复杂些，但它最能反映一个设计硬件方面的特征，且综合后的电路规模比行为描述方式要少，并且延时减少了 20%。由此可知，要实现电路的优化设计，合理选择 VHDL 的描述方式是至关重要的。

② 再看一个优化设计的实例。在一般情况下，适当运用 HDL 的结构特性，能大大优化电路设计。例程 3 和例程 4 是用两个不同的结构特性设计的 16 位同步计数器的例子。

【例程 3】

LIBRARY IEEE；

```
USE IEEE. STD _ LOGIC _ 1164. ALL;
ENTITY COUNT16 IS
    PORT (RST:IN STD _ LOGIC;
          CLK:IN STD _ LOGIC;
          EN:IN STD _ LOGIC;
          Q:OUT STD _ LOGIC);
END COUNT16;

ARCHITECTURE_3 OF COUNT16 IS
SIGNAL COUNT: STD _ LOGIC _ VECTOR (0 TO 15);
BEGIN
PROCESS (RST, CLK)
BEGIN
    IF(RST = '1') THEN
        COUNT <= (OTHER => '0');
    ELSIF(CLK, EVENT AND CLK = '1') THEN
        IF( EN = '1') THEN
            IF(COUNT = B'1111111111111111')THEN
                COUNT < = (OTHER => '0');
            ELSE COUNT < = COUNT + 1;
            END IF;
        END IF;
    END IF;
END POROCESS;
Q <= COUNT;
END_3;
```

【例程 4】

```
LIBRARY IEEE;
USE IEEE. STD _ LOGIC _ 1164. ALL;
ENTITY COUNT16 IS
    PORT (RST:IN STD _ LOGIC;
          CLK:IN STD _ LOGIC;
          EN:IN STD _ LOGIC;
          Q:OUT STD_ LOGIC);
END COUNT16;

ARCHITECTURE_4 OF COUNT16 IS
SIGNAL RIP;STD _ LOGIC _ VECTOR (0 TO 15);
SIGNAL ENA;STD _ LOGIC _ VECTOR (0 TO 15 );
SIGNAL COUNT;STD _ LOGIC _ VECTOR (0 TO 15);
SIGNAL I, J;INTEGER;
COMPONENT C0 IS
    PORT (RST;IN STD _ LOGIC;
          CLK;IN STD _ LOGIC;
```

```
                EN:IN STD _ LOGIC;
                Q:OUT STD _ LOGIC);
END COMPONENT
BEGIN
G1: FOR I IN 0 TO 15 GENERATE
            COUNT    STAGE: CO PORT MAP(
                    RST >= RST,
                    CLK >= CLK,
                    Q >= COUNT (1)
                    EN >= ENA (1));
END GENERATE;
RIP (0) <= '1';
ENA (0) <= EN;
G2: FOR J IN 1 TO 15 GENERATE
        RIP (J) <= (COUNT (J−1) AND RIP (J−1));
        ENA (J) <= (RIP (J) AND EN)
END GENERATE;
Q <= COUNT;
END_4;
```

在例程 3 中,一个简单累加语句 count<=count+1,看上去非常简单也易于测试。但其逻辑综合结果十分复杂,它与用原理图设计的同步计数器相比延时大 30% 以上,其电路结构几乎为原理图设计电路结构的 2 倍。问题在于例程 3 采用了行为描述方式,它给综合工具提供了很大冗余。

在例程 4 中,采用了一种优化了的结构描述方式,用 FOR-GENERATE 语句生成 16 个瞬态触发器。这些触发器在结构上是独立的,它的描述如例程 5 所示。例程 4 中,另一个 GENERATE 语句用于描述输入端 ENA 的进位脉冲。

【例程 5】

```
ARCHITECTURE_5 OF CO IS
SIGNAL Q _ TEMP: STD _ LOGIC;
PROCESS (RST, CLK)
BEGIN
IF( RST = '1') THEN
        Q _ TEMP <= '0';
ELSIF(CLK'EVENT AND CLK = '1') THEN
    IF(EN = '1') THEN
        Q _ TEMP <= NOT Q _ TEMP;
    END IF;
END IF;
END PROCESS;
Q <= Q _ TEMP;
END_5;
```

虽然例程 4 并不比例程 3 复杂很多,但综合后的电路规模只有例程 3 的 40%,延时减少23%。

2. VHDL 优化方法

在实际设计中,可以采用很多种方法优化 VHDL 设计,使得代码结构清晰易读,可移植性好,并且占用资源更少。这也是优化设计的目的所在。下面介绍几种优化方法供读者参考。

① 分层设计。在项目设计时,首先将它划分成几个 VHDL 模块。可重复调用的模块单独编译,以便在高一层设计中能方便调用。采用分层设计思想,能优化电路设计。

层次化设计是一个非常简单的技巧。很多设计的功能非常复杂,无法在一个设计文件中实现。设计者可以使用标准的 VHDL 模块来建立设计,首先对每个底层设计进行优化,而不是优化整个设计。设计层次的划分应该按照功能边界来进行,并使得各个模块之间的 I/O 连接最少。完成一个层次化设计后,设计者可以在开发工具中通过选项设置,允许跨越功能模块的边界对设计进行优化,从而使电路结构更加合理。如果设计者对设计中不同模块有不同的优化条件要求(有的要求面积最小,有的要求速度最快),也可以在逻辑综合过程中保持设计原来的层次结构,并按照设计的要求设置约束条件。

② 子程序语句结构描述的运用。VHDL 中也有两种类型的子程序,即过程(procedure)和函数(function)。过程与其他高级语言中的子程序相当;而函数与其他高级语言中的函数相当。在设计中多利用子程序语句结构,可方便其他模块的调用,提高程序的可移植性。

③ 包集合、库及配置的运用。包集合、库及配置是 VHDL 中另外三个可以各自独立进行编译的源设计单元。

库的功能类似于 UNIX 和 MS-DOS 操作系统中的目录,其中存放设计单元的数据,库的说明总放在设计单元的最前面。当前在 VHDL 中有三个标准库(IEEE 库、STD 库、ASIC 矢量库)和一个 WORK 库以及用户自建库。设计者的 VHDL 语句不需要任何说明,编译后都自动生成到 WORK 库中。用户开发的共用包集合和实体,都可以汇集在自建库中,以备将来调用;用户自建库越多,就越可以减少重复设计,从而提高设计效率。

配置(CONFIGURATION)语句描述层与层之间的连接关系以及实体与结构体之间的连接关系。使用配置语句可为实体选择不同的结构体,使 VHDL 程序更简洁。

④ COMPONENT 描述语句的使用。在构造体的结构描述中,该语句指定了本构造体中所调用的是哪一个现成的逻辑描述模块,使用时要注意被调用单元应与本设计在同一目录下。

⑤ PLD 中集成了很多寄存器,相对于利用寄存器完成的设计,用锁存器来完成,不但逻辑复杂,而且性能较差。因此,当设计一个组合逻辑时,设计者要避免由于 VHDL 设计风格的问题,无意识地形成一个锁存器。例如,当 CASE 或者 IF 语句不能覆盖所有可能的输入条件时,组合反馈可能形成一个锁存器。例程 6 给出了一个 VHDL 描述生成锁存器的示例。

【例程 6】

(1) PROCESS(A, B)
    BEGIN
        IF(A = '1') THEN
            OUT <= B;
        END IF;

```
    END PROCESS；
(2) PROCESS(A, B)
    BEGIN
        IF(A = '1') THEN
            OUT <= B；
        ELSE
            OUT <= '1'；
        END IF；
    END PROCESS；
```

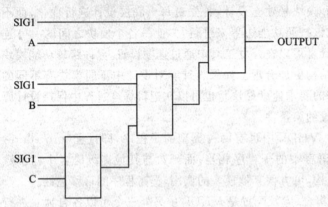

图 2-293 信号延时示意图

在例程 6(1) 中, 由于没有 ELSE 语句, OUT 保留以前的的值, 因此产生了锁存器; 而 (2) 中的 ELSE OUT <= '1' 则消除了锁存器。

⑥ 采用优先级编码的 IF 语句。为了减少设计中关键路径上的信号传输延迟, 设计者可以使用 IF 语句进行优先级编码。例程 7 和图 2-293 说明了当关键路径上的信号 SIG1 到达较迟时一种较好的设计方法, 在这种情况下, 信号 SIG1 的优先级最高。

【例程 7】

```
PROCESS(SIG1, SIG2, SIG3)
BEGIN
    IF(SIG1 = '1') THEN
        OUTPUT <= A；
    ELSIF(SIG2 = '1') THEN
        OUTPUT <= B；
    ELSIF(SIG3 = '1') THEN
        OUTPUT <= C；
    END IF；
END PROCESS；
```

⑦ VHDL 综合器顺序解释过程语句, 顶层描述在语句中具有较高的优先权。当采用嵌套条件语句时, 语句的顺序就尤为重要。大多数可编程器件的结构倾向于采用同步设计方法。例程 8 为一个 8 位加法计数器的 VHDL 描述。在这个顺序描述中, 只依据 RST 信号来清除计数器的内容, 而不管时钟信号事件。因此, 8 位计数器的复位信号是异步的。另一方面, 直到时钟信号的边沿到达计数器才装入计数值, 这表明计数值是同步装入的。敏感量列表也清楚地表明, 只有 RST 和 CLK 才会引起过程执行。

【例程 8】

```
PROCESS(RST, CLK)
```

```
BEGIN
    IF(RST = '1') THEN
        COUNT <= "00000000";                    ——异步清零
    ELSIF (CLK'EVENT AND CLK = '1') THEN
        IF(LOAD = '1') THEN
            COUNT <= "10001011";                ——同步计数
        ELSE COUNT <= COUNT + 1;
        END IF;
    END IF;
END PROCESS;
```

⑧ 在含有状态机的设计中,应该把状态机逻辑和算术逻辑以及数据传输通道分开,把状态机纯粹当作控制逻辑电路来使用,从而改善设计的性能。对于实现状态机的 FPGA/CPLD 来说,使用 one_hot 的编码方式可以获得较好的效果,因为在这种编码方式中,每一个状态对应一个触发器,虽然使用了较多的触发器资源,但减少了译码所需的逻辑开销。当一个状态机电路用触发器资源丰富的器件结构实现时,要使用 one_hot 的编码方式来优化电路,这类器件在译码逻辑扇入系数小时性能较好,one_hot 的编码方式能改善其性能。

有的 FPGA/CPLD 含有嵌入式存储器块,对于这一类资源来说,改善状态机电路性能的另一个设计方法是把状态机装入嵌入式存储器块中,因为嵌入式存储器块在单一的逻辑层次上能够实现复杂的逻辑功能。VHDL 状态机设计中的 WHEN_OTHERS 语句用来覆盖包括无效状态在内的没有说明的状态,以保证有限状态机(FSM)能够从无效状态转移中恢复过来(具有自启动功能)。

2.57.2 如何在 VHDL 设计中提高综合效率

VHDL 作为一种硬件描述和仿真语言,最终要实现的是实际硬件电路。但是其设计初衷并非综合,某些语句并不被综合器支持,许多硬件描述和仿真结构没有对应的数字电路来实现,所以在选择语句时应考虑到综合与仿真的效率。只有使用综合工具支持的语句,设计出的程序才有意义。

另外,VHDL 支持全部的仿真功能,但是有些描述在理论上可以映射为对应的数字电路,但却不能保证其精确性,比如延时模型。随着综合算法技术水平的提高,针对某些寄存器传输级电路描述可以进行有效优化,但是对于更普遍的电路描述这还不够,因此综合结果是否满足给定的时间约束条件和面积约束条件,还取决于 VHDL 的编码方式。下面的几点经验对提高综合效率和质量会有所帮助和启发,可以达到优化电路结构的目的。

① 尽量不使用 WAIT FOR XX ns 语句和 AFTER XX ns 语句。XX ns 表明在执行下一操作之前需要等待的时间,但综合器不予支持,一般忽略该时间,而不会综合成某种元件,故对于包含此类语句的程序,仿真结果与综合结果往往不一致。

② 声明信号和变量时尽量不赋初值,定义某确定数值时,使用常量而不用变量赋初值的形式。因为大多数综合工具将忽略赋值等初始化语句,如 VARIABAL S:INTEGERB:=0。

③ 函数或过程调用时尽量使用名称关联,因为名称关联可以比位置关联更好地防止产生

不正确的端口连接和元件声明,也不要在同一个语句中同时使用两种关联,诸如:

clk_1:bufesportmap(I=>clock_in,clock_out);   (不正确的用法)
clk_1:bufesportmap(I=>clock_in,O=>clock_out);   (正确的用法)

④ 正确使用 WHEN_ELSE 语句、IF_ELSE 语句和 CASE 语句。VHDL 设计电路的复杂程度除取决于设计功能的难度外,还受设计工程师对电路描述方法的影响。最常见的使电路复杂化的原因之一是,设计中存在许多本不必要的类似 LATCH 的结构,并且这些结构通常都由大量的触发器组成,不仅使电路更复杂,工作速度降低,而且由于时序配合的原因还会导致不可预料的结果。例如,描述译码电路时,由于每个工程师的写作习惯不同,故有的喜欢用 IF_ELSE 语句,有的喜欢用 WHEN_ELSE 语句。而用 IF_ELSE 时,稍不注意,在描述不需要寄存器的电路时没加 ELSE,则会引起电路不必要的开销。

【例程 9】
```
IF INA = "00000" THEN
    OUTY <= "0000111";
ELSIF INA = "00001" THEN
    OUTY <= "0001000";
ELSIF INA = "00010" THEN
    OUTY <= "0001001"
    ......
ELSE
    OUTY <= "0000000";
END IF;
```

【例程 10】
```
OUTY <= "0000111" WHEN INA = "00000" ELSE
    "0001000" WHEN INA = "00001" ELSE
    "0001001" WHEN INA = "00010" ELSE
    ......
    "0000000";
```

例程 10 由于使用 WHEN_ELSE 完整条件语句,不会生成锁存器结构,所以不会有问题。而例程 9 若不加 ELSE OUTY <="0000000"语句,则属于不完整条件表达方式,会生成一个含有 7 位寄存器的结构。虽然上述例程都能实现相同的译码功能,但是电路复杂度会大不相同。

⑤ 注意算术功能的设计优化。例如下面两条语句:

Out <= A+B+C+D;
Out <= (A+B)+(C+D);

第一条语句综合后将会连续叠放 3 个加法器(((A+B)+C)+D);第二条语句(A+B)和(C+D)使用两个并行的加法器,同时进行加法运算,再将运算结果通过第三个加法器进行组合。虽然使用资源数量相同,但第二条语句速度更快。以 4 位和 16 位加法器为例,选用 Altera 公司 EPF10K30AQC240_3 芯片,通过 Synopsys FPGA Express 综合工具实现的结果进行测试,比较结果如表 2-64 所列。

表 2-64 加法器两种表达方式的比较

数据为宽/bit	(A+B+C+D)/ns	[(A+B)+(C+D)]/ns
4	22	15
16	30	24

⑥ 使用带范围限制的整数。VHDL 中无约束整数范围是 $-2\,147\,483\,647 \sim +2\,147\,483\,647$，这意味着至少需要 32 位来表示。但通常这会造成资源的浪费，有些综合软件会自动优化，但所消耗的时间是相当可观的。因此，如果不需要全范围的整型数据，则最好指定范围，例如：

Signal count: integer range 255 downto 0;

Count 在本例中只需要 8 位，而不是 32 位，有效地节约了器件面积。

⑦ 使用宏模块。当在 VHDL 中使用算术逻辑、关系逻辑等通用逻辑结构时，多数 EDA 开发软件及专用综合工具通常包含针对特定工艺的优化宏模块供人们选择，从功能上可分为时序电路宏模块、运算电路宏模块和存储器宏模块，具有很高的执行效率，使得综合结果面积更小，频率更高，所需编译时间更短。当然，它们是针对特定工艺的，这将使 VHDL 程序依赖于具体的器件系列，影响其移植性。

⑧ 避免使用某些 VHDL 语句。由于综合工具只能支持 VHDL 的子集，为保证在综合前后的仿真相同以及综合后优化的电路结构，以下语句在综合中应该避免使用。

- 避免使用 WAIT FOR xx ns，这种语句不会被综合为实际的电路元件。
- 避免使用 AFTER xx ns，在综合工具进行综合时，会忽略 AFTER 语句。
- 避免在信号和变量声明时赋初值，因为大部分综合工具会忽略初始化语句，如果使用初始化语句，那么综合的结果和仿真的结果将会产生差异。
- 慎用 IF，ELSE 这类能描述自身值代入的语句，尽量避免不必要的寄存器描述。这种语句在描述不需要寄存器的电路时没加 ELSE，综合后会生成多余的寄存器结构。

2.58 怎样才能避免潜在的危险

时序逻辑电路是由组合逻辑电路和记忆模块组成的，因此组合逻辑电路中的竞争冒险现象在时序逻辑电路中也同样存在，而且由于时钟信号的存在、同步/异步触发的区别等原因，时序逻辑电路的竞争冒险现象又有自己的特点，解决方法也有所不同。下面将针对时序逻辑电路的竞争冒险的产生和消除方法作详细讨论。

2.58.1 FPGA/CPLD 中的竞争冒险

在使用分立元件设计数字系统时,由于 PCB 走线时存在分布电感和分布电容,所以几纳秒的毛刺将被自然滤除。与此不同,在 PLD 内部没有分布电感和电容,所以在 FPGA/CPLD 设计中,竞争和冒险问题将变得尤为突出,电路工作的稳定性也大受影响。这就是所谓的潜在危险。

由于信号在 FPGA 器件内部通过连线和逻辑单元时都会有一定的延时,延时的大小与连线的长短和逻辑单元的数目有关,同时还受器件的制造工艺、工作电压、温度等条件的影响,另外信号高低电平的转换也需要一定的过渡时间,所以多路信号的电平值发生变化时,在信号变化的瞬间,时序电路中的组合逻辑的输出有先后顺序,并不是同时变化,往往会出现一些不正确的尖峰信号,这些尖峰信号称为毛刺。

2.58.2 时序电路中的竞争冒险

时序逻辑电路的竞争冒险包含 2 个方面:
① 组合逻辑电路部分可能发生的竞争冒险现象;
② 存储电路工作过程中发生的竞争冒险。

由触发器的动态特性可知,为保持触发器可靠地翻转,时钟和输入信号配合上应满足一定的要求,否则便有可能产生存储电路中特有的竞争冒险现象。

如图 2-294(a)所示,CP_3 取自 Q_1,而 $J_3 = K_3 = Q_2$,且 F_2 的时钟信号取自 $\overline{Q}$,因而当 F_1 由 0 变为 1 时,F_3 的输入信号和 CP_3 同时改变,有可能导致竞争冒险。

若 Q_1 由 0 变为 1 时,Q_2 变化先于 CP_3 上升沿完成,则在 $CP_3 = 1$ 的全过程中,$J_3 = K_3 = Q_2$ 的状态始终不变,此时可根据 CP_3 的下降沿到来时 Q_2 的状态确定 Q_3 的状态。由分析可知,该电路是八进制计数器,状态转换图如图 2-294(b)实线所示。

如果 Q_1 由 0 变为 1 时,CP_3 上升沿先于 Q_2 状态改变,则在 $CP_3 = 1$ 时,$J_3 = K_3 = Q_2$ 的状态有可能改变,这时不能由 CP_3 下降沿到达时 Q_2 的状态来决定 Q_3 的状态。例如 $Q_1Q_2Q_3$ 由 011 变为 101 时,F_1 由 0 变为 1。F_1 首先变成高电平,而 Q_2 的 1 状态未改变,在极短的时间里出现 J_3、K_3、CP_3 同为高电平的情况,使 F_3 主触发器为 0。CP_3 下降沿到达后,尽管 $Q_2 = J_3 = K_3$,但由于 F_3 主触发器已为 0 态,因此 CP_3 下降沿到达后,F_3 将变为 0 态,使 $Q_1Q_2Q_3 = 000$,如图 2-294(b)虚线所示,这种竞争冒险将使电路的逻辑功能发生彻底的改变(变为四进制计数器)。图 2-294 中如果不知 CP_3 和 Q_2 状态改变的先后,就不能确定该电路的逻辑功能。

同步时序电路中,存储电路由同一时钟控制,且在此之前各触发器均已处于稳态,不存在竞争现象,故该现象仅存在于异步时序电路中。

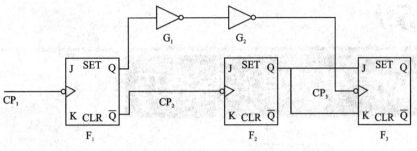

(a) F_3 的输入信号和 CP_3 同时改变

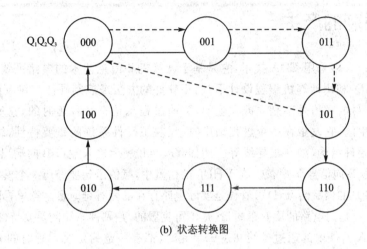

(b) 状态转换图

图 2-294 时序电路中竞争冒险的产生

2.58.3 如何消除时序电路中的竞争冒险

时序电路中的竞争冒险若是由组合逻辑电路部分引起的,则可采用组合电路中的方法来消除;若是由触发器电路引起的,则可采用以下方法。

1. 同步时序电路代替异步时序电路

由于触发器的输入信号和时钟信号的先来后到难以把握,造成了触发器的误动作,形成了竞争冒险。若采用时钟信号可控的同步时序电路,使所有触发器处于同一时钟作用下,而且在时钟 CP 作用前,输入信号已处于稳态,则不再产生竞争冒险。

2. 延长信号的传输时间

一般来说可以在触发器之间加一个反向器,利用反向器的传输时间来延缓信号的传输速度。也可以在触发器之间的传输线上接入一个电容,利用电容的充电时间来减慢信号的传输速度,延长信号的传输时间,这样就有可能消除时钟偏移造成的竞争冒险。

2.59 毛刺的产生及其消除技巧

2.59.1 毛刺的产生

现代电子设计大多采用 EDA 技术,它是基于计算机和信息技术的电路系统设计方法,使用 FPGA 或 CPLD,利用计算机编程设计下载,用软件的方法来控制硬件。在 VHDL 中,赋值目标≤赋值源,信号的赋值并不是立即发生的,赋值过程总是有某种延时的,它反映了硬件系统并不是立即发生的,它发生在一个进程结束时,反映了硬件系统的重要特性,综合后可以找到与信号对应的硬件结构,如一根导线等。例如 Y<=B 表示输入端口 B 向输出端口 Y 传输,也可以解释为信号 B 向信号 Y 赋值。在 VHDL 的仿真中,赋值语句要经历一个模拟器的最小分辨时间 D 后,才将 B 的值赋给 Y,D 可看作是实际电路存在的固有延时量。竞争冒险是可以克服的;最小分辨时间 D 是门电路的固有延时量,是不可克服的,是硬件系统的重要特性。

信号在 FPGA 器件内部通过连线和逻辑单元时,都有一定的延时。延时的大小与连线的长短和逻辑单元的数目有关,同时还受器件的制造工艺、工作电压、温度等条件的影响;信号的高低电平转换也需要一定的过渡时间。由于存在这两方面的因素,多路信号的电平值发生变化时,在信号变化的瞬间,组合逻辑的输出有先后顺序,并不是同时变化,往往会出现一些不正确的尖峰信号,这些尖峰信号称为毛刺。在现代电子设计中,时钟端口、清零和置位端口对毛刺信号十分敏感,任何一点毛刺都可能会使系统出错,冒险往往会影响到逻辑电路的稳定性。

2.59.2 如何消除毛刺

毛刺并不是对所有的输入都有危害,例如 D 触发器的 D 输入端,只要毛刺不出现在时钟的上升沿,并且满足数据的建立和保持时间,就不会对系统造成危害,可以说 D 触发器的 D 输入端对毛刺不敏感。根据这个特性,应当在系统中尽可能采用同步电路,因为同步电路信号的变化都发生在时钟沿,只要毛刺不出现在时钟的沿口,并且不满足数据的建立和保持时间,就不会对系统造成危害。由于毛刺很短,多为几纳秒,故基本上都不可能满足数据的建立和保持时间;但 D 触发器的时钟端、置位端、清零端,则都是对毛刺敏感的输入端,任何一点毛刺就会使系统出错,只要认真处理,就可以把危害降到最低直至消除。

在应用中,可以通过改变设计,破坏毛刺产生的条件来减少毛刺的发生。例如,在数字电路设计中,常常采用格雷码计数器取代普通的二进制计数器。因为格雷码计数器的输出每次只有一位跳变,消除了竞争冒险的发生条件,避免了毛刺的产生。

以上方法可以大大减少毛刺，但它并不能完全消除毛刺，有时设计人员必须手工修改电路来去除毛刺。通常使用采样的方法来消除毛刺。一般来说，冒险出现在信号发生电平转换的时刻，也就是说在输出信号的建立时间内会发生冒险，而在输出信号的保持时间内是不会有毛刺信号出现的。如果在输出信号的保持时间内对其进行采样，就可以消除毛刺信号的影响。有两种基本的采样方法：

一种方法是在输出信号的保持时间内，用一定宽度的高电平脉冲与输出信号做逻辑与运算，由此获取输出信号的电平值。

采样脉冲信号从输入引脚 Sample 引入。电路功能为 TEST＝A·B＋C·D；Out＝Sample·TEST。从图 2-295 的仿真波形上可以看出，毛刺信号出现在 TEST 引脚上，而 Out 引脚上的毛刺已被消除了。

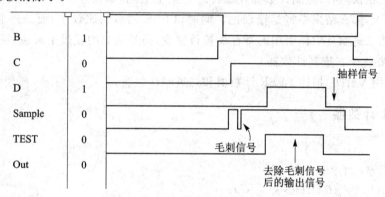

图 2-295 采样方法一的仿真波形

上述方法的一个缺点是必须人为保证采样信号必须在合适的时间中产生。

另一种更常见的方法是利用 D 触发器的 D 输入端对毛刺信号不敏感的特点，在输出信号的保持时间内，用触发器读取组合逻辑的输出信号。这种方法类似于将异步电路转化为同步电路。图 2-296 所示为这种方法的仿真波形。

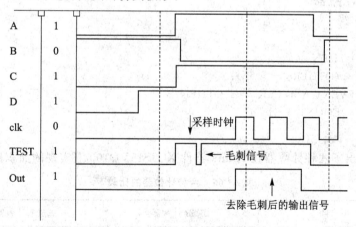

图 2-296 采样方法二的仿真波形

在时序电路的设计时，应尽可能采用同步时序电路，并且电路中的各组合逻辑单元宜采用维持阻塞的方法，使电路变化在同步脉冲的控制下进行，且变化时间最好在同步脉冲下降沿，这样可以大大减少毛刺。

2.60 计数器设计与 FPGA 资源

在 FPGA 设计中，最好使用 LFSR 计数器，而不是二进制计数器。因为 LFSR 更加像移位寄存器，速度很快；而二进制计数器在翻转时会产生毛刺，如果这个时候计数器的值被作为其他信号的输入，那么结果必将是错误的。同时，LFSR 的扇入比较小，而二进制计数器的扇入比较大，虽然二进制计数器所用的寄存器数目要少，但是从总的规模上来说，或者在性能上，LFSR 计数器要优于二进制计数器。

下面分别用 VHDL 描述 LFSR 计数器和二进制计数器。

1. LFSR 计数器

程序如下：

```
IF(RST = '0') THEN
    COUNT <= (OTHERS => '0');
ELSIF (CLK' EVENT AND CLK = '1')THEN
    COUNT <= LFSR_HIGN&COUNT(7 DOWNTO 1);
END IF;
LFSR_HIGN <= COUNT(0)XOR COUNT(4)XOR COUNT(5)XOR COUNT(6);
```

2. 二进制计数器

程序如下：

```
IF (RST='0') THEN
    COUNT <= (OTHERS => '0');
ELSIF (CLK'EVENT AND CLK = '1') THEN
    COUNT <= COUNT + 1;
END IF;
```

表 2-65 给出了两种计数器在 Xilinx 器件 XC2S15VQ100 上实现的面积比较。

表 2-65 两种计数器的比较

项 目	LFSR 计数器	二进制计数器
SLICE 数目	4	4
SLICE 寄存器数目	8	8
4 输入 LUT 数目	1	0

续表 2-65

项 目	LFSR 计数器	二进制计数器
等效门数	70	109
最高频率/MHz	264.9	186.3
最大线延时/ns	1.576	1.409
最大组合路径延时/ns	8.424	7.461

从表 2-65 可以看出，LFSR 计数器的等效门数要比二进制计数器的等效门数小 30%，最高频率要高 40%。因此，对于某些只需要计数过程而不需要计数值的设计，比如说计时器，就完全可以使用 LFSR 计数器代替二进制计数器。

如果使用不同的 FPGA 或 CPLD，那么根据器件结构的不同，很可能出现不同的结论。这就需要设计者在设计前了解所选器件的结构特点来确定自己的编码方式，以实现面积和速度的最佳方案。VHDL 是提高设计速度的强有力工具，通过掌握这门语言，并且深入了解FPGA的结构特点，又针对性地编程，可以发挥器件最大的性能，同时避免不必要的面积、速度甚至功耗上的损失。

2.61 组合逻辑电路的竞争冒险及其消除技巧

组合逻辑电路中经常会遇到竞争冒险现象，这是一个非常复杂的实际问题。竞争冒险可影响电路功能，甚至破坏整个电路正常运转，因此在数字电路设计当中要尽量避免。

2.61.1 什么是竞争冒险

组合逻辑电路的设计通常都是在理想条件下进行的，即假定电路中的布线及门电路都没有延迟效应，电路中的信号都是立即的。但是，实际信号的变化都需要一定的过渡时间，信号通过导线及门电路也需要有一个响应时间。因此，在理想条件下设计的逻辑电路，在实际使用中，当有两个经过不同路径传输来的不同信号向相反的状态变化时，可能在输出端产生瞬间的错误信号。这种现象就是组合逻辑电路中的竞争冒险现象。虽然这种错误是暂时的，信号稳定后错误会消失，但会引起该电路的工作不可靠，甚至不能正常工作。

例如对于图 2-297 所示的电路（图 2-298 所示是它的波形图），由于半导体元件都有开关时间,所以当信号经过逻辑门电路时会产生一定的延迟。如果门电路的两个输入信号同时向相反的方向发生跳变(称之为竞争),则可能使输出端产生干扰信号,即出现竞争冒险,这是数字逻辑电路应尽力克服的问题。

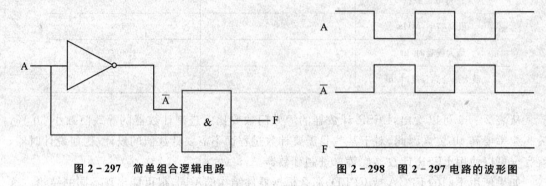

图 2-297　简单组合逻辑电路　　　　图 2-298　图 2-297 电路的波形图

对于同一个门电路来说,当有两个输入信号同时向两个相反的逻辑状态变化时,由于两个输入信号到达开门、关门电平的时间不同,就有可能在电路的输出端产生干扰脉冲。可见,门电路存在平均延迟时间是组合逻辑电路产生竞争冒险现象的根本原因。

2.61.2　竞争冒险是怎样产生的

1. 门电路的开关电平有时间差

门电路中,信号从一个电平向相反方向跳变时,并不是突变的,而是存在上升或者下降时间的。设两个输入信号 A 和 B 同时发生跳变,因 B 先达到开关电平(相当于高电平),而 A 仍处于高电平,故在极短时间 Δt 内,A、B 两个输入信号将同时处于高电平,其输出端将短暂出现干扰脉冲。图 2-299 所示为信号 A,B 同时向相反的逻辑电平跳变时,由于两个信号到达开关电平的时间不同而产生的尖峰脉冲。

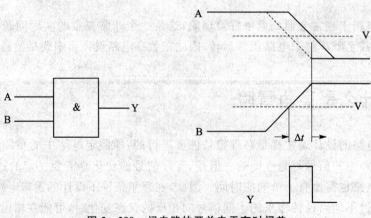

图 2-299　门电路的开关电平有时间差

2. 门电路有延迟时间

由于信号经过的传输路径或者门不同,导致延迟时间不同。信号 $\overline{A}$ 比信号 A 多经过一个非门,因此存在延迟时间 Δt;即使不考虑开关门电平的因素,在短暂的时间内,信号 $\overline{A}$ 和信号 A 同时处于高电平,因此也会产生尖峰脉冲。图 2-300 所示为信号 A, $\overline{A}$ 向相反的逻辑电平跳变时考虑信号延时产生的尖峰脉冲。

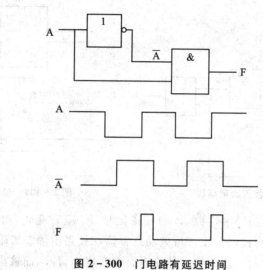

图 2-300 门电路有延迟时间

2.61.3 冒险的分类

根据冒险的情形,冒险可分为静态冒险和动态冒险。

1. 静态冒险

如果一个组合电路输入有变化时,在输出不应发生变化的情况下,出现一次瞬间的错误变化就叫做静态冒险。在输出稳态值为 1 的情况下,出现负向尖峰脉冲称为 0 型冒险(见图 2-301);在输出稳态值为 0 的情况下,出现正向尖峰脉冲称为 1 型冒险(见图 2-302)。

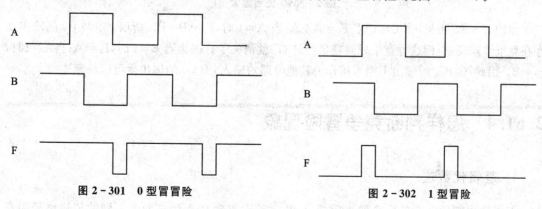

图 2-301　0 型冒险　　　　　　　　　图 2-302　1 型冒险

2. 动态冒险

动态冒险是指当输入有变化时,输出应有变化,但输出在变化的过程中有短暂的错误。如图 2-303 和图 2-304 所示就是考虑信号延时产生的动态冒险。

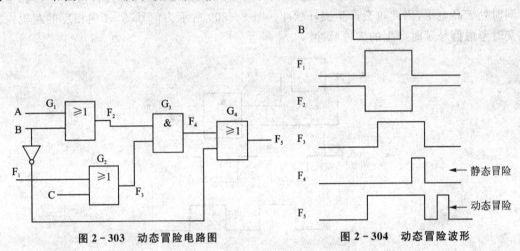

图 2-303 动态冒险电路图   图 2-304 动态冒险波形

由图 2-304 可以看出,当 A=C=0、B 端有变化时,F_5 应有变化,由门 G_4 的静态冒险的瞬间高电平引起了 F_5 短暂的错误输出。可见动态冒险往往是由静态冒险引起的,但不是说电路中有静态冒险就一定会引起动态冒险。往往电路中有静态冒险,而输出却没有任何冒险,如图 2-305 所示。

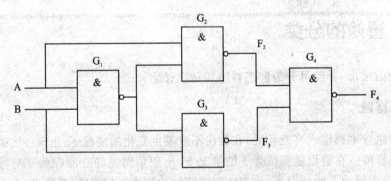

图 2-305 无冒险输出

由图 2-305 可见,当 B=1 时,$F_2=A+\overline{A}$;当 A=1 时,$F_3=B+\overline{B}$。所以,G_2 与 G_3 的输出都存在竞争冒险现象,但这种竞争冒险现象经过 G_4 就消失了。因为当 B=1 时,$F_4=\overline{A}$;当 A=1 时,$F_4=\overline{B}$。因此,C_2、C_3 的输出不能直接作为其他电路的输入,而 G_4 的输出就可以任意连接了。

2.61.4 怎样判断竞争冒险现象

1. 逻辑代数法

如果输出端门电路的两个输入信号 A 和 $\overline{A}$ 是输入变量 A 经过两个不同的传输路径而来

的,那么当输入变量 A 的状态突变时,输出端必然存在竞争冒险现象。所以,只要输出端的逻辑状态函数在一定的条件下能够简化为 $L=A+\overline{A}$ 或 $L=A \cdot \overline{A}$,则可断定电路存在竞争冒险现象。显然,若电路输出端的逻辑函数在一定的条件下能简化为 $L=\overline{A+\overline{A}}$ 或者 $L=\overline{A \cdot \overline{A}}$,那么输出端也必存在竞争冒险现象。

2. 卡诺图法

在组合逻辑电路的输入变量为多个变量的情况下,可利用卡诺图法来判断当两个以上的变量同时改变状态时,电路是否存在竞争冒险现象。

3. 逻辑模拟法

可用计算机辅助分析(CAA)的手段来分析组合逻辑电路,通过在计算机上运行数字电路的模拟程序,能够迅速地判断出电路是否会出现竞争冒险现象而输出尖峰脉冲。

4. 实验观察法

将组合逻辑电路输入端的信号应包含的所有可能的输入状态的变化都输入到示波器,用示波器来观察电路的输出端是否存在因竞争冒险现象而产生的尖峰脉冲。

2.61.5 怎样消除竞争冒险现象

1. 修改逻辑设计

① 消除互补变量。如逻辑函数表达式为 $L=(A+B)(\overline{A}+C)$,当 $B=C=0$ 时,$L=A\overline{A}$。如果直接根据此逻辑表达式组成逻辑电路,则可能会出现竞争冒险。但若将其改为 $L=AC+\overline{A}B+BC$,其逻辑功能不变,而 $A\overline{A}$ 项已不存在,这样,当 $B=C=0$ 时,无论 A 如何变化,由此逻辑表达式而组成的逻辑电路均不会出现竞争冒险现象。

② 增加冗余项。如逻辑函数表达式为 $L=AC+\overline{A}B$,当 $B=C=1$ 时,A 的状态改变时会出现竞争冒险现象;但若将逻辑函数表达式改为 $L=AC+\overline{A}B+BC$,即增加 BC 项后,当 $B=C=1$ 时,无论 A 如何变化,电路输出端均不会出现竞争冒险现象。

2. 加封锁脉冲信号

如果在门电路的输入端加一封锁脉冲,要求封锁脉冲与输入信号的状态转换同步,且封锁脉冲的宽度大于或等于电路从一个稳定状态到另一个稳定所需要的时间,那么在信号状态转换的时间内,将可能产生尖峰脉冲输出的门封锁,电路的输出就不会出现竞争冒险现象。

3. 引入取样脉冲

在电路的输入端引入一个取样脉冲,由于取样脉冲的作用时间取在电路达到新的稳定状态之后,所以使电路的输出端不会出现尖峰脉冲。

4. 输出端并联电容器

对于速度较慢的组合逻辑电路,由于竞争冒险而产生的尖峰脉冲一般情况下很窄,所以可采用在电路输出端并联电容的方法消除尖峰脉冲。因竞争冒险而产生的尖峰脉冲的宽度与门电路的传输时间属于同一数量级。因此在 TTL 门电路中,只要适当地选择电容器的容量(几百皮法以下),即可将尖峰脉冲的幅度降至门电路的阈值电平以下,从而消除电路中的竞争冒险现象。

2.62 选择器设计和 FPGA 资源

多路选择器在 FPGA 中有两种实现方式:一种是多选器,另一种是三态逻辑。下面分别介绍它们的 VHDL 描述。

(1) 多选器

C<=A WHEN(SEL='0')ELSE B;

(2) 三态逻辑

C<=A WHEN(SEL='0')ELSE'Z';
C<=B WHEN(SEL='1')ELSE'Z';

表 2-66 给出了 16 选 1 多路选择器的两种实现方式在 Xilinx 器件 XC2S305CS144 上实现的比较。

表 2-66 两种实现方式的比较

项 目	多选器	三态逻辑
SLICE 数目	5	8
4 输入 LUT 数目	9	16
TBUF 数目	0	16
等效门数	72	147
最大组合路径延时/ns	12.969	15.699
最大线延时/ns	1.953	4.921

从表 2-66 来看,无论是面积大小,还是速度快慢,用多选器实现的设计都要优于用三态逻辑实现的设计。因此一般来说,在 FPGA 中都使用多选逻辑来实现多选器,三态逻辑一般只是用在总线设计上。

如果使用不同的FPGA或是CPLD,那么根据器件结构的不同,很可能出现不同的结论。这就需要设计者在设计之前了解所选器件的结构特点来确定自己的编码方式,以实现面积和速度的最佳方案。VHDL是提高设计速度的强有力的工具,通过掌握这门语言,并且深入了解FPGA的结构特点,有针对性地编程,可以发挥器件最大的潜力,同时避免不必要的面积、速度甚至功耗上的损失。

2.63 基于 FPGA/CPLD 应用设计的 23 点经验总结

养成良好的编程习惯是非常重要的,特别是在刚开始学习VHDL设计时,一定要注意编写代码的格式和风格,这对以后的学习和工作都有重大的促进意义。

良好的编程习惯就是在满足功能和性能目标的前提下,增强代码的可读性、可移植性。本书将良好的代码编写风格的通则概括如下:

① 对所有的信号名、变量名和端口名都用小写,这样做是为了和业界的习惯保持一致;对常量名和由用户定义的类型用大写。例程1所示为按照业界习惯编写的代码。

【例程1】

```
LIBRARY IEEE;
USE IEEE. STD _ LOGIC _ 1164. ALL;
ENTITY CLK_3D IS
    PORT
    (clk:IN STD _ LOGIC;
     rst:IN STD _ LOGIC;
       clk_ out : OUT STD _ LOGIC);
END CLK _ 3D;

ARCHITECTURE_1 OF CLK 3D IS
SIGNAL count1,count2 : INTEGER RANGE 0 TO 2: =0;
SIGNAL temp1,temp2 : STD _ LOGIC: = '0';
BEGIN
    PROCESS( rst, clk)
    BEGIN
        IF rst = '0' THEN
            IF RISING _ EDGE(clk) THEN
                IF count1 = 2 THEN
                    count1 <= 0;
```

```
                    temp1 <= NOT temp1;
                ELSIF count1 = 1 THEN
                    temp1 <= NOT temp1;
                    count1 <= count1 + 1;
                ELSE
                    count1 <= count1 + 1;
                END IF;
            END IF;
            IF FALLING_EDGE (clk) THEN
                IF count2 = 2 THEN
                    count2 <= 0;
                    temp2 <= NOT temp2;
                ELSIF count2 = 1 THEN
                    temp2 <= NOT temp2;
                    count2 <= count2 + 1;
                ELSE
                    count2 <= count2 + 1;
                END IF;
            END IF;
        END IF;
    END PROCESS;
    clk_out <= temp1 OR temp2;
END EXAMPLE;
```

② 使用有意义的信号名、端口名、函数名和参数名。例如模块端口名用 a2b_data, a2c_ctrl, 而不是直接用 data1, ctrl1 等。在例程 2 中, 通过端口名、信号名等本身就可以了解它们所代表的含义, 比如实体名 CLK_FDIV 表示这个程序是用来完成时钟信号分频的, 端口名 clk 是 clock 的缩写, 为输入时钟信号; rst 是 reset 的缩写, 是电路复位信号; clk_2d, clk_4d, clk_8d, clk_16d 分别是 2 分频、4 分频、8 分频、16 分频的输出信号; 信号 count 是计数变量, 一目了然。

【例程 2】

```
LIBRARY IEEE;
USE IEEE.STD_LOGIC_1164.ALL;
USE IEEE.STD_LOGIC_ARITH.ALL;
USE IEEE.STD_LOGIC_UNSIGNED.ALL;

ENTITY CLK_FDIV IS
    PORT (clk : IN STD_LOGIC;
          rst : IN STD_LOGIC;
          clk_2d : OUT STD_LOGIC;
          clk_4d : OUT STD_LOGIC;
          clk_8d : OUT STD_LOGIC;
          clk_16d: OUT STD_LOGIC);
END CLK_FDIV;
```

```
ARCHITECTURE_2 OF CLK_FDIV IS
   SIGNAL count: STD_LOGIC_VECTOR (3 DOWNTO 0);
BEGIN
     PROCESS(clk)
     BEGIN
        IF (rst = '1')THEN
             count <= "0000";
        ELSIF(clk'EVENT AND clk= '1')THEN
           IF (count = "1111") THEN
              count <= (OTHERS => '0');
           ELSE
              count <= count + '1';
           END IF;
        END IF;
     END PROCESS;
     clk_2d <= count(0);
     clk_4d <= count(1);
     elk_8d <= count(2);
     clk_16d<= count(3);
END_2;
```

③ 信号名长度不要太长,要注意简洁明了。对于超过 28 个字符的信号名,有些 EDA 工具不能够识别,再者太长的信号名也不容易记忆。因此,在描述清楚的前提下,根据信号本身的功能,尽可能采用较短的信号命名,最好是利用信号功能的英文单词缩写来命名。

④ 对于时钟信号使用 clk 作为信号名,如果设计中存在多个时钟,使用 clk 作为时钟信号的前缀,如 clk1,clk2,clk_interace 等。

⑤ 对来自同一驱动源的信号,在不同的子模块中采用相同的名字。这要求在芯片总体设计时就定义好顶层子模块间连线的名字,端口和连接端口的信号尽可能采用相同的名字。

⑥ 对于低电平有效的信号,应该以一个下划线跟一个小写字母 b 或 n 表示(a2b_req_n, a2b_req_b)。注意,在同一个设计中要使用同一个小写字母表示低电平有效。

⑦ 对于复位信号使用 rst 作为信号名,如果复位信号是低电平有效,建议使用 rst_n,如例程 3 所示。

【例程 3】

```
LIBRARY IEEE;
USE IEEE.STD_LOGIC_1164.ALL;

ENTITY DFF IS
    PORT ( d: IN STD_LOGIC;
           clk: IN STD_LOGIC;
           rst_n: IN STD_LOGIC;
           q: OUT STD_LOGIC);
END DFF;
```

```
ARCHITECTURE_3 OF DFF IS
BEGIN
    PROCESS (clk)
    BEGIN
        IF (clk'EVENT AND clk= '1') THEN
            IF (rst _ n = '0') THEN
                q <= '0'
            ELSE
                q<=d;
            END IF;
        END IF;
    END PROCESS;
END_3;
```

⑧ 尽量遵守业界已经习惯的一些约定。如 * _r 表示寄存器输出，* _a 表示异步信号，* _pn表示多周期路径第 n 个周期使用的信号，* _nxt 表示锁存前的信号，* _z 表示三态信号等。

⑨ 在源文件、批处理文件的开始处应该包含一个文件头，文件头是程序中很重要的一部分，有助于程序阅读者对程序的理解，提高程序的可读性。文件头一般包含如下的内容：文件名，设计者，模块名，模块的实现功能概述，使用的仿真软件以及软件运行的平台，使用的综合工具以及工具运行的平台，文件创建时间，文件修改时间。下面是一个具体的文件头内容示例：

——File：count. v
——Designer：John
——Module：count
——Description：It is a example of Modelsim
——Simulator：Modelsim5. 8/Window XP
——Synthesizer：Quartus Ⅱ/Window XP
——Date：08/25/02
——Modify date：03/24/03

⑩ 使用适当简短的语句注释所有的进程、函数、端口含义、信号含义、变量含义及信号组、变量组的意义等。注释应在代码附近，要求简明扼要，只要足以说明设计意图即可，避免过于复杂，如例程 4 所示。

【例程 4】

```
LIBRARY IEEE;
USE IEEE. STD _ LOGIC _ 1164. ALL;
USE IEEE. STD _ LOGIC _ ARITH. ALL;
ENTITY CONVERTOR IS
    GENERIC (DSIZE: INTEGER: = 32;
             MSPDATA: INTEGER: = 8);
    PORT ( CLK:IN STD _ LOGIC;          ——时钟信号
           DATAOUT: OUT STD _ LOGIC _ VECTOR( DSIZE-1 DOWNTO 0);
           DATAIN: IN STD _ LOGIC _ VECTOR ( DSIZE-1 DOWNTO 0);
           ——32 位信号输入端
           DATA: INOUT STD _ LOGIC _ VECTOR ( MSPDATA-1 DOWNTO 0);
```

————32位信号输入端
         WR：IN STD _ LOGIC）；   ————双向控制信号
END CONVERTOR；

ARCHITECTURE EXAMPLE OF CONVERTOR IS
SIGNAL TEMP _ DATAOUT：STD _ LOGIC _ VECTOR (31 DOWNTO 0)；
————32位输出暂存信号：
SIGNAL COUNT1 ；INTEGER RANGE 0 TO 3 ；   ————计数信号一
SIGNAL COUNT2 ；INTEGER RANGE 0 TO 3 ；   ————计数信号二

BEGIN
  P1：PROCESS(WR，CLK)   ————计数信号一累加
      BEGIN
        IF CLK'EVENT AND CLK = '1' THEN
          IF WR = '1' THEN
            COUNT1 <= COUNT1 + 1；
          END IF；
        END IF；
  END PROCESS；

  P2：PROCESS(COUNT1)   ————WR=1,8位数据向32位数据转换
      BEGIN
        IF WR = '1' THEN
          CASE COUNT1 IS
            WHEN 0 => TEMP _ DATAOUT (7 DOWNTO 0) <= DATA (MSPDATA − 1 DOWNTO 0)；
            WHEN 1 => TEMP _ DATAOUT (15 DOWNTO 8) <= DATA (MSPDATA − 1 DOWNTO 0)；
            WHEN 2 => TEMP _ DATAOUT (23 DOWNTO 16)<= DATA (MSPDATA − 1 DOWNTO 0)；
            WHEN 3 => TEMP _ DATAOUT (31 DOWNTO 24)<= DATA (MSPDATA − 1 DOWNTO 0)；
            WHEN OTHERS => TEMP _ DATAOUT(7 DOWNTO 0) < = "11111111"；
          END CASE；
          DATAOUT(31 DOWNTO 0) <= TEMP _ DATAOUT(31 DOWNTO 0)；
        END IF；
  END PROCESS；

  P11：PROCESS(WR，CLK)   ————计数信号二累加
      BEGIN
        IF CLK'EVENT AND CLK = '1' THEN
          IF WR = '0'THEN
            COUNT2 <= COUNT2 + 1；
          END IF；
        END IF；

END PROCESS；

P12：PROCESS(COUNT2)　　　　　　　　——WR＝0,32 位数据向 8 位数据转换
　　BEGIN
　　IF WR ＝ '0' THEN
　　　　CASE COUNT2 IS

　　　　WHEN 0 => DATA (MSPDATA － 1 DOWNTO 0) <= DATAIN (DSIZE－1 DOWNTO 24)；
　　　　WHEN 1 => DATA (MSPDATA － 1 DOWNTO 0) <= DATAIN (23 DOWNTO 16)；
　　　　WHEN 2 => DATA (MSPDATA － 1 DOWNTO 0) <= DATAIN (15 DOWNTO 8)；
　　　　WHEN 3 => DATA (MSPDATA － 1 DOWNTO 0) <= DATAIN (7 DOWNTO 0)；
　　　　WHEN OTHERS => DATA (MSPDATA － 1 DOWNTO 0) <= "11111111"；
　　END CASE；
　　END IF；

END PROCESS；
END EXAMPLE；

⑪ 每一行语句独立成行。尽管 VHDL 和 Verilog 都允许一行写多个语句,但是每个语句独立成行可以提高代码的可读性和可维护性。同时保持每行小于或等于 72 个字符,这样做都是为了提高代码的可读性。

⑫ 建议采用缩进以提高续行和嵌套语句的可读性。缩进一般采用两个空格,如果空格太多则在深层嵌套时限制行长。同时缩进避免使用 TAB 键,这样可以避免不同的机器 TAB 键的设置不同,限制代码的可移植能力。例程 5 为状态机实现的计数器描述,程序没有缩进,阅读起来很不方便,特别是在嵌套语句比较多时,很难分清语句之间的对应关系。例程 6 所示为修改后整齐缩进的程序。

【例程 5】

```
LIBRARY IEEE ;
USE IEEE. STD _ LOGIC _ 1164. ALL;

ENTITY COUNTER IS
PORT(CLK:IN BIT;
INPUT: IN BIT;
RESET: IN BIT;
OUTPUT: OUT BIT);
END COUNTER;

ARCHITECTURE_5 OF COUNTER IS
TYPE STATE_ TYPE IS(S0,S1);
SIGNAL STATE: STATE _ TYPE;
BEGIN
PROCESS(CLK)
BEGIN
IF RESET = '1' THEN
```

```
            STATE <= S0;
        ELSIF(CLK'EVENT AND CLK = '1') THEN
            CASE STATE IS
                WHEN S0 =>
                    STATE <= S1;
                WHEN S1 =>
                    IF INPUT = '1'THEN
                        STATE <= S0;
                    ELSE
                        STATE <= S1;
                    END IF;
            END CASE;
        END IF;
    END PR(CESS;
    OUTPUT <= '1'WHEN STATE = S1 ELSE '0';
END _ 5;
```

【例程 6】

```
LIBRARY IEEE;
USE IEEE. STD LOGIC _ 1164. ALL;
ENTITY COUNTER IS
    PORT (CLK : IN BIT;
          INPUT: IN BIT;
          RESET: IN BIT;
          OUTPUT: OUT BIT);
END COUNTER;

ARCHITECTURE_6 OF COUNTER IS
  TYPE STATE_ TYPE IS (S0, S1);
  SIGNAL STATE: STATE _ TYPE;
BEGIN
    PROCESS (CLK)
    BEGIN
        IF RESET = '1' THEN
            STATE <= S0;
        ELSIF (CLK'EVENT AND CLK = '1') THEN
            CASE STATE IS
                WHEN S0 =>
                    STATE <= S1;
                WHEN S1 =>
                    IF INPUT = '1' THEN
                        STATE <= S0;
                    ELSE
                        STATE <= S1;
                    END IF;
            END CASE;
        END IF;
```

```
        END PROCESS;
        OUTPUT <= '1' WHEN STATE = S1 ELSE '0';
END_6;
```

⑬ 在 RTL 源码的设计中任何元素，包括端口、信号变量函数、任务、模块等的命名都不能取 Verilog 和 VHDL 的保留字。例如将输出端口命名为 out，就和 VHDL 的保留字 OUT 相同，编译时就会报错。

⑭ 在进行模块的端口申明时，每行只申明一个端口，并建议采用以下顺序：输入信号的 clk,rst,enables other control signals,data and address signals,然后再申明输出信号的 clk,rst,enables other control signals,data signals。例如：

```
RST: IN STD_LOGIC;
CLK: IN STD_LOGIC;
START: IN STD_LOGIC;
DATA_IN: IN STD_LOGIC_VECTOR(7 DOWNTO 0);
DATA_VALID:OUT STD_LOGIC;
READY: OUT STD_LOGIC;
Q: OUT STD_LOGIC);
```

⑮ 在例化模块时，使用名字显式映射而不要采用位置相关的映射，这样可以提高代码的可读性和避免编译连线错误。

⑯ 如果同一段代码要重复多次，应尽可能使用函数；如果有可能，可以将函数通用化，以使得它可以复用。注意，内部函数定义一般要添加注释，这样可以提高代码的可读性。

⑰ 尽可能使用循环语句和寄存器组来提高源代码的可读性，这样可以有效地减少代码行数。

⑱ 代码编写时的数据类型只使用 IEEE 定义的标准类型。在 VHDL 中，设计者可以定义新的类型和子类型，但是所有这些都必须基于 IEEE 的标准。例如，使用 std_logic 而不使用 std_ulogic，使用 std_logic_vector 而不使用 std_ulogic_vector；不要使用 bit 或 bit_vector，因为许多仿真器没有为这种类型提供内部的数学函数模型。总之，在设计中要尽可能少地定义子类型，使用太多的子类型会使得代码难以理解。

⑲ 在设计中不要直接使用数字，作为例外，可以使用 0 和 1。建议采用参数定义代替直接的数字。同时，在定义常量时，如果一个常量依赖于另一个常量，建议在定义该常量时用表达式表示出这种关系。

⑳ 不要在源代码中使用嵌入式的 dc_shell 综合命令。这是因为其他的综合工具并不认得这些隐含命令，从而导致错误的或较差的综合结果。即使使用设计编译器，当综合策略改变时，嵌入式的综合命令也不如放到批处理综合文件中易于维护。这个规则有一个例外的综合命令，即编译开关的打开和关闭可以嵌入到代码中。

㉑ 在设计中避免实例化具体的门级电路。门级电路可读性差，且难以理解和维护，如果使用特定工艺的门电路，设计将变得不可移植。如果必须实例化门电路，建议采用独立于工艺的门电路，如 SYNOPSYS 公司提供的 GTECH 库包含了高质量的常用的门级电路。

㉒ 避免冗长的逻辑和表达式。如 $z=a*c+a*d+b*c+b*d$ 应该改写为 $z=(a+b)*(c+d)$。

㉓ 避免采用内部三态电路，建议用多路选择电路代替内部三态电路。

第3篇 FPGA/CPLD 常用工具及软件特性

- 图 形
- 程 序
- 设计技巧
- 方 法

本篇介绍 FPGA/CPLD 常用工具及软件的特点、使用方法与技巧。内容包括 FPGA 开发环境、EDA 设计工具、实验平台、输入管理软件、逻辑综合软件、仿真软件、Verilog HDL 语言、VHDL 语言以及常用电路描述技巧（29 种）等 40 余个（种类）实例，供读者参考。

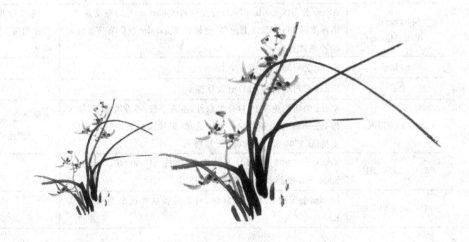

3.1 常用的 FPGA 开发工具

3.1.1 集成的 FPGA 开发环境

FPGA 开发工具由 FPGA/CPLD 芯片厂家提供,基本都可以完成所有的设计输入(原理图或 HDL)、仿真、综合、布线、下载等工作。这些开发工具如表 3-1 所列。

表 3-1 集成的 FPGA 开发环境

开发工具	简介	
MAX+plus II	Altera 公司的 PLD 开发软件,使用者众多	
Maxplus II Baseline	Altera 公司的免费 PLD 开发软件,界面与标准版的 Maxplus II 完全一样,但需要通过使用 MAX+plus II Advanced Synthsis 插件才能支持 VHDL/Verilog。支持 MAX7000/3000 和部分 FLEX/ACEX 芯片(如 1K30,6016 等),共 47.1 MB	用网卡号申请 license,如没有网卡,可以用硬盘号申请,license 会发到你的电子信箱,有效期为 6 个月。到期后可再申请
Maxplus II E+MAX	Altera 公司的免费 PLD 开发软件,界面与标准版的 Maxplus II 完全一样,只支持 MAX7000 和 MAX3000 系列器件,本身支持不复杂的 VHDL 和 Verilog 综合,软件较小,共 26.8 MB	用网卡号申请 license,如没有网卡,可以用硬盘号申请,其他同上
Quartus	Altera 公司新一代 PLD 开发软件,适合大规模 FPGA 的开发	
Quartus II Web Edition	Altera 公司的 meifeui PLD 开发软件 Quartus II 的免费版本,推荐使用 256 MB 以上内存,安装有 Windows NT 或 Windows 2000 的计算机	用网卡号申请 license,license 有效期为 150 天。到期后可再申请
Foundation	Xilinx 公司的 PLD 开发软件	
ISE	Xilinx 公司最新的 PLD 开发软件	
Web FITTER	Xilinx 公司的免费 PLD 开发软件,不需下载,可在线编译,结果用 E-mail 发送到信箱。使用简单,但要求较快的联网速度。支持 XC9500 和 CoolRunner 系列	不需要安装 license,但必须注册,申请用户和 password
Web PACK ISE	Xilinx 公司的免费 PLD 开发软件,支持 XC9500,Coolrunner,Spana~II 及部分 Virtex/E/II 器件	
ispDesign EXPERT	Lattice 公司的 PLD 开发软件,目前最新软件改名为 ispLEVER	

续表 3-1

开发工具	简　介	
ispLEVER Starter	Lattice 公司的免费 PLD 开发软件，支持 600 个宏单元以下的 Lattice 芯片的设计	需要注册 license，有效期为 6 个月，到期后可再申请
Wrap	Cypress 公司开发的软件	
ABEL 4.0	开发 GAL/PAL 的软件，DOS 界面	免费
ABEL 5.0	开发 GAL/PAL 的软件，DOS 界面	免费

为了提高设计效率，优化设计结果，很多厂家提供了各种专业软件，用以配合 FPGA/CPLD 芯片厂家提供的工具进行更高效率的设计，最常见的组合是：同时使用专业 HDL 逻辑综合软件和 FPGA/CPLD 芯片厂家提供的软件。

3.1.2　HDL 前端输入与系统管理软件

这类软件主要是帮助用户完成 HDL 文本的编辑和输入工作，提高输入效率，并不是必需的，如表 3-2 所列。更多人更习惯使用集成开发软件或者综合/仿真工具中自带的文本编辑器，甚至可以直接使用普通文本编辑器。

表 3-2　HDL 前端输入与系统管理软件

软件名称	简　介
UltraEdit	一个使用广泛的编辑器，大部分版本并不直接支持 HDL，但可以将下面的文件中的文字添加到 WORDFILE.txt 中（该文件在 UltraEdit 安装目录下），即可支持相应的语言编辑，关键字将用不同色彩标出
HDL Turbo Writer	VHDL/Verilog 专用编辑器，可大小写自动转换、缩进、折叠，格式编排很方便。可直接使用 FPGAadvantage 做后端处理。此套软件也可以编辑 C/C++，Java 等多种语言。更多信息可浏览 http://www.saros.com/
HDL Designer Series	Mentor 公司的前端设计软件，包括 5 个部分，涉及设计管理、分析、输入等，原 Renoir 软件也已转到 HDL Designer Series。更多信息可浏览 http://www.mentor.com/hdldesigner/
Visual VHDL/Visual Verilog	可视化的 HDL/Verilog 编辑工具，可以通过画流程图等可视化方法生成一部分 VHDL/Verilog 代码。Innoveda 公司出品
Visual Elite	Visial HDL 的下一代产品，能够辅助系统级到电路级的设计。更多信息可浏览 http://www.innoveda.com/products/datasheets_HTML/Visualelite.aSp

3.1.3　HDL 逻辑综合软件

这类软件将把 HDL 语言翻译成最基本的与或非门的连接关系(网表)，输出 edf 文件，导给 FPGA/CPLD 厂家的软件进行试配和布线。为了优化结果，在进行复杂 HDL 设计时，基本上都会使用这些专业的逻辑综合软件，而不使用 FPGA/CPLD 厂家的集成开发软件中自带的逻辑综合功能。这类软件如表3-3所列。

表3-3 HDL逻辑综合软件

软件名称	简　介
Synplicity	Synplify/Synplify Pro，VHDL/Verilog综合软件，口碑相当不错。Synplicity公司出品
Leonardo Spectrum	Leonardo Spectrum，VHDL/Verilog HDL综合软件。Mentor公司出品
Precision RTL Precision Physical	Mentor公司最新的VHDL/Verilog HDL综合软件
FPGA Complier Ⅱ	FPGA Complier Ⅱ，VHDL/Verilog综合软件，Synopsys公司已停止发展FPGA Express软件，而转到FPGA Complier Ⅱ平台。
MAX+plus Ⅱ Advanced Synthsis	Altera的一个免费HDL综合工具，安装后可以直接使用，是Maxplus Ⅱ的一个插件，用这个插件进行语言综合，比直接使用MaxplusⅡ综合的效果好

3.1.4　HDL仿真软件

对设计进行校验仿真，包括布线以前的功能仿真（前仿真）和布线以后包含延时的时序仿真（后仿真），以及对于一些复杂的HDL设计，可能需要这些软件的仿真功能。这些软件如表3-4所列。

表3-4 HDL仿真软件

软件名称	简　介
ModelSim	VHDL/Verilog HDL仿真软件，功能比Active HDL强大，使用比Active HDL复杂。Mentor的子公司ModelTech出品。更多信息可浏览http://www.model.com/
Active HDL	VHDL/Verilog HDL仿真软件，人机界面较好，简单易用。Aldec公司出品
Cadence	Cadence公司出品，很好的Verilog/VHDL仿真工具，其中NC-Verilog的前身是著名的Verilog仿真软件；Verilog-XL，用于Verilog仿真；NC-VHDL，用于VHDL仿真；NC-Sim，是Verilog/VHDL，混合语言仿真工具
NC-Verilog/NC-VHDL/NC-SIM	
Synopsys	VCS是Synopsys公司的Verilog HDL仿真软件，反映不错；scirocco是Synopsys公司的VHDL仿真软件
VCS/Scirocco	

3.1.5　其他相关软件

这些软件如表3-5所列。

表 3-5 其他相关软件

软件名称	简 介
Advantage	Mentor 公司出品,VHDL/Verilog 完整开发系统,可以完成除了布线以外所有的工作,包括三套软件:HDL DesignerSeries(输入及项目管理)、Leonardo．Spectrum(综合)和 Modelsim(仿真)
Debussy	VHDL/Verilog 专用调试和代码优化软件,多用于复杂设计的调试,如 CPU 设计。更多信息可访问 http://www.novas.com/
Visual IP	可以为 IP core 提供源代码保护和用户仿真模型
X-HDL	可实现 VHDL 和 Verilog 语言的相互自动转化
Prime Time	静态时序分析软件,Synopsys 公司出品,多用于 ASIC 设计,也可以用于FPGA/CPLD 设计
System Generator	ISE 与 MATLAB 的接口,利用 IP 核在 MATLAB 中快速完成数字信号处理的仿真和最终 FPGA 实现
DSP Builder	QuartusⅡ与 MATLAB 的接口,利用 IP 核在 MATLAB 中快速完成数字信号处理的仿真和最终 FPGA 实现
SOPC Builder	配合 QuartusⅡ可以完成集成 CPU 的 FPGA 芯片的开发工作
Amplify	Synplicity 公司出品,物理级综合工具
Indentify	Synplicity 公司最新推出的一种验证工具,可以在 FPGA 工作时查看实际的节点信号,甚至可以像调试单片机一样,在 HDL 代码中设置断点

3.2 常用 EDA 设计工具

EDA 工具层出不穷,目前进入我国并具有广泛影响的 EDA 软件有:EWB、PSPICE、OrCAD、Protel、Viewlogic、Mentor Graphics、Synopsys、Cadence、MicroSim,以及 Altera 公司的 MAX+plusⅡ和 QuartusⅡ、Xilinx 公司的 ISE 5.X、Lattice 公司的 ispLever 3.X 等。下面按主要功能或主要应用场合进行简单的介绍。

3.2.1 电子电路设计与仿真工具

1. PSPICE 仿真软件

PSPICE 仿真器在 1985 年第一次出现后,经历了不断的增强和改造,已经被成千上万的工程师试验和证实;PSPICE 是为模拟和混合信号而设计的特性化的仿真器。使用其灵活的内部模型,用户可以仿真包括从高频系统到低功耗IC设计的任何模拟系统,用户可以使用数据表创建新器件的模型。它可以进行各种各样的电路仿真、激励建立、温度与噪声分析、模拟控制、波形输出、数据输出,并在同一窗口内同时显示模拟与数字的仿真结果。无论对哪种器件或哪些电路进行仿真,都可以得到精确的仿真结果,并可以自行建立元器件库。

2. EWB 仿真软件

EWB(Electronic Work Bench)软件是 Interactive Image Technologies Ltd 在 20 世纪 90 年代初推出的电路仿真软件。目前普遍使用的是 EWB 5.2,相对于其他 EDA 软件,它是较小巧的软件(只有 16 MB)。但它对模/数电路的混合仿真功能却十分强大,几乎 100% 地仿真出真实电路的结果,并且它在桌面上提供了万用表、示波器、信号发生器、扫频仪、逻辑分析仪、数字信号发生器、逻辑转换器和电压表、电流表等仪器仪表。它的界面直观,易学易用。它的很多功能模仿了 PSPICE 的设计,但分析功能比 PSPICE 要少一些。

3. MATLAB 软件

MATLAB 软件有众多的面向具体应用的工具箱和仿真块,包含了完整的函数集,用来对图像信号处理、控制系统设计和神经网络等特殊应用进行分析和设计。它具有数据采集、报告生成和 MATLAB 语言编程产生独立 C/C++ 代码等功能。具体地讲 MATLAB 软件具有下列功能:数据分析,数值和符号计算,工程与科学绘图,控制系统设计,数字图像信号处理,财务工程,建模、仿真、原型开发,应用开发,图形用户界面设计等。MATLAB 产品族被广泛地应用于信号与图像处理、控制系统设计和通信系统仿真等诸多领域。开放式的结构使 MAT-LAB 软件很容易针对特定的需求进行扩充,从而在不断深化对问题认识的同时,提高自身的竞争力。

3.2.2 PCB 设计软件

PCB(Printed Circuit Board)设计软件种类很多,如 Protel、OrCAD、Viewlogic、Power-PCB、Cadence PSD 和 Mentor Graphics 的 Expedition PCB 等。目前 Protel 在我国用得最多,下面仅对此软件作介绍。

Protel 是 Protel 公司在 20 世纪 80 年代末推出的 CAD 工具,是 PCB 设计者的首选软件。它较早在国内使用,普及率最高,有些高校的电路专业还专门开设 Protel 课程。早期的 Protel 主要作为印刷电路板自动布线工具使用,现在普遍使用的是 Protel 99SE,目前已经升级为 Protel 2004、dxp 等版本,它是一个完整的全方位电路设计系统,包含了电路原理图绘制、模拟电路与数字电路混合信号仿真、多层印刷电路板设计(包含印刷电路板自动布局布线)、可编程逻辑器件设计、图表生成、电路表格生成和支持宏操作等功能,并具有 Client/Server(客户/服务器)体系结构,同时还兼容一些其他设计软件的文件格式,如 OrCAD、PSPICE、Excel 等。使用多层印刷电路板的自动布线,可实现高密度印刷电路板的 100% 布通率。Protel 软件功能强大,界面友好,使用方便,但它最具代表性的是电路设计和 PCB 设计。

3.2.3 IC 设计软件

做 IC 设计软件的公司很多,主要有 Cadence,Mentor Graphics 和 Synopsys。这三家都是 ASIC 设计领域相当有名的软件供应商,其他公司的软件相对来说使用者较少。下面按用途对 IC 设计软件作一些介绍。

1. 设计输入工具

任何一种 EDA 软件必须具备输入的功能。输入方法有硬件描述语言 HDL、原理图和状态机等。许多设计输入工具都支持 HDL。设计 FPGA/CPLD 的工具大都可作为 IC 设计的输入手段,如 Xilinx,Altera 等公司提供的开发工具及 ModelSim FPGA 等。

2. 设计仿真工作

EDA 设计中最重要的功能之一是验证工具,几乎每个公司的 EDA 产品都有仿真工具。Verilog-XL、NC-Verilog 用于 Verilog 仿真;Leapfrog 用于 VHDL 仿真;Analog Artist 用于模拟电路仿真。Viewlogic 的仿真器有:viewsim 门级电路仿真器、speedwave VHDL 仿真器、VCS-Verilog 仿真器。Mentor Graphics 有其子公司 Model Tech 出品的 VHDL 和 Verilog 双仿真器 ModelSim。Cadence,Synopsys 公司用的是 VSS(VHDL 仿真器)。现在的趋势是各大 EDA 公司都逐渐用 HDL 仿真器作为电路验证的工具。

3. 综合工具

综合工具可以把 HDL 变成门级网表。Synopsys 工具在这方面占有较大的优势,它的 Design Compiler 是做综合的工业标准;另外还有一个产品叫 Behavior Compiler,可以提供更高级的综合。最近美国又出了一个 Ambit 软件,比 Synopsys 的软件更有效,可以综合 50 万门的电路,速度更快。现在 Ambit 被 Cadence 公司收购。随着 FPGA 设计的规模越来越大,各 EDA 公司开发了用于 FPGA 设计的综合软件,如 Synopsys 公司的 FPGA Express、Cadence 公司的 Synplity 和 Mentor 公司的 Leonardo。这三家公司的 FPGA 综合软件占了市场的绝大部分。

4. 布局和布线

在 IC 设计的布局布线工具中,Cadence 软件是比较强的,它有很多产品,用于标准单元、门阵列,可实现交互布线。如 Cadences pectra,原来是用于 PCB 布线的,后来 Cadence 把它用来做 IC 的布线。其主要工具有:Cell3、SiliconEnsemble(标准单元布线器)、Gate Ensemble(门阵列布线器)、Design Planner(布局工具)。其他各 EDA 软件开发公司也提供各自的布局布线工具。

5. 物理验证工具

物理验证工具包括版图设计工具、版图验证工具和版图提取工具等。这方面 Cadence 公司也是很强的,其 Dracula,Virtuso 和 Vampire 等物理工具有很多的使用者。

6. 模拟电路仿真器

仿真器主要是针对数字电路的,对于模拟电路的仿真工具,普遍使用 PSPICE。

3.2.4　FPGA/CPLD 设计工具

该设计工具的基本设计方法是借助于 EDA 设计软件,用原理图、状态机和硬件描述语言等方法,生成相应的目标文件,最后用编程器或下载电缆,由 FPGA/CPLD 目标器件实现。生产 FPGA/CPLD 的厂家很多,但最有代表性的厂家为 Altera,Xilinx 和 Lattice 公司。

FPGA/CPLD 的开发工具一般由器件生产厂家提供,但随着器件规模的不断增加,软件的复杂性也随之提高,目前由专门的软件公司与器件生产厂家合作,推出功能强大的设计软件。下面介绍主要器件生产厂家和开发工具。

1. Altera 公司

Altera 公司 20 世纪 90 年代以后发展很快。主要产品有:MAX3000A,MAX7000 系列;Mercury,FELX10KE,APEX20KE,APEX20KC,ACEX1K,APEXⅡ 和 Stratix 等。其开发工具 MAX+plusⅡ是较成功的 PLD 开发平台,最新又推出了 QuartusⅡ开发软件。Altera 公司提供较多形式的设计输入手段,绑定第三方 VHDL 综合工具,如综合软件 FPGA Express,Leonard Spectrum,仿真软件 ModelSim 和 Cadence(Verilog – XL)等。

2. Xilinx 公司

Xilinx 公司产品种类较全面,主要产品有 XC9500/4000,Coolrunner(XPLA3),Spartan 和 Vertex 等系列,其最大的 Vertex-Ⅱ Pro 器件已达到 800 万门。开发软件已从 Foundation 系列发展到现在的 ISE 6.X。ISE(Integrated System Configuration)是 Xilinx 提供的一套工具集,它集成的工具可以完成整个 FPGA/CPLD 的开发过程,它支持几乎所有 Xilinx 公司的 FPGA/CPLD 的主流器件。

3. Lattice 公司

Lattice 公司是 ISP(In-System Programmability)技术的发明者,ISP 技术极大地促进了 PLD 产品的发展。中小规模 PLD 比较有特色。该公司 1999 年推出可编程模拟器件,1999 年收购 Vantis(原 AMD 子公司),成为第三大可编程逻辑器件供应商。2001 年 12 月收购 Agere 公司(原 Lucent 微电子部)的 FPGA 部门。主要产品有 ispLSI2000/5000/8000,MACH4/5。开发软件为 ISP Synario,ispLever 3.X。

4. Actel 公司

Actel 公司是反熔丝(一次性烧写)PLD 的领导者,由于反熔丝 PLD 抗辐射、耐高低温、功耗低和速度快,所以在军品和宇航级产品上有较大优势。

3.3 FPGA/CPLD 数字逻辑实验平台

该处介绍的 FPGA/CPLD 数字逻辑实验平台为 SZ2002 型。SZ2002 FPGA/CPLD 实验平台由 FPGA/CPLD 的实验硬件和 EDA 开发软件组成。其硬件由测试母板和芯片子板组成。母板上提供数字电路所需要的各种信号源、电源及逻辑输入/输出部件。芯片子板包括 Actel 的 Flash FPGA子板、Xilinx SRAM FPGA 子板、Altera CPLD 子板等（根据用户的需要配置）。其软件包为相应的 FPGA/CPLD 开发系统。结合本书练习的需求,可附赠相关的设计软件。引脚接口与各部件可用导线通过专用插孔座连接。

FPGA/CPLD 数字逻辑实验平台的母板如图 3-1 所示。

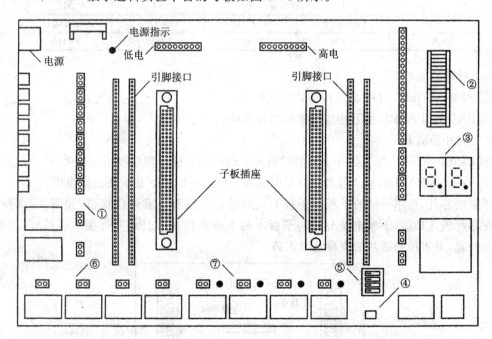

图 3-1　FPGA/CPLD 数字逻辑实验平台的母板

子板插座:2 个 32×3 插座,可插不同的子板。

引脚接口:在插座条旁边,清楚地标出引脚的标号。标号与子板上芯片的引脚一一对应。

(1) 逻辑电平输出

① S0~S7:未经消抖处理的电平输出。拨到 H 时输出高电平,L 为低电平。

② B0,B1:经消抖后的电平输出,B0 按下时输出为高,释放为低;B1 相反。

(2) 电平显示

L1～L20 是 20 位 LED 发光管,输入高有效(点亮)。

(3) 数码显示

LED1/LED0 为 2 位七段码 LED 显示,可选 4 位编码或 8 位段码输入方式。

① 当输入 4 位编码时,有效显示位数为 2 位。D0～D3 为低位,D4～D7 为高位。每位有效输入为 0H～FH。

② 当输入为 8 位段码时,有效显示位为 1 位。高有效输入信号 a,b,c,d,e,f,g,h 分别控制 LED 相应的七段及小数点。

(4) 数码显示方式选择

① 单位显示方式,按 8 位段码输入。

② 双位显示方式,输入为 2×4 位二进制码。

(5) 脉冲信号源频率选择

脉冲信号源频率选择如表 3-6 所列。

表 3-6 脉冲信号源频率选择表

DIP 1/2	OFF/OFF	OFF/ON	ON/OFF	ON/ON
f_0/Hz	1	8	64	512
DIP 3/4	OFF/OFF	OFF/ON	ON/OFF	ON/ON
f_1	16 KHz	128 KHz	1 MHz	8 MHz

(6) 脉冲发生器

① RISE0/RISE1:按下相应按钮输出正脉冲。

② FALL0/FALL1:按下相应按钮输出负脉冲。

(7) 脉冲检测器

① RISE0/RISE1:输入脉冲上升沿时触发 LED 发光,按下相应按钮则熄灭。

② FALL0/FALL1:输入脉冲下降沿时触发 LED 发光,按下相应按钮则熄灭。

不同的芯片,可用不同的子板。子板上只有芯片插座和下载通信接口,如图 3-2 所示。只要把芯片放入插座,下载电缆分别与子板上的下载通信接口、PC 并行接口连接好,即可进行下载仿真,并可检验芯片的逻辑是否正确。

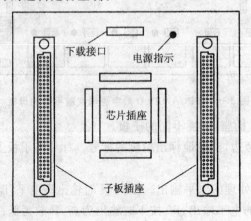

图 3-2 FPGA/CPLD 数字逻辑实验系统的子板

3.4 软件资源

对于 FPGA 设计应用而言，FPGA 器件只是具备了硬件架构，要完成设计要求的功能，还需要将设计者的设计思路转化为器件内部的逻辑。正如在 PC 世界一样，没有软件的硬件是行尸走肉，而没有硬件支持的软件也是无主孤魂。下面通过考察 FPGA 设计流程，来介绍设计过程中需要用到的软件系统。

其中整个系统模块的复用在设计之初就应当予以考虑，并对模块的划分起指导作用。模块划分非常重要，除了关系到是否最大程度上发挥项目小组成员的协同设计能力外，还直接关系着设计的综合、实现效果和相关的操作时间。

具体到模块的设计过程，每一模块的设计过程都应当遵循完整的设计流程，此处的设计流程如图 3-3 所示。

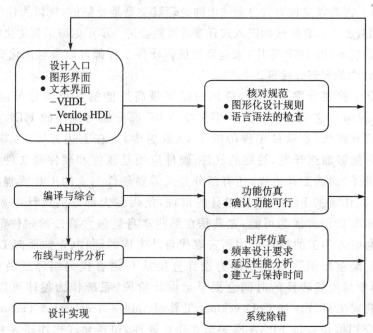

图 3-3 设计流程

由于 FPGA 设计与一般 ASIC 设计有不同之处，FPGA 设计更多地要受到器件内部资源和设计规范的限制，因此使用流行的 EDA 设计工具会受到较多的限制。

3.4.1 设计输入工具

由于各厂商提供的器件组成结构和内部资源的不同,使得各自针对不同类型芯片优化的设计输入工具也有所不同。所以,不存在一种能够通用于所有器件类型的设计工具。一般来说,每个厂商提供的开发工具都可以很好地完成设计输入、编译、综合、布线和仿真功能,例如:Altera 公司提供的 Max+plusⅡ与 QuartusⅡ,Xilinx 公司提供的 ISE 系列,Lattice 公司提供的 ISP 系列,Actel 公司提供的 Libero 系列等。

在 EDA 技术飞速发展的今天,为了使用户更快地实现设计构想,器件提供商在融合设计工具方面做了非常多的工作。这一构想很明显地体现在由 Altera 公司提供的工具 DSP Builder 上。DSP Builder 为用户提供了 Mathworks 公司的工程计算软件 MATLAB 与 HDL 语言的接口,使用户将其数字信号处理算法在 MATLAB 的 Simulink 环境中实现以后,可以通过 DSP Builder 将其转化为标准的 HDL 语言描述的设计。

如果应用是软件驱动的,软件或系统工程师则从编写代码来建立系统原型。另一种方法是,工程师用更高级的工具如 Simulink(来自 Mathworks)、基于 UML 的工具或其他系统设计环境开始设计。这个过程中,系统设计者或软件工程师将采用更高级的设计抽象,以获得最大的生产率,但是可能获得很低的性能结果。正如在 DSP 芯片中使用 C 语言时受到限制一样,代码的效率很低。因为以这种方式自动选用的处理器类型是受限的,所以为性能目标转换低级代码的机会相对更少。有经验的嵌入式开发者可能会进一步用汇编语言优化应用的各个部分,或使用专用处理器(即 DSP 芯片)来提高性能。硬件工程师可以参与优化面向 FPGA 和 ASIC 实现的设计中的那部分接口。

初始系统设计和划分完成之后,应用中需要最高性能的各个部分可以手工描述出来,交给硬件工程师。这个工程师为 FPGA 或 ASIC 部分编写低层的 HDL 代码,他们的设计生产率通常非常低(是软件工程师的 1/10 或更少)。在上述方式中,基于 C 语言的设计和原型工具能够加速开发,最终的软件/硬件应用是软件和硬件源文件的组合;部分方式需要软件编译/调试工具流程;还有部分方式需要硬件为主的工具流程和专业知识。

然而,随着基于 C 语言的 FPGA 设计工具的出现,使得在大部分的设计中采用熟悉的软件设计工具和标准 C 语言成为可能,尤其是在那些本身就包含算法的硬件部分。后面的性能转换可能会引入手工的硬件描述语言取代自动生成的硬件(正如面向 DSP 处理器的源代码通常用汇编重新编写),但是因为设计直接从 C 语言代码编译成最初的 FPGA 实现,硬件工程师参与性能转换的时间会提早至设计阶段,系统作为整体可以用更高生产率的软件设计模式来设计。如 CoDeveloper 工具(Impulse Accelerated Technologies 提供)允许 C 语言的应用编译后以 FPGA 网表形式建立硬件,包括允许描述高度并行和多过程应用描述所必需的 C 语言扩展。对于包括嵌入式处理器(如 Altera 公司的 Nios 软核处理器)的目标平台,CoDeveloper 可以用来生成必要的硬件/软件接口,以及生成特定过程的低级硬件描述。

建立将软件和硬件相结合的应用需要对并行编程技术有所了解,尤其是以差别很大的有效速率操作的独立同步过程。为了帮助建立高度并行的混合硬件/软件应用,ImpulseC 库包括了设置和管理多个独立过程的功能,它可以通过数据流、信号和可选的共享存储资源相连接。

在典型的 ImpulseC 应用中,编写一个或多个软件过程,作为生成器与客户数据或其他直接用 FPGA 逻辑实现的硬件/软件过程通信和同步的控制器。ImpulseC 编程模型提供了对硬件/软件划分和同步的系统级控制,同时允许用标准 C 语言构造编写和自动优化独立过程。使用 ImpulseC 库功能,C 语言可用来描述高度并行的应用,具有最小的软件编程复杂度,同时具有用标准 C 语言开发环境下编译和调试的能力。

提供另外的 ImpulseC 功能(或从 C 语言应用的主函数间接调用)用数据流和信号建立并连接这些过程,指定存储器和其他外部接口。这个编程模型的结果是底层硬件平台的实际情况被抽象,用户不必学习硬件设计方法,就可以描述和运行混合软件/硬件应用。

3.4.2 编译和综合工具

在使用标准硬件描述语言描述设计时,可以采用非器件厂商提供的软件对代码进行综合。如果设计中没有用到器件内部特定的某些资源,那么通用的具有 IEEE 库文件的编译器均可以对软件代码进行编译。如果采用了器件内部特定资源,如 RAM 和 PLL 等,那么就需要将器件厂商提供的库文件加入到库文件包中,编译工具才可以对软件代码进行成功的编译。

编译完成之后,需要将代码综合成网表,例如 EDIF 网表。这个过程完成的好坏,直接影响着代码实现的效率。

此类工具中最常用的是 Synplicity 公司提供的 Synplify 工具。该工具对 VHDL 和 Verilog HDL 提供了很好的支持。设计者可以观察到语言描述的 RTL 结构转换成为原理图的结果。与此同时,Synplify 提供了主流 FPGA 厂商的库接口,可以支持特定的器件,诸如 Actel、Atmel、Altera、QuickLogic、Cypress、Xilinx 等公司的器件均包含在其中。用户可以设定综合条件,给定速度、面积、建立和保持时间等规则,软件根据上述规则综合出用户需要的网表。

3.4.3 仿真工具

对设计者而言,不管是系统级仿真还是逻辑仿真都是必要的。器件提供商的设计工具中都提供了仿真工具,可以进行功能仿真,也可以进行时序仿真。另外,还有一些专门的工具提供了强大的仿真功能。ModelSim 就是其中的佼佼者。

ModelSim 允许用户自定义测试矢量,仿真用户提供的 HDL 代码或者是通用格式的网表功能。使用 ModelSim 可以深入了解代码的工作方式和工作流程,了解设计中的细微问题,并帮助查找可能导致系统失败的细微错误。

3.5 典型常用的 Verilog HDL 语言（应用设计举例）

3.5.1 为什么要用 Verilog HDL

硬件描述语言 HDL(Hardware Description Language)主要用于数字电路与系统的建模、仿真和自动设计,即利用计算机对用 Verilog HDL 或 VHDL 建模的复杂数字逻辑进行仿真,然后再自动综合以生成符合要求且在电路结构上可以实现的数字逻辑网表(netlist),根据网表和某种工艺的器件自动生成具体电路,然后生成该工艺条件下这种具体电路的延时模型。仿真验证无误后,用于制造 ASIC 芯片或写入 FPGA 和 CPLD 器件中。

在 EDA 技术领域中把用 HDL 建立的数字模型称为软核(SoftCore),把用 HDL 建模和综合后生成的网表称为固核(HardCore),对这些模块的重复利用缩短了开发时间,提高了产品开发率,提高了设计效率。

目前有两种标准的硬件描述语言:Verilog 和 VHDL。我国国家技术监督局于 1998 年正式将《集成电路/硬件描述语言 Verilog》列入国家标准,国家标准编号为 GB/T 18349—2001,从 2001 年 10 月 1 日起实施。相信该标准的制定对我国集成电路设计技术的发展将会有重要的推动作用。

1. Verilog HDL 的发展史

1981 年 Gateway Automation 硬件描述语言公司成立。

1983—1984 年间该公司发布 Verilog HDL 及其仿真器 Verilog-XL。

1986 年 PhilMoorby 公司提出快速门级仿真的 XL 算法并获得成功,Verilog 语言迅速得到推广。Verilog-XL 较快,特别在门级,能处理万门以上的设计。

1987 年 Synonsys 公司开始使用 Verilog 行为语言作为它综合工具的输入。

1989 年 12 月 Cadence 公司并购了 Gateway 公司。

1990 年初 Cadence 公司把 Verilog HDL 和 Verilog-XL 分成单独产品,公开发布了 Verilog HDL,与 VHDL 竞争,并成立 OVI(Open Verilog International)组织,负责 Verilog 的发展和标准的制定。

1993 年几乎所有 ASIC 厂商都支持 Verilog HDL,认为 Verilog-XL 是最好的仿真器。OVI 推出 2.0 版本的 Verilog HDL 规范,IEEE 接受了将 OVI 的 Verilog 2.0 作为 IEEE 标准的提案。

1995 年 12 月,制定出 Verilog HDL 的标准 IEEE 1364。

2001年3月IEEE正式批准了Verilog—2001标准(即IEEE 1364—2001)。

Verilog—2001标准在Verilog—1995标准的基础上有几个重要的改进。新标准有力地支持了可配置的IP建模,大大提高了深亚微米(DSM)设计的精确性,并对设计管理作了重大改进。随着Verilog HDL语言的新进展,OVI组织1999年公布了可用于模拟和混合信号系统设计的硬件描述语言即Verilog - AMS语言参考手册的草案,Verilog - AMS语言是符合IEEE 1364标准的Verilog HDL子集。目前Verilog - AMS还在不断地发展和完善中。

2. 传统数字电路设计方法的回顾

(1) 用布尔方程设计

如果不知道门和触发器这些基本的组件,是很难设计数字系统的。很多基于门和触发器的逻辑电路传统上都是用布尔方程设计的,同时产生了很多技术来优化此种方法,包括减少方程来节约使用门和触发器。

布尔设计对于每一个触发器和逻辑门组成的块都需一个方程。这种设计对于拥有上百个触发器的设计非常不实际,因为这会导致很多的逻辑方程。

理论上,任何系统都能用布尔方程来表示。但是要处理描述这个系统的上千个逻辑方程是非常困难的,而且这种方法也不适用。

(2) 基于原理图的设计

基于原理图的设计扩展了布尔方程的能力。因为它不仅可以利用逻辑门、触发器,也可利用电路模块,这样一个层次结构就建立了。层次设计使得包含上千元件的电路设计变得简单。对于大部分设计人员来讲,基于原理图设计方法比利用布尔方程设计要友好。

大多数人喜欢用图来表示一个设计,因为原理图能更清楚地显示不同设计模块的关系。

由于原理图提供图形表示,因此它的使用更流行。很多年来,原理图被认为是一种最优的设计方法,但随着电子技术的发展,电路越来越复杂,器件密度越来越大,这又使人们感到利用原理图设计的能力有限,而且这种设计也是一件非常耗时的工作。

(3) 传统设计的缺点

尽管传统设计容易使用,但它有一些缺点,最重要的缺点是一个系统常被定义为一个内部相连的网络,但这不是建立系统的真正定义。

另外一个缺点是要处理太复杂的设计。处理上百个的逻辑方程虽然很困难但还是可行的,但是处理上千个逻辑方程就很难想像了。一个普遍接受的事实是:超过6 000个门的原理图就很难理解。由于最新的集成电路包含上百万个门,而且这种密度还在增长,这就需要一种新的设计方法。

(4) 硬件描述语言

传统设计的一个最主要的缺点就是需要将设计转换成布尔方程或原理图,这一步可通过硬件描述语言来完成。例如,大部分HDL允许对于时序电路使用有限状态机,而对于组合电路使用真值表。这种设计描述可以自动被转化为HDL,然后经过综合实现。

使用硬件描述语言将使验证各种设计方案变得容易和方便,因为对方案的修改只需要修改HDL程序即可,这比修改原理图要方便得多。

HDL在各种不同密度可编程逻辑器件中得到了应用,从简单的PLD到复杂的可编程逻辑器件CPLD和现场可编程阵列FPGA。目前有好几种硬件描述语言在使用,最受欢迎的有

Abel(在小规模器件中使用)、VHDL 及 Verilog HDL(在大规模 FPGA 和 CPLD 中使用)。

HDL 可以处理不同的描述层次。从硅片级到复杂的系统有几个级别的系统描述,这些级可用它们的结构和行为描述。今天的技术已经相当复杂,因此,传统的设计方法不能覆盖不同设计层的方方面面。近些年来,一些面向低层(硅)和设计处理集成化的工具已经出现。

前面所描述的设计方法好像很完美,但是它们大部分在整个设计流程中只起很小的作用。要完成一个设计,可能需要从一种设计描述转到另一种,或从一种工具转到另一种。这就产生了工具兼容及学习新环境的问题。

这个问题可由一个覆盖所有设计层和类型的可能描述方法解决。Verilog 就是一个能处理不同设计层的设计工具,它可在不同设计阶段形成标准化数据传输。

(5) Verilog 与 VHDL

Verilog HDL 很容易理解和使用。在这几年,Verilog HDL 已成为需要仿真和综合的工业应用首选语言,但是它缺乏用于系统级描述的结构。

VHDL 相对复杂些,这样难以学习和使用。但是它可允许的编码风格丰富,因此提供了许多便利。由于 VHDL 特别适合处理复杂设计,因此它获得了广泛使用。

3.5.2 Verilog HDL 基础语法

1. 词 法

(1) 标识符

标识符(identifiex)是赋给对象的唯一的名字。Verilog HDL 中的标识符可以是任意一组字母、数字、$ 符号和_(下划线)符号的组合,但是标识符的第一个字符必须是字母或者下划线。另外,标识符区分大小写。下面是几个标识符的正确例子:

count
SYS_CLK
_DDR1_T1
o$231

以下命名则是非法的:

42cnt
_CLK * T_NET

转义标识符以反斜杠"\"开始,以空白结束(空白可以是一个空格、一个制表符或者换行符),其作用是在一条标识符中包含任何可打印字符。反斜杠和空白不属于名称的一部分,以下是几个转义标识符:

\5381
\{A,B,C}
\OutputData 与 OutputData 相同。

另外,Verilog HDL 定义了一系列保留字,称之为关键字,它仅用于某些上下文之中。注意只有小写的关键字才是保留字,例如,标识符 assign(是关键字)和标识符 ASSIGN(非关键字)是不同的。

(2) 数值集合

Verilog HDL 的数值可以取下面 4 个基本的值。

① 0:逻辑 0 或者"假"。

② 1:逻辑 1 或者"真"。

③ x:未知状态。

④ z:高阻状态。

注意:这 4 种值的解释都内置于语言中,如一个为 z 的值总是意味着高阻抗,一个为 0 的值通常是指逻辑 0;另外 x 值和 z 值都是不分大小写的。

Verilog HDL 中的常量是由以上 4 类基本值组成的,其细分又可以有以下 3 类:

① 整型。

② 实数型。

③ 字符串型。

下划线(_)不能作为首字符,但可以随意使用在整数或实数中,它们就数量本身没有意义,其作用主要是为了提高标识符的可读性。

1) 整型数及其表示

Verilog HDL 中的整型数可以有 4 种进制:二进制(b 或者 B);十进制(d 或者 D);八进制(o 或者 O);十六进制(h 或者 H)。它们可以按照简单的十进制格式和基数格式 2 种方式书写。

① 简单的十进制格式。这种格式的整数定义是直接由 0~9 的数字串组成的,可用"+"或"-"来表示整数的正负,例如:

88——十进制数 88

-113——十进制数-113

② 默认位宽的基数格式。这种格式的整数表示格式为

'base_format value

符号"'"为基数格式的固有字符,该字符不能省略,否则为非法表示方式;参数 base_format 用于说明数值的进制格式;参数 value 是基于 base_format 的值的数字序列,值 x 和 z 以及十六进制中的 a~f 不区分大小写。默认位宽的基数格式未指定位宽,数的长度即为相应值中定义的位数,例如:

```
'h3ff              //默认位宽的十六进制数(12 位)
'o823              //默认位宽的八进制数(9 位)
b001               //非法的整数表示,基数格式必须有字符"'"
4ad                //非法的整数表示,十六进制数必须有"'h"
```

③ 指定位宽的基数格式。

<size>'base_format value

与缺省位宽的基数格式稍有不同,参数<size>用来指定所表示数的位宽。当定义的位宽比常量指定的长度长时,通常在左边填 0 补位,但如果数的最左边一位是 x 或 z,就相应地用 x 或者 z 在左边补位;当定义的位宽比常量指定的长度小时,那么最左边的位相应地就被截

断。另外,"?"字符在数中可以代替值 z。举例如下:

```
8'b10701100          //位宽为 8 位的数的二进制表示,'b 表示二进制
8'hc5                //位宽为 8 位的数的十六进制表示,'h 表示十六进制
5'D4                 //5 位的十进制数
12'hz                //12 位的高阻态
16'b1001_0110_0010_0011  //适当地使用下划线可以提高可读性
10'b10               //左边填 0 占位,0000000010
```

2) 实 数

实数可以使用十进制计数法和科学计数法两种格式来表示。如果采用的是十进制计数格式,则小数点两边必须都有数字,否则为非法的表示形式。举例如下:

```
4.683           //十进制计数法
2.              //非法,小数点两边必须都有数字
3.65e2          //科学计数法 365(e 与 E 相同)
5E-4            //0.000 5
94_2.31e2       //值为 94 231.0,下划线忽略
```

3) 字 符 串

字符串是用双引号括起来的字符序列,它必须包含在同一行中,不能分成多行书写。例如:

```
"thisisastring"
"helloworld!"
```

如果字符串被用做 Verilog HDL 中表达式或者赋值语句中的操作数,则被看作是 8 位的 ASCⅡ值序列,即一个字符对应 8 位的 ASCⅡ值。比如为了存储"helloworld!"这个字符串,就需要定义一个 8×12 位的变量:

```
reg[1:8*12]message;
initial
begin
message="helloworld!";
end
```

另外,存在一些特殊的字符(又称转义符),用"\"来说明,特殊字符的表示及其意义如表 3-7 所列。

表 3-7 特殊字符的表示及其意义

特殊字符表示	意 义
\n	换行符
\t	制表符 Tab 键
\\	符号\
*	符号*
\ddd	3 位八进制数表示的 ASCⅡ值
%%	符号%

2. 数据类型

线网类型（或连线型）和寄存器类型是 Verilog HDL 中最主要的两大物理数据类型，这两种类型的变量在定义时均要设置位宽，当为缺省状态时，位宽默认值为 1。

(1) 线网类型

net type 表示 Verilog 结构化元件之间的物理信号连线，没有电荷保持作用（trireg 除外）。它的值由驱动元件的值来决定，有两种方式对它进行驱动：一是在结构化描述中把它连接到一个门或模块的输出端口；二是用连续赋值语句 assign 对其进行赋值。如果没有驱动源对其进行驱动，则线网的默认值为高阻态 z。

线网数据类型包含下述不同种类的线网子类型：wire、tri、wot、trior、wand、triand、trireg、tril、trio、supply1、supply0。

为了能够精确地表示硬件电路中各种可能的物理信号连接特性，Verilog HDL 提供了多种不同种类的线网子类型，如表 3-8 所列。

表 3-8　Verilog HDL 中的线网子类型及其功能描述

线网子类型	功能描述
wire，tri	用于连接单元连线的最常见的线网类型，wire 为一般连线；tri 为三态线（用于描述多个驱动源驱动同一根线的线网类型），并且没有其他特殊意义
wor，trior	多重驱动时，具有线或特性的线网型
wand，triand	多重驱动时，具有线与特性的线网型
trireg	具有电荷保持特性的线网类型
tri1	上拉电阻
tri0	下拉电阻
supply1	用于对电源建模，高电平 1
supply0	用于对地建模，低电平 0

当线网被一个以上的驱动源驱动时，不同的线网类型的有效值有各自的分辨方法，表 3-9 给出了多个驱动源驱动时 4 种连线型数据的真值表，以供参考。

表 3-9　多个驱动源驱动时 4 种连线型数据的真值表

wire（或 tri）	0	1	x	z
0	0	x	x	0
1	x	1	x	1
x	x	x	x	x
z	0	1	x	z
wand（或 triand）	0	1	x	z
0	0	0	0	0
1	0	1	x	1
x	0	x	x	x
z	0	1	x	z

续表 3-9

wor（或 trior）	0	1	x	z
0	0	1	x	0
1	1	1	1	1
x	x	1	x	x
z	0	1	x	z
tri0（或 tri1）	0	1	x	z
0	0	x	x	0
1	x	1	x	1
x	x	x	x	x
z	0	1	x	0/1

(2) 寄存器类型

register type 表示一个抽象的数据存储单元，它只能在 always 语句和 initial 语句中被赋值，并且它的值从一个赋值到另一个赋值被保存下来，具有电荷保持作用。寄存器类型的变量具有 x 的默认值。寄存器类型有 5 种：reg，integer，time，real，realtime。

1) reg 寄存器类型

寄存器数据类型 reg 是最常见的数据类型，其对应的是具有状态保持作用的硬件电路元件，如触发器、锁存器等。若寄存器数据未初始化，它将为未知状态 x。寄存器数据与线网型数据类型的区别在于：线网型数据需要有持续的驱动，而寄存器类型数据则保持最后一次的赋值。reg 类型使用保留字 reg 加以说明，形式如下：

reg [msb:lsb]reg1,reg2,…,regN;

其中 msb 和 lsb 定义了范围，并且均为常数表达式。如果没有定义范围，其默认值为 1 位寄存器，例如：

```
reg[3:0]cnt;                    //cnt 为 4 位寄存器
reg flow_id;                    //1 位寄存器
reg rslt_proc2tx_flag,tx2txdq_flag,txdq2tpl3_flag;
```

寄存器类型的数据驱动可以通过过程赋值语句实现，例如：

```
reg[1:4]count;
……
count=-1;                       //count 的值为 1111(-1 的补码)
#1 count=2;                     //count 的值为 2(0010)
```

2) 存储器

存储器是一个寄存器数组，其表示方式如下：

reg[msb:lsb]memory1[upper1:lower1],memory[upper2:lower2]…;

存储器属于寄存器数组类型，数组的维数不能大于 2，注意线网类型并没有相应的存储器类型。举例如下：

```
reg[7:0]RAM[0:1023];        //RAM 为 8 位宽 1 Kbit 的寄存器
reg[0:127]memory[0:3];      //memory 为 4 个 128 位寄存器的数组
reg apeo—zow[1:7];          //apeo_zow 为 8 个 1 位寄存器的数组
```

在对存储器赋值时要特别注意:存储器赋值不能在一条赋值语句中完成,但是寄存器可以,例如:

```
reg[1:4]fcm_wod;            //fcm_wod 为一个 4 位寄存器
……
fcm_wod=4'1001;
```

而下面的赋值方式则不对:

```
reg fcm_wod[1:4];           //fcm_wod 为 4 个 1 位的寄存器
fcm_wod=4'1001;
```

对存储器赋值可以采用两种方法,一种是对存储器中的每个字单独赋值,例如:

```
reg fcm_wod[1:4];           //fcm_wod 为 4 个 1 位的寄存器
fcm_wod[1]=4'b1;
fcm_wod[2]=4'b0;
fcm_wod[3]=4'b0;
fcm_wod[4]=4'b1;
```

另一种是使用系统任务 $readmemeb 为存储器赋值。系统任务 $readmemeb 从指定的文本文件中读取数据并加载到存储器,文本文件必须包括相应的二进制或者十六进制数。

3) integer 寄存器类型

整数寄存器 integer 用于对循环控制变量的说明,典型应用是高层次行为建模,它与后面的 time,real,parameter 类型一样是不可综合的,也就是说这些只是纯数学的抽象描述,不与任何实际的物理硬件电路相对应。整数型说明形式如下:

integer integer1,integer2,…,integerN[msb:lsb];

msb 和 lsb 是定义整数数组上下界的常量表达式,界限的定义是可选的。整型数据与 32 位寄存器型数据在实际意义上是相同的。举例如下:

```
integer A,B,C;              //3 个整数型寄存器
integer eoi[5:8];           //一组 4 个寄存器
```

4) time 类型

time 类型的寄存器用于存储和处理时间,是 64 位的无符号数。time 类型的寄存器说明形式如下:

time time_id1,time_id2,……,time_idN[msb:lsb];

msb 和 lsb 是定义范围界限的常量表达式,界限的定义是可选的。例如:

```
time time_scare[0:63];      //时间值数组
time last_time_value;       //last_time_value 存储一个时间值
```

5) real 和 realtime 类型

实数寄存器(或者实数时间寄存器)使用如下方式进行说明:

```
real real_reg1,real_reg2,…,real_regN;              //实数说明
realtime realtime_reg1,realtime_reg2,…,realtime_regN;   //实数时间说明
```

realtime 与 real 类型完全相同,实数数据在机器码表示法中是浮点型数值,可以用于对延迟时间的计算。

（3）parameter 类型

参数型数据是被命名的常量,在仿真开始前对其进行赋值,在整个仿真过程中,保持其值不变,数据的具体类型是由所赋的值来决定的。可以用它来定义变量的位宽以及延迟时间等,其作用和 C 语言中的 Define 类似,是用一个文字参数来代替一个数字量,从而增加描述的可读性,还可以为修改带来很大的方便。下面是参数说明实例：

```
parameter DELAY=5,TIME_SCALE=4'd10;
```

3. 运算符及表达式

Verilog HDL 中的运算符可以分为下述 9 个类型：

逻辑运算符(&&,||,!);

关系运算符(>,<,>=,<=);

相等运算符(==,!=,===,!==);

位运算符(~,|,&,^,^~);

归约运算符(&,~&,|,~|,^,~^);

移位运算符(<<,>>);

条件运算符(?:);

连接和复制运算符({});

算术运算符(+,-,×,/,%)。

下面对常用的运算符进行介绍。

（1）逻辑运算符

Verilog HDL 语言包括 3 种逻辑运算符：&&（逻辑与）、||（逻辑或）、!（逻辑非）。其中 && 和 || 为双目运算符,要求有两个操作数,而"!"为单目运算符,只需要一个操作数。表 3-10 为逻辑运算的真值表,它表示当 a 和 b 的值为不同的组合时,各种逻辑运算所得到的结果。

表 3-10 逻辑运算的真值表

a	b	!a	!b	a&&b	a||b
0	0	1	1	0	0
0	1	1	0	0	1
1	0	0	1	0	1
1	1	0	0	1	1

注意：如果操作数中存在未知值 x,则结果也是未知值 x。

为了提高程序的可读性,明确表达各运算符间的优先关系,建议使用括号。

（2）关系运算符

关系运算符有以下 4 种：>（大于）；<（小于）；>=（大于或等于）；<=（小于或等于）。

在进行关系运算时,如果操作数之间的关系成立,则返回1;反之,如果关系不成立,则返回0;若某个操作数的值不定,则返回值是不定值 x。

(3) 相等运算符

相等运算符有:==(逻辑相等);!=(逻辑不等);===(全等);!==(非全等)。

如果比较结果为假,则结果为0;否则结果为1。这4个运算符均为双目运算符,用于将两个操作数的值逐位进行比较,如果两个操作数的位数不同,则位数小的操作数在高位以0补齐。

对于相等运算符,如果两操作数所有的位都相等,那么相等关系成立,结果返回逻辑1;否则返回逻辑0。但若任意一个操作数中的某一位为未知数或者高阻态,则返回结果为未知的。两操作数对应位的运算规则如下:全等运算符与相等运算符的比较过程完全相同,但其返回结果只有逻辑1或者逻辑0,不存在未知数,即全等运算符将未知数 x 与高阻态 z 都看作一种逻辑状态来参与比较。非全等运算符与全等运算符正好相反,就不再赘述。相等运算符的真值表如表3-11 所列。

表3-11 相等运算符的真值表

==	0	1	x	z	===	0	1	x	z
0	1	0	x	x	0	1	0	0	0
1	0	1	x	x	1	0	1	0	0
x	x	x	x	x	x	0	0	1	0
z	x	x	x	x	z	0	0	0	1

(4) 位运算符

Verilog HDL 提供的按位运算符包括:~(一元非);&(二元与);|(二元或);^(二元异或);~^,^~(二元异或非)。

不管是单目按位运算符还是双目按位运算符,经过按位运算符,原来的操作数有几位,所得结果仍然为几位。表3-12 显示了对于不同运算符按位操作的结果。

表3-12 按位运算符的运算规则

~非	0	1	x	z
结果	1	0	x	x
& 与	0	1	x	z
0	0	0	0	0
1	0	1	x	x
x	0	x	x	x
z	0	x	x	x
| 或	0	1	x	z
0	0	1	x	x
1	1	1	1	1
x	x	1	x	x

续表 3-12

z	x	1	x	x
^异或	0	1	x	z
0	0	1	x	x
1	1	0	x	x
x	x	x	x	x
z	x	x	x	x
^~或 ^异或	0	1	x	z
0	1	0	x	x
1	0	1	x	x
x	x	x	x	x
z	x	x	x	x

(5) 归约运算符

归约运算符在单一操作数的所有位上进行操作,并产生 1 位结果。其具体运算过程是:先将操作数的第 1 位与第 2 位进行归约运算,然后将运算结果与第 3 位进行归约运算,以此类推。归约运算符有以下几种:&(归约与);~&(归约与非);|(归约或);~|(归约或非);^(归约异或);~^(归约异或非)。

归约运算符的运算规则与按位运算符的运算规则类似。

(6) 移位运算符

移位运算符有左移(<<)和右移(>>)两种。移位操作符是一个双目运算符,它将运算符左边的操作数左移或右移运算符右边的操作数指定的位数,用 0 来补充空闲位。如果右侧操作数的值为 x 或者 z,则移位操作的结果为 x。

【例 1】 移位运算符的例子。

```
module Shift;
    reg[3:0]a,b;
    initial
        begin
        a=4'0707;
        b=a<<1;      //左移 1 位,b 的值是 4'1010
        b=a>>2;      //右移 2 位,b 的值是 4'0001
        end
endmodule
```

(7) 条件运算符

条件运算符"?:"是唯一的三目运算符,即条件运算符需要有 3 个操作数。形式如下:

cond_expr? expr1:expr2

如果第 1 个操作数 cond_expr 为真,则算子返回第 2 个操作数 expr1;如果第 1 个操作数 cond_expr 为假,则返回第 3 个操作数 expr2。如果 cond_expr 为 x 或 z,结果将是按以下逻辑：expr1和expr2按位操作的值，0与0得0，1与1得1，其余情况为x。
如下例：

```
always
    #5Contr=(Contr!=20)?(Ctr+1):5;
```

过程赋值中的表达式表明如果Contr不等于20，则加1；否则将Contr值重新置为5。

【例2】 条件运算符的例子。

```
module condition(a,b,oper,rslt);
    parameter FLAG=1′b1;
    input[3:0]a,b;
    input oper;
    output rslt;
    reg [4:0]rslt;
    always@(aorb)
        rslt=(oper==FLAG)? a+b:a−b;
endmodule
```

(8) 连接和复制运算符

连接运算是将小表达式合并成大表达式的操作，其形式如下：

{expr1,expr2,…,exprN}

Verilog HDL中，使用符号"{ }"实现多个表达式的连接运算，各个表达式之间用","隔开。除了非定长的常量以外，其余的任何表达式都可以进行连接运算。连接运算符可以将两个或更多个信号的某些位连接起来进行运算操作，其使用方法是把某些信号的某些位详细地列出来，例如：

{a[5],b,c[4],2′b01},{2′b1x,4′h7}===6′b1x0111

此外在Verilog中还有一种复制运算符"{{ }}"，它用于将一个表达式放入双重花括号中，而复制因子放在第一层括号中，用来指定复制的次数。例如：

{3{2′b01}}===6′b010101

4. 系统任务与系统函数

Verilog HDL为了便于设计者对仿真结果进行分析比较，提供了内置的系统任务和系统函数。大致分为两种：一种是任务型的功能调用，称为系统任务；另一种是函数型的功能调用，称为系统函数。系统任务与系统函数是以$开头的标识符。系统任务和系统函数已内置于Verilog HDL中，用户可以随意调用。在语言中预定义的任务和函数分为以下几类：

显示任务(display task)；
文件输入/输出任务(file I/O task)；
时间标度任务(time scale task)；
仿真控制任务(simulation control task)；
时序验证任务(timing check task)；

其他。

(1) 显示任务

显示系统任务用于信息显示和输出,主要有 $display,$displayb,$displayh,$displayo,$write,$writeb,$writeh 和 $writeo。下面以 $display 为例说明。

$display 可以用来输出字符串、表达式及变量,其语法与 C 语言中的 printf 函数相同。语法格式如下:

$display(format_specification1,argument_list1,
　　　format_specification2,argument_list2,
　　　……
　　　format_specificationN,argument_listN);

$display 显示任务将特定信息输出到标准输出设备,并且带有行结束字符;而 $write 写入任务输出特定信息时不带有行结束符。

<format_specification>用来指定输出格式。表 3-13 给出了各种不同的格式定义。

表 3-13 输出格式定义说明

格　式	说　明
%h 或 %H	十六进制
%d 或 %D	十进制
%o 或 %O	八进制
%b 或 %B	二进制
%c 或 %C	ASCⅡ字符
%v 或 %V	线网信号长度
%m 或 %M	层次名
%s 或 %S	字符串
%t 或 %T	当前时间格式

如果没有特定的参数格式说明,默认值如下:

$display 与 $write:十进制数;

$displayb 与 $writeb:二进制数;

$displayo 与 $writeo:八进制数;

$displayh 与 $writeh:十六进制数。

【例 3】

```
$display($time);      //目前的仿真时间
    ……output:20
    bin=4'b10;
$display("The bin is%b",bin);
    ……output:The bin is 0010
```

(2) 监控任务

监控任务有 $monitor,$monitorb,$monitorh 和 $monitoro。

这些任务连续监控指定的参数。只要参数表中的参数值发生变化,整个参数表就在时间步结束时显示。

【例4】
```
module test;
    integer a,b;
    initial
        begin
            a=2;
            b=4;
        forever
            begin
                #5 a=a+b;
                #5 b=a-1;
            end
        end
    initial #40 $finish
    initial
        begin
            $monitor($time,"a=%d,b= %d",a,b);
        end
endmodule
```

输出结果为

```
 0    a= 2,    b=4
 5    a= 6,    b=4
10    a= 6,    b=5
15    a= 11,   b=5
20    a= 11,   b=10
25    a= 21,   b=10
30    a= 21,   b=20
35    a= 41,   b=20
```

监控任务的格式定义与显示任务相同。在任意时刻对于特定的变量,只有一个监控任务可以被激活。

可以用如下两个系统任务打开和关闭监控:

$monitoroff;   //禁止所有监控任务
$monitoron;   //使能所有监控任务

这些系统任务提供了控制输出值变化的机制。$monitoroff 关闭了所有的监控任务,因此不再显示监控更多的信息;$monitoron 用于使能所有的监控任务。

(3) 文件输入/输出任务

1) 文件的打开和关闭

系统函数 $fopen 用于打开一个文件。

Integer file_pointer= $ fopen(file_name);   //系统函数 $ fopen 返回一个关于文件的整数(指针)

而下面的系统任务可用于关闭一个文件：

$ fclose(file_pointer);

2）输出到文件

显示、写入、探测和监控系统任务都有一个用于向文件输出的相应副本,该副本可用于将信息写入文件。这些系统任务如下：

$ fdisplay, $ fdisplayb, $ fdisplayh, $ fdisplayo;

$ fwrite, $ fwriteb, $ fwriteh, $ fwriteo;

$ fstrobe, $ fstrobeb, $ fstrobeh, $ fstrobeo;

$ fmonitor, $ fmonitorb, $ fmonitorh, $ fmonitoro。

所有这些任务的第一个参数是文件指针,其余的所有参数是带有参数表格式定义的序列。

【例5】下面的实例将作进一步解释说明。

```
Integer Vec_File;
    initial
    begin
        Vec_File= $ fopen("div.vec");
        $ fdisplay(Vec_File,"The simulation time is %t", $ time);
        //第一个参数 Vec_File 是文件指针
        $ fclose(Vec_file);
    end
```

等到 $ fdisplay 任务执行时,文件 div.vec 中出现下列语句：

The simulation time is 0

3）从文件中读取数据

有两个系统任务能够用于从文件中读取数据,这些任务从文本文件中读取数据并将数据加载到存储器。它们是 $ readmemb 和 $ readmemh。

文本文件包含空白空间、注释和二进制(对于 $ readmemb)或十六进制(对于 $ readmemh)数字。每个数字由空白空间隔离。当执行系统任务时,每个读取的数字被指派给存储器内的一个地址。开始地址对应于存储器最左边的索引。

```
reg[0:3]Mem_A[0:63];
initial
    $ readmemb("ones_and_zero.vec", Mem_A);    //读入的每个数字都被指派给
                                                //从 0 开始到 63 的存储器单元
```

【例6】现有一数据文件 mem.dat,可以通过此例从文件中读出数据到存储器。

```
module testmemory
    reg[7:0] memory [9:0];
    integer index;
    initial
        begin
```

```
        $readmemb("mem.dat",memory);
        for(index = 0;index<10;index = index + 1)
        $display("memory[%d]= %b",index[4:0],memory[index]);
    end
endmodule
```

(4) 时间标度任务

1) 系统任务 $ printtimescale

给出指定模块的时间单位和时间精度。若 $printtimescale 任务没有指定参数,则用于输出包含该任务调用模块的时间单位和精度。如果指定到模块的层次路径名为参数,则系统任务输出指定模块的时间单位和精度。

```
$printtimescale;
$printtimescale(hier_path_to_module);
```

2) 系统任务 $ timeformat

指定%t 格式定义如何报告时间信息,该任务形式如下：

```
$timeformat(units_number,precision,suffix,numeric_field_width);
```

其中 units_number 的取值及代表的时间单位如表 3 - 14 所列。

表 3 - 14 units_number 的取值及代表的时间单位

取 值	单 位	取 值	单 位	取 值	单 位	取 值	单 位
0	1 s	-4	100 μs	-8	10 ns	-12	1 ps
-1	100 ms	-5	10 μs	-9	1 ns	-13	100 fs
-2	10 ms	-6	1 μs	-10	100 ps	-14	10 fs
-3	1 ms	-7	100 ns	-11	10 ps	-15	1 fs

系统任务调用如下：

```
$timeformat(-4,3,"ps",5);
$display("Current simulation time is%t",$time);
```

将显示 $display 任务中%t 说明符的值如下：

Current simulation timeis0.051pS

如果没有指定 $timeformat,则%t 按照源代码中所有时间标度的最小精度输出。

(5) 仿真控制任务

系统任务 $finish 使仿真器退出,并将控制返回到操作系统。

系统任务 $stop 使仿真被挂起。在这一阶段,交互命令可能被发送到模拟器。下面是该命令使用方法的例子。

```
Initial #500 $stop;    //500 个时间单位后,模拟停止
```

(6) 仿真时间函数

下列系统函数返回仿真时间如下。

$time：返回64位的整型模拟时间给调用它的模块。

$stime：返回32位的时间。

$realtime：向调用它的模块返回实型仿真时间。

【例7】

```
timescale 10ns/1ns
    module TB;
    initial
        $monitor("Put_A= %d Put_B= %d",Put_A,Put_B,
        "Get_O= %d",Get_O,"at time%t", $time);
endmodule
```

该例产生的输出如下：

Put_A=0 Put_B=0 Get_O=0 at time 0
Put_A=0 Put_B=1 Get_O=0 at time 5
Put_A=0 Put_B=0 Get_O=0 at time 16

$time 按模块 TB 的时间单位比例返回值,并且被四舍五入。注意$timeformat 描述了时间值如何被输出。

(7) 其 他

下列系统函数是数字类型变换的功能函数。

$rtoi(real_value)：通过截断小数值将实数变换为整数。

$itor(integer_value)：将整数变换为实数。

$realtobits(real_value)：将实数变换为64位的实数向量表示法(实数的IEEE 745表示法)。

$bitstoreal(bit_value)：将位模式变换为实数(与$realtobits 相反)。

$random[(seed)]：根据种子变量(seed)的取值按32位的有符号整数形式返回一个随机数。种子变量(必须是寄存器、整数或时间寄存器类型)控制函数的返回值,即不同的种子将产生不同的随机数。如果没有指定种子,则每次$random 函数被调用时根据默认种子产生随机数。

3.5.3 Verilog HDL 行为描述

Verilog HDL 是由模块组成的。模块可以根据其内部的描述类型分为行为描述、结构描述和数据流描述三种方式。当模块内部只包含过程块和连续赋值语句(assign),而不包含模块实例语句和基本原语实例语句时,就称该模块采用了行为描述方式(这里将行为描述和数据流描述统称为行为描述);当模块内部只包含模块实例语句和基本原语实例语句,而不包含过程块语句和连续赋值语句时,就称该模块采用了结构描述方式。

1. 行为描述的结构

模块采用行为描述方式的基本语法格式如下：

module＜模块名＞(＜端口列表＞)
模块端口说明

参数定义(可选)
数据类型说明
过程块(initial 过程块或 always 过程块,可有一个或多个)
连续赋值语句
任务定义(task)(可选)
函数定义(function)(可选)
endmodule

过程块是由过程语句 initial 或 always 开头的一个语句块,根据这两个不同的关键词,过程块可以被分为 initial 过程块和 always 过程块两种类型。过程块中包含一条或多条行为语句,过程块是行为描述的主要组成部分。

连续赋值语句是由关键词 assign 来标识的一种赋值语句,它只能对连线型类型变量进行驱动,它和语句块一样也是一种行为描述语句(有的书籍称数据流描述)。

任务定义和函数定义部分是可选的,引入它们的目的是为了描述模块中被多次执行的部分以及为了增强代码的易读性。

上面列出的各个模块组成项可以任意顺序出现,但是端口说明和数据类型说明必须出现在这些端口被引用之前。

一个行为描述模块中可以同时包含多个过程块和多个连续赋值语句,这些组成成分将以并行方式各自独立地执行;行为描述模块中也可以只包含过程块或连续赋值语句。

每个过程块是由过程语句(initial 或 always)和语句块所组成的,而语句块主要是由过程性赋值语句(包含过程赋值语句和过程连续赋值语句)和高级程序语句(包含条件分支语句和循环控制语句)这两种行为语句构成的。

一个模块中可以包含任意多个 initial 或 always 语句。这些语句相互并行执行,即这些语句的执行顺序与其在模块中的顺序无关。一个 initial 或 always 语句的执行产生一个单独的控制流,所有的 initial 或 always 语句在 0 时刻开始并行执行。

initial 过程块和 always 过程块都是不能嵌套使用的。

(1) initial 语句

initial 语句只执行一次。initial 语句在模拟开始时执行,即在 0 时刻开始执行。initial 语句的语法如下:

initial
begin
语句 1;
语句 2;
……
语句 n;
end

顺序过程(begin...end)最常使用在进程语句中。这里的时序控制可以是时延控制,即等待一个确定的时间;或事件控制,即等待确定的事件发生或某一特定的条件为真。initial 语句的各个进程语句仅执行一次。注意,initial 语句在模拟的 0 时刻开始执行。initial 语句根据进程语句中出现的时间,控制在以后的某个时间完成执行。

initial 过程块的使用主要是面向功能模拟的,它通常不具有可综合性。initial 过程块通常用来描述测试模块的初始化、监视波形和波形生成等功能行为;而在对硬件功能模块的行为描述中,initial过程块常常用来对只需执行一次的进程进行描述,如它可以用来为寄存器变量赋初值。

【例8】 无时延控制的initial语句,initial语句从0时刻开始执行。在下面的例子中,寄存器变量q在0时刻被赋值为7。

```
reg q;
……
initial
q=7;
……
```

【例9】 带时延控制的initial语句,initial语句从0时刻开始执行。在下面的例子中,寄存器变量q在时刻6被赋值为5。

```
reg q;
……
initial
#6 q=5;
……
```

【例10】 利用initial过程块对变量和存储器进行初始化。

```
……
Parameter SIZE=1024;
Reg[7:0]RAM[SIZE-1:0];
reg RibReg;
initial
  begin:SEQ_BLK_A            //块定义语句,SEQ_BLK_A为块名
    integer Index;           //计数变量,为块中的一个局部变量
    RibReg=0;                //对寄存器RibReg进行初始化
    for(Index=0;Index<SIZE;Index=Index+1)
    RAM[Index]=0;            //对寄存器RAM进行初始化
  end
……
```

顺序过程由关键词begin…end定界,它包含顺序执行的进程语句,与C语言等高级编程语言相似。SEQ_BLK_A是顺序过程的标记,如果过程中没有局部说明部分,则不要求这一标记。例如,如果对Index的说明部分在initial语句之外,可不需要标记,因为整数型变量Index已在过程中声明,并且顺序过程包含一个带循环语句的过程性赋值。这一initial语句在执行时将所有的内存初始化为0。

【例11】 利用initial过程块为电路仿真生成激励波形。

```
//波形生成
……
initial
begin
```

```
inputs='b000000；
#10inputs='b077001；
#10inputs='b011071；
#10inputs='b017000；
#10inputs='b001000；
end
```

在这个例子中，initial 语句主要用于初始化和波形生成。

(2) always 语句

always 过程块是由 always 过程语句和语句块组成的，它的格式为

always@(敏感事件列表)
语句块

其中语句块的格式为

<块定义语句 1>：<块名>
块内局部变量说明；
时间控制 1　行为语句 1；
……
时间控制 n　行为语句 n；
<块定义语句 2>：<块名>

always 过程块和 initial 过程块在格式上的区别主要在于：

always 过程语句后面可以有一个敏感事件列表，该敏感事件列表的作用是用来激活 always 语句的执行，而 initial 过程语句的后面则不允许有敏感事件列表。与 initial 语句相反，always 语句可重复执行。

【例 12】

```
……
reg[3:0]count；
always@(posedgeclk)
    begin
        count=count+1；
end
……
```

在例 12 中，每当 clk 信号的上升沿出现时，则 count 加 1。

always 的时间控制可以是边沿触发，也可以是电平触发，可以是单个信号，也可以是多个信号，中间需要用关键字 or 连接，如：

```
always@(posedge clk or clr)
    begin
        ……
    end
always@(a or b or set)
    begin
        ……
```

end

边沿触发的 always 块常常用来描述时序行为,如寄存器、有限状态机等。而电平触发的 always 块常常用来描述组合逻辑的行为。

在用 always 块实现组合逻辑时要注意将所有的输入信号都列入敏感事件列表中。而在用 always 块实现时序逻辑时却不一定要将所有的输入信号都列入敏感事件列表中。

一个模块中可以有多个 always 块,它们都是并行运行的。

【例 13】

```
always
    clk_in=~Clk_in;    //将无限循环
```

此 always 语句有一个过程性赋值。因为 always 语句重复执行,并且在此例中没有时延控制,过程语句将在 0 时刻无限循环,发生仿真死锁。因此,always 语句的执行必须带有某种时序控制,如例 13 的 always 语句,形式上与上面的实例相同,但带有时延控制。

【例 14】

```
always
    #5Clk_in=~Clk_in;   //产生时钟周期为10 的波形
```

此 always 语句执行时产生周期为 10 个时间单位的波形。

2. 语句块

语句块提供将两条或更多条语句组合成语法结构上相当于一条语句的功能。在 Verilog HDL 中有两类语句块,即

① 顺序语句块(begin…end):语句块中的语句按给定次序顺序执行。

② 并行语句块(fork…join):语句块中的语句并行执行。

语句块的标识符是可选的,如果有标识符,寄存器变量可在语句块内部声明。带标识符的语句块可被引用,例如,语句块可使用禁止语句来禁止执行。此外,语句块标识符提供唯一标识寄存器的一种方式。但是,要注意所有的寄存器均是静态的,即它们的值在整个模拟运行中不变。

(1)顺序语句块

顺序语句块中的语句按顺序方式执行。每条语句中的延时值与其前面的语句执行的模拟时间相关。一旦顺序语句块执行结束,跟随顺序语句块过程的下一条语句继续执行。顺序语句块的格式如下:

```
begin:<块名>
    块内局部变量说明;
    时间控制 1  行为语句 1;
    ……
    时间控制 n  行为语句 n;
end
```

顺序语句块执行时的特点:块内的各条语句是按它们在块内出现的次序逐条顺序执行的,当前面一条语句执行完毕后,下一条语句才能开始执行。

【例 15】
//产生波形
begin
　　#2 clk=1;
　　#5 clk=0;
　　#3 clk=1;
　　#4 clk=0;
　　#2 clk=1;
　　#5 clk=0;
end

假定顺序语句块在第 10 个时间单位开始执行。两个时间单位后第 1 条语句执行,即第 12 个时间单位执行。此条执行完成后,下一条语句在第 17 个时间单位执行(延迟 5 个时间单位)。然后下一条语句在第 20 个时间单位执行,以此类推。该顺序语句块执行过程中产生的波形如图 3-4 所示。

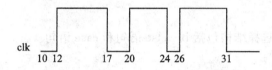

图 3-4　顺序语句块中的累积延时

(2) 并行语句块

并行语句块中的多条语句是并行执行的。并行语句块的格式如下:

fork:<块名>
　　块内局部变量说明;
　　　　时间控制 1　行为语句 1;
　　　　……
　　　　时间控制 n　行为语句 n;
join

并行语句块执行时的特点:块内的各条语句是同时并行执行的,当程序流程控制进入并行块后,块内各条语句都各自独立地同时开始执行。各条语句的起始执行时间都等于程序流程控制进入该并行块的时间。前面一条语句执行完毕后,下一条语句才能开始执行。块内各条语句中指定的延时控制都是相对于程序流程控制进入并行块的时刻的延时,也就是相对于并行块开始执行时刻的延时。当块内的所有语句都执行完后,也就是当执行时间最长的那一条块内语句结束执行后,结束并行块的执行。整个并行块执行的时间等于执行时间最长的那一条块内语句所执行的时间。

【例 16】
//产生波形
fork
　　#2 clk=1;
　　#7 clk=0;
　　#10 clk=1;

```
    #14 clk=0;
    #16 clk=1;
    #21 clk=0;
join
```

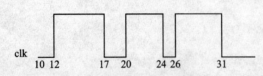

图 3-5 并行语句块中的相对延时

如果并行语句块在第 10 个时间单位开始执行,则所有的语句并行执行并且所有的延时都是相对于时刻 10 的。例如,第 3 个赋值在第 20 个时间单位执行,并在第 26 个时间单位执行第 5 个赋值,以此类推。其产生的波形如图 3-5 所示。

3. 控制语句

Verilog HDL 有着丰富的控制语句,在 initial 或 always 块中可以根据需要选择不同的控制结构。

(1) 条件语句

Verilog HDL 中的选择结构包括 if - else 语句和 case 语句。

1) if - else 语句

if - else 条件分支语句的作用是根据指定的判断条件是否满足来决定下一步将要执行的操作,其语法如下:

① if(条件表达式)
    语句

例:

```
if(a>b)
    dout=din;
```

② if(条件表达式)
    语句 1
  else
    语句 2

例:

```
if(a>b)
    dout=din1;
else
    dout=din2;
```

③ if(条件表达式_1)
    begin
        语句或语句块_1
    end
  elseif(条件表达式_2)
    begin
        语句或语句块_2
```
```

```
        end
     ……
   else
     begin
        语句或语句块_n
     end
```

和 C 语言中的条件判断语句类似,如果对条件表达式_1 求值的结果为真(非零值),那么将执行语句或语句块_1;如果条件表达式_1 的值为 0、未知数 x 或高阻态 z,则不执行语句或语句块_1。如果存在 else 分支语句,执行方式以此类推。当所有的条件表达式都不成立时,则执行最后的 else 项,这一项是没有条件表达式的。

【例 17】 if-else 条件分支语句描述一个具有同步清零功能(低电平有效)的下降沿的 D 触发器。

```
module dff(q,d,clr,clk);
  output q;
  input d,clr,clk;
  reg q;
always@(negedge clk)
  if(! clr)               ← clr为0时,q=0
    begin
      q=0;
    end
  else q=d
endmodule
```

注意:条件表达式必须总是被括起来;处于分支项内的、用于指定该分支项所对应操作的语句可以是一条行为语句,也可以是多条行为语句,在多条行为语句的情况下要使用 begin 和 end 这两个关键词将这些语句组合成一个语句块。此例中为了强调 begin 和 end 这两个关键字,在一条行为语句的情况下也使用了 begin 和 end。此外,在使用 if-if-else 格式的时候,有可能会出现二义性,如下例所示:

```
if(clk)
  if(Reset)
    a=0;
  else
    a=1;
```

问题是最后一个 else 属于哪一个 if,到底是属于第一个 if 的条件还是第二个? Verilog HDL 已通过将 else 与最近的没有 else 的 if 相关联来解决这个问题。在上例中,else 与内层的 if 语句相关联。

2) case 语句

case 语句是另一种用来实现多路分支选择控制的分支语句,与 if-else 条件分支语句相比,采用 case 分支语句来实现多路选择控制会更加方便和直观。case 分支语句通常用于微处理器指令译码功能的描述以及对有限状态机的描述。Verilog HDL 中的 case 语句有 case, casez 和 casex 三种形式。

① case 语句。

case 语句的语法格式如下：

case(＜控制表达式＞)
　　＜分支项表达式 1＞：语句块_1；
　　＜分支项表达式 2＞：语句块_2；
　　……
　　＜分支项表达式 n＞：语句块_n；
default：语句块_n+1；
endcase

＜控制表达式＞代表着对程序流向进行控制的控制信号，case 语句首先对控制表达式进行求值并进行比较，第一个与控制表达式相匹配的分支中的语句块会被执行，执行完毕后跳出 case 选择控制语句；这些值不需要互斥。如果没有与控制表达式相匹配的值，则会执行 default 关键字对应的默认分支语句。

【例 18】 用 case 语句实现有限状态机。

```
module case_demo (pl3_reop, pl3_rval, pl3_rsx, rx_enb_n, rpl3_err, rx_stat);
    input   pl3_reop;
    input   pl3_rval;
    input   pl3_rsx;
    input   rx_enb_n;
    input   rpl3_err;
    reg     [3:0] rx_stat;
    parameter IDLE    = 4'b0001;
    parameter TRANS   = 4'b0010;
    parameter PAUSE   = 4'b0100;
    parameter DISCARD = 4'b1000;
    always @ (pl3_reop or pl3_rval or pl3_rsx or rx_enb_n or rpl3_err or rx_stat)
        case (rx_stat)
            IDLE:
                n_rx_stat = (!rx_enb_n && pl3_rsx && !pl3_rval) ? TRANS : IDLE;
            TRANS:
                n_rx_stat = (pl3_rval && pl3_reop) ? IDLE :
                    (rpl3_err) ? DISCARD : (rx_enb_n) ? PAUSE : TRANS;
            PAUSE:
                n_rx_stat = (!rx_enb_n) ? TRANS : PAUSE;
            DISCARD:
                n_rx_stat = (pl3_rval && pl3_reop) ? IDLE : DISCARD;
            default:
                n_rx_stat = IDLE;
        endcase
```

case 语句在执行时，控制表达式和分支项表达式之间进行的是一种按位的"全等比较"，也就是说，只有在分支项表达式与控制表达式之间对应的所有位都相等的情况下，才会执行对应的分支语句。同时,在进行位比较时,未知数 x 和高阻态 z 这两种逻辑态同样作为合法的状态参与比较。

【例 19】 case 语句执行时对 z 和 x 状态的处理。

```
module case_demo_zx(a);
input a;
always@(a)
    case(a)
        1'b0: $ display("input value is 1");
        1'b1: $ display("input value is 0");
        1'bx: $ display("input value is x");
        1'bz: $ display("input value is z");
    endcase
endmoudle
```

由于 caise 语句具有上述这种按位进行全等比较的特点,所以 case 语句中的条件表达式和所有的分支项表达式都必须具有相同的位宽,只有这样,条件表达式才能与分支表达式进行按位的比较。但如果发生条件表达式与分支项表达式长度不一致的情况,在进行任何比较前,所有的表达式都统一为这些表达式最长的长度。

② casez 与 casex 语句。

Verilog HDL 还提供了另外两种 case 分支语句: casez 和 casex 语句。值 x 和 z 只从字面上进行解释,即作为 x 值和 z 值。可以利用 casez 和 casex 来实现这样的分支控制:由条件表达式和分支表达式的一部分数位的比较结果来决定程序的流向。除了关键字以外,语法形式与 case 语句完全一致。

在 casez 语句中,出现在 case 条件表达式和任意分支项中的值 z 都被认为是无关值,即那个位在比较时被忽略(不比较);而在 casex 语句中,值 x 和值 z 都被认为是无关位。下面是一个 casez 的语句实例:

```
casez(Mask):
    4'b1zzz: op_code=1;
    4'b0177: op_code=2;
    4'b0017: op_code=3;
    4'b0001: op_code=4;
```

在上述实例中,"?"字符可以用来代替字符 z,表示无关位。此处的含义表示:如果 Mask 的第一位为 1(忽略其他位),则操作码应为 1;如果 Mask 的第一位是 0,而且第二位为 1,则操作码应为 2,以此类推。

(2) 循环语句

与条件分支语句一样,循环控制语句也是一种高级程序语句,它在 Verilog HDL 中被用来进行行为描述。Verilog HDL 中有 4 种循环语句,分别是:① for 循环;② while 循环;③ repeat 循环;④ forever 循环。

1) for 循环语句

与大多数高级语言中的 for 循环一样,Verilog HDL 中的 for 循环是一种"条件循环",也就是说只有在指定的条件表达式成立的时候才进行循环。其语法格式如下:

```
for(初始赋值语句;条件表达式;修改赋值语句)
    语句或语句块;
```

一个 for 循环语句按照指定的次数重复执行过程赋值语句若干次。初始赋值语句给出循环变量的初始值;条件表达式指定循环在什么情况下必须结束,只要条件为真,循环中的语句就继续执行;而修改赋值语句给出要修改的赋值,通常为增加或减少循环变量计数。

【例 20】 for 循环的例子。

```
……
initial
begin
    for(count=0;count<10;count=count+1)
begin
    $display("count=%d",count);
    #10;
    end
end
```

2) while 循环语句

while 循环和 for 循环一样,实现的是一种"条件循环",也就是说只有在指定的条件表达式取值为"真"时才会重复执行循环体,否则就不执行。其语法格式如下:

```
while(条件表达式)
    语句或语句块;
```

在上述格式中,条件表达式代表了循环体得到重复执行时必须满足的条件,它常常是一个逻辑表达式,在每一次执行循环体之前都要对这个条件表达式是否成立进行判断。如果条件表达式的值为 x 或 z,它也同样按 0(假)处理。

【例 21】 while 循环的例子。

```
……
initial
begin
  count=0;
  while(count<10)
begin
    $display("count=%d",count);
    #10count=count+1;
    end
end
```

3) repeat 循环语句

repeat 循环语句实现的是一种循环次数预先指定的循环,这种循环语句内的循环体部分将被重复执行指定的次数。其语法如下:

```
repeat(循环次数表达式)
    语句或语句块;
```

循环次数表达式可以是一个整数、一个变量或一个数值表达式,如果循环次数表达式的值不确定,即为 x 或 z 时,循环次数按 0 来处理。语句或语句块是要被重复执行的循环体部分。下面是几个使用 repeat 的实例:

repeat(count):
    @(posedge clk)sum=sum+1;

此例表示计数的次数,等待 clk 的正沿,并在 clk 的正沿触发,对 sum 加 1。

sum=repeart(count)@(posedge clk)sum+1;

而此例与上例不同,首先计算 sum+1,随后等待 clk 上正沿计数,最后再为左端赋值。

4) forever 语句

forever 循环语句实现的是一种无限循环,该循环语句内指定的循环体部分将不断地重复执行。forever 语句的语法格式如下:

forever 语句或语句块;

在上述格式中,处于关键字 forever 后面的语句或语句块部分就是被重复执行的循环体。另外,在过程语句中必须使用某种形式的时序控制,否则 forever 循环将在 0 时刻以后永远循环下去。forever 循环语句常用于产生周期性的波形来作为仿真测试信号,实例如下:

【例 22】 由 forever 循环语句控制的时钟发生器的例子。

```
module clk_gen(clk);
output clk;
initial
    begin
    clk=0;
    #50 forever
        #25 clk=~clk;
    end
endmodule
```

这一实例产生时钟波形,时钟在 0 时刻首先被初始化为 0,并一直保持 50 个时间单位。此后每隔 25 个时间单位,clock 反相一次。

4. 赋值语句

(1) 连续赋值语句

连续赋值语句用来驱动线型(或线网类型)变量(连续赋值语句不能为寄存器赋值),这一线型变量必须已经事先定义过。只要输入端操作数的值发生变化,该语句就重新计算并刷新赋值结果。可以使用连续赋值语句来描述组合逻辑,而不需要用门电路和互连线。其格式如下:

assign #(延时量)线网型变量名=赋值表达式;

连续赋值表达式在什么时候执行呢?只要在右端表达式的操作数上有事件发生时,表达式便被重新计算;如果重新计算的值有变化,新结果就在指定的延时时间单位以后赋给左边的线网。

连续赋值语句的目标类型如下：

① 标量线网类型，如

wire a,b;
assign a=b;

② 向量线网类型，如

wire[3:0]Z,A,B
assign Z=A&B;

③ 向量线网类型变量中的某一位，如

wire[3:0]A,B
assign A[2]=B[3];

④ 向量线网类型变量中的某几位，如

wire[3:0]A,B
assign A[2:0]=B[2:0];

⑤ 上面几种类型的任意拼接运算结果，如

wire a,b;
wire[1:0]c;
assign{a,b}=c;

如上所述，连续赋值语句是对线型变量进行持续的驱动。与寄存器型变量类型不同，线型变量（除了 trireg 类型以外）没有数据保持能力，只有在被连续驱动后才能获得确定值，而寄存器变量只要在某一时刻得到一次过程赋值后就能一直保持其值。如果一个线型变量没有得到任何连续驱动，则它的取值将为 x。连续赋值就是实现对线网型变量进行连续驱动的一种方法。

下例说明了如何在一个连续赋值语句中编写多个赋值方式。

assign Sum=(f==0)? A:a;
       Sum=(f==1)? B:b;
       Sum=(f==2)? C:c;
       Sum=(f==3)? D:d;

以上语句等同于下述 4 个独立的连续赋值语句的简化书写形式：

assign Sum=(f==0)? A:a;
assign Sum=(f==1)? B:b;
assign Sum=(f==2)? C:c;
assign Sum=(f==3)? D:d;

（2）过程赋值语句

过程性赋值是在 initial 语句或 always 语句内的赋值，它只能对寄存器数据类型的变量赋值。表达式的右端可以是任何表达式。在过程块中只能使用过程赋值语句（不能在过程块中出现连续赋值语句），同时过程赋值语句也只能用于过程块中。其基本格式为

<被赋值变量><赋值操作符><赋值表达式>

其中<赋值操作符>可以是"="或者"<=",分别代表了阻塞性过程赋值和非阻塞性过程赋值。具体来说,过程赋值语句只能用于对寄存器类的变量(寄存器型 reg、整型 integer、实型 real 或时间类型 time 变量)进行赋值操作,上述变量在下一次过程赋值之前保持变量的取值不变。过程赋值操作的具体目标可以是:

① reg,integer,real,time 类型标量或矢量。
② 上述类型变量的某一位或某几位(矢量变量)。
③ 存储器类,只能对某地址单元的整个字进行赋值,不能对其中某些位单独进行赋值。
④ 上述变量用连接运算符拼接起来构成的寄存器整体。

如前所述,过程型赋值语句分为 2 类:
① 阻塞性过程赋值。
② 非阻塞性过程赋值。

在讨论这 2 类过程性赋值之前,先简要说明一下过程赋值的 2 种延时方式。

过程赋值语句都可以带有时间控制,它可以使用延时控制形式和事件控制形式的时间控制。根据时间控制部分在过程赋值语句中出现的位置,可以把过程赋值语句中的时间控制方式分为语句内部延时和语句间延时。下例说明了两者的不同。

```
A=#5 'b1;           //语句内部延时控制
```

与

```
begin
    temp='b1;
    #5 a=temp;      //语句间延时控制
end
```

对于语句内部延时控制的方式,过程赋值语句在仿真时是这样执行的:仿真进程遇到带有内部时间控制的过程赋值语句后,立即计算赋值语句中赋值表达式的值,然后进入时间控制部分指定的等待状态,一直等到指定的延时时间单位过后再将赋值表达式的取值赋给左端的被赋值变量。

而对于语句间延时控制方式,过程赋值语句在仿真时是这样执行的:仿真进程遇到这条带有时间控制的过程赋值语句后,首先要延迟等待由时间控制部分指定的延时时间量,然后才开始计算右端的赋值表达式并将取值赋给左端的被赋值变量。

(3)阻塞性过程赋值

以赋值操作符"="来标识的赋值操作称为阻塞性过程赋值(blocking assignment)。阻塞性过程赋值语句的特点如下:

① 串行块(begin-end 语句块)中的各条阻塞性过程赋值语句以它们在顺序块中的先后排列次序依次得到执行;而 fork-join 并行块中的各条阻塞性过程赋值语句则是同时执行的。
② 阻塞性过程赋值语句的执行过程是:首先计算右端赋值表达式的取值,然后立即将计算结果赋给"="左端的被赋值变量。

上述特点表明,仿真进程在遇到阻塞性过程赋值语句时会立即计算表达式的值,并将其赋给等式左边的被赋值变量。对于串行语句块,下一条语句的执行会被本条阻塞性过程赋值语句所阻塞,只有在当前这条阻塞性过程赋值语句完成对应的赋值操作之后才会执行下一条语句。例如:

```
intial
begin
    T1=A&B;
    T2=B&Cin;
    T3=A&Cin;
    Count=T1&T2&T3;
end
```

上例中,T1 赋值首先发生,计算 T1;接着执行第二条语句,T2 发生赋值;然后执行第三条语句,以此类推。

(4) 非阻塞性过程赋值

以赋值操作符"<="来标识的赋值操作称为非阻塞性过程赋值(nonblocking assignment)。非阻塞性过程赋值语句的特点如下:

① 串行块(begin-end 语句块)中的各条非阻塞性过程赋值语句不以它们在顺序块中的先后来执行,一条非阻塞性过程赋值语句的执行不会阻塞下一条语句的执行,也就是说各条非阻塞性赋值语句的赋值操作是同时发生的。

② 在非阻塞性过程赋值当中,对目标的赋值是非阻塞的(因为延时),但可预定在将来某个时间步发生(如果是 0 延时,则在当前时间步结束)。仿真进程在遇到非阻塞性过程赋值语句后首先计算其右端赋值表达式的值,然后等到当前仿真时间步结束时再统一将计算结果赋值给被赋值变量。其执行时序与阻塞性赋值有明显区别。

为了说明其特点,可以观察以下语句:

```
begin
    RegA<=8;
    RegB<=RegA;
    RegC<=RegB;
end
```

在上面的例子中,假设顺序语句块在第 5 个时间单位开始执行,第一条语句促使 RegA 在第 5 个时间单位结束时被赋值为 8;然后继续执行第二条语句,但 RegA 的值此时并没有发生变化(因为时间还没有前进,并且第 1 个赋值操作还没有发生)。RegB 的赋值同样被预定在第 5 个时间单位结束时完成。在所有的事件在第 5 个时间单位发生后,完成对左端被赋值目标的所有预定赋值。

下例是同时使用阻塞性过程赋值和非阻塞性过程赋值的实例,请注意它们的区别。

【例 23】 同时使用阻塞性过程赋值和非阻塞性过程赋值的例子。

```
module test_evaluate();
reg[2:0]State;

initial
begin
    State=3'b001;
    State<=3'b100;
    $display("Current state value is %b",State);
```

```
    #2
    $display("Delayed state value is %b",State);
    end
endmodule
```

执行 initial 语句以后产生如下结果:

Current state value is 001
Delayed state value is 100

例 22 中第一个阻塞性赋值将 state 变量赋值为 3′b001;而第二条非阻塞性赋值语句会促使 state 变量在当前时间步(第 0 个时间步)结束以后被赋值为 3′b100。因此,执行第一个 display 任务时,state 变量还保持着第一次赋值的值,即 3′b001;而在延时 2 个时间单位以后,非阻塞性赋值操作已经发生,state 变量的值已被更新,在执行下一个 display 任务时显示的便是更新值 3′b100。

(5) 过程性连续赋值

过程性连续赋值是过程赋值语句的一种,它用来实现过程连续赋值,只能在 always 过程块和 initial 过程块中使用。这种赋值语句能够替换其他所有对线网或寄存器的赋值,允许赋值中的表达式被连续驱动到寄存器或线网当中。它与连续赋值语句的不同之处在于:

① 过程连续赋值语句只能用于过程块中(initial 或者 always 过程块),而连续赋值语句则不能出现在过程块中。

② 过程连续赋值语句可以对寄存器类变量进行连续赋值(force - release 还可以对线型变量进行连续赋值),它的赋值目标不可以是变量的某一位或者某几位,而连续赋值语句只能对线型变量产生作用,其赋值目标可以是变量的某一位或者某几位。

过程性连续赋值语句有 2 种类型。

① 赋值和重新赋值语句:对寄存器进行赋值。

② 强制和释放过程性赋值语句:也可以用于对寄存器赋值,但主要用于对线网的赋值。

过程性连续赋值语句执行的是一种"连续赋值",一旦对某个变量进行了过程连续赋值,此变量会一直被连续赋值语句内的赋值表达式连续驱动,赋值表达式内的操作数发生任何变化都会引起被赋值变量取值的更新,直到对此变量执行了"撤销过程变量赋值"的操作为止。

注意:过程性连续赋值的目标不能是寄存器部分选择或位选择。

1) 赋值-重新赋值

assign 与 deassign 语句构成了一组过程连续赋值语句。它们只能用于对寄存器类型变量的连续赋值操作,而不能用来对线网类型变量进行连续赋值操作。assign 语句用来实现对寄存器类型变量的连续赋值,而 dessign 语句则是一条撤销连续赋值的语句,它用来结束寄存器类变量上由 assign 语句实现的连续赋值状态。寄存器中的值被保留到其被重新赋值为止,如例 24。

【例 24】 赋值-重新赋值的例子。

```
module test_def(D,CLR,CLK,Q);
    input D,CLR,CLK;
    outputQ;
    regQ;
```

```
  always 
    @(CLR)begin
      if(! CLR)
        assignQ=0;     //D 对 Q 无效
      else
        dessignQ;
  end
  always
    @ (negedge CLK)Q=D;
  end
endmodule
```

在例 24 中,如果 CLR 为 0,assign 赋值语句使 Q 清零,而不管时钟边沿的变化情况,即 CLK 和 D 对 Q 无效,如果 CLR 为 1,则重新赋值语句 dessign 被执行。这样就使得强制赋值方式被取消,以后 CLK 将能够对 Q 产生影响。

如果赋值应用于一个已经被赋值的寄存器,则 assign 赋值在进行新的过程性连续赋值前取消原来的赋值,并在 dessign 之后保留被赋值直到被再次赋值为止。

2) force 与 release

force 与 release 过程语句与 assign 和 dessign 语句非常相似,不同的是 force 和 release 语句不仅能够对寄存器赋值,也能够对线网类型的变量赋值。其中 force 语句用来实现对寄存器或线网变量的连续赋值,称之为强制语句,force 语句的优先级高于 assign 语句。release 语句则类似于 dessign 语句,它用来解除指定寄存器变量或线网类型变量上的由 force 语句实现的连续状态赋值,称之为释放语句。当用 force 过程语句对线网进行赋值时,该赋值方式为线网替换所有驱动源,直到此线网上执行 release 语句为止。关于 force 与 release,就不再赘述。

5. 任务与函数结构

Verilog HDL 语言引入了任务和函数两种模块化程序的描述方式,使之便于理解和调试;另外,还简化了程序的结构,增强了代码的易读性。任务和函数一般用于行为建模和编写测试验证程序(test bench)。

(1) 任　　务

任务(task)类似于一般编程语言中的 Process(过程),它可以从描述的不同位置执行共用的代码,通常把需要共用的代码段定义为任务,然后通过任务调用来使用它。在任务中可以包含时序控制等,还可以调用其他的任务和函数。任务的使用包括任务定义和任务调用。

1) 任务定义

任务定义的形式如下:

```
task<任务名>;
    端口与类型说明;
    变量声明;
    语句块;
endtask
```

其中 task 和 endtask 两个关键字将它们中间的内容标识为一个任务定义,端口与类型说明用来声明输入/输出的参数,值通过参数传入和传出任务。端口类型由关键字 input,output 和 inout(分别表示输入、输出和双向端口)指定,其语法与进行模块定义时一致。

【例 25】 下面是一个读取文件的任务定义。

```
//stimulus data from RP to PKM
reg[63:0]st_rp2pkm[LEN_ST_RP2PKM:0];
task init_st_rp2pkm
input length_st_rp2pkm
integer i;
begin
        for (i=0;i<length_st_rp2pkm;i=i+1)
            st_rp2pkm[i]= 64′hFFFFFFFFFFFFFFFF;
        $readmemb("st_rp2pkm.dat",st_rp2pkm);
end
endtask
```

例 25 定义了一个名为 init_st_rp2pkm 的任务。该任务的输入端口定义了文件长度,其作用是初始化存储器 st_rp2pkm 中的内容,并将文件 st_rp2pkm.dat 中的内容读取到此存储器之中,例 25 一般用于测试模块。

在任务定义时,必须注意以下几点:
① 任务定义结构不能出现在任何一个过程块的内部。
② 和模块定义不一样,在第一行 task 语句中不能列出端口名列表。
③ 一个任务可以没有输入/输出端口。
④ 一个任务可以没有返回值,也可以通过输出端口或双向端口返回一个或多个值。
⑤ 除任务参数外,任务还能够引用说明任务的模块中定义的任何变量。

2) 任务调用

一个任务由任务调用语句调用,任务调用语句给出传入任务的参数值和接收结果的变量值,其语法如下:

<任务名>(端口1,端口2,…,端口n);

在任务调用时,必须注意下面几点:
① 任务调用语句是过程性语句,因此只能出现在 always 过程块和 initial 过程块中。
② 任务调用语句中参数列表必须与任务定义时的输入、输出和双向端口参数说明的顺序相匹配。
③ 进行任务调用时,参数要按值传递,而不能按地址传递(这一点与其他高级语言不同)。
④ 因为任务调用语句是过程性语句,因此任务调用的输入与输出参数必须是寄存器类型的。
⑤ 一个任务中可以直接访问上一级调用模块中的任何寄存器。
⑥ 可以使用 disable 语句来中断任务的执行。在任务被中断后,程序流程将返回到调用任务的地方继续往下执行。

下面是调用任务 init_st_rp2pkm 的实例:

reg length_rp2pkm;

```
    init_st_rp2pkm(length_rp2pkm);
```

（2）函 数

函数（function）与任务一样，也是可以在模块的不同位置执行共用的代码。函数与任务的几点差异在于：

① 函数只能返回一个值，而任务却可以有多个或者没有返回值。

② 一个任务块可以包含时间控制结构，而函数块则没有，也就是说函数块从零仿真时刻开始执行，结束后立即返回（相当于组合逻辑）。

③ 一个任务块可以有或者没有输入和输出；而函数块必须有一个输入，没有任何输出。

④ 任务块的引发是通过一条语句，而函数块只有当它被引用在一个表达式中时才会生效，例如：

```
   tsk(input1,input2,output);          //调用一个任务，名为 tsk
```

而

```
   a=func(reg1,reg2);                  //调用一个函数，名为 func
```

⑤ 在一个函数内可以调用其他的函数，但是不能调用其他任务；而在任务中则可以调用其他的函数和任务。

1）函数定义

函数定义部分可以在模块说明中的任何位置出现，其语法格式如下：

```
function<返回值类型或位宽><函数名>;
    <输入端口声明>
    <局部变量声明>
    行为语句;
endfunction
```

其中 function 和 endfunction 两个关键字将它们中间的内容标识为一个函数定义，"返回值类型或位宽"说明函数返回数据的类型或者宽度（这个数据通过函数名返回），可以有以下 3 种形式。

① [msb:lsb]：这种形式说明返回数据变量是一个多位的寄存器，其位数由[msb:lsb]来指定。

② integer：这种形式说明函数名代表的返回变量是一个整数变量。

③ real：这种形式说明函数名代表的返回变量是一个实数型变量。

【例 26】 函数定义的例子。

```
module func_example;
   parameter MSB=8;

   function[MSB-1:0]reverse_func;     //注意此行不能出现端口名列表
      input[MSB-1:0]a                 //输入端口声明
         reg[MSB-1:0]tmp;             //局部变量声明
      integer i;                      //局部变量声明
      begin
      for(i=0;i<MSB;i++)
```

```
        tmp[MSB-i]=a[i];
        reverse_func=tmp;          //将临时变量赋值给函数名变量 reversefunc
    end
endmodule
```

函数定义在函数内部隐式地声明为一个寄存器变量,该寄存器变量与函数同名并且取值范围相同。函数通过在函数定义中显示地对该寄存器赋值来返回函数值。对这一寄存器的赋值必须出现在函数定义中。如果没有指定返回值的宽度,函数将默认返回1位二进制数。

2) 函数调用

函数调用是表达式的一部分,其格式如下:

<函数名>(<输入表达式1>,…,<输入表达式n>);

其中输入表达式与函数定义结构中说明的各个输入端口一一对应,这些输入表达式的排列顺序必须与各个输入端口在函数定义结构中的排列顺序一致。

【例27】 调用函数的例子。

```
reg[MSB-1:0]reg1,reg2;
reg2[reverse_func(reg1);
```

在函数调用中还要注意,函数调用既能出现在过程块中,也能出现在 assign 连续赋值语句中。另外,与任务相似,函数定义中声明的所有局部寄存器都是静态的,即函数中的局部寄存器在函数的多个调用之间保持它们的值。

6. 时序控制

在执行仿真进程语句之前,Verilog 语言提供了两种类型的显式时序控制:一种是延迟控制,在这种类型的时序控制中,通过表达式定义了开始遇到这一语句和真正执行这一语句之间的延迟时间;另一种为事件控制,这种时序控制是通过事件表达式来完成的,只有当某一事件发生时才允许语句继续向下执行。此外,还有一种等待语句,其原理是使仿真进程处于等待状态,直到某一特定的变量发生变化。

Verilog 具有离散事件时间仿真器的特性,也就是说,在离散的时间点预先安排好各个事件,并将它们按照时间顺序排成事件等待队列,最先发生的事件排在等待队列的最前面,而较迟发生的事件依次放在其后。仿真器为当前仿真时间移动整个事件队列并启动相应的进程。在运行的过程中,有可能为后续进程生成更多的事件,放置在队列中适当的位置。只有当前时刻所有的事件都运行结束后,仿真器才将仿真时间向前推进,去运行排在事件队列最前面的下一个事件。

如果没有时间控制,仿真时间将不会前进,仿真时间只能被下列形式中的一种来推进:

① 定义过的门级或线传输延迟。
② 由符号#引入的延迟控制。
③ 由符号@引入的事件控制。
④ 等待语句。

(1) 延时控制

Verilog HDL 中的延迟控制格式为

#expression

其作用是将程序的执行过程中断一定时间,时间的长度由 expression 的值来确定。expression 的值指定的为多少个时间单位,使用编译指令可以将时间单位与物理时间相关联。如果没有编译指令,Verilog HDL 的模拟器会指定一个默认的时间单位。

延时控制结构的实例如下:

assign ♯2sum＝A＋B;

这里表示只要 A 和 B 发生变化,表达式右边都会重新计算,并在指定的延时以后将变化值赋给左边表达式的线网变量。

延时控制中的延时可以是任意的表达式,即并不限于某一常量,如下面的实例:

♯(DELAY_P/2)
  sum＝A＋B;

另外,还有一种特殊的延时控制,即延时表达式的值为 0,称之为显示零延时,即

♯0;

显示零延时促发一个等待,即等待所有其他在当前模拟时间被执行的事件执行完毕以后,才将其唤醒,模拟时间不前进。

注意:延时表达式的值若为 x 或 z,其与零延时等效。若延时表达式的值为负值,将采用二进制的补码值作为延时值。

(2) 等待语句

在 Verilog HDL 中提供了 2 种类型的事件控制方式,用来实现等待的功能。

① 边沿触发事件控制,语法为

@事件表达式

② 电平敏感时间触发,语法为

wait(条件表达式)
  <过程语句块>   //可选

其中形式①是中断执行过程,直到特定事件发生。在这 2 种情况下都是程序的调度,控制当前运行事件指针,从当前仿真时刻的事件列表上移走,放到某个未运行的事件列表上。形式②的情况是,如果等待的表达式为假,则中断运行,直到(通过其他程序语句的执行)它变为真。

这两种结构以及延迟控制结构或是它们的组合都能加在任何语句之前作为一个必须满足的先决条件,如表达式:

@(pesedge sys_clk)♯10sum＝a＋b;

表示等待时钟的上升沿到来以后再延时 10 个时间单位对 sum 进行计算赋值。

@事件表达式中的"事件表达式"可以是如下几种形式之一:

① 变量。
② 位变量的上跳沿或下跳沿。
③ 事件变量。

对于 wait 语句而言,过程语句块只有在条件变为真的时候才会执行,否则语句块会一直等待。如果执行到该语句时条件已经满足,则过程语句立即执行。

7. 用户定义的原语

UDP 的实例语句与基本门的实例语句完全相同，即 UDP 实例语句的语法与基本门的实例语句语法一致。

（1）UDP 的定义

使用具有如下语法的 UDP 说明定义 UDP：

```
primitive UDP_name(OutputName,List_of_inputs)
    Output_declaration
    List_of_input_declarations
    [Reg_declaration]
    [Initial_statement]
table
    List_of_tabel_entries
endtable
endprimitive
```

UDP 的定义不依赖于模块定义，因此出现在模块定义以外，也可以在单独的文本文件中定义 UDP。

UDP 只能有一个输出和一个或多个输入。第一个端口必须是输出端口。此外，输出可以取值 0,1 或 x（不允许取 z 值）。输入中出现值 z 以 x 处理。UDP 的行为以表的形式描述。在 UDP 中可以描述下面 2 类行为：

① 组合电路。

② 时序电路（边沿触发和电平触发）。

（2）组合电路 UDP

在组合电路 UDP 中，规定了不同的输入组合和相对应的输出值。没有指定的任意组合输出为 x。

【例 28】 下面以 2-1 多路选择器为例加以说明。

```
Primitive MUX2x1(Z,Hab,Bay,Sel);
    output Z;
    input Hab,Bay,Sel;
    table
    //Hab  Bay  Sel  :Z
      0    ?    1    :0;
      1    ?    1    :1;
      ?    0    0    :0;
      ?    1    0    :1;
      0    0    x    :0;
      1    1    x    :1;
    endtable
endprimitive
```

字符"?"代表不必关心相应变量的具体值，即它可以是 0,1 或 x。输入端口的次序必须与表中各项的次序匹配，即表中的第一列对应于原语端口队列的第一个输入（例子中为 Hab），第二列是 Bay，第三列是 Sel。在多路选择器的表中没有输入组合 01x 项（还有其他一些项），在这种情况下，输出的默认值为 x（对其他未定义的项也是如此）。

(3) 时序电路 UDP

在时序电路 UDP 中，使用 1 位寄存器描述内部状态。该寄存器的值是时序电路 UDP 的输出值。共有两种不同类型的时序电路 UDP：一种模拟电平触发行为；另一种模拟边沿触发行为。时序电路 UDP 使用寄存器当前值和输入值决定寄存器的下一状态（和后继的输出）。

1）初始化状态寄存器

时序电路 UDP 的状态初始化可以使用带有一条过程赋值语句的初始化语句实现。形式如下：

initial reg_name=0,1,or X;

初始化语句在 UDP 定义中出现。

2）电平触发的时序电路 UDP

只要时钟为低电平 0，数据就从输入传递到输出；否则输出值被锁存。

【例 29】 D 锁存器建模的电平触发的时序电路 UDP 示例。

```
primitive Latch (Q,Clk,D);
    output Q;
    reg Q;
    input Clk,D;
    table
      //Clk  D    Q(State)   Q (next)
        0    1    :?     :    1;
        0    0    :?     :    0;
        1    ?    :?     :    —;
    endtable
endprimitive
```

"—"字符表示值无变化。注意 UDP 的状态存储在寄存器 D 中。

3）边沿触发的时序电路 UDP

下例初始化语句用于初始化触发器的状态。

【例 30】 用边沿触发时序电路 UDP 为 D 边沿触发器建模示例。

```
primitive D _ Edge _ FF (Q,Clk,Data);
    output Q;
    reg Q;
    input Data, clk;
    initial Q = 0;
    table
      //Clk   Data    Q(State)   Q(next)
       (01)   0    :    ?     :    0;
       (01)   1    :    ?     :    1;
       (0x)   1    :    1     :    1;
       (0x)   0    :    0     :    0;
```

//忽略时钟负边沿
(?0)?:?:-;
//忽略在稳定时钟上的数据变化
?(??):?:-;
　　endtable
endprimitive

表项(01)表示从 0 转换到 1,表项(0x)表示从 0 转换到 x,表项(?0)表示从任意值(0,1 或 x)转换到 0,表项(??)表示任意转换。对任意未定义的转换,输出默认为 x。

(4)边沿触发和电平触发的混合行为

在同一个表中能够混合电平触发和边沿触发项。在这种情况下,边沿变化在电平触发之前处理,即电平触发项覆盖边沿触发项。

【例 31】 下面是带异步清空的 D 触发器的 UDP 描述。

```
primitive D_ASynC_FF(Q,Clk,Clr,Data);
    out put Q;
    reg Q;
    input Clr,Data,Clk;
    table
    //Clk    Clr    Data    Q(State)    Q(next)
    (01)    0    0    :    ?    :    0;
    (01)    0    1    :    ?    :    1;
    (0x)    0    1    :    1    :    1;
    (0x)    0    0    :    0    :    0;
    //忽略时钟负边沿
    (?0)    0    ?    :    ?    :    -;
    (??)    1    ?    :    ?    :    0;
    ?       1    ?    :    ?    :    0;
    endtable
endpfimnive
```

(5)表项汇总

出于完整性考虑,表 3-15 列出了所有能够用于 UDP 原语中表项的可能值。

表 3-15 用于 UDP 原语中表项的可能值

符号	意义	符号	意义
0	逻辑 0	(AB)	由 A 变到 B
1	逻辑 1	*	与(??)相同
x	未知的值	r	上跳变沿,与(01)相同
?	0,1 或 x 中的任一个	f	下跳变沿,与(10)相同
b	0 或 1 中任选一个	p	(01),(0x)和(x1)的任一种
-	输出保持	n	(10),(1x)和(x0)的任一种

3.6 Verilog HDL 的一般结构

3.6.1 电子系统、电路、模块

硬件描述语言(HDL)用来描述电子系统。由若干相互连接、相互作用的基本电路组成的具有特定功能的电路整体,称为电子系统。电子系统一般被称为实体。当一个电子系统不是十分复杂时,系统常被称为电路。在这里两个名称可以互用。

不管系统执行什么功能,必须从它的环境取得数据,然后反过来输出数据。没有接口,系统将毫无用处。

一个系统要发挥功能,内部的一些数据和信息,必须经历传输。数据的传输和功能的实现在 Verilog 中称为系统实体,它以模块声明来定义。

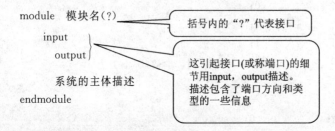

系统的功能可能简单到将开关置 on 或 off,或复杂到飞机的自动驾驶。但是,在任何情况下一个系统经常由实体和接口组成。

显然一个 Verilog 模块代表一个系统,明显地它能表示系统的接口和主体。

系统的主体必须在端口声明之后定义。针对不同的应用,设计者可以对给定的应用以一种最优的方式来定义系统,如利用算法、结构、使用原语或操作符表达式等。

3.6.2 Verilog HDL 模块的结构

1. 模 块

模块是 Verilog 的基本描述单位,它可以以任何复杂程度来定义一个系统,不管复杂程度如何,模块声明经常具有相同的结构。一个设计的结构可使用开关级原语、门级原语和用户定义的原语方式描述;设计的数据流行为使用连续赋值语句进行描述;时序行为使用过程结构描述。一个模块可以在另一个模块中使用。

任何模块都以关键词 module 开头,紧跟模块名以 endmodule 结束。在 module 和 endmodule 之间共有 3 个部分:接口、主体和可选附加组件。

接口:由端口和参数声明组成;

主体:模块内部的描述;

可选附加组件:在模块任何地方用 include 定义。

一个模块的基本语法如下:

```
module    module-name(端口列表);
    input,output,inout,           //端口声明
    reg,wire,parameter,           //变量和参数声明
    include
    变量声明
    Continuous assignment         //连续赋值
    Module instantiation          //低级模块例化
    Initial statement             //初始语句
    Always statement              //always 语句
    function,task,…               //任务和函数
    Gate instantiation            //门级描述
    UDP instantiation             //原语方式描述
endmodule
```

声明部分用于定义不同的项,例如,模块描述中使用的寄存器和参数、语句描述设计的功能和结构。说明部分和语句可以散布在模块中的任何地方。但是变量、寄存器、线网和参数等的声明部分必须在使用前出现。为了使模块描述清晰和具有良好的可读性,最好将所有的声明部分放在语句前。

【例1】 用 Verilog HDL 描述一个上升沿 D 触发器的模块。

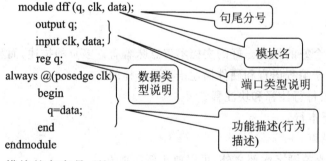

模块的名字是 dff。

模块有 3 个端口:2 个输入端口 clk 和 data,1 个输出端口 q,如图 3-6 所示。

由于没有定义端口的位数,所有端口大小都为 1 位。同时,由于 clk 和 data 没有端口的数据类型说明,这 2 个端口都是线网数据类型。

输出端口 q 的数据类型说明为寄存器型。

由 always-begin 和 end 构成功能描述块,为实现设计要求,它一直监视输入信号 clk 的变化,在 clk 发生上升沿跳变时,将 data 的值赋给输出信号 q。

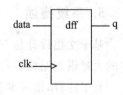

图 3-6 dff 模块

2. 模块的命名

模块名也是标识符,它起存档作用。因此,模块名最好能描述系统的功能。为了达到这种可能性,应混合大小写字母来起名,如 FastBinaryCntr。

Verilog HDL 中的每一标识符,包含模块名,必须遵循如下规则:
① 必须用字母、数字、美元符 $ 和下划线构成。
② 必须以字母或下划线开始。
③ 标识符内不能有空格。
④ 区分大小写。
⑤ 保留的关键字不能使用。

3. Verilog HDL 的书写格式

Verilog HDL 区分大小写,即大小写不同的标识符是不同的。此外 Verilog HDL 格式较为自由,可以跨行编写,也可以在一行内编写。空白(新行、制表符和空格)没有任何意义。例如:

initial begin counter = 4′b00;＃10 WEIS = 8′b011;end

其与下面的指令是一样的:

```
initial
    begin
        counter=4′b00;
        ＃10WEIS=8′b011;
    end
```

4. Verilog HDL 中的注释

没有一个好的文档,就没有一个好的设计。好的文档不仅意味着有许多页的描述,而且也意味着在定义中插入注释,这点对于编程语言和硬件描述语言是一样的。

Verilog 支持 2 种类型的注释:每行注释和块注释。
① 每行注释以//开始,结束于本行。
② 块注释以/* 开始,以 */结束。

2 种注释,除了在标识符内部或关键字内部之外,可以放在任何地方。

5. 系统描述

基于文档设计是 Verilog HDL 开发的一个主要原因。这点反映在利用 Verilog HDL 描述的大量语言结构和自定义系统的文件开头。

有了注释,语言本身并不需要这种描述。但是一种好的 Verilog HDL 描述,必须要有这种文档,而且大家都普遍接受这种观点。

没有一个标准定义说明怎样写描述系统,但有几个部分是必须写的,而且它在很多设计中能见到。要想写出一个非常专业的文档,每个 Verilog HDL 文件必须有与下面相似的描述:

```
//Design(设计);
//File name(文件名);
//Purpose(目的);
//Note(注意);
//Limitations(局限);
//Errors(错误);
//Include files(包含文件);
//Author(作者);
//Simulator(仿真);
//版本;
```

3.6.3 Verilog HDL 模块的描述

在模块中,可用下述方式描述一个设计。

① 使用原语和低级模块例化(结构方式)。
② 指定输出信号与输入信号的传输(数据流方式)。
③ 以电路所期望的行为来定义电路中的算法(行为方式)。
④ 上述描述方式的混合。

下面通过实例简要说明这几种设计描述方式。

1. 结构化描述形式

Verilog HDL 中的结构方式代表门级或高一级的物理电路实现。它代表了由信号相连元件的原理图,设计隐藏在元件中。

结构定义中的元件可以是原语或例化的模块。元件可以是门和触发器(以及其他一些小模块)等简单的元件,例化的模块可以任意复杂。在 Verilog HDL 中可使用如下方式描述结构:

① 内置门原语(在门级)。
② 开关级原语(在晶体管级)。
③ 用户定义的原语(在门级)。
④ 模块实例(创建层次结构)。

【例2】 数据选择是指经过选择,把多个通道的数据传送到唯一的公共数据通道上去。实现数据选择功能的逻辑电路称为数据选择器,它的作用相当于多个输入的单刀多掷开关。下面用 Verilog HDL 语言的结构方式描述 2 选 1 的数据选择器:

```
module mux 2_1(out1,a,b,sel);
  output out1;
  input a,b,sel;
  wire sel_,a1,b1;
    not u1 (sel_,sel);
    and u2 (a1,a,sel_);      内置门原语
    and u3 (b1,b,sel_);
    or u4 (out1,a1,b1);
```

endmodule

利用 input,output 保留字(或关键字)描述输入参数 a,b,sel 和输出参数 out1。

在内置门原语描述中，每条语句的括号内的标识符是入口和出口参数，由于内置门实例语句规定它们的顺序必须是(输出,输入,输入,…)的形式,因此,输出总在前面,而输入总在后面,如图 3-7 所示。

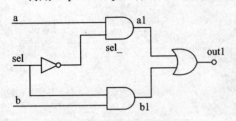

图 3-7 数据选择器电路

在门级描述中,调用了 Verilog HDL 的内置原语,如上面的非(not)、与(and)、或(or)等内置原语。在原语后的 u1,u2,u3,u4 称为实例名;实例名在具有行为功能的描述行里可以省略,如下面两句的描述是等价的:

not u1(sel_,sel);
not (sel_,sel);

Verilog HDL 的内置原语有 8 种:and,nand,or,nor,not,xor,xnor 和 buf。

2. 数据流描述方式

一个电路可以由赋值语句来描述,它将输入转化成所要的输出值,此种定义方式称为数据流。在这种方式中,电路不以元件间的信号连接来描述,而是用表达式来将输入转化成想要的输出。

表达式可以基于广泛的操作符,如逻辑、算术、条件和连接等操作符。所有这些操作符被用到数据流方式中赋值,因此,数据流方式比逻辑方程更通用。

在连续赋值语句中,某个值被指派给线网变量。连续赋值语句的语法为

assign[delay]LHS-net=RHS-expression;

右边表达式使用的操作数无论何时发生变化,右边表达式都重新计算,并且在指定的延时后,变化值被赋予左边表达式的线网变量。延时定义了右边表达式操作数变化与给左边表达式赋值之间的持续时间。如果没有定义延时值,则缺省延时为 0。

【例3】 用 Verilog HDL 语言的数据流方式描述 2 选 1 的数据选择器(见图 3-8)。

数量流描述一:

module mux2_1(out1,a,b,sel);
output out1;
input a,b;
input sel;
assign out1=sel? b:a;
endmodule

（数据流描述(利用 assign 连续赋值语句)）

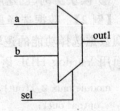

图 3-8 2 选 1 数据选择器

数据流描述二:

module mux2_1(out1,a,b,sel);
output out1;
input a,b;

input sel;

assign out1=(sel&b)|(~sel&a);
endmodule

> 数据流描述(利用assign语句和位运算符)

3. 行为描述方式

三种描述方式中,行为方式是最高级的,也是最灵活的。它也更接近于一般编程语言,因为它使用顺序语句和复合语句来描述,如条件语句(if)、多选择语句(case)和循环语句等。

行为方式描述以电路的行为来描述电路,如当触发时执行动作。在 initial 和 always 行为块中定义的动作由顺序或并行语句组成。要写出一个电路的行为,依据 Verilog 的一些规则将自然语言的描述重写即可。设计的行为功能使用下述过程语句结构描述。

① initial 语句:此语句只执行一次。

② always 语句:此语句总是循环执行,或者说此语句重复执行。

只有寄存器类型数据能够在这两种语句中被赋值。寄存器类型数据在被赋新值前保持原有值不变。所有的初始化语句和 always 语句在 0 时刻并发执行。

【例 4】 用 Verilog HDL 语言的行为描述方式描述 2 选 1 的数据选择器。

行为描述一:

```
module mux 2_1(out1,a,b,sel);
   output out1;
   input a,b;
   input sel;
   always @(sel or a or b)
   begin
       if(sel)
           out1=b;
       else  out1=a;
   end
endmodule
```

> 数据流描述(利用always语句和if…else语句)

行为描述二:

```
module mux 2_1(out1,a,b,sel);
   output out1;
   input a,b;
   input sel;
   always @ (sel or a or b)
       begin
           case(sel)
               1'b0:out1=a;
               1'b1:out1=b;
           endcase
```

> 数据流描述(利用always语句和case语句)

```
    end
endmodule
```

4. 混合设计描述方式

在模块中,结构描述和行为描述的结构可以自由混合。也就是说,模块描述中可以包含实例化的门、模块实例化语句、连续赋值语句以及 always 语句和 initial 语句的混合,它们之间可以相互包含。来自 always 语句和 initial 语句(切记只有寄存器类型数据可以在这两种语句中赋值)的值能够驱动门或开关,而来自于门或连续赋值语句(只能驱动线网)的值能够反过来用于触发 always 语句和 initial 语句。

【例 5】 下面是混合设计方式的 1 位全加器实例。

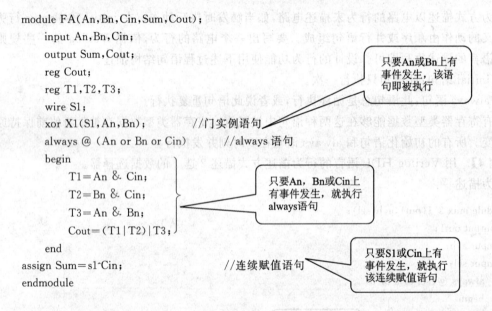

```
module FA(An,Bn,Cin,Sum,Cout);
    input An,Bn,Cin;
    output Sum,Cout;
    reg Cout;
    reg T1,T2,T3;
    wire S1;
    xor X1(S1,An,Bn);              //门实例语句
    always @ (An or Bn or Cin)     //always 语句
    begin
        T1=An & Cin;
        T2=Bn & Cin;
        T3=An & Bn;
        Cout=(T1|T2)|T3;
    end
    assign Sum=s1^Cin;             //连续赋值语句
endmodule
```

3.7 19 种常用电路的 Verilog HDL 描述

为使用方便,本处介绍 19 种常用的基本数字电路的 Verilog HDL 描述,其中包括常用基本门电路 8 种、组合逻辑电路 4 种、触发器 4 种和时序逻辑电路 3 种,供读者参考、借鉴。

3.7.1 基本门电路

1. 与 门

以二与门为例，其电路符号如图3-9所示。

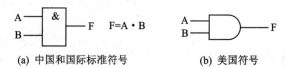

图 3-9 与门符号

用 Verilog HDL 描述的二与门如下。

(1) 门级描述方式

```
module and_gat(A,B,F);      //模块名为 and_gat,端口列表 A,B,F
input A,B;                   //模块的输入端口为 A,B
output F;                    //模块的输出端口为 F
and U1(F,A,B);               //门级描述
endmodule
```

(2) 数据流描述方式

```
module and_gat(A,B,F);      //模块名为 and_gat,端口列表 A,B,F
input A,B;                   //模块的输入端口为 A,B
output F;                    //模块的输出端口为 F
assign F=A&B;                //数据流描述
endmodule
```

2. 或 门

以二或门为例，其电路符号如图3-10所示。

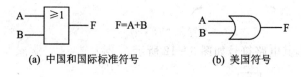

图 3-10 或门符号

用 Verilog HDL 描述的二或门如下。

(1) 门级描述方式

```
module or_gat(A,B,F);       //模块名为 or_gat,端口列表 A,B,F
input A,B;                   //模块的输入端口为 A,B
output F;                    //模块的输出端口为 F
or U1(F,A,B);                //门级描述
endmodule
```

(2) 数据流描述方式

```
module or_gat(A,B,F);        //模块名为 or_gat,端口列表 A,B,F
input A,B;                   //模块的输入端口为 A,B
output F;                    //模块的输出端口为 F
assign F=A|D;                //数据流描述
endmodule
```

3. 非 门

非门电路符号如图 3-11 所示。

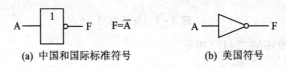

图 3-11　非门符号

用 Verilog HDL 描述的非门如下。

（1）门级描述方式

```
module not_gat(A,F);         //模块名为 not_gat,端口列表 A,F
input A;                     //模块的输入端口为 A
output F;                    //模块的输出端口为 F
notU1(F,A);                  //门级描述
endmodule
```

（2）数据流描述方式

```
module not_gat(A,F);         //模块名为 not_gat,端口列表 A,F
input A;                     //模块的输入端口为 A
output F;                    //模块的输出端口为 F
assign F=~A;                 //数据流描述
endmodule
```

4. 与非门

以二与非门为例，其电路符号如图 3-12 所示。

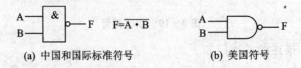

图 3-12　与非门符号

用 Verilog HDL 描述的二与非门如下。
（1）门级描述方式

```
module nand_gat(A,B,F);      //模块名为 nand_gat,端口列表 A,B,F
input A,B;                   //模块的输入端口为 A,B
```

```
output F;                    //模块的输出端口为 F
and U1(F,A,B);               //门级描述
endmodule
```

(2) 数据流描述方式

```
module nand_gat(A,B,F);      //模块名为 nand_gat,端口列表 A,B,F
input A,B;                   //模块的输入端口为 A,B
output F;                    //模块的输出端口为 F
assign F=~(A&B);             //数据流描述
endmodule
```

5. 或非门

以二或非门为例,其电路符号如图 3-13 所示。

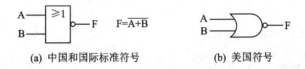

图 3-13 或非门符号

用 Verilog HDL 描述的二或非门如下。

(1) 级描述方式

```
module nor_gat(A,B,F);       //模块名为 nor_gat,端口列表 A,B,F
input A,B;                   //模块的输入端口为 A,B
output F;                    //模块的输出端口为 F
nor U1(F,A,B);               //门级描述
endmodule
```

(2) 数据流描述方式

```
module nor_gat(A,B,F);       //模块名为 nor_gat,端口列表 A,B,F
input A,B;                   //模块的输入端口为 A,B
output F;                    //模块的输出端口为 F
assign F=~(A|B);             //数据流描述
endmodule
```

6. 异或门

异或门电路符号如图 3-14 所示。

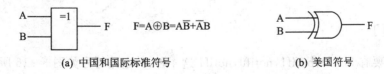

图 3-14 异或门符号

用 Verilog HDL 描述的异或门如下。
(1) 门级描述方式

```
module xor_gat(A,B,F);        //模块名为 xor_gat,端口列表 A,B,F
input A,B;                    //模块的输入端口为 A,B
output F;                     //模块的输出端口为 F
xor U1(F,A,B);                //门级描述
endmodule
```

(2) 数据流描述方式

```
module xor_gat(A,B,F);        //模块名为 xor_gat,端口列表 A,B,F
input A,B;                    //模块的输入端口为 A,B
output F;                     //模块的输出端口为 F
assign F=A^B;                 //数据流描述
endmodule
```

7. 缓冲门

缓冲门电路符号如图 3-15 所示。

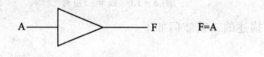

图 3-15 缓冲门符号

用 Verilog HDL 描述的缓冲门如下。
(1) 门级描述方式

```
module buf_gat(A,F);          //模块名为 buf_gat,端口列表 A,F
input A;                      //模块的输入端口为 A
output F;                     //模块的输出端口为 F
buf U1(F,A);                  //门级描述
endmodule
```

(2) 数据流描述方式

```
module buf_gat(A,F);          //模块名为 buf_gat,端口列表 A,F
input A;                      //模块的输入端口为 A
output F;                     //模块的输出端口为 F
assign F=A;                   //数据流描述
endmodule
```

8. 三态门

三态门主要有 bufif0,bufif1,notif0,notif1 这 4 种,其电路符号如图 3-16 所示。
下面以 bufif1 三态门为例进行说明。bufif1 的真值表如表 3-16 所列。

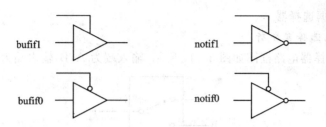

图 3-16 三态门符号

表 3-16 bufif1 真值表

bufif1		使能端（EN）			
		0	1	x	z
输入端	0	z	0	L	L
	1	z	1	H	H
	x	z	x	x	x
	z	z	x	x	x

（1）门级描述方式

```
module buf_en(A,EN,F);        //模块名为 buf_en,端口列表 A,EN,F
input A,EN;                    //模块的输入端口为 A,EN
output F;                      //模块的输出端口为 F
bufif1 U1(F,A,EN);             //门级描述,注意端口排列顺序
endmodule
```

（2）数据流描述方式

```
module buf_en(A,EN,F);        //模块名为 buf_en,端口列表 A,EN,F
input A,EN;                    //模块的输入端口为 A,EN
output F;                      //模块的输出端口为 F
assign F=EN? A:'bz;            //若 EN=1,则 F=A;若 EN=0,则 F 为高阻
endmodule
```

3.7.2 组合逻辑电路

组合逻辑电路的特点是：在任意时刻，电路的输出信号仅仅取决于当时的输入信号，与电路原来所处的状态无关。组合逻辑电路通常可由若干个基本的逻辑门组成。常用的组合逻辑电路有数据选择器、编码器、译码器和加法器等。

1. 数据选择器

数据选择器又称为多路开关，简称 MUX。它的逻辑功能是在地址选择信号 SEL 的控制下，从多路输入（A,B,…）数据中选择某一路数据作为输出。

(1) 2 选 1 数据选择器

1) 2 选 1 数据选择器分析

2 选 1 数据选择器电路框图如图 3-17 所示，输入端为 A，B，输出端为 F，SEL 为控制端。

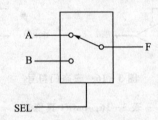

图 3-17　2 选 1 数据选择器框图

2 选 1 数据选择器真值表如表 3-17 所列。

表 3-17　2 选 1 数据选择器真值表

控制信号	输入信号		输出信号	控制信号	输入信号		输出信号
SEL	A	B	F	0	0	0	0
1	0	0	0	0	0	1	0
1	0	1	1	0	1	0	1
1	1	0	0	0	1	1	1
1	1	1	1				

从真值表中可以看出，当 SEL 为 1 时，输出端 F 输出 B 信号；当 SEL 为 0 时，输出端 F 输出 A 信号。

2 选 1 数据选择器的逻辑表达式为

$$F = \overline{SEL} \cdot A + SEL \cdot B$$

2) 用 Verilog HDL 描述 2 选 1 数据选择器

采用数据流描述方式，描述如下：

```
module          SEL2_1(A,B, SEL,F);
input           A, B, SEL;
output          F;
assign          F=~SEL&A|SEL&B;
endmodule
```

采用行为描述方式，描述如下：

```
module          SEL2_1 (A, B, SEL, F);
input           A, B, SEL;
output          F;
function        SEL2_1_FUN;
  input         A,B,SEL;
  if(SEL==0)    SEL2_1_FUN=A;
  else          SEL2_1_FUN=B;
endfunction
assign          F=SEL2_1_FUN(A,B,SEL);    //注意此行不可放在函数定义之前
endmodule
```

3) 2选1数据选择器的仿真

下面用 MAX+plusⅡ进行仿真,步骤如下:

① 新建项目。进入 MAX+plusⅡ集成开发环境。单击菜单栏的 File→Project→Name,在出现的新建项目对话框中输入设计项目名,这里起名为 SEL2_1。

② 设计输入。单击 File→new,新建文件时选择 Text Editor File 选项,单击 OK 按钮,出现文本编辑窗口。输入以上程序,将其保存为 SEL2_1.v 文件。单击菜单 File→Project→Set Project To Current File,把文件设为当前工程,至此,Verilog 输入完成。

③ 器件选择与引脚锁定。执行菜单栏中的 Assign→Device 命令,出现器件选择对话框,在 Device Family 栏中选择 MAX7000S;然后在 Device 栏内选择 EPM7128SLC84-15 器件,单击 OK 按钮加以确认。这样 Altera 公司的 EPM7128SLC84-15 已被项目所使用。注意把对话框中 show only fastest speed grades 前的钩去掉,否则看不到 EPM7128SLC84-15。

执行菜单栏中的 Assign→Pin→Location→Chip 命令,此时会弹出引脚锁定对话框。在 Node Name 栏内输入信号端口的名称 SEL;然后在 Chip Resoure 栏中选择 Pin,根据需要输入要锁定的引脚序号 1。在 Pin type 中输入 input,这时的 Add 按钮呈现有效状态,单击它即可把刚才输入的引脚及其信号添加到 Existing Pin/Location/Chip Assign-ments 窗口中。依此方法锁定 A、B、F 引脚,锁定完毕单击 OK 按钮即可,如图 3-18 所示。

```
SEL > chip = sel2_1; Input Pin = 1
A > chip = sel2_1; Input Pin = 2
B > chip = sel2_1; Input Pin = 4
F > chip = sel2_1; Output Pin = 5
```

图 3-18 2选1数据选择器引脚锁定情况

④ 器件的编译。执行菜单栏中的 MAX+plusⅡ→Compiler 命令,这时将弹出编译命令对话框,单击 Start 按钮,即可编译相关的各项操作。

⑤ 器件的仿真。执行菜单栏中的 MAX+plusⅡ→Waveform Editor 命令,弹出仿真波形窗口。在仿真波形窗口的空白处右击,在弹出的快捷菜单中选择"Enter Nodes form SNF…"命令,这时将出现仿真信号选择对话框。单击 List 按钮,将出现端口列表,默认是选择全部,也可以通过左键和 Ctrl 组合来选择想要的信号。单击"=>"图标,将 A,B,SEL,F 信号加入 SNF 文件中,单击菜单命令 File→End Time,终止时间设置为 100 μs。

下面,就可以对 SEL,A,B 输入信号赋值。

先选中 SEL,单击 XC 按钮,在弹出的对话框中,将 Starting Value 开始电平设为 1(高电平),Increment By 增加值设为 0(低电平),Multiplied By 设为 200(即半周期为 20 μs),单击 OK 按钮。

按以上方法将 A 开始电平设为 1(高电平),增加值设为 0(低电平),Multiplied By 设为 50(即半周期为 5 μs)。将 B 开始电平设为 0(低电平),增加值设为 1(高电平),Multiplied By 设为 50(即半周期为 5 μs)。单击"保存"按钮,将文件保存为 SEL2_1.scf 文件。

执行菜单栏中的 MAX+plusⅡ→Simulator 命令,在弹出的对话框中,单击 Start 按钮,开始仿真,仿真的波形图如图 3-19 所示。

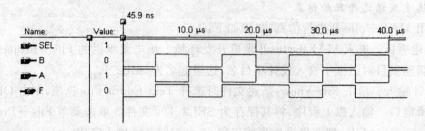

图 3-19 2 选 1 数据选择器仿真波形图

从波形图中可以看出,当 SEL 为 1 时,输出端 F 输出 B 信号;当 SEL 为 0 时,输出端 F 输出 A 信号。波形图显示的逻辑功能与设计目的完全一样。

(2) 4 选 1 数据选择器

1) 4 选 1 数据选择器分析

4 选 1 数据选择器有 4 个输入端,这里定义为 A,B,C,D;2 个控制端,这里定义为 SEL0,SEL1;1 个输出端,这里定义为 F。4 选 1 数据选择器的逻辑功能是:当控制信号 SEL1,SEL0 为 00 时,输出端 F 输出 A 信号;当控制信号 SEL1,SEL0 为 01 时,输出端 F 输出 B 信号;当控制信号 SEL1,SEL0 为 10 时,输出端 F 输出 C 信号;当控制信号 SEL1,SEL0 为 11 时,输出端 F 输出 D 信号。

4 选 1 数据选择器的逻辑表达式为

$$F = \overline{SEL1} \cdot \overline{SEL0} \cdot A + \overline{SEL1} \cdot SEL0 \cdot B + SEL1 \cdot \overline{SEL0} \cdot C + SEL1 \cdot SEL0 \cdot D$$

2) 用 Verilog HDL 描述 4 选 1 数据选择器

采用数据流描述方式,描述如下:

```
module    SEL4_1    (A, B, C, D, SEL, F);
input     A, B, C, D;
input     [1:0] SEL;
output    F;
assign    F = (~SEL1&~SEL0&A)|(~SEL1&SEL0&B)|(SEL1~SEL0&C)
              (SEL1&SEL0&D)
endmodule
```

采用行为描述方式,描述如下:

```
module    SEL4_1(A, B, C, D, SEL, F);
input     A, B, C, D;
input     [1:0] SEL;
output    F;
function  SEL4_1_FUNC;
    input    A, B, C, D;
    input    [1:0] SEL;
    case(SEL)
        2'b00:SEL4_1_FUNC = A;
        2'b01:SEL4_1_FUNC = B;
        2'b10:SEL4_1_FUNC = C;
        2'b11:SEL4_1_FUNC = D;
```

```
        endcase
    end function
    assign   F=SEL4_1_FUNC(A, B, C, D, SEL);
endmodule
```

3) 4选1数据选择器的仿真

下面用 MAX+plus Ⅱ 进行仿真,步骤如下:

① 新建项目。进入 MAX+plus Ⅱ 集成开发环境。单击菜单栏的 File→Project→Name,在出现的新建项目对话框中输入设计项目名,这里起名为 SEL4_1。

② 设计输入。单击 File→new,新建文件时选择 Text Editor File 选项,单击 OK 按钮,出现文本编辑窗口。输入以上程序,将其保存为 SEL4_1.v 文件。单击菜单 File→Project→Set Project To Current File,把文件设为当前工程,至此,Verilog 输入完成。

③ 器件选择与引脚锁定。执行菜单栏中的 Assign→Device 命令,出现器件选择对话框,在 Device Family 栏中选择 MAX7000S;然后在 Device 栏内选择 EPM7128SLC84-15 器件,单击 OK 按钮加以确认。这样 Altera 公司的 EPM7128SLC84-15 已被项目所使用。注意把对话框中 show only fastest speed grades 前的钩去掉,否则看不到 EPM7128SLC84-15。

执行菜单栏中的 Assign→Pin/Location/Chip 命令,此时会弹出引脚锁定对话框。在 Node Name 栏内输入信号端口的名称 SEL1;然后在 Chip Resoure 栏中选择 Pin,根据需要输入要锁定的引脚序号1。在 Pin type 中输入 input,这时的 Add 按钮呈现有效状态,单击它即可把刚才输入的引脚及其信号添加到 Existing Pin/Location/Chip Assignments 窗口中。依此方法锁定 SEL0,A,B,C,D,F 引脚,锁定完毕单击 OK 按钮即可,如图 3-20 所示。

```
SEL1 > chip = sel4_1; Input Pin = 1
SEL0 > chip = sel4_1; Input Pin = 2
A > chip = sel4_1; Input Pin = 4
B > chip = sel4_1; Input Pin = 5
C > chip = sel4_1; Input Pin = 6
D > chip = sel4_1; Input Pin = 8
F > chip = sel4_1; Output Pin = 9
```

图 3-20   4选1数据选择器引脚锁定情况

④ 器件的编译。执行菜单栏中的 MAX+plus Ⅱ→Compiler 命令,这时将弹出编译命令对话框,单击 Start 按钮,即可编译相关的各项操作。

⑤ 器件的仿真。执行菜单栏中的 MAX+plus Ⅱ→Waveform Editor 命令,弹出仿真波形窗口。在仿真波形窗口的空白处右击,在弹出的快捷菜单中选择"Enter Nodes form SNF..."命令,这时将出现仿真信号选择对话框。单击 List 按钮,将出现端口列表,默认是选择全部,也可以通过左键和 Ctrl 组合来选择想要的信号。单击"=>"图标,将 A,B,C,D,SEL1,SEL0,F 信号加入 SNF 文件中。

单击菜单命令 File→End Time,终止时间设置为 100 μs。

下面,就可以对 SEL,A,B,C,D 输入信号赋值。

为便于观测数据,可将 SEL1,SEL0 两个输入数据作为一个数组来显示。方法是:选中 SEL,执行菜单命令 Node→Enter Group,弹出 Enter Group 对话框。

在 Group Name 栏中填入信号组的名字 SEL；在 Radix 区中选择数字的进位制；选项 Display Gray Code Count As Binary Count 决定在以二进制计数时是否以格雷码显示。然后，再单击 XC 按钮，在弹出的对话框中，将 Starting Value 开始电平设为 1（高电平），Increment By 增加值设为 0（低电平），Multiplied By 设为 200（即半周期为 20 μs）。单击 OK 按钮。

按以上方法将 A 开始电平设为 1（高电平），增加值设为 0（低电平），Multiplied By 设为 50（即半周期为 5 μs）。将 B 开始电平设为 0（低电平），增加值设为 1（高电平），Multiplied By 设为 50（即半周期为 5 μs）。将 C 开始电平设为 1（高电平），增加值设为 0（低电平），Multiplied By 设为 100（即半周期为 10 μs）。将 D 开始电平设为 0（低电平），增加值设为 1（高电平），Multiplied By 设为 100（即半周期为 10 μs），单击保存按钮，将文件保存为 SEL4_1.scfl 文件。

执行菜单栏中的 MAX＋plusⅡ_Simulator 命令，在弹出的对话框中，单击 Start 按钮，开始仿真，仿真的波形图如图 3-21 所示。

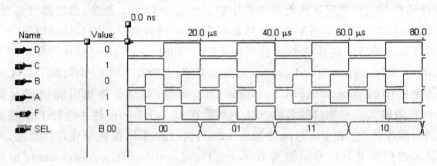

图 3-21　4 选 1 数据选择器仿真波形图

从波形图中可以看出，波形图显示的逻辑功能与设计目的完全一样。

2. 编码器

（1）编码器分析

在数字系统中，常常需要将某一信息（输入）变换为某一特定的代码（输出）。把二进制码按一定的规律编排，例如 8421 码、格雷码等，使每组代码具有一特定的含义（代表某个数字或控制信号）称为编码，具有编码功能的逻辑电路称为编码器。编码器有若干个输入，但在某一时刻只有一个输入信号被转换成为二进制码。常用的编码器有二进制编码器和二-十进制编码器等。下面以 3 位二进制优先编码器（也称为 8-3 优先编码器）为例进行介绍。

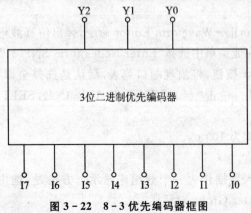

图 3-22　8-3 优先编码器框图

如图 3-22 所示是 8-3 优先编码器的示意框图，I0～I7 是要进行优先编码的 8 个输入信号，Y0～Y2 是用来进行优先编码的 3 位二进制代码。

I0～I7 这 8 个输入信号中，假定 I7 优先级别最高，I6 次之，以此类推，I0 最低，并分别用 Y2Y1Y0 取值为 000，001，…，111 表示 I0，I1，…，I7。根据优先级别高的输入信号排斥优先级别低的输入信号的特点，即可列出优先编码器的简化真值表，如表 3-18 所列。

表 3-18 3 位二进制优先编码表

输入								输出		
I7	I6	I5	I4	I3	I2	I1	I0	Y2	Y1	Y0
1	×	×	×	×	×	×	×	1	1	1
0	1	×	×	×	×	×	×	1	1	0
0	0	1	×	×	×	×	×	1	0	1
0	0	0	1	×	×	×	×	1	0	0
0	0	0	0	1	×	×	×	0	1	1
0	0	0	0	0	1	×	×	0	1	0
0	0	0	0	0	0	1	×	0	0	1
0	0	0	0	0	0	0	1	0	0	0

优先编码表中"×"表示被排斥,也就是说有优先级别高的信号存在时,级别低的输入信号取值无论是 0 还是 1 均可,对电路输出均无影响。

(2) 用 Verilog 描述 8-3 优先编码器

```
module code8_3(I, Y);
input[7:0] I;
output[2:0] Y;
function[2:0] code;            //函数定义
    input[7:0] I;              //函数只有输入端口,输出为函数名本身
    if(I[7])         code = 3'b111;
    else if(I[6]) code = 3'110;
    else if(I[5]) code = 3'101;
    else if(I[4]) code = 3'100;
    else if(I[3]) code = 3'011;
    else if(I[2]) code = 3'010;
    else if(I[1]) code = 3'001;
    else             code = 3'd000;
end function
assign Y=code(I);              //函数调用
endmodule
```

(3) 8-3 优先编码器仿真

下面用 MAX+plusⅡ进行仿真,步骤如下:

① 新建项目。进入 MAX+plusⅡ集成开发环境。单击菜单栏的 File→Project→Name,在出现的新建项目对话框中输入设计项目名,这里起名为 code8_3。

② 设计输入。单击 File→new,新建文件时选择 Text Editor File 选项,单击 OK 按钮,出现文本编辑窗口。输入以上程序,将其保存为 code8_3 文件。单击菜单 File→Project→Set Project To Current File,把文件设为当前工程,至此,Verilog 输入完成。

③ 器件选择与引脚锁定。执行菜单栏中的 Assign→Device 命令,出现器件选择对话框,在 Device Family 栏中选择 MAX7000S;然后在 Device 栏内选择 EPM7128SLC84-15 器件,

单击 OK 按钮加以确认。这样 Altera 公司的 EPM7128SLC84-15 已被项目所使用。注意把对话框中 show only fastest speed grades 前的钩去掉,否则看不到 EPM7128SLC84-15。

执行菜单栏中的 Assign→Pin/Location/Chip 命令,此时会弹出引脚锁定对话框。输入 I0,I1,I2,I3,I4,I5,I6,I7 和 Y0,Y1,Y2,锁定完毕单击 OK 按钮即可,如图 3-23 所示。

```
I4 > chip = code8_3; Input Pin = 6
I5 > chip = code8_3; Input Pin = 8
I6 > chip = code8_3; Input Pin = 9
I7 > chip = code8_3; Input Pin = 10
Y0 > chip = code8_3; Output Pin = 11
Y1 > chip = code8_3; Output Pin = 12
Y2 > chip = code8_3; Output Pin = 14
```

图 3-23 8-3 优先编码器引脚锁定情况

④ 器件的编译。执行菜单栏中的 MAX+plusⅡ-Compiler 命令,这时将弹出编译命令对话框,单击 Start 按钮,即可编译相关的各项操作。

⑤ 器件的仿真。执行菜单栏中的 MAX+plusⅡ→Waveform Editor 命令,弹出仿真波形窗口。在仿真波形窗口的空白处右击,在弹出的快捷菜单中选择"Enter Nodes form SNF..."命令,这时将出现仿真信号选择对话框。单击 List 按钮,将出现端口列表,默认是选择全部,也可以通过左键和 Ctrl 组合来选择想要的信号。单击"=>"图标,将 I0~I7、Y0~Y2 信号加入 SNF 文件中。

单击菜单命令 File→End Time,终止时间设置为 100 μs。然后采用拖动法对 I7~I0 进行赋值:先在 I7 的右方 5 μs 处单击鼠标,此时出现光标。从右向左拖动鼠标到 0 μs 处,此时在 0~5 μs 间会出现一个拖动的黑块。单击 按钮,将 0~5 μs 处的小黑块部分设置为高电平。最后采用与上面相同的方法将 I6 的 5~10 μs 部分设为高电平,将 I5 的 10~15 μs 部分设为高电平,将 I4 的 15~20 μs 部分设为高电平,将 I3 的 20~25 μs 部分设为高电平,将 I2 的 25~30 μs 部分设为高电平,将 I1 的 30~35 μs 部分设为高电平,将 I0 的 35~40 μs 部分设为高电平。单击"保存"按钮,将文件保存为 cide8_3.scf 文件。

执行菜单栏中的 MAX+plusⅡ→Simulator 命令,在弹出的对话框中,单击 Start 按钮,开始仿真,仿真的波形图如图 3-24 所示。

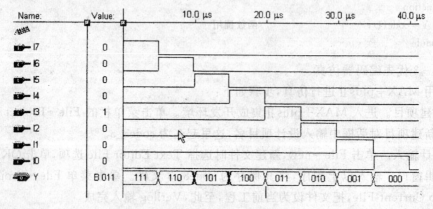

图 3-24 编码器仿真波形图

3. 译码器

译码是编码的逆过程,它的功能是将具有特定含义的二进制码进行辨别,并转换成控制信号。具有译码功能的逻辑电路称为译码器。也就是说,译码器可以将输入二进制代码的状态翻译成输出信号,以表示其原来的含义。

(1) 3-8线译码器

1) 3-8线译码器分析

如图3-25所示为3-8线译码器,也称3位二进制译码器,输入端为A0,A1,A2,可输入3位二进制码,共有 $2^3=8$ 种组合状态,输出端为Y0~Y7共8线,要求对应于输入的每种组合状态(即每一种二进制码),8根输出线中只有1根为1,其余均为0。

设输入A0,A1,A2的8种组合状态分别对应输出信号Y0~Y7的8种情况,在这8种情况中,每种都只有一个输出端为1,译码器真值表如表3-19所列。

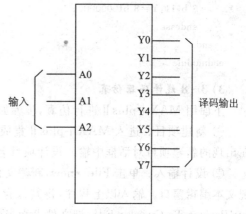

图3-25 3-8线译码器

表3-19 3-8线译码器的真值表

输　入			输　出							
A2	A1	A0	Y7	Y6	Y5	Y4	Y3	Y2	Y1	Y0
0	0	0	0	0	0	0	0	0	0	1
0	0	1	0	0	0	0	0	0	1	0
0	1	0	0	0	0	0	0	1	0	0
0	1	1	0	0	0	0	1	0	0	0
1	0	0	0	0	0	1	0	0	0	0
1	0	1	0	0	1	0	0	0	0	0
1	1	0	0	1	0	0	0	0	0	0
1	1	1	1	0	0	0	0	0	0	0

2) 用Verilog描述3-8线译码器

用Verilog描述3-8线译码器如下:

```
module decode3_8 (Y, A);
output[7:0] Y;
input[2:0] A;
reg[7:0] Y;
always @ (A)
  begin
    case(A)
      3'b000:Y=8'b00000001;
      3'b001:Y=8'b00000010;
```

```
3'b010:Y=8'b00000100;
3'b011:Y=8'b00001000;
3'B100:Y=8'b00010000;
3'b101:Y=8'b00100000;
3'b110:Y=8'b01000000;
3'b111:Y=8'b10000000;
endcase
end
endmodule
```

3) 3-8线译码器仿真

下面用 MAX+plusⅡ进行仿真，步骤如下：

① 新建项目。进入 MAX+plusⅡ集成开发环境。单击菜单栏的 File→Project→Name，在出现的新建项目对话框中输入设计项目名，这里起名为 decode3_8。

② 设计输入。单击 File→new，新建文件时选择 Text Editor File 选项，单击 OK 按钮，出现文本编辑窗口。输入以上程序，将其保存为 decode3_8.v 文件。单击菜单 File→Project→Set Project To Current File，把文件设为当前工程，至此，Verilog 输入完成。

③ 器件选择与引脚锁定。执行菜单栏中的 Assign→Device 命令，出现器件选择对话框，在 Device Family 栏中选择 MAX7000S；然后在 Device 栏内选择 EPM7128SLC84-15 器件，单击 OK 按钮加以确认。这样 Altera 公司的 EPM7128SLC84-15 已被项目所使用。注意把对话框中 show only fastest speed grades 前的钩去掉，否则看不到 EPM7128SLC84-15。

执行菜单栏中的 Assign→Pin/Location/Chip 命令，此时会弹出引脚锁定对话框。输入 Y0～Y7 和 A0～A2，锁定完毕单击 OK 按钮即可，如图 3-26 所示。

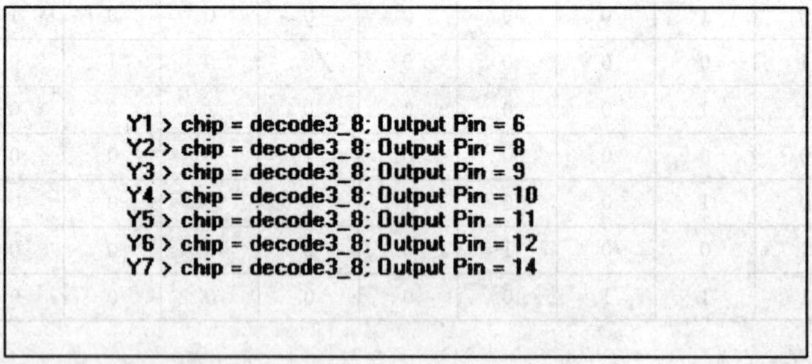

```
Y1 > chip = decode3_8; Output Pin = 6
Y2 > chip = decode3_8; Output Pin = 8
Y3 > chip = decode3_8; Output Pin = 9
Y4 > chip = decode3_8; Output Pin = 10
Y5 > chip = decode3_8; Output Pin = 11
Y6 > chip = decode3_8; Output Pin = 12
Y7 > chip = decode3_8; Output Pin = 14
```

图 3-26 3-8线译码器引脚锁定情况

④ 器件的编译。执行菜单栏中的 MAX+plusⅡ→Compiler 命令，这时将弹出编译命令对话框，单击 Start 按钮，即可编译相关的各项操作。

⑤ 器件的仿真。执行菜单栏中的 MAX+plusⅡ→Waveform Editor 命令，弹出仿真波形窗口。在仿真波形窗口的空白处右击，在弹出的快捷菜单中选择"Enter Nodes form SNF…"命令，这时将出现仿真信号选择对话框。单击 List 按钮，将出现端口列表，默认是选择全部，也可以通过左键和 Ctrl 组合来选择想要的信号。单击"=>"图标，将 I0～I7，Y0～Y2 信号加入 SNF 文件中。

单击菜单命令 File→End Time，终止时间设置为 100 μs。

选中 A[2:0]，单击 XC 按钮，在弹出的对话框中，将 Starting Value 开始电平设为 000，Increment By 增加值设为 001，Multiplied By 设为 50（即半周期为 5 μs）。单击 OK 按钮。单击"保存"按钮，将文件保存为 decode3_8.scf 文件。

执行菜单栏中的 MAX+plusⅡ→Simulator 命令，在弹出的对话框中，单击 Start 按钮，开始仿真，仿真的波形图如图 3-27 所示。

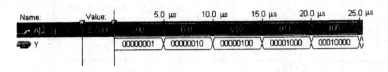

图 3-27 3-8 线译码器仿真波形图

（2）4-10 线译码器

1) 4-10 线译码器分析

将二-十进制代码翻译 10 个十进制数字信号的电路叫做二-十进制译码器。这种译码器的输入是十进制数的二进制编码（BCD）码，输出的 10 个信号分别与十进制数的 10 个数字相对应，其示意框图如图 3-28 所示。这种译码器也常称为 4-10 线译码器。

在 4-10 线译码器中，比较常用的是 8421BCD 码输入的 4-10 线译码器。在 8421BCD 输入的 4 位二进制代码中，0000 的含义是 0，也即表示的是 0，0001 表示的是 1，以此类推，1001 表示的是 9。如果用 A3，A2，A1，A0 表示输入的二进制代码，用 Y0~Y9 表示 10 个输出信号 0~9，据此可列出真值表，如表 3-20 所列。

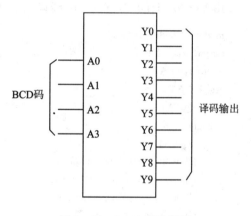

图 3-28 4-10 线译码器

在 8421BCD 码中，代码 1010~1111 这 6 种取值没有用，在正常的情况下不会在译码器的输入端出现，因此称之为伪码，相应地，在译码器的各个输出信号处均记上"×"。

表 3-20 4-10 线译码器真值表

输	入			输				出					
A3	A2	A1	A0	Y9	Y8	Y7	Y6	Y5	Y4	Y3	Y2	Y1	Y0
0	0	0	0	0	0	0	0	0	0	0	0	0	1
0	0	0	1	0	0	0	0	0	0	0	0	1	0
0	0	1	0	0	0	0	0	0	0	0	1	0	0
0	0	1	1	0	0	0	0	0	0	1	0	0	0
0	1	0	0	0	0	0	0	0	1	0	0	0	0
0	1	0	1	0	0	0	0	1	0	0	0	0	0
0	1	1	0	0	0	0	1	0	0	0	0	0	0
0	1	1	1	0	0	1	0	0	0	0	0	0	0

续表 3-20

输入				输出									
1	0	0	0	0	1	0	0	0	0	0	0	0	0
1	0	0	1	1	0	0	0	0	0	0	0	0	0
1	0	1	0	×	×	×	×	×	×	×	×	×	×
1	0	1	1	×	×	×	×	×	×	×	×	×	×
1	1	0	0	×	×	×	×	×	×	×	×	×	×
1	1	0	1	×	×	×	×	×	×	×	×	×	×
1	1	1	0	×	×	×	×	×	×	×	×	×	×
1	1	1	1	×	×	×	×	×	×	×	×	×	×

2) 用 Verilog HDL 描述 4-10 线译码器

用 Verilog HDL 描述 4-10 线译码器如下：

```verilog
module decode4_10(A,Y);
output[9:0] Y;
input[3:0] A;
reg[9:0] Y;
always@(A)
    begin
        case(A)
            4'b0000:Y=10'b0000000001;
            4'b0001:Y=10'b0000000010;
            4'b0010:Y=10'b0000000100;
            4'b0011:Y=10'b0000001000;
            4'b0100:Y=10'b0000010000;
            4'b0101:Y=10'b0000100000;
            4'b0110:Y=10'b0001000000;
            4'b0111:Y=10'b0010000000;
            4'b1000:Y=10'b0100000000;
            4'b1001:Y=10'b1000000000;
            default:Y=10'bx;
        endcase
    end
endmodule
```

3) 4-10 线译码器仿真

下面用 MAX+plusⅡ进行仿真，步骤如下。

① 新建项目。进入 MAX+plusⅡ集成开发环境。单击菜单栏的 File→Project→Name，在出现的新建项目对话框中输入设计项目名，这里起名为 decode4_10。

② 设计输入。单击 File→new，新建文件时选择 Text Editor File 选项，单击 OK 按钮，出现文本编辑窗口。输入以上程序，将其保存为 decode4_10.v 文件。单击菜单 File→Project→Set Project To Current File，把文件设为当前工程，至此，Verilog 输入完成。

③ 器件选择与引脚锁定。执行菜单栏中的 Assign→Device 命令,出现器件选择对话框,在 Device Family 栏中选择 MAX7000S;然后在 Device 栏内选择 EPM7128SLC84-15 器件,单击 OK 按钮加以确认。这样 Altera 公司的 EPM7128SLC84-15 已被项目所使用。注意把对话框中 show only fastest speed grades 前的钩去掉,否则看不到 EPM7128SLC84-15。

执行菜单栏中的 Assign→Pin/Location/Chip 命令,此时会弹出引脚锁定对话框。输入 Y0~Y9 和 A0~A3,锁定完毕单击 OK 按钮即可,如图 3-29 所示。

```
Y3 > chip = decode4_10; Output Pin = 12
Y4 > chip = decode4_10; Output Pin = 15
Y5 > chip = decode4_10; Output Pin = 21
Y6 > chip = decode4_10; Output Pin = 16
Y7 > chip = decode4_10; Output Pin = 17
Y8 > chip = decode4_10; Output Pin = 30
Y9 > chip = decode4_10; Output Pin = 31
```

图 3-29　4-10 线译码器引脚锁定情况

④ 器件的编译。执行菜单栏中的 MAX+plusⅡ→Compiler 命令,这时将弹出编译命令对话框,单击 Start 按钮,即可编译相关的各项操作。

⑤ 器件的仿真。执行菜单栏中的 MAX+plusⅡ→Waveform Editor 命令,弹出仿真波形窗口。在仿真波形窗口的空白处右击,在弹出的快捷菜单中选择"Enter Nodes form SNF..."命令,这时将出现仿真信号选择对话框。单击 List 按钮,将出现端口列表,默认是选择全部,也可以通过左键和 Ctrl 组合来选择想要的信号。单击"=>"图标,将 Y0~Y9,A0~A3 信号加入 SNF 文件中。

单击菜单命令 File→End Time,终止时间设置为 100 μs。

选中 A[3:0],单击 XC 按钮,在弹出的对话框中,将 Starting Value 开始电平设为 0000,Increment By 增加值设为 0001,Multiplied By 设为 50(即半周期为 5 μs),单击 OK 按钮。单击"保存"按钮,将文件保存为 decode4_10.scf 文件。

执行菜单栏中的 MAX+plusⅡ→Simulator 命令,在弹出的对话框中,单击 Start 按钮,开始仿真,仿真的波形图如图 3-30 所示。

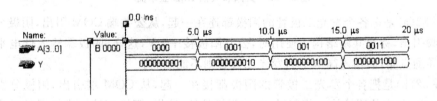

图 3-30　4-10 线译码器仿真波形图

(3) LED 显示译码器

1) LED 显示器的结构

LED 是发光二极管的简称,其 PN 结是用某些特殊的半导体材料(如磷砷化镓)做成的,当外加正向电压时,可以将电能转换成光能,从而发出清晰悦目的光线。如果将多个 LED 管排列好并封装在一起,就成为 LED 显示器。LED 发光管和常用的八段 LED 显示器(也称 LED 数码管)的结构如图 3-31 所示。

图 3-31 中,LED 显示器内部是 8 只发光二极管,分别记为 a,b,c,d,e,f,g,dp(h),其中

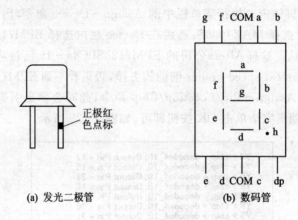

(a) 发光二极管　　　　(b) 数码管

图 3-31　LED 发光二极管和 LED 显示器

除 dp(h)制成圆形用以表示小数点外,其余 7 只全部制成条形,并排列成如图所示的 8 字形状。每只发光二极管都有一根电极引到外部引脚上,而另外一根电极全部连接在一起,引到外引脚,称为公共端(COM)。

图 3-32 是 LED 显示器的电路原理图。

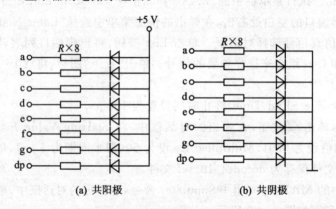

(a) 共阳极　　　　(b) 共阴极

图 3-32　共阳和共阴 LED 显示器

图 3-32(a)是把各个发光二极管的阳极都连在一起,从公共端 COM 引出,阴极分别从其他 8 根引脚引出,称为共阳结构。使用时,公共阳极接+5 V,这样,阴极端输入低电平的发光二极管就导通点亮,而输入高电平的发光二极管则不能点亮。

图 3-32(b)是把各个发光二极管的阴极都接在一起,从 COM 端引出,阳极分别从其他 8 根引脚引出,称为共阴结构。使用时,公共阴极接地,这样,阳极端输入高电平的发光二极管就导通点亮,而输入低电平的发光二极管则不能点亮。

在购买和使用 LED 显示器时,必须说明是共阴还是共阳结构。

2) LED 显示器的原理

根据 LED 显示器结构可知,如果希望显示 8 字,那么除了 dp 管不要点亮以外,其余管全部点亮。同理,如果要显示 1,那么,只需 b,c 两个发光二极管点亮。对于共阳结构,就是要把公共端 COM 接到电源正极,而 b,c 两个负极分别经过一个限流电阻后接低电平;对于共阴结构,就是要把公共端 COM 接低电平(电源负极),而 b,c 两个正极分别经一个限流电阻后接到高电平。按照同样的方法分析其他显示数和字形码,如表 3-21 所列。

表 3-21 8段 LED 数码管段位与显示字形码的关系

显示	共阳								共阴							
	dp	g	f	e	d	c	b	a	十六进制数	dp	g	f	e	d	c	b	a	十六进制数
0	1	1	0	0	0	0	0	0	0C0H	0	0	1	1	1	1	1	1	3FH
1	1	1	1	1	1	0	0	1	0F9H	0	0	0	0	0	1	1	0	06H
2	1	0	1	0	0	1	0	0	0A4H	0	1	0	1	1	0	1	1	5BH
3	1	0	1	1	0	0	0	0	0B0H	0	1	0	0	1	1	1	1	4FH
4	1	0	0	1	1	0	0	1	99H	0	1	1	0	0	1	1	0	66H
5	1	0	0	1	0	0	1	0	92H	0	1	1	0	1	1	0	1	6DH
6	1	0	0	0	0	0	1	0	82H	0	1	1	1	1	1	0	1	7DH
7	1	1	1	1	1	0	0	0	0F8H	0	0	0	0	0	1	1	1	07H
8	1	0	0	0	0	0	0	0	80H	0	1	1	1	1	1	1	1	7FH
9	1	0	0	1	0	0	0	0	90H	0	1	1	0	1	1	1	1	6FH
A	1	0	0	0	1	0	0	0	88H	0	1	1	1	0	1	1	1	77H
B	1	0	0	0	0	0	1	1	83H	0	1	1	1	1	1	0	0	7CH
C	1	1	0	0	0	1	1	0	0C6H	0	0	1	1	1	0	0	1	39H
D	1	0	1	0	0	0	0	1	0A1H	0	1	0	1	1	1	1	0	5EH
E	1	0	0	0	0	1	1	0	86H	0	1	1	1	1	0	0	1	79H
F	1	0	0	0	1	1	1	0	8EH	0	1	1	1	0	0	0	1	71H
H	1	0	0	0	1	0	0	1	89H	0	1	1	1	0	1	1	0	76H
L	1	1	0	0	0	1	1	1	0C7H	0	0	1	1	1	0	0	0	38H
P	1	0	0	0	1	1	0	0	8CH	0	1	1	1	0	0	1	1	73H
U	1	1	0	0	0	0	0	1	0C1H	0	0	1	1	1	1	1	0	3EH
Y	1	0	0	1	0	0	0	1	91H	0	1	1	0	1	1	1	0	6EH
灭	1	1	1	1	1	1	1	1	0FFH	0	0	0	0	0	0	0	0	00H

重点提示

这种规定和定义并非是一成不变的,在实际应用中,为了减少走线交叉和便于电路板布线,设计者可自行定义八段 LED 显示器的引脚符号,并根据其工作原理编制相应的"段码表"以及设计与之相匹配的连接电路。

3) 用 Verilog 描述显示译码器

用 Verilog 描述的共阳 LED 显示译码器如下:

```
module decode4_8(seg_out,D);
output[7:0]seg_out;        //段码输出
input[3:0]D;               //输入的 4 位 BCD 码
reg[7:0]seg_out;
always@(D)
  begin
    case(D)
```

```
            4'd0:seg_out=8'hc0;
            4'd1:seg_out=8'hf9;
            4'd2:seg_out=8'ha4;
            4'd3:seg_out=8'hb0;
            4'd4:seg_out=8'h99;
            4'd5:seg_out=8'h92;
            4'd6:seg_out=8'h82;
            4'd7:seg_out=8'hf8;
            4'd8:seg_out=8'h80;
            4'd9:seg_out=8'h90;
            default:seg_out=8'hx;
        endcase
    end
endmodule
```

4）显示译码器仿真

下面用MAX+plusⅡ进行仿真，步骤如下：

① 新建项目。进入MAX+plusⅡ集成开发环境。单击菜单栏的File→Project→Name，在出现的新建项目对话框中输入设计项目名，这里起名为decode4_8。

② 设计输入。单击File→new，新建文件时选择Text Editor File选项，单击OK按钮，出现文本编辑窗口。输入以上程序，将其保存为decode4_8.v文件。单击菜单File→Project→Set Project To Current File，把文件设为当前工程，至此，Verilog输入完成。

③ 器件选择与引脚锁定。执行菜单栏中的Assign→Device命令，出现器件选择对话框，在Device Family栏中选择MAX7000S；然后在Device栏内选择EPM7128SLC84-15器件，单击OK按钮加以确认。这样Altera公司的EPM7128SLC84-15已被项目所使用。注意把对话框中show only fastest speed grades前的钩去掉，否则看不到EPM7128SLC84-15。

执行菜单栏中的Assign→Pin/Location/Chip命令，此时会弹出引脚锁定对话框。输入seg_out0～seg_out7和D0～D3，锁定完毕单击OK按钮即可，如图3-33所示。

图3-33 显示译码器引脚锁定情况

④ 器件的编译。执行菜单栏中的MAX+plusⅡ→Compiler命令，这时将弹出编译命令对话框，单击Start按钮，即可编译相关的各项操作。

⑤ 器件的仿真。执行菜单栏中的MAX+plusⅡ→Waveform Editor命令，弹出仿真波形窗口。在仿真波形窗口的空白处右击，在弹出的快捷菜单中选择"Enter Nodes form SNF..."命令，这时将出现仿真信号选择对话框。单击List按钮，将出现端口列表，默认是选择全部，也可以通过左键和Ctrl组合来选择想要的信号。单击"=>"图标，将seg_out0～seg_out9,D0～D3信号加入SNF文件中。

单击菜单命令File→End Time，终止时间设置为100 μs。

选中D[3:0]，单击XC按钮，在弹出的对话框中，将Starting Value开始电平设为0000，Increment By增加值设为0001，Multiplied By设为50（即半周期为5 μs），单击OK按钮。单击保存按钮，将文件保存为decode3_8.scf文件。

执行菜单栏中的 MAX+plusⅡ→Simulator 命令,在弹出的对话框中,单击 Start 按钮,开始仿真,仿真的波形图如图 3-34 所示。

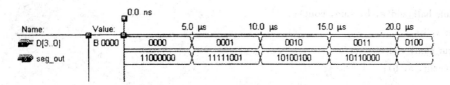

图 3-34 显示译码器仿真波形图

4. 加法器

加法器主要有半加法器和全加法器两种。它们都是二进制数中的加法运算。

(1) 半加器

1) 半加器分析

两个 1 位(1 bit)的二进制数相加,叫做半加,实现两个 1 位二进制数相加运算的电路叫做半加器电路,半加器可完成两个 1 位二进数的求和运算。根据半加器电路的这一定义,半加器是一个由加数、被加数、和数、向高位进位数组成的运算电路,它仅考虑本位数相加,而不考虑低位来的进位数。

图 3-35 是半加器内部逻辑电路。

半加器具有以下特点:

① 这种电路共有 4 个端子,其中包括 2 个输入端子和 2 个输出端子。

② 输入端 a 和 b 分别是加数输入端和被加数输入端,a 和 b 只有 1 或 0 两个变量,注意这里的 1 和 0 是二进制数中的两个数码,不是高电平 1 和低电平 0。

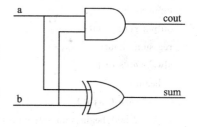

图 3-35 半加器内部逻辑电路

③ 输出端 sum 是本位和数输出端子,即 2 个二进制数相加后本位的结果输出,如果是 0+0,本位则是 0;1+0 本位是 1;1+1 应等于 10,但本位是 0,所以此时 sum 端仍然输出 0。

④ 输出端 cout 是进位数端子;2 个二进制数相加后若出现进位数,如 1+1=10,此时 1 就是进位数,所以此时 cout 端会输出 1。如果是 1+0=1,则进位数是 0。

半加器真值表如表 3-22 所列。

表 3-22 半加器真值表

输入端		输出端	
加数端 a	被加数端 b	和数端 sum	进位数端 cout
0	0	0	0
0	1	1	0
1	0	1	0
1	1	0	1

2) 用 Verilog 描述半加器

采用门级描述方式描述如下：

```verilog
module half_add(a, b, sum, cout);
input a, b;
output sum, cout;
and (cout, a, b);
xor (sum, a, b);
endmodule
```

采用数据流描述方式描述如下：

```verilog
module half_add(a, b, sum, cout);
input a, b;
output sum, cout;
assign sum= a^b;
assign cout= a&b;
endmodule
```

采用行为描述方式描述如下：

```verilog
module half_add(a, b, sum, cout);
input a, b;
output sum, cout;
reg sum, cout;
always@(a or b)
   begin
      case ({a,b})
         2'b00:begin sum=0; cout=0; end
         2'b01:begin sum=1; cout=0; end
         2'b10:begin sum=1; cout=0; end
         2'b11:begin sum=0; cout=1; end
      endcase
   end
endmodule
```

3) 半加器仿真

下面用 MAX+plusⅡ进行仿真，步骤如下：

① 新建项目。进入 MAX+plusⅡ集成开发环境。单击菜单栏的 File→Project→Name，在出现的新建项目对话框中输入设计项目名，这里起名为 half_add。

② 设计输入。单击 File→new，新建文件时选择 Text Editor File 选项，单击 OK 按钮，出现文本编辑窗口。输入以上程序，将其保存为 half_add.v 文件。单击菜单 File→Project→Set Project To Current File，把文件设为当前工程，至此，Verilog 输入完成。

③ 器件选择与引脚锁定。执行菜单栏中的 Assign→Device 命令，出现器件选择对话框，在 Device Family 栏中选择 MAX7000S；然后在 Device 栏内选择 EPM7128SLC84-15 器件，单击 OK 按钮加以确认。这样 Altera 公司的 EPM7128SLC84-15 已被项目所使用。注意把

对话框中 show only fastest speed grades 前的钩去掉,否则看不到 EPM7128SLC84-15。

执行菜单栏中的 Assign→Pin/Location/Chip 命令,此时会弹出引脚锁定对话框。输入 a,b,sum,cout,锁定完毕单击 OK 按钮即可,如图 3-36 所示。

④ 器件的编译。执行菜单栏中的 MAX+plusⅡ→Compiler 命令,这时将弹出编译命令对话框,单击 Start 按钮,即可编译相关的各项操作。

```
a > chip = half_add; Input Pin = 5
b > chip = half_add; Input Pin = 6
cout > chip = half_add; Output Pin = 9
sum > chip = half_add; Output Pin = 8
```

图 3-36　半加器引脚锁定情况

⑤ 器件的仿真。执行菜单栏中的 MAX+plusⅡ→Waveform Editor 命令,弹出仿真波形窗口。在仿真波形窗口的空白处右击,在弹出的快捷菜单中选择"Enter Nodes form SNF..."命令,这时将出现仿真信号选择对话框。单击 List 按钮,将出现端口列表,默认是选择全部,也可以通过左键和 Ctrl 组合来选择想要的信号。单击"=>"图标,将 a,b,sum,cout 信号加入 SNF 文件中。

单击菜单命令 File→End Time,终止时间设置为 100 μs。

选中 a,单击XC按钮,在弹出的对话框中,将 Starting Value 开始电平设为 1,Increment By 增加值设为 0,Multiplied By 设为 50(即半周期为 5μs)。单击 OK 按钮。选中 b,单击XC按钮,在弹出的对话框中,将 Starting Value 开始电平设为 1,Increment By 增加值设为 0,Multiplied By 设为 100(即半周期为 10 μs),单击 OK 按钮。单击保存按钮,将文件保存为 half_add.scf 文件。

执行菜单栏中的 MAX+plusⅡ→Simulator 命令,在弹出的对话框中,单击 Start 按钮,开始仿真,仿真的波形图如图 3-37 所示。

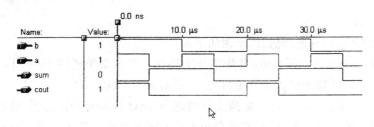

图 3-37　半加器仿真波形图

(2) 全加器

1) 全加器分析

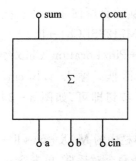

图 3-38　全加器的符号

前面介绍的半加器只有两个输入端,不能处理由低位送来的进位数,全加器则能够实现二进制全加运算。全加器在对两个二进制数进行加法运算时,除了能将本位的两个数 a,b 相加外,还要加上低位送来的进位数 cin。所以,全加器比半加器电路多一个输入端,共有三个输入端。全加器仍然是一个 1 位加法器电路,与半加器相比只是多了一个低位进位数端。

图 3-38 是全加器电路符号,cin 称为低位进位数端。a 是加数输入端,b 是被加数输入端,sum 是和数输出端,cout 是向高位进位数输出端。

根据全加器的定义,可得出全加器的真值表,如表3-23所列。

表 3-23 全加器真值表

输入端			输出端	
加数 a	被加数 b	低位进位数 cin	和数 sum	进位数 cout
0	0	0	0	0
0	1	0	1	0
1	0	0	1	0
1	1	0	0	1
0	0	1	1	0
0	1	1	0	1
1	0	1	0	1
1	1	1	1	1

2)用 Verilog HDL 描述全加器

采用数据流描述方式,用 Verilog HDL 描述全加器如下:

```
module full_add(a,b,cin,sum,cout);
input a,b,cin;
output sum,cout;
assign{cout,sum}=a+b+cin;
endmodule
```

3)全加器仿真

下面用 MAX+plusⅡ进行仿真,步骤如下:

① 新建项目。进入 MAX+plusⅡ集成开发环境。单击菜单栏的 File→Project→Name,在出现的新建项目对话框中键入设计项目名,这里起名为 full_add。

② 设计输入。单击 File→new,新建文件时选择 Text Editor File 选项,单击 OK 按钮,出现文本编辑窗口。输入以上程序,将其保存为 full_add.v 文件。单击菜单 File→Project→Set Project To Current File,把文件设为当前工程,至此,Verilog 输入完成。

③ 器件选择与引脚锁定。执行菜单栏中的 Assign→Device 命令,出现器件选择对话框,在 Device Family 栏中选择 MAX7000S;然后在 Device 栏内选择 EPM7128SLC84-15 器件,单击 OK 按钮加以确认。这样 Altera 公司的 EPM7128SLC84-15 已被项目所使用。注意把对话框中 show only fastest speed grades 前的钩去掉,否则看不到 EPM7128SLC84-15。

```
a > chip = full_add; Input Pin = 4
b > chip = full_add; Input Pin = 5
cin > chip = full_add; Input Pin = 6
cout > chip = full_add; Output Pin = 9
sum > chip = full_add; Output Pin = 8
```

图 3-39 全加器引脚锁定情况

执行菜单栏中的 Assign→Pin/Location/Chip 命令,此时会弹出引脚锁定对话框。输入 a,b,cin,sum,cout,锁定完毕单击 OK 按钮即可,如图 3-39 所示。

④ 器件的编译。执行菜单栏中的 MAX+plusⅡ→Compiler 命令,这时将弹出编译命令对话框,单击 Start 按钮,即可编译相关的各项操作。

⑤ 器件的仿真。执行菜单栏中的 MAX+plusⅡ→Waveform Editor 命令,弹出仿真波形窗口。在仿真波形窗口的空白处右击,在弹出的快捷菜单中选择"Enter Nodes form SNF..."命令,这时将出现仿真信号选择对话框。单击 List 按钮,将出现端口列表,默认是选择全部,也可以通过左键和 Ctrl 组合来选择想要的信号。单击"=>"图标,将 a,b,cin,sum,cout 信号加入 SNF 文件中。

单击菜单命令 File→End Time,终止时间设置为 100 μs。

选中 a,单击 XC 按钮,在弹出的对话框中,将 Starting Value 开始电平设为 1,Increment By 增加值设为 0,Multiplied By 设为 50(即半周期为 5 μs),单击 OK 按钮。选中 b,单击 XC 按钮,在弹出的对话框中,将 Starting Value 开始电平设为 1,Increment By 增加值设为 0,Multiplied By 设为 100(即半周期为 10 μs),单击 OK 按钮。单击 cin,将其设为高电平 1。单击"保存"按钮,将文件保存为 full_add.scf 文件。

执行菜单栏中的 MAX+plusⅡ→Simulator 命令,在弹出的对话框中,单击 Start 按钮,开始仿真,仿真的波形图如图 3-40 所示。

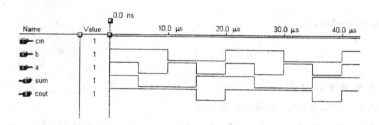

图 3-40 全加器仿真波形图

(3) 4 位二进制数加法器

1) 4 位二进制加法器分析

前面介绍的半加器和全加器都是 1 位二进制数的加法运算电路,4 位二进制数的加法运算要用 4 位加法器,图 3-41 是采用全加器构成的 4 位二进制数加法器,这是一种结构最简单的电路,也称为 4 位串行进位加法器。

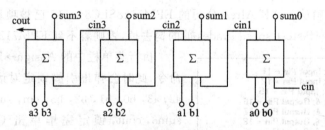

图 3-41 4 位串行进位加法器

电路中,a0~a3 是加数输入端,b0~b3 是被加数输入端,sum1~sum3 是本位和数输出端,cin 是低位进位数端,cout 是向高位进位数输出端。

2) 用 Verilog HDL 描述 4 位二进制加法器

采用数据流描述方式描述的 4 位加法器如下:

```
module add_4(cout,sum,a,b,cin);
output[3:0]sum;
```

```
output cout;
input [3:0]a,b;
input cin;
assign{cout,sum}=a+b+cin;
endmodule
```

采用行为描述方式描述的4位加法器如下:

```
module add_4(cout,sum,a,b,cin);
output[3:0]sum;
output cout;
input[3:0]a,b;
input cin;
reg[3:0]sum;
reg cout;
always@(a or b or cin)
    begin
    {cout,sum}=a+b+cin;
    end
endmodule
```

3) 4位二进制加法器仿真

下面用MAX+plusⅡ进行仿真,步骤如下:

① 新建项目。进入MAX+plusⅡ集成开发环境。单击菜单栏的File→Project→Name,在出现的新建项目对话框中输入设计项目名,这里起名为add_4。

② 设计输入。单击File→new,新建文件时选择Text Editor File选项,单击OK按钮,出现文本编辑窗口。输入以上程序,将其保存为add_4.v文件。单击菜单File→Project→Set Project To Current File,把文件设为当前工程,至此,Verilog输入完成。

③ 器件选择与引脚锁定。执行菜单栏中的Assign→Device命令,出现器件选择对话框,在Device Family栏中选择MAX7000S;然后在Device栏内选择EPM7128SLC84-15器件,单击OK按钮加以确认。这样Altera公司的EPM7128SLC84-15已被项目所使用。注意把对话框中show only fastest speed grades前的钩去掉,否则看不到EPM7128SLC84-15。

执行菜单栏中的Assign→Pin/Location/Chip命令,此时会弹出引脚锁定对话框。输入a0,a1,a2,a3,b0,b1,b2,b3,cin,sum0,sum1,sum2,sum3,cout,锁定完毕单击OK按钮即可,如图3-42所示。

```
b2 > chip = add_4; Input Pin = 11
b3 > chip = add_4; Input Pin = 12
cin > chip = add_4; Input Pin = 15
sum0 > chip = add_4; Output Pin = 16
sum1 > chip = add_4; Output Pin = 17
sum2 > chip = add_4; Output Pin = 18
sum3 > chip = add_4; Output Pin = 20
```

图3-42 4位加法器引脚锁定情况

④ 器件的编译。执行菜单栏中的MAX+plusⅡ→Compiler命令,这时将弹出编译命令对话框,单击Start按钮,即可编译相关的各项操作。

⑤ 器件的仿真。执行菜单栏中的MAX+plusⅡ→Waveform Editor命令,弹出仿真波形窗口。在仿真波形窗口的空白处右击,在弹出的快捷菜单中选择"Enter Nodes form SNF..."命令,这时将出现仿真信号选择对话框。单击List按钮,将出现端口列表,默认是选择全部,

也可以通过左键和 Ctrl 组合来选择想要的信号。单击"＝＞"图标,将 a0,a1,a2,a3,b0,b1,b2,b3,cin,sum0,sum1,sum2,sum3,cout 信号加入 SNF 文件中。

单击菜单命令 File→End Time,终止时间设置为 100 μs。

选中 a[3:0],单击 XC 按钮,在弹出的对话框中,将 Starting Value 开始电平设为 0000,Increment By 增加值设为 0001,Multiplied By 设为 50(即半周期为 5 μs),单击 OK 按钮。选中 b[3:0],单击 XC 按钮,在弹出的对话框中,将 Starting Value 开始电平设为 0000,Increment By 增加值设为 0001,Multiplied By 设为 50(即半周期为 5 μs),单击 OK 按钮。单击 cin,将其设为低电平 0。单击"保存"按钮,将文件保存为 add_4.scf 文件。

执行菜单栏中的 MAX+plus Ⅱ→Simulator 命令,在弹出的对话框中,单击 Start 按钮,开始仿真,仿真的波形图如图 3-43 所示。

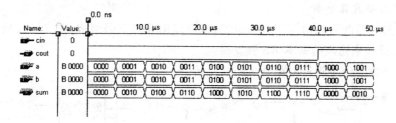

图 3-43 4 位加法器仿真波形图

3.7.3 双稳态触发器

前面介绍的组合电路的特点是,在任何时刻,电路的输出仅仅取决于当时的输入,它没有记忆功能。双稳态触发器(Flip-Flop)是一种具有记忆功能,可以存储二进制信息的双稳态电路,它是组成时序逻辑电路的基本单元。

双稳态触发器具有以下几个特点:

① 触发器有两个输出端和多个输入端。触发器的两个输出端这里用 Q 和 QB(即 $\overline{Q}$)来分别表示,在没有具体说明是哪一个输出端时,通常是指输出端 Q 而不是反相输出端 QB。触发器的输入端对不同类型的触发器其数目不等。

② 触发器具有记忆功能。各种触发器的基本功能是能够存储二进制码,具有记忆二进制数码的能力。由于触发器具有记忆功能,所以触发器在受输入信号触发后进行工作时,不仅受到输入信号的影响,还要受到触发器本身所记忆数码(即前次触发结果)的影响,这一点与逻辑门电路完全不同。

触发器在输入端触发作用过去后,会保持稳定状态,这说明触发器能够将输入信号保存下来,一个触发器能够保存一位二进制数码信息。

③ 触发器具有两个互为相反的输出端。触发器的两个输出端 Q 和 QB 其输出状态始终相反,当 Q=1 时,QB=0;当 Q=0 时,QB=1。规定触发器的输出端状态是指输出端 Q 的输出状态,即 Q=1 时,触发器输出高电平 1;Q=0 时,触发器输出低电平 0。

④ 触发器的两个输出端输出状态必须相反。如果两个输出端的输出状态相同,或不是一个输出 1,一个输出 0,都说明触发器已不能进行正常地工作。

⑤ 触发器的两个稳定状态是可翻转的。触发器有两个稳定状态,即 1 态和 0 态,在没有输入信号作用时,一直稳定在其中的一个状态。触发器的 1,0 两个稳定状态就是表示了二进制码中的 1 和 0。

触发器两个稳定状态是可以发生翻转的,如果触发器稳定在 1 态($Q=1,QB=0$),在输入端有效触发信号的作用下,触发器可以翻转到输出 0 态;同理,如果触发器的输出状态稳定在 0 态,在输入端有效信号的触发下即翻转到 1 态。无论触发器如何翻转,其输出状态都在 1 和 0 之间变化。

下面分别介绍几种常用的触发器及其用 Verilog HDL 描述的方法。

1. RS 触发器

(1) 基本 RS 触发器(异步 RS 触发器)

1) 基本 RS 触发器分析

基本 RS 触发器既可以由与门电路组成,也可以由或门电路组成,图 3-44 所示是用两个或非门交叉连接起来构成的基本 RS 触发器。

基本 RS 触发器的逻辑符号如图 3-45 所示。

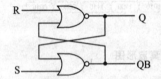
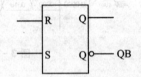

图 3-44 由或非门构成的基本 RS 触发器　　图 3-45 基本 RS 触发器的逻辑符号

R,S 是信号输入端;Q,QB 既表示触发器的状态,又是两个互补的信号输出端。

① 现态。把触发器接收输入信号之前所处的状态称为现态,并用 Q^n 表示。触发器有两个稳定状态,在未接收输入信号或输入信号未到来之前,它总是处在某一个稳态,不是 0 就是 1,也即 Q^n 不是 0 就是 1。

② 次态。把触发器接收输入信号之后所处的新的状态叫做次态,并用 Q^{n+1} 表示。当输入信号到来时,触发器会根据输入信号的取值更新状态,显然,Q^{n+1} 的值不仅和输入信号有关,而且还取决于现态 Q^n。

③ 特性表。反映触发器次态 Q^{n+1} 和现态 Q^n 与输入信号之间对应关系的表格叫做特性表。根据基本 RS 触发器工作原理,可得出如表 3-24 所列的特性表。

由表 3-24 可明显地看出:当 R=S=0 时,触发器保持原来状态不变,也即 $Q^{n+1}=Q^n$;当 R=0,S=1 时,触发器置 1,也即 $Q^{n+1}=1$;当 R=1,S=0 时,触发器置 0,也即 $Q^{n+1}=0$;而 R=S=1 是不允许的,属于不用的情况。表 3-25 所列是一种常用的特性表的简化形式。

表 3-24　基本 RS 触发器的特性表

R	S	Q^n	Q^{n+1}
0	0	0	0
		1	1
0	1	0	1
		1	1

续表 3-24

R	S	Q^n	Q^{n+1}
1	0	0	0
		1	0
1	1	0	不用
		1	

表 3-25　基本 RS 触发器的简化特性表

R	S	Q^{n+1}	说明
0	0	Q^n	保持
0	1	1	置 1
1	0	0	置 0
1	1	不用	不允许

2）用 Verilog HDL 描述基本 RS 触发器

采用门级描述方式描述如下：

```
module    RS_FF(R,S,Q,QB);
input     R,S;
output    Q,QB;
nor    (Q,R,QB);
nor    (QB,S,Q);
endmodule
```

采用行为描述方式描述如下：

```
module    RS_FF(R,S,Q,QB);
input     R,S;
output    Q,QB;
reg    Q;
assign    QB=~Q;
always@(R or S)
    case({R,S})
    2'b01:Q<=1;
    2'b10:Q<=0;
    2'b11:Q<=1'bx;
    endcase
endmodule
```

3）基本 RS 触发器的仿真

下面用 MAX+plusⅡ进行仿真，步骤如下：

① 新建项目。进入 MAX+plusⅡ集成开发环境。单击菜单栏的 File→Project→Name，在出现的新建项目对话框中输入设计项目名，这里起名为 RS_FF。

② 设计输入。单击 File→new，新建文件时选择 Text Editor File 选项，单击 OK 按钮，出

现文本编辑窗口。输入以上程序,将其保存为 RS_FF.v 文件。单击菜单 File→Project→Set Project To Current File,把文件设为当前工程,至此,Verilog 输入完成。

③ 器件选择与引脚锁定。执行菜单栏中的 Assign→Device 命令,出现器件选择对话框中,在 Device Family 栏中选择 MAX7000S;然后在 Device 栏内选择 EPM7128SLC84-15 器件,单击 OK 按钮加以确认。这样 Altera 公司的 EPM7128SLC84-15 已被项目所使用。注意把对话框中 show only fastest speed grades 前的钩去掉,否则看不到 EPM7128SLC84-15。

执行菜单栏中的 Assign→Pin/Location/Chip 命令,此时会弹出引脚锁定对话框。输入 R, S, Q, QB, 锁定完毕单击 OK 按钮即可,如图 3-46 所示。

```
Q  > chip = rs_ff; Output Pin = 6
QB > chip = rs_ff; Output Pin = 8
R  > chip = rs_ff; Input  Pin = 4
S  > chip = rs_ff; Input  Pin = 5
```

图 3-46 RS 基本触发器引脚锁定情况

④ 器件的编译。执行菜单栏中的 MAX+plus Ⅱ→Compiler 命令,这时将弹出编译命令对话框,单击 Start 按钮,即可编译相关的各项操作。

⑤ 器件的仿真。执行菜单栏中的 MAX+plus Ⅱ→Waveform Editor 命令,弹出仿真波形窗口。在仿真波形窗口的空白处右击,在弹出的快捷菜单中选择"Enter Nodes form SNF..."命令,这时将出现仿真信号选择对话框。单击 List 按钮,将出现端口列表,默认是选择全部,也可以通过左键和 Ctrl 组合来选择想要的信号。单击"=>"图标,将 R, S, Q, QB 信号加入 SNF 文件中。

单击菜单命令 File→End Time,终止时间设置为 100 μs。

选中 R,单击 XC 按钮,在弹出的对话框中,将 Starting Value 开始电平设为 1, Increment By 增加值设为 0, Multiplied By 设为 50(即半周期为 5 μs)。单击 OK 按钮。选中 b,单击 XC 按钮,在弹出的对话框中,将 Starting Value 开始电平设为 0, Increment By 增加值设为 1, Multiplied By 设为 100(即半周期为 5 μs),单击 OK 按钮。单击"保存"按钮,将文件保存为 RS_FF.scf 文件。

执行菜单栏中的 MAX+plus Ⅱ→Simulator 命令,在弹出的对话框中,单击 Start 按钮,开始仿真,仿真的波形图如图 3-47 所示。

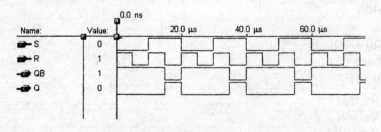

图 3-47 RS 基本触发器仿真波形图

(2) 同步 RS 触发器

1) 同步 RS 触发器分析

同步 RS 触发器中,输入信号是经过控制门输入的,而管理控制门的则是时钟脉冲(CLK 信号),只有在 CLK 信号到来时,输入信号才能进入触发器,否则就会被拒之门外,对电路不起作用。同步 RS 触发器分为正边沿(上升沿)和负边沿(下降沿)两种触发形式,其逻辑符号如图 3-48 所示。图中,R 和 S 为输入端,CLK 为时钟端,上升沿或下降沿触发有效,Q 和 QB 是互为反相的输出端。

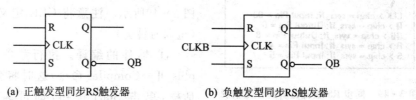

(a) 正触发型同步RS触发器　　　　(b) 负触发型同步RS触发器

图3-48　同步RS触发器逻辑符号

对于上升沿触发型同步 RS 触发器，只有当时钟脉冲 CLK 的上升沿到来时，电路的输出状态才有可能发生变化，而变化与否又取决于 R 端和 S 端。R 端和 S 端均为低电平时，输出保持电路原有状态；R 端和 S 端分别为高电平和低电平时，输出 Q 为低电平；R 端和 S 端分别为低电平和高电平时，输出 Q 为高电平；R 端和 S 端均为高电平时，输出为"不定"。在实际应用中应避免这种 R 端和 S 端均为高电平的情况出现。

对于下降沿触发型同步 RS 触发器，只有当时钟脉冲 CLK 的下降沿到来时，电路的输出状态才有可能发生变化，变化情况同正触发型。

2）用 Verilog HDL 描述同步 RS 触发器

用 Verilog HDL 描述同步 RS 触发器（上升沿触发型）如下：

```
module SYRS_FF(R,S,CLK,Q,QB);
input R,S,CLK;
output Q,QB;
reg Q;
assign QB=~Q;
always@(posedge CLK)
    case({R,S})
        2'b01:Q<=1;
        2'b10:Q<=0;
        2'b11:Q<=1'bx;
    endcase
endmodule
```

3）同步 RS 触发器的仿真

下面用 MAX+plusⅡ进行仿真，步骤如下：

① 新建项目。进入 MAX+plusⅡ集成开发环境。单击菜单栏的 File→Projeot→Name，在出现的新建项目对话框中输入设计项目名，这里起名为 SYRS_FF。

② 设计输入。单击 File→new，新建文件时选择 Text Editor File 选项，单击 OK 按钮，出现文本编辑窗口。输入以上程序，将其保存为 SYRS_FF.v 文件。单击菜单 File→Project→Set Project To Current File，把文件设为当前工程，至此，Verilog 输入完成。

③ 器件选择与引脚锁定。执行菜单栏中的 Assign→Device 命令，出现器件选择对话框，在 Device Family 栏中选择 MAX7000S；然后在 Device 栏内选择 EPM7128SLC84-15 器件，单击 OK 按钮加以确认。这样 Altera 公司的 EPM7128SLC84-15 已被项目所使用。注意把对话框中 show only fastest speed grades 前的钩去掉，否则看不到 EPM7128SLC84-15。

执行菜单栏中的 Assign→Pin/Location/Chip 命令，此时会弹出引脚锁定对话框。输入

```
CLK > chip = syrs_ff; Input Pin = 83
Q  > chip = syrs_ff; Output Pin = 6
QB > chip = syrs_ff; Output Pin = 8
R  > chip = syrs_ff; Input Pin = 4
S  > chip = syrs_ff; Input Pin = 5
```

图 3-49 同步 RS 触发器引脚锁定情况

R,S,CLK,Q,QB,锁定完毕单击 OK 按钮即可,如图 3-49 所示。注意将 CLK 定义在 2 脚或 83 脚(全局时钟脚)。

④ 器件的编译。执行菜单栏中的 MAX+plus Ⅱ→Compiler 命令,这时将弹出编译命令对话框,单击 Start 按钮,即可编译相关的各项操作。

⑤ 器件的仿真。执行菜单栏中的 MAX+plus Ⅱ→Waveform Editor 命令,弹出波形仿真窗口。在仿真波形窗口的空白处右击,在弹出的快捷菜单中选择"Enter Nodes form SNF..."命令,这时将出现仿真信号选择对话框。单击 List 按钮,将出现端口列表,默认是选择全部,也可以通过左键和 Ctrl 组合来选择想要的信号。单击"=>"图标,将 R,S,CLK,Q,QB 信号加入 SNF 文件中。

单击菜单命令 File→End Time,终止时间设置为 100 μs。

选中 R,单击 XC 按钮,在弹出的对话框中,将 Starting Value 开始电平设为 1,Increment By 增加值设为 0,Multiplied By 设为 50(即半周期为 5 μs)。单击 OK 按钮。选中 b,单击 XC 按钮,在弹出的对话框中,将 Starting Value 开始电平设为 0,Increment By 增加值设为 1,Multiplied By 设为 100(即半周期为 5 μs),单击 OK 按钮。选中 CLK,单击 XC 按钮,在弹出的时钟设置对话框中,将 Starting Value 开始电平设为 1,Multiplied By 设为 20(即时钟半周期为 2 μs)。单击"保存"按钮,将文件保存为 SYRS_FF.scf 文件。

执行菜单栏中的 MAX+plus Ⅱ→Simulator 命令,在弹出的对话框中,单击 Start 按钮,开始仿真,仿真的波形图如图 3-50 所示。

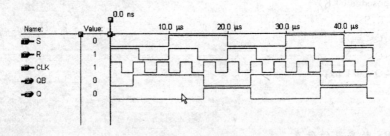

图 3-50 同步 RS 触发器仿真波形图

2. D 触发器

(1) D 触发器

1) D 触发器分析

D 触发器主要有正边沿(上升沿)和负边沿(下降沿)两种触发方式。其逻辑符号如图 3-51 所示。

从图 3-51 中可以看出,下降沿触发的 D 触发器的 CLK 端有"○"符号,而上升沿触发的 D 触发器 CLK 端没有"○"符号。

下降沿触发的 D 触发器在 CLK 为 0、上升沿为 1 时,输入信号 D 都不起作用,只有在

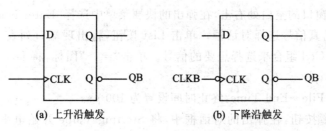

(a) 上升沿触发　　　　　　(b) 下降沿触发

图 3-51　D 触发器逻辑符号

CLK 为下降沿时，触发器才按照特性方程 $Q^{n+1}=D$ 更新状态。而上升沿触发的 D 触发器则相反，在 CLK 为 0、下降沿为 1 时，输入信号 D 都不起作用，只有在 CLK 为上升沿时，触发器才按照特性方程 $Q^{n+1}=D$ 更新状态。

2) 用 Verilog HDL 描述 D 触发器

```
module D_FF(D,CLK,Q,QB);
output Q,QB;
input D,CLK;
reg Q;
assign QB=~Q;
always@(posse CLK)
    begin
    Q<=D;
    end
endmodule
```

3) D 触发器仿真

下面用 MAX+plusⅡ进行仿真，步骤如下：

① 新建项目。进入 MAX+plusⅡ集成开发环境。单击菜单栏的 File→Project→Name，在出现的新建项目对话框中输入设计项目名，这里起名为 D_FF。

② 设计输入。单击 Pile→new，新建文件时选择 Text Editor File 选项，单击 OK 按钮，出现文本编辑窗口。输入以上程序，将其保存为 D_FF.v 文件。单击菜单 File→Project→Set Projeot To Current File，把文件设为当前工程，至此，Verilog 输入完成。

③ 器件选择与引脚锁定。执行菜单栏中的 Assign→Device 命令，出现器件选择对话框，在 Device Familv 栏中选择 MAX7000S；然后在 Device 栏内选择 EPM7128SLC84-15 器件，单击 OK 按钮加以确认。这样 Altera 公司的 EPM7128SLC84-15 已被项目所使用。注意把对话框中的 show only fastest speed grades 前的钩去掉，否则看不到 EPM71288LC84-15。

执行菜单栏中的 Assign→Pin/Location/Chip 命令，此时会弹出引脚锁定对话框。输入 D，CLK，Q，QB，锁定完毕单击 OK 按钮即可，如图 3-52 所示。注意将 CLK 定义在 2 脚或 83 脚（全局时钟脚）。

```
CLK > chip = d_ff; Input Pin = 2
D > chip = d_ff; Input Pin = 1
Q > chip = d_ff; Output Pin = 4
QB > chip = d_ff; Output Pin = 5
```

图 3-52　D 触发器引脚锁定情况

④ 器件的编译。执行菜单栏中的 MAX+plusⅡ→Compiler 命令，这时将弹出编译命令对话框，单击 Start 按钮，即可编译相关的各项操作。

⑤ 器件的仿真。执行菜单栏中的 MAX+plusⅡ→Waveform Editor 命令，弹出仿真波形

窗口。在仿真波形窗口的空白处右击，在弹出的快捷菜单中选择"Enter Nodes form SNF..."命令，这时将出现仿真信号选择对话框。单击 List 按钮，将出现端口列表，默认是选择全部，也可以通过左键和 Ctrl 组合来选择想要的信号。单击"=>"图标，将 D,CLK,Q,QB 信号加入 SNF 文件中。

单击菜单命令 File→End Time,终止时间设置为 100 μs。

选中 D,单击 XC 按钮，在弹出的对话框中，将 Starting Value 开始电平设为 1,Increment By 增加值设为 0,Multiplied By 设为 50（即半周期为 5 μs），单击 OK 按钮。选中 CLK,单击 XC 按钮，在弹出的时钟设置对话框中，将 Starting Value 开始电平设为 1,Multiplied By 设为 20（即时钟半周期为 2 μs）。单击"保存"按钮，将文件保存为 D_FF.scf 文件。

执行菜单栏中的 MAX+plusⅡ→Simulator 命令，在弹出的对话框中，单击 Start 按钮，开始仿真，仿真的波形图如图 3-53 所示。

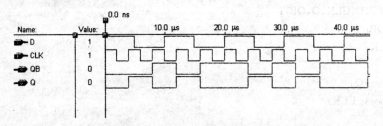

图 3-53 D 触发器仿真波形图

(2) 带复位功能的 D 触发器

1) 带复位功能的 D 触发器分析

带复位功能的 D 触发器如图 3-54 所示。这里，复位信号 CLR 采用低电平复位，即 CLR 的脚上有一个小圆圈。时钟信号为上升沿触发。

带复位功能的 D 触发器其逻辑功能是：在复位脉冲到来后，将电路初始化为 Q=0 状态。然后，在 D 端的控制下，电路作相应的翻转。

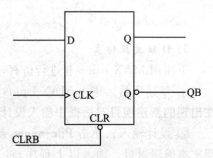

图 3-54 带复位功能的 D 触发器

2) 用 Verilog HDL 描述带复位功能的 D 触发器

```
module CLRD_FF(D, CLK, CLRB, Q, QB);
output Q, QB;
input D, CLK, CLRB;
reg Q,QB;
always@(posedge CLK or negedge CLRB)
    begin
      if（！CLRB)
    begin
      Q<=0;
      QB<=1;
    end
    else
      begin
```

```
            Q<=D;
            QB<=~D;
        end
    end
endmodule
```

3) 带复位功能的 D 触发器仿真

下面用 MAX+plusⅡ进行仿真,步骤如下:

① 新建项目。进入 MAX+plusⅡ集成开发环境。单击菜单栏的 File→Project→Name,在出现的新建项目对话框中输入设计项目名,这里起名为 CLRD_FF。

② 设计输入。单击 File→new,新建文件时选择 Text Editor File 选项,单击 OK 按钮,出现文本编辑窗口。输入以上程序,将其保存为 CLRD_FF 文件。单击菜单 File→Project→Set Project To Current File,把文件设为当前工程,至此,Verilog 输入完成。

③ 器件选择与引脚锁定。执行菜单栏中的 Assign→Device 命令,出现器件选择对话框,在 Device Family 栏中选择 MAX7000S;然后在 Device 栏内选择 EPM7128SLC84-15 器件,单击 OK 按钮加以确认。这样 Altera 公司的 EPM7128SLC84-15 已被项目所使用。注意把对话框中 show only fastest speed grades 前的钩去掉,否则看不到 EPM7128SLC84-15。

执行菜单栏中的 Assign→Pin/Location/Chip 命令,此时会弹出引脚锁定对话框。输入 D,CLK,CLRB,Q,QB,锁定完毕单击 OK 按钮即可,如图 3-55 所示。注意将 CLK 定义在 2 脚或 83 脚(全局时钟脚)。

```
CLK > chip = clrd_ff; Input Pin = 2
CLRB > chip = clrd_ff; Input Pin = 1
D > chip = clrd_ff; Input Pin = 4
Q > chip = clrd_ff; Output Pin = 5
QB > chip = clrd_ff; Output Pin = 6
```

图 3-55 带复位功能 D 触发器引脚锁定情况

④ 器件的编译。执行菜单栏中的 MAX+plusⅡ→Compiler 命令,这时将弹出编译命令对话框,单击 Start 按钮,即可编译相关的各项操作。

⑤ 器件的仿真。执行菜单栏中的 MAX+plusⅡ→Waveform Editor 命令,弹出仿真波形窗口。在仿真波形窗口的空白处右击,在弹出的快捷菜单中选择"Enter Nodes form SNF..."命令,这时将出现仿真信号选择对话框。单击 List 按钮,将出现端口列表,默认是选择全部,也可以通过左键和 Ctrl 组合来选择想要的信号。单击"=>"图标,将 D,CLK,CLRB,Q,QB 信号加入 SNF 文件中。

单击菜单命令 File→End Time,终止时间设置为 100 μs。

选中 D,单击 XC 按钮,在弹出的对话框中,将 Starting Value 开始电平设为 1,Increment By 增加值设为 0,Multiplied By 设为 50(即半周期为 5 μs),单击 OK 按钮。选中 CLK,单击 XC 按钮,在弹出的时钟设置对话框中,将 Starting Value 开始电平设为 1,Multiplied By 设为 20(即时钟半周期为 2 μs)。选中 CLRB,用拖动的方法将开始的 10 μs 设置为低电平,其他时段设置为高电平,单击保存按钮,将文件保存为 CLRD_FF.scf 文件。

执行菜单栏中的 MAX+plusⅡ→Simulator 命令,在弹出的对话框中,单击 Start 按钮,开始仿真,仿真的波形图如图 3-56 所示。

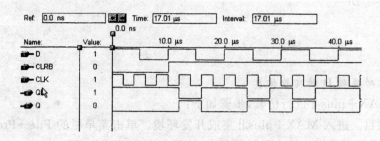

图 3-56 带复位功能 D 触发器仿真波形图

3. JK 触发器

(1) 基本 JK 触发器

1) 基本 JK 触发器分析

基本 JK 触发器有负边沿(下降沿)触发和正边沿(上升沿)触发两种触发方式。其逻辑符号如图 3-57 所示。

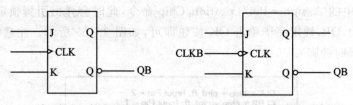

(a) 正边沿触发JK触发器逻辑符号　　　　(b) 负边沿触发JK触发器逻辑符号

图 3-57 JK 触发器的逻辑符号

从图 3-57 中可以看出,负边沿触发的 JK 触发器的 CLK 端有"。"符号,而正边沿触发的 JK 触发器 CLK 端没有"。"符号。

基本 JK 触发器的特性方程为 $Q^{n+1} = J\overline{Q^n} + \overline{K}Q^n$,JK 触发器的特性表如表 3-26 所列。

表 3-26 JK 触发器特性表

J	K	Q^n	Q^{n+1}	说　明
0	0	0	0	保持
0	0	1	1	
0	1	0	0	同步置0
0	1	1	0	
1	0	0	1	同步置1
1	0	1	1	
1	1	0	1	翻转
1	1	1	0	

负边沿 JK 触发器在 CLK 为 0、上升沿和 1 时,输入信号 J,K 都不起作用,只有在 CLK 为

下降沿时,触发器才按照特性方程 $Q^{n+1}=J\overline{Q^n}+\overline{K}Q^n$ 更新状态。而正边沿 JK 触发器则相反,在 CLK 为 0、下降沿和 1 时,输入信号 J,K 都不起作用,只有在 CLK 为上升沿时,触发器才按照特性方程 $Q^{n+1}=J\overline{Q^n}+\overline{K}Q^n$ 更新状态。

2) 用 Verlilog HDL 描述基本 JK 触发器

用 Verlilog HDL 描述基本 JK 触发器(上升沿触发)如下:

```
module JK_FF(CLK,J,K,Q,QB);
input CLK,J,K;
output Q,QB;
reg Q;
assign QB=~Q;
always@(posedge CLK)
    begin
        case{J,K}
            2'b00:Q<=Q;
            2'b01:Q<=1'b0;
            2'b10:Q<=1'b1;
            2'b11:Q<=~Q;
            default:Q<=1,bx;
        endcase
    end
endmodule
```

3) 基本 JK 触发器仿真

下面用 MAX+plusⅡ进行仿真,步骤如下:

① 新建项目。进入 MAX+plusⅡ集成开发环境。单击菜单栏的 File→Project→Name,在出现的新建项目对话框中输入设计项目名,这里起名为 JK_FF。

② 设计输入。单击 File→new,新建文件时选择 Text Editor File 选项,单击 OK 按钮,出现文本编辑窗口。输入以上程序,将其保存为 JK_FF.v 文件。单击菜单 File→Project→Set Project To Current File,把文件设为当前工程,至此,Verilog 输入完成。

③ 器件选择与引脚锁定。执行菜单栏中的 Assign→Device 命令,出现器件选择对话框,在 Device Family 栏中选择 MAX7000S;然后在 Device 栏内选择 EPM7128SLC84-15 器件,单击 OK 按钮加以确认。这样 Altera 公司的 EPM7128SLC84-15 已被项目所使用。注意把对话框中 show only fastest speed grades 前的钩去掉,否则看不到 EPM7128SLC84-15。

执行菜单栏中的 Assign→Pin/Location/Chip 命令,此时会弹出引脚锁定对话框。输入 J,K,CLK,Q,QB,锁定完毕单击 OK 按钮即可,如图 3-58 所示。注意将 CLK 定义在 2 脚或 83 脚(全局时钟脚)。

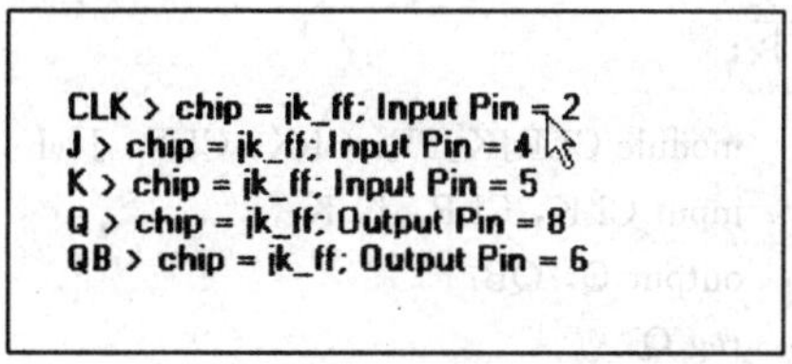

```
CLK > chip = jk_ff; Input Pin = 2
J > chip = jk_ff; Input Pin = 4
K > chip = jk_ff; Input Pin = 5
Q > chip = jk_ff; Output Pin = 8
QB > chip = jk_ff; Output Pin = 6
```

④ 器件的编译。执行菜单栏中的 MAX+plusⅡ→Compiler 命令,这时将弹出编译命令对话框,单击 Start 按钮,即可编译相关的各项操作。

图 3-58 JK 触发器引脚锁定情况

⑤ 器件的仿真。执行菜单栏中的 MAX+plusⅡ→Waveform Editor 命令,弹出仿真波形窗口。在仿真波形窗口的空白处右击,在弹出的快捷菜单中选择"Enter Nodes form SNF..."

命令,这时将出现仿真信号选择对话框。单击 List 按钮,将出现端口列表,默认是选择全部,也可以通过左键和 Ctrl 组合来选择想要的信号。单击"=>"图标,将 J,K,CLK,Q,QB 信号加入 SNF 文件中。

单击菜单命令 File→End Time,终止时间设置为 100 μs。

选中 J,单击 XC 按钮,在弹出的对话框中,将 Starting Value 开始电平设为 1,Increment By 增加值设为 0,Multiplied By 设为 50(即半周期为 5 μs),单击 OK 按钮。选中 K,单击 XC 按钮,在弹出的对话框中,将 Starting Value 开始电平设为 1,Increment By 增加值设为 0,Multiplied By 设为 100(即半周期为 10 μs),单击 OK 按钮。选中 CLK,单击 XC 按钮,在弹出的时钟设置对话框中,将 Starting Value 开始电平设为 1,Multiplied By 设为 20(即时钟半周期为 2 μs)。单击"保存"按钮,将文件保存为 JK_FF.scf 文件。

执行菜单栏中的 MAX+plusⅡ→Simulator 命令,在弹出的对话框中,单击 Start 按钮,开始仿真,仿真的波形图如图 3-59 所示。

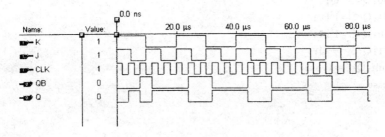

图 3-59 JK 触发器仿真波形图

(2) 带复位功能的 JK 触发器

1) 带复位功能的 JK 触发器分析

带复位功能的 JK 触发器逻辑符号如图 3-60 所示。这里,将时钟 CLK 定义为上升沿触发;将 CLR 定义为高电平复位,即 CLR 为高电平时,将电路初始化为 Q=0 状态。然后,在 JK 端的控制下,电路作相应的翻转。当然,也可以将 CLR 定义为低电平复位,此时,需在 CLR 的脚上加上一个小圆圈。

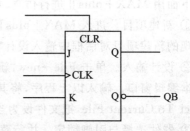

图 3-60 带复位功能的 JK 触发器逻辑符号

2) 用 Verlilog HDL 描述带复位功能的 JK 触发器

用 Verlilog HDL 描述带复位功能的 JK 触发器如下:

```
module CLRJK_FF( CLK, CLR, J, K, Q, QB)
input CLK, CLR, J, K;
output Q, QB;
reg Q;
assign QB=~ Q;
always@(posedge CLK or posedge CLR)
    begin
        if(CLR)
            begin
```

```
            Q<=0;
        end
    else
        case({J,K})
        2'b00:Q<=Q;
        2'b01:Q<=1'b0;
        2'b10:Q<=1'b1;
        2'b11:Q<=~Q;
        default:Q<=1'bx;
        endcase
    end
endmodule
```

3）带复位功能的 JK 触发器仿真

下面用 MAX+plusⅡ进行仿真，步骤如下：

① 新建项目。进入 MAX+plusⅡ集成开发环境。单击菜单栏的 File→Project→Name，在出现的新建项目对话框中输入设计项目名，这里起名为 CLRJK_FF。

② 设计输入。单击 File→new，新建文件时选择 Text Editor File 选项，单击 OK 按钮，出现文本编辑窗口。输入以上程序，将其保存为 CLRJK_FF.v 文件。单击菜单 File→Project→set Project To Current File，把文件设为当前工程，至此，Verilog 输入完成。

③ 器件选择与引脚锁定。执行菜单栏中的 Assign→Device 命令，出现器件选择对话框，在 Device Family 栏中选择 MAX7000S；然后在 Device 栏内选择 EPM7128SLC84-15 器件，单击 OK 按钮加以确认。这样 Altera 公司的 EPM7128SLC84-15 已被项目所使用。注意把对话框中 show only fastest speed grades 前的钩去掉，否则看不到 EPM7128SLC84-15。

执行菜单栏中的 Assign→Pin/Location/Chip 命令，此时会弹出引脚锁定对话框。输入 J,K,CLR,CLK,Q,QB，锁定完毕单击 OK 即可，如图 3-61 所示。注意将 CLK 定义在 2 脚或 83 脚（全局时钟脚）。

④ 器件的编译。执行菜单栏中的 MAX+plusⅡ→Compiler 命令，这时将弹出编译命令对话框，单击 Start 按钮，即可编译相关的各项操作。

⑤ 器件的仿真。执行菜单栏中的 MAX+plusⅡ→Waveform Editor 命令，弹出仿真波形窗口。在仿真波形窗口的空白处右击，在弹出的快捷菜单中选择"Enter Nodes form SNF..."命令，这时将出现仿真信号选择对话框。单击 List 按钮，将出现端口列表，默认是选择全部，也可以通过左键和 Ctrl 组合来选择想要的信号。单击"=>"图标，将 J,K,CLR,CLK,Q,QB 信号加入 SNF 文件中。

单击菜单命令 File→End Time，终止时间设置为 100 μs。

选中 J，单击 按钮，在弹出的对话框中，将 Starting Value 开始电平设为 1，Increment By 增加值设为 0，Multiplied By 设为 50（即半周期为 5 μs），单击 OK 按钮。选中 K，单击 按钮，在弹出的对话框中，将 Starting Value 开始电平设为 1，Increment By 增加值设为 0，Multiplied By 设为 100（即半周期为 10 μs），单击 OK 按

```
CLK > chip = clrjk_ff: Input Pin = 2
CLR > chip = clrjk_ff: Input Pin = 1
J   > chip = clrjk_ff: Input Pin = 4
K   > chip = clrjk_ff: Input Pin = 5
Q   > chip = clrjk_ff: Output Pin = 6
QB  > chip = clrjk_ff: Output Pin = 8
```

图 3-61　带复位功能的 JK 触发器引脚锁定情况

钮。选中 CLK,单击 按钮,在弹出的时钟设置对话框中,将 Starting Value 开始电平设为 1,Multiplied By 设为 20(即时钟半周期为 2 μs)。选中 CLR,用拖动的方法将开始的 0~10 μs 设置为高电平,其余时段设置为低电平。单击保存按钮,将文件保存为 CLRJK_FF.scf 文件。

执行菜单栏中的 MAX+plusⅡ→Simulator 命令,在弹出的对话框中,单击 Start 按钮,开始仿真,仿真的波形图如图 3-62 所示。

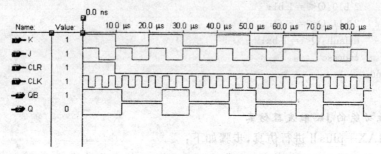

图 3-62 带复位功能的 JK 触发器仿真波形图

4. T 触发器

(1) T 触发器分析

在时钟脉冲操作下,根据输入信号 T 取值的不同,凡是具有保持和翻转功能的电路,即当 T=0 时能保持状态不变,T=1 时翻转的电路,都称之为 T 型时钟触发器,简称为 T 型触发器或 T 触发器。

图 3-63 所示是带有时钟的同步 T 触发器的逻辑符号(不带时钟信号称为异步 T 触发器),T 是信号输入端,CLK 是时钟脉冲端,T 触发器的特性方程为 $Q^{n+1}=\overline{T}Q^n+T\overline{Q^n}$,特性表如表 3-27 所列。

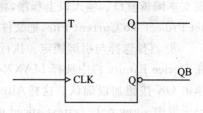

图 3-63 T 触发器逻辑符号

表 3-27 T 型触发器特性表

T	Q^n	Q^{n+1}	说 明
0	0	0	保持
0	1	1	
1	0	1	翻转
1	1	0	

(2) 用 Verilog HDL 描述 T 触发器

用 Verilog HDL 描述 T 触发器如下:

```
module   T_FF(T,CLK,Q,QB);
input    T,CLK;
output   Q,QB;
req  Q;
assign   QB=~Q;
always   @(posedge CLK)
```

```
if(T)Q<=~Q;
endmodule
```

(3) T 触发器仿真

下面用 MAX+plusⅡ进行仿真,步骤如下:

① 新建项目。进入 MAX+plusⅡ集成开发环境。单击菜单栏的 File→Project→Name,在出现的新建项目对话框中输入设计项目名,这里起名为 T_FF。

② 设计输入。单击 File→new,新建文件时选择 Text Editor File 选项,单击 OK 按钮,出现文本编辑窗口。输入以上程序,将其保存为 T_FF.v 文件。单击菜单 File→Project→Set Project To Current File,把文件设为当前工程,至此,Verilog 输入完成。

③ 器件选择与引脚锁定。执行菜单栏中的 Assign→Device 命令,出现器件选择对话框,在 Device Family 栏中选择 MAX7000S;然后在 Device 栏内选择 EPM7128SLC84-15 器件,单击 OK 按钮加以确认。这样Altera公司的 EPM7128SLC84-15 已被项目所使用。注意把对话框中 show only fastest speed grades 前的钩去掉,否则看不到 EPM7128SLC84-15。

执行菜单栏中的 Assign→Pin/Location/Chip 命令,此时会弹出引脚锁定对话框。输入 T,CLK,Q,QB,锁定完毕单击 OK 按钮即可,如图 3-64 所示。注意将 CLK 定义在 2 脚或 83 脚(全局时钟脚)。

```
CLK > chip = t_ff; Input Pin = 2
Q   > chip = t_ff; Output Pin = 5
QB  > chip = t_ff; Output Pin = 6
T   > chip = t_ff; Input Pin = 4
```

图 3-64 T 触发器引脚锁定情况

④ 器件的编译。执行菜单栏中的 MAX+plusⅡ→Compiler 命令,这时将弹出编译命令对话框,单击 Start 按钮,即可编译相关的各项操作。

⑤ 器件的仿真。执行菜单栏中的 MAX+plusⅡ→Waveform Editor 命令,弹出仿真波形窗口。在仿真波形窗口的空白处右击,在弹出的快捷菜单中选择"Enter Nodes form SNF..."命令,这时将出现仿真信号选择对话框。单击 List 按钮,将出现端口列表,默认是选择全部,也可以通过左键和 Ctrl 组合来选择想要的信号。单击"=>"图标,将 T,CLK,Q,QB 信号加入 SNF 文件中。

单击菜单命令 File→End Time,终止时间设置为 100 μs。

选中 T,单击XC按钮,在弹出的对话框中,将 Starting Value 开始电平设为 1,Increment By 增加值设为 0,Multiplied By 设为 100(即半周期为 10 μs),单击 OK 按钮。选中 CLK,单击XC按钮,在弹出的时钟设置对话框中,将 Starting Value 开始电平设为 1,Multiplicd By 设为 30(即时钟半周期为 3 μs)。单击"保存"按钮,将文件保存为 T_FF.scf 文件。

执行菜单栏中的 MAX+plusⅡ→Simulator 命令,在弹出的对话框中,单击 Start 按钮,开始仿真,仿真的波形图如图 3-65 所示。

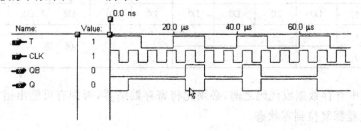

图 3-65 T 触发器仿真波形图

3.7.4 时序逻辑电路

在数字电路中,凡是任一时刻的稳定输出不仅取决于该时刻的输入,而且还和电路原来的状态有关的电路称为时序逻辑电路,简称时序电路。前面介绍的触发器就是最简单的时序逻辑电路。

1. 寄存器

把二进制数据或代码暂时存储起来的操作叫做寄存。具有寄存功能的电路称为寄存器。寄存器是一种基本时序电路,在各种数字系统中,几乎是无所不在。因为任何现代数字系统,都必须把需要处理的数据、代码先寄存起来,以便随时取用。

寄存器具有以下特点:从电路组成看,寄存器是由具有存储功能的触发器组合起来构成的,使用的可以是基本触发器、同步触发器、主从触发器或边沿触发器,电路结构比较简单。从基本功能看,寄存器的任务主要是暂时存储二进制数据或者代码,一般情况下,不对存储内容进行处理,逻辑功能比较单一。

寄存器一般可分成两大类:一类是基本寄存器,另一类是移位寄存器。

(1) 基本寄存器

1) 基本寄存器分析

对于基本寄存器,数据或代码只能并行送入寄存器中,需要时也只能并行输出。如图 3-66 所示是 4 位寄存器的内部逻辑电路。图中,D0~D3 是并行数据输入端;Q0~Q3 是并行数据输出端;CLK 是时钟控制端,上升沿触发;CLRB 是复位清零端,低电平复位。4 位寄存器的状态表如表 3-28 所列。

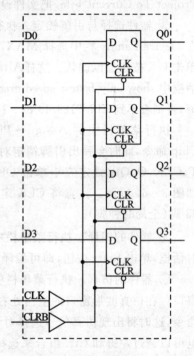

图 3-66 4 位寄存器内部逻辑电路

表 3-28 4 位寄存器状态表

输入						输出				说明
CLRB	CLK	D0	D1	D2	D3	Q0	Q1	Q2	Q3	
0	×	×	×	×	×	0	0	0	0	清零
1	↑	D0	D1	D2	D3	D0	D1	D2	D3	送数
1	1	×	×	×	×					保持
1	0	×	×	×	×					保持

在往寄存器中寄存数据或代码之前,必须先将寄存器清零,否则有可能出错。只要 CLRB=0,则 4 个 D 触发器都复位到零状态。

当 CLRB=1 时,CLK 的上升沿送数,无论寄存器中原来存储的数据是什么,在 CLRB=1 时,只要送数时钟 CLK 的上升沿到来,加在并行输入端 D0~D3 的数码马上就被送入寄存器中。输出数据可以并行从 Q0~Q3 端引出。

在 CLRB=1、CLK 上升沿以外的时间,寄存器保持内容不变,即各个输出端的状态与输入的数据无关。

2) 用 Verilog HDL 描述 4 位基本寄存器

用 Verilog HDL 描述 4 位基本寄存器如下:

```
module REG_4(CLRB,CLK,D,Q);
output[3:0]Q;
input[3:0]D;
input CLK,CLRB;
reg[3:0]Q;
always@(posedge CLK or negedge CLRB)
   begin
     if(! CLRB)Q<=0;
     else   Q<=D;
   end
endmodule
```

3) 4 位基本寄存器仿真

下面用 MAX+plusⅡ进行仿真,步骤如下:

① 新建项目。进入 MAX+plusⅡ集成开发环境。单击菜单栏的 File→Project→Name,在出现的新建项目对话框中输入设计项目名,这里起名为 REG_4。

② 设计输入。单击 File→new,新建文件时选择 Text Editor File 选项,单击 OK 按钮,出现文本编辑窗口。输入以上程序,将其保存为 REG_4.v 文件。单击菜单 File→Project→Set Project To Current File,把文件设为当前工程,至此,Verilog 输入完成。

③ 器件选择与引脚锁定。执行菜单栏中的 Assign→Devicc 命令,出现器件选择对话框,在 Device Family 栏中选择 MAX7000S;然后在 Device 栏内选择 EPM7128SLC84-15 器件,单击 OK 按钮加以确认。这样 Altera 公司的 EPM7128SLC84-15 已被项目所使用。注意把对话框中 show only fastest speed grades 前的钩去掉,否则看不到 EPM7128SLC84-15。

执行菜单栏中的 Assign→Pin/Location/Chip 命令,此时会弹出引脚锁定对话框。输入 D0,D1,D2,D3,CLK,CLRB,Q0,Q1,Q2,Q3,锁定完毕单击 OK 按钮即可,如图 3-67 所示。注意将 CLK 定义在 2 脚或 83 脚(全局时钟脚)。

④ 器件的编译。执行菜单栏中的 MAX+plusⅡ→Compiler 命令,这时将弹出编译命令对话框,单击 Start 按钮,即可编译相关的各项操作。

图 3-67 基本寄存器引脚锁定情况

⑤ 器件的仿真。执行菜单栏中的 MAX+plusⅡ→Waveform Editor 命令,弹出仿真波形窗口。在仿真波形窗口的空白处右击,在弹出的快捷菜单中选择"Enter Nodes form SNF…"

命令,这时将出现仿真信号选择对话框。单击 List 按钮,将出现端口列表,默认是选择全部,也可以通过左键和 Ctrl 组合来选择想要的信号。单击"=>"图标,将 D0,D1,D2,D3,CLK,CLRB,Q0,Q1,Q2,Q3 信号加入 SNF 文件中。

单击菜单命令 File→End Time,终止时间设置为 100 μs。

选中 D[3..0],单击 XC 按钮,在弹出的对话框中,将 Starting Value 开始电平设为 0000,Increment By 增加值设为 0001,Multiplied By 设为 40,单击 OK 按钮。选中 CLK,单击 XC 按钮,在弹出的时钟设置对话框中,将 Starting Value 开始电平设为 1,Multiplied By 设为 20。选中 CLRB,用拖动的方法将开始的 5 μs 设置为低电平,其他时段设置为高电平。单击"保存"按钮,将文件保存为 REG_4.scf 文件。

执行菜单栏中的 MAX+plus Ⅱ→Simulator 命令,在弹出的对话框中,单击 Start 按钮,开始仿真,仿真的波形图如图 3-68 所示。

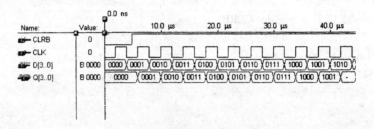

图 3-68 基本寄存器仿真波形图

右击 D[3:0],在弹出的快捷菜单中选择 upgroup,将 D 分解为 D0,D1,D2,D3;右击 Q[3:0],在弹出的快捷菜单中选择 upgroup,将 Q 分解为 Q0,Q1,Q2,Q3,则展开后的波形图如图 3-69 所示。

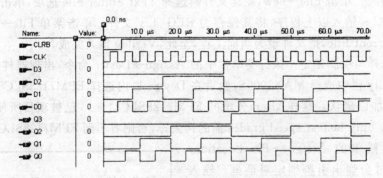

图 3-69 展开后的基本寄存器波形

(2) 移位寄存器

1) 移位寄存器分析

存储在寄存器中的数据或代码,在移位脉冲的操作下,可以依次逐位右移或左移,而数据或代码,既可以并行输入、并行输出,也可以串行输入、串行输出,还可以并行输入、串行输出,或串行输入、并行输出,十分灵活,用途也很广。下面主要以 4 位串行输入、并行输出移位寄存器为例进行说明。

4 位串行输入、并行输出移位寄存器逻辑电路如图 3-70 所示。

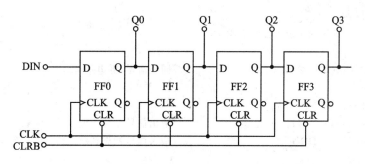

图 3-70　4 位串行输入、并行输出移位寄存器逻辑电路

图 3-70 中，4 个 D 触发器串联运用，每一个 D 触发器的 CLRB 端相连接，用于寄存器置 0。CLK 端是移位脉冲输入端，$Q_3 \sim Q_0$ 是寄存器的并行输出端；另外，Q_3 还作为这一寄存器的串行输出端。

使用前，先给 CLRB 端输入负脉冲，使寄存器置 0，即 $Q_3Q_2Q_1Q_0=0000$。

设输入数码是 $D_3D_2D_1D_0=1101$，D_3 为最高位，D_0 为最低位，输入的数码从高位(D_3)至低位(D_0)依次送到触发器 FF0 的输入端。

第一个 CLK 脉冲到来后，在 CLK 脉冲的上升沿，从输入端输入最高位 D_3 的数码 1，存入 FF0 触发器中，即 $Q_0=1$。由于第一个 CLK 作用前，$Q_3 \sim Q_0$ 都是 0，所以，在第一个 CLK 脉冲作用后，寄存器输出状态为 $Q_3Q_2Q_1Q_0=0001$。

第二个 CLK 脉冲到来后，在 CP 脉冲的上升沿触发下，电路发生了两种变化：一是由于 $Q_0=1$，它加到 FF1 触发器的输入端，所以 $Q_1=1$；二是 D_2 输入数码 1 从 FF0 触发器的输入端输入，使 $Q_0=1$。这样，在第二个 CLK 脉冲作用后，寄存器输出状态为 $Q_3Q_2Q_1Q_0=0011$。

同理可分析出，在第三个 CLK 脉冲作用后，寄存器的输出状态为 $Q_3Q_2Q_1Q_0=0110$；在第四个 CLK 脉冲作用后，寄存器的输出状态为 $Q_3Q_2Q_1Q_0=1101$。

由以上分析可知，从输入端输入的 $D_3D_2D_1D_0=1101$ 经过 4 个 CLK 脉冲作用后，已将这 4 位数移存于这一寄存器电路中。为了便于理解，表 3-29 给出了 4 位移位寄存器输出状态表。

表 3-29　4 位移位寄存器输出状态表

CLK 作用的次数	输出端 Q3	输出端 Q2	输出端 Q1	输出端 Q0
0	0	0	0	0
1	0	0	0	1
2	0	0	1	1
3	0	1	1	0
4	1	1	0	1

2）用 Verilog HDL 描述 4 位串行输入、并行输出移位寄存器

用 Verilog HDL 描述 4 位串行输入、并行输出移位寄存器如下：

```
module SHIFT_4(DIN,CLK,CLRB,Q);
input DIN,CLK,CLRB;
output[3:0]Q;
```

```
reg[3:0]Q;
always@(posse CLK or negedge CLRB)
    begin
        if(! CLRB)Q<=4'b0000;            //同步清零,低电平有效
        else
            begin
                Q<=Q<<1;                 //输出信号左移一位
                Q[0]<=DIN;               //输入信号补充到输出信号的最低位
            end
    end
endmodule
```

3) 4位串行输入、并行输出移位寄存器仿真

下面用 MAX+plus Ⅱ 进行仿真,步骤如下:

① 新建项目。进入 MAX+plus Ⅱ 集成开发环境。单击菜单栏的 File→Project→Name,在出现的新建项目对话框中输入设计项目名,这里起名为 SHIFT_4。

② 设计输入。单击 File→new,新建文件时选择 Text Editor File 选项,单击 OK 按钮,出现文本编辑窗口。输入以上程序,将其保存为 SHIFT_4.v 文件。单击菜单 File→Project→Set Project To Current File,把文件设为当前工程,至此,Verilog 输入完成。

③ 器件选择与引脚锁定。执行菜单栏中的 Assign→Device 命令,出现器件选择对话框,在 Device Family 栏中选择 MAX7000S;然后在 Device 栏内选择 EPM7128SLC84-15 器件,单击 OK 按钮加以确认。这样 Altera 公司的 EPM7128SLC84-15 已被项目所使用。注意把对话框中 show only fastest speed grades 前的钩去掉,否则看不到 EPM7128SLC84-15。

执行菜单栏中的 Assign→Pin/Location/Chip 命令,此时会弹出引脚锁定对话框。输入 DIN,CLK,CLRB,Q0,Q1,Q2,Q3,锁定完毕单击 OK 按钮即可,如图 3-71 所示。注意将 CLK 定义在 2 脚或 83 脚(全局时钟脚)。

④ 器件的编译。执行菜单栏中的 MAX+plus Ⅱ→Compiler 命令,这时将弹出编译命令对话框,单击 Start 按钮,即可编译相关的各项操作。

```
CLK  > chip = shift_4; Input Pin = 2
CLRB > chip = shift_4; Input Pin = 1
DIN  > chip = shift_4; Input Pin = 4
Q0   > chip = shift_4; Output Pin = 5
Q1   > chip = shift_4; Output Pin = 6
Q2   > chip = shift_4; Output Pin = 8
Q3   > chip = shift_4; Output Pin = 9
```

图 3-71 移位寄存器引脚锁定情况

⑤ 器件的仿真。执行菜单栏中的 MAX+plus Ⅱ→Waveform Editot 命令,弹出仿真波形窗口。在仿真波形窗口的空白处右击,在弹出的快捷菜单中选择"Enter Nodes form SNF…"命令,这时将出现仿真信号选择对话框。单击 List 按钮,将出现端口列表,默认是选择全部,也可以通过左键和 Ctrl 组合来选择想要的信号。单击"=>"图标,将 DIN,CLK,CLRB,Q0,Q1,Q2,Q3 信号加入 SNF 文件中。

单击菜单命令 File→End Time,终止时间设置为 100 μs。

选中 D[3:0],单击 XC 按钮,在弹出的对话框中,将 Starting Value 开始电平设为 0,Increment By 增加值设为 1,Multiplied By 设为 80。单击 OK 按钮。选中 CLK,单击 XC 按钮,在弹出的时钟设置对话框中,将 Starting Value 开始电平设为 0,Multiplied By 设为 20。选中

CLRB,用拖动的方法将开始的 4 μs 设置为低电平,其他时段设置为高电平。单击"保存"按钮,将文件保存为 SHIFT_4. scf 文件。

执行菜单栏中的 MAX+plusⅡ→Simulator 命令,在弹出的对话框中,单击 Start 按钮,开始仿真,仿真的波形图如图 3-72 所示。

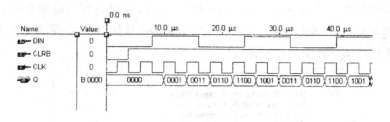

图 3-72 移位寄存器仿真波形图

2. 锁存器

(1) 数据锁存器分析

先来看一下数据锁存器和数据寄存器的区别。从寄存数据的角度来看,锁存器和寄存器的功能是相同的,两者的区别在于:锁存器一般由电平信号来控制,属于电平敏感型,而寄存器一般由同步时钟信号控制。两者有不同的使用场合,主要取决于控制方式及控制信号与数据信号之间的时序关系:若数据有效滞后于控制信号有效,则只能使用锁存器;若数据提前于控制信号,并要求同步操作,则可以选择寄存器来存放数据。

(2) 用 Verilog HDL 描述锁存器

下面是 4 位数据锁存器的设计,该锁存器可以对 4 位并行输入的数据信号进行锁存,用 Verilog HDL 述描述如下:

```
module LATCH_4(Q,D,CLK);
output[3:0]Q;
input[3:0]D;
input CLK;
reg[3:0]Q;
always@(CLK or D)
   begin
   if(CLK) Q<=D;
   end
endmodule
```

(3) 锁存器仿真

下面用 MAX+plusⅡ进行仿真,步骤如下:

① 新建项目。进入 MAX+plusⅡ集成开发环境。单击菜单栏的 File→Project→Name,在出现的新建项目对话框中输入设计项目名,这里起名为 LATCH_4。

② 设计输入。单击 File→new,新建文件时选择 Text Editor File 选项,单击 OK 按钮,出现文本编辑窗口。输入以上程序,将其保存为 LATCH_4.v 文件。单击菜单 File→Project→Set Project To Current File,把文件设为当前工程,至此,Verilog 输入完成。

③ 器件选择与引脚锁定。执行菜单栏中的 Assign→Device 命令,出现器件选择对话框,在 Device Family 栏中选择 MAX7000S;然后在 Device 栏内选择 EPM7128SLC84-15 器件,单击 OK 按钮加以确认。这样 Altera 公司的 EPM7128SLC84-15 已被项目所使用。注意把对话框中 show only fastest speed grades 前的钩去掉,否则看不到 EPM7128SLC84-15。

执行菜单栏中的 Assign→Pin/Location/Chip 命令,此时会弹出引脚锁定对话框。输入 D0,D1,D2,D3,CLK,Q0,Q1,Q2,Q3,锁定完毕单击 OK 按钮即可,如图 3-73 所示。注意将 CLK 定义在 2 脚或 83 脚(全局时钟脚)。

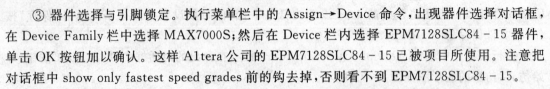

图 3-73 锁存器引脚锁定情况

④ 器件的编译。执行菜单栏中的 MAX+plusⅡ→Compiler 命令,这时将弹出编译命令对话框,单击 Start 按钮,即可编译相关的各项操作。

⑤ 器件的仿真。执行菜单栏中的 MAX+plusⅡ→Waveform Editor 命令,弹出仿真波形窗口。在仿真波形窗口的空白处右击,在弹出的快捷菜单中选择"Enter Nodes form SNF..."命令,这时将出现仿真信号选择对话框。单击 List 按钮,将出现端口列表,默认是选择全部,也可以通过左键和 Ctrl 组合来选择想要的信号。单击"=>"图标,将 D0,D1,D2,D3,CLK,Q0,Q1,Q2,Q3 信号加入 SNF 文件中。

单击菜单命令 File→End Time,终止时间设置为 100 μs。

选中 D[3:0],单击 XC 按钮,在弹出的对话框中,将 Starting Value 开始电平设为 0000,Increment By 增加值设为 0001,Multiplied By 设为 40。单击 OK 按钮,选中 CLK,单击 XC 按钮,在弹出的时钟设置对话框中,将 Starting Value 开始电平设为 1,Multiplied By 设为 20。单击"保存"按钮,将文件保存为 LATCH_4.scf 文件。

执行菜单栏中的 MAX+plusⅡ→Simulator 命令,在弹出的对话框中,单击 Start 按钮,开始仿真,仿真的波形图如图 3-74 所示。

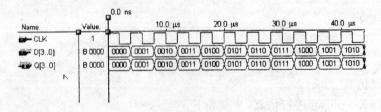

图 3-74 锁存器仿真波形图

右击 D[3:0],在弹出的快捷菜单中选择 upgroup,将 D 分解为 D0,D1,D2,D3;右击 Q[3:0],在弹出的快捷菜单中选择 upgroup,将 Q 分解为 Q0,Q1,Q2,Q3,则展开后的波形如图 3-75 所示。

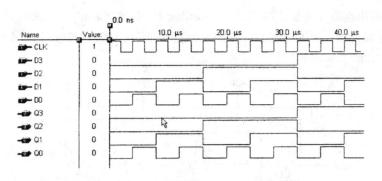

图 3-75　展开后的锁存器波形

3. 计数器

在数字系统中,把记忆输入 CLK 脉冲个数的操作叫做计数,能实现计数操作的电路称为计数器。计数器是数字系统中用得较多的基本逻辑器件。它不仅能记录输入时钟脉冲的个数,还可以实现分频、定时、产生节拍脉冲和脉冲序列等。例如,计算机中的时序发生器、分频器、指令计数器等都要使用计数器。

(1) 计数器的分类

1) 按数的进制分

按数的进制分,计数器可分为以下 3 类:

① 二进制计数器。当输入计数脉冲到来时,按二进制数规律进行计数的电路都叫做二进制计数器。

② 十进制计数器。按十进制数规律进行计数的电路称为十进制计数器。

③ N 进制计数器。除了二进制和十进制计数器之外的其他进制的计数器,都叫做 N 进制计数器,例如,$N=8$ 时的八进制计数器,$N=16$ 时的十六进制计数器等。

2) 按计数时是递增还是递减分

按计数时是递增还是递减分,计数器可分为以下 3 类:

① 加法计数器。当输入计数脉冲到来时,按递增规律进行计数的电路叫做加法计数器。

② 减法计数器。当输入计数脉冲到来时,进行递减计数的电路称为减法计数器。

③ 可逆计数器。在加减信号的控制下,既可进行递增计数,也可进行递减计数的电路叫做可逆计数器。

3) 按计数器中触发器翻转是否同步分

按计数器中触发器翻转是否同步分,计数器可分为以下 2 类:

① 同步计数器。当输入计数脉冲到来时,要更新状态的触发器都是同时翻转的计数器,叫做同步计数器。从电路结构上看,计数器中各个时钟触发器的时钟信号都是输入计数脉冲。

② 异步计数器。当输入计数脉冲到来时,要更新状态的触发器,有的先翻转,有的后翻转,是异步进行的,这种计数器称为异步计数器。从电路结构上看,计数器中各个时钟触发器,有的时钟信号是输入计数脉冲,有的时钟信号却是其他触发器的输出。

(2) 二进制异步计数器

1) 二进制异步加法计数器

图 3-76 是一个由 3 个 D 触发器构成的 3 位二进制异步加法计数器电路。图中,3 个 D

触发器的清零端相连后作为复位端$\overline{CLR}$（用 Verilog HDL 描述时记为 CLRB），CLK 端是计数脉冲输入端，Q 端为触发器输出端，本位的 $\overline{Q}$ 端（用 Verilog HDL 描述时记为 QB）与高一位触发器的计数输入端 CLK 和本位触发器的 D 端相连。

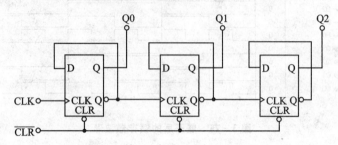

图 3-76 异步二进制加法计数器逻辑电路

计数前，一般需要在 CLR 端加上负脉冲，使各 D 触发器清零，即 Q2=0，Q1=0，Q0=0。

从电路中可以看出，各触发器的 $\overline{Q}$ 端与 D 端相连，此时 D 触发器为计数状态，有一个 CLK 脉冲的有效触发，D 触发器输出端 Q 翻转一次。

第一个计数脉冲 CLK 到来后，在 CLK 脉冲从 0 变成 1 的上升沿，触发器 FF0 触发，其输出端 Q0 由原来的 0 变成 1（$\overline{Q0}$由 1 变为 0），即第一个 CLK 脉冲过后 Q0=1。由于 $\overline{Q0}$ 与下一位触发器 FF1 的 CLK 端相连，$\overline{Q0}$ 从 1 变成 0（即下降沿）不能对 FF1 构成有效触发（因为触发器是上升沿触发），所以 FF1 保持原输出状态，即 Q1=0。同理，第一个 CLK 脉冲作用时，Q2=0。可见，在第一个 CLK 脉冲作用后，计数器的输出状态为 Q2=0，Q1=0，Q0=1。

第二个计数脉冲 CLK 到来后，CLK 脉冲上升沿对触发器 FF0 再次有效触发，其输出端 Q0 由原来的 1 变成 0，$\overline{Q0}$ 由 0 变成 1。$\overline{Q0}$ 对 FF1 进行触发，所以 FF1 翻转一次，其输出端 Q1 从 0 变成 1（$\overline{Q1}$从 1 变成 0）。由于 $\overline{Q1}$ 从 1 变成 0（下降沿）不能对 FF2 形成有效触发，于是 FF2 保持原状态。可见，在第二个 CLK 脉冲作用之后，计数器的输出状态为 Q2=0，Q1=1，Q0=0。

同样的道理，在 CLK 脉冲的不断输入触发下，电路中的各触发器作相应的翻转变化，完成二进制加法计数。3 位二进制加法计数器电路的状态表如表 3-30 所列。

表 3-30　3 位二进制加法计数器状态表

输入脉冲个数	各触发器状态			表示的十进制数
	Q2	Q1	Q0	
0	0	0	0	0
1	0	0	1	1
2	0	1	0	2
3	0	1	1	3
4	1	0	0	4
5	1	0	1	5
6	1	1	0	6
7	1	1	1	7
8	0	0	0	0

从状态表可知:当 CLK 脉冲完成第 7 个触发后,计数器的输出端为 111,即 Q2=Q1=Q0=1,此时第 8 个 CLK 脉冲出现后,计数器状态为 000,第 9 个 CLK 脉冲出现后,计数器状态为 001,开始从头计数,即 3 位的二进制加法计数器最多只能计 8 个数,因此,3 位二进制计数器是一种八进制计数器。

由以上分析可知,来一个 CLK 脉冲,最低位的触发器 FF0 就翻转一次,而触发器 FF1 是在 FF0 翻转两次后才翻转一次,显然,FF1 的翻转频率就比 FF0 降低了一倍。当 FF1 翻转两次时,FF2 才翻转一次,也就是当 FF0 翻转四次时,FF2 才翻转一次。如图 3-77 所示是 3 位二进制加法计数器的工作波形示意图,从该工作波形图中可清楚地看出上述关系。

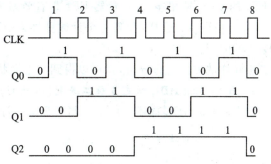

图 3-77 3 位异步二进制加法计数器工作波形

2)二进制异步减法计数器

在二进制异步加法计数器电路中,若后一级的 CLK 接至前一级的 Q 端而不是 $\overline{Q}$ 端,如图 3-78 所示,则该电路就成为异步减法计数器。其对应的状态表如表 3-31 所列。

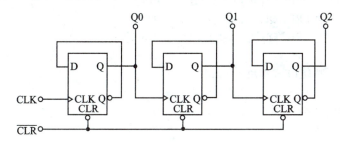

图 3-78 3 位二进制异步减法计数器逻辑电路

表 3-31 3 位二进制异步减法计数器状态表

输入脉冲个数	各触发器状态			表示的十进制数
	Q2	Q1	Q0	
0	0	0	0	0
1	1	1	1	7
2	1	1	0	6
3	1	0	1	5
4	1	0	0	4
5	0	1	1	3
6	0	1	0	2
7	0	0	1	1
8	0	0	0	0

在复位后,各输出端为0000,即Q2=0,Q1=0,Q0=0。

当第一个计数脉冲CLK到来后,在CLK脉冲从0变成1的上升沿,触发器FF0触发,其输出端Q0由原来的0变成1,即第一个CLK脉冲过后Q0=1。由于Q0从0变成1,而Q0端与FF1的CLK端相连,对触发器FF1是有效触发,使Q1从0变成1。同样的道理,Q1从0变成1,使Q2=1。这样,在第一个计数脉冲CLK作用后,减法计数器输出状态变成Q2=1,Q1=1,Q0=1。

用同样的方法进行分析,就可以得到与上面状态表相同的结果,读者可自己分析。

3) 用Verilog HDL描述3位二进制(八进制)异步加法计数器

用Verilog HDL描述3位二进制异步加法计数器如下:

```
/* 以下是主模块 */
include "D_FF.v"
//包含D_FF子模块
module    CNT_3(CLRB, CLK, Q);
input     CLRB, CLK;
output[2:0] Q;
wire[2:0] QB;
    D_FF    D_FF0 (CLRB, QB[0], CLK, Q[0], QB[0]);
    D_FF    D_FF1 (CLRB, QB[1], QB[0], Q[1], QB[1]);
    D_FF    D_FF2 (CLRB, QB[2], QB[1], Q[2], QB[2]);
endmodule
/* 以下是D触发器D_FF子模块 */
module  D_FF    ( CLRB, D, CLK, Q, QB);
input   CLRB, D, CLK;
output  Q, QB;
reg     Q;
assign    QB = ~Q;
always     @(posedge CLK or negedge CLRB)
    begin
        if(!CLRB)   Q<=0;
        else        Q<=D;
    end
endmodule
```

4) 二进制异步计数器的仿真

下面用MAX+plusⅡ进行仿真,步骤如下:

① 新建项目。进入MAX+plusⅡ集成开发环境。单击菜单栏的File→Project→Name,在出现的新建项目对话框中输入设计项目名,这里起名为CNT_3。

② 设计输入。单击File→new,新建文件时选择Text Editor File选项,在出现的文本编辑窗口中,输入以上主模块程序,将其保存为CNT_3.v文件。再单击Pile→new,新建文件时,选择Text Editor File选项,在出现的文本编辑窗口中,输入以上D_FF子模块程序,将其保存为D_FF.v,注意,要将CNT_3.v和D_FF.v都保存在CNT_3文件夹中,然后将D_FF.v文本编辑窗口关闭。单击菜单File→Project→Set Project To Current File,把CNT_3.v文件设

为当前工程,至此,Verilog输入完成。

重点提示

这是一个具有多层次结构的Verilog HDL设计。在这个例子中,主模块CNT_3.v中调用了D触发器D_FF.v,而D_FF.v是作为一个单独子模块独立于主模块的。在做设计时,可以先设计好若干个具有特定功能的子模块,然后再设计主模快。在模块中只要将子模块用include包含进来,整个设计就可顺利地完成,整体调试的周期也会缩短。调用子模块的好处在于:具有较好的资源重复利用性。例如在本例中,D_FF.v这个子模块就被调用了3次。

另外,MAX+plusⅡ还提供了库管理功能,假设文件CNT_3.v和D_FF.v都在目录d:\ch_8\CNT_3下,只在要综合CNT_3.v项目文件时选择菜单Options→User libraries,打开所示的对话框,将目录d:\ch_8\CNT_3加到Existing Directories中即可,这样,在综合CNT_3.v时会自动调用CNT_3.v和D_FF.v文件。

③ 器件选择与引脚锁定。执行菜单栏中的Assign→Device命令,出现器件选择对话框,在Device Family栏中选择MAX7000S;然后在Devke栏内选择EPM7128SLC84-15器件,单击OK按钮加以确认。这样Altera公司的EPM7128SLC84-15已被项目所使用。注意把对话框中show only fastest speed grades前的钩去掉,否则看不到EPM7128SLC84-15。

执行菜单栏中的Assign→Pin/Location/Chip命令,此时会弹出引脚锁定对话框。输入CLRB,CLK,Q0,Q1,Q2,锁定完毕单击OK按钮即可,如图3-79所示。注意将CLK定义在2脚或83脚(全局时钟脚)。

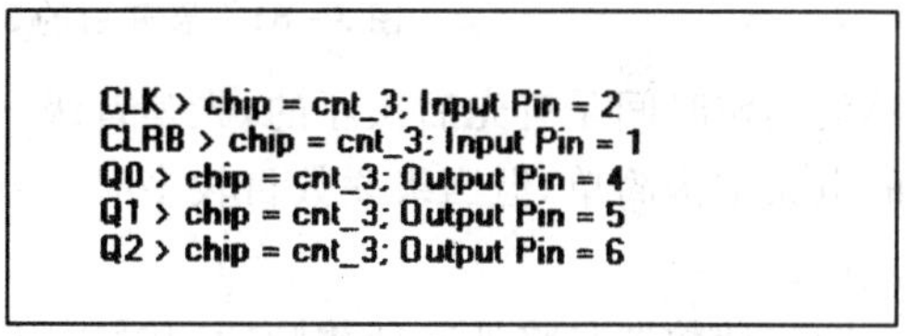

```
CLK   > chip = cnt_3; Input Pin = 2
CLRB  > chip = cnt_3; Input Pin = 1
Q0    > chip = cnt_3; Output Pin = 4
Q1    > chip = cnt_3; Output Pin = 5
Q2    > chip = cnt_3; Output Pin = 6
```

图3-79 3位二进制异步计数器引脚锁定情况

④ 器件的编译。执行菜单栏中的MAX+plusⅡ→Compiler命令,这时将弹出编译命令对话框,单击Start按钮,即可编译相关的各项操作。

⑤ 器件的仿真。执行菜单栏中的MAX+plusⅡ→Waveform Editor命令,弹出仿真波形窗口。在仿真波形窗口的空白处右击,在弹出的快捷菜单中选择"Enter Nodes form SNF..."命令,这时将出现仿真信号选择对话框。单击List按钮,将出现端口列表,默认是选择全部,也可以通过左键和Ctrl组合来选择想要的信号。单击"=>"图标,将CLRB,CLK,Q0,Q1,Q2信号加入SNF文件中。

单击菜单命令File→End Time,终止时间设置为100 μs。

选中CLK,单击按钮,在弹出的时钟设置对话框中,将Starting Value开始电平设为0,Multiplied By设为20。选中CLRB,用拖动的方法将开始的(0～1)μs设置为低电平,其余时段设置为高电平。单击"保存"按钮,将文件保存为CNT_3.scf文件。

执行菜单栏中的MAX+plusⅡ→Simulator命令,在弹出的对话框中,单击Start按钮,开始仿真,仿真的波形图如图3-80所示。

右击Q[2:0],在出现的快捷菜单中选择upgroup,将Q分解为Q0,Q1,Q2,则展开后的波形如图3-81所示。

(3) 二进制同步计数器

1)二进制同步计数器分析

上面所介绍的计数器的连接特点之一是外部计数脉冲只作用于首级;特点之二是各级触

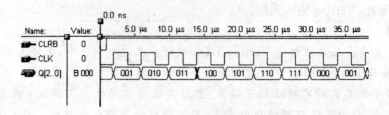

图 3-80　3 位二进制异步计数器仿真波形图

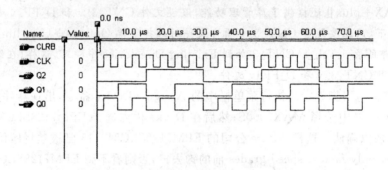

图 3-81　展开后的 3 位二进制异步计数器波形

发器的动作时间是有先后次序的,先是首级,接着是次级……,故称为异步计数器。这种计数器的电路结构简单,但当级联数目较多时,会影响总体的工作速度。而同步计数器可以解决这一矛盾。

同步计数器是将外部计数脉冲同时作用于所有的触发器,所以各触发器(如果要翻转)是在同一时刻翻转的,但各触发器的翻转情况必须符合加法器或减法器的变化规律。

如图 3-82 所示是 3 位二进制(八进制)同步加法计数器逻辑电路图。具体工作情况比较复杂,这里不再分析。

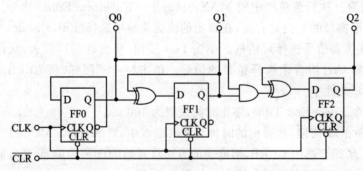

图 3-82　3 位二进制同步加法计数器

从图 3-82 中可以看出,同步加法计数器具有以下连接特点:

① 各触发器的 CLK 端同时连接到了外部计数脉冲上;
② FF0 的 D=$\overline{Q0}$;
③ FF1 的 D=Q1^Q0;
④ FF2 的 D=Q2^Q1&Q0。

2) 用 Verilog HDL 描述 3 位二进制(八进制)同步加法计数器

用 Verilog HDL 描述 3 位二进制同步加法计数器如下：

```
/* 以下是主模块 */
include   "SYD_FF.v"
module    SYCNT_3(CLRB, CLK, Q);
input     CLRB, CLK;
output    [2:0] Q;
wire[2:0] QB;
SYD_FF    SYD_FF0 (CLRB, QB[0], CLK, Q[0], QB[0]);
SYD_FF    SYD_FF1 (CLRB, Q[1]^Q[0], CLK, Q[1], QB[1]);
SYD_FF    SYD_FF2 (CLRB, Q[2]^Q[1]&Q[0], CLK, Q[2], QB[2]);
endmodule
/* 以下是 D 触发器 SYD_FF 子模块 */
module    SYD_FF   (CLRB, D, CLK, Q, QB );
input     CLRB, D, CLK;
output    Q, QB;
reg Q;
assign    QB = ~Q;
always    @(posedge CLK or negedge CLRB )
    begin
        if(! CLRB) Q<=0;
        else       Q<=D;
    end
endmodule
```

3）二进制同步计数器的仿真

下面用 MAX+plus Ⅱ 进行仿真，步骤如下：

① 新建项目。进入 MAX+plus Ⅱ 集成开发环境。单击菜单栏的 File→Project→Name，在出现的新建项目对话框中输入设计项目名，这里起名为 SYCNT_3。

② 设计输入。单击 File→new，新建文件时选择 Text Editor File 选项，在出现的文本编辑窗口中，输入以上主模块程序，将其保存为 SYCNT_3.v 文件。再单击 File→new，新建文件时，选择 Text Editor File 选项，在出现文本编辑窗口中，输入以上 SYD_FF 子模块程序，将其保存为 SYD_FF.v，注意，要将 SYCNT_3.v 和 SYD_FF.v 都保存在 SYCNT_3 文件夹中，然后将 SYD_FF.v 文本编辑窗口关闭。单击菜单 File→Project→Set Project To Current File，把 SYCNT_3.v 文件设为当前工程，至此，Verilog 输入完成。

③ 器件选择与引脚锁定。执行菜单栏中的 Assign→Device 命令，出现器件选择对话框，在 Device Family 栏中选择 MAX7000S；然后在 Device 栏内选择 EPM7128SLC84-15 器件，单击 OK 按钮加以确认。这样 Altera 公司的 EPM7128SLC84-15 已被项目所使用。注意把对话框中 show only fastest speed grades 前的钩去掉，否则看不到 EPM7128SLC84-15。

执行菜单栏中的 Assign→Pin/Location/Chip 命令，此时会弹出引脚锁定对话框。输入 CLRB,CLK,Q0,Q1,Q2，锁定完毕单击 OK 按钮即可，如图 3-83 所示。注意将 CLK 定义在 2 脚或 83 脚(全局时钟脚)。

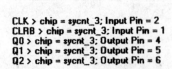

图3-83 3位二进制同步计数器引脚锁定情况

④ 器件的编译。执行菜单栏中的 MAX+plusⅡ→Compiler 命令,这时将弹出编译命令对话框,单击 Start 按钮,即可编译相关的各项操作。

⑤ 器件的仿真。执行菜单栏中的 MAX+plusⅡ→Waveform Editor 命令,弹出仿真波形窗口。在仿真波形窗口的空白处右击,在弹出的快捷菜单中选择"Enter Nodes form SNF..."命令,这时将出现仿真信号选择对话框。单击 List 按钮,将出现端口列表,默认是选择全部,也可以通过左键和 Ctrl 组合来选择想要的信号。单击"=>"图标,将 CLRB,CLK,Q0,Q1,Q2 信号加入 SNF 文件中。

单击菜单命令 File—→End Time,终止时间设置为 100 μs。

选中 CLK,单击 按钮,在弹出的时钟设置对话框中,将 Starting Value 开始电平设为 0,Multiplied By 设为 20。选中 CLRB,用拖动的方法将开始的 0~1 μs 设置为低电平,其余时段设置为高电平。单击"保存"按钮,将文件保存为 SYCNT_3.scf 文件。

执行菜单栏中的 MAX+plusⅡ→Simulator 命令,在弹出的对话框中,单击 Start 按钮,开始仿真,仿真的波形图如图 3-84 所示。

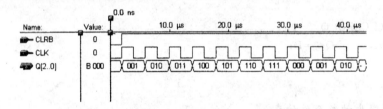

图3-84 3位二进制同步计数器仿真波形图

右击 Q[2:0],在出现的快捷菜单中选择 upgroup,将 Q 分解为 Q0,Q1,Q2,则展开后的波形如图 3-85 所示。

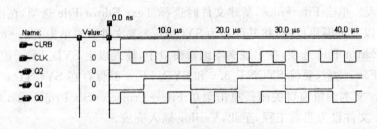

图3-85 展开后的3位二进制同步计数器波形

(4)任意进制计数器

n 位二进制计数器可以组成 2^n 进制的计数器,例如四进制、八进制、十六进制等,但在实际应用中,需要的往往不是 2^n 进制的计数器,例如五进制、七进制、十进制等。这类不为 2^n 进制的计数的组成方法可用触发器和门电路进行设计,但比较复杂,本书不作介绍。下面以设计一个十进制计数器为例,说明用反馈归零法设计任意进制计数器的方法。

1) 十进制计数器分析

十进制计数器是在二进制计数器的基础上演变而来的，它用 4 位二进制数来代表 1 位十进制数，即其输出结果是 BCD 码。

十进制的编码方式有多种，最常用的 8421 编码方式是取 4 位二进制编码中 16 个状态的前 10 个状态 0000～1001 来表示十进制数的 0～9 这 10 个数码。也就是当计数器计数到第 9 个脉冲后，若再来一个脉冲，计数器的状态必须由 1001 变到 0000，完成一个循环的变化。十进制加法计数器的状态表如表 3-32 所列。

表 3-32 十进制加法计数器的状态表

计数脉冲	Q3	Q2	Q1	Q0	十进制数
0	0	0	0	0	0
1	0	0	0	1	1
2	0	0	1	0	2
3	0	0	1	1	3
4	0	1	0	0	4
5	0	1	0	1	5
6	0	1	1	0	6
7	0	1	1	1	7
8	1	0	0	0	8
9	1	0	0	1	9
10	0(1)	0	0(1)	0	10

根据状态表，可采用反馈归零法来设计十进制计数器。其基本思想是：截取计数过程中的某一个中间状态来控制清零端，使计数器从该状态返回到零而重新开始计数，这样就弃掉了后面的一些状态，把模较大的计数器改成了模较小的计数器。（所谓模，是指计数器中循环状态的个数）。对于十进制计数器，需要截取 0～9 前几位数，从第十个脉冲开始，要返回到零状态。

2) 用 Verilog HDL 描述十进制加法计数器

用 Verilog HDL 描述十进制计数器如下：

```
module    CNT_10 (CLRB, CLK, Q);
input    CLRB, CLK;
output    [3:0]Q;
reg[3:0] Q;
always    @(posedge CLK or negedge CLRB)
    if (!CLRB)     Q<=0;
    else if(Q==9)  Q<=0;
    else           Q<=Q+1;
endmodule
```

重点提示

以上程序十进制同步加法计数器，具有一定的通用性，并且通过适当修改程序部分语句，还可以设计出任意进制的计数器。例如，要设计前面介绍的八进制同步加法计数器，则修改如下：

第 3 篇 FPGA/CPLD 常用工具及软件特性

```
module   CNT_8      (CLRB, CLK, Q);
input    CLRB, CLK;
output   [2:0] Q;
nag      [2:0] Q;
always      @ (posedge CLK or negedge CLRB)
    if (! CLRB)       Q<=0;
    else if( Q==7)    Q% = 0;
    else              Q<= Q+1;
endmodule
```

3）十进制加法计数器仿真

下面用 MAX+plusⅡ进行仿真，步骤如下：

① 新建项目。进入 MAX+plusⅡ集成开发环境。单击菜单栏的 File→Project→Name，在出现的新建项目对话框中输入设计项目名，这里起名为 CNT_10。

② 设计输入。单击 File→new，新建文件时选择 Text Editor File 选项，在出现的文本编辑窗口输入以上程序，将其保存为 CNT_10.v 文件。单击菜单 File→Projiect→Set Project To Current File，把文件设为当前工程，至此，Verilog 输入完成。

③ 器件选择与引脚锁定。执行菜单栏中的 Assign→Device 命令，出现器件选择对话框，在 Device Family 栏中选择 MAX7000S；然后在 Device 栏内选择 EPM7128SLC84-15 器件，单击 OK 按钮加以确认。这样 Altera 公司的 EPM7128SLC84-15 已被项目所使用。注意把对话框中 show only fastest speed grades 前的钩去掉，否则看不到 EPM7128SLC84-15。

执行菜单栏中的 Assign→Pin/Location/Chip 命令，此时会弹出引脚锁定对话框。输入 CLRB,CLK,Q0,Q1,Q2,Q3，锁定完毕单击 OK 按钮即可，如图 3-86 所示。注意将 CLK 定义在 2 脚或 83 脚(全局时钟脚)。

```
CLK  > chip = cnt_10; Input Pin = 2
CLRB > chip = cnt_10; Input Pin = 1
Q0   > chip = cnt_10; Output Pin = 4
Q1   > chip = cnt_10; Output Pin = 5
Q2   > chip = cnt_10; Output Pin = 6
Q3   > chip = cnt_10; Output Pin = 8
```

图 3-86 十进制计数器引脚锁定情况

④ 器件的编译。执行菜单栏中的 MAX+plusⅡ→Compiler 命令，这时将弹出编译命令对话框，单击 Start 按钮，即可编译相关的各项操作。

⑤ 器件的仿真。执行菜单栏中的 MAX+plusⅡ→Waveform Editor 命令，弹出仿真波形窗口。在仿真波形窗口的空白处右击，在弹出的快捷菜单中选择"Enter Nodes form SNF..."命令，这时将出现仿真信号选择对话框。单击 List 按钮，将出现端口列表，默认是选择全部，也可以通过左键和 Ctrl 组合来选择想要的信号。单击"=>"图标，将 CLRB,CLK,Q0,Q1, Q2,Q3 信号加入 SNF 文件中。

单击菜单命令 File→End Time，终止时间设置为 100 μs。

选中 CLK，单击 XC 按钮，在弹出的时钟设置对话框中，将 Starting Value 开始电平设为 0，Multiplied By 设为 20。选中 CLRB，用拖动的方法将开始的 0~1 μs 设置为低电平，其余时段设置为高电平。单击保存按钮,将文件保存为 CNT_10.scf 文件。

执行菜单栏中的 MAX+plusⅡ→Simulator 命令,在弹出的对话框中,单击 Start 按钮,开始仿真,仿真的波形图如图 3-87 所示。

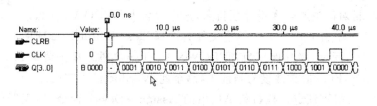

图 3-87 十进制计数器仿真波形图

右击 Q[3:0],在出现的快捷菜单中选择 upgroup,将 Q 分解为 Q0,Q1,Q2,Q3,则展开后的波形如图 3-88 所示。

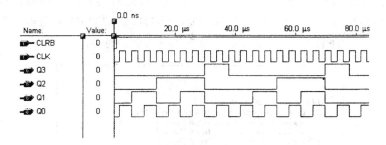

图 3-88 展开后的十进制计数器波形

(5) 具有预置功能的加法/减法计数器

下面描述一个具有预置功能的加法/减法计数器,该计数器有一个加/减控制端 UPDOWN,当该控制端为高电平时,实现加法计数;当该控制端为低电平时,实现减法计数。LOAD 为同步预置端,高电平置数。CLRB 为同步清零端(低电平清零);D0,D1,D2,D3 为并行数据输入端;Q0,Q1,Q2,Q3 为状态输出端。

用 Verilog HDL 描述如下:

```
module UPDOWN_CNT(D, CLK, CLRB, LOAD, UP_DOWN, Q);
input[3,0] D;
input CLK, CLRB, LOAD;
input UP_DOWN;
output[3:0] Q;
reg[3:0] COUNT;
assign Q= COUNT;
always @(posedge CLK)
    begin
        if(! CLRB)           COUNT<=0;              //清零
        else if(LOAD)        COUNT<=D;              //置数
        else if(UP_DOWN)     COUNT<=COUNT+ 1;       //加法计数
        else                 COUNT<=COUNT-1;        //减法计数
    end
```

endmodule

下面用 MAX+plusⅡ进行仿真,步骤如下:

① 新建项目。进入 MAX+plusⅡ集成开发环境。单击菜单栏的 File→Project→Name,在出现的新建项目对话框中输入设计项目名,这里起名为 UPDOWN_CNT。

② 设计输入。单击 File→new,新建文件时选择 Text Editor File 选项,在出现的文本编辑窗口中,输入以上程序,将其保存为 UPDOWN_CNT.v 文件。单击菜单 File→Project→Set Project To Current File,把文件设为当前工程,至此,Verilog 输入完成。

③ 器件选择与引脚锁定。执行菜单栏中的 Assign→Device 命令,出现器件选择对话框,在 Device Family 栏中选择 MAX7000S;然后在 Device 栏内选择 EPM7128SLC84-15 器件,单击 OK 按钮加以确认。这样 Altera 公司的 EPM7128SLC84-15 已被项目所使用。注意把对话框中 show only fastest speed grades 前的钩去掉,否则看不到 EPM7128SLC84-15。

执行菜单栏中的 Assign→Pin/Location/Chip 命令,此时会弹出引脚锁定对话框。输入 CLRB,CLK,LOAD,UP_DOWN,D0,D1,D2,D3,Q0,Q1,Q2,Q3,锁定完毕单击 OK 按钮即可,如图 3-89 所示。注意将 CLK 定义在 2 脚或 83 脚(全局时钟脚)。

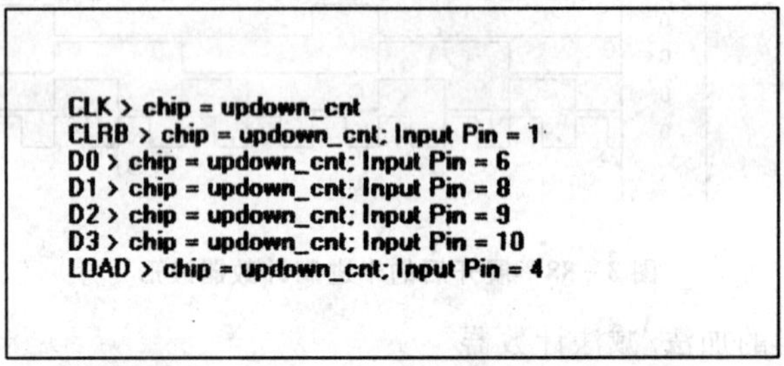

```
CLK > chip = updown_cnt
CLRB > chip = updown_cnt; Input Pin = 1
D0 > chip = updown_cnt; Input Pin = 6
D1 > chip = updown_cnt; Input Pin = 8
D2 > chip = updown_cnt; Input Pin = 9
D3 > chip = updown_cnt; Input Pin = 10
LOAD > chip = updown_cnt; Input Pin = 4
```

图 3-89　加法/减法计数器引脚锁定情况

④ 器件的编译。执行菜单栏中的 MAX+plusⅡ→Compiler 命令,这时将弹出编译命令对话框,单击 Start 按钮,即可编译相关的各项操作。

⑤ 器件的仿真。执行菜单栏中的 MAX+plusⅡ→Waveform Editor 命令,弹出仿真波形窗口。在仿真波形窗口的空白处右击,在弹出的快捷菜单中选择"Enter Nodes form SNF…"命令,这时将出现仿真信号选择对话框。单击 List 按钮,将出现端口列表,默认是选择全部,也可以通过左键和 Ctrl 组合来选择想要的信号。单击"=>"图标,将 CLRB,CLK,LOAD,UP_DOWN,D0,D1,D2,D3,Q0,Q1,Q2,Q3 信号加入 SNF 文件中。

单击菜单命令 File→End Time,终止时间设置为 100 μs。

选中 CLK,单击XC按钮,在弹出的时钟设置对话框中,将 Starting Value 开始电平设为 0,Multiplied By 设为 20。选中 CLRB,用拖动的方法将开始的 0~1 μs 设置为低电平,其余时段设置为高电平。选中 UP_DOWN,单击 按钮,将其设置为高电平(加法计数器),单击 LOAD 按钮,用拖动的方法将开始的 0~5 μs 设置为高电平(置数),其余时段设置为低电平。选中 D[3:0],单击XC按钮,在弹出的对话框中,将 Starting Value 开始电平设为 0111(置入数 7),Increment By 增加值设为 0。单击"保存"按钮,将文件保存为 UPDOWN_CNT.scf 文件。

执行菜单栏中的 MAX+plusⅡ→Simulator 命令,在弹出的对话框中,单击 Start 按钮,开始仿真,仿真的波形图如图 3-90 所示。

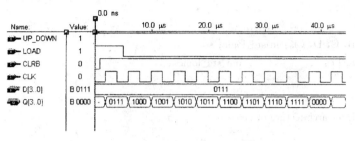

图 3-90　加法/减法计数器仿真波形图

3.8 典型常用的 VHDL 语言（应用设计举例）

VHDL 是 VHSIC Hardware Description Language 的缩写，其中 VHSIC 是 Very High Speed Integrated Circuit 的缩写，它最初由美国国防部制定，以作为各合同商之间提交复杂电路设计文档的一种标准。它 1987 年被采纳为 IEEE 1076 标准，1993 年被更新为 IEEE 1164 标准。VHDL 语言的优点在于它是一种高层次的硬件描述语言，与器件的特性无关，因此设计者可以无须熟悉器件的具体结构。正是由于其设计与器件的无关性，VHDL 语言有很强的可移植性。对于设计的综合和仿真都可采用 VHDL 描述，并且同一个 VHDL 设计可以在不同的 EDA 软件平台上运行。因此，VHDL 语言现在已被广泛地用于电子系统的设计和电路的仿真中。

VHDL 所描述的对象是硬件电路。在电子系统中各部分的电路可以是互相有关的，或者是互相独立的。在任一时刻，电子系统中会有许多相关或不相关的事件同时发生，即具有并行性质。VHDL 可以用并行或顺序的多种语句来描述在同一时刻中所有可能发生的事件。而普通的高级语言，如 C 或 Pascal 等是顺序执行的计算机语言。这是 VHDL 语言与普通高级语言的最大差别。然而，VHDL 中的一些语句又与普通高级语言很相似。在使用 VHDL 编写程序时，有时会受到语句顺序执行这种习惯思维的影响，这是应当引起注意的。因此，读者要以并行语言的思路去学习、理解和应用 VHDL 语言。

3.8.1　VHDL 的基本结构

【例 1】　一个简单的 VHDL 程序：

library ieee;
use ieee. std_logic_1164. all;

```
entity demo is
    port (A, B, C, D, CK: in std_logic;
          OUTP:              out std_logic);
end demo;

architecture demo_architecture of demo is

signal INP: std_logic;
begin
    Process (INP, CK)
    Begin
            if (rising_edge (CK)) then
                OUTP <= INP;
            end if;
    end process;
    INP <= (A and B) or (C and D);
end demo_architecture;
```
———库

———实体

———结构体

VHDL 程序由 3 个部分组成：库、实体、结构体。库部分中的语句是声明要引用 IEEE 库中的所有项目，库和程序包中放的是经过编译的数据，包括对信号、常数、数据类型等的定义。实体部分描述该模块的接口信息，包括端口的信号数目、方向和类型等。结构体部分描述该模块的内部电路。下面对各个部分作详细介绍。

1. 实 体

VHDL 表达的所有设计均与实体（entity）有关，实体是设计中最基本的模块。设计的最顶层是顶级实体。如果设计分层次，那么在顶级实体中将包含较低级别的实体，如图 3-91 所示。实体的基本格式如下：

ENTITY 实体名 IS
[GENERIC(类属表);]
[PORT(端口表);]
ENDENTITY 实体名；

类属信息表示设计单元的默认类属参数值。

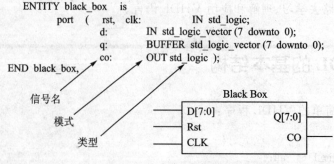

图 3-91 实体的描述

以下是用 VHDL 写的实体描述：

实体(entity)类似于原理图中的符号(Symbol)，它并不描述模块的具体功能。实体的通信点是端口(port)，它与部件的输入/输出或器件的引脚相关联，即说明实体的外部接口情况。此时，实体被视作"黑盒"，不管其内部结构，只描述它的输入/输出接口信号。

每个端口必须定义以下 2 点。

① 信号名：端口信号名在实体中必须是唯一的。

② 属性：它包括

- 模式(mode) 决定信号的方向；
- 类型(type) 端口所采用的数据类型。

(1) 端口模式

端口模式有以下几种类型：

IN　　信号进入实体但并不输出；

OUT　信号离开实体但并不输入，并且不会在内部反馈使用；

INOUT　信号是双向的，既可以进入实体，也可以离开实体；

BUFFER　信号输出到实体外部，但同时也在实体内部反馈。

(2) 端口类型

端口类型包括以下几种：

① integer 可用做循环的指针或常数，通常不用于 I/O 信号。

例如：

SIGNAL count：integer range 0 to 255

　　count<=count+1

② boolean 可取值 TRUE(真)或 FALSE(假)。

③ std_logic 工业标准的逻辑类型，取值 0，1，X 和 Z，由 IEEE 1164 标准定义。

④ std_logic_vector std_logic 的组合，工业标准的逻辑类型。

以下再举一例说明实体的表述方法。实体 my_design1 的框图如图 3-92 所示。

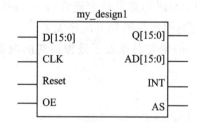

D—16 bit 输入总线；CLK，Reset 和 OE—输入信号；
Q—16 bit 三态输出总线；AD—16 bit 双向总线；
INT—输出信号，但也在内部使用；AS—三态输出信号

图 3-92　实体 my_design1 框图

其 VHDL 表述如下：

ENTITY my_ design1 is
　　　PORT (d：IN std _ logic _ vector (15 downto 0)；
　　　　　clk, reset, oe：　　IN std_logic；

```
        q: OUT std _ logic _ vector (15 downto 0);
        ad: INOUT std _ logic _ vector (15 downto 0);
        int: BUFFER std _ logic;
        as: OUT std _ logic;
     );
END my_ designl;
```

2. 结构体

所有能被仿真的实体都有一个结构体(architecture)描述,结构体描述实体的行为功能。一个实体可以有多个结构体,一种结构体可能为行为描述,而另一种结构体可能为设计的结构描述。

下面是一个实现简单逻辑的结构体实例:

```
ENTITY logic is
    PORT (a, b: IN std_logic;
          w, x, y: OUT std_logic;
          z: OUT std _ logic _ vector (3 downto 0));
END logic;

ARCHITECTURE behavior of logic is
BEGIN
    y <= (a AND d);
    w <= (a OR b);
    x <= "1';
    z <= "0101";
END behavior;
```

结构体描述实体中的具体逻辑是什么,它描述设计的具体行为。

结构体包含下面 2 类语句。

- 并行语句:并行(concurrent)语句总是处于进程(process)语句的外部。所有并行语句都是并发执行的,并且与它们出现的先后次序无关。
- 顺序语句:顺序(sequential)语句总是处于进程语句的内部,并且从仿真的角度来看是顺序执行的。

3. 配　置

用配置(configration)语句可以将具体元件安装到一个实体-结构体对。配置被看作是设计的零件清单,它描述对每个实体用哪一种行为,所以它非常像一个描述设计每部分用哪一种零件的清单。

下面是描述一个 RS 触发器的配置语句实例:

```
ENTITY rsff IS
    PORT (set, reset : IN BIT;
          q, qb: BUFFER BIT);
END rsff;
```

```
ARCHITECTURE netlist OF rsff IS
    COMPONENT nand2
        PORT (a, b: IN BIT;
              c: OUT BIT);
    END COMPONENT;
BEGIN
    U1: nand2 PORT MAP (a => set, b => qb, c => q);
    U2: nand2 PORT MAP (a => reset, b => q, c => qb);
END netlist;
ARCHITECTURE behave OF rsff IS
BEGIN
    q <= NOT (qb AND set);
    qb <= NOT (q AND reset);
END behave;
```

在上述的例子中,实体 rsff 拥有两个结构体 netlist 和 behave,那么实体究竟对应于哪个结构体呢？配置语句很灵活地解决了这个问题。

如果选用结构体 netlist,则用

```
CONFIGURATION rsffconl OF rsff IS
    FOR netlist
    END FOR;
END FOR;
```

如果选用结构体 behave,则用

```
CONFIGURATION rsffconl OF rsff IS
    FOR behave
    END FOR;
END FOR;
```

3.8.2 标识符、数据对象、数据类型及属性

1. 标识符

标识符(identity)是最常用的操作符,它可以是常数、变量、信号、端口、子程序或参量的名字。VHDL 的标识符由 26 个英文字母、数字和下划线"_"组成。所有这些标识符必须遵从如下规则：

① 标识符的第一个字符必须是英文字母。
② 标识符不区分字母大小写。
③ 标识符不能与 VHDL 的保留字相同。
④ 不可连续使用"_",标识符的最后一个字符不能是"_"。

2. 数据对象

(1) 信　号

数据对象(data objects)用于声明内部信号(signal),而非外部信号。信号在元件之间起互联作用,可以赋值给外部信号。例如:

```
ARCHITECTURE behavior of example is
    SIGNAL count :         std_logic_vector (3 downto 0);
    SIGNAL flag :          integer;
    SIGNAL mtag :          integer range 0 to 15;
    SIGNAL stag :          integer range 100 downto 0;
BEGIN

    --          mtag is a 4—bit array; MSB is mtag (0); LSB is mtag (3)
    --          stag is a 7— bit array; MSB is stag (6); LSB is stag (0)
    --          信号总是在结构体(ARCHITECTURE)中声明
```

信号也可在状态机中表示状态变量,例如:

```
    ARCHITECTURE behavior of example is
    TYPE states is (state0, state1, state2, state3);
BEGIN
    SIGNAL memread : states;
－－每个状态(state0,state1,…)代表一个独有的状态。
```

(2) 常　量

常量(constant)声明即为一个常量名赋予一个固定值,其格式为

CONSTANT 常量名:数据类型:=数值;

常量在设计描述中保持某一规定类型的特定值不变,例如:

```
ARCHITECTURE behavior of example is
    CONSTANT width : integer : = 8;
    BEGIN
```

常量 width 是整数类型的常数,其值为 8。

(3) 变　量

变量(variable)在进程语句和子程序中用于局部数据存储。变量和信号不同,分配给信号的值必须经过一段时间延时后才能成为当前值,而分配给变量的值立即成为当前值。"＜＝"符号用来表示信号赋值。":＝"符号用来表示变量赋值。

例如:

```
        PROCESS (s)
    VARIABLE result : integer : = 12;
BEGIN
    result 是初始值为 12 的变量。result 值可以在进程中被修改
```

数据对象应用实例:

```
ARCHITECTURE data_obj OF example IS
            CONSTANT xdata：integer ：= 2；
            SIGNAL y：integer range 0 to 15；
            —— y是4 bit数组
            —— y(0)是最高位(MSB)，而y(3)是最低位(LSB)
BEGIN
    PROCESS (s)
        VARIABLE tmp：integer ：= 0；
                                ——tmp在进程中被中初始化为0
        BEGIN
            IF s = '0' THEN tmp：=3；
            ELSE tmp：=7；         ——立即赋值
            END IF；
                y <= tmp + xdata；  ——将更新的tmp值与xdata相加
    END PROCESS；
END data_obj；
```

信号和变量之间存在着很大的区别，这些区别主要表现在接收和保持信号的方式，以及信息保持与传递的区域上。在编写 VHDL 程序时，如果两者使用得不正确，即该用变量的地方用了信号，或者反之，有时综合器也能编译通过，但进行电路仿真时会发现得不到正确的结果，因此要给予足够的重视。表 3-33 列出了两者之间的区别。

表 3-33 信号与变量的区别

信　号	变　量
使用和说明范围为结构体、程序包	只能在进程或子程序中使用
可用于在模块间交换数据	只用于进程或子程序局部
有独立的硬件对应物：连接线	无具体的硬件对应物
可加入进程敏感表用以激活进程	不能写入进程敏感表
采用"<="作为信号的赋值符	采用："="作为信号的赋值符
信号赋值存在延时	变量赋值立即生效，无延时

3. 数据类型

VHDL 的数据类型（data types）定义非常严格，规定每一个对象都必须有明确的数据类型。把不同类型的信号连接起来是非法的。

(1) 标量类型

标量类型共有 4 种：整数类型、浮点类型、枚举类型和物理类型。

1) 整数类型

通常预定义的算术函数，如加减乘除进行算术运算，都适合于整数类型。整数的取值范围是 $-(2^3-1)\sim(2^3-1)$。

如下面语句：

Signal a： integer range 0 to 7；

2) 浮点类型

取值范围是 $-1.0E38 \sim +1.0E38$，综合工具通常不支持浮点类型，因为要占用大量的器件资源。

3) 枚举类型

VHDL 中的枚举类型是一种特殊的数据类型，是用文字符号来表示一组实际的二进制数。它常用于状态机的设计，枚举类型定义在形式上是用括号括起来的枚举文字表，其基本格式为

Type 类型名 is(元素,元素…);

在状态机设计中，常用下列形式：

type 类型名 is(state1_name,state2_name,…,stateN_name);

4) 物理类型

表示时间(time)的数据类型。对可编程器件而言，此类型主要用于仿真。

例如：

```
type time is range 0 to 2147483647 units
    fs;
    ps = 1000fs;
    ns = 1000ps;
    us = 1000μs;
    ms = 1000μs;
    sec = 1000ms;
    min = 60sec;
    hr = 60min;
end units;
```

虽然 VHDL 定义了 8 种时间类型，但 EDA 开发软件不一定支持所有的时间类型。这在使用时要注意。

(2) 复合类型

复合类型由数组类型和记录类型组成。

1) 数组类型

数组是同类型数据集合形成的一个新的数据类型，定义格式为

TYPE 数据类型名 IS ARRAY 范围 of 数据类型；

例如：

TYPE sa IS ARRAY(7 DOWNTO 0) of STD_LOGIC；

这个数组共有 8 个元素，DOWNTO 指定下标以降序变化。

2) 记录类型

记录类型与数组类型相似，也是一种多值数据类型，构成记录的元素可以是任何一种 VHDL 的数据类型。但是，记录类型是由多个不同类型的元素集合构成的，这一点与数组类型不同。记录类型定义语句格式如下：

```
type 记录名 is record
元素名:元素数据类型;
元素名:元素数据类型;
```

例如:

```
type month_name (Jan, Feb, Mar, Apr, May, Jun, Jul, Aug, Sep, Oct, Nov, Dec);
type date is record
    day: integer range 1 to 31;
    month: month _ name
    year: integer range 0 to 2000;
end record;
```

4. 属 性

属性提供的是有关于实体、结构体、类型、信号等项目的指定特征。定义属性的一般格式为

项目'属性标识符

属性'high 和'low 分别确定一个类型的最高值和最低值。

T'high　　T 的高边界
T'low　　 T 的低边界

当用于数组时:

A'high(N)　　数组 A 中下标为 N 时,元素的高边界;
A'low(N)　　 数组 A 中下标为 N 时,元素的低边界。

信号的属性如下:

S'event　　若在当前模拟周期内信号 S 有事件发生,则属性值为真。

例如表述时钟信号时用如下表达方式:

clk'event clk='1'　　——如果结果为真,表示时钟 clk 上升沿出现

5. VHDL 运算符

VHDL 为构造计算数值的表达式提供了许多预定义算符,如表 3-34 所列。预定义算符可分 4 种类型:算术运算符、关系运算符、逻辑运算符与连接运算符。

表 3-34　VHDL 的运算符

分　组	算　符	运　算
二元运算符	+	加
	-	减
	*	乘
	/	除
	mod	求模
	rem	求余
	**	乘方

续表 3-34

分组	算符	运算
一元运算符	+	正号
	−	负号
	abs	求绝对值
关系运算符	=	相等
	/=	不等
	<	小于
	>	大于
	<=	小于或等于
	>=	大于或等于
二元逻辑运算	and	逻辑与
	or	逻辑或
	nand	与非
	nor	或非
	xor	异或
一元逻辑运算	not	求补
连接运算	&	连接

注意：其中"<="操作符也用于表示赋值操作，在阅读 VHDL 语句时，应根据程序中语句关系进行判断。

各运算符优先级从最高到最低排序如下，同一行中各运算符优先级相同。

$**$, abs, not   最高优先级

$*$, /, MOD, REM

+（正号），−（负号）

=, /=, <, <=, >, >=

and, or, nand, nor, xor, xnor   最低优先级

连接运算符 & 的操作数的数据类型是一维数组，可以利用连接运算符 & 将普通操作数或数组组合起来形成各种新的数组。例如 VH&DL 的结果为 VHDL。例如已定义 DATA 为 8 位的数组，0&DATA 就扩展成 9 位。

【例 2】 4 位二进制加法器。

定义 cin 为低位进位，a 和 b 为加数、被加数，s 为和，cont 为进位输出。

```
library ieee
use ieee.std_logic_1164.all;
use ieee.std_logic_unsigned.all;
    entity add is
    port (cin:           in std_logic;
          a:             in std_logic_vector (3 downto 0);
          b:             in std_logic_vector (3 downto 0);
          s:             out std_logic_vector (3 downto 0);
          cont:          out std_logic)
    end
```

```
architecture add_architecture of add is
    signal sint: std_logic_vector (4 downto 0);
    signal aint, bint: std_logic_vector (4 downto 0);
begin
    aint <= "0" & a;         ——用 & 将 4 位加数扩为 5 位,为进位提供空间
    bint <= "0" & b;
    sint <= aint + bint + cin;
    s <= sint (3 downto 0);
    cont <= sint (4);
end add_architecture;
```

3.8.3 程序包和设计库

1. 程序包

数据类型、常量与子程序可以在实体说明部分和结构体部分加以说明,而且实体说明部分所定义的类型、常量及子程序在相应的结构体中是可见的(可以被使用)。但是,在一个实体的说明部分与结构体部分中定义的数据类型、常量及子程序对于其他实体的说明部分与结构体部分是不可见的。为了使一组类型说明、常量说明和子程序说明对多个设计实体都成为可见的,VHDL 提供了程序包(package)结构。程序包分包头和包体两部分。包头以保留字 PACKAGE 开头,包体则以 PACKAGE BODY 识别。

下面是一个程序包的例子:

——包头说明

```
PACKAGE Logic IS
TYPE Three_level_logic IS('0','1','Z');
    CONSTANT Unkown_Value : Three_level_logic: = '0';
    FUNCTION Invert (input: Three_level_logic)
    RETURN Three_level_logic);
END Logic;


——包体说明
PACKAGE BODY Logic IS
——下面是函数 Invert 的子程序体
    FUNCTION Invert ( input: Three_level_logic)
    RETURN Three_level_logic IS
    BEGIN
        CASE input IS
            WHEN'0' => RETURN '1';
            WHEN'1' => RETURN '0';
            WHEN'Z' => RETURN 'Z';
        END CASE;
```

```
            FND Invert;
        END Logic;
```

一个程序包所定义的数据类型、子程序或数据对象对于其他实体是不可用的,或者说是不可见的,如果在某个 VHDL 单元之前加上 USE 语句,则可以使得程序包说明中的定义项在该单元中可见。

```
－－假定上述程序包 Logic 的说明部分已经存在
－－下面的 USE 语句使得 Three_level_logic 和 Invert
－－对实体说明成为可见

    USE Logic. Three_ level _ logic, Logic, Invert;
    ENTITY Inverter IS
        PORT (x: IN Three _ level _ logic; y: OUT Three_ level _ logic);
    END Inverter;
    －－结构体部分继承了实体说明部分的可见性,所以不必再使用 USE 语句
    ARCHITECTURE Three_ level _ logic OF Inverter IS
    BEGIN
        PROCESS
        BEGIN
            Y <= Invert (x) AFTER 10 ns;      －－一个函数调用
        WAIT ON x;
        END PROCESS;
    END Inverter _ body;
```

USE 语句后跟保留字 ALL 表示使用库/程序包中的所有定义。

2. 库

库(library)是专门存放预编译程序包(package)的地方,这样它们就可以在其他设计中被调用。

例如:

```
    LIBRARY ieee;                  ——IEEE 标准库的标志名:
    USE ieee. std_logic_1164. ALL;   ——程序包名
    USE ieee. std_logic_unsigned. ALL;
```

ieee. std_logic_unsigned 库允许对 std_logic 类型的信号使用某些运算符。例如:
(count <= count+1;)

3.8.4 VHDL 基本语句

VHDL 常用语句分并行(concurrent)语句和顺序(sequential)语句两种。顺序语句的特点是每条语句的执行是与它们的书写顺序基本一致的。顺序语句只能出现在进程和子程序中。并行语句在结构体中的执行是并行的,执行方式与书写顺序无关。

1. 并行语句

并行语句包括以下 5 种。

① 布尔方程。

布尔方程举例：

x<=(a AND (NOT sel1)) OR (b AND sel1);
g(0)<=NOT (y AND sel2);

② 条件赋值（例如，when…else…）。

条件赋值语句举例：

y<=dWHEN(sel1='1')ELSE c;
g(1)<='0'WHEN(x='1'AND sel2='0')ELSE'1';

③ 实例（instantiation）语句。

实例语句举例：

inst1:fdl1 PORT MAP(d=>din,clk=>clka,q=>qout);

④ 进程语句。

⑤ 例化语句。

(1) 进　程

进程（process）用于描述顺序事件并且包含在结构体中。一个结构体可以包含多个进程语句。进程语句的格式如下：

```
进程名:process(敏感信号表)
    begin
    顺序语句;
    endprocess 进程名;
```

当敏感表中的某个信号变化时进程被激活。

进程语句是一个并行语句，它定义进程被激活时将要执行的特定行为。

进程的简单实例：

```
mux:PROCESS(a,b,s)         ——敏感表
BEGIN
   if(s='0')then
      x <= a;
   else                    —— 定义一段进程
      x <= b;
   end if;
END PROCESS mux;
```

这里进程 mux 对于信号 a,b 和 s 敏感,无论何时信号 a,b 和 s 发生变化,进程中的语句将被重新赋值计算。进程启动后,process 中的语句将从上到下执行一遍。执行最后一个语句后,返回到开始语句,等待敏感信号下一次出现,即当敏感表中的信号变化一次,进程就被激

活,process 中的语句则执行一遍。

当 process 后的敏感信号参数表中没有列出任何敏感量时,进程的启动是靠进程启动语句 WAIT 语句。

例如:

```
process
    begin
    wait until (clk′ event and clk= ′1′);          ——进程启动语句
    case opcode is
        when plus => result <= a+b;
        when minus => result <= a-b;
        when equal =>
            if (a = b) then
                result <= "00000001";
            else
                result <="00000010";
            end if;
        when others =>
            result <= "00000000";
    end case;
end process;
```

程序中 wait until(clk′event and clk= ′1′)表示进程的启动需靠 WAIT 语句。在此,时钟信号为进程的敏感信号。其格式为

WAIT UNTIL 条件表达式;

(2) WITH - SELECT - WHEN 语句

WITH - SELECT - WHEN 语句基本格式为

with 表达式 select
　　目的信号量<=表达式 1 when 条件 1,
　　　　　　表达式 2 when 条件 2,
　　　　　　……
　　　　　　表达式 n when 条件 n;

对表达式进行测试,当表达式取值不同时,将使用不同的值代入目的信号量。

【例 3】　4 选 1 多路选择器(mux)。

```
——用于并行的信号赋值
library ieee;
use ieee. std_logic_1164. alt;
entity mux is port (
        a, b, c, d: in std_logic,
        s: in std_logic_vector (1 downto 0);
        x: out std_ logic );
end mux;
```

```
architecture archmux of mux Is
begin
with s select
    x <= a when "00",    ——x根据s的不同而赋值
        b when "01",
        c when "10",
        d when "11";
end archmux;
```

注意:WITH – SELECT – WHEN 必须指明所有互斥条件。

(3) WHEN – ELSE 语句

WHEN – ELSE 是并行语句,但无须指明所有互斥条件。它可以根据不同条件将不同的值代入信号量,格式为

目的信号量<=表达式 1 when 条件 1 else
        表达式 2 when 条件 2 else
        ……
        表达式 n;

例如:

```
architecture archmux of mux IS
begin
x <= a when(s="00") else
    b when(s="01")else
    c when("10")else
    d;
end archmux;
```

上面语句 d 未指明互斥条件,即用 WHEN – ELSE 语句时无须指明所有互斥条件。

(4) 元件例化语句

利用元件例化语句,可以允许现有设计重复调用设计库中已有设计,以便支持模块化的设计方式,即进行层次化的设计。元件是对 VHDL 模块的说明,使之能在其他模块中被调用。在例化元件之前,首先必须在结构体的说明部分对元件进行说明,元件说明的格式如下:

```
component    元件名
[generic    (类属表);]
[port       (端口表);]
end componet;
```

元件例化的格式如下:

元件标号:元件名 port map(信号映射);
信号映射就是把实际参数置于形式参数的对应位置。
形式参数=>实际参数,其中=>为关联运算符。

例如:

——顶层设计实例
```
entity addmult is
        port (sig1, sig2: in integer range 0 to 7;
                result: out integer range 0 to 63);
end addmult;

architecture structure of addmult is
        signal s_add: integer range 0 to 63;

        component add          ——元件说明
                port (op1, op2: in integer range 0 to 7;
                        result: out integer range 0 to 63);
                end component;
                                ——add 为低层元件名
begin                           ——port map 是连接两个层次的关键字
        add1: add port map (op1 => sig1, op2 => sig2, result => s_add);
        result <= s_add -2;
end structure;
```

——低层设计
```
entity add is

        port (op1, op2:  in integer range 0 to 7;
                result:  out integer range 0 to 63);
end add;
architecture dataflow of add is
begin
    result <= op1 + op2;
end dataflow;
```

低层设计可以放在另外的文件中或者与顶层设计在同一文件中。

为了方便电子系统的设计，Lattice 公司的开发软件中提供了宏库，它可以直接调用各种宏。软件中提供的宏是一种硬宏，它是为 CPLD 而优化，可得到最佳的利用率和性能。不使用 Lattice 宏，VHDL 综合也能产生功能正确的结果，但可能不能产生最佳结果。为了使用 Lattice 宏，在 VHDL 文件中应包括以下语句：

COMPONENT<macro_name>从 plsi.vhd 文件中复制对应于该 macro 的 COMPONENT 语句）
PORTMAP<将 macro 的信号映射到 entity 的信号上>

【例 4】 调用 Lattice 宏库中的 8 输入异或门 xor8。

```
library ieee;
use ieee. std_logic_1164. all;

ENTITY cntrmux is
PORT (b: IN std _ logic _ vector (7 downto 0);
            yout: OUT std_logic );
```

END cntrmux;

ARCHITECTURE structural of cntrmux is
COMPONENT xor8
PORT (a0: in std_logic;
　　　a1: in std_logic;
　　　a2: in std_logic;
　　　a3: in std_logic;
　　　a4: in std_logic;
　　　a5: in std_logic;
　　　a6: in std_logic;
　　　a7: in std_logic;
　　　z0: out std_logic);
end COMPONENT;
BEGIN
　　U0:xor8 PORT MAP (a0=> b (0), a1=> b (1), a2=> b (2),
　　　　　　　　　　　a3=> b (3), a4=> b (4), a5=> b (5),
　　　　　　　　　　　a6=> b (6), a7=> b (7)
　z0 =) yout);
END structural;

2. 顺序语句

顺序语句是按语句在程序中出现的次序而执行的。顺序语句只能出现在进程和子程序中。顺序语句包括：① IF 语句；② CASE－WHEN 语句；③ 循环语句；④ 子程序；⑤ WAIT 语句。

（1）IF 语句

IF 语句有以下 3 种形式：

① if 条件 then
　　顺序语句
　end if
② if 条件 then
　　顺序语句
　else
　　顺序语句
　end if
③ if 条件 then
　　顺序语句
　elsif 条件 then
　　顺序语句
　else
　　顺序语句
　end if

如果规定的条件判断为 ture，则执行 then 后面的顺序语句；如果规定的条件判断为 false，则执行 else 后面的顺序语句。

举例如下：

IF 这个顺序语句只在进程中使用。根据一个或一组条件的布尔运算而选择某一特定的执行通道，如：

```
PROCESS (sel, a, b, c, d)
BEGIN
if (sel = "00") then
   step <= a;
elsif (sel = "01") then
   step <= b;
elsif (sel = "10") then
   step <= c;
else
   step <= d;
end if;
END PROCESS;
```

ELSIF 可允许在一个语句中出现多重条件。每一个 IF 语句都必须有一个对应的 ENDIF 语句。

(2) CASE-WHEN 语句

这是一种顺序语句并且只能在进程中使用。格式为

```
case 表达式 is
when 条件表达式 => 顺序语句
end case
```

当 case 和 is 之间的表达式取值满足指定的条件表达式时，程序将执行后面的由"=>"所指的顺序语句。

例如：

```
ARCHITECTURE archdesign OF design IS
     SIGNAL option: std_logic_vector (0 TO 1)
BEGIN
     decode: PROCESS (a, b, c, option)
     BEGIN
          CASE option IS
               WHEN "00" => output <= a;
               WHEN "01" => output <= b;
               WHEN "10" => output <= c;
               WHEN OTHERS => output <= '0';
          END CASE;
     END PROCESS decode;
END archdesign;
```

(3) 循环语句

循环语句用于实现重复的操作。

① FOR 循环语句的格式为

循环标号:for 循环变量 in 范围 loop
　　　　顺序语句
　　　　end loop 循环标号；

例如：

signal a，b，c：std_logic_vector (1 to 3)；
……
for n in 1 to 3 loop
a (n) <= b (n) and c (n)；
end loop；

② WHILE 循环语句的格式为

循环标号:while 条件 loop
　　　　顺序语句
　　　　end loop 循环标号；

例如：

process (A，B)
　variable J：integer；
　begin
　　　J：=0；
　　　LP1：while (J<3) loop
　　　　F (J) <= A (J) AND B (2-J)；
　　　　J：=J+1；
　　End loop LP1；
End process；

(4) 子程序

子程序由过程（procedure）和函数（function）组成。函数只能用以计算数值，而不能用以改变与函数形参相关的对象的值。因此，函数的参量只能是方式为 IN 的信号与常量，而过程的参量可以为 IN，OUT，INOUT 方式。过程能返回多个变量，函数只能有一个返回值。

函数举例：

——此函数返回两数中的较小数

FUNCTION Min (x，y：INTEGER) RETURN INTEGER IS
BEGIN
　　IF x<y THEN
　　　　RETURN x；
　　ELSE
　　　　RETURN y；
　　END IF；

END Min;

过程举例:

——此过程将向量转换成整数类型

```
USE WORK. std_ logic _ 1164. ALL
PROCEDURE vector_to_int
            (z: IN std _ logic _ vector;
             x_flag: OUT BOOLEAN;
             q: INOUT INTEGER) IS
BEGIN
    q: = 0;
    x_flag: = false;
FOR I IN z'RANGE LOOP
    q: = q * 2;
    IF z (i) = '1' THEN
        q: =q + 1;
    ELSIF z (i) / = '0' THEN
        x_ flag: = TRUE;
    END IF;
END LOOP
END vector _ to _int;
```

(5) WAIT 语句

进程的执行过程可以由 WAIT 语句控制,使用该语句后不可以使用进程的敏感信号。WAIT 语句有以下 4 种形式。

WAIT	无限等待
WAIT ON 信号表	当其中一个信号发生变化时,激活该进程
WAIT UNTIL 条件表达式	当条件表达式为真时,激活该进程
WAIT FOR 时间表达式	给出进程被挂起的最长时间,一旦超过该值,则激活进程

3.9 10 种常用电路的 VHDL 描述

1. 寄存器

3 种描述寄存器(register)的方法如下。

(1) PROCESS (clk, d)

BEGIN
IF (clk'event and clk = '1') THEN   ——clk 的上升沿
    q<=d;
END IF;
END PROCESS;

(2) PROCESS (clk, d)

   BEGIN
      IF RISING_ EDGE (clk) THEN   —— IEEE 1164 标准中使用
         q<=d;
      END IF;
END PROCESS;

(3) PROCESS(——没有敏感表)

   BEGIN
WAIT UNTIL clk'event AND clk = '1'   —— 必须是第一个语句
      q<=d;
END PROCESS;

2. 同步复位(synchronous reset)

upcount: PROCESS (clock)
BEGIN
      IF (clock'event and clock = '1') THEN
         IF reset = '1' THEN
            count <= 0;   ——同步
         ELSE
            count <= count + 1;
         END IF;   ——reset = '1'
      END IF;   ——clock'event 结束
END PROCESS upcount;

敏感表中只有 CLOCK 信号,因为只有当时钟信号跳变时进程才有效。

3. 异步复位 (asynchronous reset)

upcount: PROCESS (clock, reset)
BEGIN
         IF reset= '1' THEN   ——复位信号有更高优先级
            count <= 0;   ——异步
         ELSIF clock'event and clock = '1'THEN
            count <= count+1;

```
        END IF;
END PROCESS upcount;
```

这个进程对 CLOCK 和 RESET 的变化都敏感,因此这两个信号都包含在敏感表中。

4. 锁存器(latches)

(1) D 型锁存器

```
ARCHITECTURE behavior of dlatch is
BEGIN
    PROCESS (ina, enable)
    BEGIN
        IF (enable = '1') then
            outa <= ina;
        END IF;
    END PROCESS;
END behavior;
```

(2) SR 型锁存器

```
ARCHITECTURE behavior of srlatch is
BEGIN
  PROCESS (set, reset)
  BEGIN
        IF (set ='1' AND reset ='0') then
            outa <= '1';
        ELSIF (set ='0' AND reset ='1') then
            outa <= '0';
        END IF;
    END PROCESS;
END behavior;
```

5. 输出使能 OE(Output Enable)

在可编程器件中,输出的引脚常通过输出使能来控制。而 VHDL 并没有直接表示的 OE,所以需要描述 OE 的功能。图 3-93 所示的是由一个 D 触发器和一个三态门组成的电路,触发器的 Q 端作为三态门的输入,三态门的控制端为 oe_in。

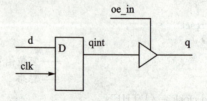

图 3-93 由 D 触发器和三态门组成的电路

```
ENTITY oe_test is
port (d:  IN std_logic_vector (0 to 6);
      q:  OUT std_logic_vector (0 to 6);
      oe_in, clk: IN std_logic);
END oe_test;

ARCHITECTURE behavioral of oe_test is
    SIGNAL qint: std_logic_vector (0 to 6);
BEGIN
    PROCESS (clk, d)
    BEGIN
        if (clk'event and clk = '1') then
            qint <= d;
        end if;
    END PROCESS;
    q <= "ZZZZZZZ" when (oe_in = '0') else qint;
END behavioral;
```

6. 双向信号(bidirectional signal)

图 3-94 所示的是一个有预置功能的计数器,输出信号 data 是双向信号,oe 是该双向信号的输出使能控制信号。

【例1】 计数器电路的 VHDL 描述：

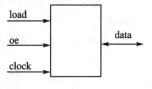

图 3-94　计数器电路

```
LIBRARY ieee;
USE ieee.std_logic_1164.ALL;
USE ieee.std_logic_unsigned.ALL;
ENTITY loadcntr is
    PORT( clock, load, oe_in: IN std_logic;
          data             : INOUT std_logic_vector (7 DOWNTO 0));
    ——'data'是双向的外部信号
END loadcntr;
ARCHITECTURE archloadcntr OF loadcntr IS
    SIGNAL count: std_logic_vector (7 DOWNTO 0);
BEGIN
    PROCESS (clock)
    BEGIN
        IF ( clock' event and clock = '1') THEN
            IF load = '1' THEN
                count <= data;
            ELSE
                count <= count+1;
            END IF;
```

```
            END IF;
        END PROCESS;
        data <= "ZZZZZZZZ" WHEN oe_ in = '0' ELSE count;
END archloadcntr;
```

7. 计数器(counter)

【例2】 4位加法计数器,同步置位,异步清零。

```
library ieee;
use ieee. std _ logic _ 1164. all;
use ieee. std _ logic _ unsigned. all;        ——注意要加上此库
entity counter is
    port (clk, reset, load:        in std_logic;
          data:                    in std _ logic _ vector (3 downto 0);
          count:                   out std _ logic _ vector (3 downto 0));
end;
architecture counter_architecture of counter is
    signal count _ i: std _ logic _ vector (3 downto 0);
begin
    process (clk, reset)
    begin
        if (reset = '0') then
            count _ i <= "0000";
        elsif rising _ edge (clk) then
            if load = '1' then
                count_ i <= data;
            else
                count_ i <= count_i + 1;
            end if;
        end if;
    end process
    count <= count _ i;
end counter _ architecture;
```

8. 移位寄存器(shift register)

【例3】 8位移位寄存器,具有左移、右移和置数功能,同步复位。

```
library ieee
use ieee. std_ logic _ 1164. all;
entity shift is
port (data:            in std _ logic _ vector (7 downto 0);
      shift_right, shift_ left, clk, reset: in std_logic;
```

```
        mode:              in std_logic_vector (1 downto 0);
        qout:              buffer std_logic_vector (7 downto 0));
    end

    architecture shift_architecture of shift is
        begin
            process
            begin
                wait until (rising_edge (clk));
                if (reset = '1') then
                    qout <= "00000000";
                else
                    case mode is
                        when "01" =>
                            qout <= shift_right & qout (7 downto 1);
                        when "10" =>
                            qout <= qout (6 downto 0) & shift_left;
                        when "11" =>
                            qout <= data;
                        when others => null;
                    end case;
                end if;
            end process;
    end shift_architecture;
```

9. 状态机(state machine)

设计时序电路时,要用枚举类型数据格式。枚举类型定义在形式上是用括号括起来的枚举文字表,其基本格式为 type 类型名(state1_name, state2_name, ⋯, state*n*_name)。通过进程来描述状态的转移和输出。下面的例子给出了图 3-95 所示的对应状态图的 VHDL 描述。

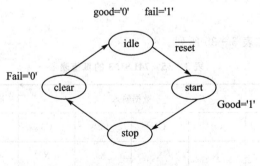

图 3-95　状态图

【例4】

```
library ieee
use ieee.std_logic_1164.all;

entity FSM is
        port (clk, reset : in std_logic;
        good, fail: out std_logic);
end FSM;

architecture behavior of FSM is
        type states is (idle, start, stop, clear);
        signal state_status: states;
        begin
                process (clk, reset)
                    begin if (reset ='1') then
                state_status <= idle; fail='1';good='0';
                        elseif (clk'event AND clk ='1') then
                        case state_status is
                        when idle => state_status <= start; good <= '1';
                        when start => state_status <= stop;
                        when stop => state_status <= clear; fail <= '0';
                        when clear => state_status <= idle; good <='0'; fail <= '1';
                        end case;
                    end if;
                end process;
end behavior;
```

10. 几个74系列电路的设计

这里描述如何用 VHDL 来设计 2 个 74 系列器件,即 74LS153 和 74LS373 的方法。74LS153 是双 4 输入多路选择器,即 1 片 74LS153 中有 2 个 4 选 1 数据选择器;74LS373 是 8 位锁存器。

(1) 74LS153

74LS153 的真值表如表 3-35 所列。

表 3-35 74LS153 的真值表

选择输入		数据输入				选通	输出
B	A	C0	C1	C2	C3	G	Y
X	X	X	X	X	X	H	L

续表 3-35

选择输入		数据输入				选通	输出
L	L	L	X	X	X	L	L
L	L	H	X	X	X	L	H
L	H	X	L	X	X	L	L
L	H	X	H	X	X	L	H
H	L	X	X	L	X	L	L
H	L	X	X	H	X	L	H
H	H	X	X	X	L	L	L
H	H	X	X	X	H	L	H

注意：G 是选通端，74LS153 真值表中给出的是 G 为 H 或 L 的情况。由于 G 有 2 个端 G1 和 G2，因此用 VHDL 描述时要分成 4 种情况：00,01,10,11。

【例 5】 74LS153 模块。

```
library ieee;
use ieee.std_logic_1164.all;

entity LS153 is
port (A:            in std_logic;
      B:            in std_logic;
      G_L:          in std_logic_vector (1 to 2);
      C0:           in std_logic_vector (1 to 2);
      C1:           in std_logic_vector (1 to 2);
      C2:           in std_logic_vector (1 to 2);
      C3:           in std_logic_vector (1 to 2);
      Y:            out std_logic_vector (1 to 2));
end;

architecture LS153_architecture of LS153 is
signal s: etd_logic_vector (0 to 3);
begin
s <= G_L (1) & G_L (2) & B & A;
    with s select
        Y <= C0 when "0000",
             C1 when "0001",
             C2 when "0010",
```

```
                    C3 when "0011",
                    C0 (1) &'0' when"0100",      ——Y2 为 C0(1), Y1 为 0
                    C1 (1) &'0' when"0101",
                    C2 (1) &'0' when"0110",
                    C3 (1) &'0' when"0111",
                    '0'&C0 (2) when"1000",       ——Y2 为 0, Y1 为 C0(2)
                    '0'&C1 (2) when"1001",
                    '0'&C2 (2) when"1010",
                    '0'&C3 (2) when"1011",
                    "00"when others;
        end LS153_architecture;
```

(2) 74LS373

74LS373 的功能如表 3-36 所列,内部逻辑电路如图 3-96 所示。D1～D8 为数据输入端;Q1～Q8 为数据输出端;OEN 为输出使能端。若 OEN=1,则 Q8～Q1 的输出为高阻态;若 OEN=0,则 Q8～Q1 的输出为保存在锁存器中的信号值。G 为数据锁存控制端,若 G=1,则 D8～D1 的输入端的信号进入 74LS373 中的 8 锁存器中;若 G=0,则 74LS373 中的 8 锁存器将保持原先锁入的信号值不变。

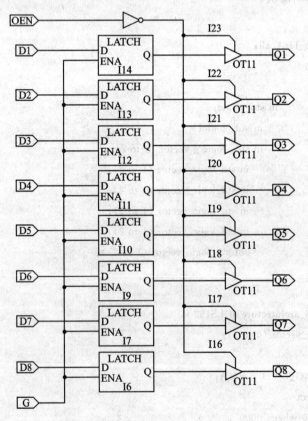

图 3-96　74LS373 的内部逻辑电路

表 3-36 74LS373 的功能表

OEN	G	D	Q
L	H	H	H
L	H	L	L
L	L	X	不变
H	X	X	Z

【例6】 74LS373 模块。

```
library ieee;
use ieee.std_logic_1164.all;

entity LS373 is
Port (D:       in std_logic_vector (8 downto 1);
      G:       in std_logic;
      OEN:     in std_logic;
      Q:       out std_logic_vector (8 downto 1));
end;

architecture LS373_architecture of LS373 is
    signal sig_save: std_logic_vector (8 downto 1);
begin
    process (D, G)
    begin
      if G = '1' then
    sig_save <= D;
      end if;
    end process;
Q <= sig_save when (OEN = '0') else "ZZZZZZZZ";
end LS373_architecture;
```

11. VHDL 的保留字

ABS	ELSE	NAND	SELECT
ACCESS	ELSIF	NEW	SIGNAL
AFTER	END	NEXT	SUBTYPE
ALIAS	ENTITY	NOR	
ALL	EXIT	NOT	THEN
AND		NULL	TO
ARCHITECTURE	FILE		TRANSPOR
ARRAY	FOR	OF	TYPE

ATTRIBUTE	FUNCTION	ON	
		OPEN	UNITS
BEGIN	GENERIC	OR	UNTIL
BLOCK		OTHERS	USE
BODY	IF	OUT	
BUFFER	IN		VARIABLE
BUS	INOUT	PACKAGE	
	IS	PORT	AIT
CASE		PROCEDURE	WHEN
COMPONENT	LABEL	PROCESS	WHILE
CONSTANT	LIBRARY		WITH
	LINKAGE	RANGE	
DOWNTO	LOOP	RECORD	XOR
		REGISTER	XNOR
	MAP	REM	
		REPORT	
		RETURN	

注意：用保留字作信号、变量等的名字时会产生错误。

第4篇 FPGA/CPLD 常用芯片结构及特点

- 图 形
- 结构原理
- 特性参数
- 使用技巧

本篇介绍 FPGA/CPLD 常用芯片的结构原理、特性参数、使用方法及注意事项。内容包括：Xilinx 系列 CPLD、Altera 系列 CPLD、FPSC 器件、ispXPGA 器件、ispXPLD 器件、ispGDS 器件、ispGDX/V 器件、ispLSI 系列以及 FPGA/CPLD 器件的配置、编程与通用下载等 18 个实例（即产品品类特点），供读者参考。

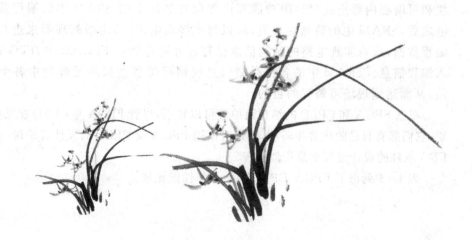

4.1 FPGA 和 CPLD 的结构性能对照

基于乘积项的 CPLD 由通用逻辑单元、全局可编程布线区和输入/输出单元组成,如图 4-1 所示。CPLD 中的逻辑单元包含了比较多的输入信号,而且,根据信号的传输路径,能够计算出信号的延迟时间,这对设计高速逻辑电路非常重要。编程通过 EPROM、EEPROM 或 Flash 实现,当电源断开以后,编程数据仍然保存在 CPLD 芯片中,与 FPGA 相比,包含的寄存器的数量却比较少。因此,CPLD 分解组合逻辑的功能很强,一个宏单元就可以完成十几或更多组合逻辑输入,CPLD 适合于设计译码器等复杂的多输入的组合逻辑。

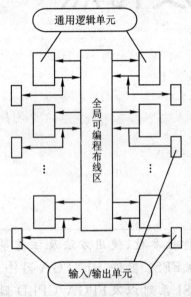

图 4-1 CPLD 的结构

FPGA 由逻辑单元、可编程内部连线资源和输入/输出单元组成,如图 4-2 所示。逻辑单元采用查找表 LUT 结构和触发器完成组合逻辑功能和时序功能。FPGA 的逻辑单元中的一个查找表 LUT 单元只能处理 4 个输入的组合逻辑输入,但是,FPGA 包含的 LUT 和触发器的数量非常多,所以,如果设计中使用到大量的寄存器和触发器,例如设计一个复杂的时序逻辑,使用 FPGA 是一个不错的选择。FPGA 的配置数据存放在静态随机存储器(SRAM)中,即 FPGA 的所有逻辑功能块、接口功能块和可编程内部连线(PI)的功能都由存储在芯片上的 SRAM 中的编程数据来定义。断电之后,SRAM 中的数据会丢失,所以每次接通电源时,由微处理器来进行初始化和加载编程数据,或将实现电路的结构信息保存在外部存储器 EPROM 中,FPGA 由 EPROM 读入编程信息。SRAM 中的各位存储信息控制可编程逻辑单元阵列中各个可编程点的通断,从而达到现场可编程的目的。

根据 FPGA 和 CPLD 的结构及原理可以知道,尽管 FPGA 与 CPLD 在某些方面有一些差别,它们都有自己的优势和弱项,但是对使用 FPGA 或 CPLD 的设计者来说,设计方法和使用 EDA 软件的设计过程都是相似的。

表 4-1 列出了 FPGA、CPLD 的结构与性能比较。

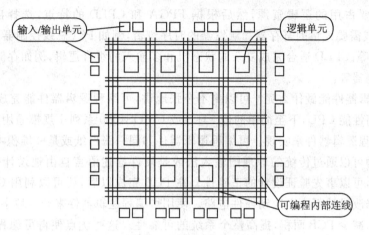

图 4-2 FPGA 的结构

表 4-1 FPGA 和 CPLD 的结构与性能对照表

结构与性能	FPGA	CPLD
集成规模	大(最高达百万门)	小(最大数万门)
单元粒度	小(PROM 结构)	大(PAL 结构)
互联方式	分段总线、长线、专用互联	纵 横
编程工艺	SRAM	EPROM、EEPROM、Flash
触发器数	多	少
单元功能	弱	强
速 度	低	高
引脚-引脚延迟	不确定,不可预测	确定,可预测
每个逻辑门的功耗	低	高

FPGA 与 CPLD 相比,FPGA 包含了更多的等效逻辑门,如图 4-3 所示。它能够实现需要大量的寄存器才能够完成的复杂运算和时序逻辑电路。

其实,FPGA 与 CPLD 之间的界限并非不可逾越。上面介绍的 Altera 公司的产品中,FLEX8000 和 FLEX10K 系列就是介于二者之间的产品,它们采用查表结构的小单元及 SRAM 编程工艺,其每片所含的触发器数很多,可达到很大的集成规模,这些都与典型的 FPGA 相一致,因此,有人将它们归于 FPGA,但这两种器件的速度较高,且引脚-引脚的延时可以确定、预置,因而又具有 CPLD 的特点,故又有人将它们归于 CPLD。将它们归于哪一类并不十分重要,重要的是要充分了解每一种器件的基本单元和互联结构及编程工艺的基本原理,并灵活利用和发挥这些可编程逻辑器件的特征。

因此,在决定使用 FPGA 还是使用 CPLD 逻辑器件之前,应该考虑需要完成具体设计的

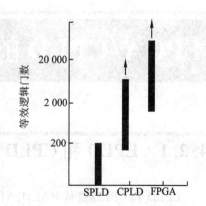

图 4-3 FPGA 和 CPLD 的等效逻辑门

逻辑功能和需要占用的逻辑资源,然后根据 FPGA 和 CPLD 的特点,选择出合适的器件。FPGA 适合完成需要大量的寄存器和触发器的时序逻辑,例如 PCI 总线控制器、加法器、CPU、DSP 和计数器等;CPLD 适合完成复杂的状态机和多输入的组合逻辑,例如存储器和总线控制器、编码和译码器等。

可编程逻辑器件能做什么呢?可以毫不夸张地讲,可编程逻辑器件能完成任何数字器件的功能,上至高性能 CPU,下至简单的像 74LS 或 CMOS4000 系列小规模通用数字逻辑电路,都可以用可编程逻辑器件来实现。可编程逻辑器件如同一张白纸或是一堆积木或一个电子元件仓库,工程师可以通过传统的原理图输入法或是硬件描述语言自由地设计一个数字系统。通过软件仿真,可以事先验证设计的正确性。在 PCB 完成以后,还可以利用 CPLD 的在线修改能力,随时修改设计而不必改动硬件电路。使用可编程逻辑器件来开发数字电路,可以大大缩短设计时间,减少 PCB 面积,提高整个系统的可靠性。这些优点使得可编程逻辑器件技术在 20 世纪 90 年代以后得到飞速的发展,同时也大大推动了 EDA 软件和硬件描述语言(HDL)的进步。

由于电路设计人员可以反复地编程、擦除,或者在外围电路不动的情况下,写入不同的程序就可实现不同的功能,所以用 FPGA/CPLD 试制样片,能以最快的速度占领市场。由于 FPGA/CPLD 开发系统中带有许多输入工具和仿真工具以及编程工具等产品,所以电路设计人员能够在很短的时间内就可以完成电路的输入、综合、优化、仿真。当电路需要少量改动时,更能显示出 FPGA/CPLD 的优势。因为 FPGA/CPLD 软件易学易用,电路设计人员使用 FPGA/CPLD 进行电路设计时,不需要具备专门的集成电路深层次的知识,就可以使设计人员集中更多的精力进行电路设计,快速将产品推向市场。目前,FPGA/CPLD 在数字系统设计、通信领域、工业自动化、智能仪器仪表和计算机控制等许多领域都有广泛的应用。

4.2 FPGA/CPLD 的基本结构和原理

4.2.1 EPLD 和 CPLD 的基本结构

EPLD 和 CPLD 是从 PAL,GAL 的基础上发展起来的阵列型高密度 PLD 器件,它们大多采用了 CMOS,EPROM,EEPROM 和快闪存储器(flash memory)等编程技术,因而具有高密度、高速度和低功耗等特点。

基于乘积项(product - term)的与或的 PLD 结构,如 Altera 公司的 MAX7000 系列(EEPROM 工艺)、Xilinx 公司的 XC9500 系列(Flash 工艺)和 Lattice 公司的大部分产品(EEPROM 工艺),在各自生产的高密度 PLD 产品中,都有自己的特点,但总体结构大致相同。

大多数的 EPLD 和 CPLD 器件中至少包含了 3 种结构：可编程逻辑宏单元、可编程 I/O 单元和可编程内部连线。

可编程逻辑宏单元内部主要包括与或阵列、可编程触发器和多路选择器等电路，能独立地配置为时序或组合工作方式。

可编程输入/输出单元(I/O 单元或 IOC)是内部信号到 I/O 引脚的接口部分。

可编程内部连线阵列的作用是在各逻辑宏单元之间以及逻辑宏单元和 I/O 单元之间提供互联网络。

1. Lattice 公司的在系统可编程逻辑器

在系统可编程逻辑器件(in system programmability PLD, ISP - PLD)是 Lattice 公司于 20 世纪 90 年代初首先推出的一种新型可编程逻辑器件。这种器件的最大特点是编程时既不需要使用编程器，也不需要将它从所在系统的电路板上取下，通过 PC 的并行口，就可实现在系统编程 ISP, PLD 器件。

高密度 ISP - PLD 又称 ispLSI。对于 ispLSI 和 pLSI(可编程大规模集成器件)系列，虽然它们具有不同的特点，但是它们的基本结构大体上相同，其中最基本的逻辑单元是通用逻辑块(GLB)，要掌握这些器件的基本原理和应用，应先从通用逻辑块入手。现以 ispLSI1032E 为例，简单介绍一下这类高密度 ISP - PLD 的电路结构和工作原理。

图 4 - 4 是 ispLSI1032E 的电路结构图。图中表示出了 ispLSI1032E 的功能结构，它们由 1 个集总布线区 GRP(Global Routing Pool)、4 个输出布线区 ORP(Output Routing Pool)、32 个通用逻辑块 GLB(Generic Logic Block)、64 个输入/输出单元(I/O Cell, IOC)、时钟分配网络和可编程控制电路组成。

每个 GLB 有 18 个输入、1 个可编程与/或/异或阵列、4 个可以重组为组合型或寄存型的输出。进入 GLB 的信号可以来自 GRP，也可以直接输入。GLB 的所有输出都进入 GRP，以便它们能同器件上的其他 GLB 相连。

每一个 I/O 单元对应一个 I/O 脚。每个 I/O 单元可以独立编程为组合输入、寄存输入、锁存输入、输出或带有三态控制的双向 I/O 脚。另外，所有输出可选择有源高电平或低电平极性。信号电平与 TTL 电压兼容，输出能驱动 4 mA 源电流或 8 mA 吸收电流。16 个 I/O 单元归为一组，每组都通过 ORP 与一个巨型块(megablock)相连。8 个 GLB、16 个 I/O 单元、1 个 ORP 和 2 个专用输入被连在一起构成一个巨型块。8 个 GLB 的输出通过 ORP 与 16 个通用 I/O 单元为一组连起来。每个巨型块共享一个输出使能信号。ispLSI1032E 有 4 个巨型块。

集总布线区的输入来自所有 GLB 的输出及双向 I/O 单元所有的输入。

器件内的时钟通过时钟分配网络 CDN(Clock Distribution Network)选择。专用时钟引脚(Y0, Y1, Y2, Y3)进入分配网络，而 5 个输出(CLK0, CLK1, CLK2, IOCLK0, IOCLK1)连到 GLB 和各 I/O 单元的时钟线路上。时钟分配网络也能被专用 GLB(C0)驱动。这个专用 GLB 模块的逻辑允许用户产生一个由器件内部信号组合的内部时钟。

(1) 集总布线区

在 ispLSI 芯片的中部有一集总布线区，它将所有片内逻辑联系在一起，供设计者使用。GRP 提供了完善的片内互联性能。这种独特的互联性能保证了芯片的高性能，从而能够毫不

第 4 篇　FPGA/CPLD 常用芯片结构及特点

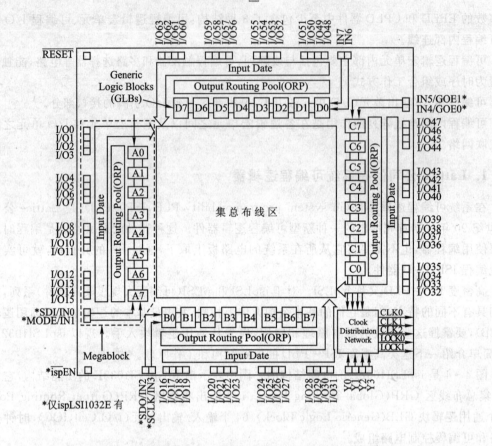

图 4-4　ispLSI1032E 的电路结构图

费力地实现各种复杂设计。当然，这种布线是计算机根据设计者设计的数字电路或数字系统，在系统可编程软件的监控之下自动快速完成的。

(2) 输入布线

输入布线 IR(Input Routing)使器件内的信号输入以两种方式处理：一种是器件内的每个 I/O 单元将其输入直接连到 GRP，使器件内的每一个 GLB 能选取每个 I/O 单元输入；另一种是每个巨型块有 2 个专用的输入与巨型块内的 8 个 GLB 直接相连。

(3) 输出布线区

输出布线区 ORP 是 ispLSI 芯片所特有的内部结构，它提供了 GLB 输出到芯片输出引脚之间灵活的连接途径。由于 ORP 所提供的灵活性，可以实现在不改变外部引脚排列的情况下修改芯片内部的逻辑设计。

ORP 的结构如图 4-5 所示。ORP 的输入是 GLB 的 32 个输出，但其输出仅有 16 个，分别与 16 个 I/O 单元相连。通过编程，ORP 输入与输出的互联可以非常灵活，可以将任何一个 GLB 的输出接到 16 个输出端的某一个。这样可以提高引脚分配的灵活性，简化布线。这是一个自动处理过程，不需用户介入。有时，为了提高速度，ORP 还可以旁路连接，将 GLB 输出直接与特定的 I/O 单元相连。

(4) 通用逻辑块

ispLSI 芯片的关键部件是通用逻辑块 GLB。图 4-6 是通用逻辑模块的电路结构图。由

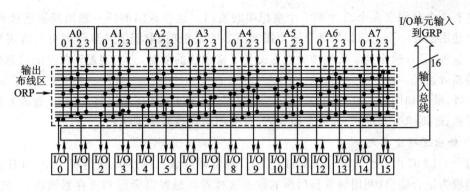

图 4-5 输出布线区(ORP)

图可见,它由可编程的与逻辑阵列、乘积项共享的或逻辑阵列和输出逻辑宏单元(OLMC)三部分构成。这种结构形式与 GAL 类似,但又在 GAL 的基础上作了若干改进,在组态时有更大的灵活性。

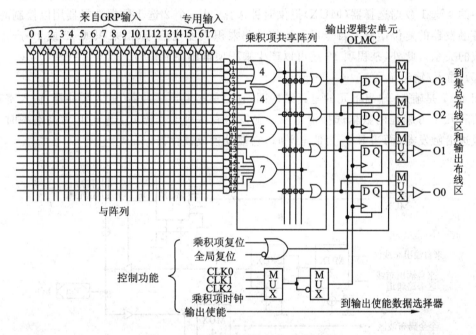

图 4-6 通用逻辑模块的电路结构图

一个 GLB 包括 18 个输入、4 个输出,并能完成大多数标准逻辑功能。GLB 的内部逻辑分为 4 个独立部分。

1) 与阵列

它有 18 根输入线和 20 根输出线。18 个输入信号中,有 16 个来自 GRP,或者是本 GLB 的反馈信号,或者是 I/O 单元的输入信号;另 2 个来自专用输入引脚。与阵列含有 20 个与门,形成 20 个乘积项,每个乘积项可以有 18 个变量,它能产生 GLB 的 18 个输入信号的任意组合形成的与函数。

2) 乘积项共享阵列 PTSA

PTSA(Product Term Sharing Array)的输入是 20 个乘积项,将它们连接到 4 个 GLB 输

出。它有4个分别含4个、5个和7个乘积项的或门。这些或门的任一输出能被连接到GLB的4个输出的任一个上。如果某个输出需要更多的乘积项,乘积项共享阵列可以按需要组合它们。这种GLB输出共享乘积项的能力避免了乘积项的复制,为实现逻辑复杂的状态机提供了一种高效途径。

此外,除了如图4-6所示的标准配置模式以外,通过编程还可以将GLB设置成其他4种连接模式,即高速旁路模式、异或逻辑模式、单乘积项模式和多重模式。

3)输出逻辑宏单元

每个OLMC由一个具有输入异或门的D触发器构成。OLMC使得每一个GLB输出能够被组成为组合输出(利用触发器后面的数据选择器将触发器旁路和寄存器输出)。此时,触发器不仅可以以D触发器形式出现,还可以配置为T触发器和JK触发器等形式。

4)控制电路

输出逻辑宏单元中4个触发器公用的时钟信号,既可以来自时钟分配网络的三种全局时钟CLK0,CLK1,CLK2之一,也可以来自GLB内部的乘积项时钟(由乘积项12产生)。控制电路中的4选1数据选择器(MUX)提供时钟选择,另一个2选1数据选择器用以控制时钟极性。各触发器的复位信号来自全局复位信号和乘积项复位信号(由乘积项12或19产生),两者是或的关系。此外,乘积项19还可以产生乘积项输出使能信号。

(5)输入/输出单元

图4-7是输入/输出单元的电路结构图,它由三态输出缓冲器、输入缓冲器、输入寄存器/锁存器和几个可编程的数据选择器组成。触发器有两种工作方式:当R/L为高电平时,它被设置成边沿触发器;而当R/L为低电平时,它被设置成锁存器。

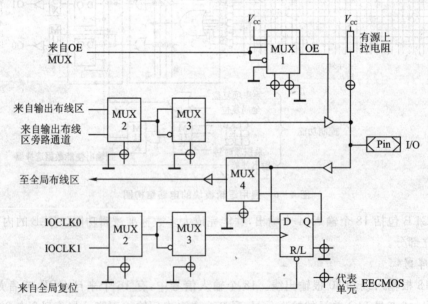

图4-7 输入/输出单元的电路结构

MUX1用于控制三态输出缓冲器的工作状态,MUX2用于选择输出信号的传送通道,MUX3用于选择输出极性,MUX4用于输入方式的选择;在异步输入方式下,输入信号直接经输入缓冲器送到全局布线区的输入端;在同步输入方式下,输入信号加到触发器的输入端,必须等时钟信号 IOCLK 到达后才能被存入触发器,并经过输入缓冲器加到全局布线区。MUX5 和 MUX6 用于时钟信号的来源和极性的选择。根据这些数据选择器编程状态的组合,得到各种可能的 IOC 组态,如图 4-8 所示。

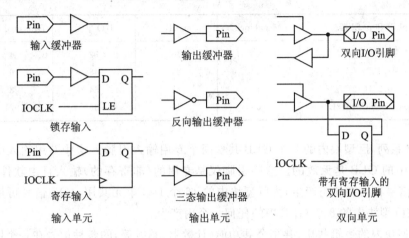

图 4-8　IOC 的各种组态

另外,16 个 I/O 单元归为一组。每组都通过 ORP 与一个巨型块相连。8 个 GLB、16 个 I/O 单元、1 个 ORP 和 2 个专用输入被连在一起构成一个巨型块。每个巨型块共享一个输出使能信号。

（6）时钟分配网络

器件内的时钟信号通过时钟分配网络 CDN(Clock Distribution Network)选择。用时钟引脚(Y0,Y1,Y2,Y3)进入分配网络,而 5 个输出(CLK0,CLK1,CLK2,IOCLK0,IOCLK1)连到 GLB 和各个 I/O 单元的时钟线路上。时钟分配网络也能被专用 GLB 驱动,这个专用 GLB 的逻辑允许用户产生一个由器件内部信号组合的内部时钟。

（7）加密单元

在 ispLSI 器件中,加密单元 SC(Security Cell)是防止未经认可的阵列图形的复制。SC 一经加密,就不能从中读出功能信息。这种单元只有在该器件被重新编程后才会失效。因此,这种独创性的结构使器件在加密后不能被检查。

（8）巨型块

一个巨型块由 8 个 GLB、1 个 ORP、16 个 I/O 单元、2 个专用输入和 1 个公共乘积项组成,这些单元如图 4-9 所示。

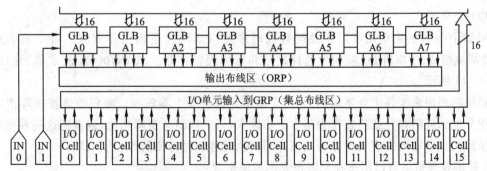

图 4-9　巨型块方框图

ispLSI 和 pLSI1000/E 系列的不同的单个器件由 1~6 个巨型块组合而成。几种 ispLSI 和 pLSI1000/E 系列器件的资源分配如表 4-2 所列。

表 4-2 资源分配

ispLSI 和 pLSI 器件	Megablock	GLB	I/O 单元	Dedicated Input
1016/1016E	2	16	32	4
1024	3	24	48	6
1032/1032E	4	32	64	8
1048/1048C/1048E	6	48	96	10/12

对 1000 系列,巨型块内的 8 个 GLB 共享两个专用输入引脚。这些专用输入引脚对任何其他巨型块中的 GLB 是无效的。这些引脚仅是专用的(非寄存的)输入且由软件自动指定。乘积项 OE 信号在巨型块内产生,为巨型块内的 16 个 I/O 单元共用。OE 信号可用一个乘积项(PT19)在巨型块中的 8 个 GLB 中的任何一个内产生。

由于巨型块内的逻辑共享,共享公共功能(计数器、总线等)的各种信号在一个巨型块内被分组,将使用户获得逻辑在器件内的最佳利用并且消除布线瓶颈。

2. Altera 公司的 EPLD/CPLD 器件

Altera 公司的 MAX7000A 系列器件是高密度、高性能的 CPLD,是基于第二代 MAX 结构,采用 CMOS EEPROM 工艺制造的。该系列器件具有一定的典型性,其他型号的结构与此都非常相似。MAX7000A 的基本结构如图 4-10 所示,它包括逻辑阵列块、宏单元、扩展乘积项(共享和并联)、可编程连线阵列和 I/O 控制部分。另外,该结构中还包含了 4 个专用输入,它能用做通用输入,或作为宏单元和 I/O 引脚的高速、全局的控制信号,即时钟、清除和输出使能。

（1）逻辑阵列块

逻辑阵列块(LAB)由 16 个宏单元阵列组成,多个 LAB 通过可编程连线阵列(PIA)和全局总线连接在一起,全局总线由所有的专用输入、I/O 引脚和宏单元馈给信号。

每个 LAB 有如下输入信号：
① 来自通用逻辑输入的 PIA 的 36 个信号。
② 用于寄存器辅助的全局控制信号。
③ 从 I/O 引脚到寄存器的直接输入信号。

（2）宏单元

MAX7000A 的宏单元可以单独配置成时序逻辑或组合逻辑工作方式。每个宏单元由 3 个功能块组成：逻辑阵列、乘积项选择矩阵和可编程寄存器。MAX7000A 的宏单元的结构如图 4-11 所示。

逻辑阵列用来实现组合逻辑,它为每个宏单元提供 5 个乘积项。乘积项选择矩阵把这些乘积项分配到或门和异门来作为基本逻辑输入,以实现组合逻辑功能,或者把这些乘积项作为宏单元的辅助输入来实现寄存器的清除、预置、时钟和时钟使能等控制功能。

2 种扩展乘积项可以用来补充宏单元的逻辑资源：

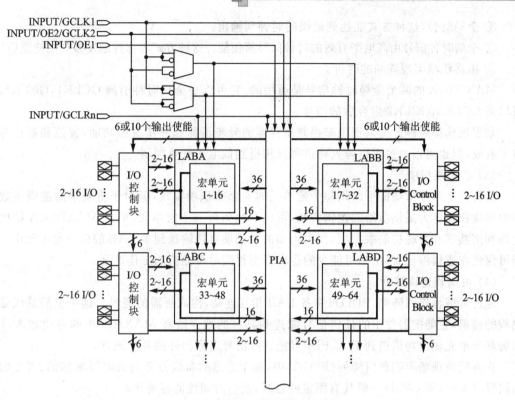

图 4-10　基于乘积项的 PLD 内部结构

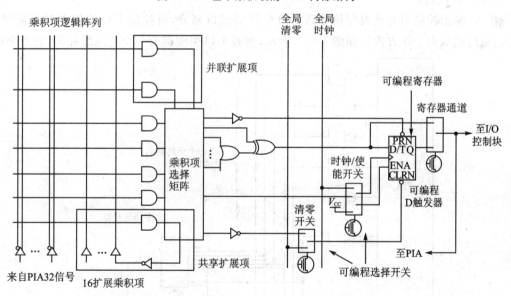

图 4-11　宏单元结构

① 共享扩展项(shared logic expander)，反馈到逻辑阵列的反向乘积项。
② 并联扩展项(parallel logic expander)，借自邻近宏单元中的乘积项。

可编程时钟寄存器可配置为 D，T，JK 和 RS 这 4 种触发器，每个可编程触发器可以按 3 种不同的方式实现时钟控制：

① 全局时钟,这种方式能达到最快的时钟到输出。
② 全局时钟信号由高电平有效的时钟信号所使能。这种方式为每种触发器提供使能信号。
③ 用乘积项实现阵列的时钟。

MAX7000A 的两个全局时钟信号是通用的,它可以是全局时钟引脚 GCLK1,GCLK2,也可以是 GCLK1,GCLK2 组合后的信号。

乘积项选择矩阵分配乘积项来控制寄存器的异步清除和异步置位功能,置位和复位是高电平有效,但也可以通过逻辑阵列将信号反相得到低电平有效控制。

(3) 扩展乘积项

尽管大多数逻辑功能可以用每个宏单元的 5 个乘积项实现,但对于更复杂的逻辑函数需要附加乘积项。为提供所需的逻辑资源,可以利用另外一个宏单元,但是 MAX7000A 结构也允许利用共享和并联扩展乘积项,作为附加的乘积项直接输送到本 LAB 的任一宏单元中。这样可保证在逻辑综合时,用尽可能少的逻辑资源得到尽可能快的工作速度。

(4) 可编程连线阵列

通过可编程连线阵列(PIA)可将各 LAB 相互连接,构成所需的逻辑。这个全局总线是可编程的通道,它能把器件中的任何信号源连到其目的地。所有 MAX7000A 的专用输入、I/O 引脚和宏单元输出均馈送到 PIA,PIA 可把这些信号送到器件的各个地方。

在掩膜或现场可编程门阵列(FPGA)中,基于通道的布线方案的延时是累加的、可变的和与路径有关的,而 CPLD 一般具有固定的延时,使得时间性能容易预测。

(5) I/O 控制块

输入/输出控制单元是内部信号到 I/O 引脚的接口部分,可控制 I/O 引脚单独地配置为输入、输出或双向工作方式。如图 4-12 所示,所有 I/O 引脚都有一个三态缓冲器,它由全局

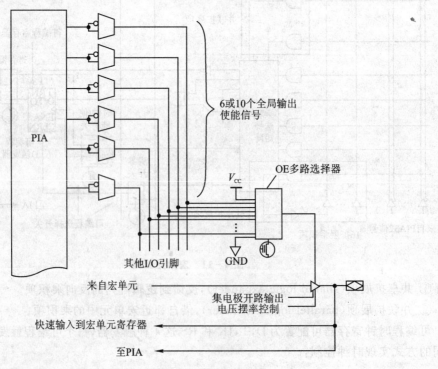

图 4-12 MAX7000A 的 I/O 控制块

输出使能信号中的一个控制,或者把使能端直接连接到地(GND)或电源(V_{CC})上。当三态缓冲器的控制端接地时,其输出为高阻态,此时 I/O 引脚可做专用输入引脚。当接高电平时,输出使能无效。

4.2.2 FPGA 的基本结构

FPGA 可以达到比 PLD 更高的集成度,但具有更复杂的布线结构和逻辑实现。PLD 与 FPGA 之间的主要差别是 PLD 通过修改具有固定内连电路的逻辑功能来进行编程,而 FPGA 是通过修改一根或多根分隔宏单元的基本功能块的内连线的布线来进行编程的。所以 FPGA 不是建立在可编程逻辑器件的结构上,而是在用户可编程的特性和它们的快速设计和诊断能力上类似于可编程逻辑器件。

FPGA 的结构如图 4-13 所示,它一般由布线资源分隔的可编程逻辑单元(或宏单元)构成阵列,又由可编程 I/O 单元围绕阵列构成整个芯片,排列阵列的逻辑单元由布线通道中的可编程内连线连接起来实现一定的逻辑功能。一个 FPGA 包含丰富的具有快速系统速度的逻辑门、寄存器和 I/O。

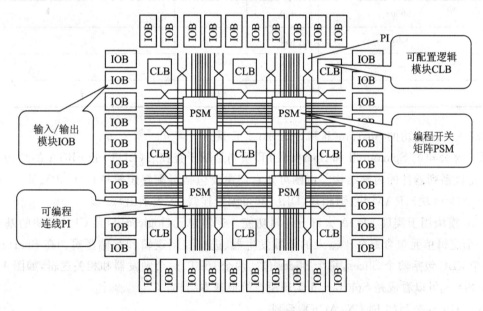

图 4-13 FPGA 的结构

在排成阵列的可编程逻辑单元之间存在布线通道的 FPGA 构成通道型 FPGA。通道型 FPGA 按照其可编程的方式和逻辑功能块的类型分类,主要有 2 种。

① SRAM——查找表类型:编程方式是掉电丢失的静态存储器和采用查找表实现逻辑。
② 反熔丝的多路开关类型:编程方式是一次性的反熔丝和采用多路开关实现逻辑。

1. SRAM——查找表类型

(1) 查找表的原理与结构

查找表(look-up-table)简称为 LUT,LUT 本质上就是一个 RAM。目前 FPGA 中多使用 4 输入的 LUT,所以每一个 LUT 可以看成一个有 4 位地址线的 16×1 的 RAM。采用这种结构的 PLD 芯片也可以称之为 FPGA,如 Altera 公司的 ACEX、APEX 系列、Xilinx 公司的 Spartan、Virtex 系列等。

当用户通过原理图或 HDL 语言描述了一个逻辑电路以后,FPGA/PLD 开发软件会自动计算逻辑电路的所有可能的结果,并把结果事先写入 RAM,这样,每输入一个信号进行逻辑运算就等于输入一个地址进行查表,找出地址对应的内容,然后输出即可。表 4-3 是一个 4 输入与门的例子。

表 4-3 利用查找表实现一个 4 输入与门

实际逻辑电路	LUT 的实现方式
a、b、c、d 四输入与门电路图	地址线 a,b,c,d 接入 16×1 RAM (LUT),输出

a,b,c,d 输入	逻辑输出	地址	RAM 中存储的内容
0000	0	0000	0
0001	0	0001	0
…	0	…	0
1111	1	1111	1

(2) Xilinx 公司的 Spartan Ⅱ 和 Spartan Ⅱ E 系列

Xilinx 公司的 Spartan Ⅱ 和 Spartan Ⅱ E 系列是基于查找表(LUT)的 FPGA 的结构。图 4-14 是该系列器件的内部结构。由图可知它们主要包括可配置逻辑模块(CLB)、输入/输出接口模块(I/O 块)、RAM 块、锁相环(DLL)和可编程连线(未表示出)。

CLB 模块用于实现 FPGA 大部分逻辑功能。逻辑单元(logic cell)是 CLB 模块的基本结构。一个逻辑单元包含一个 4 输入的函数发生器、进位控制逻辑和存储逻辑。在 Spartan Ⅱ 中,一个 CLB 包括两个 Slices,每个 Slices 包括两个 LUT、两个触发器和相关逻辑,如图 4-15 所示。Slices 可以看成是 Spartan Ⅱ 实现逻辑的最基本结构。

(3) Altera 公司的 FLEX/ACEX 系列

Altera 公司的 FLEX/ACEX 等芯片的结构如图 4-16 所示。FLEX/ACEX 的结构主要包括 LAB、I/O 块、RAM 块(未表示出)和可编程行/列连线。在 FLEX/ACEX 中,一个 LAB 包括 8 个逻辑单元(LE),每个 LE 包括一个 LUT、一个触发器和相关的逻辑。LE 是 FLEX/ACEX 芯片实现逻辑的最基本结构。下面以 FLEX10K 为例说明它的功能。

FLEX10KE 主要由嵌入式阵列块 EAB(Embedded Array Block)、逻辑阵列块 LAB(Logic Array Block)、快速通道(fast track)互联(包含 Column Interconnect 列互联、Row Interconnect 行互联、Local Interconnect 局部互联)和输入/输出单元 IOE(I/O Element)4 部分组成。

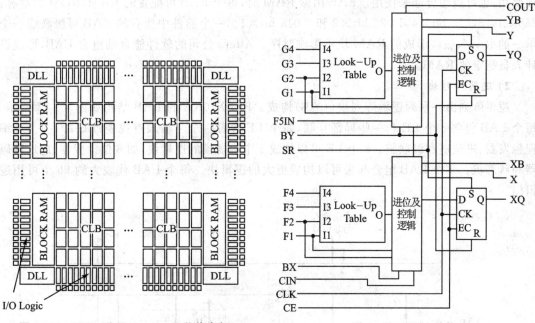

图 4-14 Xilinx 公司 Spartan Ⅱ 芯片内部　　　图 4-15 Slices 结构

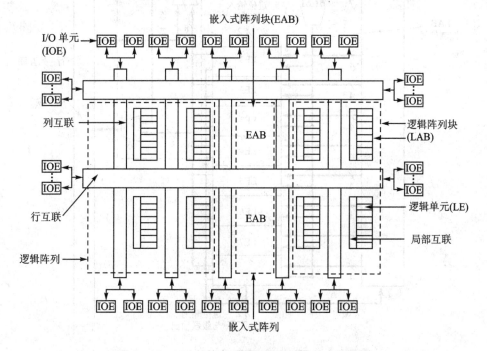

图 4-16 Altera 公司 FLEX10KE 芯片的内部结构

1) 嵌入式阵列

嵌入式阵列由一系列嵌入式阵列块(EAB)构成。当用来实现有关存储器功能时，每个 EAB 提供 2 048 bit 用来构造 RAM、ROM、FIFO 或双口 RAM 等功能。当用来实现乘法器、微控制器、状态机以及 DSP 等复杂逻辑时，每个 EAB 可以贡献 100~600 个门。EAB 可以单独使用,也可以组合起来使用。EAB 用做 RAM 时,每个 EAB 可配置的 RAM/ROM 容量有: 256 bit×8,512 bit×4,1 024 bit×2 和 2 048 bit×1。一个器件中所有的 EAB 可级联成一个单一的 RAM,级联形成的 RAM 块不影响时序。Altera 公司的软件能自动组合 EAB,形成设计人员指定的 RAM。

2) 逻辑阵列块

逻辑阵列由一系列逻辑阵列块(LAB)构成。FLEX10KE 的 LAB 结构如图 4-17 所示。每个 LAB 包含 8 个 LE 和一些局部互联,每个 LE 含有一个 4 输入查找表(LUT)、一个可编程触发器、进位链和级联链。8 个 LE 可以构成 1 个中规模的逻辑块,如 8 位计数器、地址译码器和状态机。多个 LAB 组合起来可以构成更大的逻辑块。每个 LAB 代表大约 96 个可用逻辑门。

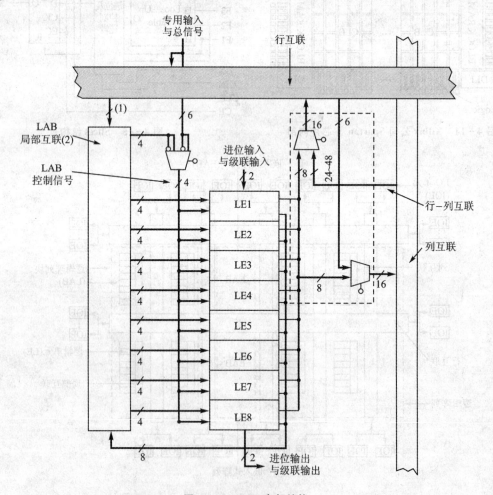

图 4-17 LAB 内部结构

LAB 为器件提供一个粗颗粒结构(coarse-grained structure),使高速布线实现容易,能提高器件利用率和器件性能。

LE 的内部结构如图 4-18 所示。LE(逻辑单元)是 FLEX10KE 结构中的最小单元,能有效实现逻辑功能。每个 LE 含有一个 4 输入查找表、一个带有同步使能的可编程触发器(programmable register)、一个进位链(carry chain)和一个级联链(cascade chain)。其中,LUT 是一个 4 输入变量的快速逻辑产生器。每个 LE 都能驱动 LAB 局部互联（LAB local interconnect）和快速通道互联（fast track interconnect）。

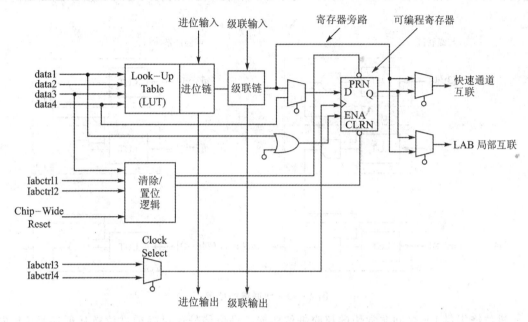

图 4－18　LE 的内部结构

LE 中的可编程触发器可配置成 D,T,JK,RS 触发器。触发器的时钟选择（Clock Select）、清除/置位逻辑（Clear/Preset Logic）等控制信号可由全局信号、I/O 引脚或任何内部逻辑驱动。对于组合逻辑电路可以将该触发器旁路，由 LUT 的输出直接驱动 LE 的输出。

LE 有两个驱动互联通道的输出信号，一个驱动局部互联，另一个用于驱动行或列的快速通道互联，这两个输出信号可以单独控制。例如，可以用 LUT 驱动一个输出，而用寄存器驱动另一个输出，这种特性称为寄存器打包（register packing）。利用寄存器和 LUT 的这种特性能够提高 LE 的利用率。

LE 还提供了进位链和级联链两种类型的专用高速数据通道，它们可以连接相邻 LE，但不使用局部互联通道。进位链支持高速计数器和加法器，级联链可以在最小延时的情况下实现多输入逻辑函数。进位链和级联链连接同一 LAB 中所有的 LE 和同一行中的所有 LAB。大量使用进位链和级联链会降低布局布线的灵活性，因此，只有在对速度有要求的关键部分才使用它们。

LE 工作模式：FLEX10KE 有 4 种工作模式，即正常、运算、加/减计数和可清除计数模式。每种工作模式使用的 LE 资源不同。每种模式下，LE 都有 7 个有效输入信号，包括 4 个来自 LAB 局部互联的输入信号，来自可编程寄存器的反馈信号以及来自前级的进位输入和级联输入，它们直接送到不同的位置，以实现所要求的逻辑功能。加到 LE 的另外三个输入信号为 LE 中的寄存器提供时钟、置位和清除信号。MAX＋plusⅡ和 QuartusⅡ开发工具不仅能为参数化逻辑功能块如 LPM,DesignWare 等自动选择合适的工作模式，而且对于计数器、加法器和乘法器等一般逻辑功能，也会选择合适的工作模式。如果需要，设计人员也可指定 LE 的工作模式以优化性能，实现特殊的功能。

利用级联链，器件可以实现多扇入（fan-in）的逻辑功能，相邻的 LUT 能用来并行完成逻辑函数的计算部分,级联链把中间结果串接起来。级联链可以使用逻辑"与"或者逻辑"或"来连接相邻 LE 的输出,如图 4-19 所示。每增加一个 LE,函数的有效输入增加 4 个,其延时大约增加 0.7 ns。

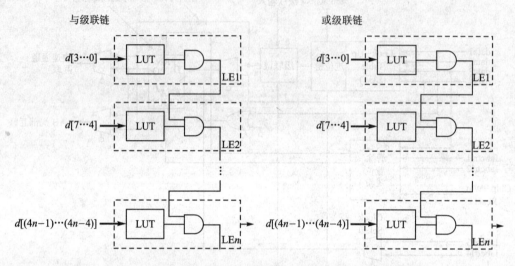

图 4-19 级联链的使用

进位链提供 LE 之间非常快的超前进位功能。进位信号通过超前进位链从低序号 LE 向高序号位进位,同时进位到 LE 和进位链的下一级。这种结构特性使得 FLEX10KE 器件能够实现高速计数器、加法器和任意宽度的比较器功能。

3) 快速通道互联

器件内部信号的互联和器件引脚之间的信号互联由快速通道(fast track)连线提供,Fast Track 互联是一系列贯通器件行、列的快速连接通道。

4) I/O 单元

I/O 引脚端由一些 I/O 单元(IOE)驱动。IOE 位于快速通道的行和列的末端,每个 IOE 有一个双向 I/O 缓冲器和一个既可做输入寄存器也可做输出寄存器的触发器。当 I/O 引脚作为专用时钟引脚时,这些寄存器提供特殊的性能。当作为输入时,可提供少于 1.6 ns 的建立时间;而作为输出时,这些寄存器可提供少于 5.3 ns 的时钟到输出延时。IOE 还具有 JTAG 编程支持、摆幅控制、三态缓冲和漏极开路输出等特性。

2. 反熔丝的多路开关类型

在 Actel 的多路开关型结构中,基本的积木块是一个多路开关的配置。利用多路开关的特性,在多路开关的每个输入接到固定电平或输入信号时,可以实现不同的逻辑功能。也有少数 FPGA 采用反熔丝或 Flash 工艺,对这种 FPGA,就不需要外加专用的配置芯片。

Actel 公司的 ACT 系列 ACT-1 的 FPGA 的基本宏单元由 3 个两路输入的多路开关和 1 个或门组成,如图 4-20 所示。

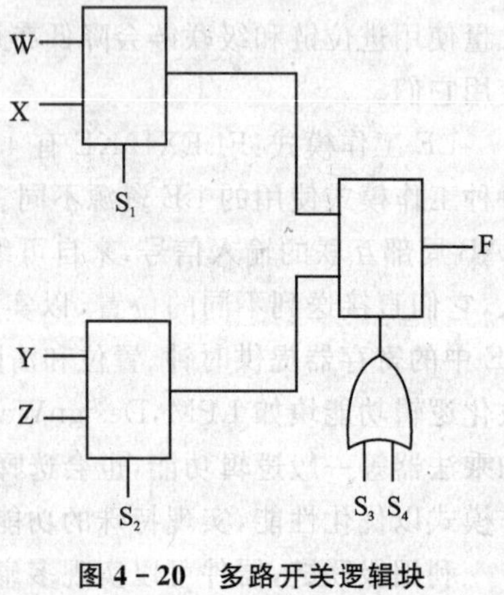

图 4-20 多路开关逻辑块

该宏单元共有 8 个输入和 1 个输出,可实现的逻辑为

$$F = (\overline{S_3} + \overline{S_4})(\overline{S_1}W + S_1X) + (S_3 + S_4)(\overline{S_2}Y + S_2Z)$$

对 8 个输入变量进行配置,可以实现多种逻辑函数。设全加器的输入变量中 A,B 为本位加数,C_{n-1} 为低位进位。输出函数中 S 为本位位和,C_n 为进位。

当 W=A,X=$\overline{A}$,S_1=B,Y=$\overline{A}$,Z=A,S_2=B,S_3=C_{n-1},S_4=0 时,输出 F 等于本地和 S,即可实现全加器输出的函数为

$$S_0 = (A \oplus B) \oplus C_{n-1} = (\overline{C_{n-1}+0})(\overline{B}A + B\overline{A}) + (C_{n-1}+0)(\overline{B}\,\overline{A} + BA)$$

当设置为 W=0,X=C_n,S_1=B,Y=C_n,Z=0,S_2=B,S_3=A,S_4=0 时,可实现全加器输出 C_n 的逻辑函数

$$C_n = (A \oplus B)C_n = (\overline{A+0})(\overline{B}0 + BC_n) + (A+0)(\overline{B}C_n + B0)$$

多路开关型结构的 FPGA 还有多种其他形式。运用多路开关型结构时,可选择一组 2 选 1 的多路开关作为基本函数,再对输入变量进行配置,以实现所要求的逻辑函数。多路开关结构中,同一函数可用不同形式实现,这取决于输入选择控制和输入数据的选择。

4.3 Xilinx 系列 CPLD

Xilinx CPLD 包括 CoolRunner Ⅱ,CoolRunner XPLA3,XC9500XV,XC9500XL 和 XC9500 系列等多个产品。其中,XC9500 系列 CPLD 应用最为广泛,XC9500 系列提供了范围最广的供电电压、器件密度和温度。与竞争器件相比,整个 XC9500 系列器件以较低的价格提供了较大的逻辑容量。更大的逻辑容量使设计人员可以降低总体成本。

4.3.1 XC9500 系列器件简介

XC9500 系列 CPLD 主要器件型号有 XC9536,XC9572,XC95108,XC95144,XC95216,XC95288 等,其主要区别如表 4-4 所列。所有器件都可实现在系统编程,并且编程/擦除周期最少为 10 000 次。该系列的所有器件都支持 IEEE 1149.1(JTAG)边界扫描技术。

表 4-4 XC9500 5 V 系列 CPLD 的主要技术指标

器件型号 参 数	XC9536	XC9572	XC95108	XC95144	XC95216	XC95288
宏单元数/个	36	72	108	144	216	288
可用逻辑门数/个	800	1 600	2 400	3 200	4 800	6 400

续表 4-4

器件型号 参　数	XC9536	XC9572	XC95108	XC95144	XC95216	XC95288
寄存器数/个	36	72	108	144	216	288
T_{PD}/ns	5	7.5	7.5	7.5	10	15
T_{SU}/ns	3.5	4.5	4.5	4.5	6.0	8.0
T_{CO}/ns	4.0	4.5	4.5	4.5	6.0	8.0
f_{CNT}/MHz	100	125	125	125	111.1	92.2
f_{SYSTEM}/MHz	100	83.3	83.3	83.3	66.7	56.6

重点提示

　　边界扫描测试技术主要解决芯片的测试问题。20 世纪 80 年代后期,对电路板和芯片的测试出现了困难。以往,在生产过程中对电路板的检验是由人工或测试设备进行的,但随着集成电路密度的提高,集成电路的引脚也变得越来越密,测试变得很困难。例如,TQFP 封装器件,引脚的间距仅有 0.6 mm,这样小的空间内几乎放不下一根探针。同时,由于国际技术的交流和降低产品成本的需要,也要求为集成电路和电路板的测试制定统一的规范。

　　边界扫描技术正是在这种背景下产生的。IEEE 1149.1 协议是由 IEEE 组织联合测试行动组在 20 世纪 80 年代提出的边界扫描测试技术标准,用来解决高密度引线器件和高密度电路板上的元件的测试问题。

　　标准的边界扫描测试只需要 4 根信号线,能够对电路板上所有支持边界扫描的芯片内部逻辑和边界引脚进行测试。应用边界扫描技术能增强芯片、电路板甚至系统的可测试性。

4.3.2　XC9500 系列器件的结构

　　XC9500 系列器件包括多个功能模块(FB)和 I/O 模块(IOB),并通过 FastCONNECT(快速连接)开关矩阵实现内部连接。IOB 提供器件输入和输出的缓冲。每个 FB 提供 36 个输入和 18 个输出的可编程逻辑。FastCONNECT 开关矩阵将所有 FB 输出和输入信号连接到 FB 输入。对于每一个 FB,12～18 个输出(取决于封装引脚数)和相关的输出使能信号直接驱动 IOB。XC9500 系列 CPLD 结构如图 4-21 所示。

1. 功能模块

　　功能模块(FB)框图如图 4-22 所示。

　　每个功能模块都包含 18 个独立的宏单元,都可通过组合或寄存器实现功能。FB 还可接收全局时钟、输出使能和设置/复位信号。FB 产生 18 个输出,用于驱动 FastCONNECT 开关矩阵。这 18 个输出和它们对应的输出使能信号也驱动 IOB。

　　FB 内的逻辑通过乘积表达式的集合来实现。36 个输入提供 72 个"真"和"补"信号,输入到可编程"与"阵列来构成 90 个乘积项。这些乘积项的任意一个或全部都可通过乘积项定位器定位到每个宏单元。

第 4 篇　FPGA/CPLD 常用芯片结构及特点

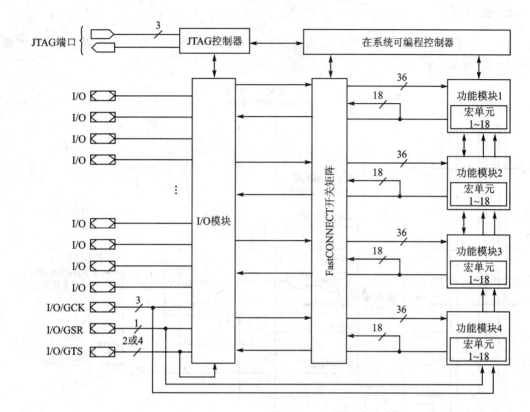

图 4-21　XC9500 系列 CPLD 结构图

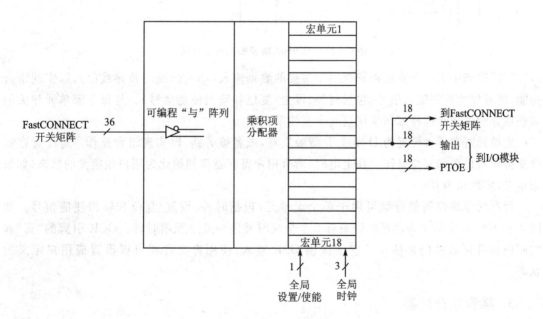

图 4-22　功能模块框图

2. 宏单元

XC9500 系列宏单元可以单独配置为通过组合或寄存的功能。宏单元和相关的 FB 逻辑如图 4-23 所示。

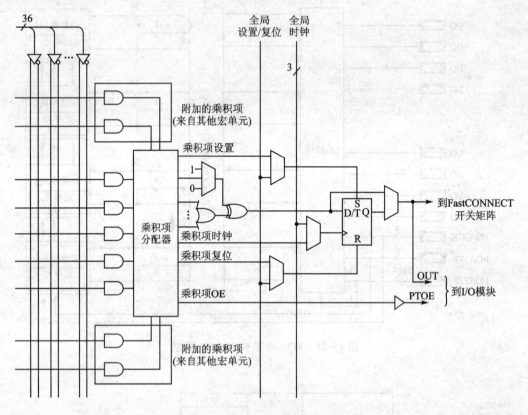

图 4-23　XC9500 功能模块的宏单元

"与"阵列中的 5 个直接乘积项用于主要的数据输入（输入到或门及异或门），以实现组合功能，或者作为控制输入信号（包括时钟、设置/复位和输出使能信号）。与每个宏单元相关的乘积项分配器用于选择如何使用这 5 个直接乘积项。

宏单元寄存器可配置为 D 型或 T 型触发器，或者被旁路，以实现组合操作。每个寄存器都支持异步设置和复位操作。在上电时，所有用户寄存器都初始化为用户预定义的状态（如果未定义，则默认为 0）。

所有的全局控制信号都可用于单个宏单元，包括时钟、设置/复位和输出使能信号。如图 4-24 所示，宏单元寄存器时钟来自 3 个全局时钟之一或乘积项时钟。GCK 引脚的"真"和"补"极性可在器件内部使用。它还提供 GSR 输入，使用户寄存器可以设置成用户定义的状态。

3. 乘积项分配器

乘积项分配器控制如何将 5 个直接乘积项分配到每个宏单元。例如，所有 5 个直接乘积项可驱动如图 4-25 所示的或功能。

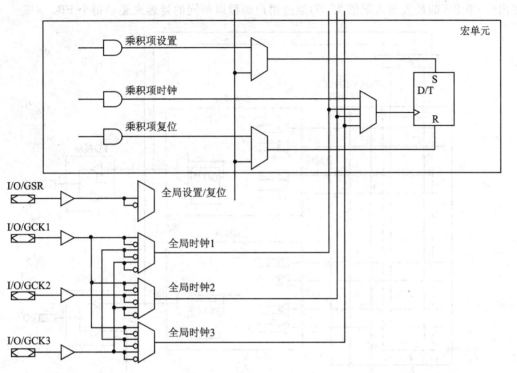

图 4-24 宏单元的时钟和设置复位

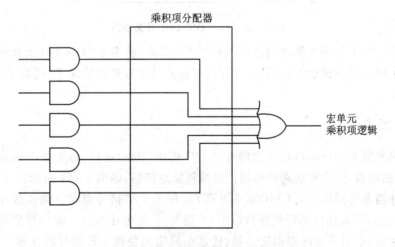

图 4-25 使用直接乘积项的宏单元逻辑

乘积项分配器可在 FB 内重新分配其他乘积项,这样可提高宏单元在 5 个直接乘积项之外的逻辑性能。在 FB 内,任何一个需要额外乘积项的宏单元都可访问其他宏单元中未使用的乘积项。一个宏单元最多可有 15 个乘积项,但单个宏单元的延迟时间增加很少。

4. FastCONNECT 开关矩阵

FastCONNECT(快速连接)开关矩阵将信号连接到 FB 输入端,如图 4-26 所示。所有 IOB 输出(对应于用户引脚输入)和所有 FB 输出驱动 FastCONNECT 矩阵。可选择上述任意输出(一个 FB 的最大扇入限值为 36)通过用户编程以相同的延迟来驱动每个 FB。

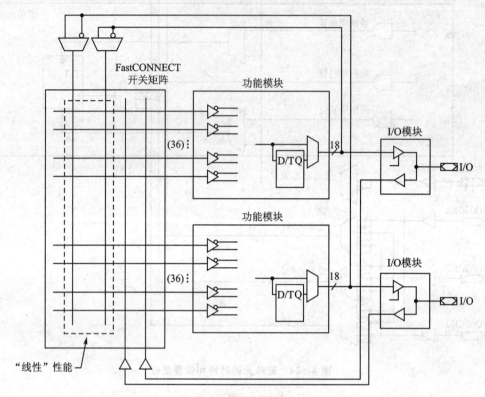

图 4-26　FastCONNECT 开关矩阵

FastCONNECT 开关矩阵可以在驱动目标 FB 之前,将多个内部连接组合成单个线与输出。这提供了额外的逻辑能力,并且在没有任何额外时序延迟的情况下,提高了目标 FB 的有效逻辑扇入。

5. I/O 模块

内部逻辑和器件用户 I/O 引脚之间通过 I/O 模块(IOB)接口,每个 IOB 都包括一个输入缓冲器、输出驱动器、输出使能选择和用户可编程接地控制,如图 4-27 所示。

输入缓冲器兼容标准 5 V CMOS,5 V TTL 和 3.3 V 信号电平。输入缓冲器使用内部 5 V 电源(V_{CCINT}),以确保内部门槛保持恒定,不随 V_{CCIO} 的电压变化。输出使能可由下列 4 个选项之一产生:一个宏单元的乘积项信号、任意全局输出使能 OE 信号的任意一个(总是为 1 或总是为 0)。输出使能信号对 144 个宏单元的器件有 2 个全局输出使能,对 180 个或更多宏单元的器件有 4 个全局输出使能。任意一个全局 3 态控制(GTS)引脚的两个极性可以在全局内被利用。

每个 IOB 都提供用户可编程接地脚性能,这使器件的 I/O 引脚可以配置为额外的地。通过将可编程接地脚和外部地相连接,众多输出同时开/关所产生的系统噪声将因此减小。

当器件处于不正常操作时,连接到每个器件 I/O 引脚的控制上拉电阻可防止引脚处于悬浮状态。该电阻在器件编程模式、上电和擦除芯片时有效,在正常操作时被禁止。

输出驱动器具有 24 mA 的驱动能力。通过将器件输出电源(V_{CCIO})连接到 5 V 或 3.3 V,

器件内的所有输出驱动器可配置为 5 V TTL 电平或 3.3 V 信号电平。

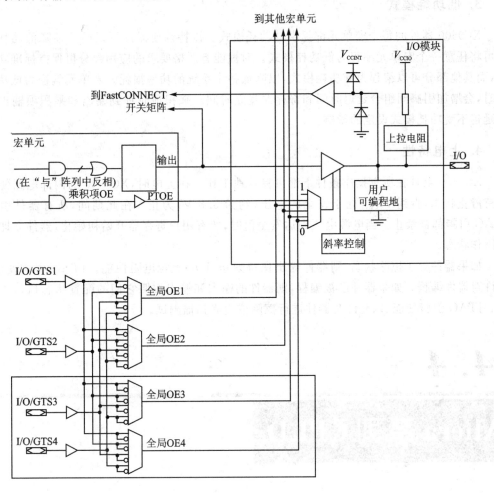

图 4-27　I/O 模块和输出使能

4.3.3　XC9500 系列器件功能描述

1. 在系统编程 ISP

XC9500 器件通过标准 4 脚 JTAG 协议实现在系统编程，在系统编程时，由 IOB 电阻上拉为高电平。如果在该时间内一个特殊信号必须保持低电平，那么可以在该引脚增加一个下拉电阻。所有 XC9500 CPLD 都可承受最少 10 000 次在系统编程/擦除周期。

2. 保密设计

XC9500 器件集成了先进的数据保密特性，可完全防止数据在未经授权的情况下被读出，或因为疏忽对器件进行擦除/重新编程。

3. 低功耗模式

XC9500 器件的每个宏单元都提供低功耗模式。该特性使器件可以显著地降低功耗。用户可将任意一个宏单元编程为低功耗模式。对性能有严格要求的应用部分可保持标准功耗模式，而其他部分可以编程为低功耗模式，以降低整个系统的功率损耗。宏单元编程为低功耗模式时，会增加引脚间组合延迟时间和寄存器建立时间。乘积项时钟到输出和乘积项输出使能的延迟不受功耗模式设定的影响。

4. 上电特性

XC9500 器件在所有操作条件下都可良好地工作。在上电时，XC9500 的内部电路使器件保持静止状态，直到 V_{CCINT} 处于安全的电压（约为 3.8 V）为止。在此期间，所有器件引脚和 JTAG 引脚都被禁止。当电源电压到达安全值时，所有用户寄存器开始初始化，器件立即进入可操作状态。

如果器件处于擦除状态，则器件输出保持禁止，IOB 上拉电阻使能。JTAG 引脚使能，以允许对器件编程。如果器件已被编程，则器件的输入和输出按照它们的配置状态执行正常操作。JTAG 引脚使能，以允许对器件进行擦除或边界扫描测试。

4.4 Altera 系列 CPLD

在当今迅速变化的市场上，产品的上市周期是取得成功的关键。Altera 公司提供丰富的产品，包括 APEX，FLEX，MAX 和 ACEX 系列。其芯片内部频率可达 200 MHz，时钟频率高达 822 MHz，并且引脚之间的延时低于 3.5 ns。另外，Altera 公司系列器件具有系统级的特点，在系统可编程（ISP），支持 JEDEC 标准 JESD—71。

Altera 公司系列器件针对逐渐改变的设计需求提供了如下的特性：高带宽、低电压 I/O 标准和多重端口电压标准，内部集成有 PLL（锁相环）。

Altera 公司系列器件提供了丰富的芯片封装形式：TQFP，BGA 和 FBGA 等。

Altera 公司的 MAX+plusⅡ 和最新 QuartusⅡ 开发工具易学易用，功能强大，支持 FLEX，MAX，ACEX 等系列器件；兼容工业标准，提供了 VHDL 和 Verilog HDL 等文件的直接接口。

下面重点以 Altera 公司的 MAX7000 系列 CPLD 器件为例进行介绍。

4.4.1 MAX7000 系列器件简介

MAX7000 系列以 Altera 公司的第二代 MAX 结构为基础，以先进的 CMOS 工艺制造。基于 EEPROM 的 MAX7000 系列可提供 600～5 000 个可用的门电路、ISP、引脚间 5 ns 的延时以及高达 175.4 MHz 的计数频率。MAX7000 系列器件主要有 MAX7000，MAX7000E 和 MAX7000S 等系列产品。

MAX7000 器件主要包括 EPM7032，EPM7064，EPM7096 等。MAX7000E 器件包括 EPM7128E，EPM7160E，EPM7192E 和 EPM7256E 器件，具有以下增强特性：附加的全局时钟和输出使能控制、增强的互联资源、快速输入寄存器和一个可编程斜率。MAX7000S 是系统可编程器件，包括 EPM7032S，EPM7064S，EPM7128S，EPM7160S，EPM7192S 和 EPM7256S。MAX7000S 包含 MAX7000E 的所有增强特性和带有 128 或更多宏单元的 JTAG BST 电路、ISP 以及开漏输出选择。

MAX7000 系列器件有多种封装形式，如 68 引脚的 PLCC 封装；44 引脚的 PQFP，PLCC，TQFP 封装和 84 引脚的 PLCC 封装等。图 4-28 是 84 引脚的 PLCC 封装芯片的引脚排列图。

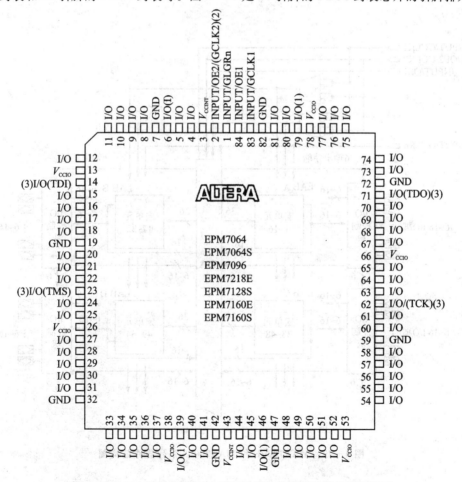

图 4-28 MAX7000 系列 84 引脚的 PLCC 封装芯片的引脚排列

MAX7000系列器件利用CMOS EEPROM单元来实现逻辑功能。用户可配置的MAX7000结构适用多种独立的组合和时序逻辑功能。在设计开发和调试期间，器件可被快速和高效地反复重新编程，其编程和擦除次数可高达10 000次。MAX7000系列器件包含32～256个宏单元，以16个宏单元为一组，被称为逻辑阵列块(LAB)。每个宏单元有一个可编程的与门/固定的或门阵列，并带有一个独立的可编程时钟、时钟使能、清除和预置功能的可配置寄存器。

4.4.2 MAX7000系列器件的结构

1. 逻辑阵列块

MAX7000系列器件是基于高性能并且非常灵活的逻辑阵列块(LAB)连接的体系结构。LAB包含16个宏单元阵列。图4-29为MAX7000E和MAX7000S系列器件结构图。多个LAB通过可编程互联阵列(PIA)连接在一起，所有的专用输入端、I/O脚和宏单元共享一个全局总线。

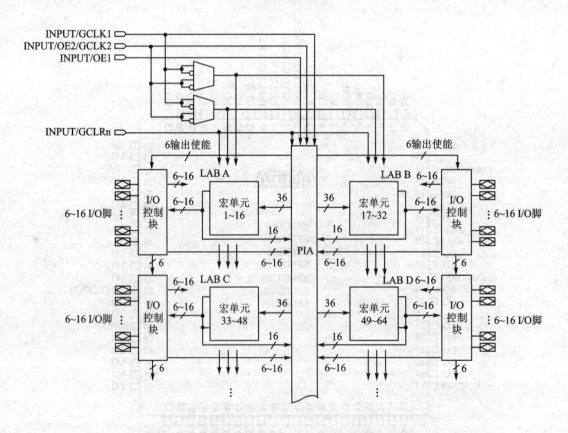

图4-29 MAX7000E和MAX7000S系列器件结构图

每个 LAB 输入以下信号：

① 来自 PIA 的被用做通用逻辑输入的 36 个信号；

② 全局控制信号，用于寄存器的第二功能；

③ 从 I/O 脚到寄存器的直接输入路径，用于 MAX7000E 和 MAX7000S 器件的快速建立时间。

2. 宏单元

MAX7000 的宏单元可分别设置成时序逻辑或组合逻辑功能。宏单元由 3 个功能模块组成：逻辑阵列、乘积项选择矩阵和可编程寄存器。MAX7000E 和 MAX7000S 器件的宏单元如图 4-30 所示。

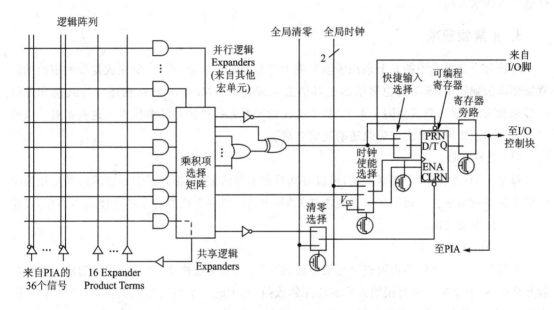

图 4-30 MAX7000E 和 MAX7000S 器件的宏单元

组合逻辑是在逻辑阵列中实现的。在逻辑阵列中，它为每个宏单元提供 5 个乘积项。乘积项选择矩阵起着分配这些乘积项的作用。

Altera 开发系统会根据设计的逻辑要求自动地对乘积项分配进行优化。每个宏单元触发器在可编程时钟的控制下可分别编程，来实现 D、T、JK 或 SR 触发器的功能。在组合逻辑操作时，这些触发器就被旁路。在设计入口时，设计者指定所需要的触发器类型；Altera 开发系统软件再为每个寄存器功能选择最有效的触发器进行工作，以优化资源利用。

每个可编程的寄存器可以在以下 3 种不同的控制时钟下工作：

① 一个全局时钟信号。这种方式能最快速实现时钟到输出的操作。

② 一个全局时钟信号由一个高电平有效的时钟使能信号控制。这种方式给每个触发器提供了一个使能信号，但它仍可实现快速地从时钟到输出的操作。

③ 带有一个乘积项的阵列时钟。这种方式下，触发器的时钟信号来自隐藏的宏单元或 I/O 脚。

在 MAX7000E 和 MAX7000S 器件中，有 2 个全局时钟信号，分别为 GCLK1 和 GCLK2。每个寄存器也支持异步预置和清除功能。乘积项选择矩阵通过分配乘积项来控制这些功能。尽管由乘积项驱动的对寄存器的预置和清除信号是高电平有效，但通过在逻辑阵列中将此信号反相也可得到低电平。此外，每个寄存器的清除功能可由低电平有效的全局清除引脚（GCLRn）实现。上电时，器件中的每个寄存器的输出都被设置成低电平状态。

所有 MAX7000E 和 MAX7000S 的 I/O 脚都有一个到达宏单元寄存器的快速输入路径。这个路径允许一个信号绕过 PIA 和组合逻辑，以极短的输入建立时间（2.5 ns）被直接驱动到 D 触发器的输入端。

3. 扩展乘积项

尽管每个宏单元中的 5 个乘积项能实现大部分的逻辑功能，但是，要完成复杂的逻辑功能就需要增加乘积项，所需的逻辑资源由其他宏单元提供。MAX7000 结构还允许共享和并行扩展乘积项（扩展），直接为同一个 LAB 中的任意宏单元提供额外的乘积项。这些扩展可以确保以最少的逻辑资源来实现最快速的逻辑合成。

（1）共享扩展

每个 LAB 含有 16 个共享扩展，可以将其看做不受约束的、带有反馈到逻辑阵列反相输出的单个乘积项的集合。每个共享扩展能被 LAB 中的任意一个或所有宏单元使用和共享，以建立更复杂的逻辑功能。

（2）并行扩展

并行扩展不使用的乘积项被分配给邻近的宏单元，来实现快速、复杂的逻辑功能。并行扩展允许多达 20 个乘积项直接输入到宏单元的或门，其中的 5 个由宏单元提供，15 个并行扩展由 LAB 中相邻的宏单元提供。

4. 可编程的互联阵列

LAB 之间通过可编程的互联阵列（PIA）形成逻辑通路。这个可编程互联阵列全局总线是一条可编程的路径，它可将任何信号源连接到器件内的任何目的地。所有 MAX7000 系列的专用输入端、I/O 脚和宏单元的输出都输入到 PIA，这就使得 PIA 上包含了贯穿整个器件的所有信号。

5. I/O 控制块

I/O 控制块允许每个 I/O 脚分别设置成输入、输出或双向操作。所有的 I/O 脚都有一个三态缓冲器，它们由一个全局输出使能信号控制。MAX7000E 和 MAX7000S 器件有 6 个全局输出使能信号，如图 4-31 所示。

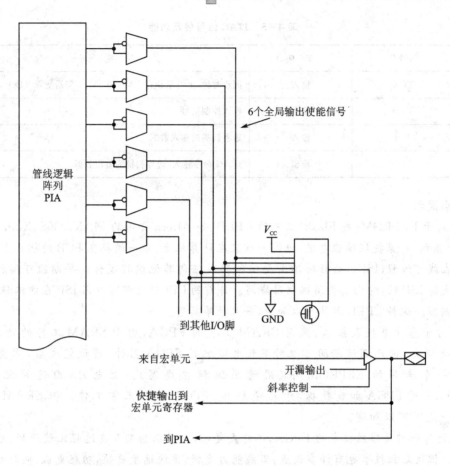

图 4-31 MAX7000E 和 MAX7000S 器件 I/O 控制块

4.4.3 MAX7000 系列器件功能描述

1. 在系统编程 ISP(仅用于 MAX7000S 器件)

ISP(In-System Programming)是"在系统可编程"的意思,指电路板上的空白器件可以编程写入最终用户代码,而不需要从电路板上取下器件,已经编程的器件也可以用 ISP 方式擦除或再编程。

具有 ISP 功能的芯片不但可以防止多引脚封装形式下由于操作器件而出现引脚损坏的情况,而且还可使系统在推向市场后仍能对器件进行重新编程,如通过软件或调制解调器实现产品的升级等。

MAX7000S 器件通过一个标准 4 脚的 JTAG 接口(IEEE 1149.1—1990),可以实现在系统编程。JTAG 信号线的功能如表 4-5 所列。

表 4-5 JTAG 信号线及功能

信号名	方 向	功 能
TCK	输入	同步时钟,上升沿锁存 TMS 和 TD,下降沿更新 TDO
TMS	输入	模式控制信号
TDI	输入	边界扫描的输入数据
TDO	输出	JTAG 命令输入,边界扫描的输出数据

重点提示

① 对于 EEPROM(或 Flash)工艺的 CPLD(如 Altera 公司的 MAX7000S、Xilinx 公司的 XC9500 系列)厂家提供编程电缆,电缆一端装在计算机上,另一端接在 PCB 的插头上,这就是所谓的在线可编程(ISP),编程时不需要编程器或任何其他编程硬件。早期的可编程逻辑器件是不支持 ISP 的,它们需要用编程器烧写。目前的 CPLD 大都可以用 ISP 在线编程,也可用编程器编程。这种 CPLD 器件可以加密,并且很难解密。

② 对于基于查找表技术、采用 SRAM 工艺的 FPGA,由于 SRAM 工艺的特点,掉电后数据会消失,因此调试期间可以用下载电缆配置 FPGA 器件,调试完成后,需要将数据固化在一个专用的 EEPROM 中(用通用编程器烧写)。上电时,由这片配置好的 EEPROM 先对 FPGA 加载数据,十几毫秒后,FPGA 即可正常工作。但 SRAM 工艺的 FPGA 一般不可以加密。

③ 还有一种反熔丝技术的 FPGA,不能重复擦写,所以初期开发过程比较麻烦,费用也比较高昂。但反熔丝技术也有许多优点:布线能力更强,系统速度更快,功耗更低,同时抗辐射能力强,耐高低温,可以加密,所以在一些有特殊要求的领域中运用较多,如军事及航空航天领域。

2. 可编程的速度/功率控制

MAX7000 系列器件提供了一个节电模式,支持在用户定义的信号通路上或对整个器件进行低功耗操作。因为大部分逻辑应用只需要所有门电路中的一小部分在最高频率下工作,所以这个特性可以使总的功耗减少 50 % 或者更多。

设计者可以将 MAX7000 系列器件中每个独立的宏单元编程为高速(打开 Turbo Bit 选项)或低功耗(关闭 Turbo Bit 选项)操作。结果,设计中对速度敏感的路径就能以高速运行,而其余的路径可以工作在低功耗模式下。

3. Multi Volt I/O 界面

MAX7000 系列器件除 44 脚器件外,均支持 Multi Volt I/O 接口特性,允许 MAX7000 系列与不同电压的系统相连。所有封装的 5.0 V 器件可设置 3.3 V 或 5.0 V I/O 脚操作。这些器件有一组用于内部操作的 V_{CC} 引脚和输入缓冲引脚(V_{CCINT}),另外还有一组 I/O 输出的驱动引脚(V_{CCIO})。

V_{CCINT} 引脚必须一直与 5.0 V 电源相连。当 V_{CCINT} 的电平为 5.0 V 时,输入电压阈值为

TTL 电平,因此完全兼容 3.3 V 和 5.0 V 的输入。V_{CCIO} 引脚可与 3.3 V 或 5.0 V 的电源相连,取决于输出的需要。当 V_{CCIO} 引脚与 5.0 V 的电源相连时,输出电平兼容 5.0 V 的系统;当它与 3.3 V 相连时,输出的高电平为 3.3 V,因此它可兼容 3.3 V 或 5.0 V 的系统。

4. 开漏输出选项(仅用于 MAX7000S 器件)

MAX7000S 为每个 I/O 引脚提供了一个开漏输出的选项,器件可利用这个开漏输出来提供系统级的控制信号,如中断和写使能信号,可由几个器件进行选择控制。另外,它还提供一个额外的"线或"平面。

通过使用外部 5.0 V 的上拉电阻,MAX7000S 器件的输出引脚可以设置满足 5.0 V CMOS 输入电压的要求。若 V_{CCIO} 为 3.3 V,则选择开漏输出将会关闭输出上拉三极管,利用外部上拉电阻将输出拉高以满足 5.0 V 的 CMOS 输入电压。若 V_{CCIO} 为 5.0 V,因为当引脚输出超过大约 3.8 V 时上拉三极管已经关闭,外部上拉电阻可直接将输出拉高来满足 5.0 V CMOS 输入电压的要求,所以不必选择开漏输出。

4.5 现场可编程系统芯片 FPSC

现场可编程系统芯片(FPSC)采用一种崭新的方法,将针对特定解决方案的 ASIC 或硬核与多系统的 FPGA 集成在一块芯片上。一般的 FPGA 系统级集成方法基本上都是在 FPGA 器件上嵌入多用途功能块。与它们不同,Lattice 公司的 FPSC 是集中提供系统解决方案的器件。FPSC 将 ORCA 系列 4 型 FPGA 可编程逻辑结构与总线接口、高速线路接口及高速收发器等内嵌的 IP 核组合起来,形成优化的 ASIC 门。图 4-32 为现场可编程系统芯片框图。

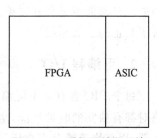

图 4-32 现场可编程系统芯片框图

4.5.1 ORCA4 结构

图 4-33 为 ORCA4 的结构。它由 4 个基本部分组成。

1. 可编程逻辑单元 PLC

PLC 中的 PFU 含有 8 个 4 输入(16 位)LUT、8 个锁存/寄存器、1 个辅助寄存器。这个寄

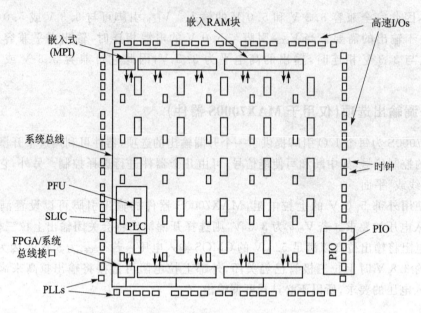

图 4 – 33　ORCA4 结构

存器可以独立使用或者与算数功能一起使用。PFU 由 2 组 4 个 LUT 和触发器组成，它们可以独立控制。每个 PFU 有两个独立的可编程时钟，时钟使能，并有区域复位/置位和数据选择信号。每个 PFU 可以构成同步 32×4 单口、双口 RAM 或 ROM。LUT 的输出可以接至触发器/锁存器，触发器/锁存器的输入也可以直接来自反向 PFU 输入，或者接至高、低电平。触发器具有可编程时钟极性、时钟使能和区域复位/置位功能。

辅助逻辑和互联单元(SLIC)与 PLC 布线资源及 PFU 的输出相连。它有 8 个三态双向缓冲器，还具有逻辑功能，如用于译码的 10 位"与"功能，"与"、"或"和反向器用来实现类似 PAL 功能。在辅助逻辑和互联单元中的三态驱动器和与 PFU 输出的直接连接使得在 FPGA 内部有了真正的三态总线。

2. 可编程 I/O

每个 PIO 含有 4 个可编程 I/O，通过公共接口块与 FPGA 阵列接口。PIO 分成两对 I/O，每对都有独立的时钟使能，全局和区域复位/置位。在输入端，每个 PIO 含有可编程锁存/触发器，用来快速锁存来自任何 I/O 的数据。在每个 PIO 的输出端，来自 PLC 阵列的输出可以连接至每个触发器输出。

可编程 I/O 单元允许设计者选择 I/O，以满足许多新的通信标准，允许器件直接连接而无需任何外部接口电路。除了高速信号和差分对信号外，PIO 支持传统的 FPGA 标准。基于可编程的区域 I/O 环形结构，使得设计者能使用 3.3 V、2.5 V、1.8 V 和 1.5 V 输出电压。

3. 系统级特性

借助于微处理机接口，嵌入式系统总线、四端口嵌入式 RAM 块和锁相环等功能块能方便地进行系统接口，能用于高速网络系统中。

微机接口提供 FPGA 与 PowerPC 微处理机接口，具有 8，16，32 位接口。接口除了用于

FPGA 的控制和 FPGA 状态的监控之外,还能配置和回读。所有微机接口利用 ORCA4 的嵌入式总线以 100 MHz 的频率工作。

嵌入式系统总线提供仲裁、译码、主单元、从单元。主、从单元也能用于用户逻辑和现场可编程系统芯片(FPSC)的嵌入标准单元。系统总线寄存器可以向 FPGA 提供重复编程、复位功能、PLL 编程。状态寄存器监测 INIT,DONE 和系统总线出错;此外,还集成了一个中断控制器,它提供 8 个中断源。产生总线时钟有多种方法,如来自微处理机的接口时钟、配置时钟、内部振荡器、用户时钟或端口时钟。每个 ORCA4 有 8 个锁相环,可编程锁相环能对时钟信号的频率、相位占空比进行管理。时钟信号的频率范围为 20~420 MHz。输入时钟频率可调整范围为 8 倍频到 8 分频。每个可编程 PLL 提供具有不同的倍频因子,但是有相同的相位关系的两个输出。占空比和相位延时以时钟周期的 12.5 % 为步长进行调整。可编程锁相环提供可编程相位差(12.5 %步长)的两个输出。

4. 嵌入式 RAM 块

512×18 Kbit 的四端口 RAM 块嵌入在 FPGA 中以增加存储器的容量和补充在器件内分布的 PFU 存储器容量。嵌入 RAM 块有 2 个写端口、2 个读端口,还有 2 个字节通道提供四端口运作。除了可以直接连接高速系统总线,还能进行两个写端口之间的选择。

附加的逻辑有很大的灵活性,适用于 FIFO、常数乘、变量乘。FIFO 块的深度是可以配置成 512 Kbit、256 Kbit、1 Kbit,包括异步模式、同步模式、可编程状态以及出错标志。乘法器能进行 8 位和 16 位定点系数相乘,或者 2 个 8 位数相乘。每个嵌入块有 2 个 16×8 Kbit 的 CAM,可以实现单个匹配、多个匹配和清除模式。

这 4 个基本部分由器件内丰富的全局和区域连线进行互联。PLC 与其相关的资源被通用接口块所包围。接口块为相邻的 PLC 或系统块提供丰富的接口。每个 PLC 含有一个可编程功能单元(PFU)、一个辅助逻辑互联单元(SLIC)、区域布局资源和 RAM。大多数 FPGA 逻辑在 PFU 中完成,但是诸如译码器、类似 PAL 的功能和三态缓冲电路由辅助逻辑与互联单元(SLIC)来实现。PIO 提供输入/输出,可以用来寄存信号,实现输入多路分解,输出多路选择,具有上行和下行链路功能。512×18 Kbit 四端口 RAM 是对 PFU 存储器的补充。RAM 块可用来实现 RAM,ROM,FIFO,乘法器以及 CAM。此外还有其他系统级功能,如微处理机接口(MPI)、锁相环(PLL)和嵌入式系统总线(ESB)。

4.5.2 存储器模式

可编程功能单元 PFU 可以构成一个 32×4 bit(128 bit)同步双口 RAM。用 PUF 组成存储器模式的电路图如图 4-34 所示。这个 RAM 能配置成单口存储器。因为初始值可以在配置时载入 RAM,所以也能用做 ROM。PFU 存储器模式使用了所有的 LUT 和锁存器、触发器。Kz[3:0]和 F5[A:D]是读地址。F5[A:D]是最高位,Kz[0]是最低位。写地址是 CIN 和 DIN[7,5,3,1],CIN 是最高位,DIN[1]是最低位。DIN[6,4,2,0]写数据输入端,DIN[6]是最高位。读数据是在 F[6,4,2,0]与 Q[6,4,2,0]中。F[6]和 Q[6]为最高位。CE0,CE1,LSR0 为写使能控制端。CE1=1 时,可以对 RAM 进行写操作。用 CE0 来使能第一个写端口。用

LSR0 来使能第二个写端口。PFU 的时钟信号 CLK0 用来同步写数据。时钟的极性、写使能和端口使能均能控制。

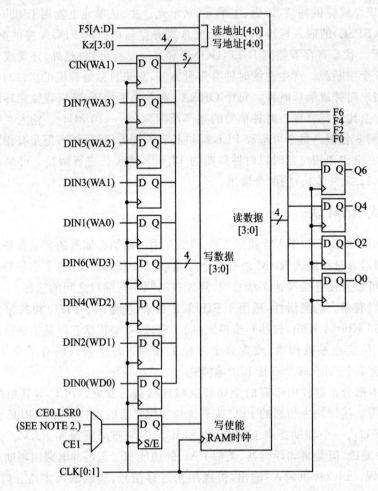

图 4-34 存储器模式

在时钟的边沿,数据被写入写数据寄存器、写地址寄存器和写使能寄存器。但是要到下一个时钟的一半,数据才写入 RAM。读端口是以异步方式工作的。设置完读地址后,就能很快地读取数据。如果读/写地址线连在一起,则双口 RAM 的操作就变成单口 RAM。若写使能无效,初始化存储器内容被提供在配置时间,那么存储器就成为 ROM。

上述谈到的是一个 PFU 内的存储器。若要构成更宽的存储器,可以把多个 PFU 并联起来使用。它们有着相同的地址和控制信号,但是,数据的半字节是不同的。倘若要增加存储器的深度,即超过 32,可以使用多个 PLC。图 4-35 为用了 8 个 PLC 而组成的 128×8 bit 双口 RAM。把 2 个存储器并行地放置在一起构成 8 位的数据路径。用 32 字节深度的 PFU 存储器扩展存储器的深度。除了用到每个 PLC 中的 PFU 之外,每个 PLC 中的辅助逻辑互联单元(SLIC)用来进行读地址译码和三态驱动器。只要把读和写的相应位连接在一起,这个 128×8 bit 的 RAM 就可以成为单口 RAM。

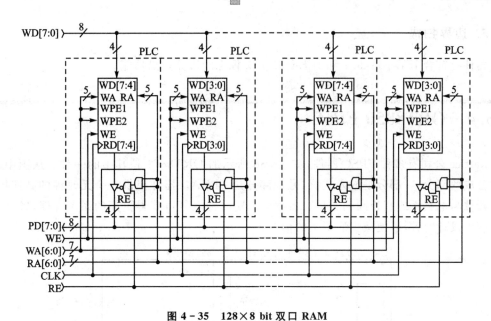

图 4-35 128×8 bit 双口 RAM

4.5.3 特殊功能块

1. 内部时钟

器件中含有内部时钟,输出时钟频率为 1.25 MHz 和 10 MHz。内部振荡器是用来进行配置的内部 CCLK 的时钟源。配置过程结束后,它可用做通用时钟信号。

2. 全局复位/置位

全局复位/置位(GSRN)是一个反向信号,用于设计时所有用到的锁存器、触发器的复位。在器件上电和配置时会自动插入。

3. 启动逻辑

启动逻辑块是可以配置的,用来协调全局复位/置位的时序,激活所有用到的 I/O,管理配置结束时 DONE 信号的插入。如果启动逻辑用来调整这些事件的时间,则启动时钟可以取自 CCLK,或者使用内部布线资源连接至启动逻辑块。

4. 温度检测

器件内的温度检测二极管能检测器件工作时的结温。器件有一个专用引脚(PTEMP)来监测器件的结温。PTEMP 工作时有 10 μA 的电流,然后测量电压。随着温度的升高,电压减小,近似每升温 1 ℃,电压下降 1.69 mV。

5. 边界扫描

器件有符合 IEEE 1149.1 和 IEEE 1149.2 标准的边界扫描功能。

4.5.4 ORT8850 FPSC

Lattice 公司有多种 FPSC 器件,图 4-36 所示的 ORT8850 是其中的一种。从图中看到器件分成两部分,一部分是嵌入式核,另一部分是 FPGA。器件提供一个无时钟的高速接口,用于器件与电路板或底板间的通信。器件的内置时钟恢复可获得更高的系统性能,容易在多板系统中设计时钟,以便减少底板上的信号。

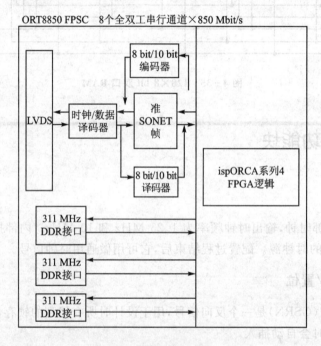

图 4-36　ORT8850

从图 4-36 中可以看到器件中有 3 个全双工高速并行接口,它由 8 位数据、控制单元和时钟所组成。接口传送双数据速率,其数据速率高达 311 MHz,每个引脚为 622 Mbit/s,并将数据转换成 32 位宽数据传送到器件中。

器件有中等密度和高密度两种,分别为 ORT8850L 和 ORT8850H。它们都具有 8 个全双工串行通道,每个通道传送速率为 850 Mbit/s。ORT8850L 提供多达 470K 的可用门和 296 个用户 I/O。ORT8850H 提供多达 530~970K 的可用门和 536 个用户 I/O。

4.5.5 FPSC 器件与应用

目前 FPSC 器件有 3 种:ORT82G5,ORTLI10G 及 ORT8850。它们主要应用于数据通信和远程通信。ORT82G5 是基于 SERDES 来实现串行底板数据传输的器件。它由 8 信道底板收发器组成,每条信道的传输速度高达 3.125 Gbit/s,而功耗只有 200 mW,其功耗比其他同类器件约低 40％。ORTLI10G 是一种高速可编程器件,用于实现 10 Gbit/s 数据传输解决方案。用户可在各种新兴的网络系统中将该器件用于线路接口和系统接口之间。ORTLI10G 器件配合 PCSIP 核能够提供目前性能最佳的 10 Gbit 以太网 PCS 功能。ORT8850 为电路板或底板上器件之间的通信提供了高速接口。其内置时钟恢复电路能够实现更佳的系统性能,在多板的系统中提供设计更简便的时钟域,并减少底板上的信号数。

4.6 无限可重构可编程门阵列 ispXPGA

4.6.1 基本特性

ispXPGA(in-system programmable eXpanded Programmable Gate Array)系列在一个非易失性结构中结合了在芯片 EE 存储器和 SRAM 单元,从而允许无限可重构。这一独特的合并技术称为 ispXP(eXpanded Programmability)。ispXPGA 系列中的 ispXP 器件能在上电后的几微秒时间内自举,在电子系统电源开启的瞬间就能够正常工作。由于采用了在芯片 EE 存储器,在编程过程中逻辑信号不会外露,而且其加密位可防止 FPGA 内容的回读,因此该产品具有很高的安全性。

ispXPGA 结构如图 4-37 所示。

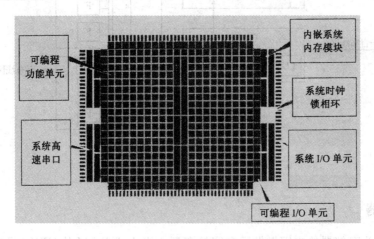

图 4-37 ispXPGA 结构图

4.6.2 组成结构

由图 4-37 可知 ispXPGA 结构分为 6 个部分。

1. 可编程功能单元 PFU

可编程功能单元 PFU(Programmable Function Unit)是 ispXPGA 结构中最主要的又是最基本的模块单元。该单元结构如图 4-38 所示。每个 PFU 由 4 个可配制逻辑元素(CLE0～CLE3)、4 个可配制时序元素(CSE0～CSE3)和 1 个宽逻辑门(wide logic gating)组成。这种结构使它可以组成各种模式。如在混合模式中 PFU 可用做 2 选 1、4 选 1、8 选 1 级联后也可构成 16 选 1 的数据选择器。在算术模式中可用做 4 位加(减)法器、比较器和可预置初值的计数器,在宽逻辑门中也可做各种逻辑运算,如或、与、异或等逻辑功能。PFU 具备了多功能的 PFU。

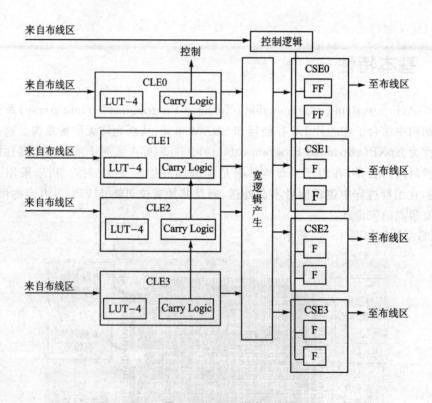

图 4-38 PFU 结构

2. 存储器

ispXPGA 为存储器的应用提供了丰富的资源。嵌入式 RAM 块(EBR)是对配置在 PFU 中的存储器的补充。每个存储单元均能配置成 RAM 或 ROM。此外,器件的内部逻辑可用来配置成 FIFO 或其他存储类型。这些 EBR 被称为 sysMEM 块。

3. 可编程 I/O 单元(PIC)

每一个 PIC 由 2 个输入/输出模块(P101～P102)组成。每个 PIO 有 21 个输入和 10 个输出,其中 4 个输出直接反馈至 sysI/O 中,其余输入/输出均和 I/O 布线区相连。

4. 系统 I/O 单元(sysI/O)

系统 I/O 是高速 I/O 口,每个 sysI/O 都能支持多种 I/O 标准,并提供用户几十种单端和差分 I/O 类型的选择。

5. 系统时钟(sysclock)锁相环

系统中有 8 个时钟锁相环(PLL)组成时钟频率,合成产生多种时钟信号。时钟信号可编程时,其时间增量为 250 ps,能提供板级或器件级的时钟信号。

6. 时钟高速串口(sysHSI)

系统高速串口是系统 I/O 口和可编程 I/O 之间的单元电路。带有串/并转换(SERDES)和时钟恢复功能的 850 Mbit I/O 的系统高速接口(sysHSI)可处理超快速数据。

ispXPGA 系列性能如表 4-6 所列。

表 4-6 ispXPGA 系列性能

系列编号	系统门	PFUs	LUT-4	Logic FFs	Block RAM	Distributed RAM	sysHSI Channels	User I/O	V_{CC}/V	封装	器件尺寸/(mm×mm)
ispXPGA125	139K	484	1 936	3.8K	92K	30K	4	160 176 176	1.8,2.5,3.3	256 fpBGA 480 fpBGA 484 fpBGA	17×17 35×35 23×23
ispXPGA200	210K	676	2 704	5.4K	111K	43K	4	160 208 208	1.8,2.5,3.3	256 fpBGA 480 fpBGA 484 fpBGA	17×17 35×35 23×23
ispXPGA500	476K	1 764	7 056	14.1K	184K	112K	8	336 336	1.8,2.5,3.3	480 fpBGA 900 fpBGA	35×35 31×31
ispXPGA1200	1.25M	3 844	15 376	30.8K	414K	246K	20	496 496	1.8,2.5,3.3	680 fpBGA 900 fpBGA	31×30 31×31

4.7 ispXPLD 器件

ispXPLD(in-system programmable eXpanded PLD)器件是一种可以让用户有效地交替使用快速逻辑和块存储资源的 PLD 器件结构。这种独一无二的结构允许每个多功能块 MFB(Multi-Function Block)都能实现逻辑功能(每个多功能块拥有多达 32 个宏单元)或存储功能(每个多功能块容量可多达 16 Kbit),从而使单个器件的存储容量高达 1 024 个宏单元或 512 Kbit,等效于 30 万系统门。ispXPLD 器件的超宽(SuperWIDE™)结构还支持多达136 个输入的单级逻辑功能,是其他任何 PLD 系列扇入数的 2 倍,能够高速实现超宽的总线和逻辑功能。该产品的工作频率可达 285 MHz,引脚至引脚逻辑延时(t_{pd})为 3.5 ns,时钟至输出延时(t_{co})为 2.5 ns。

ispXPLD 系列采用新的 ispXP(ISP eXpanded Programming)技术,不仅继承了传统的基于乘积项的 PLD 瞬时上电、非易失性可编程的优点,还具备了基于 SRAM 的 FPGA 器件实时、无限可重构的优点。

4.7.1 器件结构

ispXPLD 器件的第一个系列 ispXPLD5000MX 包括供电电压为 1.8 V 的 5000MC、2.5 V 的 5000MB 和 3.3 V 的 5000MV 系列。器件的等效宏单元密度为 256,512,768 和 1 024,用户 I/O 数为 141~381,相当于 75~300K 的系统门。该系列中的第一款器件 ispXPLD 5512MX 为 484 脚 fpBGA 封装。其可编程 sysI/O 接口功能支持灵活的高级 I/O 标准(GTL+,HSTL,SSTL,LVDS 等)。先进的硅片工艺结合独特的电路设计技术,使器件的待机功耗仅为每片 36 mW,非常适合对功耗有严格要求的设计应用。另外,每片器件都包含 sysCLOCK™ 锁相环,可用于高性能的在芯片内的时钟合成。器件的结构如图 4-39 所示。

器件由多功能块(MFB)与全局布线池(GRP)互联而成,内含 4 个 sysI/O 区,外部的信号通过 sysI/O 区进入器件内部,器件内部的信号通过 sysI/O 区送到器件的外部。信号可以连接至全局布线池或者连接至多功能块中的寄存器。输出共享阵列(OSA)增加了每个多功能块与 I/O 连接的数目。器件有 4 个全局时钟引脚,GCLCK0,GCLCK1,GCLCK2,GCLCK3。另外还有 2 个系统时钟锁相环(sysCLOCK),用于对时钟信号进行综合和对时钟的扭曲进行控制。能为高速设计提供精确的时序控制。设计者可以借助锁相环中的时钟倍频和分频功能,产生复杂的时钟波形,并通过 sysCLOCK 控制下的时钟移位来调整建起时间、保持时间以及时钟至输出的延时。

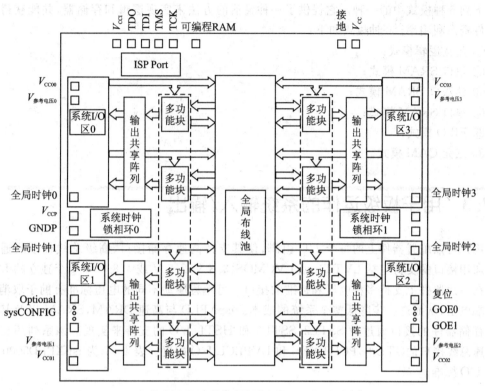

图 4-39 ispXPLD5000MX 内部结构

4.7.2 多功能块

结构整齐的 ispXPLD 由许多相同的多功能块组成,这些多功能块通过单级的高速可编程全局布线池互相连接,全局布线池还将多功能块与 I/O 单元连接了起来。ispXPLD5000MX 系列中的每种器件上集成了 8~32 个多功能块,每个多功能块可独立编程,分别实现 32 个宏单元的超宽(Super-WIDE)逻辑、8 Kbit 的双口随机存储器(RAM)、16 Kbit 的单口 RAM 或先入先出堆栈(FIFO)、或 128 个 48 bit 的按内容寻址的存储器(Content Addressable Memory)。芯片内含专用的 FIFO 控制逻辑,因此在提供这些存储控制功能时并不消耗可编程资源。基本的逻辑块配置在单级逻辑中,支持 68 个逻辑输入,但是级联的多功能块可支持多达 136 个输入的功能而不增加逻辑延时,进一步加宽了逻辑结构。图 4-40 为多功能块的方框图。

在 ispXPLD5000 中的每个多功能块都可以配

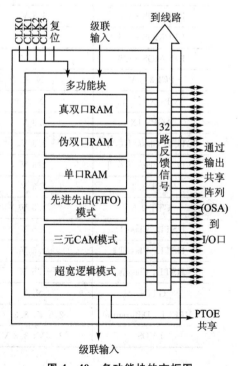

图 4-40 多功能块的方框图

置成下列6种模式中的一种。它提供了一种灵活的方法来实现逻辑和存储器,并能获得最大的器件资源利用率。6种模式如下:

① 超宽逻辑模式;
② 双口 SRAM 模式;
③ 伪双口 SRAM 模式;
④ 单口 SRAM 模式;
⑤ FIFO 模式;
⑥ 三元 CAM 模式。

4.7.3 用于板级运作的系统输入/输出

用户可以配置器件上的每个I/O引脚,使其支持高速存储接口、高级总线标准或通用接口。通用接口的支持包括LVTTL或LVCMOS(3.3 V,2.5 V或1.8 V)。4个独立的I/O组块能在一片器件上支持多种电压和标准的接口。可编程驱动不同的电压标准有助于取消一系列终端电阻,从而进一步降低整个系统的成本。ispXPLD与高速DRAM,SRAM以及其他高性能存储器件的接口通过对SSTL2,SSTL3和HSTL I/O的支持来实现。该系列还支持用于高速总线接口的GTL+,PCI,LVDS和LVPECL I/O配置。表4-7为ispXPLD5000所支持的I/O标准。

表 4-7 ispXPLD5000 所支持的 I/O 标准

sysI/O 标准	标称 V_{CCO}	标称 V_{REF}	标称 V_{TT}
LVTTL	3.3 V	N/A	N/A
LVCMOS-3.3	3.3 V	N/A	N/A
LVCMOS-2.5	2.5 V	N/A	N/A
LVCMOS-1.8	1.8 V	N/A	N/A
PCI 3.3 V	N/A	N/A	N/A
PCI-X 3.3 V	N/A	N/A	N/A
AGP-1X	3.3 V	N/A	N/A
SSTL3, Class I & II	3.3 V	1.5 V	1.5 V
SSTL2, Class I & II	2.5 V	1.25 V	1.25 V
CTT 3.3	3.3 V	1.5 V	1.5 V
CTT 2.5	2.5 V	1.25 V	1.25 V
HSTL, Class I	1.5 V	0.75 V	0.75 V
HSTL, Class III	1.5 V	0.9 V	0.75 V
HSTL, Class IV	1.5 V	0.9 V	0.75 V
GTL+	N/A	1.0 V	1.5 V
LVPECL, Differential	2.5 V, 3.3 V	N/A	N/A
LVDS	2.5 V, 3.3 V	N/A	N/A

ispXPLD 的突破性结构是器件结构和编程技术的结合,它跨越了传统可编程逻辑领域的分界线。它将 CPLD 的速度、可预测性、非易失性和 FPGA 的系统级特性、密度和可重构能力集于一身。电子系统设计者将不必保此弃彼。集系统级功能、存储和逻辑于一身的 ispXPLD 器件能够实现先前只能通过 FPGA 或 ASIC 才能实现的主流系统功能。其潜在的应用领域包括高性能的总线桥、智能底板接口和协议处理器等。

4.8 在系统可编程通用数字开关 ispGDS 和互连器件 ispGDX/V

4.8.1 通用数字开关器件 GDS

ispGDS 系列实际是 ISP 技术与开关矩阵有机结合的产物,它具有一种独特的功能。这就是在不拨动机械开关或不改变系统硬件的情况下,快速地设置和改变印刷电路板的连接开关。它为设计者提供了独特的系统灵活性,常常和 ispLSI 器件配合,使系统硬件通过软件控制变得更加灵活。

1. GDS 结构

GDS 的开关矩阵具有若干个输入/输出端口,分为行、列(A,B)两组,开关矩阵和 I/O 单元都可编程。通过对这两者的编程,可以将任意一个端口与另一个端口连接(正向和反向),也可以直接将某一个端口设为高电平或低电平。图 4-41 表示 ispGDS22 的原理图,它由 22 个互连端口,分为两组(11 行和 11 列),构成一个可编程的开关矩阵。矩阵的每一个交点都可以通过编程而接通,因而 A 组的 11 个 I/O 端口和 B 组的 11 个 I/O 端口之间可以任意相互连接。这是 GDS 的主体。

每个 GDS 互连端口都有一个 I/O 端口。由 I/O 端的单元结构(见图 4-42)可以看出它们各自相当于一个单刀 4 掷的开关,可以依靠对 C1,C2 的编程将高电平(V_{cc})、低电平(GND)以及由矩阵送来的信号(以同相或反相的形式)接到 I/O 端,所以每个 I/O 端除了能与另一组的 I/O 端相连外,还可以加上某个固定的逻辑电平。而 C0 则用来控制信号的流向,当 C0=0 时,该 I/O 单元作为 GDS 的输出端,实现上述功能;当 C0=1 时,I/O 单元作为输入端使用。这样,每个 I/O 单元共有 5 种组态,如图 4-43 所示。

2. GDS 编译软件

GDS 编译软件是在 DOS 环境下运行的,包含两个可执行文件 GDSASM.EXE 和 PRE-

第4篇 FPGA/CPLD 常用芯片结构及特点

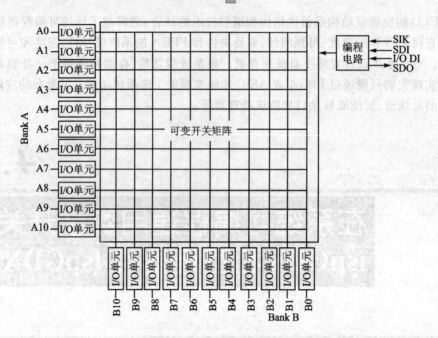

图 4-41 ispGDS22 原理图

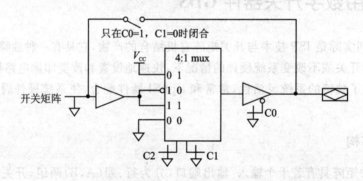

图 4-42 I/O 端的单元结构

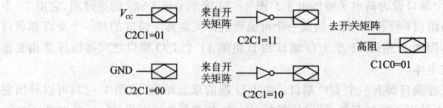

图 4-43 I/O 单元的 5 种阻态

GASM.Exe，还有一个批处理文件 GASM.Bat。

ispGDS 编译方法：

① 建立 GDS 设计文件 .GDS。

● GDS 文件为 ASC Ⅱ 文本文件，可用任意文本编辑器进行编辑。

● GDS 文件的格式为

　　Title='文件标题'

```
DEVICE=器件型号
引脚号 A=引脚号 B
⋮
```

其中,文件标题是一个任意的字符串,仅作说明之用。

器件型号为 ispGDS 器件,不能表明其他 isp 器件。引脚 A 和引脚 B 为一对内部连接的引脚,若某一引脚要接高电平或低电平,只需等号的右边标 V_{CC}(或 GND),每个引脚只能出现一次。

例:(八进制加法器的 GDS 设计)

```
TITLE"八进制加法器"
DEVICE=ISPGDS14
PIN19=PIN10
PIN20=L
PIN1=H
PIN2=L
```

② 在 DOS 状态下,运行 GDS 编译命令 GASM 对 .GDS 文件进行编译,生成熔丝图文件 *.jed。即

$$*.Gds \xrightarrow{gasm^*} *.Jed$$

也就是说,在上述建立了后缀为 GDS 的文件(*.Gds)后,在 DOS 环境下,输入文件名*(注意:源文件名不要带后缀)即可完成编译。编译完成后生成两个文件,一个是 JEDEC 文件(*.Jed)、一个是文本文件(*.Doc)。

③ 用任何一种 ispDOWNLOAD 工具软件进行器件编程,将所有的 *.jed 文件写入 ispGDS 器件中。

3. ispGDS 系列器件及性能

ispGDS 系列器件理想地解决了系统器件的重组。由于它的传输延时达 7.5 ns,所以解决了高速信号布线的应用。ispGDS 作为数字开关比其他开关具有更高的可靠性,体现了 EECMOS 技术本质,提供了 100 %的测试性。目前有 3 种器件:ispGDS22,ispGDS18 和 ispGDS14。它们的不同之处是 I/O 单元的数目不同。表 4-8 列出了这 3 种器件的性能参数。

表 4-8 ispGDS 器件的性能参数

型 号	ispGDS14	ispGDS18	ispGDS22
开关矩阵尺寸	7×7	9×9	11×11
I/O 引脚数	14	18	22
传输延时 t_{pd}/ns	7.5	7.5	7.5
静态电流 I_{sd}/mA	25	25	25
工作电流 I_{CC}/mA	40	40	40
封装形式	20-Pin DIP	24-Pin DIP	28-Pin DIP
	20-Pin PLCC	28-Pin PLCC	28-Pin PLCC

4.8.2 在系统数字互连器件 ispGDX,ispGDXV

ispGDX 是用于信号走线和互连的 PLD 器件。它把在系统可编程能力带到了印刷电路板(PCB)上,在印刷电路板上提供灵活和有效的信号走线,即方便地修改硬件的连接,使总线互连器件集成化,使印刷电路板也具有"可编程"的能力,ispGDX 用于重构电路的互连关系。

ispGDX 能支持高速应用。信号从输入到输出最大的延时为 5 ns,最高工作频率可达 111 MHz。此外,它又具有低功耗和低噪声的特点,从而增加了系统的可靠性。

ispGDXV 是属于低电压的 GDX 器件,它的供电电压只有 3.3 V,其他的功能与 GDX 器件一样。

1. 结 构

ispGDX I/O 单元的结构图如图 4-44 所示。

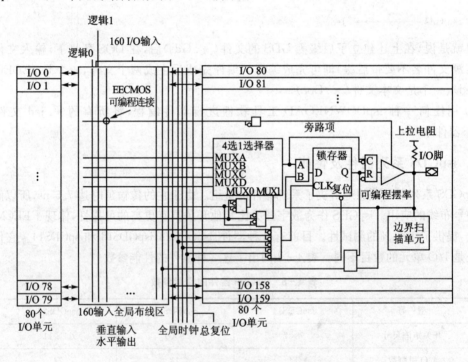

图 4-44 ispGDX I/O 单元结构图

由图 4-44 可知,ispGDX 中一个 I/O 单元的功能块包括:全局布线区 GRP,4:1 高速 4 选 1 数据选择器,可编程的寄存器/锁存器/组合电路。I/O 缓存三态或漏极开路电路,支持边界扫描测试(IEEE 1149.1)。

符合 ISP 方式和 JTAG 方式的编程。通过在系统编程,ispGDX 器件的每个 I/O 引脚输出固定的高电平或低电平,用以模拟 PCB 上的双列直插开关和跳线器。

2. ispGDX 系列器件

ispGDX 系列有 4 个产品:ispGDX64,ispGDX80,ispGDX120 和 ispGDX160。它们分别拥有 64,80,120 和 160 个通用输入/输出单元。表 4-9 列出了 ispGDX 器件性能。

表 4-9 ispGDX 器件性能

类 别	ispGDX64	ispGDX80	ispGDX120	ispGDX160	注 释
I/O 数	64	80	120	160	在系统可编程的信号走线和互连器件系列
频率 f_{max}/MHz	111	111	111	111	大量的 I/O:64~160 脚
时间 t_{pd}/ns	5	5	5	5	5 ns 引脚至引脚和时钟至输出时间
I/O 单元数	64	80	120	160	PCI 驱动兼容
寄存器	64	80	120	160	
引脚/封装	84-PLCC	100-TQFP	176-TQFP	208-PQFP	ispJTAG 和边界扫描测试
利用率	2H97	2H97	2H97	3Q97	

3. 应用领域

(1) PRSI

ispGDX 系列首先可以应用于可编程随机信号互连 PRSI(Programmable Random Signal Interconncet)场合。PRSI 是指在众多芯片之间进行互连,它提供了 PCB 级的静态引脚连接。ispGDX 的可编程特性允许通过再编程来实现多种硬件配置。

I/O 引脚之间的内部互连是通过 EECMOS 工艺的 GRP(全局布线池)实现的,一旦器件编程完毕,任意输入引脚都以静态方式与任意输出引脚相连。比如一片 ispGDX160 可构成 80×80 的静态交叉矩阵,通过数秒时间的编程就可完成在系统的重构。

(2) PDP

ispGDX 的另一种应用是可编程数据通道 PDP(Progammable Data Path)。利用 ispGDX 器件能实现诸如数据接收器、多路选择器、寄存器、锁存器以及动态信号通路切换等系统数据通路功能。单片的 ispGDX 器件代替多片的通用接口电路器件,如 TTL273,TTL373,TTL244,TTL245 等器件。

由于用一种 ispGDX 器件可以根据需要定制成多种通用器件,因此使用 ispGDX 器件可以减少器件库存。此外,由多片 TTL 器件实现的接口电路可在一片 ispGDX 中实现,因此采用 ispGDX 器件可大大缩小 PCB 面积,缩短系统开发时间,从而降低整个系统的成本。

(3) PSR

ispGDX 的每个通用 I/O 引脚均可通过在系统编程使之输出固定的高或低电平。因此它可方便地实现可编程开关替换 PSR(Programmable Switch Replacement)功能,用来代替通用的双列直插开关和跳线器。利用在系统可编程技术在任何时候都可以轻松修改器件配置以模仿开关或跳线的功能。

除以上 3 种场合外,ispGDX 在其他一些地方也被广泛地采用:24 mA 的总线驱动能力使得 ispGDX 可被用于总线驱动和收发器;输出特性与 PCI 标准兼容,使得用 ispGDX 器件加上 ispLSI 器件可实现多种类型的 PCI 控制器。

4.9 在系统可编程模拟器件的原理

4.9.1 PAC 块的传递函数

无论多么复杂的数字系统都是由基本门电路、触发器来实现的。在系统可编程数字器件中,通用逻辑块 GLB 是由基本门、触发器组成的,电路设计方案放置在若干个 GLB 中构成了数字电子系统。同样,在系统可编程模拟器件中也有基本单元,用以组成各种模拟电路。这个基本单元电路称为 PAC 块,其模型如图 4-45 所示。

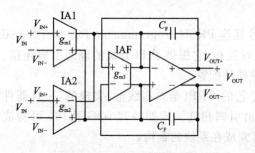

图 4-45 PAC 块内部结构

这个 PAC 块分成 2 个部分:
① 3 个仪表放大器(PACcell);
② 1 个运算放大器。

对于仪表放大器来说,其中 2 个用在输入,另一个用做反馈。这 3 个放大器都接在运算放大器的输入端。这些仪表放大器都是差分输入、差分输出的形式,它把输入电压转化成输出电流,即压控电流源,如图 4-46 所示。像这样的放大器有时也称为运算跨导放大器 OTA(Operational Transconductance Amplify)。当差分输入电压加在 IA 上时,它会输出与输入信号成比例的电流。采用差分输入,对于幅度相等、相位相同的共模信号,在 IA 中会相互抵消。而相当一部分噪声和干扰就是以这种共模信号的形式出现的,所以这种结构可以提高信噪比。PAC 块的输出也是差分输出,它有短路保护措施,可以驱动低到 300 Ω 的纯阻抗负载或高达 1 000 pF 的容性负载;但作为参考电压输出时,不能使之短路。它的输出共模电压与输入共模电压无关,取决于内部参考电压,如图 4-47 所示。由于器件是用 5 V 单电源供电,参考电压使输出信号的中点设置在 2.5 V,即信号的动态范围在 2.5 V 上下变化。

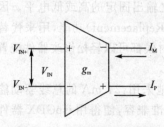

图 4-46 运算跨导放大器

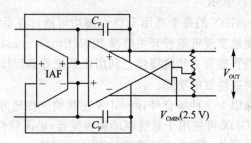

图 4-47 PAC 块差分输出结构

运算跨导放大器的传递函数为

$$I_P = -g_m \times V_{IN} \quad (4-1)$$

$$I_M = g_M \times V_{IN} \quad (4-2)$$

对照图 4-45,假设 IA2 端无信号输入,只有 IA1 端有信号输入,在运算放大器的反向端和同相端运用基尔霍夫电流定律,可得下式:

$$-V_{IN}g_{M1} + V_{OUT}g_{M3} + (V_{OUT+} - V_-)SC_F = 0 \quad (4-3)$$

$$V_{IN}g_{M1} - V_{OUT}g_{M3} + (V_{OUT-} - V_+)SC_F = 0 \quad (4-4)$$

由于运算放大器的正反向输入端电压相等,即 $V_+ = V_-$,上面两式合并成

$$-V_{IN}g_{M1} + V_{OUT}g_{M3} + (V_{OUT+} - V_-)SC_F = V_{IN}g_{M1} - V_{OUT}g_{M3} + (V_{OUT+} - V_+)SC_F \quad (4-5)$$

又由于差分输出电压 $V_{OUT} = V_+ - V_-$,式(4-5)可写成

$$\frac{V_{OUT}}{V_{IN}} = \frac{g_{m1}}{g_{m3} + \frac{SC_F}{2}} \quad (4-6)$$

上式是在 IA2 端无信号输入,只有 IA1 端有信号输入的条件下推出的 PAC 块传递函数。当 IA2 端也有信号时,可推导出传递函数为

$$V_{OUT} = \frac{g_{m1}V_{IN1} + g_{m2}V_{IN2}}{g_{m3} + \frac{SC_F}{2}} \quad (4-7)$$

令 $g_{m1} = k_1 g_m, g_{m2} = k_2 g_m, g_{m3} = g_m$,则式(4-7)又可写成

$$V_{OUT} = \frac{k_1 g_m V_{IN1} + k_2 g_m V_{IN2}}{g_m + \frac{SC_F}{2}} \quad (4-8)$$

从上式可以看到,改变 k_1, k_2 的值可进行增益控制。如果把上式稍作整理,即可看出这是一个有损积分电路。

$$V_{OUT} = \frac{k_1 V_{IN1} + k_2 V_{IN2}}{1 + \frac{SC_F}{2g_m}} \quad (4-9)$$

此时反馈网络是闭合的,如果反馈网络开路,即 $g_{m3} = 0$,则上式成为积分电路,传递函数如下:

$$V_{OUT} = \frac{k_1 V_{IN1} + k_2 V_{IN2}}{\frac{SC_F}{2g_m}} \quad (4-10)$$

从式(4-8)、式(4-9)、式(4-10)可以看到:用一个 PAC 块可构成求和、求差、反向器、有损积分电路、积分电路。

实际的 PAC 块等效电路如图 4-48 所示。电路的输入阻抗为 10^9 Ω,共模抑制比为 69 dB,增益调整范围为 -10~+10。采用一定的方法可配置成各种增益。输出放大器中的电容 C_F 有 128 种值可供选择。反馈电阻 R_F 可以断开或连通。器件中的基本单元电路通过模拟布线来互连,以便实现各种电路的组合。

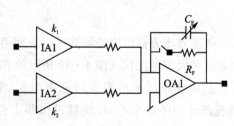

图 4-48 ispPAC 中的 PAC 块

4.9.2 用两个 PAC 块设计滤波器

前面谈到用一个 PAC 块可构成各种模拟电路。如果把两个 PAC 块级联起来,又可构成双二阶有源滤波器。

在一个实际的电子系统中,它的输入信号往往受干扰等原因而含有一些不必要的成分,应当把其衰减到足够小的程度。在另一些场合,如果需要的信号和别的信号混在一起,应当设法把前者挑选出来。为了解决上述问题,可采用有源滤波器。

这里主要叙述如何用在系统可编程模拟器件实现滤波器。通常用三个运算放大器可以实现双二阶型函数的电路。双二阶型函数能实现所有的滤波器函数:低通、高通、带通、带阻。双二阶函数的表达式如下:

$$T(s) = K \frac{ms^2 + cs + d}{ns^2 + ps + b}$$

式中,$m=1$ 或 0,$n=1$ 或 0。这种电路的灵敏度相当低,电路容易调整。另一个显著特点是只需要附加少量的元件就能实现各种滤波器函数。首先讨论低通函数的实现,低通滤波器的转移函数如下:

$$T_{lp}(s) = V_{OUT}/V_{IN} = \frac{-d}{s^2 + ps + b}$$

$$(s^2 + ps + b)V_O = -dV_{IN}$$

$$V_{OUT} = -\frac{b}{s(s+p)}V_O - \frac{d}{s(s+p)}V_{IN}$$

含 $b = K_1 K_2$,则上式又可写成如下形式:

$$V_{OUT} = (-1)\left(-\frac{K_1}{s}\right)\left[\left(-\frac{K_2}{s+p}\right)V_O + \left(-\frac{d/K_1}{s+p}\right)V_{IN}\right]$$

最后一个等式的方框图如图 4-49 所示。

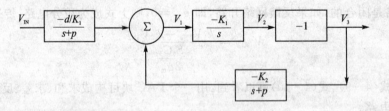

图 4-49 方框图

不难看出方框图中的函数可以分别用反向器电路、积分电路、有损积分电路来实现。把各个运算放大器电路代入图 4-49 所示的方框图中即可得到图 4-50 所示的电路。

然而现在已不再需要用精密电阻、电容、运放搭电路和调试电路了。利用在系统可编程器件中的两个 PAC 块就可以很方便地实现此电路。PAC 块能够实现方框图中的每一个功能块。PAC 块可以对两个信号进行求和或求差,K 为可编程增益,电路中把 k_{11},

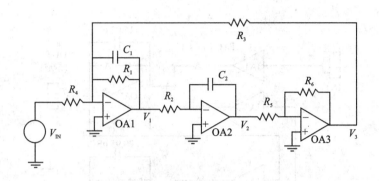

图 4-50 三运放组成的双二阶型滤波器

k_{12},k_{22}设置成+1,把 k_{21} 设置成-1。因此三运放的双二阶型函数的电路用两个 PAC 块就可以实现。在开发软件中使用原理图输入方式,把两个 PAC 块连接起来,电路如图 4-51 所示。

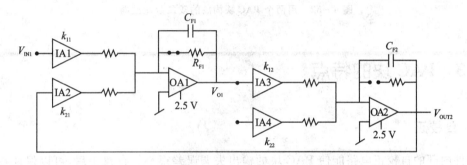

图 4-51 用 ispPAC10 构成的双二阶滤波器

电路中的 C_F 是反馈电容值。R_e 是输入运放的等效电阻,其值为 250 kΩ。两个 PAC 块的输出分别为 V_{O1} 和 V_{O2}。可以分别得到两个表达式,第一个表达式为带通函数,第二个表达式为低通函数。

$$T_{bp(s)} = \frac{V_{OUT1}}{V_{IN1}} = \frac{\dfrac{-k_{11}s}{C_{F1}R_e}}{s^2 + \dfrac{s}{C_{F1}R_e} - \dfrac{k_{12}k_{21}}{(C_{F1}R_e)(C_{F2}R_e)}}$$

$$T_{lp(s)} = \frac{V_{OUT2}}{V_{IN1}} = \frac{\dfrac{k_{11}k_{12}}{(C_{F1}R_e)(C_{F2}R_e)}}{s^2 + \dfrac{s}{C_{F1}R_e} - \dfrac{k_{12}k_{21}}{(C_{F1}R_e)(C_{F2}R_e)}}$$

根据上面给出的方程便可以进行滤波器设计了。在系统可编程模拟电路的开发软件 PAC-Designer 中含有一个宏,专门用于滤波器的设计,只要输入 f_0,Q 等参数,即可自动产生双二阶滤波器电路,设置增益和相应的电容值。开发软件中还有一个模拟器,用于模拟滤波器的幅频和相频特性。图 4-52 为一个实际的电路。

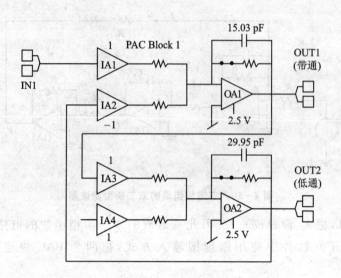

图 4-52 用两个 PAC 块构成的双二阶滤波器

4.9.3 PAC 块的特点

1. 自校正

器件内部的自校正电路能使 PAC 块的输出失调误差很小。自校正后,可以保证在 PAC 块的增益为 1 时,输出失调误差小于 1 mV(典型值为 200 μV)。而且由于 ispPAC 的独特结构,折合到输入端的失调误差不会随着增益的增大而增大,相反会随着增益的增大而减小。当 PAC 块的增益为 10 时,折合到输入端的失调误差不会大于 100 μV,即 PAC 块的输出失调误差不会大于 1 mV。

2. 带宽调整

OA PAC Cell 的带宽在产品制造过程中,通过调整放大器的反馈电容以优化阶跃响应来完成。调整后的阶跃响应与超调最小的临界阻尼系统的阶跃响应类似。保证额定带宽的小反馈电容总是存在的,当以增益 1($G=1$)组态时,限制 OA PAC Cell 的小信号带宽为 600 kHz 左右。请不要将此与运放的增益带宽积混为一谈,输出放大器 PAC Cell 的增益带宽积约为 5 MHz。值得注意的是,在 PAC 块增益较高时,各个输出放大器的固定增益配置本质上是相同的,不会使信号带宽减小。由于每个 PAC 块的增益是通过改变放大器的 g_m 而设置的,故以传统的电压反馈放大器组态时,带宽不会直接与增益成比例地减少。具体地说,随着 PAC 块增益由 $G=1$ 变到 $G=10$,小信号带宽仅按因子 2 减少,不会以 10 减少。这是 PAC 块结构的重要优点。

4.9.4 差分输出、差分输入电路的优越性

图 4-53 是把标准运算放大器单端输入电路与在系统可编程模拟电路的差分输入作的比较。从差分输入来看,差分输入抑制了共模干扰,包括地线噪声。电路的平衡特性减小了非线性和失真。由于输入的是平衡信号,故减小了电磁干扰(EMI)和磁耦合。

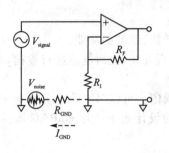 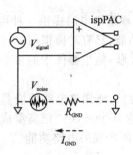

图 4-53　输入电路比较

对于单端输入电路,V_{signal} 和 V_{noise} 均被放大,实际的增益是 $1+R_F/(R_1+R_{GND})$,引入了误差;R_{GND} 上的电压与输入信号相串联,也被放大,因此在输出端引起了附加的噪声。对于在系统可编程模拟电路的差分输入电路来说,V_{noise} 是共模信号,受到抑制;在系统可编程模拟器件中,增益是内部设置的,不会受到 R_{GND} 的影响;R_{GND} 端信号亦是共模信号。

电源变压器、线圈、CRT 均会对电子线路产生电磁干扰,很多情况下必须花大量时间和精力查找受到电磁干扰的电路环路。这些环路由电路板上安放的器件的物理布局所形成。典型的标准运算放大器通常有 3 个感应环路,如图 4-54 所示。电磁耦合变化通常与环路的面积和通过此环路的磁力线有关。减小磁干扰最有效的办法是尽可能缩小环路的面积或调整环路的方向,使之与磁场的方向平行。对于在系统可编程器件来说,反馈与输入电阻均在器件内部,这样 Loop2 和 Loop3 的面积近似为 0。差分输入端是非常靠近的,因此输入环路的面积很小。

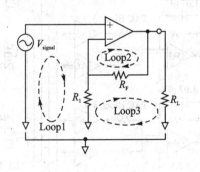 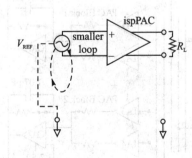

图 4-54　抗干扰性能比较

4.10 各种在系统可编程模拟器件的结构

在系统可编程模拟电路提供 3 种可编程性能。
① 可编程功能:具有对模拟信号进行放大、转换、滤波的功能。
② 可编程互联:能把器件中的多个功能块进行互联,能对电路进行重构,具有百分之百的电路布通率。
③ 可编程特性:能调整电路的增益、带宽和阈值。可以对电路板上的 ispPAC 器件反复编程,编程次数可达 10 000 次。把高集成度,精确的设计集于一片 ispPAC 器件中,取代了由许多独立标准器件所实现的电路功能。

4.10.1 ispPAC10

图 4-55 ispPAC10 内部结构框图

ispPAC10 器件的结构由 4 个基本单元电路即配置存储器、模拟布线池、参考电压和 PAC 块单元组成。其中内部结构框图如图 4-55 所示,内部电路如图 4-56 所示。器件用 5 V 单电源供电。基本单元电路即为 PAC 块。器件中的基本单元可以通过模拟布线池(analog routing pool)实现互联,以便实现各种电路的组合。

每个 PAC 块都可以独立地构成电路,也可以采用级联的方式构成电路以实现复杂的模拟电路功能。图 4-57 表示了

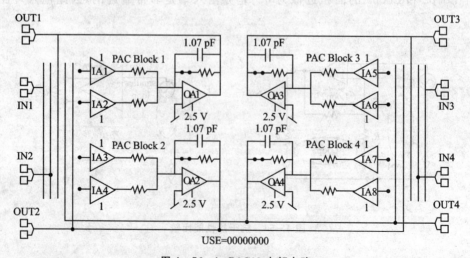

图 4-56 ispPAC10 内部电路

两种不同的连接方法。图4-57(a)表示各个PAC块作为独立的电路工作,图4-57(b)为4个PAC块级联构成一个复杂的电路。利用基本单元电路的组合可对模拟信号进行放大、求和、积分、滤波,可以构成低通双二阶有源滤波器和无源梯形滤波器,且无需在器件外部连接电阻、电容元件。

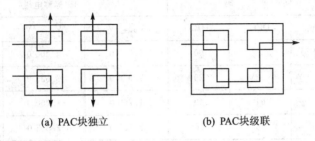

图4-57 ispPAC10中不同的使用形式

4.10.2 ispPAC20

ispPAC20器件由两个基本单元电路PAC块、两个比较器、一个8位的D/A转换器、配置存储器、参考电压、自动校正单元和ISP接口所组成。其内部结构框图如图4-58所示,内部电路如图4-59所示。

1. DAC PAC Cell

这是一个8位电压输出的DAC。接口方式可自由选择为8位的并行方式、串行JTAG寻址方式和串行SPI寻址方式。在串行方式中,数据总长度为8位,D0处于数据

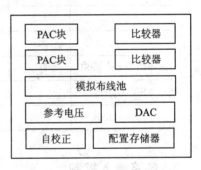

图4-58 ispPAC20内部框图

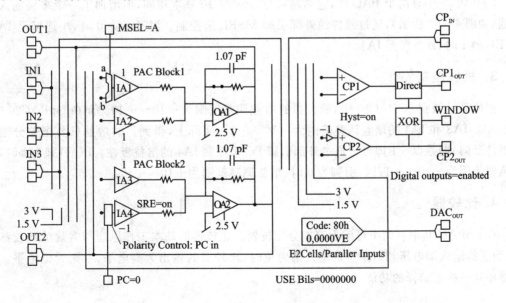

图4-59 ispPAC20内部电路

第4篇 FPGA/CPLD 常用芯片结构及特点

流的首位,D7 为最末位。DAC 的输出是完全差分形式,可以与器件内部的比较器或仪表放大器相连,也可以直接输出。无论采用串行还是并行的方式,DAC 的编码均如表 4-10 所列。

表 4-10 DAC 输出对应输入的编码

类别	码		标称电压		
	DEC	HEX	V_{out+}/V	V_{out-}/V	$V_{out}(V_{diff})/V$
−Full Scale(−FS)	0	00	1.000 0	4.000 0	−3.000 0
	32	20	1.375 0	3.625 0	−2.250 0
	64	40	1.750 0	3.250 0	−1.500 0
	96	60	2.125 0	2.875 0	−0.750 0
MS−1LSB	127	7F	2.488 3	2.511 7	−0.023 4
Mid Scale(MS)	128	80	2.500 0	2.500 0	0.000 0
MS+1LSS	129	81	2.511 7	2.488 3	0.022 4
	160	A0	2.875 0	2.125 0	0.750 0
	192	C0	3.250 0	1.750 0	1.500 0
	224	E0	3.625 0	1.375 0	2.250 0
+Full Scale(+FS)	255	FF	3.988 3	1.011 7	2.976 6
LSB Step Size			+0.011 7	−0.011 7	0.023 4
+FS+1LSB			4.000 0	1.000 0	3.000 0

2. 多路输入控制

ispPAC20 中有两个 PAC 块,它的结构与 ispPAC10 基本相同,但增加了一个多路输入控制端(如图 4-60 所示),通过器件的外部引脚 MSEL 来控制。MSEL 为 0 时,A 连接至 IA1;MSEL 为 1 时,B 连接至 IA1。

3. 极性控制

前面已经谈到 ispPAC10 中,放大器的增益调整范围为 −10～+10。而在 ispPAC20 中,IA1,IA2,IA3 和 IA4 的增益调整范围为 −10～−1。实际上,得到正的增益只要把差分输入的极性反向,即乘以 −1 即可。通过外部引脚 PC 来控制 IA4 的增益极性。PC 引脚为 1 时,增益调整范围为 −10～−1;PC 引脚为 0 时,增益调整范围为 +10～+1。

4. 比较器

在 ispPAC20 中有两个可编程双差分比较器。比较器的基本工作原理与常规的比较器相同,当正的输入端电压相对于负的输入端为正时,比较器的输出为高电平,否则为低电平。比较器还有一些可选择的功能。

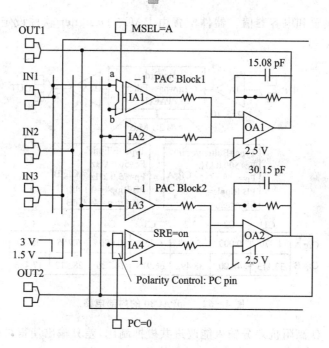

图 4-60 ispPAC20 中的 PAC 块

4.10.3 ispPAC80

ispPAC80 可实现五阶、连续时间的低通模拟滤波器,无需外部元件或时钟。在 PAC-Designer 设计软件中的集成滤波器数据库提供数千个模拟滤波器,频率范围从 50~750 kHz,可对任意一个五阶低通滤波器执行仿真和编程。滤波器类型为高斯(Gaussian)、贝塞尔(Bessel)、巴特沃斯(Butterworth)、勒让德(Legendre)。其中有 2 个线性相位等纹波延迟误差滤波器(Linear Phase Equiripple Delay Errorfilter)、3 个切比雪夫(Chebyshev)滤波器、12 个有不同脉动系数的椭圆(elliptic)滤波器。用户只要具备滤波器技术指标的知识,例如通带频率、转折频率、群延时等,根据所要设计的目标滤波器,从数据库里挑出与目标滤波器技术指标接近的组态方案,将其复制到电路图界面中的组态存储器 EECMOS CfgA 或 EECMOS CfgB 中去,就可实现滤波器。

ispPAC80 内部结构和引脚如图 4-61 所示,其内部电路如图 4-62 所示。isp-PAC80 内含一个增益 1,2,5 或 10 可选的差分输入仪表放大器(IA)和一个多放大器差分滤波器 PAC 块,此 PAC 块包括一个差分输出求和放大器(OA)。通过片内非易失 EEC-

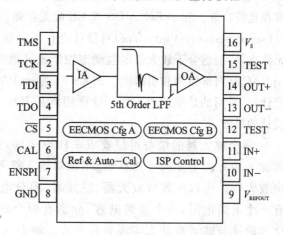

图 4-61 ispPAC80 内部结构及引脚

MOS可配置增益设置和电容器值。器件配置由 PAC-Designer 软件设定，经由 JTAG 下载电缆下载到 ispPAC80。

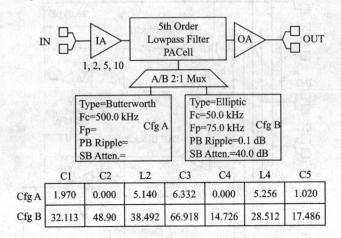

图 4-62 ispPAC80 的内部电路

器件的 1×10^9 Ω 高阻抗差分输入能改进共模抑制比，差分输出使得可以在滤波器之后使用高质量的电路。差分补偿和共模补偿都被修整成小于 1 mV。规定差分电阻负载最小为 300 Ω，差分电容负载 100 pF。这些数值适用于在此频率范围内的多数应用场合。

4.10.4 ispPAC30

1. 器件结构与特性

ispPAC30 提供可编程、多个单端、差分输入方式，能设置精确的增益，具有补偿、调整、滤波和比较功能。除了 EECMOS 或 EE 配置存储器外，它最主要的特性是能够通过串行外围接口(serial peripheral interface)对器件进行实时动态重构。设计者可以改变和重构 ispPAC30 无数次，特别适合于放大器增益动态控制或其他需要动态改变电路参数的应用。图 4-63 是 ispPAC30 内部结构和引脚图。图 4-64 为 ispPAC30 内部模拟电路原理图。对 ispPAC 进行设计时，采用的是原理图方法。这张图就是 PAC-Designer 开发软件中所用的对 ispPAC30 设计的界面。

每个放大器的增益可设置成 +10～-10，步长为 1。在输入仪表放大器 IA1 和 IA4 的输入端有两个 2 选 1 选择器，用来对输入信号进行选择。另外有两个可配置满摆幅输出放大器。可以配置成放大器、滤波器、积分电路和比较器模式。在输出放大器的上端有一个反馈电阻，一个反馈电容，分别有两个连接点。通过控制输出放大器上端两对连接点的接通或者断开来实现各种模式。输出放大器的增益带宽积>15 MHz。器件内有两个 8 位 MDAC、两个内部参考电压。图 4-64 中的竖线为模拟布线池，通过它可以把器件内部的功能块连接起来，组成各种形式和性能的模拟电路。下面对各种单元的功能进行介绍。

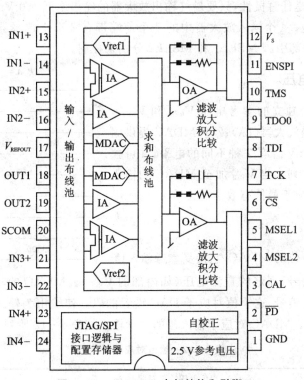

图 4-63 ispPAC30 内部结构和引脚

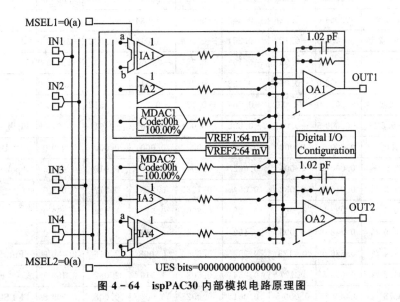

图 4-64 ispPAC30 内部模拟电路原理图

2. 输入单元

任何输入引脚都可连接至 4 个输入仪表放大器(IA)、2 个 2 选 1 选择器或者 MDAC。输出放大器可以连接至所有输入单元。因此,ispPAC30 具有很大的灵活性,能方便地构成信号求和、级联增益块和复杂反馈电路。直接接至输入引脚的输入信号范围为 0~2.8 V。使用差分输入时,信号可以是任意极性,只要最终输出放大器的输出不低于 0 V 即可。采用单端输入时,把引脚 V_{in}-接地。4 个输入放大器中的 2 个前端带有 2 选 1 选择器。输入放大器 IA1,IA4 的输入通道由外部引脚 MSEL1 和 MSEL2 分别来控制。

3. 内部参考电压

器件中含有 2 个独立的参考电压 V_{REF1} 和 V_{REF2},用以向 4 个输入仪表放大器(IA)、2 个 MDAC 提供固定的参考电压。每个 V_{REF} 有 7 种不同的电平,并可独立地编程。表 4-11 列出当 V_{REF} 加至 MDAC 的输入时,二进制加权值对应于最低有效位的关系。

表 4-11 V_{REF} 参数

V_{REF}/V	MDAC LSB/mV
0.064	0.5
0.128	1.0
0.256	2.0
0.512	4.0
1.024	8.0
2.048	16.0
2.500	19.5

4. MDAC

器件中有 2 个 8 位的 MDAC,它接受参考输入信号:外部信号、内部信号、固定的直流电压(如内部的 V_{REF})。MDAC 的功能是用一个值乘以(实际上是衰减)输入信号,这个值对应于 DAC 设置的码。使输出为输入信号的 100 % 降至 1 LSB(最低有效位)。MDAC 对应于输入码的精确输出如表 4-12 所列。

表 4-12 输出对应输入编码

码		MDAC 电压输出对照 V_{REF}							输 入
DEC	HEX	0.064 0	0.128	0.256	0.512	1.024	2.048	2.500 0	
0	00	-100.0 %	-0.064 0	-0.128	-0.256	-0.512	-1.024	-2.048	-2.500 0	Full Scale
1	01	-99.2 %	-0.063 5	-0.127	-0.254	-0.508	-1.016	-2.032	-2.480 5	Full Scale+1 LSB
32	20	-75.0 %	-0.048 0	-0.096	-0.192	-0.384	-0.768	-1.536	-1.875 0	
64	40	-50.0 %	-0.032 0	-0.064	-0.128	-0.256	-0.512	-1.024	-1.250 0	
96	60	-25.0 %	-0.016 0	-0.032	-0.064	-0.128	-0.256	-0.512	-0.625 0	
127	7F	-0.8 %	-0.000 5	-0.001	-0.002	-0.004	-0.008	-0.016	-0.019 5	Bipolar Zero-1 LSB
128	80	0.0 %	0.000 0	0.000	0.000	0.000	0.000	0.000	0.000 0	Biplar Zero
129	81	0.8 %	0.000 5	0.001	0.002	0.004	0.008	0.016	0.019 5	Bipolar Zero+1 LSB
160	A0	25.0 %	0.016 0	0.032	0.064	0.128	0.256	0.512	0.625 0	
192	C0	50.0 %	0.032 0	0.064	0.128	0.256	0.512	1.024	1.250 0	
224	E0	75.0 %	0.048 0	0.096	0.192	0.384	0.768	1.536	1.875 0	
254	FE	98.4 %	0.630 0	0.126	0.252	0.504	1.008	2.016	2.460 9	Full Scale-1 LSB
255	FF	99.2 %	0.063 5	0.127	0.254	0.508	1.016	2.032	2.480 5	Full Scale
m	m	0.78 %	0.000 25	0.000 5	0.001	0.002	0.004	0.008	0.009 8	1 LSB (with sign)
—	—	1.56 %	0.000 50	0.001	0.002	0.004	0.008	0.016	0.019 5	2 LSB (1 LSB no sign)

MDAC 实际上用做外部输入信号的可调衰减器,提供分数增益、精确增益设置能力。它与内部的 V_{REF} 组合起来能提供精密的直流源。例如,输入信号加至输入仪表放大器 IA 和 MDAC,并组合成求和连接。于是输入仪表放大器的 1~10 的增益加上 MDAC 的分数增益就

可形成-11~+11的任何增益,分解度大于0.01。

5. 输出放大器

ispPAC30有两个输出放大器(OA)。放大器的输出范围从0~+5 V。输出放大器的输出端已在器件内部连接至输出引脚。输出可以连接至器件内任意一个输入仪表放大器IA或MDAC的输入。每个OA都可配置成带宽放大器、低通滤波器、积分电路或者比较器。从图4-63中的输出放大器(OA)的上端可以看到有4个黑色的小方块,它们用来控制反馈电容和反馈电阻的接通与断开。使输出放大器的反馈电阻和反馈电容接通或者断开,可以组成不同的电路。

(1) 放大器模式

构成宽带放大器模式时,ispPAC30的输出放大器的反馈电阻接上,反馈电容设置成最小值。

(2) 滤波器模式

构成滤波器模式时,ispPAC30的输出放大器的反馈电阻开路,反馈电容接上。此时反馈电容共有7种不同的值,以便构成低通滤波器的各种截止频率。表4-13列出了这些反馈电容对应滤波器的转折频率。

(3) 积分电路

在此模式,ispPAC30的输出放大器的反馈电阻开路,反馈电容接上。

(4) 比较器

在此模式,ispPAC30的输出放大器的反馈电阻开路,反馈电容开路。

前面谈到ispPAC30最大的特点是编程方式。电路设计方案的下载有两种模式:JTAG模式和SPI模式。微处理机、微控制器、数字信号处理器与器件的串行外设接口(SPI)相连接,用以动态控制和配置ispPAC30。通过设置器件引脚ENSPI的电平就可以使用SPI模式。

表4-13 各种反馈电容对应的滤波器转折频率

反馈电容#	OAI反馈电容值/pF	最小转折频率/kHz	最大转折频率/kHz	频率步长/kHz
1	5.88	63	622	4.86
2	8.68	41	401	3.13
3	13.48	25	250	1.95
4	19.65	17	168	1.31
5	28.81	11	113	0.88
6	43.93	7	74	0.58
7	65.64	5	49	0.38

4.10.5 ispPAC81

ispPAC81内部框图如图4-65所示。与ispPAC80器件极为相似,ispPAC81器件亦是用于实现五阶、连续时间、低通模拟滤波器。所不同的是用ispPAC81可实现更低频率的滤波器,其频率范围从 10~75 kHz。PAC-Designer 1.3 版本的软件支持 ispPAC81 器件,其设计操作与 ispPAC80 器件基本相同。

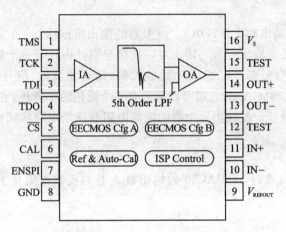

图 4-65 ispPAC81 内部结构及引脚

4.11 ispLSI 系列器件的性能参数

ispLSI(in-system programmable Large Scale Integration)系列器件是 Lattice 公司自 20 世纪 90 年代以来陆续推出的高性能大规模可编程逻辑器件,集成度在 1 000~58 000 门之间,引脚到引脚延时最小可达 3.5 ns,系统工作速度最高可达 200 MHz。ispLSI 具有在系统可编程能力和边界扫描能力,适合在计算机、仪器仪表、通信设备、DSP 系统、雷达和遥测系统中使用。

Lattice 公司生产的 ispLSI 器件目前主要有 6 个系列:ispLSI1000 系列、ispLSI2000 系列、ispLSI3000 系列、ispLSI5000V 系列、ispLSI6000 系列和 ispLSI8000 系列。这 6 个系列的 ispLSI 器件概况如表 4-14 所列。表 4-15 给出了 ispLSI1000 系列的性能参数,表 4-16 分别给出了 ispLSI2000 系列和 ispLSI3000 系列的性能参数。

表 4-14 ispLSI 各系列器件性能参数

系列号	1000	2000	3000	5000V	6000	8000
集成密度/门	2 000~8 000	1 000~6 000	7 000~20 000	12 500~25 000	25 000	25 000~43 750
最高工作频率 f_{max}/MHz	60~125	165~200	90~125	100~125	50~70	110

续表 4-14

系列号	1000	2000	3000	5000V	6000	8000
传输延时 t_{pd}/ns	7.5～20	5～10	7.5～12	7.5～12	15～20	8.5
宏单元数	64～192	160～448	256～512	192	192	480～840
寄存器数	96～288	320～672	384～480	416	416	720～1 152
存储器位数	—	—	—	—	4 608	—
I/O 数	36～110	35～138	160～224	144～389	159	165～329
引脚数/封装形式	44,68,84/PLCC 44,100/TQFP 44,128/PQFP 44,68/JLCC 84,133/CPGA	PLCC/TQFP PQFP CPGA JLCC HQFP	MQFP PQFP BGA CPGA HQlFP	BGA	HQFP	BGA

表 4-15　ispLSI1000 系列性能参数

系列号	1016	1024	1032	1048
集成密度/门	2 000	4 000	6 000	8 000
最高工作频率 f_{max}/MHz	110	90	90	80
传输延时 t_{pd}/ns	10	12	12	15
宏单元数	64	96	128	192
寄存器数	96	144	192	288
I/O 数	36	54	72	106
引脚数/封装形式	44/PLCC 44/TQFP 44/JLCC	68/PLCC 68/JLCC	84/PLCC 100/TQFP 84/CPGA	120/PQFP

表 4-16　ispLSI2000 系列和 ispLSI3000 系列性能参数

系列号	2032	2064	2096	3192	3256	3320
集成密度/门	1 000	2 000	4 000	8 000	11 000	14 000
最高工作频率 f_{max}/MHz	135	135	110	110	80	80
传输延时 t_{pd}/ns	7.5	7.5	10	10	15	15
宏单元数	32	64	96	192	256	320
寄存器数	32	64	96	288	384	480
I/O 数	34	68	102	96	128	160
引脚数/封装形式	44/PLCC 44/TQFP	84/PLCC 100/TQFP	12/PQFP	128/PQFP	167/CPGA	207/CPGA

这 6 个系列中的器件，其基本结构和功能大体相似，都具有在系统可编程能力。由于各系列在结构和性能上有细微的差异，因此在用途上有一定的侧重点，有的速度快，有的密度高，有

的成本低,有的 I/O 端口多,适用对象具有一定的针对性。

ispLSI1000 系列为通用型系列,集成密度为 2 000～8 000 个逻辑门,性价比高,适合在一般的数字系统中使用,例如网卡、控制器、高速编码器、测试仪器等。

ispLSI2000 系列为高速系列,器件速度高,I/O 端口较多,适合在速度要求高或需要较多 I/O 引脚的系统中使用,例如移动电话、RISC/CISC 微处理机接口和 PCM 遥测系统等。

ispLSI3000 系列为高性能和高密度相结合的系列,集成度高,速度快,适用于数字信号处理、图形处理、数据加密/解密与数据压缩等复杂的数字系统设计。由于该系列器件集成度很高,因此可以把数字系统中的大多数功能集成到一块芯片上,实现所谓的"单片系统"。ispLSI 3000 系列支持 IEEE 1149.1 边界扫描测试规范,具有边界扫描测试能力。

ispLSI5000V 系列是所有 CPLD 产品中 I/O 端口数和乘积项最多的器件。该系列适用于具有 32 位和 4 位总线的数字系统,例如快速计数器、状态机和地址译码器等。ispLSI5000V 是最早能处理这么宽的系统总线的 3.3 V CPLD 器件。ispLSI5000V 系列具有边界扫描测试能力。

ispLSI6000 系列为带有存储器的高密度系列,该系列的器件把 FIFO 或 RAM 存储模块和可编程逻辑电路集成到同一块硅片上,是专门为 DSP 等用途设计的芯片。ispLSI6000 系列的器件不需要外接存储器,可以减小由于外接存储器而引起的互联延时,提高了系统工作速度,可容纳大规模的逻辑系统。ispLSI6000 系列具有边界扫描测试能力。

ispLSI8000 系列器件属于超高密度在系统可编程逻辑器件,片内集成密度可达 25 000～43 750 个逻辑门的规模。该系列器件可满足复杂数字系统的设计需要,可用于外围控制器、运算协处理器和总线控制器等。ispLSI8000 系列具有边界扫描测试能力。

4.12 ispLSI 系列器件的主要技术特性

Lattice 公司的 ispLSI 系列器件具有以下主要技术特性。

1. UltraMOS 工艺

ispLSI 系列器件在工艺上采用 UltraMOS 技术工艺。UltraMOS 技术的特点是集成度高、速度快。第 5 代的 UltraMOS 技术采用 0.35 μm 工艺,引脚到引脚(Pin‑to‑Pin)延时小于 3.5 ns。到目前为止,ispLSI 系列器件的系统工作频率已达到 200 MHz,集成度可达 58 000 个逻辑门。

2. 在系统编程功能

ispLSI 系列器件采用了在系统编程技术,所有的 ispLSI 系列器件均为 ISP 器件,具有在系统可编程能力。

Lattice 公司的 ISP 技术比较成熟,编程时无需编程器。器件内部带有升压电路,可以在 5 V 和 3.3 V 条件下,使编程电压与逻辑电压一致。采用 UltraMOS 技术的 EEPROM 存储单元能够重复编程 10 000 次以上,而且具有全部参数可测试能力,能够保证 100 % 的编程及校验正确率。ispLSI 系列器件可以简单地利用 PC 的并口和编程电缆进行编程下载,多个 ispLSI 系列器件可以结成菊花链通过一个编程接口同时进行编程。在这一点上只有 Xilinx 公司的基于 SRAM 的 FPGA 能够与之相比。

编程操作通过如下 5 个 TTL 电平的控制信号来进行:模式控制输入 MODE、串行数据输入 SDI、串行数据输出 SDO、串行时钟输入 SCLK 和在系统编程使能信号 $\overline{\text{ispEN}}$。表 4-17 给出了常用 ISP 器件的编程时间。

表 4-17 ISP 编程时间

器 件	编程时间/s	器 件	编程时间/s
ispGDS	<1	ispGAL22V10	1.84
ispLSI1016	7.68	ispLSI1024	8.16
ispLSI1032	8.64	ispLSI1048	9.60
ispLSI2032	8.16	ispLSI3256	14.4

3. 加密功能

ispLSI 系列器件具有加密功能,用于防止非法复制编程数据文件。ispLSI 系列器件中提供了一段特殊的加密单元,该单元一旦加密后,就不能读出器件的逻辑配置数据。由于 ispLSI 系列器件的加密单元只能通过对器件重新编程才能擦除,已有的解密手段一般不能破解。

4. 边界扫描测试功能

边界扫描测试技术主要解决芯片的测试问题。

20 世纪 80 年代后期,随着集成电路密度的提高和集成电路引脚数的增加,引脚越来越密,在生产过程中对电路板和芯片上关键点的测试难度越来越大。例如 TQFP(Thin Quad Flat Pack)封装的器件,引脚间距仅有 0.6 mm。由于国际技术交流和降低测试及制造费用的需要,也要为集成电路和电路板的测试制定统一的规范。边界扫描技术正是在这种背景下产生的,由 IEEE 组织联合测试行动组(JTAG)在 20 世纪 80 年代提出了边界扫描测试技术标准 IEEE 1149.1,用来解决高密度引线器件和高密度电路板上的元件测试问题。

边界扫描测试技术只需 4 根信号线,通过测试传输口就能够对电路板上所有支持边界扫描的芯片内部逻辑和边界引脚进行测试。应用边界扫描技术能够增强芯片、电路板甚至系统的可测试性。

ispLSI 器件中的 ispLSI3000、ispLSI5000V、ispLSI6000 及 ispLSI8000 系列都支持 IEEE 1149.1 边界扫描测试标准。

5. 短路保护

ispLSI 器件中采用了两种短路保护方法。首先,利用电荷泵给硅片基底加上一个足够大的反向偏置电压,这个反向偏置电压能够防止输入负电压毛刺引起的内部电路自锁。其次,器件输出采用 N 沟道方式,取代传统的 P 沟道方式,可消除半导体可控整流器的自锁现象。

4.13 ispLSI 系列器件的编程方法

Lattice 公司 ISP 器件的设计、编程同其他厂家的可编程器件的方法类似,一般可分为设计输入、器件适配和编程下载 3 个步骤,如图 4-66 所示。

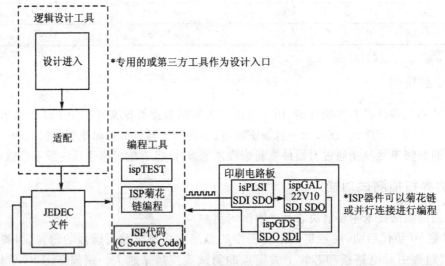

* 一旦JEDEC文件产生,Lattice编程工具允许在PCSun工作站、嵌入式处理器或用ATE编程ISP器件。

图 4-66 ISP 设计和实现流程图

设计输入和器件适配是对设计的实现,对器件的编程也称"下载"。编程是将一个具体的设计方案经过编译通过后,产生的熔丝图 JEDEC(Joint Electron Device Engineering Council——电子器件工程联合会,该组织制定了 PLD 数据交换的标准——JEDEC 格式)文件的编程信息,经过编程接口和电缆线传送到 ispLSI 芯片中的 EECOMS 单元保存这些信息。即使电源消失,这些信息也不会随之消失。

应用 ISP 器件的 3 个步骤分别对应功能仿真(前仿真)、时序仿真(后仿真)、器件仿真 3 个设计验证过程。设计开发工具可以使用 Lattice 公司的配套软件(ispDesign EXPERT 等开发系统)或其他著名软件厂家的工具软件。当一个设计完成、产生相应的 JEDEC 文件以后,就可以对 ISP 器件进行编程(下载)了。

ispLSI 系列器件的编程有很多优点。例如,ISP 编程只需要 5 V 电压;多个器件可以连接在一起编程;可以在 PC、工作站、单片机和自动测试设备等平台上编程。

下面说明 ispLSI 系列器件的编程原理和方法。

4.13.1 ISP 编程接口

对 Lattice 公司的 ISP 器件的编程是很简单的,具备 ISP 编程电缆、PC 和 ISP 工具软件这 3 个条件,就可以对 ISP 器件进行编程、检验和擦除。

ISP 可编程逻辑器件的用户目标板与计算机并行接口之间的通信由一个编程接口完成。编程接口电路由一扁平电缆分别连接 25 脚的计算机并行接口和 8 芯的 ISP 编程信号接口,如图 4-67 所示。

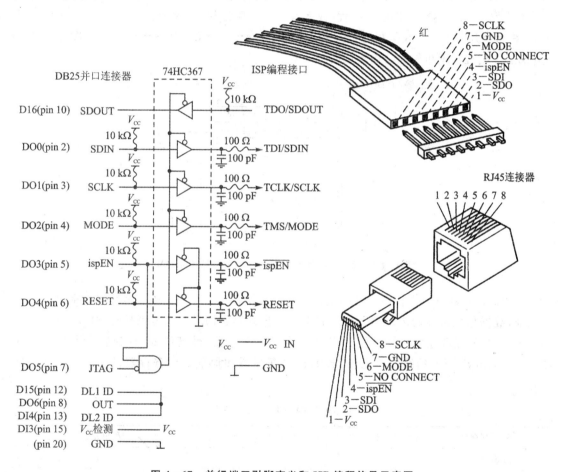

图 4-67 并行端口引脚定义和 ISP 编程信号示意图

ispLSI 器件的 5 个编程控制信号分别为

① 模式控制输入信号 MODE。

② 串行时钟输入信号 SCLK(Serial Clock),作为内部移位寄存器的时钟信号。

③ 串行数据输入信号 SDI(Serial Data Input),作为内部移位寄存器的输入信号。

④ 串行数据输出信号 SDO(Serial Data Output),作为内部移位寄存器的输出信号。

⑤ 在系统编程使能信号 $\overline{ispEN}$(isp Enable)。

4.13.2 编程原理

ISP 可编程逻辑器件的编程手段是利用 PC 的 I/O 口编程，用一根编程电缆（或称为下载电缆）将 PC 与用户的目标板连接。利用软件工具进行编程设计，当一个逻辑设计完成后，产生了熔丝图 JEDEC 文件，就可以对 ISP 可编程逻辑器件进行编程（下载）。熔丝图 JEDEC 文件的编程（下载）过程，实质上就是将 ispLSI 芯片中的 EECOMS 单元的每个互联开关——"熔丝"按照编程数据文件写成 1 或 0 的过程。EECMOS 存储单元存储了器件的逻辑信息和其他编程信息的数据，EECMOS 元件按行和列排成阵列。每个 EECMOS 器件为一个存储单元，当单元上置 0，表示这个元件已经编程，或者有一个逻辑连接；当单元上置 1，表示这个单元被擦除，相当于开路连接。在编程时，通过行地址和数据位对 EECMOS 器件寻址。图 4-68 为 ispLSI 器件编程物理布局和结构示意图。

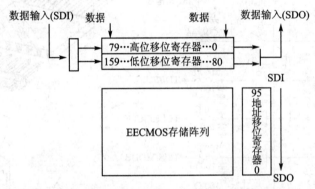

图 4-68 ispLSI 器件的编程物理布局和结构示意图

编程的寻址和移位操作由地址移位寄存器和数据移位寄存器完成。地址移位寄存器决定行地址，数据移位寄存器决定单元地址和单元数据内容。两种寄存器都按照 FIFO 先入先出方式工作，数据或者地址的最低位 LSB 第一个移入寄存器，最高位 MSB 最后一个移入寄存器。各种 ispLSI 器件的编程单元数、数据移位寄存器和地址移位寄存器的参数如表 4-18 所列。

表 4-18 ispLSI 器件的编程参数

ispLSI 系列器件	地址 SR 长度/Kbit	数据 SR 长度/Kbit	编程单元数
ispLSI1016	96	160	15 369
ispLSI1024	102	240	24 480
ispLSI1032	108	320	34 560
ispLSI1048/C	120/155	480/480	57 600/74 400
ispLSI2032	102	80	8 160
ispLSI3256	180	676	121 680

为了控制编程操作能依据命令按顺序进行,器件内部还有一个编程状态机。状态机根据控制信号 MODE 和 SDI 的状态,决定停留在现状态还是转移到下一个状态。

当 $\overline{\text{ispEN}}$ 信号为高电平时,ispLSI 芯片处于正常工作模式(normal mode)或称非编辑状态,其他编程控制信号端可以作为输入信号端使用。

当 $\overline{\text{ispEN}}$ 信号为低电平时,ispLSI 芯片进入编辑模式(edit mode),所有 I/O 端口均处于高阻态。编程操作受到片内编程状态机的控制。

当器件处于编辑模式时,MODE,SDI,SDO 和 SCLK 这 4 个编程信号控制着编程的进程。

SDI 具有双重功能。当 MODE 为低电平时,SDI 作为串行移位寄存器输入;当 MODE 为高电平时,SDI 作为编程状态机的控制信号。

SDO 的作用是将数据移位寄存器的输出反馈给计算机,以便对编程数据进行校验。

SCLK 也具有双重功能。当 MODE 为低电平时,SCLK 作为移位寄存器时钟信号;当 MODE 为高电平时,SCLK 作为编程状态机的时钟信号。

编程状态机有 3 个状态:闲置态、移位态和执行态。编程状态机通过这 3 个状态来控制编程操作。编程状态机状态的变化受信号 MODE 和 SDI 控制。编程状态机状态图如图 4－69 所示。

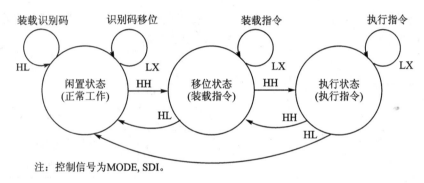

图 4－69　编程状态机状态图

1. 闲置态

进入编程模式,编程状态机的初始状态就是闲置态。在此状态下,器件空闲或读器件识别码(ID)。不同类型的 ISP 器件具有不同的识别码,在进行多芯片编程时,首先必须确认编程器件的识别码。表 4－19 为部分 ispLSI 器件的 ID 码。

表 4－19　ispLSI 器件的 ID 码

器　件	MSB　LSB	器　件	MSB　LSB
ispLSI1016	00000001	ispLSI1024	00000010
ispLSI1032	00000011	ispLSI1048	00000100
ispLSI2032	00010101	ispLSI3256	00100010

在闲置态,当 MODE 为高电平、SDI 为低电平时,8 位识别码被装入移位寄存器。当装载完毕时,MODE 设为低电平,在串行时钟的配合下,从芯片的 SDO 引脚上可读出识别码数据。ISP 的开发软件通过该操作可以识别用户板上的 ISP 可编程芯片的型号。在读出过程中,SDI

可以是任意状态。因此，该状态也称为空闲/识别状态。

当 MODE 和 SDI 都设为高电平时，状态机状态将转移到移位态。

2. 移位态

在移位态下，当 MODE 为低电平时，在串行时钟信号的配合下，通过芯片的 SDI 引脚将操作指令送入状态机。

当操作指令送入状态机后，信号 MODE 和 SDI 均为高电平时，状态机转到执行态；当 MODE 信号为高电平和 SDI 信号为低电平时，状态机从移位态转到闲置态。

3. 执行态

在执行态下，当 MODE 信号为低电平时，状态机开始执行在移位态装入的操作指令，如地址移位操作、数据移位操作等。当信号 MODE 和 SDI 均为高电平时，状态机将回到移位态，接受新的命令；当 MODE 信号为高电平，SDI 信号为低电平时，状态机将转到闲置态。

4. 操作指令

操作指令由 5 位二进制数组成，分别表示 17 种不同的操作，如全擦除、部分擦除、移位、校验、编程和编程加密等。表 4-20 给出了状态机操作指令集。

表 4-20 状态机操作指令集

指 令	操 作	说 明
00000	NOP	空操作
00001	ADDSHFT	地址寄存器移位
00010	DATASHFT	数据寄存器移位
00011	UBE	用户块擦除
00100	GRPBE	全局布线区擦除
00101	GLBBE	通用逻辑块擦除
00110	ARCHBE	结构块擦除
00111	PRGMH	高字节编程
01000	PRGML	低字节编程
01001	PRGMSC	加密位编程
01010	VSR/LDH	校验/装载高字节位
01011	VER/LDL	校验/装载低字节位
01100	GLBPRLD	通用逻辑块预置
01101	IOPRLD	I/O 单元预置
01110	FLOWTHRU	数据流直通
10010	VE/LDH	校验擦除/装载高字节位
10011	VE/LDL	校验擦除/装载低字节位

4.13.3 编程连接方式

如果电路板上装有多个 ISP 器件，则编程时不需要给每个器件安排一个编程接口。ISP 编程技术允许利用一个编程接口完成对多个芯片的编程操作。多个 ISP 器件编程通常采用以下几种方式。

1. 菊花链配置方式

这是一种串行编程方式，优点是硬件接口简单，效率高。图 4-70 为菊花链配置方式的电路连接。其连接特点为各 ISP 器件共用一套编程接口，各片的 MODE、SCLK 和 $\overline{\text{ispEN}}$ 端并联，第一片的 SDI 端和最后一片的 SDO 端分别与接口的相应端连接。中间芯片的 SDI 端连接到前一片的 SDO 端，中间芯片的 SDO 端连接到后一片的 SDI 端。采用这种方式在一条链上最多可以连接 8 个器件。

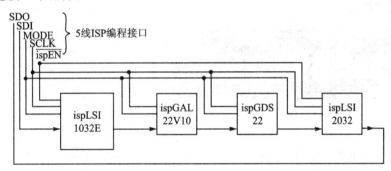

图 4-70　菊花链配置方式示意图

2. 并行配置方式

并行配置方式的特点是，当对某一个 ISP 器件编程时，其他各器件可以进行正常系统工作。图 4-71 所示是并行配置方式的电路连接。这种配置方式，各器件 SDI、SDO、MODE 和 SCLK 端并联在一起与接口相应端相连，接口的 $\overline{\text{ispEN}}$ 端通过数据选择器 MUX 选择编程器件。在任何时刻，只允许一个器件处于编辑模式。当一个器件处于编辑模式时，其他处于正常工作模式的器件仍可继续完成正常系统工作。这种编程方式下所有的 ISP 编程引脚仅限用于编程使用，不能复用。

图 4-72 所示是另一种并行配置方式的电路连接。图中 $\overline{\text{ispEN}}$ 信号不仅控制器件的 $\overline{\text{ispEN}}$ 输入，而且通过对 2 选 1 数据选择器的控制实现用户系统正常逻辑输入信号与编程信号间的切换。与

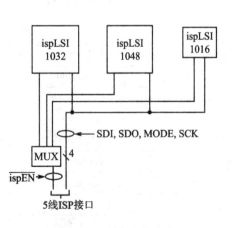

图 4-71　并行配置方式

前一种并行配置方式相比,在这种配置方式下,处于正常工作模式的器件的 SDI,SDO,MODE 和 SCLK 可以作为用户系统正常逻辑输入信号端。

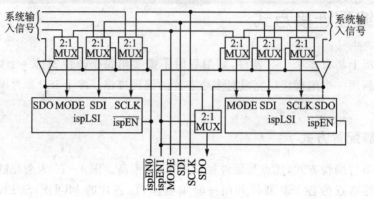

图 4-72 另一种并行配置方式

4.14 成熟器件与新型器件

为了满足目前系统逻辑设计人员的设计需要,表 4-21 给出了成熟器件与新型器件的替换列表,目前成熟器件系列已被采用更先进工艺的新型器件系列所替代。有些成熟器件系列已通过公司的产品变更通知被正式取代,在表中以 * 标出。Lattice 公司建议设计新系统的设计人员选择表 4-21 中新型器件系列一栏中的系列产品。

表 4-21 产品系列的替换

成熟器件系列	新型器件系列
ispLSI1000	ispMACH4A5 或 ispMACH4000V(兼容 5 V)
ispLSI1000E	ispMACH4A5 或 ispMACH4000V(兼容 5 V)
ispLSI1000EA	ispMACH4A5 或 ispMACH4000V(兼容 5 V)
ispLSI2000VL	ispMACH4000B
ispLSI2000 *	ispMACH4A5 或 ispMACH4000V(兼容 5 V)
ispLSI2000A	ispMACH4A5 或 ispMACH4000V(兼容 5 V)
ispLSI2000E	ispMACH4000V(兼容 5 V)
ispLSI2000VE	ispMACH4000V(兼容 5 V)
ispLSI3000	ispLSI5000VE
ispLSI5000V *	ispLSI5000VE
ispLSI5000VA	ispLSI5000VE

续表 4-21

成熟器件系列	新型器件系列
ispLSI8000	ispMACH5000VG
ispLSI8000V	ispMACH5000VG
ispGDX160V(仅数据表单)	ispGDX160VA
ispGDS	不是可升级的器件
MACH 1xx*(PCN:FAB 14 Obsolescence)	ispMACH4A5
MACH 2xx*(PCN:FAB 14 Obsolescence)	ispMACH4A5
MACH 4*	ispMACH44A5
MACH 4LV*	ispMACH44A3
MACH 5	ispMACH4A5
MACH 5LV	ispMACH4A3
ORCA FPSC OR3LP26B	不是可升级的器件
ORCA FPSC ORT4622	ORCA FPSC ORT8850L
PAL/PALCE*(PCN:FAB 14 Obsolescence)	GAL

* 表示该器件已被取代。

4.15 FPGA/CPLD 器件的编程

4.15.1 Altera 公司的 EPLD/CPLD 器件及配置与编程

1. Altera 公司的 FPGA/CPLD 器件

Altera 公司在 20 世纪 90 年代以后发展很快,是最大的可编程逻辑器件供应商之一,有如下系列的产品。

① MAX7000S/AE,MAX3000A 系列:它们是 5 V/3.3 V EEPOM 工艺 PLD,是 Altera 公司销量最大的产品,有 32～1 024 个宏单元。MAX3000A 是 Altera 公司 1999 年推出的 3.3 V低价格 EEPOM 工艺 PLD,有 32～512 个宏单元,结构与 MAX7000 基本一样,目前是主流器件。

② FLEX10KE/ACEX1K 系列:FLEX10KE 是 1998 年推出的 2.5 V SRAM 工艺 FPGA,从 3～25 万门,主要有 10K30E,10K50E,10K100E,带嵌入式存储块(EAB)较早期 5 V 的 10K

和 3.3 V 的 10KA 已基本不推广，10KE 目前也已使用较少，逐渐被 Cyclone 取代。

ACEX1K 是 2000 年推出的 2.5 V 低价格 SRAM 工艺 FPGA，结构与 10KE 类似，带嵌入式存储块（EAB），部分型号带 PLL，主要有 1K10，1K30，1K50 和 1K100。

③ FLEX6000 系列：目前已使用较少，逐渐被 ACEX1K 和 Cyclone 取代。

④ APEX20K/20KE 系列：目前逐渐被 Stratix 和 Cyclone 取代。

⑤ APEX Ⅱ 系列：目前使用渐少，主要转向 Stratix 器件。

⑥ Stratix 系列：Altera 最新一代 SRAM 工艺大规模 FPGA，集成硬件乘加器，芯片内部结构比 Altera 以前的产品有很大变化，是 Altera 的主流产品。

⑦ Cyclone（飓风）系列：Altera 最新一代 SRAM 工艺中等规模 FPGA，与 Stratix 结构类似，是一种低成本 FPGA 系列，是目前主流产品，其配置芯片也改用新的产品。

⑧ Excalibur 系列：片内集成 CPU（ARM922T）的 FPGA/PLD 产品，使用不多，主要用于 ASIC 验证和科研。

⑨ Stratix GX 系列：Mercury 的下一代产品，基于 Stratix 器件的架构，集成 3.125 Gbit/s 高速传输接口，用于高性能高速系统设计，是主流产品。

⑩ 配置 EEPROM 系列：用于配置 SRAM 工艺 FPGA 的 EEPROM，EPC2 以上的芯片可以用电缆多次擦写。

⑪ Cyclone 专用配置器件：专门用于配置 Cyclone 器件的 EEPROM，可以在线改写，电压为 3.3 V。主要器件是 EPCS1 和 EPCS4。EPCS1 容量为 1 Mbit，适用型号为 EP1C3，EP1C4 和 EP1C6（压缩模式），8 脚 SOIC 常用封装。器件 EPCS4 容量为 4 Mbit，适用所有 Cyclone 型号、8 脚 SOIC 常用封装。

⑫ Nois Ⅱ 软处理器：Verilog 编写的一个 32 位/16 位可编程 CPU 核，可以集成到各种 FPGA 中，Altera 提供开发软件用于软件和硬件开发。

⑬ MAX Ⅱ：新一代 PLD 器件，容量比上一代大大增加，增加很多功能，性价比很好。

⑭ Stratix Ⅱ：Stratix 的下一代产品，大容量高性能 FPGA。

⑮ Cyclone Ⅱ：Cyclone 的下一代产品，低成本 FPGA。

随着可编程逻辑器件的密度增至百万门，以单个 PLD 器件完成整个数字系统的功能已成为可能。使用现成的或经过测试的宏功能模块、IP 内核，可以增强已有的 HDL 的设计方法。在进行复杂系统设计时，这些宏功能模块、IP 内核将大大地减少设计风险及缩短开发周期。下面介绍 Altera 公司提供的宏功能模块、IP 内核。

① DSP 基本运算模块：Altera 的 DSP 基本运算模块包括高速乘法器、浮点算法功能和 IIR 滤波器等。这些参数化模块被结合应用于高速 DSP 系统，均相应针对 Altera APEX & FLEX 系列的结构作了充分的优化。

② DSP 图像采集、过滤、压缩：Altera 为数字视频处理提供了旋转、压缩、过滤等应用。压缩的功能是基于 APEX & FLEX 的内置存储器的结构进行优化，包括离散余弦变换、JPEG 编解码等。

③ DSP 纠错控制：如 Reed-Solomon，Viterbi decoders，Turbo Encode/Decode 等。ECC 是一种检测技术，在某些场合也用于纠错，例如，在有噪声的信道中传输数字信号（数字视频/音频广播）或在不稳定的媒体上存储数据。编码的类型包括 Reed-Solomon，Viterbi decoders，Turbo Encode/ Decode 编解码等。

④ DSP 宽带无线通信：支持无线宽带通信应用。符合这种应用的基本模块包括数控晶振（NCO）、线性反馈移位寄存器（LFSR）、数字调制和快速傅里叶变换。这些功能被集成到一个完整的系统方案中。典型应用为无线蜂窝基站、PCS、ADSL 和 Cable modem 等。

⑤ 通信宏功能模块及 IP 内核：通信宏功能模块及 IP 内核（有线通信和数据通信）提供网络基本模块，用于提高系统性能。它们包括 UTOPIA Ⅱ 主/从接口、HDLC 和以太网控制器（MAC）等。这些通信宏功能模块及 IP 内核非常适合广泛的网络通信应用，从交换机到路由器、桥接器到 ISDN 终端适配器。

⑥ PCI 及其他总线接口宏功能模块及 IP 内核：总线接口宏功能模块及 IP 内核包括 PCI、USB、CAN 总线；SDRAM 控制器和 IEEE 1394 串行总线等。PCI 总线非常适合网络适配卡、存储器、嵌入式控制器、图形加速卡和声卡等设备。Altera 的 APEX 及 FLEX 为广泛的 PCI 应用提供了一个可编程逻辑方案。PCI 宏功能模块及 IP 内核包括 64 bit/66 MHz 主/从方式、32 bit/33 MHz 主/从方式。

⑦ 处理器及外围设备宏功能模块及 IP 内核：处理器及外围设备宏功能模块及 IP 内核提供的方案包括嵌入式处理器、微控制器、CPU 内核、UART 和中断控制。这些模块使得设计师能大大提高系统的集成度，利用现有的模块集成从线卡到通信系统的所有设备。

2. ByteBlaster 并行下载电缆

Altera 公司针对 FPGA 器件不同的内部结构提供了不同的器件配置方式，如可通过编程器、JATG 接口在线编程及 Altera 在线配置等 3 种方式进行 Altera FPGA 的配置。

Altera 器件编程下载电缆有：ByteBlaster 并行下载电缆、ByteBlasterMV 并行下载电缆、MasterBlaster 串行/USB 通信电缆和 BitBlaster 串口下载电缆。

下面主要对 ByteBlaster 并行下载电缆进行介绍。

ByteBlaster 并行下载电缆具有与 PC 25 针标准并行口相连的接口。可通过 PC 25 标准并行口在线编程 MAX9000、MAX7000S、MAX7000A、MAX7000B 和 MAX3000A 系列器件；也可配置 FLEX10K、FLEX8000 和 FLEX6000 系列器件。

（1）ByteBlaster 下载电缆引脚定义

ByteBlaster 下载电缆与 PC 并行口相连的是 25 针插头，它的引脚定义如表 4－22 所列，与 PCB 相连的是 10 针插座，它的引脚定义如表 4－23 所列。数据从 PC 并行口通过 ByteBlaster 电缆下载到电路板中。

表 4－22 ByteBlaster 下载电缆标准并口 25 针引脚定义

引　脚	PS 方式信号名	JTAG 方式信号名
2	DCLK	TCK
3	nCONFIG	TMS
8	DATA0	TDI
11	CONF_DONE	TDO
13	nSTATUS	—
15	GND	GND
18～25	GND	GND

表 4-23 PCB 相连的是 10 针插座

引脚	PS 方式信号名		JTAG 方式信号名	
	信号名	描述	信号名	描述
1	DCLK	时钟	TCK	时钟
2	GND	信号地	GND	信号地
3	CONF_DONE	配置控制	TDO	器件输出到数据
4	V_{CC}	电源	V_{CC}	电源
5	nCONFIG	配置控制	TMS	JTAG 状态机控制
6	—	NC	—	NC
7	nSTATUS	配置的状态	—	NC
8	—	NC	—	NC
9	DATA0	配置到器件的数据	TDI	配置到器件的数据
10	GND	信号地	GND	信号地

利用 ByteBlaster 下载电缆配置/编程 3.3 V 器件时，要将电缆的 V_{CC} 脚连到 5 V 电源，而器件的 V_{CC} 脚连到 3.3 V 电源，但 5 V 电源中应该接上拉电阻。

ByteBlasterMV 的 25 针插头与 ByteBlaster 下载电缆的区别仅是第 15 脚不同，ByteBlaster 连到 GND，而 ByteBlasterMV 连到 V_{CC}。

ByteBlasterMV 的 10 针插座与 ByteBlaster 电缆的 10 针插座完全相同。

(2) ByteBlasterMV 下载电缆电路

ByteBlasterMV 下载电缆电路如图 4-73 所示，所有电阻均为 33 Ω。

(3) ByteBlaster 下载电缆配置电路

Altera 器件 MasterBlaster 编程下载电缆提供 2 种下载模式。

1) PS(被动串行)模式

MAX+plus Ⅱ 软件可以对单个 FLEX10K，FLEX6000 或 FLEX8000 系列器件在 PS 模式下进行配置。器件配置文件为 SRAM 目标文件(.sof)，该文件是 MAX+plus Ⅱ 编译器在项目编译时自动产生。单个 FLEX10K，FLEX6000 或 FLEX8000 器件与 MasterBlaster 下载电缆的连接如图 4-74 所示。

2) JTAG 模式

MAX+plus Ⅱ 软件可以对单个 FLEX10K 器件在 JTAG 模式下进行配置。器件配置文件为 SRAM 目标文件(.sof)，该文件直接下载到目标器件中去。单个 FLEX10K 器件与 MasterBlaster 下载电缆的连接如图 4-75 所示。

所有其他 I/O 引脚在配置过程中均为三态。

3. ByteBlasterMV 并行下载电缆

ByteBlasterMV 并行下载电缆具有与 PC 25 针标准并行口相连的接口，工作电压 V_{CC} 支持 3.3 V 或 5.0 V，允许 PC 用户从 MAX+plus Ⅱ 或 Quartus Ⅱ 开发软件中下载数据，通过 PC 标准并行口在线编程 MAX9000，MAX7000S，MAX7000A，MAX7000B 和 MAX3000A 系

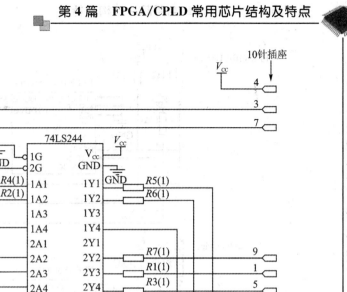

图 4-73 ByteBlaster 下载电缆电路

列器件;可配置 APEX Ⅱ,APEX20K(包括 APEX20K,APEX20KE 和 APEX20KC),ACEX1K,Mercury,FLEX10K,FLEX8000 和 FLEX6000 系列器件及 Excalibur 嵌入式微处理器。

ByteBlasterMV 下载电缆也提供 2 种下载模式:被动串行模式(PS)和 JTAG 模式。

为了利用 ByteBlasterMV 下载电缆配置 1.5 V APEX Ⅱ,1.8 V APEX20KE,2.5 V APEX20K,Excalibur,Mercury,ACEX1K 和 FLEX10KE 器件,3.3 V 电源中应该连接上拉电阻,电缆的 V_{CC} 脚连到 3.3 V 电源,而器件的 VCCINT 引脚端连到相应的 2.5 V,1.8 V 或 1.5 V 电源。对于 PS 配置,器件的 VCCIO 引脚端必须连到 2.5 V 或 3.3 V 电源。对于 APEX Ⅱ,Mercury,ACEX1K,APEX20K 和 FLEX10KE 系列器件的 JTAG 在线配置,或 MAX7000A 和 MAX3000A 系列器件的 JTAG 在线编程,电缆的 V_{CC} 引脚端则必须连接 3.3 V 电源。器件的 VCCIO 引脚端既可连到 2.5 V,也可连到 3.3 V 电源上。

ByteBlasterMV 下载电缆电路图如图 4-76 所示。图 4-76 中所有电阻(1)为 100 Ω,所有电阻(2)为 2.2 kΩ。

Altera 器件 MasterBlaster 编程下载电缆提供 2 种下载模式。

(1) PS(被动串行)模式

在 PS 模式下,ByteBlasterMV 下载电缆和 MasterBlaster 下载电缆一样可以对单个与多个 APEX Ⅱ,APEX20K,Mercury,ACEX1K,FLEX10KE 或 FLEX6000 系列器件进行配置。在 PS 模式,配置数据从数据源通过 MasterBlaster 下载电缆和 ByteBlasterMV 下载电缆串行地传送到器件,配置数据由数据源提供时钟同步。如在 PS 模式下,ACEX1K 和 FLEX10KE

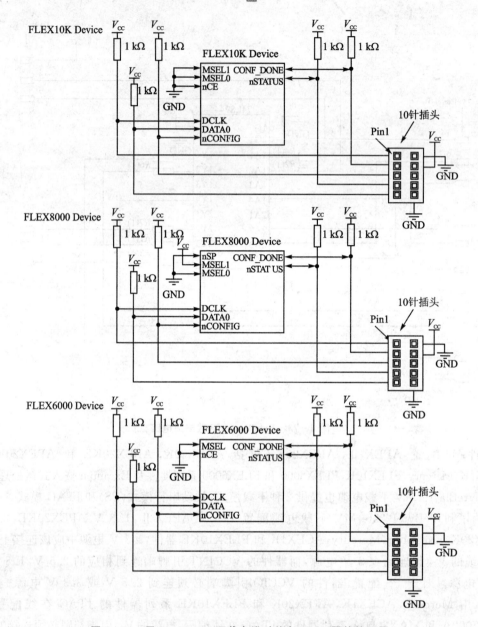

图 4-74 用 ByteBlaster 下载电缆对单个 FLEX 器件的配置

器件的配置电路如图 4-77 所示。图 4-77 说明如下:

① 除 APEX20KE,APEX20KC 系列器件外,上拉电阻应该连接到 MasterBlaster(VIO 脚)或 ByteBlasterMV 的电源上。对于 APEX20KE,APEX20KC 器件使用 10 kΩ 电阻上拉 nCONFIG 到 VCCINT。

② MasterBlaster 和 ByteBlasterMV 电缆的电源电压 V_{CC} 为 3.3 V 或 5 V。

③ 插座上的引脚 6 为 MasterBlaster 电缆提供的 VIO 基准电压,VIO 应与器件的 VCCIO 匹配 ByteBlasterMV 电缆插座上的引脚端 6 不连接。

(2) JTAG 模式

在 JTAG 模式下,MasterBlaster 和 ByteBlasterMV 下载电缆可以完成单个和多个

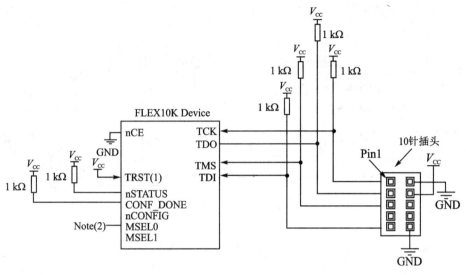

图 4-75　JTAG 模式对单个 FLEX10K 器件的配置

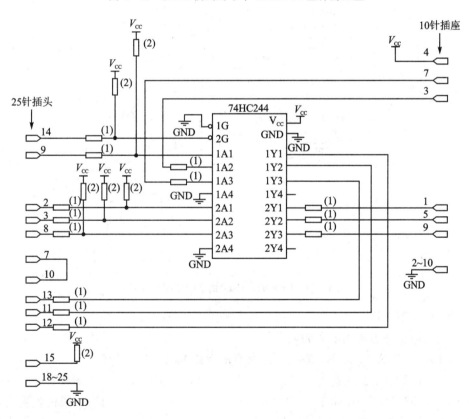

图 4-76　ByteBlasterMV 下载电缆电路

APEX Ⅱ,APEX20K,Mercury,ACEX1K,FLEX10K 或 FLEX6000 系列器件的编程或配置。

在 JTAG 模式下,器件的配置是通过 JTAG 引脚 TCK,TMS,TDI 和 TDO 完成的。如图 4-78 所示是完成对单个 APEX Ⅱ,APEX20K,Mercury,ACEX1K,FLEX10K 或

FLEX6000 系列器件的配置电路。

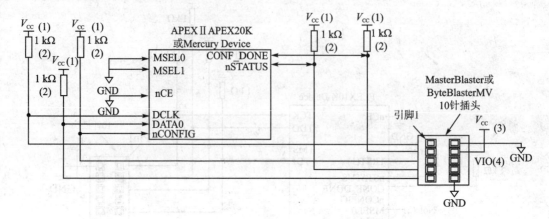

图 4-77 ByteBlasterMV 的 PS 配置电路

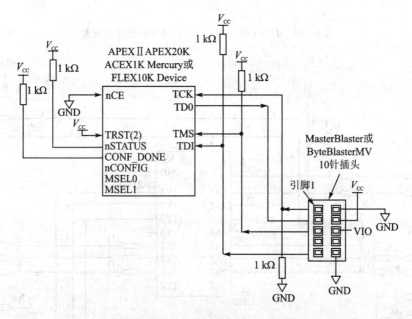

图 4-78 ByteBlasterMV 的 JTAG 配置电路

图 4-78 的说明如下：

① 上拉电阻应该连接到电缆的电源。

② APEX20KE，APEX20KC 系列器件所有的上拉电阻均为 10 kΩ。

③ 144 引脚 TQFP 封装的 FLEX10K 器件没有 TRST 信号脚，此时 TRST 可以忽略。

④ nCONFIG，MSEL0，MSEL1 引脚应根据非 JTAG 配置模式连接，如果仅仅使用 JTAG 配置模式，则 nCONFIG 连到 V_{cc}，MSEL0 和 MSEL1 连到地。

⑤ MasterBlaster 电缆驱动器的参考电压 VIO 应与器件的 VCCIO 匹配。

APEX Ⅱ，APEX20K，Mercury，ACEX1K，FLEX10K 系列器件都有专用的 JTAG 引脚，具有 JTAG 引脚端的一般功能，在配置前后都可进行 JTAG 测试，并不仅仅限于配置过程中。器件的芯片复位及输出使能引脚不影响 JTAG 边界扫描测试或编程操作，触发这些引脚也不会影响 JTAG 操作。设计 JTAG 配置电路板时,常规的配置引脚端应充分考虑并连接好。在 JTAG 配置时需要连接的引脚如表 4-24 所列。

表 4-24 JTAG 配置期间其他引脚连接

信 号	说 明
nCE	在器件链中所有的 APEX Ⅱ,APEX20K,Mercury,ACEX1K 或 FLEX10K 器件,通过连接 nCE 到地来以低电平驱动,可用一个电阻下拉或由一些控制电路驱动
nSTATUS	经过一个 1 kΩ 或 10 kΩ 上拉电阻到 V_{CC}。在相同的 JTAG 器件链中对多器件进行配置时,每个 nSTATUS 应该单独上拉到 V_{CC}
CONG_DONE	经过一个 1 kΩ 或 10 kΩ 上拉电阻到 V_{CC}。在相同的 JTAG 器件链中对多器件进行配置时,每个 CONG_DONE 应该单独上拉到 V_{CC}
nCONFIG	通过一个上拉电阻到 V_{CC} 来以高电平驱动,或由一些控制电路驱动
MSLE0,MSLE1	这些引脚不能悬空,它们在非 JTAG 模式配置时将用到,如果仅仅使用 JTAG 配置模式,则它们应该一起连到地
DCLK	不能悬空,可使用高电平或低电平驱动
DATA0	不能悬空,可使用高电平或低电平驱动
TRST	这个 JTAG 引脚不能连到下载电缆,应该以逻辑高电平驱动

当电路板包含多个器件时,或者电路板使用 JTAG 边界扫描测试(BST)时,采用 JTAG 器件链进行编程最为理想,如图 4-79 所示。在 JTAG 模式对多个器件(JTAG 模式的器件链)进行编程时,一个 JTAG 模式的插座需要与多个器件相连接,JTAG 器件链中器件的数目仅受电缆的驱动能力的限制。当器件数目超过 5 个时,Altera 建议对 TCK,TDI 和 TMS 引脚端在电路板上加缓冲驱动。

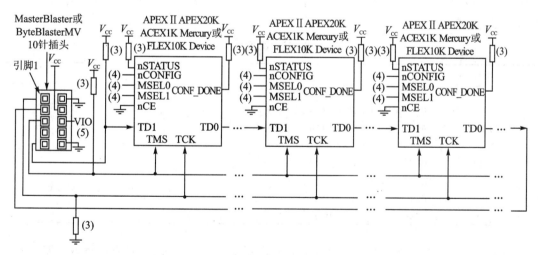

图 4-79 多器件 JTAG 配置

图 4-79 的说明:

① APEX Ⅱ,APEX20K,Mercury,ACEX1K,FLEX10K 和 MAX 系列器件能放在同一 JTAG 器件链中,进行编程或配置。

② 所有的上拉/下拉电阻是 1 kΩ。而 APEX20KE,APEX20KC 系列器件的 nSTATUS 与 CONF_DONE 引脚端的上拉电阻为 10 kΩ。

③ nCONFIG,MSEL0,MSEL1 引脚应根据非 JTAG 配置模式的方式连接,如果仅仅使用 JTAG 配置模式,则 nCONFIG 引脚连到 V_{cc},MSEL0 和 MSEL1 引脚连到地。

④ MasterBlaster 电缆驱动器的参考电压 VIO 应与器件的 VCCIO 匹配。

⑤ TRST 引脚仅对 APEXⅡ,APEX20K,Mercury,ACEX1K 系列器件和除 144 引脚 TQFP 封装外的所有 FLEX10K 系列器件有效。

在 JTAG 模式,对多个器件中的一个器件进行编程时,编程软件将多个器件中的其他器件处于 Bypass(旁路)模式。在 Bypass 模式下,器件通过旁路寄存器,将编程数据从 TDI 引脚端传送到 TDO 引脚端。编程软件仅对目标器件进行编程与校验。

QuartusⅡ或 MAX+plusⅡ软件在 JTAG 配置结束时自动对成功的 JTAG 配置进行校验。在 JTAG 配置结束时,通过 JTAG 接口软件检查 CONF_DONE 的状态。如果 CONF_DONE 的状态不正确,则 QuartusⅡ或 MAX+plusⅡ软件指示配置失败;如果 CONF_DONE 的状态正确,则 QuartusⅡ或 MAX+plusⅡ软件指示配置成功。当使用 JTAG 引脚配置时,如果 VCCIO 被连到 3.3 V,则 I/O 引脚和 JTAG TDO 接口将在 3.3 V 驱动。

JTAG 配置和非 JTAG 配置不能同时进行。当利用 JTAG 模式进行配置时,允许首先完成任何非 JTAG 配置,例如,先利用一个微处理器对 APEXⅡ,APEX20K,Mercury,ACEX1K 和 FLEX10K 系列器件进行非 JTAG 配置,然后再进行 JTAG 配置。

4. FPGA 的芯片配置

(1) Altera 的配置芯片

Altera 公司为 APEXⅡ,APEX20K,Mercury,ACEX1K,FLEX10K 和 FLEX6000 系列器件提供的一些专用配置芯片如表 4-25 所列,使用这些专用配置芯片可以完成 Altera 公司的 FPGA 芯片配置。

表 4-25 配置芯片

芯片型号	说 明
EPC16	16 000 000×1 bit,芯片工作电压 3.3 V
EPC8	8 000 000×1 bit,芯片工作电压 3.3 V
EPC2	1 695 680×1 bit,芯片工作电压 5 V 或 3.3 V
EPC1	1 046 496×1 bit,芯片工作电压 5 V 或 3.3 V
EPC1441	440 800×1 bit,芯片工作电压 5 V 或 3.3 V
EPC1213	212 942×1 bit,芯片工作电压 5 V
EPC1064	65 536×1 bit,芯片工作电压 5 V
EPC1064V	65 536×1 bit,芯片工作电压 3.3 V

EPC16,EPC8 和 EPC2 配置芯片属于 Flash Memory(闪存)器件,具有可擦写功能。EPC1,EPC1441,EPC1213,EPC1064 和 EPC1064V 配置芯片基于 EPROM 结构,不具有可擦写功能。

设计中需要根据 FPGA 器件的容量,决定配置芯片的数目。适用 ACEX,APEX,FLEX 和 Mercury 器件的专用配置芯片选择方案如表 4-26 所列。例如,配置 1 个 EP20K600E 器件,需要 4 片 EPC2 芯片。同理,配置 1 个 EP1M350 器件需要 1 片 EPC16 或者 3 片 EPC2 芯片。EPC1,EPC1441,EPC1213,EPC1064 和 EPC1064V PDIP-8 封装形式如图 4-80(a)所示;EPC2 PLCC-20 封装形式如图 4-80(b)所示。

表 4-26 适用于 ACEX、APEX、FLEX & Mercury 器件配置芯片选择方案

ACEX,APEX,FLEX 和 Mercury 器件	配置芯片	ACEX,APEX,FLEX 和 Mercury 器件	配置芯片
EP20K30E	EPC2,EPC1 或 EPC1441	EPF10K50,EPF10K50E	EPC2 或 EPC1
EP20K60E	EPC2 或 EPC1	EPF10K70	EPC2 或 EPC1
EP20K100,EP20K100E	EPC2 或 EPC1	EPF10K100(A,B,E)	EPC2 或 2 片 EPC1
EP20K160E	EPC2	EPF10K130V	EPC2 或 2 片 EPC1
EP20K200(E)	2 片 EPC2	EPF10K130E	2 片 EPC2 或 2 片 EPC1
EP20K300E	2 片 EPC2	EPF10K200E	2 片 EPC2 或 3 片 EPC1
EP20K400,EP20K400E	3 片 EPC2	EPF10K250E	2 片 EPC2 或 4 片 EPC1
EP20K600E	4 片 EPC2	EPF8282A	EPC1,EPC1441 或 EPC1064
EP20K1000E	6 片 EPC2	EPF8282AV	EPC1,EPC1441 或 EPC1064V
EP20K1500E	8 片 EPC2	EPF8452A	EPC1,EPC1441,EPC1064V 或 EPC1213
EP1K10	EPC2,EPC1 或 EPC1441	EPF8636A	EPC1,EPC1441 或 EPC1213
EP1K30	EPC2,EPC1 或 EPC1441	EPF8820A	EPC1,EPC1441 或 EPC1213
EP1K50	EPC2 或 EPC1	EPF81188A	EPC1,EPC1441 或 EPC1213
EP1K100	EPC2 或 2 片 EPC1	EPF81500A	EPC1 或 EPC1441
EPF10K10(A)	EPC2,EPC1 或 EPC1441	EPF6010A	EPC1 或 EPC1441
EPF10K20	EPC2,EPC1 或 EPC1441	EPF6016,EPF6016A	EPC1 或 EPC1441
EPF10K30E	EPC2 或 EPC1	EPF6024A	EPC1 或 EPC1441
EPF10K30(A)	EPC2,EPC1 或 EPC1441	EP1M120	EPC2 或 EPC16
EPF10K40	EPC2 或 EPC1	EP1M350	EPC16 或 3 片 EPC2

(2) 对单个 FPGA 器件的配置

单个 APEXⅡ,APEX20K,APEX20KC,Mercury,ACEX1K,FLEX10K 器件的配置电路如图 4-81 所示。

对图 4-81 说明如下:

第4篇 FPGA/CPLD 常用芯片结构及特点

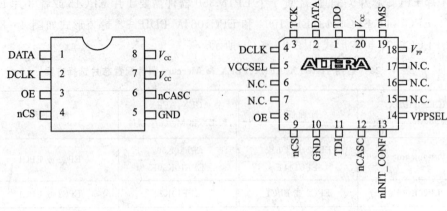

(a) PDIP-8封装形式　　　　(b) PLCC-20封装形式

图4-80　配置芯片的封装形式

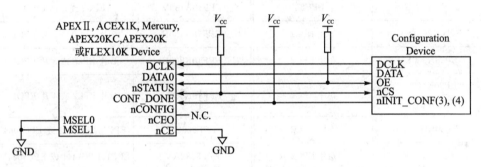

图4-81　对单个器件的配置

① 上拉电阻应该连接到配置器件的电源端。

② 除 APEX20KE,APEX20KC 系列器件的上拉电阻为 10 kΩ,其他系列器件的上拉电阻均为 1 kΩ。EPC16,EPC8 和 EPC2 芯片的 OE 和 nCS 引脚具有内部用户,可配置上拉电阻,如果这些引脚使用了内部上拉电阻,则不能使用外部上拉电阻。

③ nINIT_CONF 引脚仅对 EPC16,EPC8 和 EPC2 芯片有效。如果 nINIT_CONF 无效(如在 EPC1 中)或未使用,则 nCONFIG 必须直接或通过电阻连接到 V_{cc}。

④ 在 EPC16,EPC8 和 EPC2 芯片中,nINIT_CONF 引脚的内部上拉电阻总是有效的,因此,nINIT_CONF 引脚不需要外部上拉电阻,nCONFIG 则必须通过 10 kΩ 电阻连接到VCCINT。

⑤ nCEO 引脚端悬空。

⑥ 为了保证 APEX20KE 和其他配置器件在加电时成功配置,应将 nCONFIG 上拉到VCCINT。

⑦ 配置 APEX20KE 器件时,为了隔离 1.8 V 和 3.3 V 电源,在 APEX20KE 器件的 nCONFIG引脚端与配置芯片的 nINIT_CONF 引脚端之间加一个二极管。二极管门限电压应小于或等于0.7 V,二极管使 nINIT_CONF 引脚成为开漏引脚状态,仅能驱动低电平及三态。

⑧ EPC16,EPC8 和 EPC2 芯片不能用来配置 FLEX6000 系列器件。

PS模式配置与芯片配置组合的配置电路如图 4-82 所示。

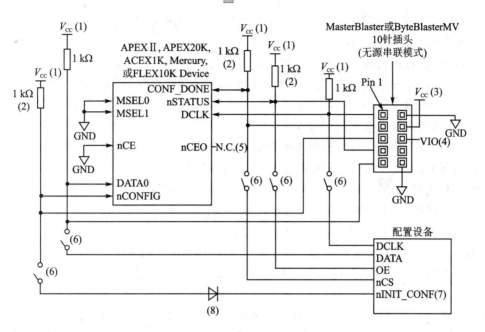

图 4-82　PS 模式配置与芯片配置组合的配置电路

4.15.2　Lattice 公司的 ISP-CPLD 器件及编程

1. Lattice 公司的 FPGA/CPLD 器件

Lattice 是 ISP(在系统可编程)技术的发明者,ISP 技术极大地促进了 PLD 产品的发展,20 世纪 80 年代和 90 年代初是其黄金时期。中小规模 PLD 比较有特色,种类齐全。Lattice 公司于 1999 年收购 Vantis 公司(原 AMD 子公司),2001 年收购 Lucent 微电子的 FPGA 部门,是世界第三大可编程逻辑器件供应商。该公司有如下系列的产品。

① ispLSI:EEPROM 工艺 PLD,包括 ispLSI1000(早期产品)/2000/5000(68 bit 宽输入系列)/8000(高密度系列),已经基本淘汰。

② MACH(原 Vantis 公司产品):主要有 MACH4,MACH4A,MACH5,MACH5A,已基本被 ispMACH4000 替代。

③ ispMACH4000V/B/C/Z:Lattice 公司收购 Vantis 公司以后,推出的新一代 PLD,是目前的主流产品,采用 0.18 μm 工艺。4000 系列是 Lattice 目前最成功的产品之一。

④ ispMACH5000 系列:容量比较大。

⑤ ispXPLD5000 系列:Lattice 公司最新推出的 PLD 系列,采用 Lattice 新的 ispXP(ISP expanded programming)技术,容量比较大。

⑥ ispXPGA 系列:将配置芯片集成在 FPGA 内部。

下一代 FPGA 产品如下。

LatticeEC/ECP:Lattice 的 FPGA 产品,0.13 μm 工艺,1.5 V 内核供电。LatticeEC 不包含 DSP 单元,侧重于普通逻辑应用;Lattice ECP 包含 DSP 模块,可用于数字信号处理。

Lattice EC/ECP 系列 FPGA 将是 Lattice 未来几年的主力产品。

其他产品如下。

① ispPAC 可编程模拟芯片：在系统可编程模拟电路（in system programmability programmable analog circuits）与数字在系统可编程大规模集成电路（ispLSI）一样，在系统可编程模拟器件允许设计者使用开发软件在计算机中设计、修改模拟电路，进行电路特性模拟，最后通过编程电缆将设计方案下载至芯片中。

在系统可编程模拟器件可实现 3 种功能。

● 信号调理：是指能够对信号进行放大、衰减和滤波。
● 信号处理：是指能够对信号进行求和、求差和积分运算。
● 信号转换：是指能够把数字信号转换成模拟信号。

在系统可编程模拟电路提供 3 种可编程性能。

● 可编程功能：具有对模拟信号进行放大、转换和滤波的功能。
● 可编程互联：能把器件中的多个功能块进行互联，能对电路进行重构，具有百分之百的电路布通率。
● 可编程特性：能调整电路的增益、带宽和阈值。可以对电路板上的 ispPAC 器件反复编程。

② GAL/ispGAL/PAL：Lattice 公司是唯一一个既生产简单 PLD（GAL，PLA），又生产复杂中大规模 PLD 的公司，主要有 22V10，22LV10 等，规模小，价格也很低，用于只需要一些简单逻辑的设计中，如 CPU 地址译码。

③ ispGDS：GDS（Generic Digital Switch）通用数字开关。ispGDS 的功能就是一个开关矩阵，矩阵和 I/O 单元都可编程。这样 GDS 可以代替机械开关和跳线等电路，由于 ispGDS 是可以在线重新编程的，所以在软件控制下，可以起到重构电路的作用。ispGDS 主要有 3 种型号：ispGDS14，ispGDS18 和 ispGDS22，5 V 工作电压，最大延时 7.5 ns，I/O 口分别为 12，18 和 22 个。

④ ispGDX：GDX（Generic Digital Crosspoint）数字交叉阵列。与 ispGDS 类似，内部增加了寄存器/锁存器、三态控制和 MUX 等，使得 ispGDX 适合系统级的布线和互联，如多 CPU 接口、多位数据/地址总线以及 PCB 信号布线等。ispGDX 主要有 3 种型号：ispGDX80，ispGDX120 和 ispGDX160，它们分别有 80，120 和 160 个输入/输出单元。ispGDX 采用独立的 ispGDX Development System 软件设计，先书写描述内容的 .GDX 文件，通过编译会生成 JEDEC 文件，最后通过电缆下载到 PCB 上的 GDX 器件中去。

2. Lattice 公司 FPGA/CPLD 器件的编程

在编程过程中除 MODE，SDI，SDO 和 DCLK 以外的所有引脚均被置成高阻态，与外接电路隔离。工作状态的转换在内部程序控制逻辑电路的指挥下自动完成。ispLSI 的编程是在计算机控制下进行的。下载电缆电路如图 4-83 所示。其中，ispEN 是编程使能信号，ispEN=1 时，ispLSI 器件为正常工作状态；ispEN=0 时，所有 IOC 的输出三态缓冲器均被置成高阻态，并允许器件进入编程工作状态。MODE 是模式控制信号。SCLK 是串行时钟输入，它为片内接收输入数据的移位寄存器以及控制编程操作的时序逻辑电路提供时钟信号。SDI 是串行数据和命令输入端，SDO 是串行数据输出端。

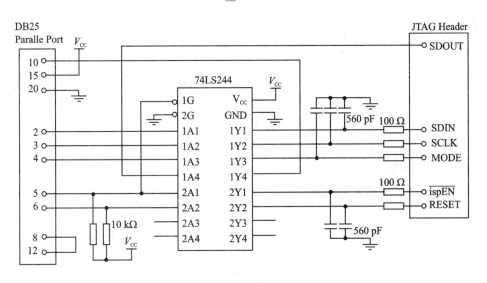

图 4-83　ispLSI 的下载编程接口电路

ispLSI 器件内部设有控制编程操作的时序逻辑电路,它的状态转换受 MODE 和 SDI 信号的控制。计算机运行结果得到的编程数据和命令以串行方式从 SDI 送入 ispLSI。在写入数据的同时,又以串行方式将写入的数据从 SDO 读出并返回计算机,以便进行校验和发出下面的数据和命令。

计算机的并行口和 ispLSI 之间的连接除了上述 5 条信号线以外,还需要一条地线和一条对 ispLSI 所在系统电源电压的监测线,所以实际需要用 7 根连接线。

4.15.3　Xilinx 公司的 FPGA/CPLD 器件及编程

1. Xilinx 公司的 FPGA/CPLD 器件

FPGA 的发明者老牌 PLD 公司,是最大的可编程逻辑器件供应商之一。1999 年 Xilinx 公司收购了 Philips 公司的 PLD 部门,有如下系列的产品。

① XC9500 系列:Flash 工艺 PLD,低成本 CPLD 系列产品,为领先系统设计提供了所需要的高性能、丰富特性集合和灵活性。该系列有 XC9500,XC9500XV 和 XC9500XL,常见型号有 XC9536,XC9572 和 XC95144。型号后两位表示宏单元数量。

② CoolRunner(XPLA3):原是 Philips 公司的 PLD 产品,1999 年被 Xilinx 公司收购,特点是功耗很低,可以用于电池供电系统,已经被 CoolRunnerⅡ取代。

③ CoolRunnerⅡ:CoolRunnerⅡ RealDigital CPLD 系列产品提供了最佳的性能和最低的功耗。它采用 100 % 全数字核心,具有高级系统功能和高达 323 MHz 的性能以及低至 14 μA 的静态电流,CoolRunnerⅡ CPLD 是适合任何新系统设计的理想解决方案。最新一代 1.8 V 低功耗 PLD 产品,适合于电池供电系统。

④ XC4000:主要有 XC4000E(5 V),XC4000XL/XLA(3.3 V),XC4000XV(2.5 V),容量为 64～8 464 个 CLB,属较早期的产品,基本不推广。

⑤ Spartan：中等规模 SRAM 工艺 FPGA，已经被 Spartan ⅡE 等新产品取代。

⑥ Spartan Ⅱ：2.5 V SRAM 工艺 FPGA，Spartan 的升级产品。Spartan Ⅱ系列 100 万系统门器件，频率达到 200 MHz 或更高。这些低功耗 2.5 V 器件的 I/O 可在 3.3 V 下工作，并可完全耐受 5 V 信号。Spartan Ⅱ器件还集成了多个延迟锁相环、片上 RAM（块 RAM 和分布式 RAM），以及支持 16 种以上高性能接口标准的通用 I/O 技术。器件中集成的所有这些功能提供了无限的可编程能力，甚至还可支持现场升级。

⑦ Spartan ⅡE：1.8 V 中等规模 FPGA 与 Virtex-E 的结构基本一样，是 Virtex-E 的低价格版本，为主流器件。Spartan ⅡE FPGA 是成功的 Spartan 系列消费类 FPGA 的第四代产品，Spartan 系列提供了业界成本最低的可编程解决方案。Spartan 系列器件是第一个专门针对低成本快速变化的消费类市场而优化的 FPGA 系列产品。

结合先进的芯片、业界领先的软件和丰富的 IP 库，Spartan ⅡE 解决方案是解决变化快速的消费类产品设计挑战的理想产品。

⑧ Virtex/Virtex-E：大规模 SRAM 工艺 FPGA，逐渐被 Virtex Ⅱ取代。

⑨ Virtex Ⅱ：新一代大规模 SRAM 工艺 FPGA 产品，主流器件。

⑩ Virtex Ⅱ pro：基于 Virtex Ⅱ的结构，内部集成 CPU 和高速接口的 FPGA 产品。在单片 FPGA 器件中，有最先进的逻辑资源以及最高的性能、密度和存储器，并且不需要支付额外费用就可拥有 IBM 400 MHz PowerPC 处理器和 622 Mbit/s～10.312 5 Gbit/s 全双工串行收发器。此外，它是唯一一家采用 130 nm 和 300 mm 生产技术来生产 FPGA 产品的供应商。

下一代芯片简介如下。

① Spartan Ⅲ：最新一代 FPGA 产品，结构与 Virtex Ⅱ类似，90 nm 工艺。Spartan Ⅲ器件是低成本的 FPGA，它可以提供以下特性使总体系统成本保持最低：

- 嵌入式 18×18 乘法器支持高性能 DSP 应用。
- 片上数字时钟管理（DCM），无需外部时钟管理器件。
- 分布式的存储器和 SRL16 移位寄存器逻辑能够更高效地执行 DSP 功能。
- 18 KB 块 RAM，可以用做缓存或是高速缓存。
- 数字片上终端能够消除对多个外部电阻器的需求。
- 8 个独立的 I/O 阵列支持 24 种不同的 I/O 标准。

② Virtex-4 系列：Virtex-4 系列器件使 FPGA 经济的基础发生了革命性的变化。通过提供对 3 个应用领域进行优化的平台以及多达 17 种器件的选择，Virtex-4 FPGA 系列以最低的成本实现了突破性的性能，提供了可以替代 ASIC 和 ASSP 的选择。

- Virtex-4 LX 侧重普通逻辑应用。
- Virtex-4 SX 侧重数字信号处理，DSP 模块比较多。
- Virtex-4 FX 集成 PowerPC 和高速接口收发模块。

2. Xilinx 公司的 FPGA/CPLD 器件的编程

Xilinx 公司的 FPGA/CPLD 器件的下载编程电缆接口如图 4-84 所示。

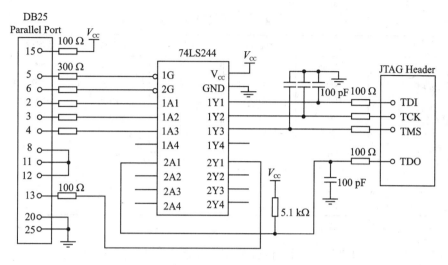

图 4-84 Xilinx 公司的下载编程电缆接口电路

4.15.4 FPGA/CPLD 通用下载

随着电子技术的日益发展,芯片的规模越来越大,封装日趋小型化,相应的对系统板级调试困难也在加大。IEEE 制定了标准测试端口与边界扫描的标准 IEEE 1149.1,这就是 JTAG 接口协议。JTAG 接口通过 TCK,TDI,TDO,TMS 四根信号线,以串行模式为系统提供了对复杂芯片的各引脚连通性测试,进一步还能实现对可编程芯片的配置与处理器芯片的调试等。

ISP 现在已经成为一种概念,它的提出改变了传统硬件系统开发的流程,大大方便了开发者,加快了开发速度。现在大多数的可编程器件(FPGA,CPLD)都支持 ISP 特性,单片机也不例外。

各个厂商分别推出了自己的符合 JTAG 标准的芯片。与此同时,下载电缆的种类也非常多,区别大多仅在于并口信号与 JTAG 信号的对应关系不同。往往开发一个产品,要用到很多种不同的电缆。人们希望可以使用一种标准的下载接口来实现所有 JTAG 应用。

要实现 JTAG 接口协议可以使用专用的 IC,如 74LVT8980,74LVT8990,它与 MCU 配合可以提供高速的 JTAG 串行访问,成本较高。下载电缆则是实现 JTAG 接口协议的廉价方案。它仅用 74HC244 做线路驱动,由计算机的并行端口引出 I/O 作为 TCK,TDI,TDO,TMS 等信号线。由于并口在 SPP 模式下共有 3 类端口,即数据输出端口、控制输出端口、状态输入端口,故各种下载电缆究竟从哪个端口引出 JTAG 信号线都不相同。

1. 计算机并行端口简介

计算机的并行端口工作在 SPP 模式下,对它的控制是通过数据输出端口、控制输出端口和状态输入端口来实现的。表 4-27 为并行端口定义。

表 4-27 并行端口定义

引脚号	名 称	数据位	引脚号	名 称	数据位
1	nStrobe	*C0	10	nAck	S6
2	D0	D0	11	Busy	*S7
3	D1	D1	12	PE	S5
4	D2	D2	13	Select	S4
5	D3	D3	14	Auto Feed	*C1
6	D4	D4	15	nError	*S3
7	D5	D5	16	nInit	C2
8	D6	D6	17	nSelin	*C3
9	D7	D7	18～25	GND	GND

* 表示此引脚有反向器。

并行口有 25 个引脚,其中包括 8 位数据线、5 位状态线和 4 位控制线。

数据端口(378H):D0～D7 用于数据输出。

状态端口(379H):*S7(Busy),S6(nAck),S5(PE),S4(Select)和*S3(nError)。

控制端口(37AH):*C3(nSelin),C2(nInit),*C1(Auto Feed)和*C0(nStrobe)。

端口地址是缺省的 LPT1 设置。

2. FPGA/CPLD 通用编程电缆电路设计

下面给出了利用 Verilog HDL 语言编写的 FPGA/CPLD 通用编程电缆电路设计程序。

```
module mconfig (in2, in3, in4, in5, in6, in7, in8, in9, in14,
        out10, out11, out12, out13, out15,
      jpA, jpL, jpX,
      TCK, TMS, TDI, TDO, ispEN, RESET, LED);
      Input in2, in3, in4, in5, in6, in7, in8, in9, in14; //并口输出
    input  jpA, jpL, jpX;          //Altera,Xilinx,Lattice 的选择开关
    input TDO;                     //JTAG 回读方向信号
    output  TCK, TMS, TDI, ispEN, RESET;   //JTAG 写入方向信号
    output  out10, out11, out12, out13, out15;  //并口输入
    output LED;                    //选择指示灯
    reg   TCK, TMS, TDI, ispEN, RESET;
    reg   out10, out11, out12, out13, out15;
    reg   LED;
    reg   [2:0]jtag;               //内部的 TCK,TMS,TDI 三个信号
    reg   jtag_enb;                //下载使能信号
    wire  [2:0]mode;               //下载方式
  assign  mode = {jpA, jpL, jpX};
  always  @ (jpA or jpL or jpX or
        in2 or in3 or in4 or in5 or in6 or in7 or in8 or in9 or in14 or
        TDO)
  begin
      case (mode)
```

```verilog
//选择为 Altera 下载方式
    3'b100:begin
            jtag[2] = in2;
            jtag[1] = in3;
            jtag[0] = in8;
            out12 = in9;
            LED = 'b1;
     end

//选择为 Xilinx 下载方式
    3'b010:begin
            jtag[2] = in3;
            jtag[1] = in4;
            jtag[0] = in2;
            out12 = in8;
            LED = 'b1;
         end

//选择为 Lattice 下载方式
    3'b001:begin
            jtag[2] = in3;
            jtag[1] = in4;
            jtag[0] = in2;
            out12 = in8;
            LED = 'b1;
         end

//未选择或错误选择
    default : begin
            jtag[2] = 'b0;
            jtag[1] = 'b0;
            jtag[0] = 'b0;
            out12 = 'b0;
            LED = 'b0;
         end
endcase
//形成下载使能信号
    jtag_enb = (jpA & ~in14) | ((jpL | jpX) & ~in5)

//由下载使能信号控制 JTAG 的输出
    if (jtag_enb)
            begin
             TCK = jtag[2];
             TMS = jtag[1];
             TDI = jtag[0];
```

```
                    end
            else
                    begin
                            TCK = 'bz;
                            TMS = 'bz;
                            TDI = 'bz;
                    end

    //形成并口 10 号引脚上的信号
    if (((jpL | ~in5) | jpA) & ~jpX)
            out10 = (jpL & TDO) | (jpA & in7)
    else
            out10 = 'bz;

    //形成并口 11 号引脚上的信号
    if ( ~jpL)
            out11 = (jpA & TDO) | (jpX & in8);
    else
            out11 = 'bz;


    //形成并口 13 号引脚上的信号
    if (jpX)
            out13 = jpX & TDO & in6;
    else
            out13 = 'bz;
    //形成并口 15 号引脚上的信号
        if (jpL | jpX | jpA)
            out15 = jpL | jpX | ~jpA;
    else
            out15 = 'bz;
    //形成 ispEN,RESET 的控制信号
            if (jpL)
        begin
            ispEN = in5;
            RESET = in6;
        end
    else
        begin
            ispEN = 'bz;
            RESET = 'bz;
        end
            end
endmodule
```

附录 1

现场可编程逻辑器件主流产品一览

1. Xilinx 公司的主流产品

Xilinx 公司现场可编程逻辑器件的主流产品主要分为 4 类：① 常用的 SRAM FPGA 产品；② 常用的 Flash CPLD 产品；③ 新型的系统级 FPGA 产品；④ SRAM FPGA 的配置 PROM。

（1）常用的 SRAM FPGA 产品

① Spartan：中等规模 SRAM 工艺 FPGA，见附表 1-1。

附表 1-1 中等规模 SRAM 工艺 FPGA

5 V	3.3 V	CLB 数量
XCS05	XCS05XL	100
XCS10	XCS10XL	196
XCS20	XCS20XL	400
XCS30	XCS30XL	576
XCS40	XCS40XL	784

② Spartan Ⅱ：2.5 V SRAM 工艺 FPGA，Spartan 的升级产品，见附表 1-2。

附表 1-2 2.5 V SRAM 工艺 FPGA

2.5 V	Slice 数量	独立 RAM 块数量	备注
XC2S15	192	4	每个 RAM 块容量是 4 Kbit
XC2S30	432	6	
XC2S50	768	8	
XC2S100	1 200	10	
XC2S150	1 728	12	
XC2S200	2 352	14	

③ Spartan Ⅱ：1.8 V 中等规模 FPGA，见附表 1-3。

附表1-3 1.8V中等规模FPGA

2.5 V	Slice 数量	独立 RAM 块数量	备 注
XCV50E	768	8	
XCV100E	1 200	10	
XCV150E	1 728	12	每个 RAM 块容量是4 Kbit
XCV200E	2 352	14	
XCV300E	3 072	16	

虽然叫 Spartan ⅡE,但实际上与 Virtex-E 的结构基本一样。

④ Virtex/Virtex-E:大规模 SRAM 工艺 FPGA,见附表1-4。

附表1-4 大规模 SRAM 工艺 FPGA

2.5 V	1.8 V	Slice 数量	独立 RAM 块数量	备 注
XCV50	XCV50E	768	8/16	
XCV100	XCVl00E	1 200	10/20	
XCV150		1 728	12	
XCV200	XCV200E	2 352	14/28	
XCV300		3 072	16/32	
XCV400	XCV400E	4 800	20/40	
	XCV600E	6 912	24/72	每个 RAM 块容量是 4 Kbit
XCV800		9 408	28	
XCV1000	XCV1000E	12 288	32/96	
	XCV1600E	15 552	144	
	XCV2000E	19 200	160	
	XCV2600E	25 396	184	
	XCV3200E	32 448	208	

注:其他型号还有 XCV812E,XCV405E 等。

⑤ Virtex Ⅱ:大规模 SRAM 工艺 FPGA,Virtex 的下一代产品,见附表1-5。

附表1-5 Virtex 的下一代产品

1.5 V	Slice 数量	18×18 乘法器数量	独立 RAM 块数量	备 注
XC2V40	256	4	4	
XC2V80	512	8	8	
XC2V250	1 536	24	24	
XC2V500	3 072	32	32	每个 RAM 块容量是 18 Kbit
XC2V1000	5 120	40	40	
XC2V1500	7 680	48	48	
XC2V2000	10 770	56	56	

续附表 1-5

1.5 V	Slice 数量	18×18 乘法器数量	独立 RAM 块数量	备 注
XC2V3000	14 336	96	96	每个 RAM 块容量是 18 Kbit
XC2V4000	23 040	120	120	
XC2V6000	33 792	144	144	
XC2V8000	46 592	168	168	

(2) 常用的 Flash CPLD 产品

① XC9500：Flash 工艺 PLD，常见型号有 XC9536，XC9572，XC95144 等，见附表 1-6，型号后两位表示宏单元数量。

附表 1-6 XC9500

5 V	3.3 V	2.5 V	宏单元数量
XC9536	XC9536XL	XC9536XV	36
XC9572	XC9572XL	XC9572XV	72
XC95108	XC95108XL	XC95108XV	108
XC95144	XC95144XL	XC95144XV	144
XC95288	XC95288XL	XC95288XV	288

② CoolRunner(XPLA3)：原是 Philips 公司的 PLD 产品，1999 年被 Xilinx 公司收购。特点是功耗很低，可以用于电池供电系统，见附表 1-7。

附表 1-7 CoolRunner

5 V	3.3 V	2.5 V	宏单元数量
XCR5032	XCR3032	XCR3032XL	32
XCR5064	XCR3064	XCR3064XL	64
XCR5128	XCR3128	XCR3128XL	128

注：其他型号还有 XCR3256XL，XCR3320，XCR3384，XCR3960 等。

③ CoolRunner Ⅱ：最新一代 1.8 V 低功耗 PLD 产品，见附表 1-8。

附表 1-8 CoolRunner Ⅱ

1.8 V	宏单元数量
XC2C32	32
XC2C64	64
XC2C128	128
XC2C256	256
XC2C384	384
XC2C512	512

(3) 新型的系统级 FPGA 产品

Virtex Ⅱ pro：基于 Virtex Ⅱ 的结构，内部集成 CPU 的 FPGA 产品，见附表 1-9。

附表 1-9　内部集成 CPU 的 FPGA

产品 特性	XC2VP2	XC2VP4	XC2VP7	XC2VP20	XC2VP50
CLB 数量	1 408	3 008	4 928	9 280	22 592
逻辑元胞数量	3 168	6 768	11 088	20 880	50 832
块状 RAM/Kbit	216	504	792	1 584	3 888
PowerPC 处理器数量	0	1	1	2	4
10 GB 多用无线收发器 I/O 数量	4	4	8	8	16
18×18 bit 乘法器数量	12	28	44	88	216
数字时钟管理模块数量	4	4	4	8	8
最大可用用户 I/O 数量	204	348	396	564	852

(4) SRAM FPGA 的配置 PROM

① XC18 系列，见附表 1-10。

附表 1-10　XC18 系列

器件	密度	PC20	SO20	PC44	VQ44
XC18V512	512 Kbit	X	X	—	X
XC18V01	1 Mbit	X	X	—	X
XC18V02	2 Mbit	—	—	X	X
XC18V04	4 Mbit	—	—	X	X

② XC17 系列，见附表 1-11。

附表 1-11　XC17 系列

器件	配置位/bit	VQ44	PC44	PC20	SO20	VO8
XC17V16	16 777 216	X	X	—	—	—
XC17V08	8 388 608	X	X	—	—	—
XC17V04	4 194 304	X	X	X	—	—
XC17V02	2 097 152	X	X	X	—	—
XC17V01	1 679 360	—	—	X	X	X

2. Altera 公司的主流产品

Altera 公司的主流产品主要分为：① 常用的 EEPROM 的 CPLD 产品；② 常用的 SRAM FPGA 产品；③ 新型的系统级 FPGA 产品；④ SRAM FPGA 的配置 PROM。

(1) 常用的 EEPROM 的 CPLD 产品

MAX7000S/AE,MAX3000A:5 V,3.3 V,2.5 V EEPROM 工艺 PLD,是 Altera 公司销量最大的产品,已生产 5 000 万片,有 32～1 024 个宏单元。MAX3000A 是 Altera 公司于 1999 年推出的 3.3 V 低价格 EEPROM 工艺 PLD,有 32～512 个宏单元,结构与 MAX7000 基本一样,见附表 1-12。

附表 1-12 5 V,3.3 V,2.5 V EEPROM 工艺 PLD

5 V	3.3 V	3.3 V	2.5 V	宏单元数量
EPM7032S	EPM7032AE	EPM3082A	EPM7032B	32
EPM7064S	EPM7064AE	EPM3064A	EPM7064B	64
EPM7128S	EPM7128AE	EPM3128A	EPM7128B	128
EPM7256S	EPM7256AE	EPM3256A	EPM7256B	256
	EPM7512AE	EPM3512A	EPM7512B	512

(2) 常用的 SRAM FPGA 产品

① FLEX10KE/ACEX1K:FLEX10KE 是 1998 年推出的 2.5 V SRAM 工艺 PLD(FPGA),有 3～25 万个门,主要有 10K30E,10K50E,10K100E,带嵌入式存储块(EAB)。较早期的型号还有 FLEX10K(5 V),FLEX10KA(3.3 V)。5 V 的 10K 和 3.3 V 的 10KA 已基本不推广,10KE 目前也已使用较少,逐渐被 ACEX1K 和 Cyclone 取代。ACEX1K 是 2000 年推出的 2.5 V 低价格 SRAM 工艺 PLD(FPGA),结构与 10KE 类似,带嵌入式存储块(EAB)。部分型号带 PLL,主要有 1K10,1K30,1K50,1K100,见附表 1-13。

附表 1-13 2.5 V 低价格 SRAM 工艺 PLD

2.5 V	2.5 V	逻辑单元(LE)数量	嵌入式 RAM 块数量	备 注
	EP1K10	576	3	每个 RAM 块容量为 4 Kbit
EPF10K30E	EP1K30	1 728	6	
EPF10K50E	EP1K50	2 880	10	
EPF10K100E	EP1K100	4 992	12	

② FLEX6000:5 V/3.3 V SRAM 工艺,较低价格的 CPLD(FPGA),结构与 10K 类似,但不带嵌入式存储块,目前已使用较少,逐渐被 ACEX1K 和 Cyclone 取代,见附表 1-14。

附表 1-14 5 V/3.3 V SRAM 工艺,较低价格的 CPLD

5 V	3.3 V	逻辑单元(LE)数量
	EPF6010A	880
EPF6016	EPF6016A	1 320
EPF6024	EPF6024A	1 960

③ APEX20K/20KE:1999 年推出的大规模 2.5 V/1.8 V SRAM 工艺 CPLD(FPGA),带 PLL,CAM,EAB,LVDS,有 3～150 万门,见附表 1-15。

附表1-15 2.5 V/1.8 V SRAM 工艺 CPLD

2.5 V	1.8 V	逻辑单元(LE)数量	嵌入式 RAM 块数量	备 注
	EP20K60E	2 560	16	
EP20K100	EP20K100E	4 160	26	
EP20K200	EP20K200E	8 320	52	
	EP20K300E	11 520	72	每个 RAM 块容量为 4 Kbit
EP20K400	EP20K400E	16 640	104	
	EP20K600E	24 320	152	
	EP20K1000E	38 400	160	
	EP20K1500E	51 840	216	

④ APEXⅡ：APEX 高密度 SRAM 工艺的 FPGA，规模超过 APEX，支持 LVDS，PLL，CAM，用于高密度设计，见附表 1-16。

附表1-16 APEX 高密度 SRAM 工艺的 FPGA

1.5 V	逻辑单元(LE)数量	嵌入式 RAM 块数量	备 注
EP2A15	16 640	104	
EP2A25	24 320	623	
EP2A40	38 400	655	每个 RAM 块容量为 4 Kbit
EP2A70	67 200	1 147	
EP2A90	89 280	1 524	

⑤ Cyclone(飓风)：Altera 公司最新一代 SRAM 工艺中等规模 FPGA，与 Stratix 结构类似，是一种低成本 FPGA 系列，配置芯片也改用新的产品，见附表 1-17。

附表1-17 SRAM 工艺中等规模 FPGA

1.5 V	逻辑单元数量	锁相环数量	M4K RAM 块数量	备 注
EP1C3	2 910	1	13	
EP1C4	4 000	2	—	
EP1C6	5 980	2	20	每块 RAM 为 4 Kbit，可以另加 1 位奇偶校验位
EP1C12	12 060	2	52	
EP1C20	20 060	2	64	

(3) 常用的系统级 FPGA 产品

① Stratix：Altera 公司最新一代 SRAM 工艺大规模 FPGA，集成硬件乘加器。其芯片内部结构比 Altera 公司以前的产品有很大变化，见附表 1-18。

附表 1-18 Stratix

1.5 V	逻辑单元 (LE)数量	512 bit RAM 块数量	4 Kbit RAM 块数量	512 Kbit Mega RAM 块数量	DSP 块数量	备 注
EP1S10	10 570	94	60	1	6	每个 DSP 块可实现 4 个 9×9 乘法/累加器，RAM 块可以另加奇偶校验位
EP1S20	18 460	194	82	2	10	
EP1S25	25 660	224	138	2	10	
EP1S30	32 470	295	171	4	12	
EP1S40	41 250	384	183	4	14	
EP1S60	57 120	574	292	6	18	
EP1S80	79 040	767	364	9	22	
EP1S120	114 140	1 118	520	12	28	

② Excalibur：片内集成 CPU(ARM922T)的 PLD/FPGA 产品，见附表 1-19。

附表 1-19 Excalibur

1.8 V	逻辑单元	ARM 核	处理器 RAM/Kbit	嵌入式 RAM/Kbit
EPXA1	4 160	1	384	52
EPXA4	16 640	1	1 536	208
EPXA10	38 400	1	3 072	320

③ Mercury：SRAM 工艺 FPGA，8 层全铜布线，I/O 性能及系统速度有很大提高。I/O 支持 CDR(时钟-数据自动恢复)，支持 DDR SDRAM 接口。内部支持四端口存储器，LVDS 接口最高支持到 1.25 Gbit/s，用于高性能高速系统设计，适合做高速系统的接口，见附表 1-20。

附表 1-20 Mercury

1.5 V	逻辑单元(LE)数量	CDR 通道数量	嵌入式 RAM 块数量	备 注
EP1M120	4 800	8	12	每个 RAM 块容量为 4Kbit
EP1M350	14 400	18	28	

④ Stratix GX：Mercury 的下一代产品，基于 Stratix 器件的架构，集成 3.125 Gbit/s 高速传输接口，用于高性能高速系统设计。

(4) SRAM FPGA 的配置 PROM

配置 EEPROM：用于配置 SRAM 工艺 FPGA 的 EEPROM，见附表 1-21。

附表 1-21 用于配置 SRAM 工艺 FPGA 的 EEPROM

型 号	容 量	适用型号 (详细内容请参阅数据手册)	电压选择	常用封装
EPCI441(不可擦写)	441 Kbit	6K,10K10~10K30,1K10	3.3 V/5 V 自动选择(可在软件中设定)	8 脚 DIP
EPCI(不可擦写)	1 Mbit	10K30E/1K30,10K/1K50,更大芯片要多片级联	3.3 V/5 V 自动选择(可在软件中设定)	8 脚 DIP

续附表 1-21

型 号	容 量	适用型号 (详细内容请参阅数据手册)	电压选择	常用封装
EPC2(可重复擦写)	2 Mbit	10K/1K/20K100 以下,更大芯片要多片级联	3.3 V/5 V引脚控制(请查阅数据手册)	20 脚 PLCC
EPC8(可重复擦写)	8 Mbit			100 脚 PQFP
EPC16(可重复擦写)	16 Mbit			88 脚 BGA

3. Actel 公司的主流产品

Actel 公司的主流产品主要有:① Flash FPGA 产品;② 反熔丝 FPGA 产品;③ 系统级 FPGA 及其 IP 核。

(1) Flash FPGA 产品

① ProASIC,见附表 1-22。

附表 1-22 ProASIC

类 别	A500K050	A500K130	A500K180	A500K270
系统门数量	100 000	290 000	370 000	475 000
ASIC 门数量	25 000	75 000	100 000	150 000
寄存器数量	5 376	12 800	18 432	26 880
嵌入的 RAM 容量/Kbit	14	45	54	63
嵌入的 RAM 模块(256×9)数量	6	20	24	28
最大用户 I/O 数量	204	306	362	440

② ProASIC^{PLUS},见附表 1-23。

附表 1-23 ProASIC^{PLUS}

类 别	APA075	APA150	APA300	APA450	APA600	APA750	APA1000
系统门数量	75 000	150 000	300 000	450 000	600 000	750 000	1 000 000
ASIC 门数量	20 000	40 000	80 000	100 000	150 000	200 000	300 000
寄存器数量	3 072	6 144	8 192	12 288	21 504	32 768	56 320
嵌入的 RAM 容量/Kbit	28	36	72	108	126	144	198
嵌入的 RAM 模块(256×9)数量	12	16	32	48	56	64	88
PLL 数量	2	2	2	2	2	2	2
全局网络数量	4	4	4	4	4	4	4
最多时钟数量	16	32	32	48	56	64	88
最大用户 I/O 数量	158	242	290	344	454	562	712

(2) 反熔丝 FPGA 产品

① Axcelerator 系列,见附表 1-24。

附表 1-24 Axcelerator 系列

类别	AX125	AX250	AX500	AX1000	AX2000
等价系统门数量	125 000	250 000	500 000	1 000 000	2 000 000
典型门数量	82 000	154 000	286 000	612 000	1 060 000
总存储位/bit	18 432	55 296	73 728	165 888	29 4912
最大寄存器数量	1 344	2 816	5 376	12 096	21 504
总模块数量	2 016	4 224	8 064	18 144	32 256
专用寄存器数量	672	1 408	2 688	6 048	10 752
RAM 模块数量	4	12	16	36	64
最大 LVDS 对个数	84	124	168	258	342
PLL 数量	8	8	8	8	8
用户 I/O 数量	168	248	336	516	684
I/O 寄存器数量	504	744	1 008	1 548	2 052
封装	CS180 FG256 FG324	PQ208 FG256 FG484	PQ208 FG484 FG676	FG484 FG676 BG729 FG896	FG896 FG1152

② SX-A/SX 系列,见附表 1-25。

附表 1-25 SX-A/SX 系列

类别	SX08/08A	SX16/16A	SX16P	SX32/32A	SX72A
典型门数量	8 000	16 000	16 000	32 000	72 000
系统门数量	12 000	24 000	24 000	48 000	108 000
专用触发器数量	256	528	528	1 080	2 012
最大 I/O 数量	130	177	177	249	360
逻辑模块数量	768	1 452	1 452	2 880	6 036

SXFPGA 在 PCI 中的应用见附表 1-26。

附表 1-26 SXFPGA 在 PCI 中的应用

类别	32 位		64 位	
	33 MHz	66 MHz	33 MHz	66 MHz
目标	SX16A SX32A SX72A	SX16P SX16A SX32A	SX32A SX72A	SX32A

续附表 1-26

类 别	32 位		64 位	
	33 MHz	66 MHz	33 MHz	66 MHz
主机/目标	SX16A SX32A SX72A	SX16P SX32A	SX32A SX72A	SX32A
主机	SX16A SX32A SX72A	SX16P SX32A	SX32A SX72A	SX32A

③ eX 系列,见附表 1-27。

附表 1-27 eX 系列

类 别	eX64	eX128	eX256
系统门数量	3 000	6 000	12 000
专用寄存器数量	64	128	256
组合元胞数量	128	256	512
最大用户 I/O 数量	84	100	132
封装	TQ64 TQ100 CS49 CS128	TQ64 TQ100 CS49 CS128	TQ100 CS128 CS180

④ MX 系列,见附表 1-28。

附表 1-28 MX 系列

类 别	MX02	MX04	MX09	MX16	MX24	MX36
系统门数量	3 000	6 000	13 500	24 000	36 000	54 000
典型门数量	2 000	4 000	9 000	16 000	24 000	36 000
最大 I/O 数量	57	69	104	140	176	202
最大触发器数量	147	273	516	928	1 410	1 822
逻辑模块数量	295	547	684	1 232	1 890	2 438

4. Lattice 公司的主流产品

Lattice 公司的主流产品主要分为:① ISP CPLD 产品;② 新型 FPGA 产品;③ 现场可编程模拟器件;④ 小规模可编程逻辑器件。

Lattice 公司是 ISP(在线可编程)技术的发明者。ISP 技术极大地促进了 PLD 产品的发展。Lattice 公司的小规模 PLD 器件在 20 世纪 80 年代和 90 年代初应用广泛。其中,小规模 PLD 比较有特色,种类齐全。Lattice 公司 1999 年收购 Vantis 公司(原 AMD 子公司),2001

年收购 Lucent 微电子公司的 FPGA 部门,是世界上主要的可编程逻辑器件供应商。

(1) ISP CPLD 产品

① ispLSI:EEPROM 工艺 PLD,包括 ispLSI1000(早期产品)/2000/5000(68 bit 宽输入系列)/8000(高密度系列),见附表 1-29。

附表 1-29 ispLSI 系列

5 V	5 V	3.3 V	2.5 V	宏单元数量
	ispLSI2032E	ispLSI2032VE	ispLSI2032VL	32
ispLSI1016EA	ispLSI2064E	ispLSI2064VE	ispLSI2064VL	64
ispLSI1024EA	ispLSI2096E	ispLSI2096VE	ispLSI2096VL	96
ispLSI1032EA	ispLSI2128E	ispLSI2128VE	ispLSI2128VL	128
ispLSI1048EA	ispLSI2192E	ispLSI2192VE	ispLSI2192VL	196
		ispILSI5256VA		256
		ispLSI5384VE		384
		ispLSI5512VA		512
		ispLSI8600V		600
	ispLSI8840	ispLSI18840V		840
		ispLSI81080V		1 080

② MACH(原 Vantis 公司产品):主要有 MACH4,MACH4A,MACH5,MACH5A,见附表 1-30。

附表 1-30 MACH

系 列	电压/V	宏单元数量	备 注
M4	5	32~256	MACH4 系列
M4LV	3.3	32~256	
M4A5	5	32~512	MACH4A 系列
M4A3	3.3	32~512	
M5	5	128~512	MACH5 系列
M5LV	3.3	128~512	
M5A5	5	128~256	MACH5A 系列
M5A3	3.3	128~512	

③ ispMACH4000V/B/C/Z:Lattice 公司收购 Vantis 公司以后推出的新一代 PLD,是目前的主力产品,见附表 1-31。

附表 1-31 isp MACH4000V/B/C/Z

3.3 V	2.5 V	1.8 V	宏单元数量
ispMACH4032V	ispMACH4032B	ispMACH4032C	32

续附表 1-31

3.3 V	2.5 V	1.8 V	宏单元数量
ispMACH4064V	ispMACH4064B	ispMACH4064C	64
ispMACH4128V	ispMACH4128B	ispMACH4128C	128
ispMACH4256V	ispMACH4256B	ispMACH4256C	256
ispMACH4384V	ispMACH4384B	ispMACH4384C	384
ispMACH4512V	ispMACH4512B	ispMACH4512C	512

④ ispXPLD5000 系列：Lattice 公司最新推出的 PLD 系列，采用 Lattice 公司新的 ispXP（ISP expanded Programming）技术，容量比较大，见附表 1-32。

附表 1-32 ispXPLD5000 系列

3.3 V	2.5 V	1.8 V	宏单元数量
LC5256MV	LC5256MB	LC5256MC	256
LC5512MV	LC5512MB	LC5512MC	512
LC5768MV	LC5728MB	LC5728MC	768
LC51024MV	LC51024MB	LC51024MC	1 024

(2) 新型 FPGA 产品

新型 FPGA 产品主要有 ispXPGA，它是 Lattice 公司最新推出的 FPGA 产品，将外部的配置芯片集成到 FPGA 当中，见附表 1-33。

附表 1-33 ispXPGA

2.5 V/3.3 V	1.8 V	PFU 数量	CDR 通道	RAM 块数量	备注
LFX125B	LFX125C	484	4	20	PFU 为 ispXPGA 的最基本单元，具体结构请查阅数据手册
LFX200B	LFX200C	676	8	24	
LFX500B	LFX500C	1 764	12	40	每块 RAM 为 4 Kbit，可以另加奇偶校验位
LFX1200B	LFX1200C	3 844	20	90	

(3) 现场可编程模拟器件

现场可编程模拟器件主要有 ispPAC 可编程模拟芯片。

在系统可编程模拟电路（in system programmability Programmable Analog Circuits）与数字在系统可编程大规模集成电路（ispLSI）一样。在系统可编程模拟器件允许设计者使用开发软件在计算机中设计、修改模拟电路，进行电路特性模拟，最后通过编程电缆将设计方案下载至芯片中。

在系统可编程器件可实现 3 种功能。

① 信号调理：是指能够对信号进行放大、衰减和滤波。
② 信号处理：是指能对信号进行求和、求差和积分运算。
③ 信号转换：是指能把数字信号转换成模拟信号。
在系统可编程模拟电路提供 3 种可编程性能。
① 可编程功能：具有对模拟信号进行放大、转换和滤波的功能。
② 可编程互联：能把器件中的多个功能块进行互联，能对电路进行重构，具有百分之百的电路布通率。
③ 可编程特性：能调整电路的增益、带宽和阈值。可以对电路板上的 ispPAC 器件反复编程。
目前可编程模拟芯片主要适合于实验用途，用于大批量生产的还不多。

（4）小规模可编程逻辑器件

小规模可编程逻辑器件主要有以下几种。

GAL/ispGAL/PAL：Lattice 公司是唯一一个既生产早期简单 PLD(GAL,PLA)，又生产复杂中、大规模 PLD 的公司，主要有 22V10,22LV10 等。

ispGDS：GDS(Generic Digital Switch) 通用数字开关。ispGDS 的功能就是一个开关矩阵，矩阵和 I/O 单元都可编程。这样 GDS 可以代替机械开关和跳线等电路。ispGDS 主要有 3 种型号：ispGDS14,ispGDS18,ispGDS22。它们工作在 5 V 电压下，最大延时为 7.5 ns，I/O 口分别为 12,18 和 22 个。

ispGDX：GDX(Generic Digital Crosspoint) 数字交叉阵列。与 ispGDS 类似，其内部增加了寄存器/锁存器、三态控制、MUX 等，使得 ispGDX 适合系统级的布线和互联。ispGDX 主要有 3 种型号：ispGDX80,ispGDX120,ispGDX160，它们分别有 80,120,160 个输入/输出单元。

Lattice 公司的小规模可编程逻辑器件见附表 1-34。

附表 1-34 Lattice 公司的小规模可编程逻辑器件

5 V	5 V	3.3 V	2.5 V	宏单元数量
	ispLSI2032E	ispLSI2032VE	ispLSI2032VI	32
ispLSI1016EA	ispLSI2064E	ispLSI2064VE	ispLSI2064VL	64
ispLSI1024EA	ispLSI2096E	ispLSI2096VE	ispLSI2096VL	96
ispLSI1032EA	ispLSI2128E	ispLSI2128VE	ispLSI2128VL	128
isplSI1048EA	ispLSI2192E	ispLSI2192VE	ispLSI2192VL	192
		ispLSI5256VA		256
		ispLSI5384VE		384
		ispLSI5512VA		512
		ispLSI8600V		600
	ispLSI8840	ispLSI8840V		840
		ispLSI81080V		1080

附录 2

各种器件的下载电路(在系统可编程 ispJTAG™ 芯片设计指导)

在系统可编程(ISP™)技术取代了通过编程器对器件进行配置的方法。芯片被放在电路板上,通过电缆连接到 PC 上并编程的想法,对许多较新的封装,如四边扁平封装(TQFP)或球栅阵列(BGA)来说是一个吸引人的可供选择的办法。然而,当将芯片放在电路板上时必须注意电路板的设计,比如时钟线的负载、缓冲、信号的终端。

在系统可编程的理想设置包括短电缆的并口连接与电路板上要配置的缓冲,还有所有并行运行的线路终端,如 TMS,TCK。当电路中只有几个芯片时,ispDOWNLOAD® 电缆内的缓冲要足够大。下面的建议将有助于对 ISP 器件编程。

1. 芯片连线细节

除了好的 PCB 设计惯例,包括在每个 ISP 芯片的 V_{CC} 和地之间使用退耦电容和尽可能使连线的长度缩短,还要注意确认编程接口信号的完整。许多 ISP 芯片包含使能 IEEE 1149.1 TAP 控制器的可选引脚ispEN,BSCAN,ENABLE,EPEN 和 BSCAN/ispEN。一些芯片支持可选择的异步复位引脚 TRST。此外,TOE 引脚在一些芯片中可以见到,它是用来让 I/O 引脚有三态功能。下面的部分提供了这些可选引脚的总结。除了使用一些外部控制,大部分可选引脚没有在标准板上使用。标准布线结构在每个芯片系列中都有展示。

对于 ispLSI® 2000VE,2000VL 和 2000E 芯片,当芯片 ispEN 和 BSCAN 引脚被连接到编程连接器上的 ispEN 信号时,在 ispEN 信号和地之间必须加滤波电容(0.01 μF)。这个滤波电容必须尽可能地靠近 PCB 的 ISP 连接器,从而能在编程时滤除任何噪声。ispEN 信号在编程时被拉低。如果没有滤波电容,则在编程时噪声可以耦合到 ispEN 信号上并妨碍编程结果。

2. ispLSI1000EA 系列

如附图 2-1 所示,没有引脚影响 TAP 控制器操作。

3. ispLSI2000VE,2000VL 和 2000E 系列

为了严格的边界扫描柔性,BSCAN 引脚必须为低电平。当这个引脚为高电平时,TAP 控制器引脚无效,功能专用输入被选中。因为这需要一些外面的控制来避免功能与边界扫描信号的争用,所以建议为边界扫描而将这些引脚反相。附图 2-2 给出了推荐连接。

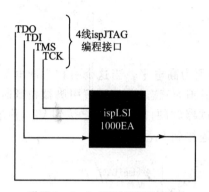

附图 2-1 ispLSI1000EA 系列

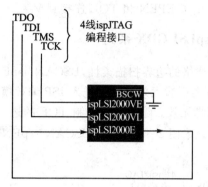

附图 2-2 ispLSI2000VE,2000VL 和 2000E 系列

4. ispLSI5000V 系列

当 TOE 引脚被拉低时,功能 I/O 引脚无效。除非使用控制 TOE 的边界扫描测试器软硬件,否则将它接到 V_{CC},使这个引脚无效。当处在编程模式或 EXTEST 被加载时,I/O 引脚由边界扫描测试寄存器控制,TOE 不起作用。附图 2-3 给出了连接到 V_{CC} 的 TOE。

5. ispLSI8000V 系列

为了严格的边界扫描柔性,BSCAN/$\overline{ispEN}$引脚必须为高电平。当这个引脚为低电平时,TAP 控制器引脚无效,芯片进入 ISP 编程模式,I/O 引脚为三态。当 TOE 引脚被拉低时,功能 I/O 引脚无效。除非使用控制 TOE 的边界扫描测试器软硬件,否则将它接到 V_{CC},使这个引脚无效。当处在编程模式或 EXTEST 被加载时,I/O 引脚由边界扫描测试寄存器控制,TOE 不起作用。附图 2-4 给出了 BSCAN/$\overline{ispEN}$和 TOE 连接到 V_{CC}。

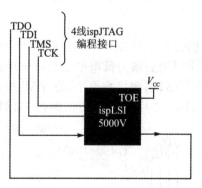

附图 2-3 ispLSI5000V 系列

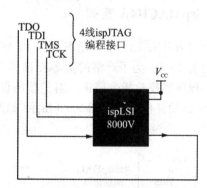

附图 2-4 ispLSI8000V 系列

6. ispLSI8000V 和 ispGDXV 系列

为了严格的边界扫描柔性,EPEN 引脚必须为高电平。当这个引脚为低电平时,TAP 控制器引脚无效。EPEN 可以作为片选,使 TAP 引脚能直接连接到总线。当 TOE 引脚被拉低时,芯片进入 ISP 编程模式,I/O 引脚为三态。当 TOE 引脚被拉低时,功能 I/O 引脚无效。除非使用控制 TOE 的边界扫描测试器软硬件,否则将它接到 V_{CC},使这个引脚无效。当处在编程模式或 EXTEST 被加载时,I/O 引脚由边界扫描测试寄存器控制,TOE 不起作用。附

图 2-5 给出了 EPEN 和 TOE 连接到 V_{CC}。

7. ispLSI GDX 系列

为了严格的边界扫描柔性,BSCAN/ispEN引脚必须为高电平。当这个引脚为低电平时,TAP 控制器引脚无效。芯片进入 ISP 编程模式,I/O 引脚为三态。当 TOE 引脚被拉低时,功能 I/O 引脚无效。除非使用控制 TOE 的边界扫描测试器软硬件,否则将它接到 V_{CC},使这个引脚无效。附图 2-6 给出了 BSCAN/ispEN 和 TOE 连接到 V_{CC}。

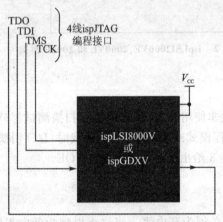
附图 2-5　ispLSI8000V 和 ispGDXV 系列

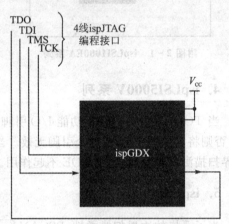
附图 2-6　ispGDX 系列

8. ispMACH4000B/C,5000VG,ispGAL 22LV10 系列

如附图 2-7 所示,没有引脚影响 TAP 控制器操作。

9. ispMACH4A 系列

$\overline{TRST}$ 和 $\overline{ENABLE}$ 引脚是可选的 JTAG 引脚,它们仅在某些 ispMACH4A 芯片中可以找到,见附表 2-1。为了严格的边界扫描柔性,$\overline{ENABLE}$ 引脚必须为低电平。当这个引脚为高电平时,程序和校验指令停止。对于新的设计,建议将 $\overline{TRST}$ 引脚接高电平,使 TAP 控制器不会被不注意地复位。如附图 2-8 所示,如果 ispMACH4A 芯片支持 $\overline{TRST}$,而且 $\overline{TRST}$ 引脚

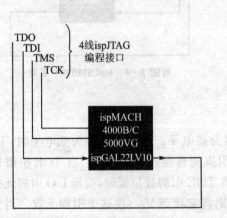
附图 2-7　ispMACH4000B/C,5000VG,ispGAL22LV10

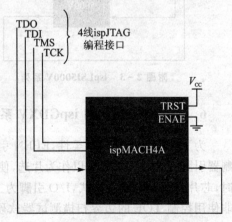
附图 2-8　ispMACH4A

被使用，Lattice 建议在 TRST 信号和地之间接 4.7 kΩ 电阻。这个电阻会保持 TAP 控制器在复位状态，直到 $\overline{\text{TRST}}$ 信号被一个高电平信号过度激励。加入这个电阻会在电源上升时增加抗扰性。

附表 2-1 ispMACH4AJTAG 编程引脚支持

器件系列	编程引脚支持
ispMACH 4A（3，5）-32/32	TDI，TDO，TMS，TCK
ispMACH 4A（3，5）-64/32	TDI，TDO，TMS，TCK
ispMACH 4A3-64/64	TDI，TDO，TMS，TCK，$\overline{\text{TRST}}$，$\overline{\text{ENABLE}}$
ispMACH 4A（3，5）-96/48	TDI，TDO，TMS，TCK
ispMACH 4A（3，5）-128/64	TDI，TDO，TMS，TCK，$\overline{\text{TRST}}$，$\overline{\text{ENABLE}}$
ispMACH 4A（3，5）-192/96	TDI，TDO，TMS，TCK
ispMACH 4A（3，5）-256/128	TDI，TDO，TMS，TCK，$\overline{\text{TRST}}$，$\overline{\text{ENABLE}}$
ispMACH 4A3-256/160	TDI，TDO，TMS，TCK，$\overline{\text{TRST}}$，$\overline{\text{ENABLE}}$
ispMACH 4A3-256/192	TDI，TDO，TMS，TCK
ispMACH 4A3-384/160	TDI，TDO，TMS，TCK
ispMACH 4A3-384/192	TDI，TDO，TMS，TCK
ispMACH 4A3-512/160	TDI，TDO，TMS，TCK
ispMACH 4A3-512/192	TDI，TDO，TMS，TCK
ispMACH 4A3-512/256	TDI，TDO，TMS，TCK

10. MACH 芯片

所有 MACH ISP 芯片使用 IEEE 1149.1 测试引入接口（TAP）作为编程接口。TAP 由 4 个标准引脚 TCK，TMS，TDI 和 TDO 组成。这些芯片也包含可选择的异步复位引脚 TRST 和编程使能引脚 $\overline{\text{ENABLE}}$[不用时接地（见附图 2-8）]。这个结构可以在 MACH355，MACH445，MACH465，MACH4-128/64，MACH4-192/96 和 MACH-256/128 芯片中找到。

在编程环境中，只需要连接 4 个标准 TAP 引脚。对于 6 引脚结构来说，ispVM™ 系统软件支持 TRST 和 $\overline{\text{ENABLE}}$ 引脚，但这不是必备的。

对于新的设计，TRST 引脚应该永远接在 V_{CC} 上，而 $\overline{\text{ENABLE}}$ 引脚应该接地。

如果 TRST 引脚被使用，它应该经 4.7 kΩ 的电阻接地以增加抗扰性。

按以上建议来给 MACH 芯片接线可以使电路板的输出简化，并且不需要对那些信号加其他缓冲。如果 TRST 引脚被使用，必须注意将串音降到最小。此外，TRST 引脚应该通过 4.7 kΩ 电阻接地。

附录 3 Lattice 系统宏(器件库)

1. MACH 宏库

(1) 基本功能宏

基本功能宏见附表 3-1。

附表 3-1 基本功能宏

宏 名 称	宏 描 述
CNT4BUDA	4 位可置数正向/反向计数器,带异步清零端
CNT4BUL	4 位可置数正向计数器,带异步清零端
CNT4DUDA	4 位可置数正向/反向计数器,带异步清零端
CNT4DUL	4 位正向计数器,带异步清零端
COMP4MAG	4 位大小比较器,带级联
COMP8EQ	8 位等同比较器,带级联
DEC2T04	2-4 译码器,高电平输出
DEC3T08	3-8 译码器,高电平输出
DEC4T010	4-10 BCD-十进制数译码器,高电平输出
DEC4T010N	4-10 BCD-十进制数译码器,低电平输出
DEC4T016	4-16 译码器,高电平输出
DFF8AR	八进制 D 触发器,带异步清零端
ENC10T04	10-4 优先编码器,工作在高电平
ENC8T03	8-3 优先编码器,工作在高电平
FADD1C	1 位带进位全加器
FADD2C	2 位二进制超前进位全加器
FADD4C	4 位全加器(2 bit 超前进位逐位进位)
INV8	八进制反相器
LAT8	八进制 D 锁存器,低电平锁存使能
LAT8ADDR	8 位可寻址锁存器
MUX16T1	16 选 1 复用器,带使能端
MUX4R21	四寄存器 2-1 复用器
MUX4T1	4 选 1 复用器,带使能端
MUX8T1	8 选 1 复用器,带使能端
PRTY9EVN	9 位偶数奇偶发生器/检验器
PRTY9DD	9 位奇数奇偶发生器/检验器
SR4PISO	4 位转移寄存器,带 2 个可选输入端口
SR4UNIV	4 位通用转移寄存器,带同步复位
SR5UNIV	5 位转移寄存器,带异步复位
SR8PIS0	8 位转移寄存器,带同步复位
SR8SIP0	8 位转移寄存器,带同步复位
SR8SIS0	8 位转移寄存器,带 2 个串入与输入端
SR8UNIV	8 位转移寄存器,带同步复位

(2) TTL 功能宏

TTL 功能宏见附表 3-2。

附表 3-2　TTL 功能宏

宏　名　称	宏　描　述
V7400	2 输入与非门
V7402	2 输入或非门
V7408	2 输入与门
V7410	3 输入与非门
V7411	3 输入与门
V7420	4 输入与非门
V7421	4 输入与门
V7427	3 输入或非门
V7430	8 输入与非门
V7432	2 输入或门
V7442	BCD 码-十进制数译码器
V7449	BCD 码-七段码译码器
V7451	二 2 宽 2/3 输入 AOL 门
V7482	2 位全加器
V7483	4 位全加器
V7485	4 位大小比较器
V7486	2 输入异或门
V74133	13 输入与非门
V74138	3-8 译码器
V74139	2-4 译码器
V74148	8-3 优先编码器
V74150	16 选 1 多路复用器,带使能端
V74151	8 选 1 多路复用器,带使能端
V74152	8 选 1 多路复用器,带使能端,低电平有效
V74153	二 4 选 1 多路复用器,带使能端
V74154	4-16 译码器
V74157	四 2 选 1 多路复用器
V74158	四 2 选 1 多路复用器(低电平有效)
V74161	预置同步 4 位二进制计数器
V74162	4 位 BCD 码/十进制计数器,W/同步复位
V74163	4 位二进制计数器,W/同步复位
V74164	8 位 SIPO 转移寄存器
V74166	8 位 PISO 转移寄存器
V74168	4 位可置数正向/反向 BCD 码计数器
V74169	4 位可置数正向/反向十进制计数器
V74174	十六进制 D 触发器,带清零端
V74181	4 位运算器
V74182	超前进位发生器

续附表 3-2

宏 名 称	宏 描 述
V74273	八进制 D 触发器,带清零端
V74280	9 位奇数/偶数奇偶发生器/检验器
V74283	4 位全加器,带超前进位
V74298	四 2 选 1 复用器,带存储
V74352	二 4 选 1 复用器,带使能端,低电平有效
V74377	八进制 D 触发器,带数据使能端
V74518	8 位等同比较器
V74521	8 位等同比较器,低电平输出

(3) 图表符号

图表符号见附表 3-3。

附表 3-3 图表符号

符 号	说 明	符 号	说 明
H	高电平	f	时钟下降沿
L	低电平	r	时钟上升沿
X	不重要的或不需要关心的	a,b,c	输入或输出常数

2. ispLSI 置宏单元库

(1) 算术运算电路(ARITH.LIB)

1) 加法器

① 典型宏单元接口定义如下。

ADDF8([Z0..Z7],CO,[A0..A7],[B0..B7],CI)

② 各类加法器宏名及功能如下。

ADDF1:1 位全加器;

ADDF2:2 位全加器;

F3ADD:3 位全加器(有超前进位产生项);

ADDF4:4 位全加器;

ADDF8:8 位全加器(有超前进位产生子宏);

ADDF16A:16 位全加器(有超前进位产生子宏);

ADDH1:1 位半加器;

ADDH2:2 位半加器;

ADDH3:3 位半加器;

ADDH4:4 位半加器;

ADDH8:8 位半加器;

ADDH8A:8 位半加器(有超前进位产生子宏);

ADDH16A:16 位半加器(有超前进位产生子宏)。

2) 比较器

① 典型宏单元接口定义如下。

CMP8(EQ,[A0..A7],[B0..B7]);

MAG8(GT,EQ,LT,[A0..A7],[B0..B7],GT1,EQ1,LT1)。

② 各类比较器宏名及功能如下。

CMP2：2位相等比较器；

CMP4：4位相等比较器；

CMP8：8位相等比较器；

MAG2：2位大小比较器；

MAG4：4位大小比较器；

MAG8：8位大小比较器。

3) 数据选择器

① 典型宏单元接口定义如下。

MULT44([Z0..Z7],[A0..A3],[B0..B3])。

② 各类多路选择器宏名及功能如下。

MUX2：2选1 MUX；

MUX2E：2选1 MUX(有使能端)；

MUX4：4选1 MUX；

MUX4E：4选1 MUX(有使能端)；

MUX8：8选1 MUX；

MUX8E：8选1 MUX(有使能端)；

MUX16：16选1 MUX；

MUX16E：16选1 MUX(有使能端)；

MUX22：二2选1 MUX(选择线共用)；

MUX22E：二2选1 MUX(选择线共用,有使能端)；

MUX24：四2选1 MUX(选择线共用)；

MUX24E：四2选1 MUX(选择线共用,有使能端)；

MUX42：二4选1 MUX(选择线共用)；

MUX42E：二4选1 MUX(选择线共用,有使能端)；

MUX44：四4选1 MUX(选择线共用)；

MUX44E：四4选1 MUX(选择线共用,有使能端)；

MUX82：八2选1 MUX(选择线共用)；

MUX82E：八2选1 MUX(选择线共用,有使能端)。

(2) 译码编码电路(CODER.LIB)

1) 译码器

① 典型宏单元接口定义如下。

BIN27([Z0..Z6],[A0..A3],EN);

DEC4([Z0..Z3],S0,S1);

DEC4E([Z0..Z3],EN,S0,S1)。

② 各类译码器宏名及功能如下。
BIN27：七段译码器(有使能端)；
DEC2：1-2 线译码器；
DEC2E：1-2 线译码器(有使能端)；
DEC3：1-3 线译码器；
DEC3E：1-3 线译码器(有使能端)；
DEC4：1-4 线译码器；
DEC4E：1-4 线译码器(有使能端)。

2) 编码器

① 典型宏单元接口定义如下。
PREN8E([Z0..Z2],[S0..S6],EN)。
② 各类编码器宏名及功能如下。
PREN8：7-3 线优先编码器；
PREN8E：7-3 线优先编码器(有使能端)；
PREN10：9-4 线优先编码器；
PREN10E：9-4 线优先编码器(有使能端)；
PRFN16：15-4 线优先编码器；
PREN16E：15-4 线优先编码器(有使能端)。

(3) 计数器(COUNTER.LIB)

1) 二进制计数器

① 典型宏单元接口定义如下。
CBD14([Q0..Q3],CAO,CAI,CLK,CD)；
CBD24([Q0..Q3],CAO,CAI,CLK,EN,CD)；
CBD34([Q0..Q3],CAO,[D0..D3],CAI,CLK,PS,LD,EN,CD)；
CBD44([Q0..Q3],CAO,[D0..D3],CAI,CLK,PS,LD,EN,CS)；
CBU14([Q0..Q3],CAO,CAI,CLK,CD)；
CBU24([Q0..Q3],CAO,CAI,CLK,EN,CD)；
CBU34([Q0..Q3],CAO,[D0..D3],CAI,CLK,PS,LD,EN,CD)；
CBU44([Q0..Q3],CAO,[D0..D3],CAI,CLK,PS,LD,EN,CS)。
② 各类二进制计数器宏名及功能如下。
CBD11：1 位减法计数器(异步清除,进位输入,进位输出)；
CBD12：2 位减法计数器(异步清除,进位输入,进位输出)；
CBD14：4 位减法计数器(异步清除,进位输入,进位输出)；
CBD18：8 位减法计数器(异步清除,进位输入,进位输出)；
CBD21：1 位减法计数器(异步清除,进位输入,进位输出,计数使能)；
CBD22：2 位减法计数器(异步清除,进位输入,进位输出,计数使能)；
CBD24：4 位减法计数器(异步清除,进位输入,进位输出,计数使能)；
CBD28：8 位减法计数器(异步清除,进位输入,进位输出,计数使能)。

2) 十进制计数器

① 典型宏单元接口定义如下。

CDD14([Q0..Q3],[D0..D3],CLK,LD,EN,CD);
CDD24([Q0..Q3],[D0..D3],CLK,LD,EN,CS);
CDD34([Q0..Q3],CAO,[D0..D3],CAI,CLK,LD,EN,CD);
CDD44([Q0..Q3],CAO,[D0..D3],CAI,CLK,LD,EN,CS);
CDU14([Q0..Q3],[D0..D3],CLK,LD,EN,CD);
CDU24([Q0..Q3],[D0..D3],CLK,LD,EN,CS);
CDU34([Q0..Q3],CAO,[D0..D3],CAI,CLK,LD,EN,CD);
CDU44([Q0..Q3],CAO,[D0..D3],CAI,CLK,LD,EN,CS);
CDUD4([Q0..Q3],[D0..D3],CLK,LD,EN,DNUP,CD,CS);
CDUD4C([Q0..Q3],CAO,[D0..D3],CAI,CLK,LD,EN,DNUP,CD,CS)。

② 各类十进制计数器宏名及功能如下。

CDD14：4 位减法计数器(异步清除,计数使能,并行置数);
CDD18：8 位减法计数器(异步清除,计数使能,并行置数);
CDD24：4 位减法计数器(同步清除,计数使能,并行置数);
CDD28：8 位减法计数器(同步清除,计数使能,并行置数);
CDD34：4 位减法计数器(异步清除,计数使能,并行置数,进位输入,进位输出);
CDD38：8 位减法计数器(异步清除,计数使能,并行置数,进位输入,进位输出);
CDD44：4 位减法计数器(同步清除,计数使能,并行置数,进位输入,进位输出);
CDD48：8 位减法计数器(同步清除,计数使能,并行置数,进位输入,进位输出);
CDU14：4 位加法计数器(异步清除,计数使能,并行置数);
CDU18：8 位加法计数器(异步清除,计数使能,并行置数);
CDU24：4 位加法计数器(同步清除,计数使能,并行置数);
CDU28：8 位加法计数器(同步清除,计数使能,并行置数);
CDU34：4 位加法计数器(异步清除,计数使能,并行置数,进位输入,进位输出);
CDU38：8 位加法计数器(异步清除,计数使能,并行置数,进位输入,进位输出);
CDU44：4 位加法计数器(同步情除,计数使能,并行置数,进位输入,进位输出);
CDU48：8 位加法计数器(同步清除,计数使能,并行置数,进位输入,进位输出);
CDUD4：4 位可逆计数器(异步清除,同步清除,计数使能,并行置数);
CDUD8：8 位可逆计数器(异步清除,同步清除,计数使能,并行置数);
CDUD4C：4 位可逆计数器(异步清除,同步清除,计数使能,并行置数,进位输入,进位输出);
CDUD8C：8 位可逆计数器(异步清除,同步清除,计数使能,并行置数,进位输入,进位输出)。

3) 4 位格雷码计数器

① 典型宏单元接口定义如下。

CGD14([Q0..Q3],[D0..D3],CLK,PS,LD,EN,CD);
CGD24([Q0..O3],[D0..D3],CLK,PS,LD,EN,CS);

CGUD4([Q0..03],[D0..D3],CLK,PS,LD,EN,DNUP,CD,CS)。
② 各类格雷码计数器宏名及功能如下。
CGD14：减法计数器(异步清除,同步置1,计数使能,并行置数)；
CGD24：减法计数器(同步清除,同步置1,计数使能,并行置数)；
CGU14：加法计数器(异步清除,同步置1,计数使能,并行置数)；
CGU24：加法计数器(同步清除,同步置1,计数使能,并行置数)；
CGUD4：可逆计数器(异步清除,同步清除,同步置1,计数使能,并行置数)。
(4) 数据选择器和数据分配器(MUX.LIB)
1) 数据选择器
① 典型宏单元接口定义如下。
MUX2E(Z0,A0,A1,EN,S0)；
MUX4E(Z0,[A0..A3],EN,S0,S1)；
MUX8E(Z0,[A0..A7],EN,[S0..S2])；
MUX22E(Z0,Z1,A0,A1,B0,B1,EN,S0)；
MUX24E(Z0,Z1,A0,A1,B0,B1,C0,C1,D0,D1,EN,S0,S1)；
MUX42E([Z0..Z3],[A0..A3],[B0..B3],EN,S0)。
② 各类选择器宏名及功能如下。
MUX2：2 选 1 MUX；
MUX2E：2 选 1 MUX(有使能端)；
MUX4：4 选 1 MUX；
MUX4E：4 选 1 MUX(有使能端)；
MUX8：8 选 1 MUX；
MUX8E：8 选 1 MUX(有使能端)；
MUX16：16 选 1 MUX；
MUX16E：16 选 1 MUX(有使能端)；
MUX22：二 2 选 1 MUX(选择线共用)；
MUX22E：二 2 选 1 MUX(选择线共用,有使能端)；
MUX24：四 2 选 1 MUX(选择线共用)；
MUX24E：四 2 选 1 MUX(选择线共用,有使能端)；
MUX42：二 4 选 1 MUX(选择线共用)；
MUX42E：二 4 选 1 MUX(选择线共用,有使能端)；
MUX44：四 4 选 1 MUX(选择线共用)；
MUX44E：四 4 选 1 MUX(选择线共用,有使能端)；
MUX82：八 2 选 1 MUX(选择线共用)；
MUX82E：八 2 选 1 MUX(选择线共用,有使能端)。
2) 数据分配器
① 典型宏单元接口定义如下。
DMUX2E(Z0,Z1,A0,EN,S0)；
DMUX4E([Z0..Z3],A0,EN,S0,S1)；

DMUX22E(Y0,Y1,Z0,Z1,A0,A1,EN,S0);
DMUX42E([Y0..Y3],[Z0..Z3],[A0..A3],EN,S0)。

② 各类分配器宏名及功能如下。

DMUX2：1-2 数据分配器；
DMUX2E：1-2 数据分配器(有使能端)；
DMUX4：1-4 数据分配器；
DMUX4E：1-4 数据分配器(有使能端)；
DMUX22：二 1-2 数据分配器(选择线共用)；
DMUX22E：二 1-2 数据分配器(选择线共用,有使能端)；
DMUX24：四 1-2 数据分配器(选择线共用)；
DMUX24E：四 1-2 数据分配器(选择线共用,有使能端)；
DMUX42：二 1-4 数据分配器(选择线共用)；
DMUX42E：二 1-4 数据分配器(选择线共用,有使能端)；
DMUX44：四 1-4 数据分配器(选择线共用)；
DMUX44E：四 1-4 数据分配器(选择线共用,有使能端)；
DMUX82：八 1-2 数据分配器(选择线共用)；
DMUX82E：八 1-2 数据分配器(选择线共用,有使能端)。

3. Lattice 系统宏

(1) 输入/输出电路(I/O PAD)

输入/输出宏有输入(I)、输出(O)和双向(BI)三类,它们只能用于 IOB,不能在 GLB 中使用。其中只有 1 个宏可以用于专用输入单元。所有输入/输出宏调用时都能编辑。

在 ISP Synario System 目录中,C_INPUT,G_CLKBUF 属于输入宏;G_OUTPUT,G_TRI 属于输出宏;G_BIDIR 属于双向宏。

宏名释义：

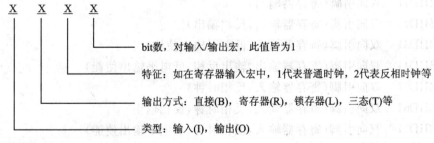

典型形式：
MACRO IB11(Z0,XA0);
MACRO OB11(XO0,A0);
MACRO ID11(Q0,XA0,CLK);
MACRO OT11(XQ0,A0,OE);
MACRO BIIL11(Q0,XB0,A0,G,OE)。

凡是标有 X 的符号都是与引脚相连的变量。

附录 3

Z0	——	输入宏的输出(直接)
O0	——	输出宏的输出(直接)
Q0	——	寄存器或锁存器的输出
A0,B0	——	宏的输入
CLK	——	寄存器时钟
G	——	锁存器门控信号
OE	——	三态输出使能信号

输入宏：

IB11	直接输入引脚
ID11	寄存器输入引脚
ID21	寄存器输入引脚(反相时钟)
IL11	锁存器输入引脚
IL21	锁存器输入引脚(低电平透明)

输出宏：

OB11	直接输出引脚
OB21	反相输出引脚
OT11	三态输出引脚
OT21	三态输出引脚(反相)
OT31	三态输出引脚(低电平使能)
OT41	三态输出引脚(反相,低电平使能)

双向宏：

BI11	双向引脚
BI21	双向引脚(输出反相)
BI31	双向引脚(低电平输出使能)
BI41	双向引脚(输出反相,低电平输出使能)
BIID11	双向引脚(寄存器输出)
BIID21	双向引脚(寄存器输入,反相输出)
BIID31	双向引脚(寄存器输入,低电平输出使能)
BIID41	双向引脚(寄存器输出,输出反相,低电平输出使能)
BIID51	双向引脚(寄存器输入,反相时钟)
BIID61	双向引脚(寄存器输入,反相时钟,反相输出)
BIID71	双向引脚(寄存器输入,反相时钟,低电平输出使能)
BIID81	双向引脚(寄存器输入,输出反相,低电平输出使能,反相时钟)
BIIL11	双向引脚(锁存器输入)
BIIL21	双向引脚(锁存器输入,反相输出)
BIIL31	双向引脚(锁存器输入,低电平输出使能)
BIIL41	双向引脚(锁存器输入,反相输出,低电平输出使能)
BIIL51	双向引脚(锁存器输入,低电平输入透明)
BIIL61	双向引脚(锁存器输入,低电平输入透明,反相输出)

BIIL71 双向引脚(锁存器输入,低电平输入透明,低电平输出使能)
BIIL81 双向引脚(锁存器输入,低电平输入透明,反相输出,低电平输出使能)

(2) 门电路

门电路功能表见附表 3-4。

宏名释义:

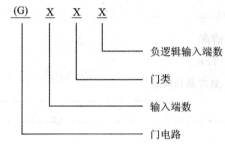

典型形式:
MACRO AND(Z0,[A0..A15]);
MACRO NOR(ZN0,[A0..A7]);

Z0　　　　　　　——输出
ZN0　　　　　　——反相输出
Ai(i=0,1,2,…)　——输入

附表 3-4　门电路功能表

宏　　名	功　　能	占用 GLB 数
BUPD	单输入缓冲门(双向)	1
INV	单输入反相器(非门)	1
C_iANDj	i 输入与门(i=2,3,4,5,6,7,8,9,10,12,16)	1
C_iNANDj	i 输入与非门(i=2,3,4,5,6,7,8,9,10,12,16)	1
G_iORj	i 输入或门(i=2,3,4,5,6,7,8,9,10,12,16)	1
G_iNORj	i 输入或非门(i=2,3,4,5,6,7,8,9,10,12,16)	1
C_iXOR	i 输入异或门(i=2,3,4)	1
C_iXOR	i 输入异或门(i=7,8)	1
C_9XOR	9 输入异或门	2
C_iXNOR	i 输入异或非门(i=2,3,4)	1
C_8XNOR	8 输入异或非门	1
G_9XNOR	9 输入异或非门	2

注:多输入异或门和多输入异或非门指各输入之间实现异或或者同或运算。

(3) 触发器

触发器功能见附表 3-5。

宏名释义:

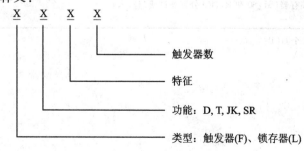

典型形式：
MACRO FD54([Q0..Q3],[D0..D3],CLK,PS,CS);

Qi	——第 i 个触发器(锁存器)输出
D,J,K	——触发器(锁存器)输入
CLK	——触发器时钟
G	——锁存器门控信号
PS,CS	——同步置1,同步清除
PD,CD	——异步置1,异步清除

附表 3-5 触发器功能表

宏名	功 能
FD11	1 bit D 触发器
FD14	4 bit D 触发器
FD21	1 bit D 触发器(异步消除)
FD24	4 bit D 触发器(异步清除)
FD31	1 bit D 触发器(同步置1)
FD34	4 bit D 触发器(同步置1)
FD41	1 bit D 触发器(*异步清除,同步置1)
FD44	4 bit D 触发器(*异步清除,同步置1)
FD51	1 bit D 触发器(同步清除,*同步置1)
FD54	4 bit D 触发器(同步清除,*同步置1)
FJK11	1 bit JK 触发器
FJK21	1 bit JK 触发器(异步清除)
FJK51	1 bit JK 触发器(异步清除,同步置1)
FT11	1 bit T 触发器(异步清除)
FT21	1 bit T 触发器(异步清除,*异步置1)
LD11	1 bit D 锁存器
LD14	4 bit D 锁存器
LD21	1 bit D 锁存器(异步清除)
LD24	4 bit D 锁存器(异步清除)
LD31	1 bit D 锁存器(异步置1)
LD34	4 bit D 锁存器(异步置1)
LD41	1 bit D 锁存器(*异步清除,异步置1)
LD14	4 bit D 锁存器(*异步清除,异步置1)
LD51	1 bit D 锁存器(异步清除,*异步置1)
LD54	4 bit D 锁存器(异步清除,*异步置1)
LSR1	简单锁存器
LSR2	SR 锁存器(S1,S0 和 R1,R0 分别通过或门输入)

注:1. 所有触发器都可编辑,且只占 1 个 GLB;
2. 有 * 号的功能优先。

(4) 算术运算电路

算术运算电路功能见附表 3-6。

宏名释义：

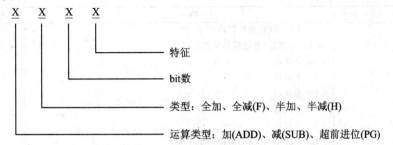

注：对多位运算而言，全加、全减指最低位有进位或借位输入，而半加、半减则无此输入。

典型形式：

MACRO ADDF8([Z0..Z7],CO,[A0..A7],[B0..B7],CI);

MACRO ADDF8_4(C2,CCI,CI,P012,P345,G012,G345);

MACRO SUBF4_2(Z2,Z3,A2,A3,B2,B3,TBO);

注：ADDF8_4 和 SUBF4_2 分别是 ADDF8A 和 SUBF4A 的 1 个子宏。

Z_i	——第 i 位输出
A_i, B_i	——第 i 位输入(对减法电路,A 是被减数,B 是减数)
CI,BI	——进位,借位输入
CO,BO	——进位,借位输出
P	——进位(借位)传递项,P012——第 0,1,2 这 3 项产生的进位传递项
G	——进位(借位)产生项,G012——第 0,1,2 这 3 项产生的进位产生项
TBO	——多位运算电路中部分数码形成的进位或借位输出
CCI	——前一级产生的进位信号

附表 3-6 算术运算电路功能表

宏 名	功 能	占用 GLB 数
ADDF1	1 bit 全加器	1
ADDF2	2 bit 全加器	1
ADDF3	3 bit 全加器	1
ADDF4	4 bit 全加器	2
ADDF8	8 bit 全加器	8
ADDF8A	8 bit 全加器(有超前进位产生项)	6
ADDF16A	16 bit 全加器(有超前进位产生项)	12
ADDH1	1 bit 半加器	1
ADDH2	2 bit 半加器	1
ADDH3	3 bit 半加器	2
ADDH4	4 bit 半加器	2
ADDH8	8 bit 半加器	6
ADDH8A	8 bit 半加器(有超前进位产生项)	5
ADDH16A	16 bit 半加器(有超前进位产生项)	12
PGi	i bit 超前进位产生电路($i=1,2,3,4$)	1
SUBF1	1 bit 全减器	1
SUBF2	2 bit 全减器	1
SUBF3	3 bit 全减器	2
SUBF4	4 bit 全减器	2
SUBF8	8 bit 全减器	8

续附表 3-6

宏名	功能	占用 GLB 数
SUBF8A	8 bit 全减器(有超前借位产生项)	6
SUBF16A	16 bit 全减器(有超前借位产生项)	12
SUBH1	1 bit 半减器	1
SUBH2	2 bit 半减器	1
SUBH3	3 bit 半减器	2
SUBH4	4 bit 半减器	2
SUBH8	8 bit 半减器	6
SUBH8A	8 bit 半减器(有超前进位产生子宏)	5
SUBH16A	16 bit 半减器(有超前进位产生子宏)	11

(5) 编码器、译码器

编码器、译码器功能见附表 3-7。

宏名释义：

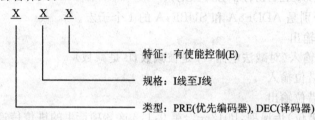

典型形式：

MACRO PREN10E([Z0..Z3],[S0..S8],EN);

Z_i ——输出

S_i ——输入

EN ——使能信号

附表 3-7 编码器、译码器功能表

宏名	功能	占用 GLB 数
PREN8	7-3 线优先编码器	1
PREN8E	7-3 线优先编码器(有使能端)	1
PREN10	9-4 线优先编码器	2
PREN10E	9-4 线优先编码器(有使能端)	2
PREN16	15-4 线优先编码器	1
PREN16E	15-4 线优先编码器(有使能端)	1
DEC2	1-2 线译码器	1
DEC2E	1-2 线译码器(有使能端)	1
DEC3	1-3 线译码器	1
DEC3E	1-3 线译码器(有使能端)	1
DEC4	1-4 线译码器	1
DEC4E	1-4 线译码器(有使能端)	1

注：1. 上述优先编码器实际是 8-3 线、10-4 线和 16-4 线优先编码器，由于 0 的输出二进制编码为 0000，所以没有安排 0 输入线；

2. 上述译码器中，1-2 线是指 1 bit 地址输入，2 个译码输出，而 1-3 线和 1-4 线都是 2 bit 地址输入，但输出分别是 3 个和 4 个。

(6) 数据选择器(MUX)与数据分配器(DMUX)

数据选择器与数据分配器功能见附表3-8。

宏名释义：

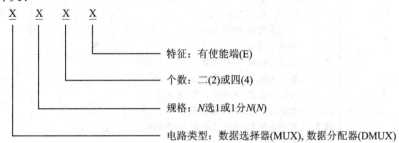

典型形式：

MACRO MUXX44E(Z_0,Z_1,Z_2,Z_3,[A_0..A_3],[B_0..B_3],[C_0..C_3],[D_0..D_3],EN,S_0,SI);

MACRO DMUX42E(Y_0,Y_1,Y_2,Y_3,Z_0,Z_1,Z_2,Z_3,A_0,A_1,A_2,A_3,EN,S_0);

Z_i	——数据选择器输出
A_i,B_i,C_i,D_i	——数据选择器输入
Y_i,Z_i	——数据分配器输出
A_i	——数据分配器输入
S_i	——地址输入

附表3-8 数据选择器与数据分配器功能表

宏　名	功　　能	占用GLB数
MUX2	2选1 MUX	1
MUX2E	2选1 MUX(有使能端)	1
MUX4	4选1 MUX	1
MUX4E	4选1 MUX(有使能端)	1
MUX8	8选1 MUX	1
MUX8E	8选1 MUX(有使能端)	1
MUX16	16选1 MUX	1
MUX16E	16选1 MUX(有使能端)	1
MUX22	二2选1 MUX(选择线共用)	1
MUX22E	二2选1 MUX(选择线共用,有使能端)	1
MUX24	四2选1 MUX(选择线共用)	1
MUX24E	四2选1 MUX(选择线共用,有使能端)	1
MUX42	二4选1 MUX(选择线共用)	1
MUX42E	二4选1 MUX(选择线共用,有使能端)	1
MUX44	四4选1 MUX(选择线共用)	2
MUX44E	四4选1 MUX(选择线共用,有使能端)	2
MUX82	八2选1 MUX(选择线共用)	2
MUX82E	八2选1 MUX(选择线共用,有使能端)	2
DMUX2	1-2数据分配器	1
DMUX2E	1-2数据分配器(有使能端)	1

续附表 3-8

宏　名	功　　能	占用 GLB 数
DMUX4	1-4 数据分配器	1
DMUX4E	1-4 数据分配器(有使能端)	1
DMUX22	二 1-2 数据分配器(选择线共用)	1
DMUX24	四 1-2 数据分配器(选择线共用)	2
DMUX24E	四 1-2 数据分配器(选择线共用,有使能端)	2
DMUX42	二 1-4 数据分配器(选择线共用)	2
DMUX42E	二 1-4 数据分配器(选择线共用,有使能端)	2
DMUX44	四 1-4 数据分配器(选择线共用)	4
DMUX44E	四 1-4 数据分配器(选择线共用,有使能端)	4
DMUX82 *	八 1-2 数据分配器(选择线共用)	4
DMUX82E	八 1-2 数据分配器(选择线共用,有使能端)	4

＊DMUX82 是八进制 1-2 数据分配器,相当于连用的 8 个 1-2 数据分配器。

(7) 计数器

各种计数器功能见附表 3-9～附表 3-15。

宏名释义：

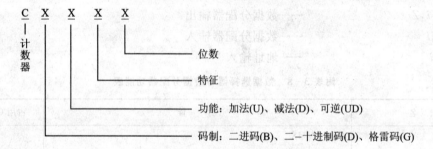

典型形式：

MACRO CBU44([Q0..Q3],(CAO,[D0..D3],CAI,CLK,PS,LD,EN,CS);
MACRO CDUD44([90..Q3],[D0..D3],CAI,CLK,PS,LD,EN,DNUP,CD,CS)。

Q_i	——第 i 位触发器
CAO	——进位(借位)输出
D_i	——第 i 位数据输入
CAI	——进位(借位)输入
CLK	——时钟
PS,CS	——同步置 1,同步清除
PD,CD	——异步置 1,异步清除
EN	——计数使能
LD	——并行置数
DNUP	——加减控制

注：① CAI 是进位(借位)输入,当多个计数器同步级联使用时,每个计数器在低位计数器有进位信号出现,也就是 CAI 等于 1 时才能计数,所以计数器单独使用时,应将 CAI 置 1。CAI 相当于 74LS161 中的 T 端。② DNUP 为加减控制端,DNUP＝1 执行减法。

1) 二进制加法计数器(CBUXX)

附表 3-9　加法计数器功能表

宏　名	功　　能	占用 GLB 数
CBU11	1 位(异步清除,进位输入,进位输出)	1
CBU12	2 位(异步清除,进位输入,进位输出)	1
CBU14	4 位(异步清除,进位输入,进位输出)	2
CBU18	8 位(异步清除,进位输入,进位输出)	3
CBU21	1 位(异步清除,进位输入,进位输出,计数使能)	1
CBU22	2 位(异步清除,进位输入,进位输出,计数使能)	1
CBU24	4 位(异步清除,进位输入,进位输出,计数使能)	2
CBU28	8 位(异步清除,进位输入,进位输出,计数使能)	3
CBU31	1 位(异步清除,进位输入,进位输出,计数使能,并行置数,同步置 1)	1
CBU32	2 位(异步清除,进位输入,进位输出,计数使能,并行置数,同步置 1)	1
CBU34	4 位(异步清除,进位输入,进位输出,计数使能,并行置数,同步置 1)	2
CBU38	8 位(异步清除,进位输入,进位输出,计数使能,并行置数,同步置 1)	4
CBU41	1 位(同步清除,进位输入,进位输出,计数使能,并行置数,同步置 1)	1
CBU42	2 位(同步清除,进位输入,进位输出,计数使能,并行置数,同步置 1)	1
CBU44	4 位(同步清除,进位输入,进位输出,计数使能,并行置数,同步置 1)	2
CBU48	8 位(同步清除,进位输入,进位输出,计数使能,并行置数,同步置 1)	4

注：置 1 功能是指将计数器置成最大数。

2) 二进制减法计数器(CBDXX)

附表 3-10　减法计数器功能表

宏　名	功　　能	占用 GLB 数
CBD11	1 位(异步清除,进位输入,进位输出)	1
CBD12	2 位(异步清除,进位输入,进位输出)	1
CBD14	4 位(异步清除,进位输入,进位输出)	2
CBD18	8 位(异步清除,进位输入,进位输出)	3
CBD21	1 位(异步清除,进位输入,进位输出,计数使能)	1
CBD22	2 位(异步清除,进位输入,进位输出,计数使能)	1
CBD24	4 位(异步清除,进位输入,进位输出,计数使能)	2
CBD28	8 位(异步清除,进位输入,进位输出,计数使能)	3
CBD31	1 位(异步清除,进位输入,进位输出,计数使能,并行置数,同步置 1)	1
CBD32	2 位(异步清除,进位输入,进位输出,计数使能,并行置数,同步置 1)	1
CBD34	4 位(异步清除,进位输入,进位输出,计数使能,并行置数,同步置 1)	2
CBD38	8 位(异步清除,进位输入,进位输出,计数使能,并行置数,同步置 1)	4
CBD41	1 位(同步清除,进位输入,进位输出,计数使能,并行置数,同步置 1)	1
CBD42	2 位(同步清除,进位输入,进位输出,计数使能,并行置数,同步置 1)	1
CBD44	4 位(同步清除,进位输入,进位输出,计数使能,并行置数,同步置 1)	2
CBD48	8 位(同步清除,进位输入,进位输出,计数使能,并行置数,同步置 1)	4

3) 二进制可逆计数器(CBUDXX)

附表3-11 可逆计数器功能

宏名	功　能	占用GLB数
CBUD1	1位(异步清除,进位输入,进位输出,计数使能,同步清除,并行置数,同步置1)	1
CBUD2	2位(异步清除,进位输入,进位输出,计数使能,同步清除,并行置数,同步置1)	1
CBUD4	4位(异步清除,进位输入,进位输出,计数使能,同步清除,并行置数,同步置1)	2
CBUD8	8位(异步清除,进位输入,进位输出,计数使能,同步清除,并行置数,同步置1)	3

4) 十进制加法计数器(CDUXX)

附表3-12 十进制加法计数器功能表

宏名	功　能	占用GLB数
CDU14	4位(异步清除,进位输入,进位输出)	1
CDU18	8位(异步清除,进位输入,进位输出)	3
CDU24	4位(异步清除,进位输入,进位输出,计数使能)	1
CDU28	8位(异步清除,进位输入,进位输出,计数使能)	3
CDU34	4位(异步清除,进位输入,进位输出,计数使能,并行置数,同步置1)	2
CDU38	8位(异步清除,进位输入,进位输出,计数使能,并行置数,同步置1)	3
CDU44	4位(同步清除,进位输入,进位输出,计数使能,并行置数,同步置1)	2
CDU48	8位(同步清除,进位输入,进位输出,计数使能,并行置数,同步置1)	3

5) 十进制减法计数器(CDDXX)

附表3-13 十进制减法计数器功能表

宏名	功　能	占用GLB数
CDD14	4位(异步清除,进位输入,进位输出)	1
CDD18	8位(异步清除,进位输入,进位输出)	3
CDD24	4位(异步清除,进位输入,进位输出,计数使能)	1
CDD28	8位(异步清除,进位输入,进位输出,计数使能)	3
CDD34	4位(异步清除,进位输入,进位输出,计数使能,并行置数,同步置1)	2
CDD38	8位(异步清除,进位输入,进位输出,计数使能,并行置数,同步置1)	3
CDD44	4位(同步清除,进位输入,进位输出,计数使能,并行置数,同步置1)	2
CDD48	8位(同步清除,进位输入,进位输出,计数使能,并行置数,同步置1)	3

6) 十进制可逆计数器(CDUDXX)

附表3-14 十进制可逆计数器功能表

宏名	功　能	占用GLB数
CDUD4	4位(异步清除,同步清除,计数使能,并行置数)	2
CDUD8	8位(异步清除,同步清除,计数使能,并行置数)	4
CDUD4C	4位(异步清除,进位输入,进位输出,计数使能,并行置数,同步置数)	2
CDUD8C	8位(异步清除,进位输入,进位输出,计数使能,并行置数,同步置数)	4

7) 4 bit 格雷码计数器(CGXX4)

附表 3-15 格雷码计数器功能表

宏 名	功 能	占用 GLB 数
CGU14	加法(异步清除,同步置1,计数使能,并行置数)	2
CGU24	加法(同步清除,同步置1,计数使能,并行置数)	2
CGD14	减法(异步清除,同步置1,计数使能,并行置数)	2
CGD24	减法(同步清除,同步置1,计数使能,并行置数)	2
CGUD4	可逆(异步清除,同步清除,同步置1,计数使能,并行置数)	2

(8) 移位寄存器

移位寄存器功能见附表 3-16。

宏名释义：

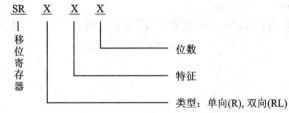

典型形式：
MACRO SRR48([Q0..Q7],[D0..D7],CAI,CLK,PS,LD,EN,CS);
MACRO SRL48([Q0..Q7],[D0..D7],CAIR,CAIL,CLK,PS,LD,EN,RL,CD,CS);

  Qi ——第 i 位触发器
  Di ——第 i 位数据输入
  CAI   ——单向串行输入
  CAIR,CAIL   ——右移串行输入,左移串行输入
  CLK   ——时钟
  PS,CS   ——同步置1,同步清除
  PD,CD   ——异步置1,异步清除
  LD   ——并行置数
  EN   ——移位使能
  RL   ——左右移控制

注：这里的所谓置1是指将所有触发器全部置1。

附表 3-16 移位寄存器功能表

宏 名	功 能	占用 GLB 数
SRR1	1位单向(异步复位)	1
SRR14	4位单向(异步复位)	1
SRR18	8位单向(异步复位)	2
SRR21	1位单向(异步复位,移位使能)	1
SRR24	4位单向(异步复位,移位使能)	1
SRR28	8位单向(异步复位,移位使能)	2

续附表 3-16

宏名	功能	占用 GLB 数
SRR31	1 位单向(异步复位,移位使能,并行置数,同步置1)	1
SRR34	4 位单向(异步复位,移位使能,并行置数,同步置1)	1
SRR38	8 位单向(异步复位,移位使能,并行置数,同步置1)	2
SRR41	1 位单向(同步复位,移位使能,并行置数,同步置1)	1
SRR44	4 位单向(同步复位,移位使能,并行置数,同步置1)	1
SRR48	8 位单向(同步复位,移位使能,并行置数,同步置1)	2
SRRL1	1 位双向(异步复位,移位使能,并行置数,同步置1)	1
SRRL4	4 位双向(异步复位,移位使能,并行置数,同步置1)	1
SRRL8	8 位双向(异步复位,移位使能,并行置数,同步置1)	2

(9) 其他(比较器和显示译码器)

比较器和显示译码器功能及 ISP Synario System 宏库中 TTL 宏见附表 3-17~附表 3-19。

宏名释义：

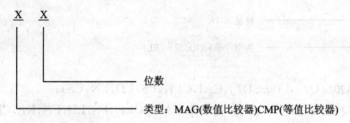

注：CMP 和 MAG 都是比较,但 CMP 只能判别 A,B 两数是否相等；MAG 除了判别两数是否相等外,还能判别两数的大小。

典型形式：

MACRO CMP4(EQ,[A0..A3],[B0..B3]);

MACRO MAG4(GT,EQ,LT,[A0..A3],[B0..B3],GTI,EQI,LTI)。

  GT   ——A>B 输出

  EQ   ——A=B 输出

  LT   ——A<B 输出

  Ai, Bi ——被比较的两数的第 i 位

  GTI   ——A>B 输入(低位比较器的输出)

  EQI   ——A=B 输入(低位比较器的输出)

  LTI   ——A<B 输入(低位比较器的输出)

MACRO BIN27([Z0..Z6],[A0..A3],EN)

  Zi ——七段输出中的第 i 段输出

  Ai ——第 i 位二进制输入

  EN   ——使能信号

  MAG16E ——带使能端的 16 位幅度比较器

附表3-17 比较器功能表

宏名	功能	占用GLB数
MAG2	2位幅度比较器	1
MAG4	4位幅度比较器	3
MAG8	8位幅度比较器	6

附表3-18 七段显示译码器功能表

宏名	功能	占用GLB数
BIN27	BCD/七段显示译码器	2

附表3-19 ISP Synario System 宏库中 TTL 宏表

107	113	116	138	139	145	148	149	150	151	152	153	153	155	156
157	158	160	161	162	163	164	166	168	169	174	175	178	179	180
182	193	195	198	199	259	273	279	280	282	293	295	298	352	375
376	377	378	379	390	393	398	399	42	451	453	460	47	51	521
57	577	73	75	82	85	93	98							

附录 4

国内外常用二进制逻辑元件图形符号对照表

对照表如附表 4-1 所列。

附表 4-1 国内外常用二进制逻辑元件图形符号对照表

图形符号						说明
中国	国际电工委员会	美国	德国	英国	日本	
						逻辑非,示在输入端
						逻辑非,示在输出端
						逻辑极性,示在输入端
						逻辑极性,示在输出端
						动态输入
						带逻辑非的动态输入
&	&	或 &	&	&	AND	与门
≥1	≥1	或 ≥1	≥1	≥1	OR	或门

续附表 4 – 1

图形符号						说 明
中 国	国际电工委员会	美 国	德 国	英 国	日 本	
1	1	1 或	1	1	NOT	非门 反相器
&	&	& 或	&	&	NAND	与非门
≥1	≥1	≥1 或	≥1	≥1	NOR	或非门
=1	=1	=1 或	=1	=1		异或门
$t_1\ t_2$	$t_1\ t_2$	$t_1\ t_2$ 或 $t_1\ t_2$	$t_1\ t_2$	$t_1\ t_2$		规定延迟时间的延迟单元

附录 5 世界著名的 FPGA 厂商及商标符号

随着可编程逻辑器件应用的日益广泛,许多 IC 制造厂家涉足 FPGA/CPLD 领域。目前世界上有十几家生产 FPGA/CPLD 的公司,最大的三家是 Altera,Xilinx 和 Lattice。其中,Altera 和 Xilinx 占有 60 %以上的市场份额。可以说,Altera 和 Xilinx 共同决定了 PLD 技术的发展方向。

该公司 20 世纪 90 年代以后发展很快,是最大的可编程逻辑器件供应商之一。其主要产品有 MAX 系列、FLEX 系列、APEX 系列、ACEX 系列、Stratix/Stratix Ⅱ系列、Cyclone/Cyclone Ⅱ系列等。集成开发环境为 Max+plusⅡ和 QuartusⅡ。

FLEX10KE/ACEX1K:FLEX10KE 是 1998 年推出的 2.5 V SRAM 工艺 PLD(FPGA),从 3~25 万门,主要有 10K30E,10K50E,10K100E,带嵌入式存储块(EAB)。较早期的型号还有 FLEX10K(5 V),FLEX10KA(3.3 V);5 V 的 10K 和 3.3 V 的 10KA 已基本不推广,10KE 目前也已较少使用,逐渐被 ACEX1K 和 Cyclone 取代。ACEX1K 是 2000 年推出的 2.5 V 低价格 SRAM 工艺 PLD(FPGA),结构与 10KE 类似,带嵌入式存储块(EAB),部分型号带 PLL,主要有 1K10,1K30,1K50,1K100。

APEXⅡ:APEX 的高密度 SRAM 工艺的 FPGA,规模超过 APEX,支持 LVDS,PLL,CAM,用于高密度设计。

Stratix:Altera 最新一代 SRAM 工艺大规模 FPGA,集成硬件乘加器,芯片内部结构比 Altera 以前的产品有很大变化。

StratixⅡ:StratixⅡ是采用 1.2 V,90 nm 全铜 SRAM 工艺制造的。它在 Stratix 架构的基础上,针对 90 nm 工艺作了一些改进,采用了全新的逻辑结构——自适应逻辑模块(ALM),增加了源同步通道的动态相位对准电路和对新的外部存储器接口的支持。StratixⅡ支持对配置文件的 AES 加密。

Cyclone 器件:Cyclone 是一种低成本 FPGA 系列,配置芯片也改用新的产品。Cyclone FPGA 具有一套为消费类、工业、电子、计算机和通信市场大批量成本敏感应用优化的特性。Cyclone 器件采用了成本优化的全铜1.5 V SRAM工艺,容量从 2 910~20 060 个逻辑单元,具有多达 294 912 位的嵌入 RAM。Cyclone 器件支持多种单端 I/O 标准,如 LVTTL,LVCMOS,PCI 和 SSTL-2/3。Cyclone 器件具有一个简化的 LVDS,支持多达 129 个通道,每个通道的吞吐量可达 311 Mbit/s。Cyclone 器件具有专用电路,实现双数据率(DDR)SDRAM

和 FCRAM 接口。每个 Cyclone 器件有两个锁相环(PLL),共有 6 个输出和层次化时钟结构,为复杂设计提供了强大的时钟管理电路。把这些业界最高效结构的特性结合在 Cyclone FPGA 系列中,使之成为 ASIC 最灵活和最划算的替代方案。

CycloneⅡ:CycloneⅡ器件是基于 StratixⅡ的 90 nm 工艺的低成本 FPGA。芯片容量比 Cyclone 器件大,最多达到 68 416 个逻辑单元和 1.1 Mbit 的存储位。

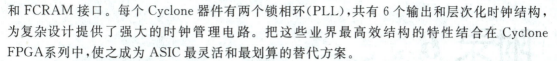

该公司是 FPGA 的发明者,老牌 PLD 公司,是最大的可编程逻辑器件供应商之一。其产品种类较全,主要有 Spartan,Virtex 等。开发软件为 Foundition 和 ISE。

Spartan:中等规模 SRAM 艺 FPGA。核心电压分为 5 V 和 3.3 V 两种,CLB 从 100 个单元到最大 784 单元。

SpartanⅡ:2.5 V SRAM 工艺 FPGA,Spartan 的升级产品。具有独立的 RAM 块,有4~14 个,每块 RAM 容量是 4 Kbit。

SpartanⅡE:1.8V 中等规模 FPGA,与 Virtex-E 的结构基本一样,是 Virtex-E 的低价格版本。

Virtex/Virtex-E:大规模 SRAM 工艺 FPGA。可工作在 2.5 V 和 1.8 V 两种电压下,最大 Slices 可达到 32 448 个单元,RAM 可达 208 块。

VirtexⅡ:新一代大规模 SRAM 工艺 FPGA 产品。1.5 V 电压,内嵌 18×18 乘法器。

VirtexⅡ pro:基于 VirtexⅡ的结构,内部集成 CPU 的 FPGA 产品。

SpartanⅢ:最新一代 FPGA 产品,结构与 VirtexⅡ类似,90 nm 工艺,2004 年批量生产。

Virtex-4 LX:侧重普通逻辑应用,2005 年底开始批量生产。

Virtex-4 SX:侧重数字信号处理,DSP 模块比较多,2006 年初开始批量生产。

Virtex-4 FX:集成 PowerPC 和高速接口收发模块,2006 年初开始批量生产。

Lattice 公司是 ISP 技术的发明者,ISP 技术极大地促进了 PLD 产品的发展。与 Altera 和 Xilinx 公司相比,其开发工具比 Altera 和 Xilinx 公司略逊一筹。中小规模 PLD 比较有特色,不过其大规模 FPGA,PLD 的竞争力还不够强。该公司 1999 年推出可编程模拟器件,同年收购 Vantis(原 AMD 子公司),成为第三大可编程逻辑器件供应商。2001 年 12 月收购 Agere 公司(原 Lucent 微电子部)的 FPGA 部门。主要产品有 ispLSI2000/5000/8000,MACH4/5,ispMACH4000等。

Actel(www.actel.com)公司是反熔丝(一次性烧写)PLD 的领导者,由于反熔丝 PLD 抗辐射,耐高、低温,功耗低,速度快,所以在军品和宇航级产品上有较大优势。

Quicklogic(www.quicklogic.com)公司是专业 FPGA/PLD 公司,以一次性反熔丝工艺为主,一些集成硬核的FPGA比较有特色。

附录 6

实验开发板电路原理图

实验开发板电路原理图如附图 6-1～附图 6-4 所示。

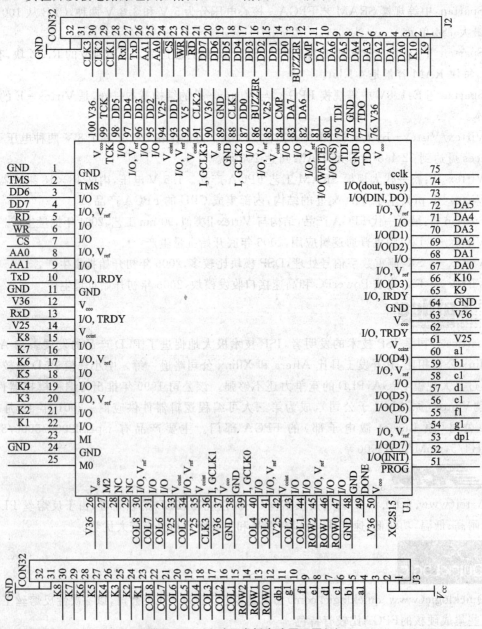

附图 6-1 实验开发板电路原理图(1)

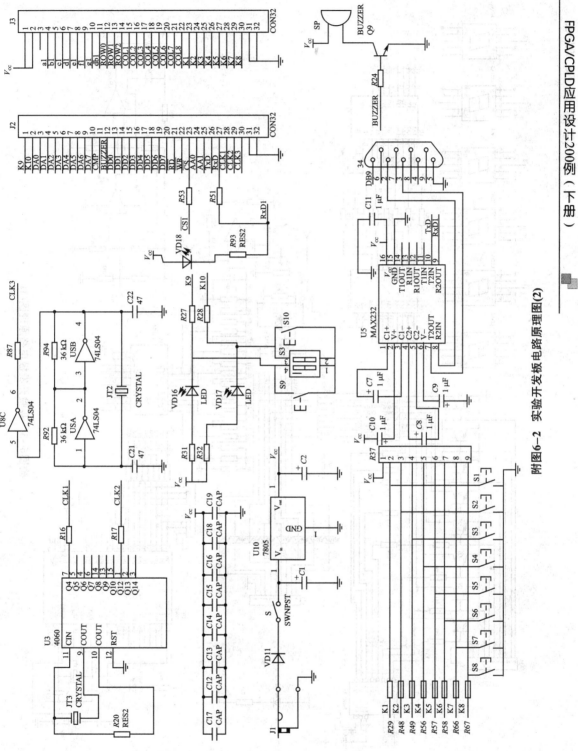

附图6-2 实验开发板电路原理图(2)

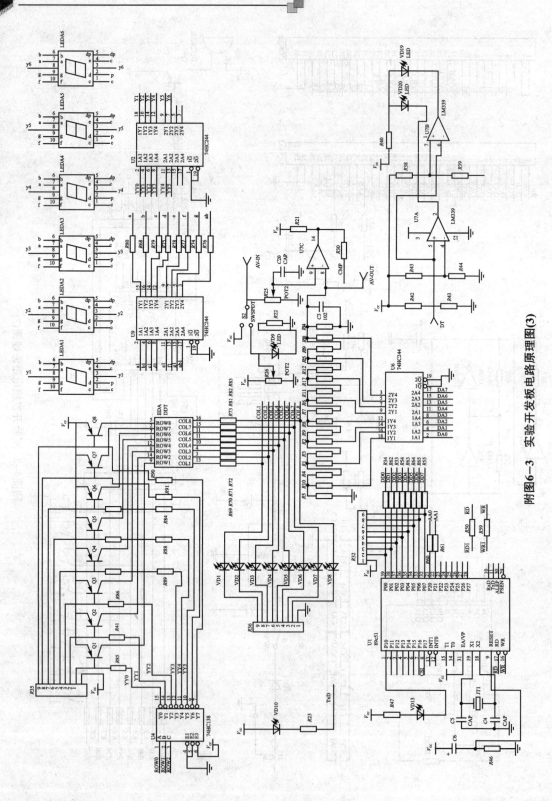

附图6-3 实验开发板电路原理图(3)

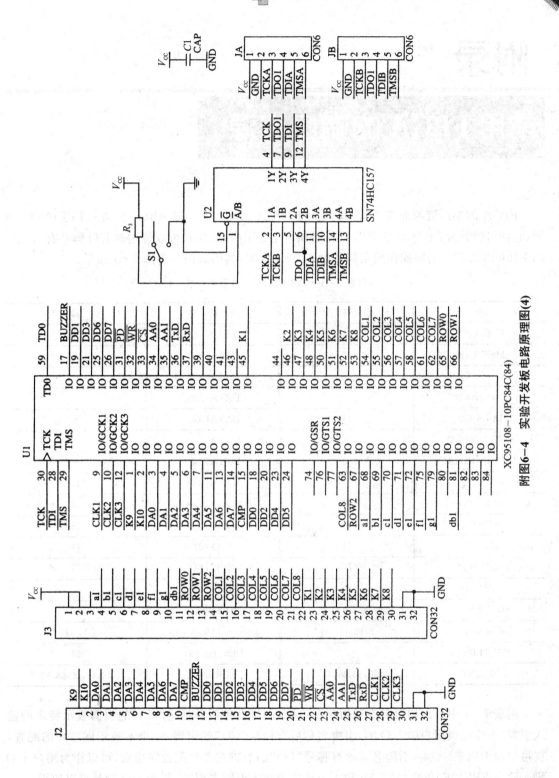

附图6-4 实验开发板电路原理图(4)

附录 7

常用 FPGA 的端口资源

FPGA 的端口资源非常丰富,其多少与 FPGA 系列有关。以 Altera 公司的 EPF10K10 为例,它的引脚共有 84 个,除去芯片配置必须占用的引脚外,用户可以使用的 I/O 脚共有 59 个。EPF10K10 芯片上的特殊作用引脚如附表 7-1 所列,其引脚图如附图 7-1 所示。

附表 7-1 EPF10K10 专用引脚分布

引 脚 名	引 脚 号	引 脚 名	引 脚 号
MSEL0 (2)	31	CLKUSR (4)	73
MSEL1 (2)	32	DATA7 (4)	5
nSTATUS (2)	55	DATA6 (4)	6
nCONFIG (2)	34	DATA5 (4)	7
DCLK (2)	13	DATA4 (4)	8
CONF_DONE (2)	76	DATA3 (4)	9
INIT_DONE (3)	69	DATA2 (4)	10
nCE (2)	14	DATA1 (4)	11
nCEO (2)	75	DATA0 (2), (5)	12
nWS (4)	80	TDI (2)	15
nRS (4)	81	TDO (2)	74
nCS (4)	78	TCK (2)	77
CS (4)	79	TMS (2)	57
RDYnBSY (4)	70	TRST (2)	56
Dedicated Inputs	2, 42, 44, 84	Dedicated Clock Pins	1, 43
DEV_CLRn (3)	3	DEV_OE (3)	83
VCCINT	4, 20, 33, 40, 45, 63	GNDINT	26, 41, 46, 68, 82

附表 7-1 中列出的引脚都是用户 I/O 脚;引脚名称后有标号"(2)"的引脚表示特定的输入引脚,不能用做用户的 I/O 脚;引脚名称后有标号"(3)"的引脚,如果不被用做芯片的配置,就可以作为用户 I/O 脚;引脚名称后有标号"(4)"的引脚在芯片配置完毕后,可以作为用户 I/O 脚。除去 EPF10K10 的 DATA0 和 4 个特定的输入引脚未用外,其余 I/O 脚都可以使用。

EPF10K10 的 I/O 脚被分成 6 组,前 5 组每组 8 位,第 6 组 6 位,一共 54 个 I/O 脚,6 个 I/O 端口资源。EPF10K10 I/O 端口资源分配如附图 7-1 所示。

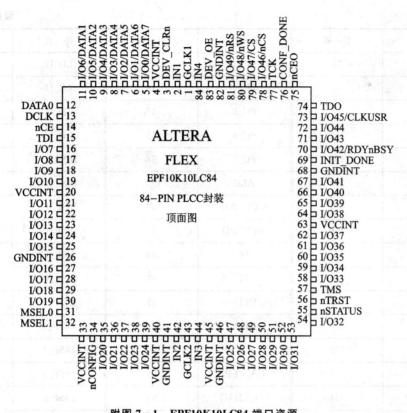

附图 7-1　EPF10K10LC84 端口资源

附表 7-2 则是 Altera FPGA 芯片 ACEX1K100 的端口资源分配的一个实例(实际中还有很多其他的分配办法)。

附表 7-2　ACEX1K100 端口资源

外　设	引　脚	外　设	引　脚	外　设	引　脚
SRAM_512K		MPU 接口		显示	
RAM_A16	7	PA_0	28	LD_1	136
RAM_A14	8	PA_1	29	LD_2	139
RAM_A12	9	PA_2	30	LD_3	140
RAM_A7	11	PA_3	31	LD_4	141
RAM_A6	12	PA_4	36	LD_5	142
RAM_A5	13	PA_5	37	LD_6	143
RAM_A4	14	PA_6	38	LD_7	144
RAM_A3	15	PA_7	39	LD_8	147
RAM_A2	17	PC_0	40	LD_9	148
RAM_A1	18	PC_1	41	LD_10	149
RAM_A0	24	PC_2	44	LD_11	150

续附表 7-2

外 设	引 脚	外 设	引 脚	外 设	引 脚
RAM_D0	25	PC_3	45	LD_12	157
RAM_D1	26	PC_4	46	LD_13	158
RAM_D2	27	PC_5	47	LD_14	159
RAM_D3	161	PC_6	53	LD_15	160
RAM_D4	162	PC_7	54	DISP_15	179
RAM_D5	163	ALE	55	DISP_14	187
RAM_D6	164	MCU_WR	56	DISP_13	189
RAM_D7	166	MCU_RD	57	DISP_12	180
RAM_CS	167	T0	58	DISP_11	191
RAM_A10	168	T1	60	DISP_10	192
RAM_RD	169	INT0	61	DISP_9	193
RAM_A11	170	INT1	63	DISP_8	195
RAM_A9	172	D/A 变换		DISP_7	196
RAM_A8	173	DA_CLR	64	DISP_6	197
RAM_A13	174	DA_LDAC	65	DISP_5	198
RAM_WR	175	DA_D6/S0	67	DISP_4	199
RAM_A17	176	DA_CS	68	DISP_3	200
RAM_A15	177	DA_WR	69	DISP_2	202
RAM_A18	205	DA_A1	70	DISP_1	203
外部接口		DA_A0	71	串口_1	
Out_1	102	DA_D5	73	TXD_1	126
Out_2	103	DA_D4	74	RXD_1	127
Out_3	104	DA_D3	75	串口_2	
Out_4	111	DA_D2	83	RTS/TXD_2	128
Out_5	112	DA_D9/D1	85	CTS/RXD_2	131
Out_6	113	DA_D7/S1	86	红外接口	
按键(入口)		DA_D9/D0	87	TXD	128
Key_1/In_1	114	A/D 变换		RXD	131
Key_2/In_2	115	AD_D7	88	PS2 接口_1	
Key_3/In_3	116	AD_D6	89	PS2A_CLK	132
Key_4/In_4	119	AD_D5	90	PS2A_DATA	133
Key_5/In_5	120	AD_D4	92	PS2 接口_2	

续附表 7-2

外 设	引 脚	外 设	引 脚	外 设	引 脚
Key_6/In_6	121	AD_CS	93	PS2B_CLK	134
Key_7/In_7	122	AD_D0	94	PS2B_DATA	135
Key_8/In_8	125	AD_D1	95	24 MHz 时钟	
		AD_D2	96	CLK	79
		AD_D3	97		
		AD_WR	99		
		AD_RD	100		
		AD_INT	101		

附图 7-2 是 ACEX1K100 端口资源分配的一个实例图。ACEX1K 的系统门数最多可达 257 000 个,逻辑门 100 000 个。芯片内部有 4 992 个逻辑单元(LE);有 12 个嵌入式存储块 (EAB),即 49 125 位双口 RAM;最多有 333 个用户可用 I/O(BGA 封装)。为了焊接方便,附图 7-2 使用的 FPGA 是 PQFP 封装,有 147 个用户可用 I/O;支持 PLL 锁相环电路;端口电源支持 5 V,3.3 V;工作频率可达 50 MHz。

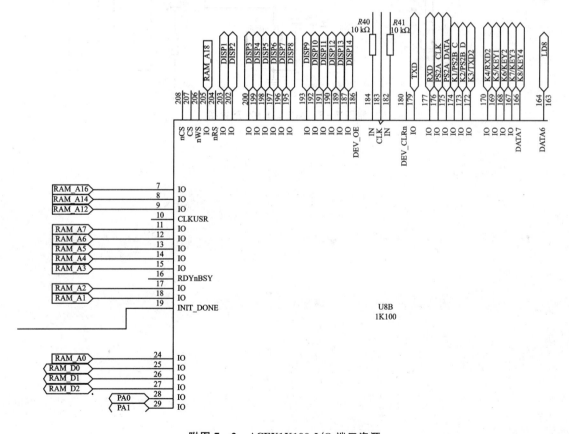

附图 7-2 ACEX1K100 I/O 端口资源

附图 7-3 是 ACEX1K100 配置原理图。ACEX1K100 支持 JTAG 边界扫描标准,应用 ByteBlasterMV 下载电缆可以实现在系统编程配置,ByteBlasterMV 下载电缆是用于其可编程逻辑器件编程下载的专用电缆。由于 ACEX1K100 是基于 SRAM 工艺的 FPGA,掉电以后配置信息就会丢失,所以在实际应用系统中要使用专用的配置芯片 EPC2,在上电以后对 ACEX1K100 进行自动配置。

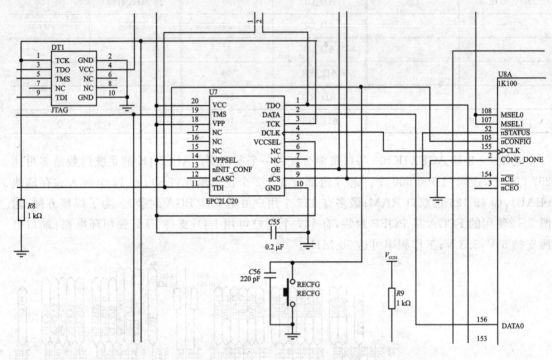

附图 7-3　ACEX1K100 配置图

附录 8

两种 CPLD 实验仪器面板图及电路图

DP-MCU/Altera 实验仪电路布局如附图 8-1 所示。

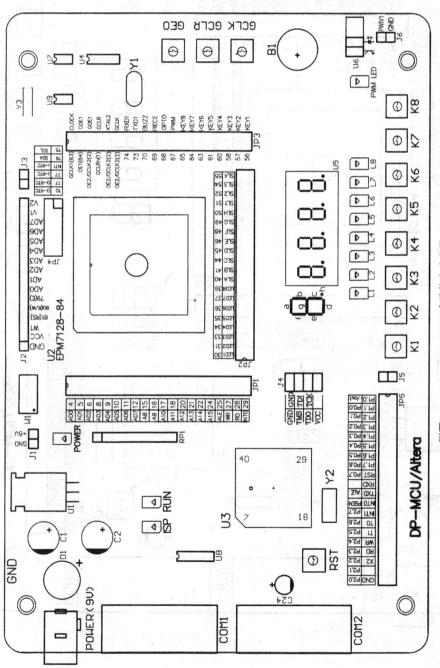

附图 8-1　DP-MCU/Altera 实验仪电路布局

附录8

DP－MCU/Xilinx实验仪电路布局如附图8-2所示。

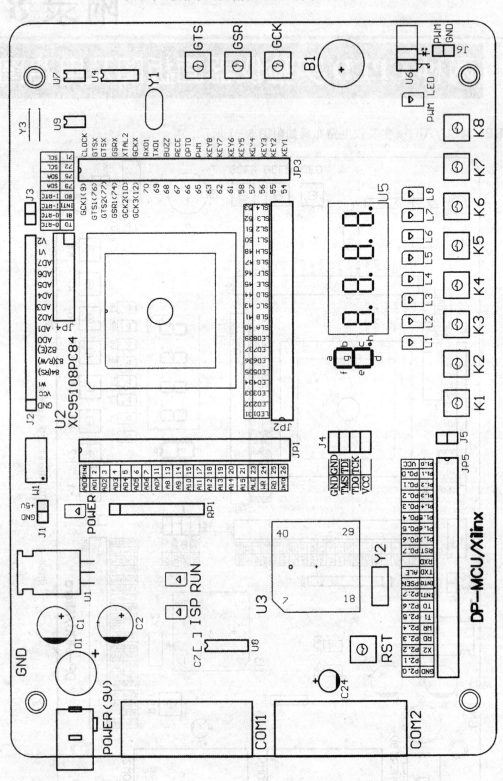

附图8-2 DP-MCU/Xilinx实验仪电路布局

时钟电路如附图 8-3 所示。

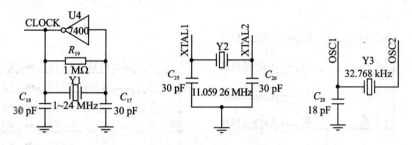

附图 8-3　时钟电路

复位电路如附图 8-4 所示。

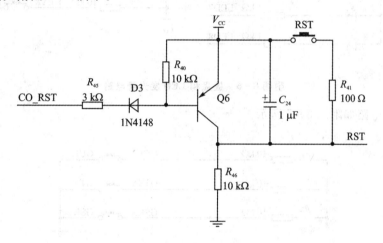

附图 8-4　复位电路

工作模式切换及指标电路如附图 8-5 所示。

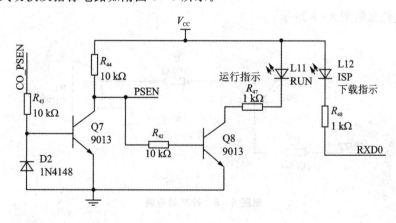

附图 8-5　工作模式切换及指示电路

键盘和 LED 发光管电路如附图 8-6 所示。

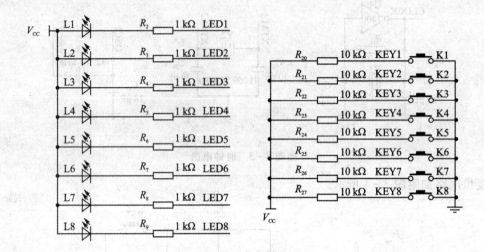

附图 8-6 键盘和 LED 发光管电路

全局按键电路如附图 8-7 所示。

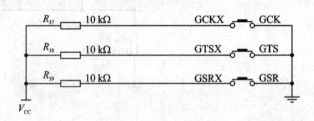

附图 8-7 全局按键电路

蜂鸣器电路如附图 8-8 所示。

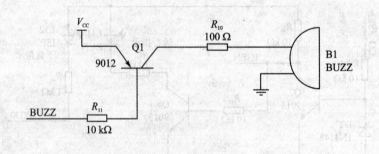

附图 8-8 蜂鸣器电路

数码管 LED 显示电路如附图 8-9 所示。

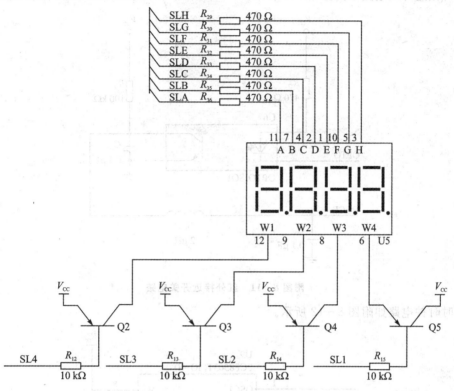

附图 8-9　数码管 LED 显示电路

LCD 接口电路如附图 8-10 所示。

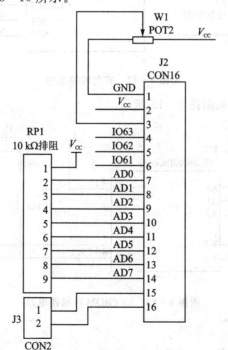

附图 8-10　LCD 接口电路

附录 8

红外接近开关电路如附图 8-11 所示。

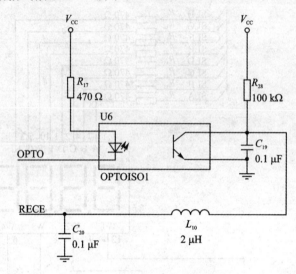

附图 8-11　红外接近开关电路

实时时钟电路如附图 8-12 所示。

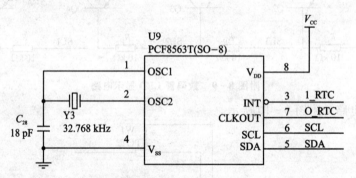

附图 8-12　实时时钟电路

EEPROM 存储器电路如附图 8-13 所示。

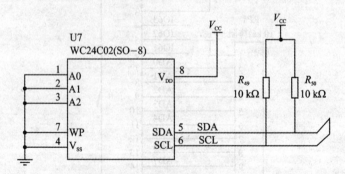

附图 8-13　EEPROM 存储器电路

附录 9

CPLD 主要器件引脚图

ispLSI1032 器件引脚图如附图 9-1 所示。

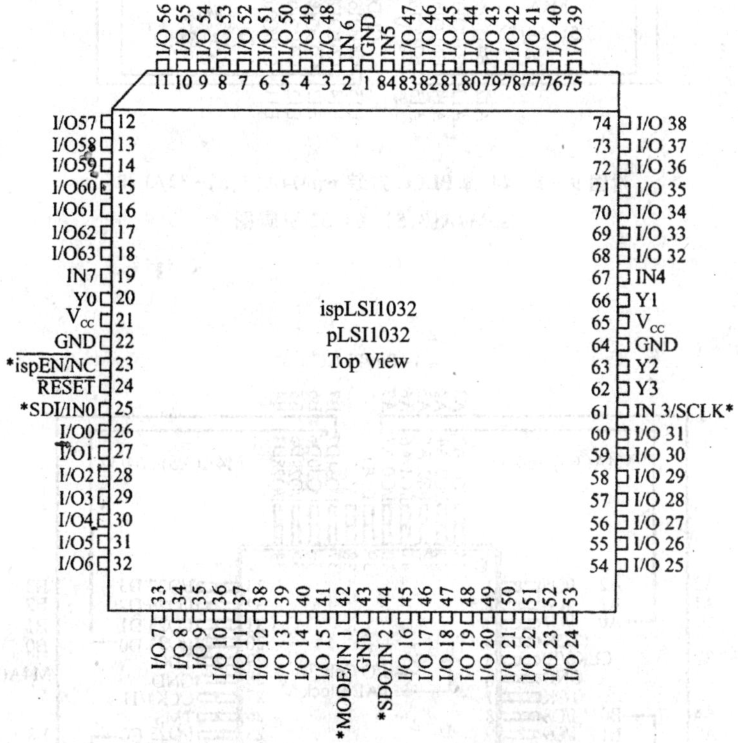

附图 9-1 ispLSI1032 器件引脚图

ispM4A 器件引脚图如附图 9-2～附图 9-8 所示。

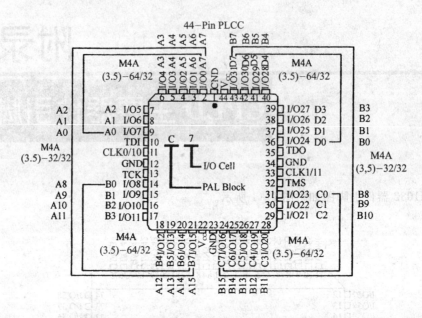

附图9-2 44脚 PLCC 封装 ispM4A(3,5)-32/3 和 ispM4A(3,5)-64/32 引脚图

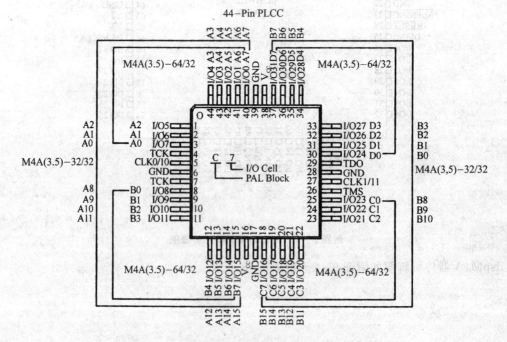

附图9-3 44脚 TQFP 封装 ispM4A(3,5)-32/32 和 ispM4A(3,5)-64/32 引脚图

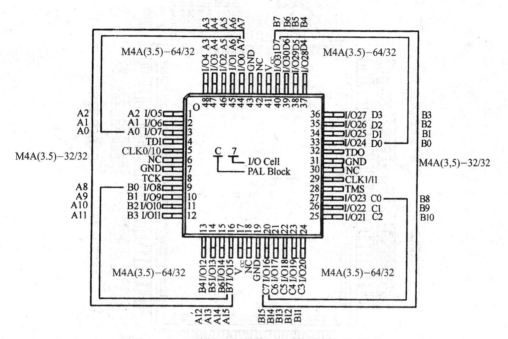

附图 9-4 48 脚 TQPP 封装 ispM4A(3,5)-32/32 和 ispM4A(3,5)-64/32 引脚图

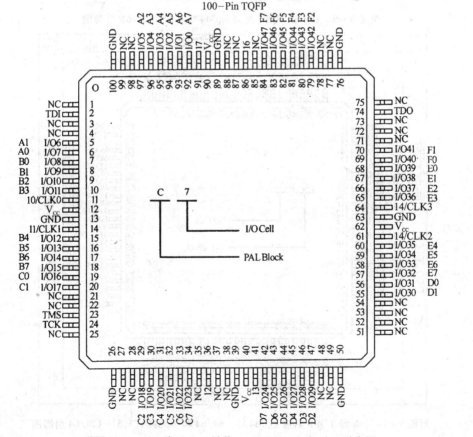

附图 9-5 100 脚 TQFP 封装 ispM4A(3,5)-96/48 引脚图

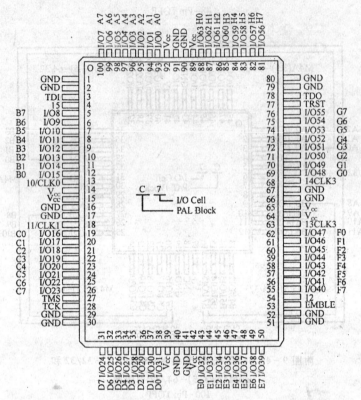

附图 9-6　100 脚 FQFP 封装 ispM4A(3,5)-128/64 引脚图

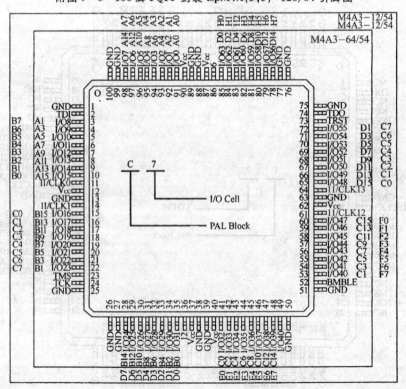

附图 9-7　100 脚 TQFP 封装 ispM4A3-64/64 和 ispM4A(3,5)-128/64 引脚图

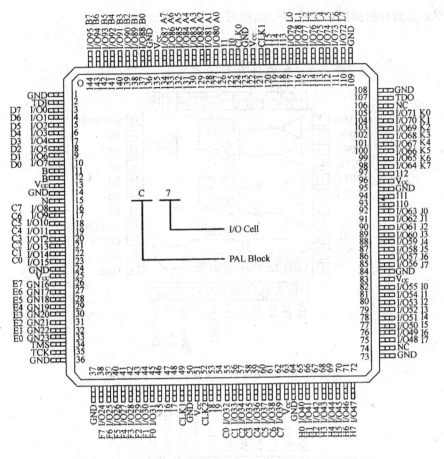

附图 9-8　144 脚 TQFP 封装 ispM4A(3,5)-192/96 引脚图

ispPAC10 器件引脚图如附图 9-9 所示。

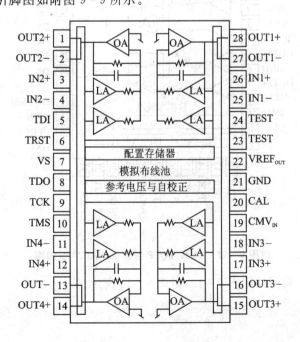

附图 9-9　ispPAC10 引脚图

ispPAC20 器件引脚图如附图 9-10、附图 9-11 所示。

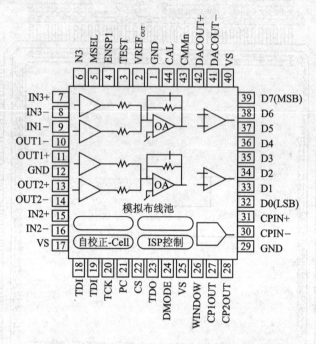

附图 9-10　44 脚 PLCC 封装 ispPAC20 引脚图

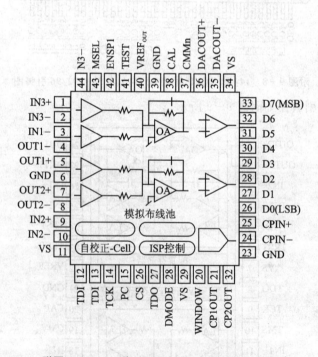

附图 9-11　44 脚 TQFP 封装 ispPAC20 引脚图

ispPAC30 器件引脚图如附图 9-12、附图 9-13 所示。

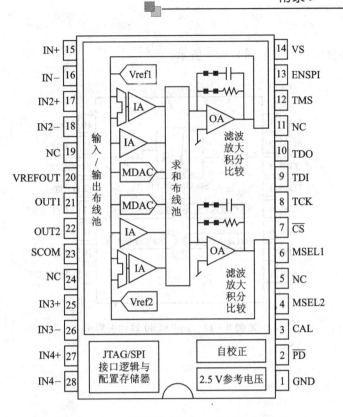

附图 9-12　28 脚 PDIP 封装 ispPAC30 引脚图

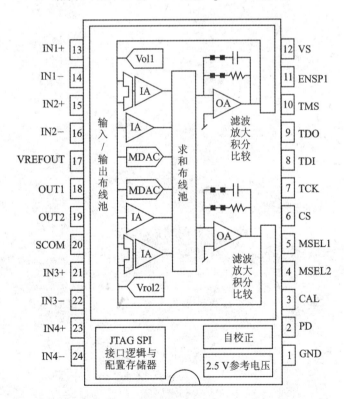

附图 9-13　24 脚 SOIC 封装 ispPAC30 引脚图

ispPAC80 器件引脚图如附图 9-14 所示。

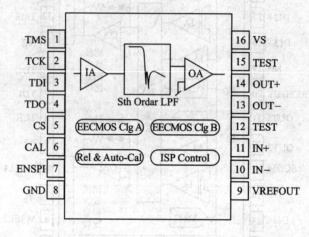

附图 9-14 ispPAC80 器件引脚图

附录 10 缩略语词汇表

缩略语词汇表如附表 10-1 所列。

附表 10-1 缩略语词汇表

英文缩写	英文全称	中文释义
ASIC	Application Specific Intergrated Circuit	专用集成电路
ASYNC	Asynchronous	异步的
ATE	Automatic Testing Equipment	自动测试设备
	Attribute	属性
	Boundary Scan	边界扫描
CAE	Computer Aided Engineering	计算机辅助工程
CDN	Clock Distrbution Network	时钟分配网络
CLB	Configure Logic Block	可组态逻辑块
CMOS	Complementary Metal Oxide Semiconductor	互补金属氧化物半导体（场效应晶体管）
CPLD	Complex Programmable Logic Device	复杂可编程逻辑器件
CPU	Central Process Unit	（计算机）中央处理单元
	Compiler Support	编译软件
	Configuration	组态结构
	Critical	高速的
	Critical Path	高速信号通道
DIP	Double In-line Package	双列直插式封装
DMA	Direct Memory Access	直接存储器存取
DRAM	Dynamic Random Access Memory	动态随机存取存储器
	Daisy Chain	菊花链
	Dedicated Input	专用输入
	Dedicated ISP Pins	专用在系统编程
	Download	烧写、器件编程
DPM	Design Process Manager	设计流程管理器
EDA	Electronic Design Automatic	电子设计自动化
EEPROM	Electrically Erasable Programmable Read Only Memory	电可擦可编程只读存储器
EPROM	Erasable Programmable Read Only Memory	可擦除可编程只读存储器
FPGA	Field Programmable Gate Array	现场可编程门阵列
FPLD	Field Programmable Logic Device	现场可编程逻辑器件
	Fast Router	快速布线软件程序
	Fitter	适配器
	Fuse Map	熔丝图
GAL	Generic Array Logic	通用阵列逻辑
GDS	Generic Digital Switch	通用数字开关

续附表 10-1

英文缩写	英文全称	中文释义
GLB	Generic Logic Block	万能逻辑块
GRP	Generic Routing Pool	集总布线区
	Global Clock	全局时钟
GOE	Global Output Enable	全局输出使能
GUI	Graphic User Interface	图形用户界面
HDL	Hardware Description Language	硬件描述语言
HDPLD	High Density Programmable Logic Device	高密度可编程逻辑器件
HM	Hard Macro	硬宏元件
IDCD	ISP Daisy Chain Download	在系统编程菊花链下载
IOB	Input Output Block	输入/输出块
IOC	Input Output Cell	输入/输出单元
ISP	In System Programmable	在系统(可)编程
ispGDS	isp Generic Digital Switch	在系统编程通用数字开关
ispLSI	in-system programmable Large Scale Intergration	在系统可编程大规模集成(逻辑器件)
JED		JEDEC 的简写
JEDEC	Join Electronic Device Engineering Council	电子器件工程联合协会,熔丝图文件
LSIC	Large Scale Intergrated Circuit	大规模集成电路
	Logic Partition	逻辑分割
	Logic Synthesis	逻辑综合
MOS	Metal Oxide Semiconductor	金属氧化物半导体(场效应晶体管)
MSIC	Midum Scale Integrated Circuit	中规模集成电路
MUX	Multiplexer	数据选择器,多路开关
	Macro Library	宏元件库
OLMC	Output Logic Macro Cell	输出逻辑宏单元
ORP	Output Routing Pool	输出布线区
OE	Output Enable	输出使能
	Optimization	最优化
ORPbypass	Output Routing Pool bypass	输出布线区旁路
PAL	Programmable Array Logic	可编程阵列逻辑
PI	Programmable Interconnect	(可编程)互联
PLCC	Plastic J_Lead Chip Carrier	J 型引脚塑料扁平封装
PLA	Programmable Logic Array	可编程逻辑阵列
PLD	Programmable Logic Device	可编程逻辑器件
PROM	Programmable Read Only Memory	可编程只读存储器
PT	Product Term	乘积项
PTSA	Product Term Sharing Array	乘积项共享阵列
P&R	Place and Route	布局与布线
PT Clock	Product Term Clock	乘积项时钟
ROM	Read Only Memory	只读存储器
RTL	Register Transfer Language	寄存器传输语言
	Routablility	布通率
	Route	布线
	Router	布线软件程序
	Routing resources	布线资源

续附表 10-1

英文缩写	英文全称	中文释义
SRAM	Static Random Access Memory	静态随机存取存储器
SSI	Small Scale Intergrated Circuit	小规模集成电路
SM	Switching Matrix	开关矩阵
	Schematic capture	原理图输入
	Soft Macro	软宏元件
	Strong Router	增强布线
UV	Ultraviolet	紫外线
VHDL	Very High Speed Intergrated Circuit Hardware Description Language	超高速集成电路硬件描述语言
VLSI	Very Large Scale Intergrated Circuit	超大规模集成电路

参考文献

[1] Altera 公司. Quartus Ⅱ Getting Started,1997.
[2] Altera 公司. Data Book,2004.
[3] [美]Uyemura J P. 数字系统设计基础教程[M]. 陈怒兴,等译. 北京:机械工业出版社,2000.
[4] 朱明程. FPGA 分类及应用原理[J]. 集成电路设计,1995:(1)-(2).
[5] 宋万杰,等. CPLD 技术及其应用[M]. 西安:西安电子科技大学出版社,1999.
[6] 张洪润,刘秀英,张亚凡. 单片机应用设计 200 例[M]. 北京:北京航空航天大学出版社,2006.
[7] 张洪润,等. 电工电子技术教程[M]. 北京:科学出版社,2007.
[8] 张洪润,杨指南,陈炳周,等. 智能技术[M]. 北京:北京航空航天大学出版社,2007.
[9] 张洪润,等. 电子线路与电子技术[M]. 北京:清华大学出版社,2005.
[10] 张洪润,吕泉,等. 电子线路及应用[M]. 北京:清华大学出版社,2005.
[11] 张洪润,马平安,张亚凡. 单片机原理及应用[M]. 北京:清华大学出版社,2005.
[12] 张洪润. 实用自动控制[M]. 成都:四川科学技术出版社,1993.
[13] 张洪润. 单片机应用技术教程[M]. 北京:清华大学出版社,1997.
[14] 刘皖,何道君,谭明. FPGA 设计与应用[M]. 北京:清华大学出版社,2006.
[15] 夏宇闻. Verilog 数字系统设计教程[M]. 北京:北京航空航天大学出版社,2003.
[16] 曾繁秦,候亚宁,崔元明. 可编程器件应用导论[M]. 北京:清华大学出版社,2001.
[17] 潘松,王国栋. VHDL 实用教程[M]. 成都:电子科技大学出版社,2000.
[18] 朱明程,董尔令. 可编程逻辑器件原理及应用[M]. 西安:西安电子科技大学出版社,2004.
[19] 林敏,等. VHDL 数字系统设计与高层次综合[M]. 北京:电子工业出版社,2001.
[20] Xilinx,Altera,Actel,Lattice 公司产品手册.
[21] 蒋璇,等. 数字系统设计与 PLD 应用技术[M]. 北京:电子工业出版社,2001.
[22] 张庆玲,杨勇. FPGA 原理与实践[M]. 北京:北京航空航天大学出版社. 2006.
[23] 赵雅兴. FPGA 原理设计与应用[M]. 天津:天津大学出版社,1999.
[24] 侯伯亨,顾新. VHDL 硬件描述语言与数字逻辑电路设计[M]. 西安:西安电子科技大学出版社,1999.
[25] 王毅平,张振荣. VHDL 编程与仿真[M]. 北京:人民邮电出版社,2000.
[26] 徐志军,徐光辉. CPLD/FPGA 的开发与应用[M]. 北京:电子工业出版社,2003.
[27] 赵曙光,郭万有,杨颂华. 可编程逻辑器件原理开发与应用[M]. 西安:西安电子科技大学出版社,2000.
[28] 刘建清,等. 从零开始学 CPLD 和 Verilog HDL 编程技术[M]. 北京:国防工业出版社,2006.
[29] 黄正谨. CPLD 系统设计技术入门与应用[M]. 北京:电子工业出版社,2002.
[30] 常晓明. Verilog HDL 实践与应用系统设计[M]. 北京:北京航空航天大学出版社,2003.
[31] 王金明,等. Verilog HDL 程序设计教程[M]. 北京:人民邮电出版社,2004.
[32] 周立功,夏宇闻,等. 单片机与 CPLD 多用技术[M]. 北京:北京航空航天大学出版社,2003.
[33] 叶淦华. FPGA 嵌入式应用系统开发典型实例[M]. 北京:中国电力出版社,2005.
[34] 杨晖,张凤言. 大规模可编程逻辑器件与数字系统设计[M]. 北京:北京航空航天大学出版社,1998.
[35] 陈光梦. 可编程逻辑器件原理与应用[M]. 上海:复旦大学出版社,1998.
[36] 江国强. 现代数字逻辑电路[M]. 北京:电子工业出版社,2002.

[37] 谭会生,张昌凡. EDA 技术及应用[M]. 西安:西安电子科技大学出版社,2001.
[38] Stefan Sjoholm,Lennart Lindh. 用 VHDL 设计电子电路[M]. 边计年,薛宏熙,译. 北京:清华大学出版社,2000.
[39] 赵立民. 可编程逻辑器件与数字系统设计[M]. 北京:机械工业出版社,2004.
[40] 孟宪元. 可编程 ASIC 集成数字系统[M]. 北京:电子工业出版社,1998.
[41] 薛宏熙,刘素洁,刘宝琴,等. MACH 可编程逻辑器件及其开发工具[M]. 北京:清华大学出版社,1998.
[42] 黄正谨. 在系统编程技术及应用[M]. 南京:东南大学出版社,1999.
[43] 李景华,杜玉远. 可编程逻辑与 EDA 技术[M]. 沈阳:东北大学出版社,2001.
[44] 高书莉,罗朝霞. 可编程逻辑设计技术及应用[M]. 北京:人民邮电出版社,2002.
[45] 李辉. ISP 系统设计技术入门与应用[M]. 北京:电子工业出版社,2002.
[46] 王开军,姜宇柏. 面向 CPLD/FPGA 的 VHDL 设计[M]. 北京:机械工业出版社,2007.
[47] 刘宝琴,张芳兰,田立生. ALTERA 可编程逻辑器件及应用[M]. 北京:清华大学出版社,1995.
[48] 张昌凡,龙永红,彭涛. 可编程逻辑器件与 VHDL 设计技术[M]. 广州:华南理工大学出版社,2001.
[49] 侯树文. 数字逻辑与 VHDL 设计[M]. 北京:中国水利水电出版社,2004.
[50] 陈云洽,保延翔. CPLD 应用技术与数字系统设计[M]. 北京:电子工业出版社,2003.
[51] 胡振华. VHDL 与 FPGA 设计[M]. 北京:中国铁道出版社,2003.
[52] 王建校,宁改娣. MAX+PLUS II 应用入门[M]. 北京:科学出版社,2000.
[53] 陈雪松,腾立中. VHDL 入门与应用[M]. 北京:人民邮电出版社,2000.
[54] 徐惠民,安德宁. 数字逻辑设计与 VHDL 描述[M]. 北京:机械工业出版社,2002.
[55] 贺名臣,刘伟. VHDL 电路设计技术[M]. 北京:国防工业出版社,2004.
[56] 姜立东,等. VHDL 语言程序设计及应用[M]. 北京:北京邮电大学出版社,2004.
[57] 金西. VHDL 与复杂数字系统设计[M]. 西安:西安电子科技大学出版社,2003.
[58] 杨恒,卢飞成. FPGA/VHDL 快速工程实践入门与提高[M]. 北京:北京航空航天大学出版社,2003.
[59] Stephen Brown,Ivonko Vranesic. 数字逻辑与 VHDL 设计[M]. 边计年,吴强,薛宏熙,译. 北京:清华大学出版社,2005.
[60] Cilette M D. Modeling,Synthesis,and Rapid Prototyping With the Verilog HDL [M]. NY:Prentice Hall,1999.
[61] FPGA Compiler II. FPGA Express-Verilog HDL Reference Manual[J]. Synopsis,Version 1999.5,May,1999.
[62] Paluitkar S. Verilog HDL—A Guide to Digital Design and Synthesis[M]. NY:Prentice Hall,1996.
[63] Ross Williams. A Rainless Guide to CRC Error Detection Algorithms Document Url. http://www.repair.faq.org/filipg,1993.
[64] Patrick Geremia. Cyclic Redundancy Check computation:An Implementation Using TMS320CS4X Texas Instrument. Application Report,April,1999.
[65] Restoring and Non-restoring Division. http://www.ee.ucla.edu/~ingrid/ee213a/lectures/division-presentv2.pdf,2000.
[66] [美]Wayne Wolf. Original English Language Title:FPGA-Based System Design (ISBN0-13-14261-0) Copyright ⓒ,2004.
[67] http://www.altera.com/technology/dsp/dsp-builder/dsp-simulink.html,2007.
[68] Altera 公司. Quartus II Handbook,2007.
[69] http://www.fpga.com.cn/application/a 183.htm,2004.
[70] Altera 公司. Noise II Processor Reference Handbook,2007.
[71] Altera 公司. Noise II Software Developer's Handbook,2006.
[72] Altera 公司. Noise II Hardware Dvevlopment Tutorial,2006.
[73] Novas Software Inc. Debussy User Guide and Tutorial,2001.

[74] Altera 公司. Data Book,1998.

[75] Altera 公司. MAX+PLUS Ⅱ Getting Started,1997.

[76] Altera 公司. DSP Builder User Guide,2003.

[77] IEEE Standard VHDL Language Reference Manual. IEEE Std 1076-1087. IEEE Press,1987.

[78] Interactive Image Technologies Ltd. Electronics Workbench Professional Edition User's Guide,1997.

[79] Elanix 公司. System View Student Handbook,1999.

[80] Elanix 公司. System View User Guide,1999.

[81] Morison J D, Clarke A S. A Language for Electronic System Design. McGraw-Hill,1994.

[82] Vantis 公司. Simple PLDS Data Sheets. http://www.vantis.com, 2005.

[83] Altera 公司. MAX7000 CPLD Data Sheets. http://www.altera.com, 2003.

[84] Altera 公司. APEX10K Data Sheets. http://www.altera.com, 2001.

[85] Xilinx 公司. XC4000 FPGA Data Sheets. http://www.xilinx.com, 1996.

[86] Sedra A S, Smith K C. Microelectronic Circuits,4th Qd[M]. Oxford University Press: New York,1998.

[87] Will R Moore, Wayne Luk. International Workshop on Field Programmable Logic and Applications [M]. Oxford: Abingdon EE&CS Books,1991.

[88] John Oldfield, Richard C Doff. Field Programmable Gade Array - Reconf: Gurable Logic For Rapid Prototyping and Implementation of Digital Systems[M]. New York: John Wiley & Sons, 1995.

[89] Daniel D Gajski, Nikil Dutt, Allen Wu. High-Level Synthesis: Introduction to Chip and System Design[M]. Boston: Kluwer Academic,1992.

[90] Lawrance T Pillage, Ronald A Rohrer, Chandramonli Visweswariah. Electronic Circuit and System simulation Methods, 1994.

[91] Lattice Semiconductor Corporation College Opportunities. Isp VHDL Viewlogic Training Notes,1998.

[92] Raul Camposa No. High-Level VLSI Synthesis[M]. Boston: Kluwer Academic,1991.

[93] Jan Vanhoof. High-Level Synthesis for Real-time Digital Signal Processing. Kluwer Academic Publisher Nowell MA USA, 1993.

[94] Jesse H Jenkins. Designing with FPGA and CPLD. Prentice Hall, 1994.

[95] Pak K Chan, Samiha Mourad. Digital Design Using Field Programmable Gate Array[M]. Boston : Kluwer Academic, 1994.

[96] John W Carter. Digital Designing with programmable Logic Devices[M]. NJ: Prentice Hall, 1997.

[97] Treseler. Designing State Machine Controllers Using Programmable Logic. Microtest Inc., 1994.

[98] Sasao Tsutomu. Logic Synthesis and Optimization[M]. Boston : Kluwer Academic, 1993.

[99] Rajeev Murgai, Robert K Brayton, Alberto Sangiovanni-Vincentelli. Logic Synthesis for Field-Programmable Gate, Array,1994.

[100] Giovanni De Michele. Synthesis and Optimization of Digital Circuits[M]. New York : McGraw-Hill,1994.

[101] Pran Kurup. Logic Synthesis Using Synopsis[M]. Boston : Kluwer Academic, 1996.

[102] Srininvas Devadas, Abhijit Ghosh Kurt Keutzer. Logic Synthesis[M]. New York: McGraw-Hill,1994.

[103] Gary D Hachtel, Fabio Somenzi. Logic Synthesis and Verification Algorithms[M]. Boston: Kluwer Academic, 1996.

[104] Roger Lipsett. VHDL : Hardware Description and Design[M]. Boston: Kluwer Academic,1989.

[105] Jean Michel Berge. VHDL'92,1993.

[106] Douglasl Perry. VHDL. McGraw-Hill, 1990.

[107] Jean P Mermet. VHDL for Simulation. Synthesis and formal Proofs of Hardware, 1992.

[108] Cohen Ben. VHDL Coding Styles and Methodologies[M]. Boston: Kluwer Academic, 2002.

[109] Jayaram Bhasker. A VHDL Primer. Prince Hall Profesional Technical, 1998.

[110] Zainalabedin Navabi. VHDL: Analysis and Modeling system. McGraw-Hill Company, 1998.

[111]   Carlos Delgado Kloos, Peter T Brewer. Formal Semantics for VHDL[M]. Boston Kluwer Academic, 1995.
[112]   Yuchin Hsu, Kevin F Tsui, Jessie T Liu. VHDL Modeling for Digital Design Synthesis[M]. Boston: Kluwer Academic, 1995.
[113]   Kevin Skahill. VHDL Techniques, Experiments and Caveats. Addison-Wesley Longman Publishing Co. Inc., 1996.
[114]   Roland Acriau, Jean Michel Berge, Vincent Olive. Circuit Synthesis with VHDL. Kluwer International Series in Engineering & Computer Science, 1994.
[115]   Douglas E Ott, Thomas J Wilderotter. A Designer's Guide to VHDL Synthesis[M]. Boston: Kluwer Academic, 1994.
[116]   Stanley Mazor. A Guide to VHDL[M]. Boston: Kluwer Academic, 1995.
[117]   Petru Eles, Krzysztof Kuchcinski, Zebo Peng. System Synthesis with VHDL, Speringer, 1997.
[118]   Andrew Rushton. VHDL for Logic Synthesis[M]. Cambridge University Press, 1999, 17(6): 697-698.
[119]   Xilinx. The Programmable Logic Data Book, 1997-2003.
[120]   Altera. Altera Digital Library, 1996-2002.
[121]   Actel. Actel's Family Field Programmable Gate Array Data Book, 1996.
[122]   Cypress. Cypress Programmable Logic Data Book, 1997.
[123]   Lattice. Data Book, 1996.
[124]   AMD. MACH 1,2,3,4 Family Data Book, 1996.
[125]   Stephen Brown, Zvoako Vranesic. Fundamentals of Digital Logic with VHDL Design, MCGraw-Hill, 2000.
[126]   Mark Zwolinski. Digital System Design with VHDL. Pearson Education Limited, 2000.
[127]   Nigel Horspool, Peter Gorman. The ASIC Handbook, 2002.
[128]   Lattice Semiconductor Co. Isp PAC Handbook. November, 1999.
[129]   Lattice Semiconductor Co. PC-Designer Getting Stanted Manual Version 1.0, November, 1999.
[130]   Bhasker J. A Verilog HDL Primer. Allentown (PA): Star Galaxy Press, 1997.
[131]   IEEE Standard Hardware Description Language Based on the Verilog Hardware Description Language. IEEE Std 1364-1995.
[132]   Lee James. Verilog Quickstart[M]. MA: Kluwer Academic, 1997.
[133]   Palnitkar S. Verilog HDL: A Guide to Digital Design and Synthesis[M]. NJ: Prentice Hall, 1996.
[134]   Sagdeo Vivek. The Complete Verilog Book[M]. MA: Kluwer Academic, 1998.
[135]   Smith Douglas. HDL Chip Design[M]. AL: Doone Publications, 1996.
[136]   Stermheim E, Singh R, Trivedi Y. Digital Design With Verilog HDL[M]. CA: Automata Publishing Company, 1990.
[137]   Thomas D, Moorby P. The Verilog Hardware Description Language[M]. MA: Kluwer Academic, 1991.
[138]   Bhasker J. Verilog HDL Synthesis: A Practical Primer. Star Galaxy Publishing, 1998.
[139]   Stenmheim E, Rajvir Singh, Rajeer Madhavan. Digital Design and Synthesis with Verilog HDL. Automata Publishing Company, 1993.
[140]   Stuart Sutherland. Verilog HDL Quick Reference Guide Sutlerland Consulting, OR, 2001.
[141]   Peter J Asbenden. The Designer's Guide to VHDL. Morgan Kaufmann Publishers, Inc., 1996.